AF365899

LE MERIDIANE DELL'ANTICO ISLAM

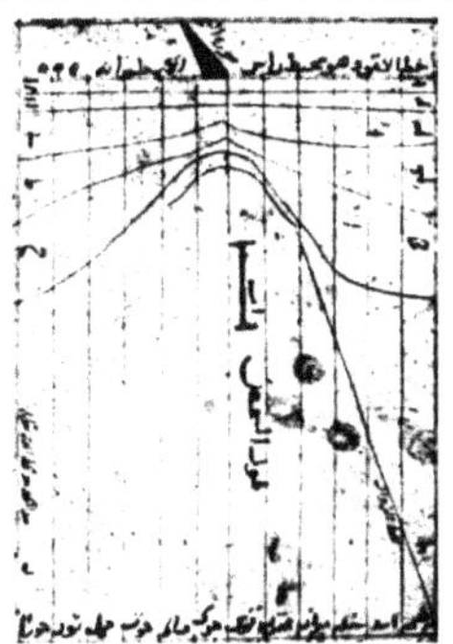

Gianni Ferrari

LE MERIDIANE DELL'ANTICO ISLAM

Il tempo nella civiltà islamica
Caratteristiche, descrizione e calcolo
dei quadranti e degli orologi solari islamici

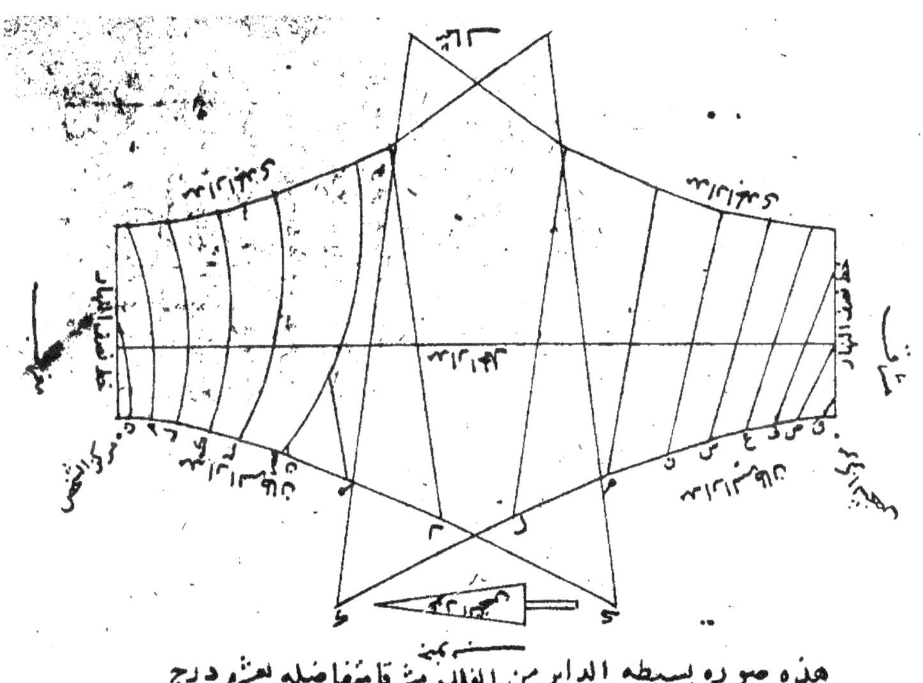

ISBN | 978-88-91183-06-4

© Copyright 2015 - Gianni Ferrari
Via Valdrighi, 135 – 41124
Modena Email :
gfmerid@gmail.com

Il presente testo è formato da 574 pagine e contiene 442 note a piè di pagina e 560 figure, fra le quali 252 disegni originali realizzati dall'autore, che ne detiene la piena proprietà.
Quasi tutte le immagini fotografiche sono state modificate per migliorare la visibilità dei particolari e a molte sono state aggiunte scritte esplicative.

Edizione riveduta e corretta - Gennaio 2015

a Giovanna, Francesco e Margherita

che i vostri giorni siano costantemente chiari
da *Le Mille e una notte - Storia del Visir Nur ad-Din*

Parte VIII - Gli strumenti per la misura del tempo
Gli orologi solari portatili

PREFAZIONE

Il mio interesse verso le meridiane dell'antico Islam risale a quasi 18 anni or sono quando, completamente ignorante della materia, fui sollecitato dall'amico e noto gnomonista Nicola Severino a scrivere un breve saggio su questi orologi solari.

Iniziai allora a documentarmi e a studiare lo scarso materiale sull'argomento allora reperibile nel nostro paese, non solo nelle librerie, ma anche nelle principali biblioteche.

In seguito ebbi modo di conoscere parte dell'opera dell'astronomo del XIII secolo al-Marrā-kushī e, dopo lunghe ricerche, riuscii a procurarmi le principali pubblicazioni del prof. David A. King, il più importante studioso e traduttore di testi astronomici arabi della nostra epoca.

La conoscenza di questi lavori mi spinse, nel 1998, a scrivere il volumetto *Appunti per uno studio delle meridiane islamiche* che, distribuito in fotocopie a circa un centinaio di appassionati, fu la prima pubblicazione scritta in italiano sull'argomento.

Questo primo traguardo non mise fine al mio interesse sia per il tema specifico, sia, in particolare, per tutti i diversi argomenti ad esso collegati, come ad esempio la civiltà, la lingua e la scienza araba, la religione e le preghiere dell'Islam, il calendario e il conteggio dei giorni, la storia della matematica e gli antichi metodi per progettare gli strumenti per la misura del tempo. Il mio studio si è così protratto sino ad oggi con l'esame di nuovi testi e documenti di grande interesse il cui reperimento, in particolare negli ultimi anni con l'avvento di Internet e con gli scambi da essa resi possibili, è diventato relativamente meno problematico.

Per divertimento personale ho ricalcolato, ridisegnato e verificato tutti gli orologi solari incontrati, sia quelli presenti nei migliori disegni trovati nei manoscritti, sia quelli descritti dai testi tradotti dall'arabo, spesso già calcolati da famosi studiosi, e ho cercato di interpretare e di ricalcolare gli orologi solari ancora esistenti sulle pareti delle moschee o in alcuni musei in Egitto e in Turchia.

Anche se in questo volume non si debbono cercare nuove scoperte e rivelazioni, mi auguro che esso colmi una lacuna oggi esistente e, per la prima volta, metta a disposizione degli appassionati di lingua italiana non solo una parte dello studio degli orologi solari praticamente sconosciuta nel nostro paese, ma anche tutte le tematiche che nel mondo Islamico erano, e sono tuttora, legate alle ombre, alle stagioni e al trascorrere del tempo. Mi auguro anche che le parti matematiche, che possono essere semplicemente saltate, non scoraggino il lettore non amante delle formule.

Quasi al termine di questo lavoro mi è stato chiesto il perché di tante ore passate nel cercare di capire, e descrivere in linguaggio moderno, questi antichi strumenti quasi scomparsi, nel cercare di interpretare studi fatti da più di mille anni e nel cercare di avvicinarmi ad argomenti abbastanza astrusi, ignoti e inutili per la maggior parte della gente.

Credo che l'unica risposta stia nella curiosità e nell'amore di quello che non conosciamo, nel tentativo di comprendere il modo di ragionare e di risolvere i problemi da parte dei nostri antichi maestri e nel desiderio di rendere anche altri partecipi di questa conoscenza e complici in questa ricerca.

Gianni Ferrari
Modena, Novembre 2011

RINGRAZIAMENTI

Mentre mi accingo a scrivere questa ultima pagina sono certo che mi ricorderò soltanto in seguito di alcune persone che, negli anni, non solo mi hanno incoraggiato ma anche fornito documentazione e consigli: mi scuso con loro sin da ora.

Fra gli amici appassionati debbo ringraziare il dott. Mario Catamo che, nelle innumerevoli conversazioni telefoniche, è sempre stato prodigo di incoraggiamenti e consigli; Mario Arnaldi per i chiarimenti che spesso mi ha dato e per il materiale che mi ha inviato durante tutti questi anni; Reinhold Kriegler per il suo entusiasmo e Roger Bailey per avermi messo a disposizione tutte le immagini di un suo viaggio a Istanbul.
Ringrazio poi gli gnomonisti Angelo Brazzi, Marco Discacciati e Massimo Forni per le fotografie da loro scattate nei paesi di lingua araba, il dott. Ali Guerbabi, per alcune traduzioni dall'arabo, il prof. Mohammad Bagheri di Isfahan e Germán Moreno, curatore di un pregevole sito Internet di gnomonica ispano-musulmana.
Infine un grazie particolare agli amici Aurelio Pantanali e Renato Devetak per avermi dato la possibilità di realizzare, per la prima volta negli ultimi secoli, alcune moderne meridiane in stile Ottomano.

Modena, Novembre 2011

Parte I

LA SCIENZA ARABA

Capitolo 1
LA SCIENZA ARABA

Premessa

Questa primo capitolo non fa parte, strettamente parlando, dell'argomento principale di questo scritto, ma vuole essere un riferimento per inquadrare lo studio della misura del tempo presso i Musulmani all'interno dello sviluppo della civiltà scientifica di lingua araba. Non è possibile infatti svolgere un argomento come quello proposto senza prima parlare della civilizzazione islamica, della storia della scienza e del suo ruolo all'interno del mondo di lingua araba e di come si sviluppò nei primi quattro secoli dopo la morte del Profeta Maometto.

1.1 Un grande preconcetto

Ancora oggi gli sviluppi e le conquiste della scienza islamica in generale, e dell'astronomia in particolare, sono poco conosciuti in Italia e nel mondo occidentale.

Nella scuola superiore e nei testi scolastici spesso si tratta della civiltà araba descrivendo soltanto gli avvenimenti storici, le cronache, le guerre e i conflitti di potere e saltando quasi completamente la storia del sapere, senza accennare alle vette raggiunte dalla scienza ed al suo evolversi nei secoli fra l'VIII e il XV della nostra era, mantenendo in tal modo il diffuso malinteso che la ricerca, e in particolare quella astronomica, cadde in un profondo sonno dopo Tolomeo per risvegliarsi soltanto con Copernico, e che gli Arabi non diedero nessun contributo allo studio dell'astronomia e furono soltanto fanatici bruciatori di libri. [1]

La comune percezione, che troviamo nei libri di storia scolastici, nei saggi, nelle scuole, negli insegnamenti universitari e in quasi tutti gli ambienti non specialistici, è che l'Europa, provenendo da una brillante antichità, sprofondò in un limbo di oscurità per poi uscirne improvvisamente con il Rinascimento che la portò alla grandezza di oggi. Da qui la generale convinzione che in questo periodo di quasi 800 anni nulla sia accaduto nel campo della matematica e delle scienze, a parte la trasmissione della conoscenze degli antichi attraverso le traduzioni in arabo dei testi greci.

---

[1] Per brevità e semplicità indicherò con l'espressione "scienza araba" quella che fu scritta in lingua araba, indipendentemente dalla nazionalità e dalla religione degli studiosi che operarono e che non furono quasi mai Arabi. I protagonisti di quella che bisognerebbe quindi più correttamente chiamare "scienza della civiltà islamica" provenivano infatti da tutte le regioni in cui di diffuse la religione di Maometto e in particolare dalla Persia, dalla Siria, dallo Yemen e dall'Asia Centrale, nei primi secoli, dall'Egitto, dal Marocco e della Andalusia nei secoli successivi. Fra essi vi furono musulmani, cristiani, ebrei e zoroastriani.

Allo stesso modo utilizzerò frasi del tipo "matematica araba", "astronomia araba", "gnomonica araba".

Questo significa credere che il sapere greco rimase dormiente per secoli, per poi essere improvvisamente riscoperto, senza alcuna ragione apparente, come se la matematica, l'astronomia, la medicina, ecc. fossero rimaste assolutamente uguali, dopo più di 10 secoli, a come erano al tempo degli alessandrini e fossero soltanto appena "impolverate".

Occorre ricordare inoltre che gli storici della scienza si sono quasi esclusivamente occupati, fra le conoscenze trasmesse dal mondo di lingua araba all'Occidente attraverso le traduzioni, di quelle che riguardavano le parti generali già conosciute nel mondo e nella cultura occidentale, operando in tal modo una selezione per cui, per almeno cinque secoli, in Europa sono stati trascurati e ignorati quasi tutti gli aspetti della cultura scientifica araba che si erano sviluppati soltanto perché riguardanti la vita e le necessità proprie della civiltà islamica, ignorando cioè la parte "islamica" della scienza stessa.

Le cause prime che hanno portato a questo preconcetto e a questa opinione negativa sul mondo islamico e sul suo apporto alla civiltà, sono da ricercarsi in avvenimenti storici che influenzarono per diversi secoli la vita dei popoli e dei paesi europei che si affacciano al Mediterraneo.
Solo per citarne alcune ricordo ad esempio: le lotte contro i Turchi che interessarono l'Europa sino al XVIII secolo; la contrapposizione religiosa fra Cristiani e Musulmani (gli infedeli); la contrapposizione commerciale che oppose le repubbliche marinare (in particolare Venezia) ai Turchi per il dominio del Mediterraneo; le scorribande dei Saraceni che dall'VIII secolo e per molto tempo influenzarono la vita delle popolazioni rivierasche, che dovettero rifugiarsi in castelli e località impervie e costrinsero le popolazioni contadine del Sud a non risiedere nelle loro campagne; il lunghissimo periodo delle Crociate e infine, non ultime, le guerre durate secoli per la riconquista della Spagna e la conseguente cacciata delle popolazioni non cristiane.

Fig. 1.1 Pirati saraceni – XIII sec

A queste cause remote si deve tristemente aggiungere l'intolleranza verso i Musulmani presente in molti strati della popolazione e rapidamente aumentata negli ultimi anni in seguito alla immigrazione, che, anche se spesso negata, rispunta immancabilmente sia per ragioni politiche, sia in seguito a banali episodi di cronaca: intolleranza religiosa che non era presente nei paesi, come la Spagna o la Sicilia, conquistati e dominati dagli "Arabi" per secoli.

Nell'ambito intellettuale e specialistico non si possono infine non ricordare i numerosissimi scritti nei quali, sin dal XVII secolo e quasi sino ad oggi, molti scienziati e filosofi, anche molto noti, accolsero, e con la loro notorietà contribuirono a diffondere, la teoria del "passaggio del testimone" e degli Arabi "depositari" dell'antica cultura: teoria priva di ogni senso logico, scientifico e di verità storica.

Ne ricorderò soltanto alcuni, quasi per dovere di cronaca.
- Michel de Montaigne (1533–1592) nel 1570 scrisse nei *"Saggi"* che *"Maometto aveva proibito la scienza alla sua gente"* e Blaise Pascal (1623–1662) un secolo dopo affermò nei *"Pensieri"* che *"Maometto vieta di leggere"* [2].
- Jean S. Bailly (astronomo francese ghigliottinato nel 1793) nella sua monumentale e famosissima *Histoire de l'astronomie ancienne* [3] scrive:
  "Verso la metà del settimo secolo il Maomettanesimo stabilito in Arabia ispirò fanatismo e zelo di conversioni. Gli Arabi soggiogarono l'Egitto e nel 642 distrussero in Alessandria la famosa biblioteca fondata 280 anni prima…e in seguito per più di un anno i libri servirono a scaldare le stufe d'Alessandria … [4].

---

[2] Ricordo che dei 6239 versetti del Corano, ben 750 invitano l'uomo all'uso della ragione, allo studio della natura, alla riflessione e alla ricerca scientifica.

[3] Cap. XI – pag.70 nella edizione tradotta in italiano da Francesco Milizia – Bassano 1791.

[4] La grande biblioteca di Alessandria, fondata da Tolemeo I Sotere verso il 290 a.C., venne chiamata "museo" o "casa delle muse", cioè scuola delle arti e delle scienze. Si pensa che verso il 250 a.C. contenesse 600-650 mila rotoli.

Contrariamente alla leggenda, non fu un grande incendio a distruggere la biblioteca, ma diverse devastazioni e incendi avvenuti nell'arco di secoli, anche se la perdita della maggior parte di essi non fu dovuta agli uomini ma alla azione dell'umidità e degli insetti e alla quasi impossibilità di ricopiare periodicamente tutti i testi che fece sì che le opere minori andassero definitivamente perdute.

Il primo incendio si ebbe verso l'88-89 a.C., un secondo nel 47 a.C., all'epoca della conquista dell'Egitto da parte di Cesare, in cui furono bruciati circa 40.000 volumi e molti altri furono rubati dai soldati per essere rivenduti a Roma.

Una terza parziale distruzione si ebbe nel 273 d.C., con l'incendio di Alessandria da parte dell'imperatore Aureliano in guerra contro Zenobia, regina di Palmira, e una quarta nel 391 per opera del patriarca Teofilo di Alessandria che, per combattere il paganesimo, obbedì all'editto di Teodosio I che ordinava la distruzione di tutti i templi pagani.

Infine l'ultima distruzione si ebbe nel 645 d.C. quando gli eserciti Arabi del califfo Omar conquistarono l'Egitto. Il famoso episodio in cui il Califfo disse la frase, spessissimo ripetuta, *«In quei libri ci sono o cose già presenti nel Corano, o cose che del Corano non fanno parte: se sono presenti sono inutili, se non sono presenti allora sono dannose e vanno distrutte»* è stato dagli storici giudicato non vero e dovuto soltanto a una opera di propaganda anti-araba del XVII secolo.

Nel 1068 anche i soldati turchi, non essendo stati pagati, portarono via quasi 100.000 volumi della rifiorita biblioteca islamica detta *"Tesoro dei libri"*, per rivenderli sul florido mercato dei bibliofili.

I Barbari son come i fanciulli, che distruggon tutto, han subito rincrescimento di quello che han distrutto, e piangono quello che hanno perduto.... Dopo neppure un secolo cominciarono a desiderare il lume delle scienze e delle lettere, e vennero a cercarlo fra le ceneri che avevano ammucchiate e raccolsero gli avanzi scappati al fuoco e alle barbarie.

I Califfi allora richiamarono le antiche cognizioni dai Caldei a nord, dagli Indiani in oriente, dall'Egitto in occidente.

Il gusto dei Principi è sempre creatore, tutti i popoli hanno incominciato ad illuminarsi per mezzo dei loro Sovrani e la luce discende ne' popoli rozzi mentre all'incontro ascende in una nazione colta...

Ma gli Arabi non sono lodevoli che per essere stati i depositari delle Scienze; conservarono il fuoco sacro, che senza di loro si sarebbe estinto. Ci hanno trasmesse le Scienze come le avevano ricevute senza aggiungervi nessuna scoperta rimarchevole.

Ne potevan farla, il loro regno non fu che di due secoli...

Ma più che l'Astronomia gli Arabi coltivarono l'Astrologia e la Magia.

... Ne avran fatte forse delle altre di scoperte: non tutte le loro opere sono in Europa; e quelle che vi sono vi restano in gran parte senza frutto: gli Astronomi non intendono l'Arabo e chi intende l'Arabo non sa di Astronomia."

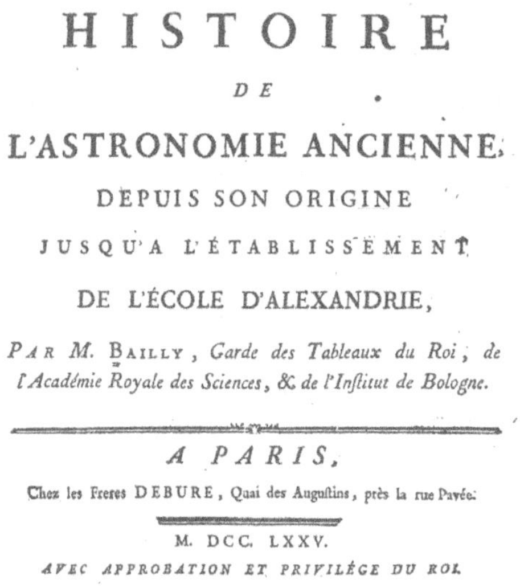

HISTOIRE

D E

L'ASTRONOMIE ANCIENNE,

DEPUIS SON ORIGINE

JUSQU'A L'ÉTABLISSEMENT

DE L'ÉCOLE D'ALEXANDRIE,

Par M. Bailly, Garde des Tableaux du Roi, de l'Académie Royale des Sciences, & de l'Institut de Bologne.

A PARIS,

Chez les Freres DEBURE, Quai des Augustins, près la rue Pavée.

M. DCC. LXXV.

AVEC APPROBATION ET PRIVILÉGE DU ROI.

Fig. 1.2 Frontespizio

– Anche Jean-Baptiste Delambre (1749–1822), uno dei principali storici della astronomia antica degli ultimi secoli, non riportò quasi nulla della astronomia islamica e scrisse *"non è mai esistita e nessun musulmano osservò, misurò e studiò i fenomeni celesti".*

– Pierre Maurice Marie Duhem (1861–1916) - filosofo, storico della scienza, fisico e matematico francese, alla fine del XIX secolo scriveva:
"I risultati raggiunti dai Greci nello studio della natura terminarono con Tolomeo verso il 145. Quelli dei suoi lavori che sfuggirono agli incendi dei guerrieri Arabi furono soggetti alle sterili interpretazioni dei commentatori musulmani e, come semi assetati, attesero il tempo quando la Cristianità Latina fornì loro un suolo favorevole in cui poterono rifiorire e dare i loro frutti.
Non vi è mai stata una scienza araba. I sapienti maomettani erano soltanto discepoli più o meno fedeli dei greci, ma mancavano completamente di originalità".

– Bertrand Arthur William Russell (1872–1970), filosofo, logico e matematico inglese nel 1945 scriveva: [5]
Gli studiosi arabi sono in generale enciclopedici interessati nell'alchimia, nell'astrologia, nella astronomia e nella zoologia: erano guardati con sospetto dalla gente comune, fanatica e bigotta.

---

[5] *"History Of Western Philosophy"*- Book Two, Part 2, X "Mohammedan Culture and Philosophy", p. 440

La filosofia Araba non è importante come originalità di pensiero …
La civiltà Islamica nel suo punto di maggior fulgore fu ammirevole nelle arti e in molte tecniche, ma non mostrò alcuna capacità e indipendenza speculativa nelle materie teoriche.
La sua importanza, che non deve essere sottovalutata, è dovuta alla trasmissione del sapere tra l'antichità e la moderna civiltà europea, interrotta dal medioevo.
Gli studiosi di lingua araba e i Bizantini, mentre mancavano dell'energia intellettuale richiesta per l'innovazione, preservarono gli strumenti dell' istruzione, i libri.
Questi apporti stimolarono l'Occidente quando uscì dalle barbarie, nel XIII secolo, producendo nuove idee, superiori a quelle dei Trasmettitori.

– Jean-Paul Verdet nel volume *"Storia dell'astronomia",* Ed. Longanesi, 1995, salta direttamente da Tolomeo a Copernico.

– Infine Patrick Moore nella prefazione de *"L'astronomia prima del telescopio"* di C. Walker, Dedalo Ed., ancora nel 1997 scriveva:
"E' vero dire che i mussulmani eccelsero in ogni ramo della conoscenza scientifica... ma d'altra parte è anche vero che il principale interesse degli arabi era di natura astrologica e quindi ci troviamo di fronte a un altro ostacolo verso il progresso."

– In un giornale pubblicato in Internet, ancora nel Marzo 2011 si poteva leggere:
"L'islam non è in grado di coltivare la cultura ed è teologicamente avverso alla scienza perché nega le leggi naturali. L'idea di un apporto dell'islam nel progresso della civiltà o addirittura di una superiorità culturale e tecnologica dell'islam medievale sulla Cristianità europea è frutto solo di approssimazioni e pregiudizi. Se scienza e filosofia non mancarono e non mancano nell'area musulmana ciò non avvenne e non avviene grazie all'islam, ma nonostante l'islam."

1.2 La riscoperta

È soltanto dalla seconda metà del XVIII secolo che gli studiosi europei iniziarono di nuovo ad occuparsi della scienza araba attraverso le prime traduzioni latine riuscendo soltanto a sfiorare la punta dell'iceberg, senza neppure il tentativo di un approccio diretto alle fonti, e giungendo alla convinzione errata che essa fosse soltanto una ripetizione di quella antica greca alessandrina, senza alcuna originalità·
Soltanto con le prime traduzioni moderne, iniziate da Jean Jacques Sédillot all'inizio del XIX secolo e proseguite da pochi arabisti durante lo stesso secolo, l'esistenza di una scienza araba cominciò ad essere riconosciuta anche al di fuori della ristretta cerchia degli specialisti.
Questo cammino verso una nuova conoscenza partendo direttamente dalle fonti, iniziato molto lentamente con i lavori di Sedillot e del figlio, proseguì con accelerazione lenta ma sempre in aumento sino agli ultimi 30-40 anni del secolo scorso attraverso i lavori di alcuni studiosi isolati fra i quali ricordo soltanto Carlo A. Nallino (1872–1938), Otto E.Neugebauer (1899–1990), Heinrich Suter (1848–1922) e Edward S.Kennedy (1912–2009), David E. Pingree (1933–2005).

Soltanto dal 1950 circa ebbe infine inizio una ricerca sistematica degli antichi manoscritti sia nelle biblioteche più importanti del mondo occidentale sia, in particolare, nelle biblioteche delle principali città dei paesi di religione islamica (Yemen, Egitto, Turchia, Siria, Marocco, Spagna, ecc.), da parte di alcuni studiosi occidentali esperti non solo nella lingua araba ma nelle discipline matematiche e astronomiche antiche e quindi capaci di tradurre con competenza, di comprendere e di commentare anche gli scritti scientifici più complessi.

Per impulso di questi primi pionieri si svilupparono poi, presso alcune grandi Università europee, vere e proprie scuole di traduttori, interpreti e commentatori, che riportarono alla luce e alla attenzione dell'intero mondo scientifico moltissime opere di matematica, astronomia, ottica, chimica, geografia, ecc., sino ad oggi perdute, contenenti studi, approfondimenti e scoperte completamente sconosciute.

La più importante fra queste scuole, che ha dato il contributo maggiore a questa rinascita, è l'*"Institute for History of Arabic-Islamic Sciences"* presso l'Università *"Johann Wolfgang Goethe"* di Frankfurt-am-Main in Germania, fondato nel 1982 dal Prof. Fuat Sezgin. L'istituto è stato diretto dal 1984 al 2007 dal prof. David A. King, il più importante studioso moderno di scienza islamica medievale, traduttore e scopritore di numerosissimi manoscritti di contenuto astronomico, studioso degli strumenti scientifici medievali islamici ed europei e autore di innumerevoli e fondamentali volumi e studi sull'astronomia islamica.

Una seconda istituzione è il *"Centre d'Histoire des Sciences et des Philosophies Arabes et Médiévales"*, CNRS, fondato nel 1972 e collegato alle Università di Parigi 1 e 7. Fra gli studiosi associati a questo Istituto ricordo soltanto Régis Morelon, Roshdi Rashed e Pierre Pellegrin.

Da ricordare infine anche l' *"Instituto Millás Vallicrosa de Historia de la Ciencia Arabe"* presso l'Università di Barcelona, in cui hanno operato i prof. Josep Casulleras e Julio Samsó e il *"Department of Middle East and Asian Languages and Cultures"* presso l'Università di Columbia, diretto dal 1979 dal prof. George Saliba.

1.3 L'astronomia popolare nell'Islam

In astronomia, come nella scienza della misura del tempo che di essa ha sempre fatto parte, si sovrapposero sempre e continuamente in tutti i popoli civilizzati due aspetti distinti: quello popolare, che si basava sulle credenze, sulle conoscenze tramandate oralmente dai vecchi ai giovani, sulle esperienze personali provenienti della continua osservazione del cielo, e quello scientifico, matematico e geometrico, relegato in genere alla ristretta cerchia degli studiosi specializzati o degli astrologi.

Nel mondo arabo a causa probabilmente dei cieli sempre sereni, degli ampi orizzonti e della assoluta mancanza di illuminazione durante la notte, tutti conoscevano, riconoscevano e osservavano sin dalla più tenera età le costellazioni, i gruppi di stelle, il cammino della Luna in cielo, le stelle che accompagnano il Sole all'alba e al tramonto e i percorsi dei pianeti.

L'insieme di queste nozioni di astronomia, possedute dalla gente comune da secoli, anche prima dell'Islam, forma quella che viene chiamata l'*"astronomia popolare"*.

Fra esse ricordo anche la conoscenza delle stagioni e dei fenomeni meteorologici; la posizione delle stelle fisse e quella del Sole sulla eclittica nei diversi periodi dell'anno; le posizioni della Luna durante i giorni del mese (le "stazioni" lunari) e la determinazione del trascorrere del tempo basata sulle osservazione di questi fenomeni e su quelle delle ombre.[6]

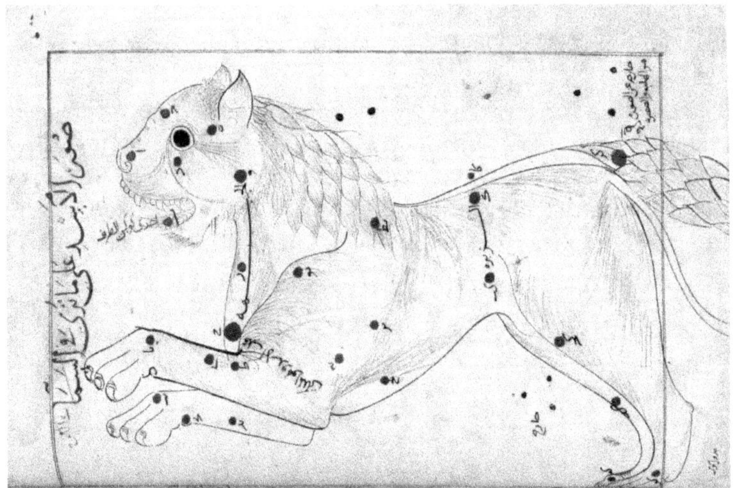

Fig. 1.3 La costellazione del Leone
da "*Il libro delle stelle fisse*" dell'astronomo persiano
Abd al-Rahman al-Sufi (903–986)

Tutte queste conoscenze empiriche assumevano una grande importanza nella vita comune sia per motivi pratici come l'orientamento e la misura del tempo, sia, principalmente per la fiducia generalizzata nella astrologia spicciola e negli effetti dei segni zodiacali, delle stelle, delle costellazioni e dei pianeti sulle vicende umane e personali.

---

[6] Si ha conoscenza di più di una trentina di testi che trattano di questi argomenti, molti dal titolo *Kitab al-Anwā*, ove con *anwā* si intendeva un sistema di calcolo del tempo legato alle "stazioni lunari " (*al-manāzil*). I più antichi giunti sino a noi sono il *Kitab al-Anwa* di Ibn Qutayba dell'889 e un trattato di Abu Ishaq al-Zajjaj del 923. Questi testi contenevano oltre a nozioni astronomiche come la lunghezza del giorno nei diversi periodi dell'anno, l'ingresso del Sole nei segni zodiacali, cosa guardare per trovare la direzione della Mecca (qibla) osservando le stelle, ecc., anche notizie diverse come proverbi in rima per ricordare le case lunari; dati sul clima nei mesi; informazioni botaniche, agricole e sugli animali domestici; informazioni mediche e dietetiche, ecc. È sorprendente osservare come molti almanacchi, che possiamo ancora oggi acquistare all'inizio dell'anno, contengono lo stesso genere di informazioni e nozioni empiriche.

Queste conoscenze e credenze hanno molti punti in comune con quelle delle contemporanee popolazioni europee. Anche nel mondo occidentale moderno infatti, sino alla diffusioni dei sistemi di comunicazione di massa, rimasero nelle popolazioni rurali e in quelle meno acculturate credenze e conoscenze empiriche sul cielo e sulle stagioni, spesso legate a nomi di santi, cioè a particolari giorni dell'anno, che ritroviamo ancora oggi in vecchi detti e proverbi. Così ad esempio i detti del tipo "*S. Lucia, la notte più lunga che ci sia*" o "*San Benedetto, una rondine sotto al tetto*" ricordano in qual modo il Solstizio invernale e l'Equinozio di primavera fossero conosciuti dal popolo, indipendentemente dalle definizioni esatte date dagli astronomi, non solo ignorate, ma considerate di nessuna importanza.

Per quello che riguarda la misura del tempo, l'astronomia popolare portò a due diversi metodi per trovare le ore della notte e del giorno.

Dalle indicazioni sulla altezza del Sole in cielo e sulla lunghezza dell'ombra della persona si giunse, in base all'esperienza accumulata negli anni, alla determinazione dell'ora e degli istanti delle preghiere, quando il fedele, lontano da un luogo di culto, non poteva udire il richiamo del muezzin.[7]

Sulla base invece di osservazioni proseguite per secoli, si sviluppò il concetto (certamente non nuovo) delle 28 "case lunari", cioè di quei gruppi di stelle presso le quali si trova la Luna nei diversi giorni del mese lunare, e, dalla   conoscenza delle loro posizioni in cielo, tramandata attraverso filastrocche, poesie e frasi mnemoniche, fu costruito, sin dal IX secolo, un sistema (detto *anwa*) per determinare, con sufficiente approssimazione, le ore della notte.[8]

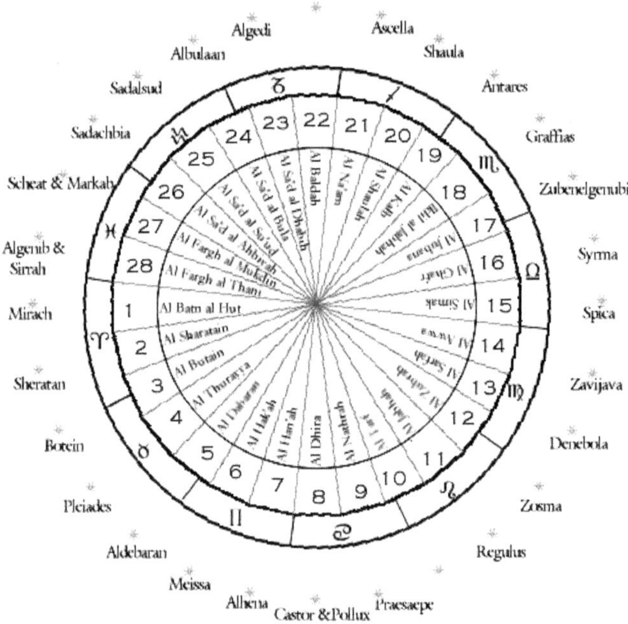

Fig. 1.4 Le case lunari della astronomia popolare araba

Per la determinazione invece degli istanti delle preghiere notturne il fedele si serviva di alcuni fenomeni naturali secondo le indicazioni presenti nel Corano o nella tradizione religiosa, come ad esempio gli istanti *"in cui non è più possibile distinguere un filo bianco da quello nero"*

---

[7] Ancora oggi nell'Oman si usano le stelle e meridiane molto approssimative per determinare i periodi di irrigazione nell'antichissimo sistema di canal detti *aflaj*. La durata di questi periodi è un multiplo di una unità, chiamata *athar*, lunga circa una mezz'ora.

[8] Nei *Kitab al-Anwa* sono riportati molti proverbi rimati di duo o tre versi. Ad esempio: *"Idha tala'a al-Zubrah / ratibat al-nakhlah"* che recita *"quando sorge Zubrah i datteri sulla palma sono maturi"*. Zubrah è l'11-ma casa lunare, ai primi di Settembre, oppure *"Idha tala'a al-Sarfah   indarafa li-l-sayf sarfah"* cioè *"quando sorge Sarfah l'estate se ne và"* (inizia l'autunno). Sarfah è la 12-ma casa, a metà Settembre.

oppure *"quando all'alba il cielo comincia a imbiancarsi"*.

In seguito, sia la ricerca della soluzione dei problemi posti dalla religione, sia la richiesta di conoscere l'avvenire e quindi l'astrologia e la necessità di fare oroscopi basati su dati astronomici corretti, portarono allo studio matematico-geometrico dei movimenti del cielo, del Sole, della Luna e dei pianeti e anche alla realizzazione di strumenti di osservazione e allo sviluppo della astronomia scientifica.

I metodi dell'astronomia popolare per la determinazione dell'ora furono quindi, sin dal 750 ca., oggetto di studi che portarono a soluzioni e metodi meno personali, più generali e più corretti, che quasi immediatamente furono accettati e codificati e che, quasi inalterati, sono giunti sino a noi dopo più di 1300 anni.

Il sistema per la determinazione dell'istante di inizio del periodo in cui recitare della preghiera del pomeriggio Asr, usato ancora oggi in tutto il mondo e di cui parleremo diffusamente in seguito, deriva proprio da un antico metodo "empirico" dovuto alla astronomia popolare.

1.4 Lo sviluppo dell'astronomia scientifica

1.4.1 Le cause

Diverse sono le cause che stimolarono lo sviluppo della scienza, e in particolare dell'astronomia, nei paesi Islamici: richiamerò soltanto le più importanti.

La prima proviene direttamente dalle parole del Corano che in molti punti invita il fedele alla ricerca della verità insita nella natura [9] e, mentre da una parte insiste spesso sulla osservazione e sulla contemplazione delle cose, dall'altra invita il musulmano a pensare e ad usare l'intelletto per capire il mondo che lo circonda e per cercare le leggi che lo "regolano" [10].

Il motivo di ciò non è la pura curiosità ma l'invito a riflettere sulla creazione e sulla grandezza di Dio : l'astronomia è quindi una scienza *halal* (permessa) e il suo studio fu sentito, almeno nei primi secoli, come un obbligo morale.[11]

Per queste ragioni si può affermare che l'Islam è l'unica religione che invita espressamente l'uomo a studiare e a comprendere i cieli e i fenomeni che in essi si possono osservare.

Una seconda causa, la più importante, è anch'essa una diretta conseguenza della religione: molte norme e obblighi che il fedele deve osservare quotidianamente sono infatti legati ad

---

[9] Le parole "scienza" e le espressioni derivate come sapiente, sapientissimo, appaio nel Corano più di 400 volte.

[10] Corano – Sura VII Al-A'râf (Del Limbo): 54 - *Allah ha creato il sole e la luna e le stelle che sono tutte sottomesse ai Suoi comandi.*

Corano – Sura XLIV Ad-Dukhân (Il Fumo): 38-39 - *E Noi non abbiamo creato i cieli e la terra e quel che vi sta in mezzo, per gioco, ma li abbiamo creati secondo verità, ma la maggior parte di loro non lo sanno (non è possibile capire.)*

Corano – Sura LV Ar-Rahmân (Il Compassionevole): 5 - *Il sole e la luna [si muovono] secondo le loro vie immutabili, secondo un calcolo [preciso].*

[11] L'astrologia, che è considerata una pseudoscienza, è invece *haram* (proibita).

eventi astronomici. Si presentò quindi, sin dai primi anni dell'Islam, la necessità di trovare soluzioni a una moltitudine di problemi di astronomia matematica che sollecitarono gli studiosi prima alla ricerca delle fonti antiche, poi allo studio di metodi nuovi per risolverli. Ricordo:

– lo studio del moto delle stelle per trovare la via nei deserti e in mare;[12]

– lo studio e la determinazione di un calendario lunare che seguisse i dettami del Profeta e che quindi non poteva coincidere né con quello ebraico, né con quello cristiano[13];

– lo studio dei moti lunari per la determinazione dell'inizio dei mesi, del digiuno del Ramadan e del pellegrinaggio alla Mecca (Hajj);[14]

– la necessità di orientare i luoghi di culto verso la Kaaba, nella città della Mecca, e l'obbligo del fedele di rivolgesi nelle sue preghiere e nel compimento di alcuni atti della vita comune verso tale direzione (la qibla) che portò allo studio della geografia e della trigonometria sferica e alla ricerca delle coordinate geografiche dei luoghi;[15]

– infine la determinazione degli istanti delle preghiere diurne legati a particolari fenomeni astronomici.[16] Le preghiere venivano all'inizio recitate all'alba, a mezzogiorno, a metà del pomeriggio, al tramonto e a metà della notte e i loro tempi furono fissati soltanto in seguito a lunghissimi studi e alle interpretazioni delle parole del Profeta, abbastanza vaghe su questo argomento, fatti dalle scuole di "giurisprudenza" che si svilupparono all'inizio del VIII secolo.

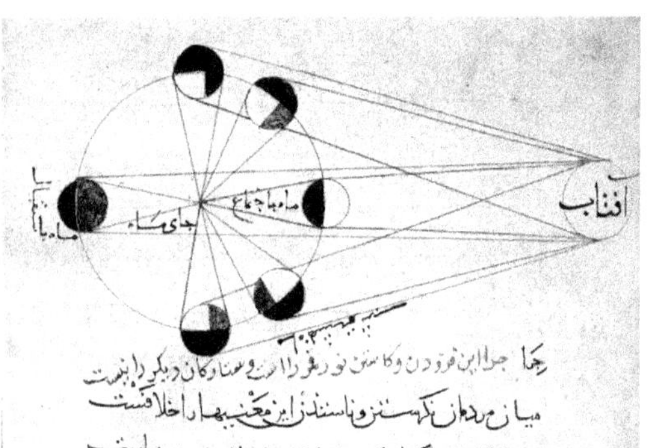

Fig. 1.5 Le fasi della Luna da *"al-Kitab al-tafhim"* o "Libro dell'insegnamento" dell'astronomo Al-Biruni (973-1048)

---

[12] Corano – Sura II Al-Baqara (La Giovenca): 164 - *Nella creazione dei cieli e della terra, nell'alternarsi del giorno e della notte, nella nave che solca i mari carica di ciò che è utile agli uomini, nell'acqua che Allah fa scendere dal cielo, rivivificando la terra morta e disseminandovi animali di ogni tipo, nel mutare dei venti e nelle nuvole costrette a restare tra il cielo e la terra, in tutto ciò vi sono segni per la gente dotata di intelletto.*

Corano – Sura VI Al-An'âm (Il Bestiame): 97 - *Egli è Colui che ha fatto per voi le stelle, affinché per loro tramite vi dirigiate nelle tenebre della terra e del mare. Noi mostriamo i segni a coloro che comprendono.*

[13] Corano – Sura IX At-Tawba (Il Pentimento o la Disapprovazione):36 - *Presso Allah il computo dei mesi è di dodici mesi [lunari] nel Suo Libro, sin dal giorno in cui creò i cieli e la terra. ...*

[14] Corano – Sura II Al-Baqara (La Giovenca): 189 - *Quando ti interrogano sui noviluni rispondi: "Servono alle genti per il computo del tempo e per il Pellegrinaggio"*

[15] Corano – Sura II Al-Baqara (La Giovenca): 144 -*Ebbene, ti daremo un orientamento che ti piacerà. Volgiti dunque verso la Sacra Moschea. Ovunque siate, rivolgete il volto nella sua direzione.*

Sura II Al-Baqara (La Giovenca): 150 - *E allora, da qualunque luogo tu esca, volgi il tuo viso verso la Santa Moschea. Ovunque voi siate, rivolgetele il viso ...*

[16] Corano – Sura XIV Ibrâhîm (Abramo): 33 - *Vi ha messo a disposizione il sole e la luna che gravitano con regolarità, e vi ha messo a disposizione la notte e il giorno*

Da quanto sopra accennato si comprende come nel modo islamico l'astronomia si sviluppò quasi esclusivamente con scopi "sociali", al servizio della religione e della comunità.

Un'altra causa che stimolò lo sviluppo delle scienze nel mondo islamico fu il diffondersi della lingua araba in cui è scritto e deve essere recitato il Corano e in cui devono essere recitate le preghiere quotidiane. La diffusione di un'unica lingua fu all'inizio imposta dai conquistatori e dalla loro burocrazia, ma ben presto fu spontaneamente adottata dalle popolazioni conquistate in seguito dalla accettazione della religione dell'Islam.
L'arabo divenne così, in meno di un secolo, la lingua franca usata ovunque.

La tolleranza religiosa verso altri credi, insieme alla lingua comune, permise poi a studiosi di religioni e nazioni diverse di collegarsi fra loro, di scambiare testi, traduzioni ed idee in un grande comunità culturale dalla quale nacquero le prime biblioteche e le prime Università, centri di studi e di insegnamento destinati alla diffusione della cultura. Fra esse ricordo soltanto la *Bayt al-Hikmah*, la "casa della saggezza", fondata a Baghdad nell'815 e l'*Al-Azhar* fondata al Cairo nel 970, e ancora fiorente ai nostri giorni.

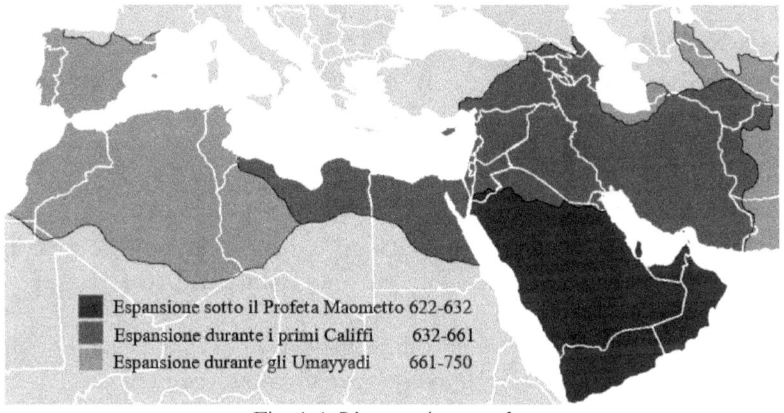

Fig. 1.6 L'espansione araba

Fra le biblioteche basti ricordare che nel IX secolo a Baghdad ve ne erano più di 100 pubbliche e privare, che quella del Cairo aveva più di un milione di libri o manoscritti e quella di Cordova più di 40.000. [17]
Infine non si può tralasciare l'importanza della vicinanza geografica dei luoghi ove si era sviluppato l'antico sapere, come l'India, la Persia dei Sassanidi, Alessandria in Egitto, ove i testi di argomento astronomico-matematico erano ancora disponibili. [18]

---

[17] Negli stessi anni la più importante biblioteca dell'occidente, la Biblioteca Vaticana, contava soltanto 986 libri.

[18] Come ha scritto David King (*Maps for Direction to Mecca* - Cap.I - p.5) la storia completa degli studi scientifici nei paesi di lingua araba deve ancora essere scritta. Si conoscono oggi più di 10.000

Possiamo schematicamente dividere la storia della astronomia islamica in alcuni periodi ben distinti nel tempo.

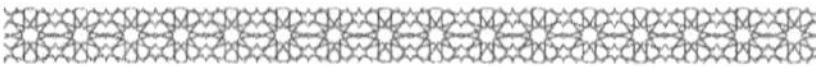

1.4.2 Il primo secolo – Periodo dei califfi e degli Omayyadi (632-750)

In questo periodo di conquiste le uniche conoscenze astronomiche note erano soltanto quelle della astronomia "popolare", cioè le nozioni qualitative note a chiunque vivesse nei paesi desertici. Provenivano dalla osservazioni dei cieli, erano tramandate oralmente e riguardavano il moto delle stelle, i loro raggruppamenti, le costellazioni che nelle diverse stagioni sorgevano insieme al Sole, le fasi lunari, le diverse lunghezze delle ombre nei diversi periodi del giorno.

Le soluzioni ai complessi problemi astronomici richiesti dai dettami della nuova religione furono per questo motivo affrontati empiricamente.

Il Califfo Umar, che governò dal 634 al 644, introdusse il nuovo calendario lunare di 12 mesi, il cui inizio era determinato dalla apparizione della prima falce della Luna Nuova, a sera. Furono fissati approssimativamente gli istanti delle preghiere legandoli strettamente ai fenomeni naturali visibili e riconoscibili da tutti come l'alba, il mezzogiorno, la metà pomeriggio, il tramonto e la scomparsa della luce.

1.4.3   Il periodo delle prime traduzioni e dell'assimilazione
Il califfato Abbaside e l' "Età dell'oro"   (750-850)

Dopo i primi anni seguiti alla morte di Maometto, durante i quali i primi quattro califfi governavano ancora da Medina, e dopo il califfato della famiglia degli Omayyadi, che avevano spostato la capitale a Damasco, verso il 750 prese il potere la famiglia degli Abbasidi, che, pur di origine araba[19], arrivò alla supremazia dopo lunghe lotte interne con il decisivo appoggio della aristocrazie degli eserciti mercenari persiani che avevano da tempo sostituito i combattenti arabi.

Per merito del mecenatismo del secondo califfo al-Mansūr (754-775) iniziò a diffondersi lo studio delle scienze e della filosofia, l'interesse per le conoscenze antiche e le traduzioni in lingua araba dei vecchi manoscritti.

Egli, oltre a fondare nel 762 la nuova capitale Baghdad nelle vicinanze della antica Babilonia, organizzò l'amministrazione su basi così solide che il sistema di potere rimase quasi invariato per quasi 500 anni, anche se, dopo il califfato di al-Mutawakkil (847-861), il vasto dominio territoriale dei primi due secoli venne gradualmente molto ridotto.

E' noto l'episodio che narra come nel 773 si presentò al califfo al-Mansūr un astronomo indiano esperto in un metodo di calcolo detto *Sindhind* che comprendeva il calcolo del moto

---

manoscritti scientifici scritti in Arabo, Persiano, e Turco Ottomano, diverse centinaia di strumenti scientifici e i nomi di più di 1000 scienziati musulmani che operarono fra l'VIII e il XVIII secolo.

[19] Il fondatore della dinastia, Abū l-'Abbās al-Saffāh, discendeva da al-'Abbās ibn 'Abd al-Muttalib che era zio paterno del profeta Maometto.

delle stelle, diverse tecniche per determinare le eclissi di Sole e di Luna, il calcolo basato sulle "semicorde" e altre cose di astronomia. [20]

Queste nuove nozioni destarono tanto l'interesse del califfo da indurlo a raccogliere studiosi affinché traducessero i manoscritti indiani che lo riportavano, li studiassero e ne applicassero i metodi ai problemi dell'astronomia religiosa che interessavano l'Islam. [21]

L'incarico fu assunto da ibn Ibrahim al-Fazari che, insieme al padre, tradusse nel 777 il testo di astronomia chiamato *Brahmasphutasiddhanta* scritto dall'astronomo indiano Brahmagupta (VII secolo): la traduzione, dal titolo *Az-Zīj 'alā Sinī al-'Arab*, divenne poi nota come *"Grande Sindhind"*. Questo testo introdusse per la prima volta nel mondo arabo i numeri *indiani*, da noi oggi chiamati *arabi*.

Negli anni seguenti gli studiosi musulmani affrontarono le scienze, la matematica e l'astronomia degli antichi attraverso le opere di Aristotele, Archimede, Tolomeo, Euclide ed altri.

L'apice della potenza abbaside fu raggiunto sotto i califfati del nipote di al-Mansūr, Hārūn al-Rashīd (reg. 786-809), e del figlio di questi al-Ma'mūn (reg. 813-833), sotto i quali l'impero islamico toccò limiti straordinari, tanto territoriali, quanto culturali.

Il regno di Hārūn al-Rashīd fu ricco di prosperità in vari campi, da quello culturale, a quello scientifico, a quello politico-istituzionale: le famose storie contenute ne *Le mille e una notte* sono certamente state ispirate alla sua vita e alla favolosa corte in cui dimorava.

Come è scritto in alcune cronache arabe egli governò quando *"il mondo era giovane"* in quella che più tardi venne chiamata *"l'epoca d'oro dell'Islam"*.

Sotto di lui e sotto il suo successore furono fondate le prime biblioteche, che diventarono immediatamente centri di studi e di insegnamento destinati alla diffusione della cultura e dalle quali nacquero le prime Università che assegnavano titoli accademici. [22]

---

[20] In esso è contenta anche la descrizione del metodo antichissimo per la ricerca del Sud, detto del "cerchio indiano".

[21] La parola *sindhind* è la traduzone araba del vocabolo sanscrito *siddhanta* che indicava i generici trattati astronomici indiani. Il metodo del "sindhind" indica quindi una serie di nozioni contenute in questi trattati. Il più antico Siddhanta è il *Surya Siddhanta*, scritto attorno all'anno 500 d.C., nominato e usato dal famoso astronomo indiano Aryabhata (476–550) che a sua volta scrisse un testo di astronomia dal nome *Arya-siddahanta*. Fra le altre nozioni esso contiene anche le basi della moderna trigonometria e il primo uso della tangente utilizzata nella applicazione del calcolo della lunghezza dell'ombra di uno gnomone in un orologio solare orizzontale. Nei versi 21–22 del Capitolo 3 si legge *"Per la distanza zenitale del Sole al meridiano trova il seno e il coseno. Moltiplica poi il seno per la misura dello gnomone in dita e dividi per il coseno, il risultato è l'ombra"*

[22] La prima Università del mondo tuttora esistente è quella di *Al-Karaouine* o *'Al-Qarawiyyin*, fondata a Fez in Marocco nel 859 da una donna di nome Fatima Al-Fihri. Essa nacque come scuola associata alla più importante moschea della città, detta *'Jami' Al-Qarawiyyin* o "Moschea centrale del popolo della città". Ad essa seguirono le Università di al-Zaytuna, a Tunisi, fondata verso l'880 e quella di *'al-Azhar* del Cairo, fondata nel 970 e oggi una delle più importanti nel mondo musulmano.
La prima Università del mondo occidentale è quella di Bologna o *Alma Mater Studiorum*, fondata più di due secoli dopo, nel 1088.
Le scuole associate alle moschee, sedi di studio principalmente coranico, si chiamano *Madrasa* (مدرسة).

La *Bayt al-Hikmah* (letteralmente "la casa della saggezza"), fondata a Baghdad nell'815 come biblioteca personale del califfo, diventò in poche decine di anni la raccolta di libri più ricca di tutto il mondo di lingua araba, trasformandosi poi in uno dei più importanti centri culturali del mondo arabo.[23] [24] [25]

In questo periodo di grande attività intellettuale in tutti i campi (scienza, tecnologia, linguistica, letteratura, studio e interpretazione del Corano) e in questi luoghi, punti di incontro per studiosi di tutto l'impero, con la protezione e la munificenza dei califfi iniziò la ricerca e la traduzione di lavori scientifici scritti in lingue non arabe, che, facilitata anche dai contatti con i vicini paesi da poco conquistati, iniziò quello che viene indicato il *"periodo delle traduzioni"*.

Per quello che riguarda l'astronomia in particolare, si può concludere che, sotto il califfato Abbaside, fino alla metà del IX secolo, vi fu la scoperta della astronomia indiana, con la traduzione, l'assimilazione e il sincretismo delle principali opere in questa lingua. Queste prime "rivelazioni" di una scienza del tutto ignorata spinsero gli studiosi arabi alla ricerca di opere astronomiche ellenistiche, sassanidi e greche, dando l'avvio alla massiccia opera di traduzione che culminò nei decenni seguenti. [26]

1.4.4 Il periodo dell'approfondimento (850-1050)

Verso la metà del IX secolo iniziò un lento declino del califfato Abbaside che vide man mano l'impossessarsi delle sue aree periferiche (Siria, Palestina, Egitto, Iran) da parte di altre dinastie che, anche se riconosciute e formalmente sottomesse a Baghdad, diventarono ben presto del tutto indipendenti. Lo stesso Iraq abbaside verso il 930 fu praticamente sottomesso alla dinastia iranica dei Buwayhidi.

Nonostante questi cambiamenti politici, gli uomini di scienza continuarono ad essere protetti dal potere e poterono proseguire i loro studi e le loro ricerche, così come continuarono gli spostamenti fra i diversi centri del sapere e gli scambi di informazioni, contribuendo a un'ulteriore crescita della cultura scientifica e artistica in lingua araba.

Per quello che riguarda l'astronomia, il periodo fu caratterizzato dallo studio rigoroso dei testi astronomici indiani e alessandrini: la superiorità del sistema tolemaico e delle teorie contenute nell'Almagesto fu universalmente accettata, anche se molte parti di esse furono

---

[23] Nella *Bayt al-Hikmah* operò anche il famoso matematico-astronomo al-Khwārizmī

[24] Il concetto e l'uso del "catalogo" dei libri fu introdotto nelle biblioteche islamiche medievali ove i volumi erano organizzati per generi e argomenti.

[25] Occorre ricordare anche che nei paesi di lingua araba, a partire dal IX secolo, vi fu una grande diffusione della cultura in seguito alla produzione e alla diffusione della carta. Si cominciarono a scrivere molti tipi di libri: manuali per l'insegnamento, opere letterarie, poetiche religiose, copie del Corano, manuali sul funzionamento delle città, di diritto, commercio, calcolo elementare, libri scientifici, manuali applicativi, opere teoriche e commenti.
Il segreto della fabbricazione della carta fu svelato da due cinesi fatti prigionieri nella battaglia di Talas (751), durante una guerra fra gli arabi e la dinastia cinese Tang per il controllo di una regione situata nel moderno Kazakhstan. Subito la notizia fu portata a Baghdad dove la tecnica cinese fu migliorata sostituendo agli stracci di lino, materia prima usata dai cinesi, la corteccia del gelso.

[26] Nello stesso periodo fu fatta anche la prima traduzione dell'Almagesto, giudicata in seguito non soddisfacente.

criticate, corrette e migliorate con alcuni contributi significativi da parte di molti astronomi (in particolare da Nasir al-Din al-Tusi e da al Biruni).

In seguito, gli studi astronomici si differenziarono in molte parti da quelli fatti dagli antichi, con l'approfondimento in particolare degli aspetti riguardanti la religione e le sue necessità, come lo studio dei moti lunari, del calendario, della ricerca della direzione della Mecca, della geografia, del moto del Sole e di quello dell'ombra per la misura del tempo. In questi studi fu prodotta una grande mole di nuovi metodi e, in particolare, furono calcolate a Baghdad e al Cairo tavole di tutti i tipi per agevolare la ricerca del valore delle grandezze astronomiche.

É in questo periodo che operarono molti scienziati e astronomi la cui fama raggiunse, nei secoli seguenti, anche l'occidente.

Fra di essi:
- **al-Khwārizmī**   (Abu Jafar Muhammad ibn Musa al-Khwārizmī) (780-850 ca.), matematico e astronomo nato in Persia che visse alla corte del califfo al-Mamun e, come responsabile della sua biblioteca, fece tradurre in arabo molte opere matematiche e astronomiche greche, alessandrine, persiane, sassanidi e indiane. E' considerato "il padre" dell'algebra, i cui metodi descrisse nel lavoro dal titolo *al-Kitāb al-mukhtasar fi hisāb al-jabr wa al-muqābala*. [27]
al-Khwārizmī scrisse anche un trattato sui numeri indiani diffondendoli nella coltura araba; il trattato, tradotto in latino nel XII secolo col titolo di *Algoritmi de numero Indorum*, favorì la diffusione nell'Europa medievale del sistema di numerazione di posizione e dei numeri da allora in Occidente chiamati "arabi". Scrisse anche il primo testo di gnomonica araba, andato perduto.

- **al-Farghānī** (Abu'l-Abbas Ahmad ibn Muhammad ibn Kathir al-Farghānī) (?-861), noto in occidente col nome latino di Alfraganus. Fu uno dei primi revisori del sistema tolemaico. Il suo testo *"Elementi di astronomia"*, tradotto in latino nel XII secolo, ebbe grande influenza sulla astronomia europea prima di Copernico.

- **Thābit ibn Qurra** (Abu'l-Hasan Thābit Ibn Qurra Ibn Marwan al-Sabi al-Harrani) (836-901) nacque ad Harran nell'attuale Turchia; non era musulmano ma di religione sabea. Studiò i moti della luna e del Sole e scrisse, oltre a diverse opere, anche due testi teorici sulle ombre e sulla gnomonica. Il suo trattato *"Sugli strumenti che indicano le ore detti Quadranti Solari"*, giunto a noi in una copia del 948, è il più antico trattato sui quadranti solari che si conosca a tutt'oggi.

---

[27] Il titolo dell'opera di al-Khwārizmī tradotto letteralmente significa "Compendio sul calcolo attraverso il completamento e il bilanciamento". Dove *al-jabr* indica l'operazione di spostare un termine da un lato all'altro di una equazione cambiandogli il segno, mentre *al-muqabala* indica la possibilità di sottrarre quantità uguali da entrambi i lati. Da questi termini derivano i moderni vocaboli "algebra" e "cabala", mentre dal nome dell'astronomo proviene la parola "algoritmo".

– **al-Battānī** (Abu Abdallah Muhammad ibn Jabir ibn Sinan ar-Raqqi al-Harrani as-Sabi al-Battānī) (858-929), originario di Harran in Turchia, conosciuto in occidente con il nome di Albategnius o Albatenius, è stato uno dei più grandi astronomi nella storia della civiltà.

Fig. 1.7 al-Khwārizmī (780-850)
Pagina da
"al-Kitāb al-mukhtasar fī hisāb
al-jabr wa l-muqābala"

Determinò la durata dell'anno tropico con un errore di soli 2m 20s rispetto ai valori moderni; corresse alcuni risultati di Tolomeo; compilò nuove tavole sul moto del Sole e della Luna; scoprì lo spostamento dell'apogeo del Sole e introdusse nei calcoli l'uso dei seni e delle tangenti, al posto delle corde usate da Tolomeo, gettando le basi della moderna trigonometria. [28]

– **Ibn Yunus** (Abu al-Hasan 'Ali ibn 'Abd al-Rahman ibn Ahmad ibn Yunus al-Sadafi al-Misri) (950-1009 ca.), nato a Fustat, prima capitale araba dell'Egitto, fu testimone della conquista della regione da parte della dinastia dei Fatimidi e della fondazione della città del Cairo (969), di cui la stessa Fustat è oggi un quartiere, e fu al servizio dei califfi della dinastia: al califfo al-Hakim dedicò la sua opera più importante *"al-Zij al-Hakimi al-kabir"*, "La grande raccolta di tavole di al-Hakim", contenente una serie di tavole, tutte con un alto grado di accuratezza, utili per risolvere i più diversi problemi astronomici: tavole di

---

[28] Nell'anno 900 circa scrisse che *"l'Astronomia si è guadagnata un posto molto importante fra le discipline per il suo tremendo potere nell'aiutare l'uomo nel calcolare gli anni e i mesi, provvedere alla determinazione accurata del tempo, segnare le stagioni, osservare l'aumento e la diminuzione della durata dei giorni e delle notti, osservare la posizione del Sole e prevedere le eclissi di Sole e di Luna..."*

funzioni trigonometriche; formule di trigonometria sferica; tavole per ricerca della posizione del Sole e della Luna dall'istante dell'alba; dell'angolo orario e dell'azimut del Sole partendo dalla sua altezza; per la conversione di date nei calendari musulmano, copto, siriano e persiano; per il calcolo della Pasqua, ecc.

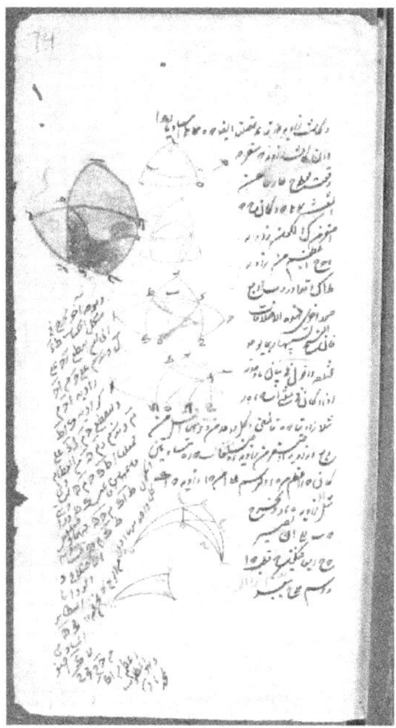

Fig. 1.8 Nasir al-Din al-Tusi
Trigonometria sferica

I dati contenuti in queste tavole, chiamate in Occidente "Tavole Hakimite", furono utilizzate più di due secoli dopo per la compilazione delle "Tavole Alfonsine", compilate sotto il re Alfonso X di Castiglia nel 1252.
Ibn Yunus esegui, per più di 30 anni, numerosissime osservazioni del Sole, della Luna e dei pianeti: sono famose per la loro accuratezza quelle delle eclissi e delle congiunzioni.
In queste osservazioni utilizzò un astrolabio delle dimensioni di circa un metro e mezzo di diametro e una sfera armillare talmente grande che *"un cavallo poteva passare attraverso i suoi cerchi"*. [29] [30]

---

[29] Ibn Yunus fu il primo a tener conto della rifrazione atmosferica sulla dimensione del raggio del Sole in prossimità dell'orizzonte: il valore da lui usato, di 40', è il primo valore attribuito a questa grandezza nella storia della scienza. Il valore accettato oggi è di 34'.

[30] Nel XIX secolo l'astronomo americano Simon Newcomb (1835-1909) utilizzò le osservazioni delle congiunzioni e delle eclissi fatte ad Ibn Yunus per determinare l'accelerazione secolare della Luna nella sua teoria lunare. I valori delle costanti astronomiche calcolati da Newcomb ancora oggi sono usati come valori standard per il calcolo delle effemeridi celesti.

Un'altra opera di Ibn Yunus consiste in un testo con tavole di astronomia sferica, per la determinazione delle ore del giorno dall'alba, dell'azimut e dell'altezza del Sole in funzione del giorno nell'anno, degli istanti delle preghiere islamiche, ecc..
Tutte basate sulla latitudine del Cairo e con un valore della obliquità dell'eclittica di 23°35' furono usate al Cairo sino al XIX secolo.

– **Ibn al-Haytham** (Abū 'Alī al-Hasan ibn al-Hasan ibn al-Haytham) (965-1039 ca.), originario dell'Iraq, lavorò in Egitto, divenne noto nel medioevo europeo con il nome di Alhazen o Alhacen.
Secondo la maggioranza degli storici al-Haytham è stato il pioniere del moderno metodo scientifico, più di 200 anni prima che in Europa ne giungesse notizia e più di 600 anni prima di Galileo.
Ha lasciato importanti contributi nell'ottica, in astronomia, fisica, matematica, ingegneria, medicina, anatomia, psicologia e nella scienza della visione.
In astronomia nel libro *Al-Shukūk 'alā Batlamyūs* o "Dubbi su Tolomeo" del 1025 egli critica molte opere di Tolomeo, incluso l'Almagesto, mettendo in discussione il modello tolemaico del sistema del mondo.
In matematica completò il *Libro delle Coniche* di Apollonio di Perga e applicò, per primo, l'algebra alla geometria, anticipando di 6 secoli la geometria analitica.
E' da tutti considerato il padre e fondatore dell'Ottica moderna che studiò sperimentalmente durante un periodo di 10 anni in cui, al Cairo, venne imprigionato come pazzo. Descrisse e studiò per primo la camera oscura.

– **al-Bīrūnī** (Abū al-Rayhān Muhammad ibn Ahmad al-Bīrūnī) (973-1048), originario dell'attuale Uzbekistan da famiglia iraniana, lavorò sotto la protezione del primo Sultano dell'Afghanistan Mahmud di Ghazni. Al-Biruni è uno dei più importanti studiosi del medioevo Islamico e certamente il più originale e profondo: fu per questo chiamato con il titolo di *al-Ustddh*, cioè "il Maestro". Si interessò a molti campi del sapere e lasciò circa 138 lavori in matematica, astronomia, astrologia, chimica, fisica, medicina, scienze naturali, geografia, storia, cronologia, linguistica, filosofia e teologia. In astronomia inventò un nuovo metodo di osservazione, detto "dei tre punti", che fu usato sei secoli dopo da Copernico e Tycho Brahe per calcolare l'eccentricità delle orbite e il moto dell'apogeo del Sole. Calcolò il raggio terrestre ottenendo un valore (6339.9 km) che differisce dall'attuale per soli 16.8 km, inventando, per fare questa misura, un nuovo metodo trigonometrico in cui, per la prima volta, fu impiegato il "teorema dei seni".

Discusse, senza però accettarla completamente, l'ipotesi del movimento eliocentrico della Terra, dell'astronomo suo contemporaneo Abu Said al-Sijzi, mentre si dichiarò d'accordo sulla ipotesi della rotazione della Terra attorno al proprio asse.
In ottica fu uno dei primi, assieme a Ibn al-Haytham, a postulare la velocità finita della luce e fu il primo a scoprire, con esperimenti, che la velocità della luce è molto maggiore di quella del suono.
al- Bīrūnī inventò molti strumenti astronomici: per primo descrisse il *planisfero*, l'*astrolabio ortografico*, la *sfera armillare* e il *sestante* e l'uso del *tubo astronomico* per facilitare l'osservazioni

della prima falce di luna nuova eliminando le luci circostanti. Questo dispositivo senza lenti fu, dopo alcuni secoli, utilizzato anche in Europa.

Sempre per primo studiò la proiezione stereografica della superficie di una sfera e trovò un metodo matematico per il calcolo della direzione della Mecca (qibla).

Fig. 1.9   Dominio dei Mamelucchi - 1250

La prima parte del suo "Trattato sulle Ombre" (*Ifrad al-maqal fi 'amr al-zilal*) è una ampia discussione su tutti gli aspetti delle ombre, sulla loro natura, sulle loro proprietà e il loro utilizzo, in cui sono affrontati gli aspetti che vanno dall'ottica, all'etimologia, alla letteratura, alla religione, alla trigonometria e all'astronomia.[31]

La seconda parte di quest'opera affronta una serie di problemi astronomici che riguardano l'ombra, come ad esempio la sua lunghezza meridiana, la ricerca della direzione Nord-Sud, la durata delle ore temporarie, la lunghezza del giorno. Infine nel testo sono descritti anche i metodi usati ancora oggi per determinare le ore delle preghiere e sono date le prime tavole numeriche per disegnare le linee di orologi solari orizzontali a ore temporarie.

1.4.5 Il declino (1050-1400)

Nel 1055 i Turchi Selgiuchidi conquistarono la Persia e l'Iraq e il loro comandante, nel 1055, si fece nominare sultano dal califfo di Baghdad, di cui divenne il protettore. Ebbe così inizio l'impero selgiuchide (1050-1153) che, con capitale a Isfahan in Persia, si estendeva dalla attuale Turchia sino all'India e contro il quale la cristianità indisse la prima crociata.

I due secoli che seguirono sino a circa il 1350, quando i turchi presero definitivamente il potere fondando l'Impero Ottomano che terminò solo nel 1918, fu un periodo in cui si

---

[31] Il testo di al-Bīrūnī è stato tradotto e commentato da E.S. Kennedy con il titolo *The Exhaustive Treatise on Shadows* e pubblicato ad Aleppo in Siria nel 1976, in due volumi di 220 e 275 pagine.

formarono diverse zone politicamente e amministrativamente separate ma ancora unite culturalmente.

Fig. 1.10 Architettura mamelucca al Cairo
Cupole e minareti di antiche moschee

Diverse dinastie (Fatimidi, Selgiuchidi, Mamelucchi, dinastie locali) governarono indipendentemente gran parte dei paesi sulle coste del Mediterraneo, in Asia Minore, in Egitto, nell'Africa Magrebina, nella Andalusia, che si era già staccata sin dall'VIII secolo.

Gli studi astronomici e gnomonici continuarono e si svilupparono con una certa uniformità di risultati, quasi indipendentemente dalle divisioni politiche. Ugualmente proseguirono gli studi di modelli non-tolemaici, del calendario e le osservazioni astronomiche. [32]

E' in questo periodo che furono compilati, al Cairo, i testi più importanti e completi che ci sono pervenuti sugli orologi solari e sui metodi di misurare il tempo e che contengono tutte le conoscenze acquisite nei secoli precedenti.

Questi testi furono scritti da Shihāb al-Dīn al-Maqsī (1280 ca.), da Abū al-Hhasan al-Marrākushī (fl. Cairo, 1280) e da Najm al-Dīn al-Misrī (fl. Cairo,1300–1350).

Shihāb al-Dīn al-Maksī compilò una serie di tavole astronomiche che completavano quelle calcolate da Ibn Yūnus nel X secolo e, nel 1277, un trattato sulla teoria degli orologi solari contenente più di 100 tavole per la realizzazione di qualsiasi tipo di quadrante per la latitudine del Cairo.

Abū'Alī al-Hhasan ibn Alī al-Marrākushī, nato in Marocco, visse al Cairo ove operò come *miqāt*, cioè come astronomo addetto a una grande moschea. Qui scrisse una monumentale opera sulla astronomia sferica e sugli strumenti astronomici (astrolabi e orologi solari) dal titolo *Jāmi' al-mabādi' wa'l-ghāyāt* ("La misurazione del tempo dalla A alla Z"). Questo lavoro, praticamente adottato come testo fondamentale nel mondo arabo per molti secoli, fu tradotto in francese nel 1834 da Jean-Jacques Sédillot che in questo modo fece conoscere per la prima volta la gnomonica araba al mondo occidentale

Najm al-Dīn Abū 'Abd Allāh Muhammad ibn Muhammad ibn Ibrāhīm al-Misrī compilò una opera contenente 419 pagine in folio di tavole astronomiche, con più di 415.000 valori, che rimase la raccolta di tavole astronomiche più estesa sino al XIX secolo. Scrisse anche un trattato (ritrovato anonimo, ma a lui recentemente attribuito), sulla costruzione di più di un centinaio di strumenti astronomici (in particolare quadranti, orologi solari e astrolabi) che è

---

[32] Il calendario solare più preciso esistente è il calendario *Jalali* sviluppato sotto la direzione di Umar Khayyam nel XII secolo. E ancora in uso in Persia e Afghanistan

stato tradotto nel 2003 da Francois Charette (*Mathematical Instrumentation in Fourteenth Century Egypt and Syria*).

Le tavole di al-Maksi e di al-Misri e il trattato di al Marrakushi furono usati per vari secoli e influenzarono grandemente gli studiosi arabi di Egitto, Siria e Turchia.
Appartiene a questo periodo anche Abu'l-Hasan Ali Ibn Ibrahim Ibn al-Shatir (1304-1375) che, pur essendo soltanto il responsabile della regolazione del tempo (*muwaqqit*) nella Moschea Umayyade di Damasco, è considerato il più grande astronomo di lingua araba del XIV secolo.
Egli diede contributi significativi alla teoria planetaria modificando profondamente la teoria Tolemaica sino a portarla ad essere matematicamente identica al modello copernicano.[33]

Ibn al-Shatir costruì per la Moschea di Damasco l'orologio solare più famoso fra quelli che ci sono pervenuti, che è certamente, per la complessità e la precisione del disegno, il più bello e importante orologio solare costruito nel mondo prima del XVII secolo.

1.4.6 L'ultimo periodo (1400-1900) - Ristagno e decadenza della ricerca

Negli anni che seguirono l'inizio del XV secolo l'astronomia, e anche altri campi della scienza islamica come la medicina, la geografia, la matematica, le scienze sociali, iniziarono un lento declino: nel periodo emersero ancora eminenti personalità ma la loro comparsa diventò una eccezione, piuttosto che una regola come nei secoli precedenti. Questo declino fu più rapido in Iraq, in Andalusia e nel Maghreb e più lento in Persia, Siria ed Egitto.

Le ragioni di questa decadenza nello studio delle scienze furono molte e diverse e dipesero dai complessi cambiamenti politici ed economici che si ebbero nel mondo islamico a partire dal XII secolo, come risultato di alcuni avvenimenti storici.
Fra questi si possono soltanto ricordare il conflitto crescente fra Sunniti e Sciiti; le conseguenze delle invasioni dei Crociati fra l'XI e il XIII secolo; l'invasione dei Mongoli nel XIII secolo che portò alla distruzione di grandi città, di biblioteche, di osservatori organizzati, di Università e centri di istruzione e cultura (Baghdad fu distrutta nel 1258); la conseguente dispersione dei "sapienti" e della fitta rete di comunicazioni epistolari che univa tutti i paesi di lingua araba; il declino dell'importanza della "via della seta" provocato dalle nuove rotte per l'India e la Cina; lo spostamento del potere economico dal Medio Oriente all'Europa in seguito alle scoperte geografiche del XV e XVI secolo.
Nell'Africa del Nord vi furono continue lotte fra le diverse dinastie per la conquista del potere, mentre in Andalusia l'avanzata degli eserciti cristiani ridusse lentamente la zona dominata dagli arabi sino alla loro definitiva cacciata nel 1492.

---

[33] Per questa ragione sin dal 1950 gli storici della scienza discutono se vi fu un passaggio della sua teoria in Europa e una influenza sul lavoro di Copernico.

Secondo alcuni autori moderni il declino della scienza araba, che si ebbe negli stessi anni in cui la scienza europea iniziava il suo sviluppo, fu dovuto principalmente alla grande difficoltà della stampa degli scritti in lingua araba rispetto alla relativa facilità di quelli in latino, cosa che avrebbe limitato il diffondersi delle nuove nozioni e idee.

La difficoltà della stampa sarebbe stata causata sia dalla diversa forma delle lettere dell'arabo a secondo della loro posizione nelle parole, sia dalle legature e dai vari elementi diacritici.

L'ipotesi sembra però abbastanza superficiale poiché è certo che già i mongoli verso il XIII-XIV secolo stampavano in lingua araba usando i metodi cinesi con caratteri in legno e in Europa, già dagli inizi del '500 usando il metodo europeo dei caratteri mobili, si   stampava materiale liturgico in arabo per i cattolici dei paesi del Vicino Oriente. Il primo libro stampato e scritto in caratteri arabi sembra sia stato il Corano pubblicato a Venezia verso il 1520. [34]

La verità è che quasi improvvisamente la scienza fiorisce in alcuni luoghi e tempi e langue e decade in altri, e nessuno conosce ancora il perché.

1.5 Gli strumenti astronomici

Gli astronomi arabi utilizzarono un grande numero di strumenti astronomici, sia per migliorare la precisione delle osservazioni, sia per risolvere senza calcoli problemi di trigonometria piana e sferica e trasformazioni di coordinate celesti, sia come ausilio alla navigazione, sia infine per la determinazione del tempo.

 Gli antichi strumenti vennero ricostruiti con una precisione più grande e con l'aggiunta di nuove linee, scale e dettagli.

Molti furono quelli inventati, sviluppati e progettati a partire dal IX secolo, sia per trovare nuove soluzioni ai problemi astronomici, sia, spesso, per risolvere problemi specifici legati alla pratica religiosa islamica, come la ricerca delle ore delle preghiere e quella della direzione della Mecca.

Quello che conosciamo di questi manufatti proviene sia dall'esame degli strumenti rimasti e raccolti in musei e collezioni private, sia dalla traduzione e dallo studio dei numerosi trattati manoscritti giunti sino a noi, compilati dai più importanti astronomi. [35]

---

[34] Curiosamente un grande sviluppo alla stampa di opere in arabo fu data dal Vaticano. Nel 1585 il cardinale Ferdinando Medici, su consiglio del Papa Gregorio XIII, affidò all'orientalista Giovanni Battista Raimondi il compito di fondare e guidare la *Typographia Medicea linguarum externarum*" dalla quale ben presto furono stampate le traduzioni in arabo della Bibbia e dei Vangeli e antichi testi arabi di medicina.

[35] Il numero degli strumenti astronomici giunti sino a noi è molto grande. Si tratta quasi sempre di strumenti portatili, in particolare astrolabi e quadranti realizzati in rame o in ottone, costruiti da studiosi o da artigiani di lingua araba che operarono dalla lontana India sino all'Andalusia. Quasi certamente, per la splendida fattura e per il loro valore, immediatamente percepibile anche dal profano, essi furono tramandati da una generazione all'altra, prima fra gli studiosi, poi fra i collezionisti di tutto il mondo.

Riporto qui un breve elenco soltanto per fare notare il numero e la grande varietà di questi strumenti, alcuni dei quali saranno in seguito studiati in dettaglio.

– Strumenti di derivazione greca, come il globo celeste, la sfera armillare e il quadrante meridiano.
– L'Astrolabio, che è considerato il più importante strumento di calcolo, sia in campo astronomico che civile, prima dell'invenzione del moderno calcolatore digitale. Originariamente inventato da Ipparco nel II secolo a.C., fu molto migliorato prima dagli Indiani poi dagli studiosi di lingua araba, con l'aggiunta di nuove linee e grafici. Fu diffusamente usato, in tutto il mondo, dal VII al XVIII secolo e, sino alla invenzione del cannocchiale, fu anche lo strumento di osservazione più usato dagli astronomi. L'astronomo persiano Al-Sufi (903-986) descrisse più di mille applicazioni dell'astrolabio relative all'astronomia, all'astrologia, agli oroscopi, alla navigazione, alla topografia, alla determinazione delle ore, alla ricerca della qibla e delle ore delle preghiere, ecc. [36]
– Moltissimi tipi di orologi solari, fra cui il primo orologio solare con gnomone polare, l'orologio solare universale con bussola (Ibn al-Shāṭir, XIV secolo), la cosiddetta "*Navicula veneziana*" (Baghdad, IX secolo).
– I quadranti solari. Di origine antica furono utilizzati sin dall'anno 650 circa per trovare le ore del giorno attraverso l'osservazione del Sole, fra essi:
    – il quadrante orario per una data latitudine, disegnato da al-Khwārizmī a Baghdad nel IX secolo;
    – il "*quadrans vetus*", quadrante orario universale che poteva essere usato per qualunque latitudine per trovare l'ora. Fu il secondo strumento astronomico per importanza e uso durante tutto il Medio Evo. Inventato da al-Khwārizmī nel IX secolo a Baghdad;
    – il "quadrante astrolabico" inventato in Egitto nell'XI o XII secolo e conosciuto in seguito in Europa come "*quadrans novus*";
    – il "quadrante seno" o "*Rubul Mujayyab*" (da *rub*, quadrante, e *mujayyab*, segnato con i seni) era usato per misurare angoli, per trovare l'ora, per trovare le posizioni degli oggetti celesti, risolvere problemi trigonometrici e per calcoli astronomici (al-Khwārizmī a Baghdad, IX secolo).
– Il Sestante. Il primo sestante fu costruito in Iran da Abu-Mahmud al-Khujandi nel 994; era di raggio molto grande per avere migliore precisione nelle misure astronomiche. Ulugh Beg nel XV sec. costruì a Samarcanda un sestante murale (fisso) con un raggio di 36 metri.
– L' "astrolabio lineare" (bastone di al-Tūsī) inventato da Sharaf al-Dīn al-Tūsī nel XII secolo.

---

[36] Nelle "*Mille e una notte*", nella famosa "Storia del barbiere di Baghdad" (29' notte), viene descritto un barbiere che si dichiara astrologo, astronomo ed esperto dell'uso dell'astrolabio e che usa questo strumento per trovare se l'ora è adatta per tagliare i capelli ai suoi clienti.

- Il "quadrato delle ombre" usato per determinare l'altezza lineare di un oggetto. Anch'esso inventato da al-Khwārizmī . Si trova spessissimo disegnato nel retro degli astrolabi.

- L'*Equatorium*, inventato da Abū Ishāq Ibrāhīm al-Zarqālī (Arzachel 1029-1085) a Toledo. Era in pratica un calcolatore analogico per trovare le posizioni del Sole, della Luna e dei pianeti.

- La *Saphea* o *Safika* o *Assafea* era uno strumento derivato dall'astrolabio, inventato sempre da Arzachel.

- Il "calendario lunisolare meccanico a ingranaggi" inventato da al-Bīrūnī, che precorre gli orologi astronomici del rinascimento.

- Lo *Zuraqi*, astrolabio costruito verso il 1000 dall'astronomo matematico Abu Sa'id Sijzi, che credeva nell'eliocentrismo, nel quale la Terra ruota attorno al Sole. Al-Bīrūnī scrisse di averlo visto e ammirato.

- Il "*Tubo da Osservazione*" (senza lenti). Questo strumento consisteva in un semplice tubo vuoto avente una lunghezza decine di volte maggiore del suo diametro: era usato perché permette di focalizzare lo sguardo su una piccola parte del cielo, eliminando la luce parassita. I "tubi da osservazione" non compaiono in nessun testo di astronomia ellenistica ma erano già noti e usati in Cina dal VI secolo; sono ricordati per la prima volta da al-Battānī (853-929), che li usò nelle sue osservazioni, e da al-Bīrūnī (973-1048) che ne descrive l'uso in dettaglio. Alcuni secoli dopo passarono nell'Occidente medievale latino dove diventarono uno strumento classico in astronomia ed ebbero influenza nella invenzione del cannocchiale.

- La "Camera Oscura" e la proiezione del Sole attraverso un foro. Ibn al-Haytham (965-1040) nel suo testo sull'ottica descrisse questo strumento osservando che più piccolo era il diametro del foro, migliore la nitidezza dell'immagine prodotta. Osservò l'immagine del Sole attraverso i fori in una finestra. Nell'anno 994 l'astronomo suo contemporaneo al-Khujandi (940-1000), costruì nella antica città di Rayy, vicino alla moderna Teheran, un quadrante di 20 metri di raggio che poteva essere anche usato come meridiana a camera oscura.

- La Bussola magnetica. I primi riferimenti all'uso per scopi astronomici della bussola magnetica si trovano in un manoscritto dell'astronomo yemenita Al-Ashraf (1282): era costituita da un ago galleggiante in una coppa piena d'acqua. L'autore scrive di essere a conoscenza di una bussola usata su una nave circa 40 anni prima. Nel XIV secolo Ibn al-Shāṭir inventò e costruì per la prima volta una meridiana portatile universale con incorporata una bussola usata per il suo posizionamento.

1.6 Il passaggio della conoscenza dal mondo musulmano all'Occidente

Tra il X e il XIII secolo si ebbe un grande trasferimento di conoscenze e di sapere in tutti i campi della cultura, e in particolare della scienza, tra il mondo musulmano e quello europeo e dopo due secoli la cultura dell'Occidente ne uscì completamente influenzata e trasformata. Tutti i settori del sapere subirono l'influenza araba: la filosofia, la teologia, la letteratura, la musica, l'astronomia, la matematica, la geometria, la chimica, la geologia, l'ottica, la medicina, l'architettura, l'agricoltura e la tecnologia.

Occorre però, prima di entrare in dettaglio su questo argomento, chiarire proprio il concetto di questa "trasmissione del sapere" che si ebbe fra l'Oriente e l'Occidente.
Come in parte si è già scritto in precedenza, quasi tutti gli storici della scienza degli ultimi due secoli, con poche eccezioni, hanno affermato e cercato di dimostrare che la scienza islamica non aveva prodotto nulla di originale e che il solo merito degli "arabi" fu quello di scoprire e tradurre i manoscritti della cultura indo-greca, di conservare le conoscenze in essi contenute e, alla fine, di trasmetterle all'Occidente.
Secondo questa tesi essi ebbero cioè la stessa funzione dei monaci medievali che "copiavano senza capire" i testi antichi depositati nei monasteri, per preservarli dalla incuria del tempo.
Questo concetto, che si basa sulla presunta "passività" degli studiosi arabi, è completamente falso, come si desume sia dallo studio non preconcetto delle opere da essi prodotte, sia dalle scoperte che continuamente vengono alla luce in seguito alle traduzioni dei manoscritti in lingua araba presenti nelle biblioteche di tutto il mondo.

Gli studiosi moderni hanno da tempo preso piena coscienza che, nonostante in molti libri di testo e manuali per le scuole sia ancora affermato il contrario, l'Islam non fu un semplice "copiatore" e "trasmettitore" di conoscenza ma sviluppò alcune scienze completamente nuove come l'algebra, la chimica, la geologia, la trigonometria sferica, l'ottica e portò nuovi apporti e approfondimenti anche alle scienze classiche come la geografia, l'astronomia e la gnomonica.
In particolare in queste ultime discipline gli studiosi islamici andarono ben oltre i metodi matematici e geometrici dei greci-alessandrini e fornirono gli strumenti essenziali per la loro evoluzione che riprese soltanto al termine del Rinascimento occidentale. [37]

Questa trasmissione di conoscenze fra le culture islamica ed europea ebbe inizio all'incirca nei primi anni dell'XI secolo per opera di studiosi e di viaggiatori isolati, ma divenne molto importante soltanto nel XII-XIII secolo.
I centri di contatto in cui fu più attiva l'opera di ricerca e di traduzione furono la Spagna centrale e la Sicilia, quei paesi cioè che erano da secoli sotto il dominio arabo e ne avevano assimilato la lingua e le istituzioni e in cui, lentamente, stava avanzando la riconquista da parte della cristianità.
Qui erano ancora presenti studiosi di lingua araba, biblioteche e centri culturali in cui si trovavano raccolte sia copie delle opere della antica cultura classica, sia le opere degli studiosi e scienziati dell'Islam ed inoltre era ancora vivo lo spirito di tolleranza religiosa, che sfortunatamente andò scomparendo nei secoli successivi, che permetteva l'accesso non solo agli studiosi di lingua latina, ma anche ai religiosi cristiani.

---

[37] Poco fu ottenuto in Europa sino al 1550 ca. che non fosse già stato scoperto, studiato, descritto dagli studiosi musulmani tra il IX e il XV secolo.

La Sicilia, occupata dai Musulmani dal 965 al 1072, durante la successiva dominazione normanna sino al 1150 ca. mantenne nelle classi elevate e nella burocrazia il trilinguismo arabo-latino-greco, cosa che facilitò grandemente l'opera degli studiosi traduttori.[38]

Come si è sopra accennato i primi europei che compresero l'importanza della scienza islamica furono alcuni intellettuali che, per ragioni diverse, vissero in comunità di lingua araba e scoprirono, seguendo la propria personale curiosità, la grande mole di conoscenze reperibili nelle biblioteche delle grandi città.
Assimilarono così parte di queste conoscenze, le portarono in Occidente e le riscrissero in latino, sia in forma di traduzioni, sia in forma di compendi e adattamenti, sia all'interno di loro opere.

Fra i più importanti ricordo:
- Gerberto di Aurillac (950-1003, diventato papa Silvestro II nel 999) che si trasferì in Catalogna ove studiò matematica e fu fra i primi a introdurre l'abaco in Europa. Scrisse testi di matematica, di astronomia, sulla sfera armillare e sull'astrolabio.

- Hermann von Reichenau (1013-1054), conosciuto anche con i nomi di Hermann der Lahme (Hermann lo zoppo) e Hermannus Contractus, monaco, astronomo, storico, musicologo tedesco. Pubblicò in latino molte opere che prima erano disponibili solo in lingua araba. Fra queste *De Mensura Astrolabii*, *De Utilitatibus Astrolabii* quasi certamente derivate dalla traduzione di un'opera dell'astronomo ebreo-persiano Masha'allah ibn Athari (circa 815).

- Giovanni da Siviglia (Johannes Hispaniensis), ebreo convertito al cristianesimo, che lavorò in Galizia, diede avvio verso il 1120 alla scuola spagnola di traduttori dall'arabo e tradusse personalmente in latino alcuni lavori di al-Battani e di Thabit ibn Qurra, testi di medicina, di alchimia, di filosofia, astrologia e astronomia. Scrisse anche un testo di matematica, il *Libro degli algoritmi relativi all'aritmetica pratia*, che, prima di Fibonacci, diede inizio alla diffusione del sistema decimale arabo-indiano.

In seguito, quando in Europa ne fu compresa l'enorme importanza, il lavoro di traduzione da sporadico si intensificò anche per la maggiore disponibilità di testi in lingua araba, e divenne quasi sistematico. Nel secolo XII molti studiosi cristiani si trasferirono a Toledo dopo la sua riconquista nel 1085, per imparare la lingua araba e tradurre opere scientifiche, di matematica e di astronomia in particolare.
Qui, con l'intervento attivo dell'arcivescovo Raimondo de Sauvetât (1125–52), la biblioteca della cattedrale si trasformò ben presto nel più importante centro di traduzione in Spagna, la *"Escuela de traductores de Toledo"* o "Scuola dei traduttori di Toledo", istituzione tuttora esistente.

---

[38] Uno dei più importanti trattati di geografia del Medio Evo, dal titolo *Nuzhat al-mushtaq fi'khtiraq al-afaq* (cioe "Il libro di viaggi piacevoli in terre lontane"), latinizzato in "Tabula Rogeriana", fu scritto dal geografo marocchino Muhammad al-Idrisi nel 1154 per il re Ruggero II di Sicilia.

Fra i traduttori ricordo:

- Gerardo da Cremona (1114-1187). Arrivò a Toledo verso il 1145 per conoscere l'Almagesto di Tolomeo, poiché non era riuscito a rintracciarlo nei testi in latino non esistendo ancora la versione dal greco fatta in Sicilia nel 1160. A Toledo colpito dalla grande quantità di opere in arabo riguardanti tutti i campi del sapere e ricordando la povertà delle raccolte di testi in latino, decise di imparare l'arabo e divenne il più prolifico traduttore del suo tempo, con più di 87 libri tradotti. Fra questi vi furono l'*Almagesto* di Tolomeo, il *Libro dell'ottica* di Ibn al-Haytham, gli *Elementi di astronomia* di al-Farghani, le *Tavole Toledane* di al-Zarqali; opere di Archimede, di Aristotele, di Thabit ibn Qurra, di al-Kindi e molti testi di medicina.

- Adelardo di Bath (Adelardus Bathensis) (1080-1152) monaco benedettino inglese, filosofo e matematico. Fu uno dei primi a introdurre il sistema dei numeri indiani in Europa con la sua opera "*Liber algorismi de Numero Indorum*" e a scrivere un trattato sull'astrolabio. La sua traduzione in latino degli *Elementi* di Euclide, studiata anche da Ruggero Bacone nel secolo successivo, fu la base del volume *Elementa geometriae* di Giovanni Campano (Campanus di Novara, 1220–1296), che diventò uno dei testi più studiati nelle prime Università Europee nei secoli seguenti e che fu stampato a Venezia nel 1482. Tradusse anche in latino le tavole astronomiche di al-Khwarizmi.

Fig. 1.11 Leonardo Fibonacci
(1170-1240)

- Plato Tiburtino o Plato di Tivoli – probabilmente di origine italiana, è conosciuto soltanto per le sue traduzioni fatte a Barcellona ove visse tra il 1130 e il 1150. Tradusse dall'arabo e dall'ebraico in latino libri sulla trigonometria e sull'astronomia di al-Battani, il *Tetrabiblos* di Tolomeo, opere di Archimede e per primo fece conoscere in Occidente alcuni lavori sull'astrolabio

- Robert di Chester (Robertus Castrensis) visse attorno alla metà del XII secolo. Tradusse per primo nel 1144 il *Liber algebrae et almucabala (o Algebra)* di al-Khwarizmi (ritradotto poi anche da Gerado da Cremona), tavole astronomiche e trigonometriche e opere di alchimia.

- Leonardo da Pisa o Leonardo Fibonacci (1170-1240 ca.), matematico [39]. Alla fine del XII secolo Guglielmo della famiglia dei Bonacci, notaio del Comune di Pisa e rappresentante

---

[39] Il nome Fibonacci con cui Leonardo Pisano è oggi universalmente conosciuto gli fu attribuito probabilmente nel Settecento partendo dal nome "filius Bonacci" presente nella intestazione del *Liber Abaci* e soltanto nell'Ottocento fu diffuso nella comunità scientifica dallo storico e matematico francese Guillome Libri.

Un altro nome con cui egli fu conosciuto nella sua epoca, e che fu usato dallo stesso Leonardo in alcuni scritti, è "*Bigollo*". Il significato di questo soprannome è incerto. Probabilmente deriva dal doppio significato che si ritrova ancora nelle parole moderne "bighellone" e "bighellonare", cioè

dei mercanti della repubblica pisana, condusse con sé il figlio Leonardo nella città di Bugia in Algeria (oggi Bijaya o Bugia o Bougie), dove visse alcuni anni, imparò l'arabo, prese da prima lezioni di aritmetica e abaco e, attingendo direttamente alle fonti arabe, studiò i procedimenti dei metodi di calcolo e della matematica araba.

Ritornato a Pisa verso il 1200 scrisse numerose opere che contribuirono alla diffusione dei numeri "arabi" e dei nuovi metodi di calcolo ed influenzarono lo sviluppo delle scienze in Occidente nei secoli successivi. Fra queste il famosissimo *Liber Abaci*, scritto nel 1202 e riscritto nel 1228, con cui introdusse per la prima volta in Europa le cifre, da lui chiamate indiane. Altre sue opere sono la *Practica geometriae*, il *Flos*, il *Liber quadratorum* e l'*Epistola ad Magistrum Theodorum*.

1.7 Una curiosità – L'influsso dell'arabo sulla pittura occidentale

Fig. 1.12 Gentile da Fabriano - Pala dell'adorazione dei Magi (1423), particolare
Galleria degli Uffizi, Firenze
Nell'aureola della Vergine si può chiaramente vedere una scritta in caratteri arabi
(deformati) nella quale le diverse parole sono separate da "rosette" uguali a quelle che si
trovano nelle decorazioni di piatti di fattura Mamelucca.

"buono a nulla", "fannullone" (poiché non aveva altri interessi che le teorie matematiche) o "viaggiatore" (per i numerosi viaggi che fece) o "distratto". In una piastra posta nel 1867 nell'atrio dell'archivio di Stato di Pisa è riportata una annotazione del 1241 scoperta negli archivi del Comune dove si assegna uno onorario annuo a Leonardo Bigollo. In essa si legge "… *doctrinam quam per sedula obsequia discreti et sapientis viri magistri Leonardi Bigolli in abbacandis estimationibus…*"

Oltre al trasferimento di conoscenze di cui si è parlato in precedenza, lo studio dei manoscritti arabi portò in Occidente anche una grande curiosità su quel mondo conosciuto soltanto attraverso i racconti dei mercanti e il ricordo delle Crociate avvenute più di quattro secoli prima. Uno dei campi in cui si fece sentire questa influenza fu la pittura e precisamente alcuni elementi e particolari decorativi che si possono ritrovare in decine di opere del XIII e XV secolo.

Fig. 1.13 Gentile da Fabriano - Madonna dell'Umiltà (1420 circa)
Particolare - Museo Nazionale di San Matteo, Pisa

Mi riferisco in particolare alle scritte in arabo o alle loro imitazioni, in caratteri cosiddetti "cufici", usate come elementi decorativi, che troviamo inaspettatamente in alcuni dipinti a carattere religioso: all'insieme di questi elementi oggi si da il nome di "ornamenti pseudo-cufici " o anche di "*kufesque*".
Le scritte in pseudo-cufico si trovano usate o nei bordi dei drappi e dei tessuti che avvolgono le figure o nelle aureole e nelle cornici e, in particolare nelle immagini della Madonna.

Non sono del tutto chiare le ragioni che portarono tanti pittori, generalmente di livello culturale molto alto, ad utilizzare queste decorazioni.
Secondo una ipotesi i pittori per impreziosire le immagini, in particolare quelle della Vergine, usavano i tessuti più belli e preziosi che riuscivano a trovare per creare i panneggi che ammiriamo nei dipinti. Questi tessuti, che provenivano quasi tutti dal vicino Oriente, riportavano sovente sui bordi, delle decorazioni ricamate e formate, all'uso islamico, da scritte e frasi del Corano, che venivano copiate dagli artisti nella completa ignoranza del loro significato.
Secondo una diversa ipotesi invece, a mio parere più vicina al vero, le parole che si trovavano ricamate sul bordo dei tessuti provenienti dall'Oriente vennero credute scritte nella lingua

parlata in Palestina al tempo di Gesù: questo spiegherebbe anche il perché molte aureole sono così decorate.

Il restauro di uno dei più famosi dipinti del Masaccio, il "Trittico di S.Giovenale" del 1422, conservato nel Museo Masaccio di Casia di Reggello (FI), ha portato alla luce sull'aureola della Madonna una scritta in lettere arabe in cui è facilmente leggibile la *shahada*, cioè la professione di fede della religione Musulmana *"La ilaha illa Allah Mohammad rasul Allah"* o *"Non c'e' altro Dio all'infuori di Allah e Maometto è il suo Profeta"*.

I critici sostengono che Masaccio era certamente conscio del significato di questa scritta ma non azzardano alcuna ipotesi per spiegarla.

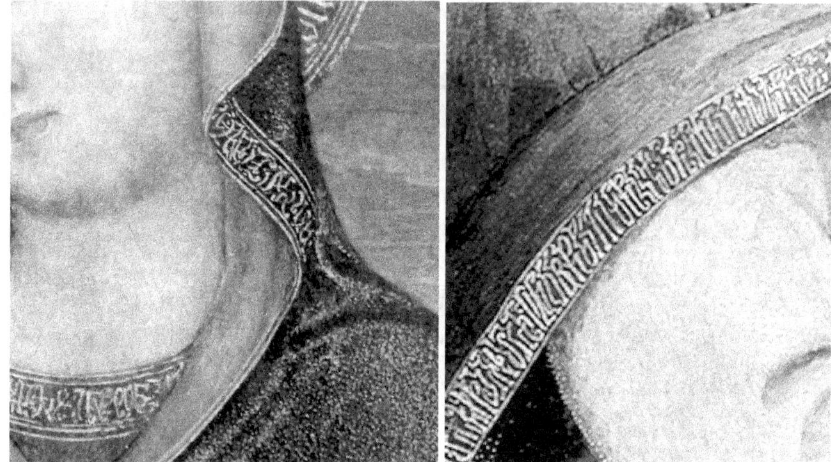

Fig. 1.14   A sinistra: Jacopo Bellini - Madonna dell'umiltà (1440), particolare
National Gallery, Londra.
A destra : Filippo Lippi - Madonna con bambino (1465), particolare
Alte Pinakoteke, Monaco di Baviera

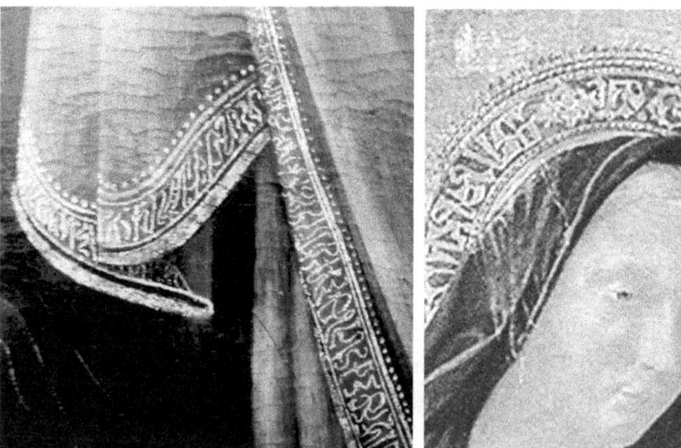

Fig. 1.15   A sinistra: Filippo Lippi - Pala Barbadori (1438), particolare - Louvre, Parigi
A destra : Masaccio – Madonna in Trono (1426) , particolare - National Gallery , Londra

Parte II

LA MISURA DEL TEMPO
E
LA GNOMONICA ISLAMICA

Capitolo 2
LA MISURA DEL TEMPO E LA GNOMONICA ISLAMICA

2.1 I primi studi

Come ho già ricordato, alcune delle fondamentali prescrizioni della fede islamica riguardano le preghiere che ogni fedele deve recitare nell'arco della giornata, la direzione verso la quale egli deve rivolgersi durante tali adempimenti, la *qibla*, e, infine, la determinazione dell'inizio del mese Ramadan (*hilal*) e del digiuno rituale.
La ricerca di una soluzione a questi problemi portò gli studiosi di religione islamica all'approfondimento dell'astronomia e in particolare da essi venne subito data grande importanza alla ricerca di metodi per la determinazione dei periodi in cui recitare le preghiere e i loro istanti iniziali e finali (*mikat*).
Poiché gli intervalli in cui recitare le preghiere diurne *'asr e zhur* erano stati stabiliti in termini di *lunghezze d'ombra*, si comprese subito l'importanza dello studio, del progetto e dell'uso degli orologi solari.[1]
Nel primo secolo delle conquiste per risolvere questi problemi furono usati metodi empirici derivanti dalla astronomia popolare e da antiche formule indiane nate per trovare le ore temporarie a partire dalla lunghezza dell'ombra di un'asta piantata verticalmente nel terreno.

Subito dopo la fine del periodo delle conquiste, poiché la religione islamica è molto esigente e rigorosa nei suoi dettami e in essa non è tollerato il "pressapochismo", dalla richiesta di una maggior precisione nacque l'impulso allo studio sia dell'astronomia antica, sia dei metodi matematici ad essa necessari.
I primi studiosi di lingua araba che appresero il calcolo del moto del Sole, traducendo anche personalmente le opere indiane e greche, si dedicarono anche lo studio delle ombre e degli orologi solari e, sin dalla fine dell'VIII secolo, diedero inizio a quella che si possiamo chiamare *"gnomonica araba"*, scrivendo manuali sul loro progetto e sulle modalità di costruzione, calcolando tavole numeriche (*Ziji*) e costruendo orologi solari piani, orizzontali, verticali, inclinati, e anche orologi cilindrici e conici.[2]
Sarebbe molto lungo anche il semplice elenco di tutti gli astronomi e studiosi di lingua araba che scrissero sugli orologi solari: ricorderò qui soltanto le opere e gli autori più importanti in parte già richiamati nel capitolo precedente.

Il trattato più antico, giunto sino a noi, è un testo attribuito all'astronomo-matematico al-Khwārizmī (780-850 ca.) che introdusse importanti miglioramenti alla teoria del calcolo delle

---

[1] Viene tramandato che 'Umar ibn'Abd al-'Azīz, ottavo califfo della dinastia Omayyade dal 717 al 720, per trovare gli istanti delle preghiere utilizzasse un antico orologio solare romano che segnava le ore temporarie.

[2] D. King - *The world Maps for finding the Direction and distance to Mecca* - 8.2.4 – Reflections on Islamic gnomonics – p. 297

meridiane ereditata dagli astronomi ellenistici e indiani.[3] Un secondo manoscritto che ci è pervenuto, sempre del IX secolo, descrive invece per la prima volta gli orologi solari portatili cilindrici e conici, mentre la prima opera, di cui si conosce il testo, che tratta della costruzione di meridiane verticali è del X secolo.

L'astronomo persiano Habash al-Hasib al-Marwazī (796-870 ca.) fu il primo che, nell'829 in occasione di una eclisse, utilizzò l'altezza del Sole per la determinazione dell'ora impiegando nuovi procedimenti trigonometrici sconosciuti a Tolomeo. Introdusse verso l'830 il concetto di *"umbra versa"*, equivalente alla funzione trigonometrica tangente, e compilò la prima tavola dei valori di tali "ombre". Scrisse un trattato sulla costruzione dell'astrolabio, uno sugli orologi solari e sugli gnomoni e uno sulla costruzione di orologi su piani orizzontali e su piani verticali inclinati e declinanti o, più precisamente, su *"piani che non coincidono con le direzioni principali"*.[4]

L'astronomo-matematico Thābit ibn Qurra (826-901) fu invece il primo che, in un testo dal titolo *"Libro sugli strumenti che indicano le ore, detti orologi solari"*[5], descrisse la teoria per la costruzione delle linee orarie nelle meridiane realizzate su piani comunque disposti, prendendo in esame 7 tipi diversi di giacitura. Egli utilizzò un metodo basato sulla trasformazione fra il sistema di coordinate celesti equatoriali, quello delle coordinate azimut-altezza e un sistema di coordinate polari sul piano della meridiana. Questo metodo è molto simile a quello esposto nel trattato *"Analemma"* di Tolomeo, sconosciuto a Thābit ibn Qurra poiché non fu mai tradotto in arabo. [6] [7]

Ahmad ibn Muhammad ibn Kathīr al-Farghānī, noto in Europa col nome latinizzato di *Alfraganus* scrisse, circa nell'anno 820, un libro sugli orologi solari e sui globi celesti [8], mentre

---

[3] Il manoscritto contiene una serie di tavole numeriche che riportano sia l'altezza e l'azimut del Sole, sia la lunghezza dell'ombra di uno gnomone verticale, in corrispondenza alle ore temporali nei giorni dei solstizi. Con l'uso di queste tavole, calcolate per 12 latitudini diverse, era molto semplice disegnare una meridiana orizzontale. Da notare il fatto che l'azimut del Sole e la lunghezza dell'ombra coincidono con quelle che modernamente chiamiamo "coordinate polari".

[4] Molte delle notizie precedenti sono tratte dalla *"Encyclopaedia of Islam"* - E. J. Brill, 1986

[5] Il testo è stato tradotto per la prima volta in tedesco nel 1936 da K. Garbers e, più recentemente, pubblicato nella traduzione francese a cura della Societé d'édition "Les Belles Lettres", Parigi 1987, all'interno del volume *"Thābit ibn Qurra - Oeuvres d'Astronomie"*

[6] Thābit ibn Qurra scrisse anche il libro dal titolo *"Descrizione delle figure che forma l'estremità dell'ombra di uno gnomone su un piano orizzontale"*. Il testo, giunto attraverso una copia del 1342, è stato tradotto per la prima volta in tedesco da E. Wiedemann_e J. Frank nel 1922. Descrive, con chiarissime figure, le curve percorse durante il giorno dall'estremo dell'ombra di uno gnomone, prendendo in considerazione diversi luoghi sulla superficie terrestre.

[7] Le opere di Thābit nonostante la profondità del loro contenuto, non furono molto diffuse e praticamente non ebbero influenza sugli astronomi islamici dei secoli successivi che, nel trattare la teoria degli orologi solari, utilizzarono strumenti matematici diversi. Lo gnomonista moderno che affronta per la prima volta i lavori di Thābit si trova di fronte ad un susseguirsi impressionante di sorprese fra le quali anche quella dell'utilizzo di relazioni di trigonometria sferica che, nel mondo occidentale, verranno riscoperte ed applicate solo a partire dal XVII-XVIII secolo !

[8] Le conoscenze dell'astronomia tolemaica che Dante mostra nella Divina Commedia ed espone nel

Muhammad al-Battānī (*Albatenius*) (858-929), di qualche anno più giovane dimostrò come si possono costruire gli orologi solari ad ore ineguali.[9]

Il famoso astronomo al-Bīrūnī (973-1048) scrisse, fra le sue 138 opere, il *"Trattato esaustivo sulle ombre"* in cui discute la natura, le proprietà e le applicazioni delle ombre.

Fra i moltissimi argomenti compresi nel testo ricordo soltanto i capitoli che riguardano direttamente gli orologi solari islamici e cioè il *"Tempo misurato con le ombre"* e *"Le ore delle preghiere e l'ombra"*.[10]

Fig. 2.1 Frontespizio

Di alcuni secoli successivi infine, sono giunti sino a noi i manoscritti delle opere degli astronomi al-Marrākushī, al-Maqsi e al-Misrī che operarono tutti in Egitto nel XIV secolo. Queste sono le opere che più hanno permesso di conoscere in dettaglio la gnomonica araba in quanto raccolgono tutte le conoscenze accumulate dal IX al XIV secolo e sono state le fonti principali di molti studi affrontati nel presente volume.[11]

Convivio provengono quasi certamente dalle opere di Alfraganus, che erano state tradotte in latino nel XII secolo e che furono molto diffuse in Europa.

[9] Agli scritti di al-Battānī, lo studioso torinese Carlo Alfonso Nallino (1872-1938) ha dedicato un'opera in latino in tre volumi dal titolo *"al-Battani sive Albatenii opus astronomicum"*, pubblicata a Milano dall'Osservatorio di Brera nel 1899-1907. L'opera è stata ristampata in Germania nel 1969.

[10] Il volume è stato tradotto e commentato da E.S. Kennedy e pubblicato con il titolo *"The exhaustive treatise on shadows"* presso l'Università di Aleppo in Siria, nel 1976.

[11] Occorre notare che, nonostante gli stupefacenti avanzamenti nella gnomonica che si ebbero a Baghdad nel IX e X secolo, e che continuarono in Egitto nel XIII e in Siria nel XIV, sembra che queste conoscenze non fossero note, o almeno utilizzate, nei paesi a religione islamica ad Est della Persia. Una testimonianza del tempo riporta che a Samarcanda all'inizio del XV secolo gli astronomi non sapevano costruire una meridiana verticale. D.A. King – *"The world Maps for finding the direction and distance to Mecca"*, 8.2.4, *Reflections on Islamic gnomonics"* – p. 297

2.2 I grandi trattati di gnomonica

Abū ʿAlī al-Marrākushī, che lavorò al Cairo, verso il 1280 scrisse il monumentale trattato dal titolo *"Kitab Jami al-mabadi' wa-'l-ghayat fi ilm al-miqat"*, cioè *"Alcuni principi e fini della scienza per la determinazione del tempo"*, che è considerato il più importante testo sulla astronomia sferica giunto sino a noi e uno dei due più importanti sulla antica strumentazione astronomica islamica.

Il volume, di molte centinaia di pagine e ricchissimo di figure e tavole numeriche, contiene una lunga parte dedicata al progetto e alla costruzione di moltissimi tipi di orologi solari, fissi e portatili, di quadranti orari e di diversi strumenti astronomici e matematici·

Questo testo fu la base di tutti i successivi studi su questo argomento nei periodi della dominazione dei Mamelucchi e degli Ottomani.

Shihab al-Din al-Maqsi, contemporaneo di al-Marrākushī, compilò un gruppo di tavole per la latitudine del Cairo, che davano il tempo trascorso dall'istante del sorgere del Sole in funzione della sua altezza e della sua longitudine celeste, cioè della sua posizione nello Zodiaco. Queste tavole furono trascritte ed estese nel secolo successivo e di esse rimangono diverse copie manoscritte.

TRAITÉ

DES

INSTRUMENTS ASTRONOMIQUES

DES ARABES

COMPOSÉ AU TREIZIÈME SIÈCLE

PAR ABOUL HHASSAN ALI, DE MAROC

INTITULÉ

جَامِعُ ٱلْمَبَادِى وَٱلْغَايَاتِ

(COLLECTION DES COMMENCEMENTS ET DES FINS)

TRADUIT DE L'ARABE

SUR LE MANUSCRIT 1147 DE LA BIBLIOTHEQUE ROYALE

PAR J.-J. SÉDILLOT

Fig. 2.2 Frontespizio della prima pubblicazione della traduzione di J.J. Sédillot
del manoscritto di ʿAlī al-Marrākushī,- Parigi 1834

In alcune di esse si trovano anche i valori dell'azimut del Sole in funzione di ogni grado di altezza, l'angolo orario all'istante della preghiera Asr, gli istanti in cui il Sole si trova nella direzione della Mecca, la durata dei crepuscoli, tavole per orientare i *ventilatori* al Cairo, ecc. Nel 1277 scrisse anche un esteso trattato sulla teoria degli orologi solari, contenente più di 100 tavole, utili per la realizzazione di quadranti solari verticali e declinanti, che furono usate per diversi secoli per tracciare le meridiane sulle pareti delle moschee del Cairo.

Infine l'astronomo Najm al-Dīn al-Misrī (fl. Cairo 1300-1350) scrisse lavori sull'astronomia sferica, un trattato contenente le più estese tavole astronomiche mai compilate sino al XIX secolo - con più di 415.000 valori - e alcuni testi sui metodi per calcolare il tempo (*mīqāt*) con metodi approssimati ed esatti (fra questi il *"Trattato sulle operazioni universali per il calcolo del tempo"* conservato presso la Biblioteca Ambrosiana di Milano).

Gli viene attribuito con certezza un grande trattato, giunto a noi anonimo, in cui è descritta la costruzione di più di un centinaio di orologi solari, astrolabi, quadranti orari e altri strumenti astronomici. Questo testo, che è considerato la sua opera più importante, è la più ricca fonte di conoscenze sulla strumentazione astronomica medievale islamica, sino ad oggi conosciuta.

I trattati e le tavole di al-Marrākushī, di al-Maksi e di al-Misri influenzarono grandemente, nei secoli seguenti, gli studiosi di lingua araba in Egitto, Yemen, Siria e Turchia Ottomana.

Infine l'astronomo Ibn al-Sarraj, che visse ad Aleppo circa 50 anni dopo (1250-1326), inventò e costruì molti quadranti, astrolabi e altri strumenti astronomici e scrisse trattati sulla costruzione e sull'uso di tutti quelli da lui conosciuti. Inventò un astrolabio universale, cioè valido per tutte le latitudini, che è considerato il più complesso strumento di questo tipo mai costruito.[12]

2.3 I *muwaqqit* e i *mīqāti*

Come ho già scritto, nel modo arabo alla astronomia popolare, cioè alle nozioni sul moti delle stelle e dei cieli conosciute da tutti, si affiancò presto l'astronomia scientifica matematica che studiò e perfezionò i metodi di calcolo per la previsione delle posizioni dei corpi celesti. Questa *"astronomia scientifica"*, che era patrimonio di una strettissima minoranza di specialisti e studiosi, non riuscì però mai a soppiantare l'*"astronomia popolare"* che rimase radicata nel popolo minuto, con i suoi metodi empirici, le sue filastrocche e i suoi proverbi a scopo mnemonico, e i suoi legami con l'astrologia e la vita nelle campagne.

La stessa dicotomia si ripeté per quello che riguarda i metodi per la determinazione dei tempi delle preghiere in cui, da una parte si usarono sistemi approssimati e tradizionali, tramandati da generazioni, e dall'altra complesse tavole numeriche e sofisticati strumenti astronomici, come orologi solari e astrolabi.

I metodi *"popolari"* si diffusero largamente in tutto il mondo arabo; quelli *"scientifici"* soltanto nelle gradi moschee delle principali città, a partire dal XIII secolo in particolare in Egitto, Africa settentrionale e Siria e, dal XV secolo, in Turchia.

In ogni moschea erano presenti, allora come oggi, uno o più muezzin (مؤذن *mu'adhdhin*) il cui compito principale era quello di chiamare i fedeli e annunciare, salmodiando dal minareto, che era giunto il tempo della preghiera.

---

[12] Gli strumenti descritti da Ibn al-Sarrāj rappresentano il culmine della strumentazione astronomica nell'antico mondo islamico.

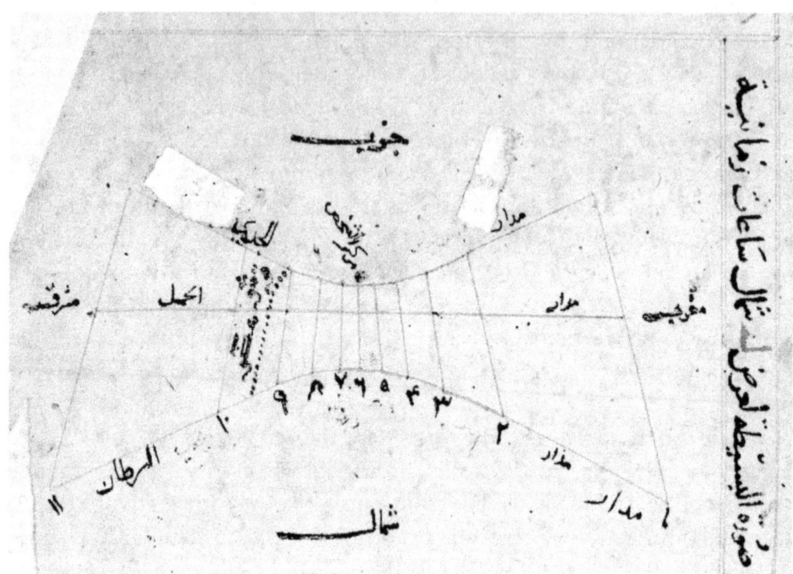

Fig. 2.3   Orologio solare orizzontale ad ore temporarie
Manoscritto di un *muwaqqit* operante al Cairo 1319

Sino al XIII secolo le conoscenze richieste ai muezzin erano ristrette alle basi dell'astronomia popolare, come, ad esempio, alcune nozioni sulle case lunari e alcuni metodi empirici per trovare le ore di giorno e di notte, e rientravano fra i loro compiti lo stabilire gli istanti delle diverse preghiere. Poiché non avevano in genere una particolare preparazione sul moto del Sole e sull'uso degli strumenti astronomici, utilizzavano a questo fine le lunghezze delle ombre gettate da uno gnomone verticale su un piano orizzontale, confrontando i valori trovati con quelli memorizzati e tramandati oralmente.

Per aiutare il compito del muezzin, già dal X secolo cominciarono ad essere costruite, e posizionate in prossimità del minareto, delle semplici meridiane orizzontali con indicate le linee delle preghiere, spesso realizzate in modo abbastanza grossolano sulla base di tavole astronomiche non sempre corrette.

Nelle principali moschee delle grandi città, dove il personale era più acculturato, vennero invece da prima usate tavole numeriche calcolate dai più importanti astronomi (ricordo le prime di al-Khwārizmī calcolate per il Cairo verso l'850) e in seguito, ma soltanto dopo il 1200 circa, venne istituita, da prima al Cairo in Egitto, la figura di un astronomo professionista dipendente dalla moschea (*muwaqqit*) i cui compiti principali erano proprio quelli di stabilire con precisione gli istanti delle preghiere e di progettare gli orologi solari da usare nei servizi religiosi.

I *muwaqqit* di giorno *"leggevano"* l'ora sulle meridiane costruite nelle moschee e comunicavano a segni ai muezzin che era giunto il tempo per richiamare i fedeli alla preghiera; di notte osservavano le stelle e determinavano, per mezzo di astrolabi, gli istanti delle preghiere notturne. Fra i loro compiti vi erano anche quello di determinare la direzione della Mecca, di fare osservazioni della prima falce di Luna nuova per determinare l'inizio dei mesi, di costruire strumenti, di istruire studenti e scrivere manuali per tale insegnamento.

La figura del *muwaqqit* dall'Egitto si diffuse ben presto in Palestina e in Siria, e, in seguito, in Turchia.

Contemporaneamente ai *muwaqqit* comparvero nel mondo musulmano degli astronomi (*mīqāti*) che operavano per, ma non al servizio, delle istituzioni religiose [13] e che erano specializzati nella trigonometria sferica, nel calcolo del tempo e del moto diurno apparente del Sole (*'ilm al mīqāt* [14] o *scienza del tempo*), e nella preparazione di tavole di uso pratico.[15]

2.4 La scoperta in Occidente della gnomonica islamica

Durante la spedizione napoleonica in Egitto del 1798 uno degli studiosi associati al corpo di spedizione, J. J. Marcel direttore della stamperia reale e grande specialista di lingue orientali, trovò, ai piedi del minareto della moschea di Ahmed Ibn Tulun al Cairo, alcuni frammenti di una pietra recante incise numerose linee curve e iscrizioni e che interpretò subito come un orologio solare.

Egli fece subito un disegno, molto preciso e dettagliato, delle linee incise sulla pietra e decise di ripassare il giorno dopo a riprendere i frammenti. Al suo ritorno però le pietre erano scomparse, quasi certamente asportate da qualcuno che pensava di poterle poi vendere ai francesi dato l'interesse che esse avevano suscitato: di esse non si è più saputo nulla.

Il disegno di Marcel fu pubblicato nella grande opera *"Description de l'Egypte"* e la dettagliata incisione pubblicata allora è l'unica immagine che possediamo di questo bellissimo orologio solare intrecciato.

Fu questo il primo incontro della cultura occidentale con gli orologi solari islamici.

Ciò che oggi conosciamo della gnomonica araba deriva, in piccola parte, dalle ricerche effettuate direttamente sugli orologi solari, quasi tutti orizzontali, trovati in alcune moschee e palazzi antichi, e, in larga parte, dagli studi approfonditi sui codici manoscritti arabi e turchi in cui sono descritti, o comunque menzionati, i vari tipi di strumenti astronomici e matematici comunemente in uso nel XIII secolo.

---

[13] Vedi David A.King - *In synchrony with the heavens* - Part V - *On the role of the muezzin and muwaqqit in medieval Islamic societies*

[14] La parola *mīqāt* (da sola) significa "tempo esatto" o "momento preciso". Nei testi religiosi (*hadit*) la parola viene usata in riferimento ai tempi delle preghiere.
Dagli astronomi arabi viene chiamata *ilm al-mīqāt* quella parte dell'astronomia che studia il tempo, cioè individua i metodi per determinare gli istanti nella giornata studiando i moti del Sole, della Luna e delle stelle. Viene invece chiamata *mawāqīt* la parte che riguarda espressamente la determinazione degli istanti delle cinque preghiere giornaliere.

[15] L'astronomo Ibn al-Shāṭir era il capo dei *muwaqqit* della moschea Umayyade di Damasco mentre al-Marrākushī, esercitò la professione di *mīqāti* al Cairo verso il 1300.

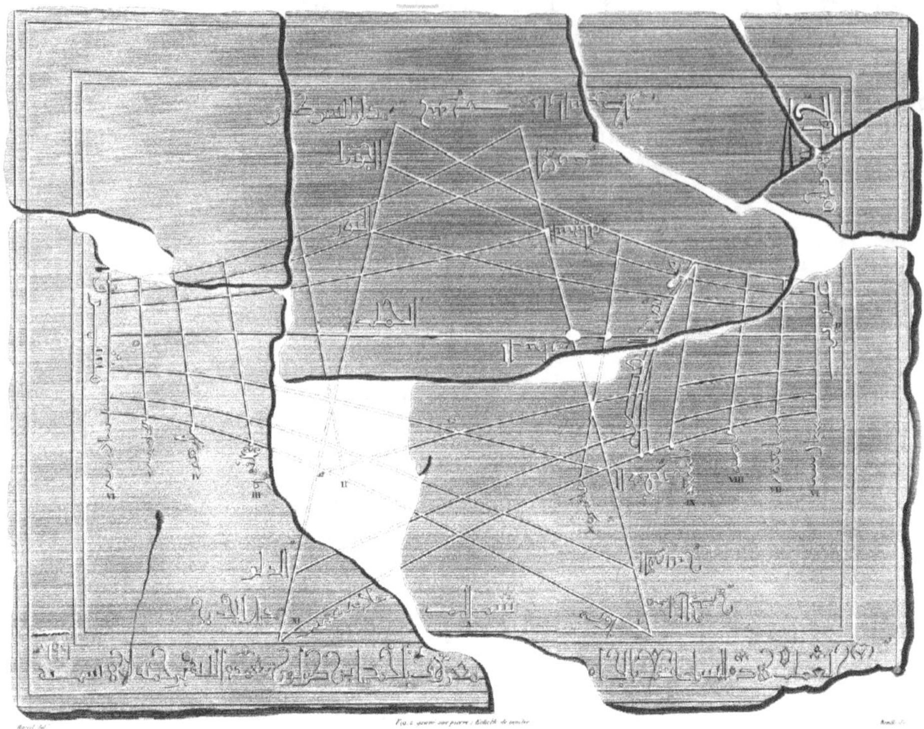

Fig. 2.4   La meridiana della Moschea di Ibn Tulun al Cairo
da "La description de l'Egypte" – Parigi 1809-1829

Nel periodo fra il 1800 e il 1950 circa, pochissimi furono gli studiosi che si interessarono alla gnomonica islamica e che scrissero opere di qualche importanza su questo argomento: fra queste nessuna in lingua italiana.[16]

Fra questi occorre ricordare in ordine di pubblicazione:

a)   il lavoro del francese J.J. Sédillot, pubblicato a Parigi nel 1834, intitolato *"Traité des Instruments Astronomiques des Arabes composé au treizieme siècle par Aboul Hhassan Ali de Maroc"*, in cui sono raccolte le conoscenze di astronomia sferica del XIII secolo e sono descritti i metodi di calcolo e di costruzione di moltissimi tipi di meridiane, che è la traduzione della prima parte di un manoscritto dell'astronomo arabo al-Marrākushī, vissuto al Cairo verso il 1280-1300. Questo testo fondamentale è stato ripubblicato nel 1998 dall'Istitut for the History of Arabic Science della J. W. Goethe University di Francoforte;

---

[16] L'opera già ricordata di C.A. Nallino, *"al-Battani sive Albatenii opus astronomicum"*, tratta di astronomia araba ma non di quadranti solari (ed è in latino).

b) l'opera del figlio L.A. Sédillot *"Mémoire sur les instruments astronomiques des arabes"* in *Mems. de l'Acad. Royale des Inscrs. et Belles-Lettres de l'Inst. de France*, 1844, 1-229, scritta nel 1841, che contiene la traduzione, abbastanza approssimativa, della seconda parte del manoscritto di al-Marrākushī, con la descrizione dei più importanti strumenti astronomici, come ad esempio la sfera armillare, l'astrolabio e i quadranti di altezza e i grandi strumenti astronomici da osservatorio, e numerose tabelle sia per la determinazione della direzione della Mecca, sia per trovare gli istanti della nascita e del tramonto del Sole. Ristampata a Francoforte nel 1998;

c) l'articolo di H. Suter, *"Die Mathematiker und Astronomen der Araber und ihre Werke"*, pubblicato in tedesco nel 1900 in *Abh. Zur Gesch. der mathematischen Wissenschaften*;

d) i lavori di C. Schoy *"Gnomonik der Araber"* e *"Uber den Gnomonschatten und die Schattentafeln der arabischen Astronomie"* entrambi del 1923;

e) il testo *"Islamic Astrolabists and their Works"* di L.A.Mayer, pubblicato a Ginevra nel 1956;

THĀBIT IBN QURRA
ŒUVRES D'ASTRONOMIE

Texte établi et traduit
par
Régis MORELON

Fig. 2.5 Frontespizo

f) le fondamentali raccolte di articoli scritti da David A. King, da tutti riconosciuto come il più importante studioso del XX secolo dell'astronoma islamica, traduttore, maestro e divulgatore. I suoi primi articoli sull'astronomia e sulla gnomonica araba sono raccolti nei volumi pubblicati da Variorum Reprints: *"Islamic astronomical instruments"* del 1987; *"Astronomy in the service of Islam"* del 1993; *"Islamic Mathematical Astronomy"* del 1993. Sempre di King si debbono ricordare i numerosi articoli scritti per la "Encyclopaedia of Islam" - Brill, 1986.

g) L'opera completa di Thābit ibn Qurra, tradotta in francese e commentata da Régis Morelon, pubblicata dalla Societé d'édition "Les Belles Lettres" - Parigi 1987, con il titolo *"Thābit ibn Qurra, Oeuvres d'Astronomie"*;

h) il testo, anche questo una raccolta di articoli, di Julio Samsó *"Islamic Astronomy and Medieval Spain"*, Variorum, 1994;

i)   l'opera sugli orologi solari di Najm al-Dīn al-Misrī, recentemente tradotta e commentata
     da François Charette e pubblicata con il titolo *"Mathematical Instrumentation in Fourteenth-
     Century Egypt and Syria: The Illustrated Treatise of Najm al-Dīn al-Misrī"* – Leiden, Brill, 2003;

j)   i monumentali volumi, di oltre 1000 pagine ciascuno, sempre di David A. King *"In
     Synchrony with the Heavens, Studies in Astronomical Timekeeping and Instrumentation in Medieval
     Islamic Civilization: The call of the muezzin"*, Brill, 2004 e *"In Synchrony with the Heavens,
     Studies in Astronomical Timekeeping and Instrumentation in Medieval Islamic Civilization:
     Instruments of Mass Calculation"*, Brill, 2005, nei quali sono ripubblicati molti scritti
     dell'autore e sono trattati in dettaglio tutti gli aspetti della misura del tempo e quelli
     dell'astronomia legati alla religione.

Fig. 2.6   Frontespizio di due importanti testi moderni

Oltre a queste opere fondamentali, in particolare negli ultimi 30 anni, sono comparsi nume-
rosi articoli riguardanti particolari aspetti della gnomonica araba, scritti da E. Calvo, P.
Casanova, J. Casulleras, F. Charette, L. Janin, C. Jensen, E.S. Kennedy, W.Meyer, G. Saliba, J.
Samsó, K. Schoy. F. Sezgin, ecc.

2.5 Gli orologi solari rimasti

Come ho già scritto la costruzione degli orologi solari iniziò nei paesi di religione islamica già
dall'850 circa, più di due secoli dopo l'inizio dell'espansione araba, durante il dominio dei
califfi Abassidi di Baghdad.
Per almeno due secoli questi strumenti furono costruiti soltanto nelle moschee più
importanti delle capitali e nelle grandi città, e quindi in numero relativamente limitato.
In seguito, e soltanto con il diffondersi della cultura astronomica "scientifica", che soppian-
tava pian piano l'astronomia popolare, e con l'aumento dei manuali e di tavole pre-calcolate,
il loro numero crebbe.

Si può dire che quasi ogni luogo di culto nel vasto impero islamico, dalla Spagna, al Marocco, all'Egitto, sino alla Persia, fosse dotato di uno o più meridiane per la determinazione di momenti delle preghiere giornaliere.

Sfortunatamente la stragrande maggioranza di questi strumenti fu distrutta per l'incuria, l'ignoranza e la scarsa considerazione per questi oggetti da parte dei popoli che vissero nei secoli successivi e andò quasi completamente perduta.[17]

Fig. 2.7   Meridiana su una colonna della Cupola del Tesoro
nel cortile della Moschea Umayyade a Damasco

Le cause di questa perdita sono molteplici: la parziale dissoluzione dell'impero avvenuta tra il XIII e il XIV secolo e le conseguenti lotte interne che portarono alla formazione di piccoli stati dominati da potentati e dinastie locali; la conseguente decadenza della civiltà;   il diminuito stato di benessere e l'aumento della povertà che rese impossibile la manutenzione di molti luoghi ed edifici pubblici; non ultima infine, anche se più tarda (verso il XV sec.), la diffusione degli orologi meccanici anche nelle grandi città dei paesi di lingua araba e turca.[18]

---

[17]Alcuni orologi si sono salvati soltanto per la impossibilità di distruggerli facilmente! Ad esempio quelli incisi su colonne all'esterno delle moschee (Fig. 2.7).

[18] Anche oggi non si può dire che la conoscenza e la cura degli orologi solari, presenti in gran numero nelle nostre montagne e campagne, sia molto diversa. Soltanto l'amore per questi oggetti del passato da parte di gruppi esigui di appassionati o cultori della materia e delle cose belle ha rallentato negli ultimi anni la loro completa cancellazione e distruzione.

Delle migliaia di orologi solari costruiti nei cinque secoli dall'850 al 1350 soltanto una decina sono giunti sino a noi, spesso incompleti, in pessime condizioni e quasi tutti costruiti in modo abbastanza approssimato [19] : se conoscessimo soltanto questi reperti il nostro giudizio sulla gnomonica araba sarebbe drasticamente più critico! (Fig. 2.8, 2.9)

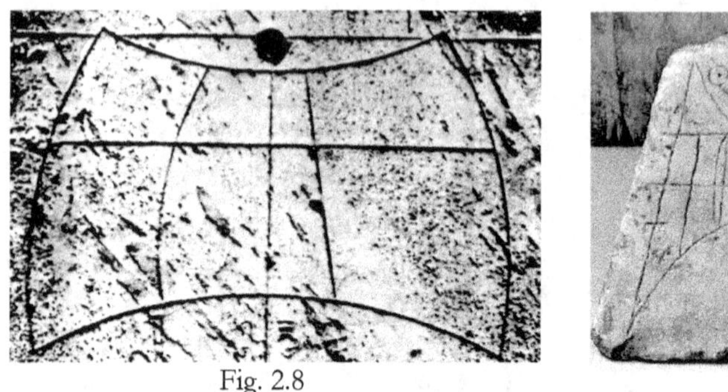

Fig. 2.8
Quadrante orizzontale - Tunisi 1345

Fig. 2.9
Orologio orizzontale - Cordoba - X/XI secolo

Per fortuna però nei numerosi manoscritti sull'argomento che sono stati scoperti e tradotti negli ultimi 50 anni si sono trovati i disegni dettagliati di moltissimi tipi di orologi solari, che accompagnano le descrizioni e le istruzioni per costruirli.

Fig. 2.10 Orologio di *al Saffar* - Cordova – 1020 ca.

---

[19] Occorre osservare che ben pochi degli orologi solari in pietra giunti sino a noi hanno la precisione che si trova negli astrolabi e nei quadranti di metallo. Questi manufatti erano infatti spesso costruiti da persone con una conoscenza matematica e astronomica non professionale e servivano quasi soltanto per indicare con una certa approssimazione le ore delle preghiere. La figura dell'astronomo professionista, il *muwaqqit*, incominciò a diffondersi solo verso il XIV secolo e solo presso le principali moschee delle città più importanti.

Occorre osservare che sia gli orologi rimasti, sia quelli disegnati nei manoscritti, in genere riportano linee delle ore stagionali, quella della preghiera Asr, la linea degli Equinozi e le due iperboli solstiziali, spesso tracciate in modo molto approssimativo, con segmenti rettilinei fra loro collegati.

L'orologio solare più antico, del quale è giunto sino a noi un frammento, è una meridiana orizzontale, abbastanza grossolana nella fattura, costruita dall'astronomo Ibn al-Saffar che lavorò a Cordova nell' Andalus (Spagna) verso l'anno 1000 (Fig. 2.10).

Considerazioni molto diverse si debbono invece fare per le meridiane costruite durante il dominio Ottomano in Turchia, in particolare a Istanbul, e sotto i Mamelucchi al Cairo, nel periodo dal XV al XVIII secolo.

Molti di questi strumenti sono ancora visibili sulle pareti delle moschee o nei musei e mostrano una grande ricchezza di linee orarie, spesso sovrapposte, di particolari, di cornici elaborate e di scritte.

Quasi tutte le immagini che si trovano in articoli divulgativi, in libri, in Internet, sono fotografie di queste meridiane "Ottomane", che, se ancora hanno le caratteristiche degli orologi antichi costruiti nel periodo d'oro, sono il prodotto di una cultura molto lontana dalla civiltà islamica delle origini (Fig. 2.12).

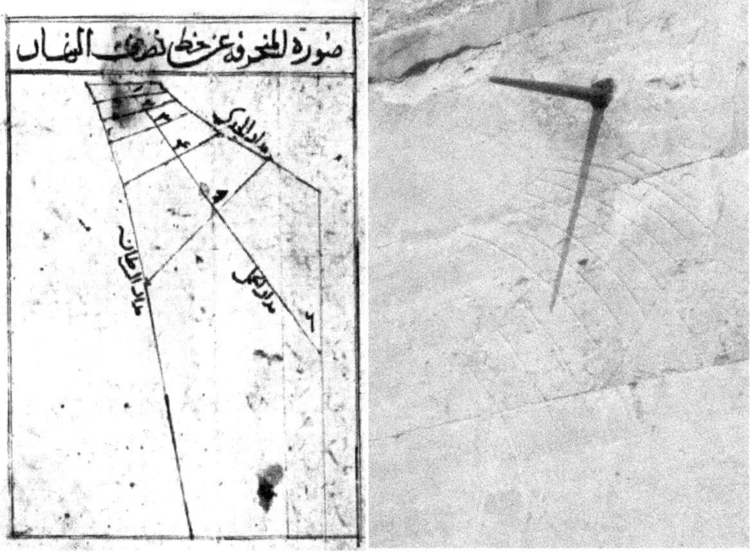

<table>
<tr><td align="center">Fig. 2.11
Orologio solare ad ore temporarie
su piano declinante
Manoscritto del XIV secolo - Cairo</td><td align="center">Fig. 2.12
Moschea Nuova o *Yeni Cami*
a Istanbul - Lo gnomone</td></tr>
</table>

Per quello che riguarda infine gli strumenti portatili per la misura del tempo, come quadranti e astrolabi, si può dire che ne sono sopravissuti moltissimi esemplari, quasi tutti di pregevolissima fattura, oggi custoditi nei principali musei del mondo.

Probabilmente il fatto di appartenere a privati che ne conoscevano il valore e di essere conservati all'interno di abitazioni o palazzi, li ha salvati dal vandalismo che colpisce tutti gli oggetti, e in particolare quelli meno compresi, che sono esposti al pubblico e alla volubilità delle folle. [20]

2.6 Le ore uguali e lo stilo polare

Anche se l'argomento sarà sviluppato ampiamente in seguito (Cap. 6), ritengo utile ricordare brevemente qui le differenze più importanti che vi sono fra i moderni orologi solari "classici" e quelli descritti e realizzati anticamente nei paesi di religione islamica.
Mi riferisco al tipo di ore e alla forma dell'elemento ombreggiante.
Nell'antichità e nel medioevo, sino al XV secolo circa, il sistema di ore con cui era divisa la giornata era quello delle ore "temporali" o "stagionali", la cui durata non era costante durante l'anno, ma era uguale a un dodicesimo del periodo compreso fra l'alba e il tramonto del Sole, quindi variabile con la stagione.

Fig. 2.13   Orologio solare con stilo polare e linee delle ore uguali
Moschea Ferruh Kethüda a Istanbul

Le ore che oggi noi tutti usiamo, che dividono l'arco del giorno in 24 parti uguali durante l'intero anno, non erano allora sconosciute, ma erano da moltissimo tempo usate solo dagli astronomi che se ne servivano per indicare gli istanti dei fenomeni da loro osservati.

---

[20] Come ben sanno anche gli gnomonisti dei nostri giorni, il vandalismo e la deturpazione ignorante sono uno dei fattori che occorre sempre tener presente quando si realizza un orologio solare in un parco o in una piazza. Ricordo anche che una caratteristica che si trova in tutti gli orologi solari islamici è la presenza sul quadrante del disegno o della lunghezza dello gnomone. Il motivo di questa particolarità dipende dal fatto che l'asta in ferro, allora di notevole valore, era spesso oggetto di furto. Anche nelle meridiane che si possono vedere a Istanbul molti gnomoni sono piegati, quasi certamente nel tentativo di rubarli.

La loro comparsa negli orologi solari iniziò soltanto verso il XIV secolo per merito dell'astronomo al-Marrākushī che, nel suo trattato sugli strumenti astronomici degli arabi, descrive come tracciare le linee di tali ore in meridiane realizzate su piani di diversa giacitura. Sono questi i primi orologi disegnati e descritti in cui troviamo le linee delle ore formate da tratti rettilinei.

Per tutta l'antichità l'ora sugli orologi fu sempre indicata dall'ombra o dell'estremo di un'asta o di un diverso elemento, come ad esempio una sferetta, o dalla macchia di luce prodotta da un foro: in ogni caso quindi nell'orologio era presente un "nodo" o un elemento puntiforme. Lo stilo polare, oggi presente in quasi tutte le moderne meridiane[21], rimase sconosciuto sino al 1350 circa quando Abu'l-Hasan Ibn al-Shāṭir scoprì che, usando come elemento ombreggiante un'asta parallela all'asse terrestre, era possibile indicare le ore con la sua intera ombra.

Fig. 2.14 Orologio solare con stilo polare e linee delle ore uguali
Moschea Al Hazar al Cairo

---

[21] Viene chiamato "stilo polare" l'asta, diretta verso il Polo Nord Celeste, cioè all'incirca verso la stella Polare, che è presente in quasi tutti gli orologi solari moderni.

2.7 I nomi arabi degli orologi solari

Nella lingua araba moderna gli orologi solari sono chiamati *mizwala* (مزولة) o *sā'at shamsiyya* (ساعة شمسية) o *shamsiyya mizwala* (شمسية مزولة) ma nei testi antichi si trovano anche molti altri nomi usati sia per particolari orologi solari, sia per indicare la loro forma o il materiale con cui erano costruiti.

In diversi contesti si trovano i nomi seguenti:

- *Rukhāmat* - رخامة - per indicare principalmente meridiane orizzontali e, talvolta, anche come termine generale.

  Il significato della parola *rukhāma* è "marmo", "lastra di marmo", da cui il nome dell'orologio inciso su una lastra (orizzontale). Il termine *rukhāmat* compare ad esempio nei manoscritti di Thābit ibn Qurra dell'anno 900 circa e in quelli di al-Khwārizmī e di al-Battānī. Nelle trascrizioni nelle lingue occidentali si trova anche come *rakhāmat* o *rakhāma*.

- *Basītah o basītat* - ال بسيطة - per indicare meridiane piane.

  Il vocabolo *"basīta"* (بسيط) significa esattamente "piano, piatto", "lastra piana". In al-Battānī si trova l'espressione *"al-rukhāma al-basīta"* per indicare una meridiana piana orizzontale. Al-Marrākushī invece usa il nome *basītah* solo per i quadranti orizzontali.

- *Munharifa* - منحرف - per indicare meridiane verticali declinanti.
  Il significato della parola è "inclinato".

- *Qa'ima* – per indicare una meridiana verticale (da Charette)

Oltre a questi nomi che si riferiscono agli orologi solari più diffusi, si trovano poi anche i nomi seguenti specifici di strumenti particolari:

- *Hhāfir o hāfir* - حافر - orologio di altezza portatile.

- *Shaq al Jeradah o Sāq al-Jarāda* - ساق الجادة - orologio di altezza a gnomone mobile.

- *Hhalazūne o al halzūn o halazūn* - ال حازون - orologio di altezza portatile a forma elica.

- *Mujennahhah o mujenhat o l'ala* - مجنحة - o. su due piani verticali formanti un angolo diedro.

- *Mutékafiah* - متقافية - o. su due piani verticali formanti un angolo diedro.

- *Mknesat o Mukunsat o Maknasa* - مكنسة - meridiana tracciata su due piani disposti come il tetto di una capanna; per questo viene chiamata sia "la scopa", sia "la tana".

- *Mukhula o Makrut* - da مخروط, cono - meridiana su superficie conica.

2.8 I quadranti

Un'altra grande famiglia di strumenti per la misura del tempo è quella dei quadranti e, in particolare, quella dei quadranti orari che furono molto diffusi, si trovano descritti molte volte nella letteratura manoscritta e di cui rimangono molti esemplari.

I quadranti orari, pur non rientrando a rigore nel campo della gnomonica, sono stati presi in esame in questo lavoro non soltanto perché anch'essi sono strumenti per la misura del tempo, ma anche perché per il loro progetto e la loro costruzione sono richieste le stesse conoscenze che furono sviluppate per la realizzazione degli orologi solari.

In generale in astronomia con il nome di quadrante ci si riferisce a uno strumento costituito da un quarto di cerchio di grande diametro, appoggiato o collegato in modo fisso a una parete (quadrante murale o *libna*), che riporta alla periferia una scala graduata e serve per misurare le altezze meridiane del Sole e degli astri (Fig. 2.15-1)

Fig. 2.15

1 - Quadrante murale arabo – Manoscritto del XIV sec.
2 - Il plinto di Tolomeo
3 - Gionitus fondatore dell'arte della Astronomia,
    spesso identificato con Tolomeo che usa un quadrante
    Formella di Andrea Pisano sul campanile di Giotto – Firenze

Fu descritto per la prima volta da Tolomeo nell'Almagesto[22] e, da allora, fu usato in tutti i grandi osservatori astronomici, arabi ed occidentali, sino all'avvento del cannocchiale nel XVII secolo.[23]

---

[22] É il cosiddetto "Plinto di Tolomeo" (Fig. 2.17-2)

[23] Ricordo soltanto il grande quadrante del diametro di circa 20m, eretto a Ray (vicino alla moderna Teheran) dall'astronomo persiano Abu Mahamud al Khujandi nel X secolo, quello costruito a Samarcanda sotto il sultano Ulugh Beg verso il 1420 del diametro di 36 m e quelli di Tycho Brahe a

A partire dal IX secolo gli astronomi musulmani iniziarono a costruire quadranti portatili molto più piccoli di quelli murali, tali da poter essere non solo trasportati dal viaggiatore, ma utilizzati comodamente o tenendoli in mano o semplicemente sospendendoli verticalmente. Questi strumenti, dotati di una scala graduata sulla circonferenza, furono usati all'inizio soltanto per la determinazione dell'altezza del Sole e delle stelle, utili in astronomia ma, specialmente, nella navigazione.

Alla scala graduata furono presto aggiunte, incise all'interno del quadrante, delle linee calcolate in modo da poter fornire l'indicazione dell'ora nella giornata, ottenendo così quello che viene chiamato "quadrante orario portatile" o *rub al-sālāt* (Fig. 2.16 – 2.19). [24] [25]

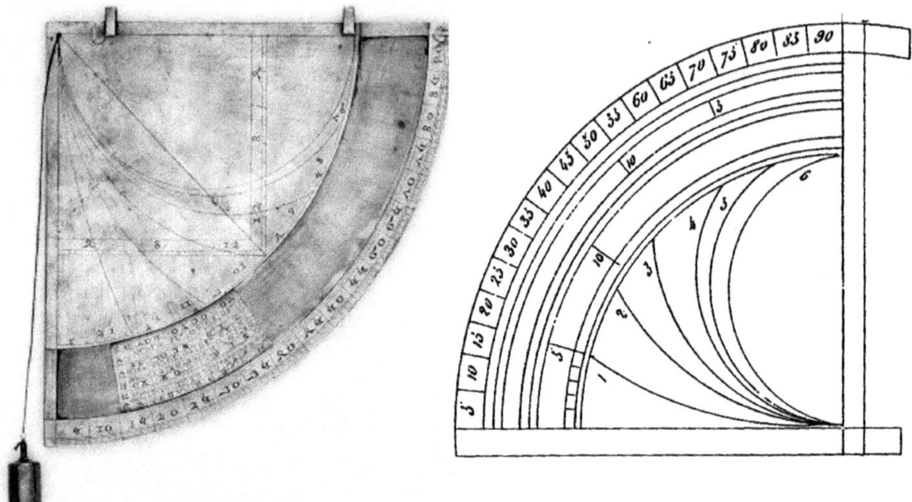

<table>
<tr><td align="center">Fig. 2.16
Quadrans vetus - Francia 1300 ca.
Sono presenti le curve delle ore
stagionali</td><td align="center">Fig. 2.17
Quadrante con le curve delle ore stagionali
Dal trattato di al-Marrākushī</td></tr>
</table>

Successivamente, oltre ai primi quadranti orari, gli astronomi musulmani svilupparono altri tipi di strumenti portatili.

Fra questi ricordo:

- i quadranti usati come ausilio per risolvere molti problemi trigonometrici, di cui furono sviluppate diverse versioni la più nota delle quali è il cosiddetto "quadrante trigonometrico o quadrante-seno" (*rub mudjayyab*, Baghdad IX sec.);

Uraniborg nella seconda metà del XVI sec., con diametri di 2-3m. Il quadrante di Samarcanda è parzialmente contenuto in una fossa scavata nel terreno ed è stato recentemente restaurato.

Per meglio leggere i valori degli angoli sulle scale di questi quadranti, Tycho Brahe inventò e usò la cosiddetta "Scala Tyconica", artificio che, si è scoperto recentemente, era già stato inventato e usato dall'astronomo Nasir al-din al Tusi a Maragha, nel moderno Azerbaijan, nel XIII secolo.

[24] Il primo quadrante orario per una data latitudine fu inventato e descritto da al-Khwārizmī nel IX° secolo a Baghdad.

[25] La parola *rub* (رب) significa letteralmente "un quarto".

- il "quadrante orario universale" o *rub āfākī*, detto universale perché le linee orarie incise permettevano di determinare con ottima approssimazione le ore temporarie per qualunque località (Fig. 2.16, 2.17).[26] Questo strumento, o meglio l'insieme di linee che contiene e il metodo per tracciarle, fu usato dagli astronomi musulmani ed europei per più di mille anni, disegnato sul retro di astrolabi e di altri strumenti portatili.[27]

2.9 Gli astrolabi

Gli astrolabi sono una delle più grandi invenzioni prodotte dalla civiltà antica per la loro chiarezza, ingegnosità e versatilità, come ausilio per la ricerca in cielo delle posizioni dei corpi celesti (Sole, Luna, pianeti, stelle), per la determinazione dell'ora e della latitudine, per la compilazioni di oroscopi, per la triangolazione di edifici e terreni, ecc.

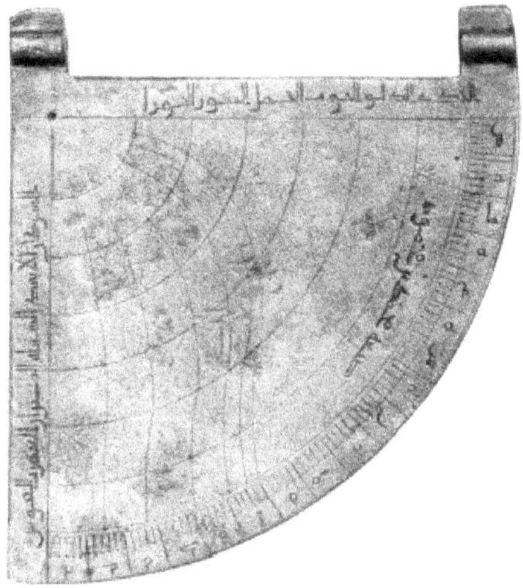

Fig. 2.18   Quadrante orario indiano – X sec.

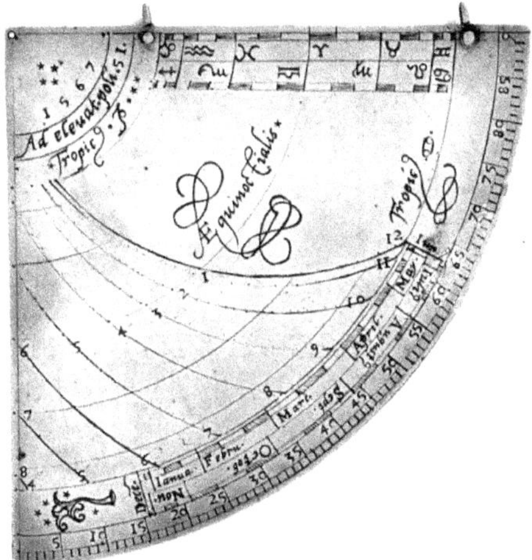

Fig. 2.19   Quadrante francese - 1567

Furono probabilmente inventati dagli astronomi alessandrini nel II sec. a.C. ma il loro sviluppo, il loro perfezionamento e la loro diffusione è merito degli astronomi di lingua araba che, a partire dal VII secolo, li utilizzarono ampiamente e scrissero manuali sia per insegnarne la costruzione, sia per spiegarne tutti i possibili utilizza pratici.

---

[26] Verso il XV sec. i quadranti orari diventarono nel mondo islamico gli strumenti più diffusi, sostituendo gli astrolabi. Il quadrante orario universale, inventato al-Khwārizmī nel IX secolo fu riscoperto nell'Europa medievale e chiamato *Quadrans vetus* (Fig. 2.18).

[27] Quasi nessuno dei costruttori di strumenti europei del Rinascimento che utilizzarono le curve presenti nel quadrante universale era cosciente della semplice formula, di origine indiana, che sta alla base della loro costruzione.

A partire dal X secolo si diffusero anche in Europa dove, durante il tardo Medioevo e il Rinascimento, ne furono costruiti splendidi esemplari, molti conservati nei principali musei.

Ancora oggi, costruiti nella loro versione moderna in materiali plastici molto economici, sono uno degli strumenti più comodi ed immediati per i non specialisti, per la ricerca della posizione delle stelle sulla volta celeste al variare dell'ora e della stagione. Il loro uso moderno si riduce però solo a questo unico aspetto che, al tempo della loro invenzione e sviluppo, era certamente uno dei meno importanti, in quanto praticamente tutti avevano una discreta conoscenza delle costellazioni e degli aspetti del cielo.

In questo testo non tratterò degli astrolabi, sia perché esistono molti libri, antichi e moderni, tutti facilmente reperibili, sia perché l'argomento richiederebbe, anche per una analisi rapida, uno spazio molto superiore all'economia di questo lavoro.

Fig. 2.20   Astrolabio arabo – XIV sec.

2.10 La gnomonica islamica – Conclusione

Come ho già più volte fatto notare la gnomonica "araba" si sviluppò abbastanza rapidamente utilizzando i nuovi strumenti della matematica e della astronomia, per rispondere alle esigenze della religione che, permeando tutta la vita delle comunità musulmane, senza alcuna coercizione, quasi obbligò gli studiosi a cercare di risolvere alcune richieste nate dalla pratica religiosa.

A differenza di quello che avvenne durante l'antichità alessandrina e romana, in cui gli studi astronomici furono portati avanti per amore del sapere e per pura speculazione, presso gli studiosi islamici questi studi furono, sin dall'inizio, finalizzati e indirizzati alla ricerca di nuovi modelli astronomici e nuovi metodi matematici per risolvere il problema della determinazione delle ore delle preghiere giornaliere, quello del primo sorgere della Luna nuova e la ricerca della direzione della Mecca.

Mentre la scienza antica, a parte la formazione degli oroscopi, non aveva fini pratici ed era interessata più alla teoria e al formalismo che a una grande precisione dei risultati - e gli orologi solari romani ne sono un tipico esempio - la scienza islamica diede quasi sempre un grande valore ai risultati pratici, che erano lo scopo ultimo di tutti gli studi.[28]
Con questo fine, attraverso l'osservazione continua e quasi pignola della natura, si svilupparono e fiorirono nel mondo arabo quasi tutte le scienze: la medicina, la botanica, la fisica, l'ottica, la meccanica, la chimica portarono a numerosissime scoperte e nuove applicazioni, fra cui nuovi elementi e sostanze, nuovi medicinali e prodotti per l'igiene, nuovi processi in metallurgia, nuovi sistemi di navigazione, nuove macchine, e, infine, nuovi strumenti astronomici e per la misura del tempo.

al-Khwārizmī – IX sec.

---

[28] Un esempio sono i numerosi manuali per il tracciamento degli orologi solari ad uso dei non esperti scritti dai più importanti studiosi, come risultati voluti e cercati dei loro studi.

Parte III

LA RELIGIONE
E
LE ORE DELLE PREGHIERE

PREMESSA ALLA PARTE III

Prima di passare allo studio vero e proprio dei vari tipi di orologi solari dell'antico Islam è necessario fare alcune considerazioni sul tipo di ore utilizzate anticamente nei paesi musulmani. Poiché tutti gli aspetti della vita dei paesi di lingua araba sono permeati e dominati dalla religione ho ritenuto anche opportuno fare alcune digressioni per descrivere sommariamente gli aspetti di questa religione, i cinque pilastri su cui essa si basa e l'importanza delle preghiere previste dal Corano durante la giornata.

Infine ho cercato di fare un confronto fra le preghiere islamiche e le ore *"canoniche"* benedettine del nostro Medioevo.

Capitolo 3
LE ORE TEMPORARIE O STAGIONALI

3.1 Le ore temporarie o stagionali

Il sistema di ore utilizzate in quasi tutte le meridiane costruite e studiate dagli astronomi islamici é quello delle ore temporarie o stagionali.[1]

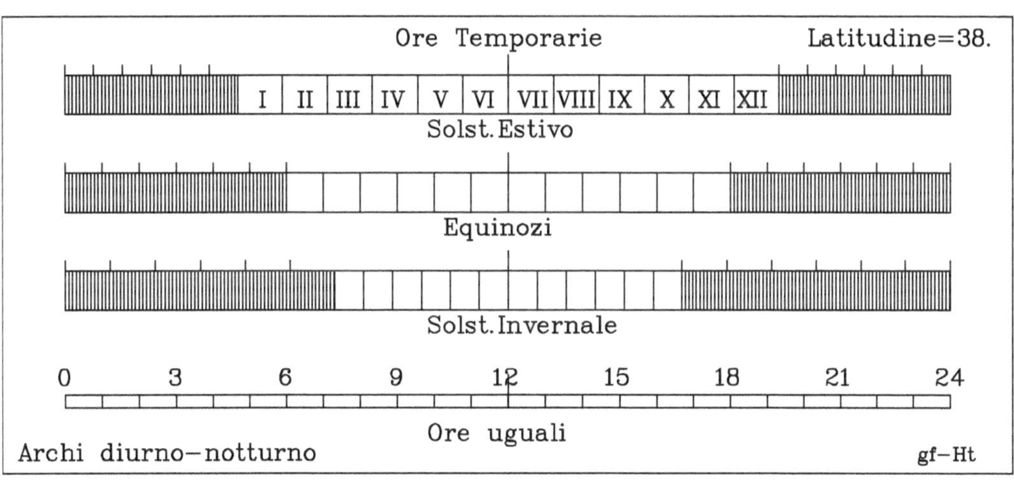

Fig. 3.1 Durate delle ore temporarie

Contrariamente al sistema usato oggi in cui il giorno è diviso in 24 periodi di tempo di durata sempre costante, nel sistema con ore temporarie il giorno era diviso in due parti, giorno-

---

[1] Le ore che indico con l'aggettivo *temporarie*, nella letteratura si trovano anche indicate come temporali, stagionali, antiche, giudaiche, ineguali, naturali e, erroneamente, planetarie.

chiaro o periodo di luce e notte, ciascuna a sua volta suddivisa in 12 parti di uguale lunghezza chiamate ore.[2]

Poiché la durata del giorno-chiaro, fra alba e tramonto, cambia continuamente nel corso dell'anno, anche la durata delle ore diurne cambia continuamente, aumentando da dicembre al solstizio estivo e diminuendo nella seconda parte dell'anno. Ovviamente l'opposto avviene per la durata delle ore notturne.[3] [4]

Soltanto nei giorni degli equinozi, in cui la lunghezza del giorno è uguale a quella della notte, la durata delle ore diurne è uguale a quella delle ore notturne: questa durata, chiamata "ora equinoziale", era nell'antichità usata spesso dagli astronomi come unità di misura assoluta di tempo in ambito astronomico.[5]

Le ore temporarie sono anche dette ore "naturali" in quanto, con questo sistema, nella divisione del giorno in periodi si fa riferimento soltanto a fenomeni naturali direttamente osservabili dall'uomo comune. Si hanno infatti le seguenti corrispondenze:

- nascita del Sole, aurora   :   inizio   dell'ora "prima"
- metà mattina   :   termine dell'ora "terza"
- culminazione del Sole, mezzogiorno   :   termine dell'ora "sesta"
- metà pomeriggio   :   termine dell'ora "nona"

---

[2] Secondo Otto Neugenbauer ("Le scienze esatte nell'antichità", Milano, Feltrinelli, 1974) la divisione del giorno e della notte in 12 ore è una eredità che proviene dagli antichi egizi. Per gli egiziani ogni segno zodiacale era diviso in 3 "decani" che rappresentavano ciascuno una costellazione o zona sull'eclittica, della lunghezza di 10°. In ogni decade del mese egiziano il Sole sorgeva in una di queste costellazioni, e quindi insieme ad un certo decano che per questo dava il nome all'ultima ora della notte; il sorgere degli altri decani indicava l'inizio delle successive ore. Se vi fosse oscurità completa dall'istante del tramontare a quello del sorgere del Sole e se tutte le notti fossero lunghe come il giorno sarebbe possibile vedere sorgere ogni notte sempre 18 decani . Gli egiziani notarono che, a causa dei crepuscoli e delle diverse durate dei giorni nelle diverse stagioni, in Estate era possibile osservare solo 12 decani per cui divisero la notte in 12 parti (1800-1200 a.C.). Per quanto riguarda invece il giorno, da un orologio solare egiziano descritto in una iscrizione del 1300 a.C., si ricava una sua suddivisione in 10 ore tra l'alba e il tramonto a cui si aggiunsero 2 ore per i crepuscoli serale e mattutino. La suddivisione dell'ora in 60 minuti deriva invece dal periodo ellenistico in cui tutti i calcoli e le suddivisioni seguivano il sistema sessagesimale. L'uso dei decani in astrologia si diffuse in India, nel mondo musulmano e in Occidente e l'importanza che essi assunsero si può dedurre ad esempio anche dalla loro rappresentazione negli affreschi del palazzo Schifanoia a Ferrara, opera dei pittori Cosmè Tura, Francesco Cossa ed altri (1470).

[3] L'astronomo e matematico arabo Thābit ibn Qurra (824-901 d.C.) nel trattato "L'Almagesto semplificato" scrive : *"le ore stagionali, che sono irregolari, sono tali che ognuna di esse rappresenta la dodicesima parte del giorno e la dodicesima parte della notte: esse non sono uniformi".*

[4] Dante nel Convivio (III,VI,2) afferma che le ore temporali sono 24 *"cioè dodici del die e dodici de la notte, quanto che 'l die sia grande o picciolo; e queste ore si fanno picciole e grandi nel dì e ne la notte, secondo che il dì e la notte cresce e menoma"* .

Nella Divina Commedia egli fa diversi riferimenti alle ore temporarie. Ad esempio: Purgatorio XV,1 *"Quanto tra l'ultimar dell'ora terza / e 'l principio del dì par che la spera...."* - Paradiso XXX,1 : *"Forse semilia miglia di lontano/ ci ferve l'ora sesta...."*

[5] Ad esempio Gemino di Rodi (I sec. a.C.), nella sua opera "Isagoge o Introduzione ai fenomeni" , scrive che *"...in Grecia il giorno più lungo è di 15 ore equinoziali..."*

– scomparsa serale del Sole, tramonto : termine dell'ora "dodicesima" [6]

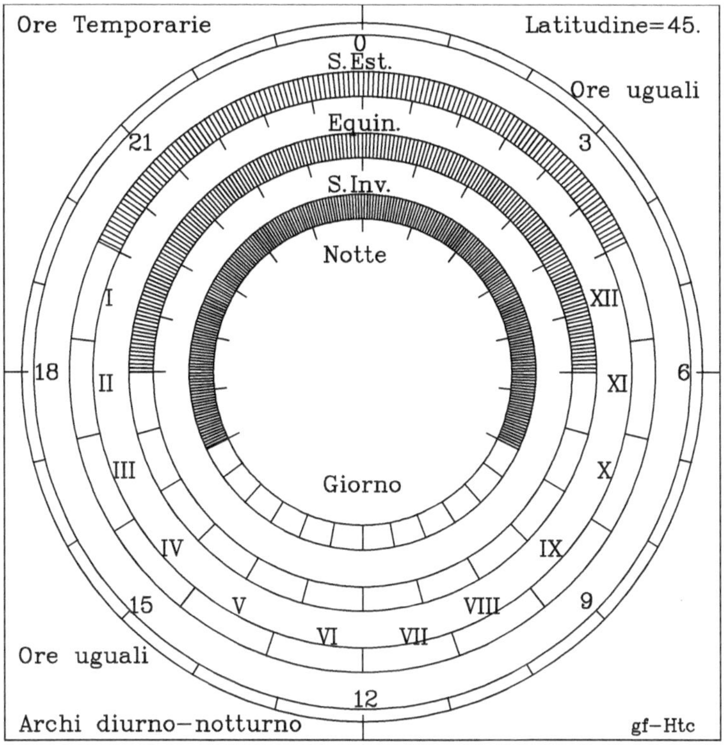

Fig. 3.2 Le ore temporarie diurne e notturne
nelle diverse stagioni

Poiché anticamente il giorno iniziava al sorgere del Sole, il suo inizio coincideva con l'inizio della ora "prima" e il suo termine con la fine dell' ora "dodicesima".[7][8]

---

[6] Dato che in molte religioni le celebrazioni delle varie cerimonie e la recita delle varie preghiere giornaliere erano legate, per motivi pratici, a fenomeni naturali direttamente osservabili dai fedeli, si comprende come gli istanti di tali funzioni siano "naturalmente" legati a particolari ore temporarie (vedi ad esempio le preghiere canoniche della religione cattolica e le preghiere dell'Islam).

[7] Nei Vangeli le ore con cui vengono indicati i vari momenti della Passione sono ore temporarie: Matteo, XXVII,45 : *"...dall'ora sesta si fecero tenebre in tutto il paese sino all'ora nona..... Verso l'ora nona Gesù gridò ... e rese lo spirito"* ; Marco, XV, 25 : *"...era l'ora terza quando lo crocifissero... venuta l'ora sesta si fecero tenebre.. "* ; Luca, XXIII, 44 : *"...era circa l'ora sesta e si fecero tenebre ... "*

[8] Nei vari testi esaminati, gli istanti degli orologi solari islamici ad ore temporarie sono spesso indicati con notazioni del tipo "nell'istante di inizio della decima ora" oppure "nell'istante di fine della prima, seconda ... ora ".

Il sistema delle ore temporarie fu utilizzato da tutti i popoli antichi che vissero nell'attuale Medio Oriente e nella vicina Africa, cioè dai Babilonesi, dai Persiani, dagli Egiziani, dai Caldei e dagli Ebrei e da questi l'uso si diffuse in Grecia ed al mondo romano. Rimase in vigore in Oriente, e fra gli studiosi dell'Occidente, sino al XIV secolo quando venne abbastanza rapidamente soppiantato dal sistema dalle ore uguali.

In Europa in ambito religioso e popolare le ore temporarie furono sostituite nell'uso dalle cosiddette ore canoniche ad iniziare circa dal VIII-IX secolo.

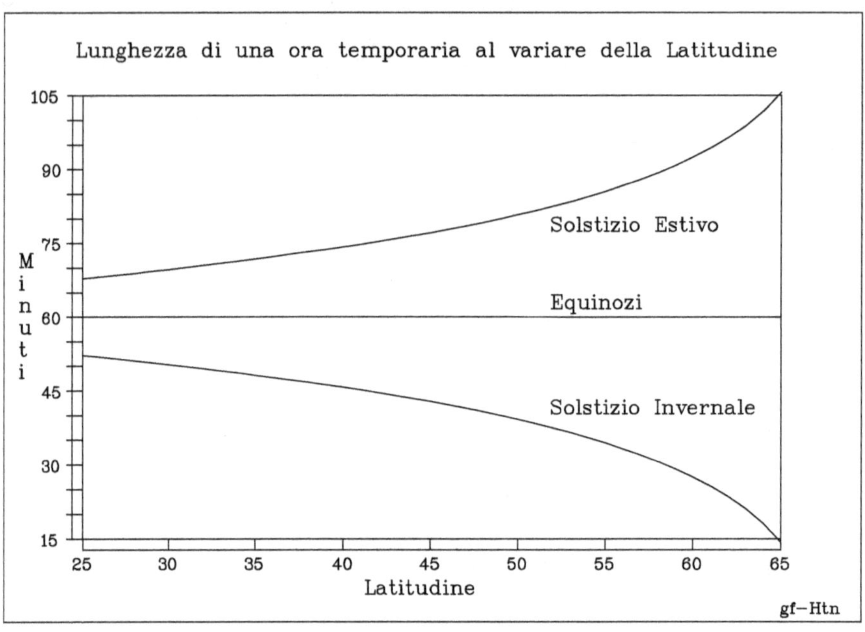

Fig. 3.3 Durata delle ore temporarie diurne
al variare della Latitudine

Come ho già scritto, a causa della diversa lunghezza del giorno nelle varie stagioni dell'anno e in luoghi con diverse latitudini, le ore temporarie hanno durate che variano con le stagioni e con la località. Si può però osservare che nei paesi di lingua e civiltà araba come l'Arabia, la Persia, l'Egitto, la Turchia, la Palestina, la Siria, ecc., ed in quelli mediterranei come l'Italia del Sud, la Grecia, la Spagna, a causa delle latitudini relativamente basse le lunghezze delle ore nei vari periodi dell'anno non sono troppo diverse (Fig. 3.3).

Soltanto a latitudini superiori ai 45-50° le durate delle ore estive e invernali vengono ad avere fra loro grandi differenze [9]

---

[9] Ad esempio per il Cairo le lunghezze delle ore variano da 50 a 70 minuti, mentre per Londra da 38 a 82 minuti.

Fig. 3.4   Orologi solari romani ad ore temporarie - Pompei e Leptis Magna

Fig. 3.5   Orologio solare romano ad ore temporarie
Puglia - Fotografia F. Azzarita

Avviso.

In questo testo ricorrerò in diverse occasioni, iniziando da questo momento, a formule e relazioni matematiche, sia per verificare le soluzioni trovate dagli antichi astronomi, sia per ricalcolare i loro risultati con metodi moderni.

Il lettore non interessato a queste elaborazioni può tranquillamente saltarle, eventualmente prendendo in esame soltanto le conclusioni.

In Appendice ho aggiunto, per il lettore più interessato, un breve compendio di gnomonica elementare.

3.2 Calcolo delle ore temporarie

L'angolo orario (o angolo al Polo) ω_A del Sole al tramonto o all'alba in un dato giorno, cioè l'angolo del semiarco diurno, si può ricavare, conoscendo la Latitudine φ del luogo e la declinazione δ del Sole, con la nota relazione $\quad \cos(\omega_A) = -\tan(\varphi) \cdot \tan(\delta)$

ove ω_A è misurato in verso orario a partire dal Sud, cioè è positivo quando il Sole si trova tra Sud e Ovest.

Se indichiamo con T una generica ora temporaria, possiamo ottenere l'angolo orario del Sole nell'istante in cui termina l'ora con la relazione:

$$\omega_T = (T-6) \cdot \frac{\omega_A}{6} \quad \text{ove} \quad \omega_T = -\omega_A \quad \text{per } T = 0 \text{ (alba);}$$

$$\omega_T = 0° \quad \text{per } T = 6 \text{ (mezzogiorno);}$$

$$\omega_T = +\omega_A \quad \text{per } T = 12 \text{ (tramonto).}$$

Se invece consideriamo un'ora moderna H di tempo solare (tempo vero locale) l'angolo orario del Sole al suo inizio è dato dalla:

$$\omega_H = (H-12) \cdot 15 \quad \text{per cui a mezzogiorno si ha} \quad H = 12 \text{ con } \omega_H = 0°$$

$$\text{all'alba} \qquad H = 12 - \omega_A/15$$

$$\text{al tramonto} \qquad H = 12 + \omega_A/15$$

Ad esempio per una località con Latitudine di 45°, al Solstizio estivo, agli Equinozi e al Solstizio invernale le durate delle ore sono di 77.1m, 60m, 42.9m. All'ora temporaria X (4 ore temporarie dopo il mezzogiorno) un orologio solare ad ore moderne segnerebbe le 17h 08m, le 16h 00m e le 14h 52m.

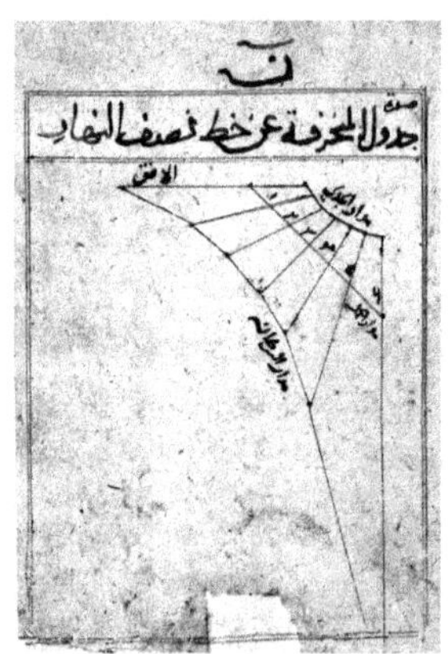

Meridiana a ore temporarie
Al Sufi X sec.

Capitolo 4
LA RELIGIONE

Per i musulmani la religione e i dettami del Corano sono così importanti che tutti gli aspetti della vita ne sono influenzati e permeati.

Così la vita sociale, politica, economica, la famiglia, la cultura, l'arte, l'istruzione, le scienze naturali, l'astronomia e infine, in particolare per quello che riguarda più da vicino l'argomento di questo testo, lo studio del moto del Sole e la misura del tempo.[10]

Questa influenza iniziò già nel primo secolo dopo la morte del Profeta Maometto - il secolo delle conquiste - per poi essere, nel secolo seguente, fissata in regole e norme basate principalmente, oltre che sul Corano, sulle Hadith, cioè sulle parole del Profeta tramandate e codificate da testimoni.

Come mai era accaduto in nessuna altra religione, nella storia nella religione islamica molti aspetti del rituale dipendono da procedimenti scientifici e da calcoli astronomici ed hanno influenzato profondamente l'indirizzo e lo sviluppo di questa scienza sin dal VII secolo e per un periodo di quasi 1400 anni. [11]

Ricordo soltanto il calcolo del complesso calendario lunare; lo studio del moto della Luna per la determinazione dell'inizio dei mesi; il calcolo degli istanti delle preghiere diurne, basate sull'ombra, e di quelle notturne, basate sugli istanti del crepuscolo, e infine la determinazione della direzione della Mecca.[12]

In considerazione della importanza fondamentale occupata dalla religione nella vita dei popoli musulmani e della scarsa conoscenza, spesso anche errata e distorta, di queste tematiche presso gli occidentali, dopo alcune brevi note sul significato di alcune parole, termini e concetti, ne riassumerò gli aspetti principali.

4.1 Il significato di alcune parole.

Arabi

I primi documenti che attestano l'uso della parola *arabo/i* per indicare le tribù nomadi che popolavano originariamente la parte nord della penisola araba e il deserto siriano, risalgono

---

[10] Anche l'arte islamica fu fortemente influenzata dalla religione. Sebbene il Corano non contenga alcun esplicito divieto, gli studiosi musulmani si dichiararono ben presto ostili verso ogni sorta di immagine figurativa. Questa presa di posizione si basava sul presupposto che la rappresentazione di esseri viventi costituisse una sfida a Dio, unico creatore.

[11] David King ,"*Astronomy in the service of Islam*" - p. 245

[12] Lo studio di questi particolari argomenti non è ancora terminato e i risultati non sono ancora definitivamente fissati. Si veda a proposito il libro di Mohammad Ilyas, "*Astronomy of Islamic Times for the Twenty-first Century*" – Kuala Lumpur, 1999

circa al IX secolo a.C. Questi popoli politeisti (i beduini) nella antichità vivevano dell'allevamento di pecore, capre e dromedari e di commerci carovanieri, attività sovente accompagnate da scorrerie e furti a scapito degli abitanti più sedentari che si erano stabiliti in prossimità delle coste.[13] Solo nel VII secolo Maometto e i suoi successori unirono gli arabi in un unico stato teocratico.

La parola *arabi* ha quindi un significato indipendente dalla religione, anche se oggi praticamente tutti la usano non solo per individuare, correttamente, gli abitanti dell'Arabia, ma per indicare, erroneamente, tutti i popoli che hanno subito l'influenza araba, assimilandone lingua, usi e religione, quasi come sinonimo di *appartenenti alla religione islamica*, anche se nel mondo odierno, soltanto una minoranza dei credenti nell'Islam sono arabi.

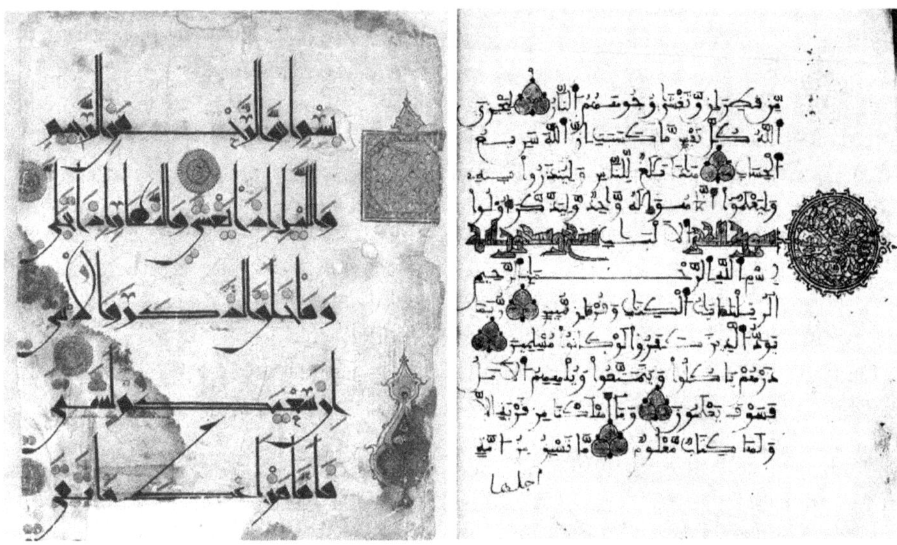

Fig. 4.1 - Pagine del Corano
XI sec. in Kufico – XII sec.- Andalusia

Corano

Il Corano (القرآن, *al-Qur'ān*), che letteralmente significa *"la lettura"* o *"la recitazione a voce alta"*, è il testo sacro della religione dell'Islam.

Per i musulmani il Corano è il messaggio rivelato da Dio (Allah) a Maometto attraverso l'arcangelo Gabriele e destinato ad ogni uomo sulla terra. É esattamente e letteralmente la parola di Dio, diretta e inalienabile, simbolo dell'intima relazione tra Dio e l'umanità.

Il Corano, ogni suo versetto, frase e parola, sono i *"segni"* o *"prodigi"* (*āyāt* [14]) attraverso i quali Dio si rivela al fedele: leggere e studiare il Corano sono quindi attività essenziali.

---

[13] Torquato Tasso, Gerusalemme liberata, XVII, 21: *"Ecco altri Arabi poi, che di soggiorno / Certo non sono stabili abitanti: / peregrini perpetui usano intorno / trarne gli alberghi e le cittadi erranti."*

[14] Il sostantivo *āyatollāh*, che indica un dotto religioso sciita, deriva dal termine āyāt, che significa "segni" o "prodigi", con l'aggiunta del nome di Allāh.

Il testo del Corano è formato da 114 capitoli, detti *sure*, ciascuna composto da un numero diverso di versetti per un totale di 6236 versetti e 77.439 parole.

Ogni *sura* ha un numero e un titolo, che di solito è costituito dalla parola o da una frase iniziale. Le *sure* sono ordinate nel testo in base alla loro lunghezza, partendo dalla più lunga e finendo con la più corta, ad eccezione della Sura 1, *Al-Fâtiha* (L'Aprente), che inizia il Corano e che è lunga solo sette versetti.[15]

Il Corano è il primo esempio di prosa in lingua araba, e da qui la sua importanza anche dal punto di vista culturale, linguistico e letterario.[16]

Islām

L' Islām (اسلام), che significa *sottomissione [assoluta all'onnipotenza di Dio]*, *abbandono [a Dio]*, è la religione monoteistica predicata nel VII secolo da Maometto. Essa insegna che questa vita deve essere di adorazione e di obbedienza ai comandi di Allah e che ogni persona è unicamente e completamente responsabile verso Dio.

Il nome Islām deriva dalla parola araba *salam*, a cui spesso si attribuisce il significato di *pace* anche se una migliore traduzione sarebbe "sottomissione".[17]

La religione dell' Islām non prende quindi il suo nome da una persona, come il Cristianesimo, il Buddismo e il Confucianesimo e neppure da un popolo come il Giudaismo o l'Induismo, ma dalla parola che riassume l'essenza stessa del suo credo.

Hadith

La parola *hadith* (حديث, narrazione, racconto) indica l'insieme delle tradizioni orali riguardanti sia le parole, le azioni e i comportamenti del Profeta, sia le parole e le azioni di altri che ebbero la sua tacita approvazione.

Gli *hadith* e il Corano devono essere considerati unitariamente: insieme costituiscono la principale fonte per la guida religiosa e legale dell'Islam e sono la base della Sunnah, cioè della legge islamica (*shari'a*) e delle regole di vita e di comportamento dei musulmani.

Ogni *hadith* consiste sempre di due parti: il testo e la catena di coloro che lo testimorono e se ne fecero garanti, ad iniziare dai primi Compagni di Maometto, seguiti da quelli della genera-

---

[15] La recitazione dei sette versi di questa *sura* è obbligatoria nell'assolvimento delle preghiere rituali e consiste nella più nota invocazione ad Allah. Recitando questi versetti il devoto testimonia la sua fede nell'Unità di Allah (*tawhid*), Lo chiama con i Suoi attributi più belli e riconosce la Sua assoluta autorità sul mondo.

[16] Fu il terzo califfo Uthman (579-656), che era stato segretario di Maometto, che ordinò la stesura scritta delle parole del Corano e delle prime Hadith.

[17] Come in tutte le lingue semitiche, anche in arabo le parole sono costruite a partire da un radicale formato da tre lettere, a cui vengono poi aggiunti suffissi e prefissi per variare il significato del verbo e dei rispettivi derivati. La parola Islām è un nome verbale (che corrisponde in qualche modo all'infinito della lingua italiana) dal verbo *aslama*, che significa "sottomettersi", derivante dal radicale "SLM" . Queste sono le stesse lettere radicali che formano la parola araba pace (*salām*), anche se il significato di Islām non ha diretta relazione con quest'ultima parola. Correttamente l'accento della parola Islām andrebbe sull'ultima sillaba.

zione seguente, e così via. Ad esempio: *"Ahmad ha raccontato che Hassan disse che Mahmud aveva sentito che Umar ha visto il Profeta fare questa azione".*

Vi sono 6 raccolte principali di *hadith* , rintracciati tutti durante il IX secolo (194-273 H), che sono stati sottoposti ad un accurato esame critico da parte della comunità islamica prima di essere accettati come fonte autentica di notizie relative agli insegnamenti del Profeta e che sono stati studiati e interpretati dalle cosiddette scuole di giurisprudenza.

Musulmani

Chi si affida pienamente al volere di Allah come richiesto dall'Islam, quindi chiunque segue la religione islamica, viene chiamato musulmano (*muslim* مسلم pl. *muslimūn*) che significa proprio *"devoto ad Allah"* o *"sottomesso ad Allah"* o *"colui che dà tutto se stesso".*

La parola *muslim* è il participio in forma attiva del verbo *aslama*, derivante dal radicale "SLM" (س ل م) e significa anche "essere completo, intero". Correttamente l'accento della parola *muslim*, e di conseguenza quello della parola italiana musulmano, andrebbe sulla prima sillaba.

Maomettani

Alcuni scrittori occidentali hanno chiamato, e talvolta ancora oggi chiamano, i fedeli dell'Islam con il termine *maomettani*, probabilmente ad imitazione della parola *cristiani*.

La parola *maomettano* ha però un significato offensivo per i fedeli dell'Islām perché essa sembra indicare che Maometto abbia anch'egli, come Cristo, natura divina.

Saraceni e Agareni

Saraceni è il termine col quale, durante il medioevo cristiano, si usavano chiamare i musulmani provenienti dal Nord Africa.

Saraceni è parola di etimologia incerta che appare per la prima volta in antiche iscrizioni e che indicava originariamente una popolazioni nomade del deserto del Sinai. Secondo alcuni essa deriva dal nome del vento del deserto *Sharuq*, secondo altri deriva dal nome *sariq*, ladro, a causa delle scorrerie che i predoni nomadi facevano ai danni delle popolazioni sedentarie.

In seguito nella letteratura greca e latina il termine venne usato per indicare i popoli nomadi.

Nel medioevo, in occidente, si diffuse l'errata ipotesi che Saraceni significasse "figli o discendenti di Sara".

Abramo non avendo avuto figli dalla moglie Sara, si unì alla schiava Agar[18] che partorì Ismaele. In seguito Sara in età molto avanzata ebbe anch'essa un figlio, Isacco, che essendo il figlio legittimo ereditò da Abramo e diede origine al popolo eletto. I figli del diseredato Ismaele, gli ismaeliti, invece popolarono le terre del sud e l'Arabia e avrebbero per questo dovuto chiamarsi "figli di Agar" o Agareni [19]

---

[18] Agar (هاجر , *Hāgar*, "Straniera")

[19] Genesi 16:1-17:27 - *16:[1]Sara, moglie di Abramo, non gli aveva dato figli. Avendo però una schiava egiziana chiamata Agar, [2] Sara disse ad Abramo: «Ecco, il Signore mi ha impedito di aver prole; unisciti alla mia schiava: forse da lei potrò avere figli». …[4] Egli si unì ad Agar, che restò incinta. …*

[6] …Sara allora la maltrattò tanto che quella si allontanò. [7] La trovò l'angelo del Signore presso una sorgente d'acqua nel deserto e …[10] Le disse: «Moltiplicherò la tua discendenza e non si potrà contarla per la sua moltitudine». … [15] Agar partorì ad Abramo un figlio e Abramo lo chiamò Ismaele …

Moschea

La moschea è il luogo principale di preghiera dove l'unità di fede islamica si esprime fisicamente. Il nome italiano deriva dalla parola araba مسجد, *masjid*, attraverso il corrispondente termine spagnolo *mezquita*.[20]

Poiché durante la preghiera il fedele è in collegamento diretto con Dio, senza intermediari, per i musulmani è possibile pregare in qualunque luogo, all'aperto o dentro una casa [21]; la moschea, in quanto luogo dedicato alla preghiera, non ha elementi indispensabili al culto, ma solo utili a tale scopo.

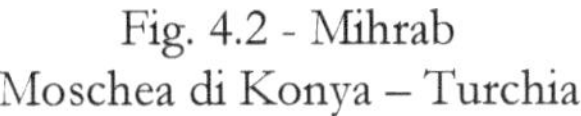

Fig. 4.2 - Mihrab
Moschea di Konya – Turchia

Fig. 4.3 - Mihrab e minbar
Moschea di al-Nasir Muhammad - Cairo

Le funzioni primarie sono quella di mettere a disposizione dei fedeli un ambiente per la preghiera in comune, la possibilità di ascoltare un Imam, quella di fornire un orientamento ai fedeli per poter individuare la posizione del più sacro sito dell'Islam, presso la Mecca, e di potersi prosternare verso questa direzione.

All'interno di ogni moschea è presente il *mihrab,* formato da una specie di piccolo abside o da una nicchia, che è l'elemento architettonico centrale e spesso decorato con più cura di tutta la moschea: esso indica la direzione della Mecca verso cui il musulmano deve disporsi per pregare.

Spesso nelle moschee si trova anche e un pulpito, detto *minbar,* dall'alto del quale l'Imām recita le sue allocuzioni.

17: [1] Quando Abramo ebbe novantanove anni, il Signore gli apparve e gli disse: "sarai padre di una moltitudine di popoli." … [19] E Dio disse: « Sara, tua moglie, ti partorirà un figlio e lo chiamerai Isacco. Io stabilirò la mia alleanza con lui come alleanza perenne, per essere il Dio suo e della sua discendenza dopo di lui.

Da Isacco discese Giacobbe a cui Dio cambiò il nome in Israele (Genesi 32:29)

[20] La parola italiana moschea è di genere femminile mentre l'araba *masjid* è di genere maschile.

[21] Purché il terreno riservato alla *Salāt* sia delimitato da qualche oggetto, come un tappeto, una stuoia, un mantello, o una fila di sassi, e sia il più possibile esente da sporcizia.

Sempre presente invece, all'esterno della moschea, isolato od accostato ad essa, si trova il minareto [22], costruzione a forma di alta torre, dall'alto del quale un incaricato chiamato *muezzin*, chiama, salmodiando, i fedeli alla preghiera.

Caratteristica di tutte le moschee è la completa assenza di raffigurazioni umane o animali, vietate dall'Islam, che sono sostituite da elaborate e intricate decorazioni a mosaico policromo e da scritte che riportano versetti del Corano, tracciate con calligrafie eleganti, spesso intrecciate in modo molto complesso.

Fig. 4.4 - Minareti

| Moschea di Ibn Tulun | Moschea Blu | Moschea Kocatepe | Moschea di al-Nasir |
| Cairo | Istanbul | Ankara | Cairo |

4.2 La lingua araba

La lingua originaria del Corano è l'arabo, lingua sacra perché lingua della Rivelazione divina.

L'esigenza di mettere per iscritto le parole di Maometto (il Corano, rivelato oralmente, fu trascritto[23] soltanto circa vent'anni dopo la morte del Profeta), di tramandarle in modo univoco e con la massima precisione e la necessità di poter far leggere il Corano agli arabi poco colti e ai popoli non arabi conquistati[24], spinse il governatore Al-Hajjaj [25] a dare inizio, circa sessanta anni dopo la morte del Profeta, a una profonda riforma ortografica e

---

[22] Il nome minareto deriva dalla parola araba *manār*, "faro".

[23] Secondo una tradizione musulmana, quasi certamente inventata per rassicurare il fedele che il Corano deriva da Allah e non è opera di un uomo, il profeta Maometto era analfabeta, cosa certamente non vera. L'equivoco deriva dal brano nella Sura VII: 157,158 del Corano ove Maometto viene chiamato *"ummī"*, che letteralmente significa illetterato, ignorante. Il passo in questione significa però più correttamente che Maometto è anche il profeta dei popoli illetterati, cioè di coloro che non conoscevano le sacre scritture.

[24] Il Corano, nella recita delle preghiere, deve essere assolutamente letto nella lingua originale.

[25] Al-Hajjāj ibn Yūsuf (661-714) fu governatore dell'Iraq durante il califfato Omayyade e fra le altre cose convinse il califfo al-Walid I ad adottare per la prima volta una moneta araba per gli scambi commerciali (il *dirham*) e la lingua araba come lingua ufficiale della burocrazia in tutto il mondo islamico.

grammaticale della scrittura e della lingua che le tribù nomadi dell'Arabia usavano solo sporadicamente.

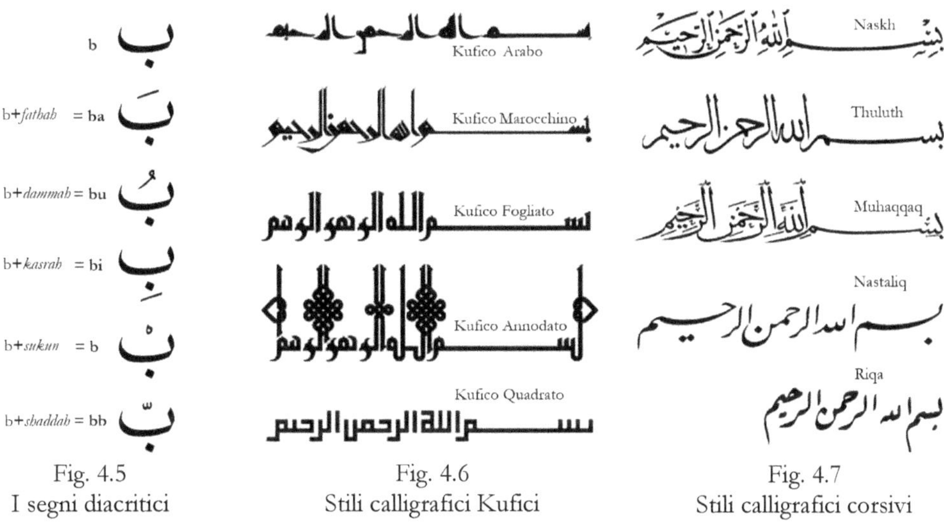

Fig. 4.5	Fig. 4.6	Fig. 4.7
I segni diacritici	Stili calligrafici Kufici	Stili calligrafici corsivi

In seguito a questa riforma, che continuò con uno studio approfondito negli ultimi anni del VII secolo e nei primi dell'VIII, furono sviluppate e codificate con precisione le regole sull'alfabeto, sulla scrittura e sulla pronuncia, che valgono ancora oggi, con l'introduzione di segni vocalici tali da rendere senza ambiguità la lettura e la scrittura dei versetti del Corano.[26]
In questo modo, soltanto per una esigenza della religione e attraverso una rigorosa codificazione in parte artificiale, nacque, e viene mantenuta invariata, la lingua araba. [27] [28] [29]

---

[26] Poiché nella lingua araba, come in altre lingue semitiche, l'alfabeto è costituito soltanto da 28 consonanti, vengono usati quattro particolari segni detti diacritici (chiamati *fathah, dammah, kasra, sukun e shaddah*) da porre al di sopra o al di sotto delle lettere per indicare la presenza o l'assenza di una vocale (Fig. 4.5). Gli unici suoni vocalici presenti corrispondono ai suoni, brevi o lunghi, delle nostre lettere "a, u, i". Normalmente le vocali brevi non sono indicate e la loro presenza è lasciata soltanto all'esperienza e alla cultura del lettore: il Corano e le sacre scritture sono attualmente gli unici scritti, oltre ai testi per l'apprendimento iniziale della lingua usati dai bambini, in cui sono presenti tutti i segni diacritici.

[27] La lingua araba, ricchissima di vocaboli e di forme verbali e sintattiche, è una lingua abbastanza difficile da apprendere per gli occidentali. Non per nulla la locuzione "parlare arabo" è sinonimo di "parlare in modo incomprensibile".

[28] Soltanto in Iran (antica Persia) la lingua usata non è l'arabo ma il persiano o farsi, che però è scritto con l'alfabeto arabo, con alcune piccole varianti. Molti antichi manoscritti di materie scientifiche sono scritti in farsi in seguito al grande sviluppo della scienza nel periodo del califfato degli Abassidi (750-1250 circa), quando la capitale era Baghdad.

[29] Il numero delle persone che oggi nel mondo parlano l'arabo è certamente superiore a 200 milioni in: Algeria, Arabia, Egitto, Giordania, Iraq, Libano, Libia, Kuweit, Mauritania, Marocco, Oman, Palestina, Siria, Stati del Golfo, Sudan, Tunisia e Yemen.

Con l'espandersi delle conquiste del VII e VIII secolo essa divenne la sola lingua ufficiale della amministrazione, del commercio, della cultura e della scienza nei paesi di religione islamica e per questo spesso, e anche in questo testo, l'aggettivo "arabo" viene utilizzato per individuare i molteplici aspetti della civiltà che si sono sviluppati nei paesi di lingua o alfabeto arabo

Poiché il Corano proibisce di rappresentare figure di uomini ed animali, in quanto queste azioni sono considerate atti di superbia e tentativi di imitare Dio nella creazione e le immagini possono tentare il fedele e portarlo alla idolatria, nei paesi di religione islamica non si sono sviluppate, come nelle civiltà precedenti e in quelle occidentali, né la pittura, né la scultura, che in parte sono state soppiantate dallo sviluppo della parola scritta e della calligrafia artistica.

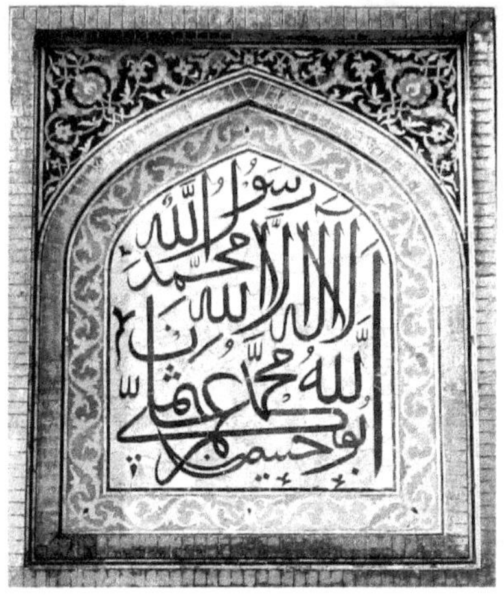
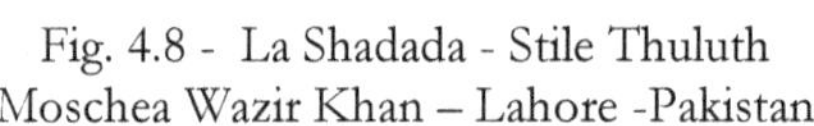

Fig. 4.8 - La Shadada - Stile Thuluth   Fig. 4.9 - La Shadada
Moschea Wazir Khan – Lahore -Pakistan   Stile Kufico geometrico

La calligrafia, che è considerata l'arte islamica per eccellenza, assunse sin dal VII secolo una grande importanza sia nei primi libri manoscritti, sia come motivo ornamentale, sia nelle decorazioni molto complesse ed elaborate che ornano le moschee. Si svilupparono ben presto diversi stili calligrafici fra i quali ricordo soltanto il Kufi, caratteristico per la forma angolata delle lettere e che prende il nome dalla città di Kufah dove fu inventato verso l'inizio dell'VIII secolo, e il Thuluth, che si sviluppò verso la fine del IX secolo.

4.3 Le scuole di giurisprudenza o scuole di interpretazione (Fiqh)

Poiché ogni musulmano non ha abbastanza conoscenza per interpretare personalmente le parole di Allah, egli deve basarsi su sapienti che hanno fatto queste interpretazioni: lo studio formale della Legge di Dio, basato sulle parole del Corano e sulla interpretazione degli Hadith viene chiamata "giurisprudenza" o *fiqh*.

Nel primo periodo islamico molti studiosi fecero un grande lavoro di interpretazione e quattro fra essi fondarono le scuole di interpretazione o *scuole di giurisprudenza* che portano ancora il loro nome: l'imam Abu-Hanifah (699-767), che fondò la scuola Hanafi in Iraq, l'imam Malik (715-796), la scuola Maliki a Medina, l'imam Shafi (767-820), l'omonima scuola in Egitto e l'imam Amhad Ibn Hanbal (780-855), la scuola Hanbali a Bagdad.

La scuola Hanafi è la più diffusa all'interno dell'Islam Sunnita: è seguita da circa il 49% dei Sunniti nel mondo, in Egitto, Turchia, Pakistan, Afghanistan, Asia centrale, India, in Cina e nei Balcani.
La scuola Shafi è seguita in Arabia, Indonesia, Malesia, Egitto, Somalia, Eritrea, Yemen e parte dell'India (26%).
La Maliki è la terza scuola come importanza, seguita in Nord Africa, Africa Occidentale, negli stati del golfo persico (15%).
Infine la scuola Hanbali che è considerata la scuola più conservatrice, è seguita specialmente nella penisola Araba (10%).

4.4 I cinque doveri o pilastri dell'Islam

Il Corano e la legge religiosa (*Shari'à*) fissano con chiarezza cinque obblighi fondamentali che ogni musulmano devoto adulto, uomo o donna, è tenuto ad osservare come atti essenziali per compiacere Dio che li ha ordinati.

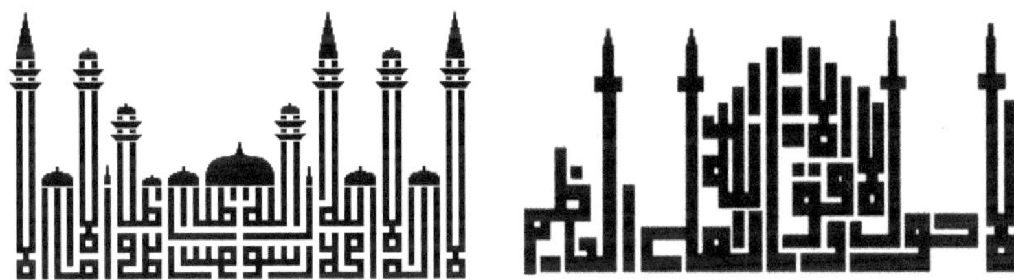

Fig. 4.10 - Scritte in stile Kufico decorativo
Non esiste vero Dio oltre ad Allah e Maometto è il suo profeta

Questi doveri, che vengono chiamati *i cinque pilastri dell'Islam* (*Arkān al-Islām*), sono alla base di tutta la vita dei musulmani essendo i fondamenti della fede e i precetti irrinunciabili per ogni fedele.

4.4.1 Primo Pilastro – La testimonianza

Il primo Pilastro è la testimonianza della fede (o *Shahada* الشهادة) e l'accettazione di Dio (Allah) che si attua nel testimoniare con convinzione l'unicità di Dio recitando la dichiarazione di fede "*Ashadu an là ilàha illà Allàh - wa ashadu anna Muhammada Rasulu Allàh*"

أشهد أن لا إله إلا الله وأشهد أن محمد رسول الله

cioè "Attesto che non esiste vero Dio oltre ad Allah e Maometto è il suo messaggero (profeta)".[30]

Fig. 4.11 - Scritta in stile Thuluth - X sec.
La testimonianza di fede Shahada

Questa formula, che il musulmano pronuncia più volte nella giornata durante le preghiere, è il centro del loro credo poiché racchiude in se i due principi fondamentali: l'unicità di Allah e il riconoscimento del profeta Maometto, portatore delle Sue parole e di verità.

L'attestazione di fede pronunciata con convinzione davanti a due testimoni è l'unico atto richiesto per entrare nell'Islam e per ricevere il perdono divino.

4.4.2 Secondo Pilastro – La Preghiera

Il secondo Pilastro è la Preghiera rituale (Salāt الصلاة) che si effettua 5 volte al giorno in precisi momenti della giornata.[31]

La preghiera nell'Islam è l'atto di adorazione più importante essendo il collegamento diretto, senza intermediari, fra il fedele e Dio. [32]

Ogni preghiera, che contiene sempre la recita della prima sura, *al-Fatiha*, dura pochi minuti, può essere compiuta ovunque ma, in particolare per gli uomini, è preferibile farla nella moschea per ottenere maggiore ricompensa da Allah. Se il fedele non è in moschea è raccomandabile che metta a terra una stuoia pulita su cui pregare.

Prima della preghiera il fedele deve eseguire una abluzione rituale (con acqua o sabbia) delle mani, bocca, naso, volto, braccia, testa, orecchie e piedi sino alle caviglie.

Durante la recita della preghiera il fedele deve assumere diverse posizioni (*Rak'a*) (in piedi, inclinato, in ginocchio e prostrato) e deve essere rivolto con il viso nella direzione della moschea della Mecca ove si trova la sacra Ka'aba.

Qualunque sia la nazionalità del fedele la preghiera deve essere recitata in arabo che è la lingua sacra in cui è stato rivelato il Corano.

---

[30] Corano – Sura 33, Al-Ahzâb (I Coalizzati) : 40 – *"Maometto non è il padre di nessuno dei vostri uomini, egli è l'Inviato di Allah e il sigillo dei profeti – Allah conosce ogni cosa."*

[31] Corano – Sura II Al-Baqara (La Giovenca) : 238 - *"Siate assidui alle orazioni e all'orazione meridiana e, devotamente, state ritti davanti ad Allah"*
Corano – Sura VII Al-A'râf : 205 – *"Ricordati del tuo Signore ... al mattino e alla sera ..."*
Corano – Sura XI Hûd : 114 – *"Esegui l'orazione alle estremità del giorno e durante le prime ore della notte... avvertenza per gli avvertiti."*

[32] La Salāt viene chiamata *namāz* (نماز) in alcune lingue dell'Europa e dell'Asia come il persiano, l'urdu, l'hindi, il bengalese, l'albanese, lo slavo, il bosniaco, il turco. La parola non è araba ma deriva da una radice indo-europea che significa prostrarsi.

Fig. 4.12 - La Preghiera.

Al termine di ogni preghiera l'invocazione "La pace sia con te e dentro di te" (*as-salam aleikum* السلام عليكم) deve essere rivolta ai fedeli che stanno ai lati e ai due angeli che i musulmani credono stiano sulle spalle di ogni persona e che registrano le azioni buone (quello di destra) e le azioni cattive (quello a sinistra).

Fig. 4.13 - Tappeti da preghiera

4.4.3 Terzo Pilastro - L'Elemosina

Il terzo Pilastro è l'Elemosina o Offerta canonica (*Zakat* الزكاة). [33]

Poiché uno dei principi fondamentali dell'Islam è il credo che tutto appartiene a Dio e che le cose sono tenute solo in custodia dagli uomini, il fedele ha l'obbligo di aiutare i bisognosi e la collettività. Per questo la *Zakat* non è solo una elemosina ma è un atto di solidarietà concreta con il resto della comunità.

---

[33] Corano – Sura IX At-Tawba (Il Pentimento o la Disapprovazione) : 103 – *"Preleva sui loro beni un'elemosina tramite la quale li purifichi e li mondi e prega per loro."*

Mentre all'origine era un atto volontario e libero, oggi è diventata quasi una forma fiscale o una imposta, che equivale a una quota fissa (pari al 2.5%) dei propri averi, intesi come beni utilizzabili negli scambi commerciali o del capitale che supera quello necessario per la vita quotidiana.

Fig. 4.14 - Moschea Sultan Hassan - Cairo
Da *"La Description de l'Egypt"*

4.4.4 Quarto Pilastro – Il digiuno

Il quarto Pilastro è il digiuno del Ramadan (*Saum* o *Siyam* الصوم).[34]
L'osservazione del *Siyam* comprende l'astensione dal mangiare, dal bere, dal fumare e dai rapporti sessuali nell'arco del giorno (periodo di luce) nei giorni del mese di Ramadan, IX mese del calendario religioso islamico, mese in cui iniziò la rivelazione del Corano.
Poiché il calendario è lunare il mese del Ramadan si sposta ogni anno rispetto al nostro calendario.

4.4.5 Quinto Pilastro – Il pellegrinaggio

Il quinto Pilastro è il pellegrinaggio alla Sacra Casa della Mecca (*Hajj* الحج)[35] che deve essere eseguito nel XII mese lunare Dhu l-Hijja. Il pellegrinaggio deve essere fatto almeno una volta nella vita da tutti coloro che sono in grado di affrontarlo economicamente e fisicamente.

---

[34] Corano – Sura II Al-Baqara (La Giovenca) : 183,185 –*"O voi che credete, vi è prescritto il digiuno come era stato prescritto a coloro che vi hanno preceduto.* " - " *Digiunerete per un determinato numero di giorni. Chi però è malato o è in viaggio, digiuni in seguito altrettanti giorni. Ma per coloro che a stento potrebbero sopportarlo, c'è un'espiazione: il nutrimento di un povero. E se qualcuno dà di più, è un bene per lui. Ma è meglio per voi digiunare."*
"È nel mese di Ramadân che abbiamo fatto scendere il Corano, guida per gli uomini e prova di retta direzione e distinzione. Chi di voi ne testimonia digiuni. "
[35] Corano – Sura III Âl 'Imrân (La Famiglia di Imran) : 97– *"...Spetta agli uomini che ne hanno la possibilità di andare, per Allah, in pellegrinaggio alla Casa. "*

Ai nostri giorni ogni anno più di due milioni di persone si recano alla Mecca.

Fig. 4.15 - Pellegrinaggio alla Mecca
Pellegrini inginocchiati attorno alla Kaaba

Capitolo 5
LE PREGHIERE

5.1 Le cinque preghiere della religione islamica

Il secondo precetto obbligatorio della religione islamica è la Preghiera Rituale (*Salāt* الصلاة),
che consiste nella recitazione quotidiana di cinque preghiere che devono essere pronunciate,
con particolari rituali e formule (*rak'a*), all'interno di periodi tempo della giornata (*waqt*) ben
stabiliti. [36] [37]
Anche se in quasi tutta la letteratura moderna le preghiere vengono elencate, e numerate, a
partire all'inizio del giorno, con ai primi posti le preghiere del giorno, seguirò qui l'ordine in
cui esse sono descritte e discusse nel trattato sulle ombre di al-Biruni [38] , iniziando dalla sera,
cioè dall'inizio del giorno per i musulmani, e quindi partendo dalle preghiere notturne.

Le cinque preghiere:
- la prima preghiera è quella del tramonto o della sera detta Maghrib (مغرب); deve essere
  recitata fra l'istante del tramonto, quando il Sole è scomparso sotto l'orizzonte, e l'istante
  in cui scompare la luce del crepuscolo ed inizia la notte vera e propria;[39]
- la seconda preghiera che segue immediatamente è la preghiera della notte detta Isha'a
  (العشاء).[40] Il periodo in cui deve essere recitata ha inizio al cominciare della notte, cioè al
  termine del crepuscolo, e fine nell'istante in cui termina la notte stessa ed in cui comincia
  il periodo dedicato preghiera dell'alba;
- la terza preghiera è quella dell'alba detta Fajr (الفَجْر) il cui periodo và dall'inizio del
  crepuscolo del mattino, quando compare l'alba, sino al sorgere del Sole.[41]

---

[36] La trascrizione nelle lingue occidentali dei nomi arabi delle preghiere non è sempre la stessa. In
questo testo si è adottata la nomenclatura presente nel volume di Mohammad Iliyas - *"Astronomy of
Islamic Times for Twenty-first Century"* – 1999. Per semplicità si sono chiamati "1' Asr" e "2' Asr" gli
istanti che in questo testo sono chiamati *Asr-i-shafai* e *Asr-i-hanafi*.

[37] Il valore di ogni preghiera diminuisce più ci si allontana dall'inizio del periodo ad essa dedicato.

[38] AL BIRUNI (1976), pag. 160 e segg.

[39] Corano – Sura XXX Ar-Rûm (I Romani):18 *"A Lui la lode nei cieli e sulla terra, durante la notte e quando
il giorno comincia a declinare"*.

[40] Corano – Sura 24, An-Nûr (La Luce): 58 *"… in tre momenti del giorno: prima dell'orazione dell'alba, quan-
do vi spogliate dei vostri abiti a mezzogiorno e dopo l'orazione della notte"*
Sura 17, Al Isrâ' (Il Viaggio Notturno): 79 *"Veglia in preghiera parte della notte, …"*
Sura 73, Al-Muzzammil (L'Avvolto): 6 *"In verità la preghiera della notte è la più efficace e la più propizia"*

[41] Corano – Sura 17, Al Isrâ' (Il Viaggio Notturno): 78   *"Compi la preghiera dal declino del Sole fino al primo
oscurarsi della notte e compi la Recitazione (lettura del Corano) all'alba, poiché alla Recitazione all'alba assistono gli
angeli"*. L'istante della preghiera Fajr coincide con l'inizio del crepuscolo astronomico.

– La quarta preghiera è quella del mezzogiorno detta Zuhr o Dhuhr (ظهر): deve avere inizio subito dopo il mezzogiorno, quando il Sole ha appena attraversato il meridiano, e terminare all'inizio della preghiera Asr successiva.

– Infine la quinta preghiera, la più importante, è quella del pomeriggio detta Asr (عصر). Il periodo in cui deve essere recitata termina o al tramonto, secondo alcune tradizioni, o al 2' Asr, secondo altre.[42]

La parola Asr significa *"la prima parte del pomeriggio, sino a quando il cielo diventa rosso"*.

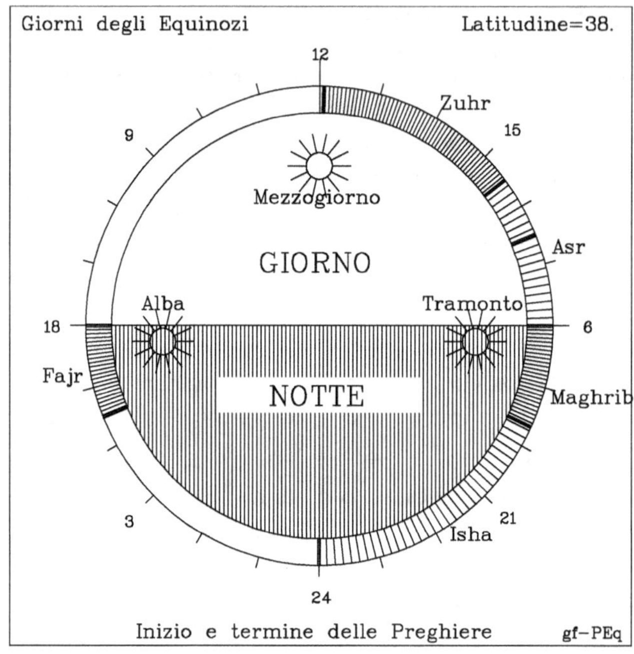

Fig. 5.1 Le preghiere dell'Islam.

Dalle descrizioni precedenti è immediato osservare come gli istanti delle preghiere abbiano avuto origine dai momenti in cui "naturalmente" può essere, e viene ancora oggi, diviso il giorno e cioè mezzogiorno, metà pomeriggio, tramonto, caduta della notte ed alba.
In alcune comunità era prevista anche una sesta preghiera della metà mattina detta *Duha* il cui istante di inizio era simmetrico all'istante dell'Asr rispetto al mezzogiorno locale.[43]

Nel periodo "meccano"[44], in cui furono rivelate le prime *Sure* del Corano, sembra che le preghiere canoniche per i credenti musulmani fossero soltanto due, all'alba e al tramonto, più una veglia notturna.

---

[42] La preghiera Asr non è menzionata nel Corano ma in una Hadith (Al-Muwarra n. 8.8.26). Il Corano richiama invece una "preghiera intermedia" in Sura II: 238 .

[43] Nella lingua Turca moderna i nomi delle preghiere sono: *aksham* (maghrib), *yatsi* (isha), *tan* o *fecir* (fajr), *ogle* (zuhr), *ikindi* (asr) e *kusluk* (duha).

[44] É il periodo compreso fra il 612, anno in cui Maometto ebbe la prima visione, all'Egira dalla Mecca a Yatrib (Medina), nel 622.

Ad esse in seguito si aggiunse una   "preghiera media": probabilmente la preghiera del mezzogiorno.

Successivamente, non é chiaro come e quando, comunque in epoca molto antica, le preghiere passarono alle 5 attuali in base alle parole del Profeta contenute nelle Hadith e furono introdotte le preghiere Zuhr, Asr e Maghrib, che non sono nominate nel Corano.

5.2 Gli istanti delle cinque preghiere

Come si è sopra ricordato gli istanti delle 5 preghiere, oggi e già da più di mille anni, sono definiti in funzione di fenomeni naturali facilmente individuabili dai fedeli (in particolare in località con climi secchi e quasi perennemente sereni), che dipendono dalla posizione del Sole rispetto all'orizzonte. Più precisamente per le preghiere del giorno essi sono legati alle ombre prodotte sul terreno, mentre per le preghiere della notte dipendono dai crepuscoli mattutino e serale e cioè dall'apparire della prima luce del giorno e dallo scomparire di essa. Necessariamente quindi questi istanti cambiano non soltanto con la latitudine, cioè con la località, ma anche durante l'anno al variare delle stagioni.

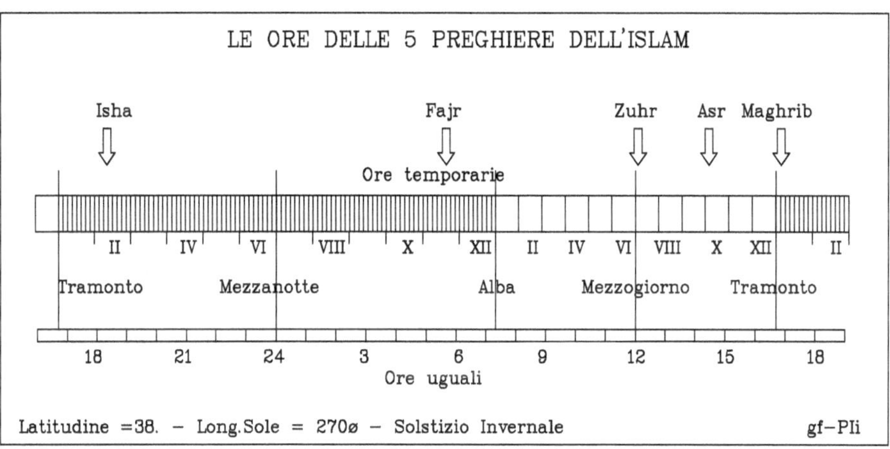

Fig. 5.2 Le preghiere dell'Islam

Se per i primi due secoli la determinazione degli istanti delle preghiere fu lasciata ai fedeli, ai "saggi" di ogni comunità o, nelle città, agli addetti delle moschee che interpretavano i dettami del Corano[45], dagli inizi del X secolo questi particolari momenti della giornata cominciarono ad essere definiti scientificamente e la loro determinazione iniziò ad essere oggetto di studi e ricerche approfonditi.

Come ho già ricordato in precedenza, la necessità di indicare ai fedeli le ore esatte in cui dovevano essere recitate le cinque preghiere rituali fu sicuramente uno dei principali motivi che portarono gli studiosi di religione islamica all'approfondimento dell'astronomia e in parti-

---

[45] Ognuna delle cinque preghiere è ancora oggi annunciata da un doppio richiamo ("chiamata alla comunità") da parte del muezzin (مؤذّن *mu'addin*).

colare del moto del Sole, dell'ottica e del fenomeno della rifrazione e allo sviluppo della trigonometria piana e sferica.[46]
Questo problema pratico fu anche il motivo principale dello sviluppo e del perfezionamento degli orologi solari e della loro diffusione nei luoghi pubblici e, in particolare, nelle moschee.

Prima di descrivere i metodi, che possiamo chiamare "scientifici", adottati ed utilizzati dagli astronomi arabi per il calcolo delle loro tabelle delle ore delle preghiere e per il tracciamento delle curve sugli orologi solari, mi sembra opportuno fare alcune riflessioni sugli istanti delle preghiere, suggerite dagli scritti dello studioso David A. King [47], ripetendo in parte alcune delle note riportate nella prima parte di questo testo.

Nel mondo medioevale islamico convissero per secoli due diversi tipi di conoscenza astronomica.
La prima derivava dalla tradizione, era semplice, non tecnica ed essenzialmente pratica, staccata completamente dalla teoria, tramandata oralmente e in possesso della maggior parte della popolazione. L'osservazione dei fenomeni celesti, dei movimenti del Sole e delle stelle permettevano alla gente comune di ottenere quelle informazioni che potevano essere utili nella vita quotidiana. Così gli istanti delle preghiere erano individuati osservando la luminosità del cielo all'alba e al tramonto o la lunghezza della propria ombra durante il giorno; così l'inizio del mese era fissato quando un "osservatore degno di fiducia" vedeva in cielo alla sera la falce della Luna nuova; così la direzione verso cui pregare era individuata guardando le stelle o tramandata dalla tradizione.

Una diversa conoscenza astronomica proveniva invece dalla tradizione matematico-scientifica nella quale erano fondamentali teorie, tavole, calcoli, e la conoscenza teorica delle leggi dei moti del Sole, della Luna e dei pianeti.
Gli astronomi musulmani, eredi del sapere ellenistico, della Persia e dell'India, nel periodo dall'VIII al XIV secolo fecero nuove osservazioni, perfezionarono le antiche teorie e ne svilupparono di nuove, compilarono tavole, inventarono nuovi strumenti e perfezionarono gli antichi, in questo spronati non solo dal desiderio di nuove conoscenze ma anche, e la cosa è un elemento tipico dell'astronomia islamica, dal desiderio di giungere a risultati pratici ed utili per i fedeli e per la religione.
Come elementi importanti che spronarono gli studiosi vi furono infatti sempre il desiderio di determinare esattamente, come richiedeva anche allora lo spirito scientifico, gli istanti delle preghiere, necessari per poter calcolare tabelle ad uso delle moschee e tracciare le curve sui quadranti solari, la direzione della Mecca e gli elementi per prevedere l'inizio del sacro mese del Ramadan.

---

[46] Anche gli altri motivi che spinsero la scienza islamica verso l'astronomia furono di natura religiosa: lo studio del moto della Luna necessario per la determinazione del calendario lunare e dell'inizio del mese del Ramadan e la determinazione della direzione della Mecca verso cui il fedele deve rivolgersi nella preghiera.
[47] KING (1993), KING (2004)

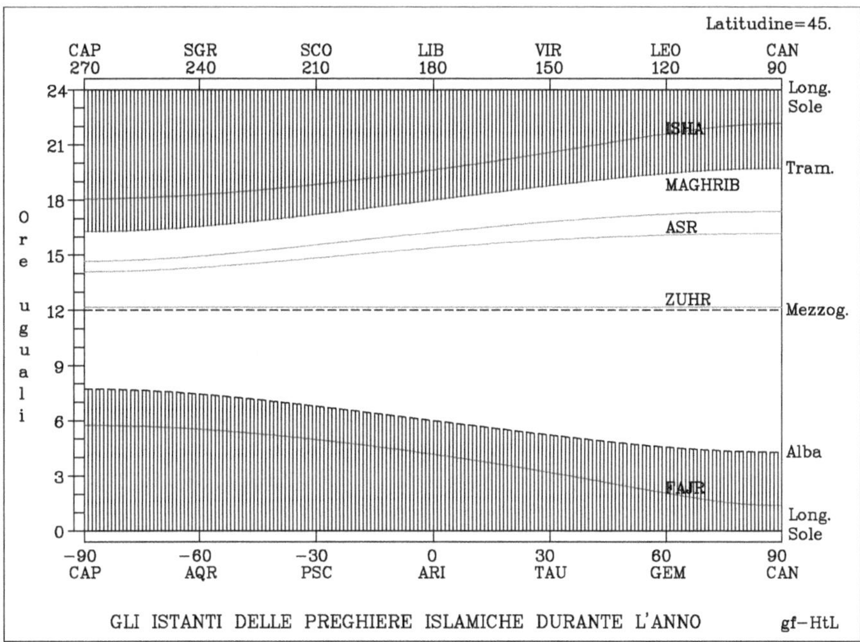

Fig. 5.3 Le preghiere dell'Islam

Questi studi e risultati, che descriverò in seguito, rimasero però relegati per molto tempo al ristretto ambiente degli astronomi e degli studiosi e i metodi proposti per risolvere i vari problemi astronomici legati alla religione furono considerati dalla maggioranza troppo complicati e di scarsa importanza.

Per lungo tempo quindi il calcolo delle ore delle preghiere fu praticato soltanto dalla minoranza degli astronomi appartenenti alle scuole associate alle moschee più importanti, mentre in tutto il mondo musulmano si continuarono ad utilizzare gli antichi metodi tradizionali da tutti compresi e basati sulla astronomia popolare.

5.3   L'istante della preghiera Maghrib

La parola *maghrib*, (مغرب) significa Ovest, occidente, luogo ove tramonta il Sole, e per questo motivo essa ha dato il nome alla preghiera del tramonto o della sera, la prima del nuovo giorno. [48]

Deve essere recitata fra l'istante del tramonto, dopo che il bordo superiore del Sole è sceso sotto l'orizzonte, e l'istante in cui inizia la preghiera seguente Isha, quando scompare la luce del crepuscolo ed inizia la notte vera e propria: quindi nel periodo che intercorre fra il giorno luminoso e la piena oscurità.

---

[48] Viene anche indicata con il nome Maghrib, o con il simile Maghreb (in italiano Magreb), la regione del Nord Africa affac-ciata al Mediterraneo che si trova ad Ovest dell'Egitto, dalla attuale Libia sino all'Oceano Atlantico.

Poiché è proibito pregare mentre il Sole nasce o tramonta, abitualmente la preghiera si fa iniziare, oggigiorno, almeno 3 minuti dopo la scomparsa del disco solare, anche per tener conto delle variazioni dovute alla rifrazione. In Arabia questo ritardo è preso uguale a 1 minuto.

5.4 L'istante della preghiera Isha

L'Isha, la seconda preghiera, è la preghiera della notte. Numerose tradizioni fissano l'inizio di questa preghiera allo scomparire del colore rosso dal cielo che segue il tramonto, cioè alla *"caduta della notte"* o, in linguaggio più moderno, al termine del crepuscolo astronomico serale. L'istante in cui deve finire la recitazione non è invece univocamente fissato anche se la tradizione lo fa coincidere con l'inizio del crepuscolo (astronomico) mattutino in cui inizia la successiva preghiera Fajr.
In alcuni parti del mondo la preghiera Isha termina a mezzanotte; in altre alla fine del primo terzo della notte; in Arabia 90 minuti dopo il tramonto.

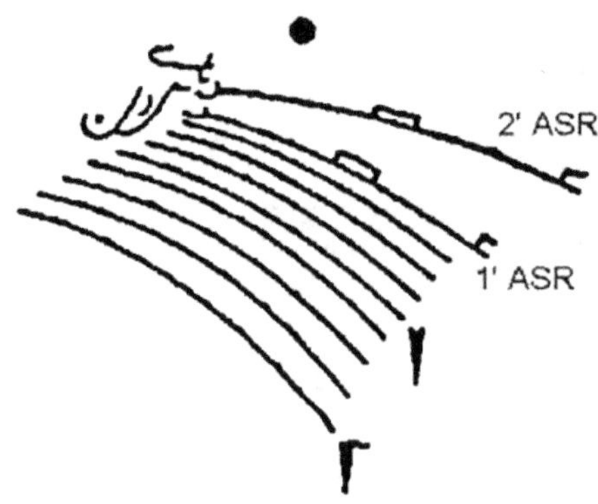

Fig. 5.4 Moschea Fatih- Istanbul
Linee dell' Asr

5.5 L'istante della preghiera Fajr

Il Fajr è la preghiera dell'alba e la sua recitazione deve iniziare quando inizia ad apparire all'orizzonte orientale il primo biancore, cioè *"quando i volti non possono ancora essere riconosciuti"*, e quando è possibile *"distinguere il filo bianco dal filo nero"* [49] o, infine, all'inizio del crepuscolo astronomico del mattino.
Deve terminare poco prima del sorgere del Sole cioè quando avviene la *"rottura del giorno"*; secondo la scuola Hanafi deve terminare da 5 a 10 minuti prima del sorgere del Sole.

---

[49] Corano Sura II Al-Baqara (La Giovenca): 187 – *"Mangiate e bevete finché, all'alba, possiate distinguere il filo bianco dal filo nero; quindi digiunate fino a sera"*.

Si può dire quindi che gli istanti di Fajr e Isha dipendono dalla illuminazione del cielo e possono essere pertanto soggetti a interpretazioni diverse mentre quelli delle preghiere del giorno, Zuhr, Asr e Maghrib, possono essere calcolati senza ambiguità dipendendo soltanto dalla posizione del Sole in cielo.

5.6 L'istante della preghiera Zuhr

Il periodo in cui deve essere recitata la preghiera Zuhr inizia immediatamente dopo il mezzogiorno, quando il Sole è entrato nella fase detta di *Zawaal*, cioè quando, passato il suo culmine, i sui bordi hanno superato il meridiano e il suo corso in cielo inizia a declinare.[50]

Il periodo dedicato alla Zuhr termina all'inizio della preghiera Asr (1' Asr).

Anche se si legge in molti testi, e si trova in molte tabelle pubblicate su libri e in Internet, che lo Zuhr inizia a mezzogiorno, la cosa non è corretta poiché il momento del mezzogiorno, insieme a quelli del sorgere e del tramonto del Sole, sono *haram*, cioè proibiti [51], e le preghiere in tali momenti sono vietate.[52]

Poiché non esiste alcuna Hadith dove è definito l'istante di inizio dello Zuhr, per sicurezza e convenienza in molte tabelle e testi esso è calcolato aggiungendo 5 minuti all'istante del mezzogiorno vero.

In alcune comunità dell'Andalusia e dei paesi del Nord Africa anche l'istante di inizio della preghiera Zuhr è determinato in base all'allungamento dell'ombra di un oggetto rispetto alla sua ombra a mezzogiorno e fatto coincidere con il momento in cui tale allungamento è pari a ¼ della altezza dell'oggetto: questo istante cade all'incirca al termine dell' VIII ora temporaria.

Il periodo in cui deve essere recitata la preghiera Zuhr viene diviso, in alcuni orologi solari, in 6-8 parti uguali: questo perchè il valore della preghiera decresce allontanandosi dal mezzo-

---

[50] Molti considerano l'inizio della fase di *Zawaal* circa 1 minuto, 1 minuto e mezzo dopo il mezzogiorno.

[51] La parola *Haraam* o *Harām* (in arabo حرام) ha nel mondo islamico diversi significati che, all'apparenza, sembrano contrapposti. Essa deriva dalla radice HRM il cui significato è "mettere da parte", "separare", per cui *haram* può indicare sia il sacro, che è da noi separato, sia ciò che è vietato (il proibito) che è "separato" da Dio. È *haram* ogni luogo, ogni cosa, ogni comportamento, ogni essere, di cui il comandamento divino proibisce il libero uso. Così sono *haram* (sacre) la Kaaba, sacra e perciò proibita ai non mussulmani, la moschea durante la preghiera comune, tutte le proprietà private legittime. Allo stesso tempo sono *haram* la carne di maiale, le bevande fermentate, l'assassinio, il furto, ecc., e questo perché "vietate da Dio" e quindi separate da Lui.

[52] Il grande astronomo Muhammad ibn Ahmad Al Biruni (971–1038) nel suo trattato sulle ombre dice che *"le preghiere al sorgere, al culmine e al tramonto sono interdette per distinguerci* [noi musulmani] *dagli adoratori di Zoroastro e dai Sabei. Si dice che il Sole sorge fra le corna di Satana per dire che i suoi adoratori lo venerano in questo istante"*. I Sabei sembra fossero seguaci di un culto monoteista diffuso in parte della in Mesopotamia nel I secolo; il Corano li mette fra le *"Genti del Libro"* insieme a ebrei, cristiani e zoroastriani.

giorno l'istante in cui essa viene recitata [53].

5.7 L'istante della preghiera Asr

E' quasi certo che, sino agli anni 850-900 circa, l'inizio delle tre preghiere del giorno, Duha, Zuhr e Asr, era fissato al termine delle ore temporarie III, VI e IX e che inoltre negli orologi solari non comparivano le curve delle preghiere [54].
Per la ricerca di questi momenti gli studiosi e gli addetti alle mosche, in mancanza di orologi solari ancora poco diffusi, iniziarono a utilizzare una relazione empirica, giunta agli arabi dall'India circa nel VII secolo, con la quale era possibile determinare l'istante della fine di un'ora temporaria osservando l'aumento (allungamento) dell'ombra di un oggetto verticale rispetto alla lunghezza della sua ombra a mezzogiorno.
La relazione è la seguente:

$$\text{Ora-Temporaria} = \frac{6 \cdot L_G}{L_G + \text{Allungamento\_Ombra}}$$

in cui la grandezza L_G indica l'altezza dell'oggetto verticale, in genere costituito o da un'asta o da una persona.

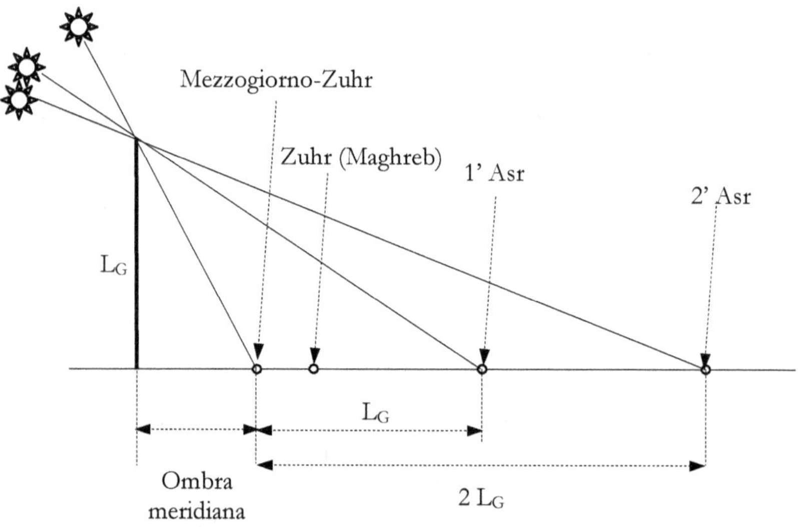

Fig. 5.5 Gli istanti delle preghiere e l'allungamento dell'ombra

---

[53] Lo studioso francese L. Janin ha sostenuto, basandosi sullo studio di alcune meridiane tunisine, che la preghiera Zuhr deve essere recitata quando l'allungamento dell'ombra rispetto al mezzogiorno diventa uguale a 1/3 dell'altezza dello stilo verticale. Una interessante discussione su questo e altri valori si trova in D.King - *"Islamic Astronomical Instruments"*- XVIII pag. 193

[54] Nei testi sugli orologi solari di Thabit Ibn Qurra (ca. 900 d. C.) non vi è nessun accenno alle curve delle preghiere, che invece si trovano in tutti gli orologi solari dei secoli seguenti.

Questa formula empirica è molto imprecisa e dà i seguenti risultati particolari:
- fine dell'ora VI (mezzogiorno) quando l'allungamento dell'ombra = 0;
- fine dell'ora III (e per simmetria anche dell'ora IX) quando l'allungamento dell'ombra = L_G;
- fine dell'ora II (e per simmetria anche dell'ora X) quando l'allungamento dell'ombra = $2\,L_G$;
- inizio dell'ora I e fine dell'ora XII (alba e tramonto) quando l'allungamento dell'ombra diventa grandissimo, teoricamente infinito.

L'abitudine all'uso di questa semplice relazione empirica portò come conseguenza il costume di determinare gli istanti delle preghiere sulla base dell'allungamento dell'ombra meridiana, metodo che fu in seguito codificato ed divenne quello classico per la determinazione dell'istante della preghiera Asr (Fig. 5.5).

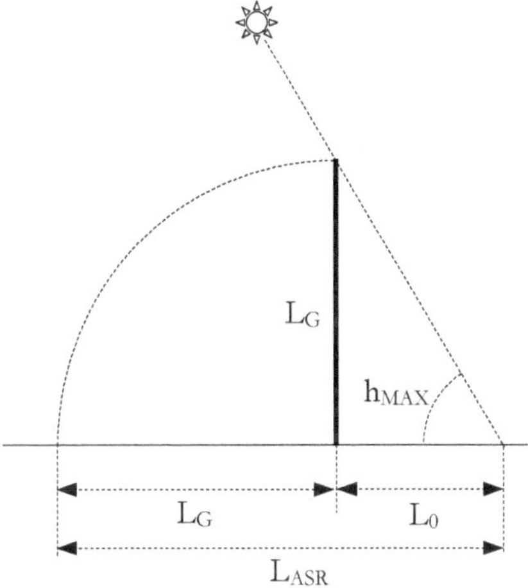

Fig. 5.6   Lunghezza dell'ombra
all'inizio dell'Asr

Esso si trova usato già nei manoscritti più antichi, verso l'anno 1000 circa, ed è accettato e applicato anche oggi in *quasi* tutto il mondo islamico.

In altre parole poiché il fedele non poteva determinare l'istante di inizio della preghiera Asr osservando un ben determinato fenomeno naturale, fu stabilita la semplice regola di far coincidere questo istante con quello in cui la lunghezza della sua ombra sul terreno diventava uguale alla somma della sua ombra più corta (lunghezza dell'ombra a mezzogiorno) più la sua altezza.[55] [56]

---

[55] Ovviamente in una meridiana orizzontale con asta verticale l'istante dell' Asr si ha quando l'ombra é uguale alla lunghezza dell'ombra a mezzogiorno più la lunghezza dell'asta.

[56] Per i Beduini e i nomadi dei deserti dell'Arabia come istante di inizio della preghiera Asr veniva preso l'istante in cui la lunghezza dell'ombra del fedele diventava uguale alla sua altezza, cioè l'istante in cui l'altezza del Sole sull'orizzonte risultava uguale a 45°. Gli istanti ottenuti con questo sistema

Nel periodo precedente ho scritto che il metodo ricordato è applicato anche oggi in *quasi* tutto il mondo musulmano, poiché nel corso dei secoli non tutte le diverse scuole islamiche di pensiero giunsero a un accordo su questo argomento.

Per questo motivo ancora oggi gli istanti che delimitano il periodo per la recita dell'Asr sono calcolati in modo diverso nelle regioni in cui sono prevalenti l'una o l'altra scuola di giurisprudenza.[57]

Precisamente i seguaci delle scuole Maliki, Shafi e Hanbali concordano nel mantenere la definizione sopra riportata: il periodo per la preghiera Asr inizia quando la lunghezza dell'ombra di un oggetto supera la lunghezza dell'oggetto stesso aumentata della lunghezza della sua ombra a mezzogiorno (istante del 1' Asr) e termina quando la lunghezza dell'ombra supera due volte la lunghezza dell'oggetto stesso (istante del 2' Asr).[58]

Al contrario la scuola Hanafi fissa l'istante di inizio della preghiera nell'istante del 2' Asr sopra definito e la fine del periodo ad essa dedicato immediatamente prima del tramonto.[59]

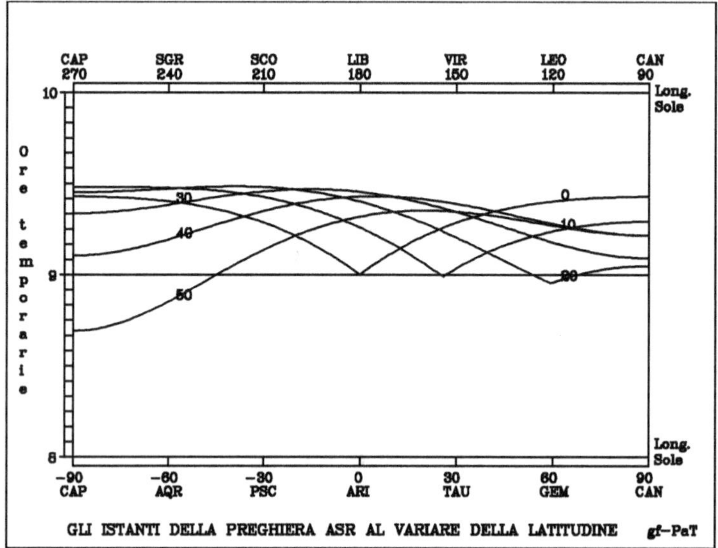

Fig. 5.7   Gli istanti dell'Asr in ore temporarie

Nei grafici riportati in Fig. 5.7 sono dati gli istanti dell'Asr, in ore temporarie, al variare della latitudine e della longitudine del Sole, cioè della località e della stagione dell'anno.

Si può osservare che l'istante di inizio dell'Asr per località con latitudine inferiore a circa 45° é sempre molto vicino alla metà della X ora temporaria, per cui la linea dell'Asr tracciata sugli

---

"empirico" sono quasi equivalenti a quelli determinati con il metodo "classico" se la latitudine del luogo è minore di 20°, come ad esempio in Arabia.

[57] Le diverse tradizioni si basano tutte su Hadith autentiche e testimonianze dei Compagni del Profeta.

[58] Anche se non espressamente indicato, ogni volta che parlo di "istante dell'Asr", "istante dello Zuhr", ecc., mi riferisco sempre a quello di inizio del periodo dedicato alla preghiera menzionata.

[59] Ricordo che la scuola Hanafi è seguita da circa il 49% dei Sunniti nel mondo: in Egitto, Turchia, Pakistan, Afghanistan, Asia centrale, India, Cina e nei Balcani.

orologi solari antichi a ore temporarie è sempre compresa fra le due linee orarie della IX e della X ora.

Si comprende molto bene, osservando la figura, del perché l'Asr sia anche detta "preghiera del pomeriggio" e del fatto il suo istante di inizio possa essere preso, senza calcoli o tabelle, coincidente esattamente con la metà del pomeriggio stesso.

Secondo al-Biruni[60] il saggio Jafar al-Sādiq[61] disse che "*alle preghiere corrispondono numeri dispari. La preghiera del mezzogiorno all'inizio della settima [ora temporaria]; quella del pomeriggio all'inizio della nona; il tramonto all'inizio della prima [ora temporaria notturna]; la preghiera della notte all'inizio della terza e quella del mattino all'inizio della undicesima [ora temporaria notturna]*".

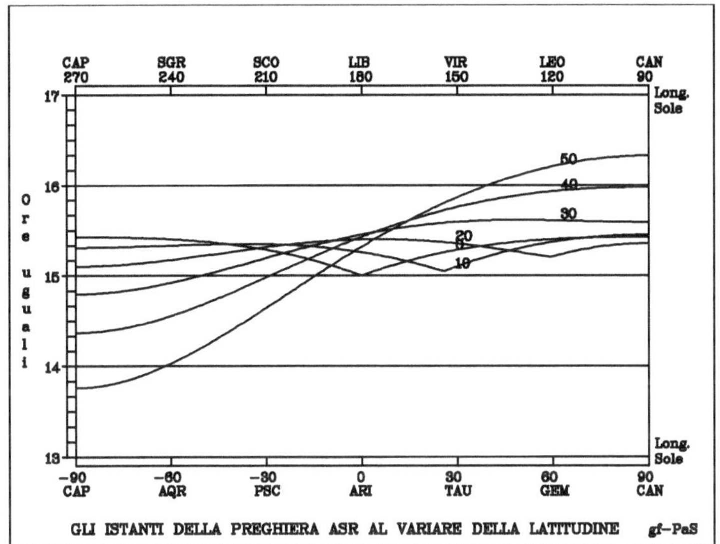

Fig. 5.8   Gli istanti dell'Asr in ore uguali moderne

Nella Fig. 5.8 sono invece riportati gli istanti dell'Asr in ore uguali o moderne.
Da essi si vede che, alle nostre latitudini, la curva dell'Asr tracciata in una moderna meridiana può intersecare le linee delle ore 14, 15 e 16 di tempo vero locale.

5.8 Le linee delle preghiere sugli orologi solari

Come si è detto già nel X secolo, le scuole di giurisprudenza stabilirono che per determinare gli istanti in cui iniziare la preghiera Asr, la più importante, occorreva basarsi sulla osservazione e sulla misura della lunghezza dell'ombra orizzontale di uno stilo verticale. Una immediata conseguenza di questa norma fu quella di utilizzare gli orologi solari per indicare,

---

[60] AL-BIRUNI (1976)

[61] Jafar al-Sādiq (702-765), fu uno dei più importanti Imam sciiti, astronomo, alchimista, medico, filosofo e teologo. L'appellativo al-Sadiq significa "che dice la verità".

oltre alle ore del giorno, anche gli istanti di inizio e di fine delle preghiere, istanti variabili non soltanto da un luogo ad un altro, ma anche durante l'anno.

Per questo motivo, e non per la ricerca dell'ora esatta che aveva scarsa importanza, gli orologi solari ebbero una grande diffusione nel mondo islamico, in particolare nelle moschee e nei luoghi di culto.

È per questo motivo che si trovano molti orologi solari, in particolare in Egitto e in Turchia, nei quali mancano le linee delle ore e sono presenti soltanto alcune linee delle preghiere o linee che indicano quanto tempo manca al tramonto o agli istanti delle preghiere della notte.

Occorre infine notare che la caratteristica che differenzia maggiormente le meridiane dei paesi a religione musulmana da quelle dei paesi a religione cristiana è proprio la presenza di queste "*curve delle preghiere*", e in particolare di quella dell'Asr, sempre presente, accompagnata spesso da quella del 2' Asr e da quella dello Zuhr.

5.9 Il crepuscolo e le preghiere Isha e Fajr

Poiché gli istanti della Isha e del Fajr dipendono dal livello di illuminazione del cielo all'inizio e al termine della notte, cioè alla fine del crepuscolo serale e all'inizio di quello del mattino, non è mai stato facile determinarli con esattezza e con metodi accettati da tutti i musulmani nel mondo.

Fin dai primi secoli dell'Islam le scuole religiose espressero due diverse opinioni: la scuola Hanafi affermò che la preghiera Isha doveva terminare quando la luce del giorno era completamente scomparsa dal cielo serale (fenomeno detto *al-Shafaq al-Abyadh*) mentre le altre scuole decisero che l'istante doveva essere quello in cui era scomparso dal cielo il colore rosso del tramonto (*detto al-Shafaq al-Ahmar*).[62]

A queste due diverse interpretazioni dogmatiche si può aggiungere la difficoltà intrinseca nell'individuare, anche a causa della diversità fra la sensibilità degli osservatori, la fine di fenomeni così poco marcati e dipendenti dalle condizioni atmosferiche del momento e dal fatto che essi cambiano molto al variare del luogo e della stagione nell'anno.

A partire circa dall'anno 1000 gli astronomi arabi si posero il problema di come calcolare esattamente gli istanti di fine e di inizio dei crepuscoli serale e mattutino e a questo scopo furono fatti studi e ricerche empiriche sulla rifrazione atmosferica e sulla depressione dell'orizzonte.

La conclusione a cui giunsero tutti gli studiosi islamici coincide esattamente con quella ancora oggi adottata dai moderni astronomi e cioè considerare l'inizio e la fine del crepuscolo (modernamente chiamato *astronomico*) quando il centro del disco solare si trova ad una certa altezza al di sotto dell'orizzonte.

5.9.1 Il fenomeno del crepuscolo

Se la Terra non avesse atmosfera il cielo diventerebbe completamente buio immediatamente

---

[62] Ovviamente gli stessi concetti valgono anche per l'istante di inizio della preghiera del mattino Fajr.

dopo il tramonto e la completa assenza di luce rimarrebbe sino allo spuntare del lembo superiore del Sole il mattino seguente.

La presenza dell'atmosfera invece, a causa del fenomeno della diffusione della luce, fa sì che in cielo si possa osservare una certa luminosità per un certo tempo prima del sorgere del Sole e dopo la sua scomparsa: è questo il fenomeno chiamato crepuscolo. [63]

Nella astronomia moderna si parla di crepuscolo civile, nautico ed astronomico intendendosi con questi termini gli intervalli di tempo nei quali, ad iniziare dal tramonto, il centro del disco solare raggiunge l'altezza di 6°, 12° e 18°al di sotto dell'orizzonte (cioè -6°, -12°, -18°).

Modernamente quindi, per definizione, la fine del crepuscolo astronomico serale e l'inizio di quello del mattino si hanno quando il centro del Sole si trova 18° sotto l'orizzonte.[64]

I valori della altezza del Sole sotto l'orizzonte che, nel periodo fra il 1000 e il 1400, furono proposti dai più famosi astronomi musulmani per il calcolo della durata del crepuscolo sono elencati nella tabella seguente.

Da essa si può vedere che furono trovati valori abbastanza diversi, che vanno da 16° a 20°, e, stranamente per un astronomo moderno, quasi sempre diversi fra la sera e il mattino.[65] [66]

Valori delle altezze del Sole sotto l'orizzonte utilizzati da alcuni astronomi islamici[67].

	Anno (circa)	Mattino - Fajr rottura della notte	Sera - Isha caduta della notte
Ibn Yunus,	980	19°/20	16/17°
al-Kayani	1000	17°	17°
al-Biruni	1020	15°/18°	17°/18°
Ibn Muadh Al-Jayyani	1050	18°/19°	19°
Al Qaini	1120	17°	18°
Nasir al-Din al-Tusi	1250	18°	18°
Al-Marrakushi	1300	20°	16°
al Khalili	1350	19°	17°
Time-keeping al Cairo	XIII-XIX sec.	19°	17°

5.9.2 Convenzioni moderne

Anche oggi prosegue un acceso dibattito su quale sia il valore dell'angolo della depressione solare che deve essere usato per determinare gli istanti delle preghiere della notte e su come

---

[63] Il crepuscolo è chiamato *al-Shafak* (الشفق) .

[64] Alla fine del crepuscolo (astronomico) il Sole non dà più sostanziali contributi all'illuminazione del cielo e l'illuminazione indiretta su una superficie orizzontale é inferiore al contributo di illuminazione dovuto alle stelle: si é in piena notte e possono iniziare le osservazioni astronomiche.

[65] Occorre ricordare che i valori veri della depressione del Sole per cui avvengono e sono osservabili certi fenomeni sono influenzati dal chiarore della Luna, dalle condizioni atmosferiche e anche dalla acutezza visiva dell'osservatore.

[66] Angoli del crepuscolo più piccoli danno luogo a istanti della fine del Fajr posticipati e dell'inizio dell'Isha anticipati.

[67] I valori sono riportati da *"The Encyclopaedia of Islam"*- Ed J. Brill, Leida 1995

si deve procedere per calcolare gli istanti delle preghiere per le località con alta latitudine.
Alcune grandi organizzazioni islamiche hanno stabilito che gli istanti delle preghiere Fajr e
Isha devono essere calcolati o usando determinati valori per la depressione del Sole al cre-
puscolo, o aggiungendo agli istanti dell'alba e del tramonto determinati intervalli di tempo.
Nella tabella che segue sono elencate queste convenzioni.

Valori della depressione del Sole adottati nel XX secolo [68]

Istituzione	Mattino - Fajr	Sera - Isha	Località
Università delle Scienze Islamiche di Karachi	18°	18°	Afganistan, Bangladesh, India, Pakistan, parte dell'Europa
Islamic Society of North America (ISNA)	15°	15°	Parti di Usa e Canada e della Gran Bretagna
Lega mondiale islamica - MWL	18°	17°	Europa, Estremo Oriente, parte degli USA
Comitato Umm al-Qura - Mecca	19°	90 minuti dopo Maghrib	Penisola araba
Autorità Generale Egiziana	19.5°	17.5°	Africa, Siria, Iraq, Libano, Malesia, parte degli USA
Comunità musulmane Shia Ithna-Asheri	16°	14°	Pakistan, India, East Africa Or., Europa, Nord America

Indipendentemente da quanto riportato in tabella, e fissato dalle diverse organizzazioni islamiche, gli istanti del Fajr e dell'Isha in alcune parti del mondo sono calcolati seguendo criteri
diversi: alcuni usano 17°,19°, 20°, o anche 21°, altri usano attendere 90, 75 o 60 minuti dopo
il tramonto.

Vi sono poi gruppi che, dopo lunghe osservazione (moderne), sono giunti alla conclusione
che non è possibile stabilire un valore esatto per la depressione solare, valido l'intero anno,
anche per la stessa località.[69]

Infine, poiché per le località con latitudine superiore a circa 48° il Sole in alcune stagioni non
arriva a 18° al di sotto dell'orizzonte, per cui prima che termini il crepuscolo serale (termine
della preghiera Isha) inizia quello del mattino, si sono stabiliti periodi di tempo più o meno
lunghi per la durata di queste preghiere.

Caso molto particolare è poi quello relativo alle località al di là dei circoli polari (Lat. 66°33')
per le quali si hanno periodi nell'anno senza alba e tramonto perché il Sole o non sorge o
non tramonta mai: in questi luoghi, che nell'antichità erano considerati come "non abitabili"
si ricorre a tabelle e a metodi abbastanza complicati.

---

[68] I valori sono riportati da: Mohammad Ilyas- *"A Modern Guide to Astronomical Calculations of Islamic
   Calendar, Times & Qibla"*, 1984, Berita Publishing, Kuala Lumpur, Malaysia

[69] Ad esempio si è osservato che la scomparsa della luce in luoghi con alta latitudine, come ad esempio
   l'Inghilterra, si può avere con il Sole ad una altezza sotto l'orizzonte anche di soli 9-13°.

Uno di questi, abbastanza curioso, è quello *"della regola di 1/7"* secondo la quale il tempo complessivo fra tramonto e alba è diviso in 7 parti: l'Isha inizia alla fine della prima parte e il Fajr all'inizio della settima.

5.10 Tabella riassuntiva

Per comodità riporto in un'unica tabella gli istanti delle preghiere come si sono evoluti dallo VIII secolo.

I periodi delle preghiere secondo al_Biruni e secondo le moderne convenzioni

Fonte	Zuhr	Asr	Maghrib	Isha	Fajr
CORANO	prega quando il sole declina	prima del tramonto	alla fine del giorno	alla caduta della notte	puoi distinguere il filo bianco dal filo nero
Tradizione-inizio	l'ombra è come un filo	quando U=L	tramonto	quando scompare la luce	all'alba, quando appare la luce
Tradizione-fine	quando U=L	quando U=2L		a 1/3 della notte	
Califfo Umar inizio	quando il sole declina	quando il sole è ancora alto	tramonto	allo scomparire della luce	le stelle sono appena visibili
Califfo Umar fine	quando U=L	il sole è ancora bianco e non giallo		l'arrivo della notte non è ancora finito	le stelle sono scomparse
al-Sadiq	alla VII ora	alla IX ora	alla I ora	alla III ora	alla XI ora
Scuola Hanifa iniz.		quando U=Um+2L	tramonto	allo scomparire della luce	l'orizzonte inizia a imbiancarsi
Scuola Hanifa fine	quando U=Um+2L		alla fine della luce in cielo	all'inizio dell'alba	
Scuola Shafi inizio	U=Um+meno di un cubito	quando U=Um+L	tramonto	allo scomparire della luce	l'orizzonte inizia a imbiancarsi
Scuola Shafi fine	quando U=Um+L		il rosso scompare	l'orizzonte inizia a imbiancarsi	5-10 minuti prima dell'alba
Convenzioni oggi inizio	3 minuti dopo il mezzogiorno	U=Um+L	3 minuti dopo la scomparsa del sole	Sole a -14 o a -18° al tramonto	Sole a -15 o a -19° all'alba
fine	U=Um+L	U=Um+2L	Sole a -14 o a -18°	al crepuscolo del mattino	all'alba
Nel Maghreb	quando U=Um+L/4				

L=lunghezza di un asta verticale, U=lunghezza dell'ombra, Um=lunghezza dell'ombra a mezzogiorno

5.11 Linee particolari per le preghiere notturne

Poiché gli istanti in cui devono essere recitate le preghiere del tramonto Maghrib, della notte Isha e dell'alba Fajr, non potevano ovviamente essere indicati dagli orologi solari, essi venivano determinati dai sacerdoti, o mediante l'uso di tabelle precalcolate e semplici strumenti di misura del tempo, come candele o clessidre[70], o mediante calcoli e misure fatte con l'uso dell'astrolabio.[71]

In alcune meridiane che ci sono pervenute si trovano delle curve particolari tracciate proprio per aiutare gli addetti delle moschee a determinare gli orari di queste preghiere senza dover consultare tabelle di valori, probabilmente non sempre disponibili per la località.

Le linee che si trovano sono molto diverse fra loro, il che ci fa supporre che non fosse diffuso un unico modello ma che ciascun "calcolatore" di orologi ricorresse alla propria fantasia, o alle proprie conoscenze o alle richieste degli imam.

Fig. 5.9   Ore che mancano all'Asr
Moschea Nuova (Yeni Camii) - Istanbul

Si trovano ad esempio:

– curve delle ore equinoziali (ore moderne) che mancano al tramonto (preghiera Maghrib), coincidenti con le note linee delle ore Italiche;

– curve, con la concavità verso l'esterno, che indicano i momenti in cui mancano 3 o 4 ore equinoziali (cioè 45° o 60° in angolo orario) all'istante in cui deve essere recitata la preghiera Isha;

---

[70] Le clessidre classiche erano orologi ad acqua, come dice il loro nome. Solo in epoca abbastanza recente, verso il XIV-XV secolo, si diffusero le più comode e pratiche clessidre a sabbia (*sandglass* o *sabliers*).

[71] Ai nostri giorni i muezzin chiamano i fedeli alle preghiere utilizzando mezzi di informazione come la radio e la televisione e inoltre gli istanti di inizio di queste sono riportati sui quotidiani, nelle agende e sui calendari. Esistono anche degli orologi da polso che danno un avviso sonoro in questi istanti ed eventualmente riproducono il richiamo del muezzin alla preghiera.

– linee che indicano le ore che mancano all'istante in cui il Sole è sceso di 17° al di sotto dell'orizzonte, termine del crepuscolo serale, e altre che indicano le ore che mancano all'istante in cui il Sole, prima dell'alba, si trova a -18°, inizio del crepuscolo mattutino;

– curve, con la concavità verso Ovest, che indicano i momenti in cui sono trascorse 3 e 4 ore equinoziali dall'istante in cui è iniziata la preghiera dell'alba e che servivano a trovare quante ore mancavano alla preghiera del giorno seguente.

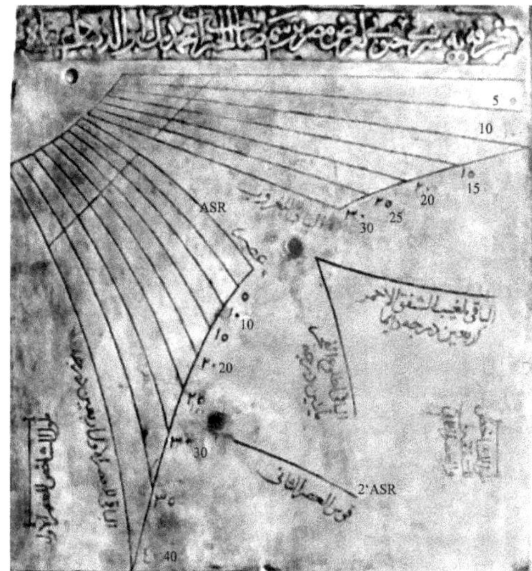

Fig. 5.10   Linee delle preghiere
Museo Islamico del Cairo

Fig. 5.11   Linee dell'Asr
Moschea di Suleiman Pasha al Cairo

5.12 Una curiosità

In molte meridiane Turche (del XVII-XIX secolo) si trovano disegnate la curva della preghiera Asr e alcune curve che indicano gli istanti in cui manca ancora un certo numero di minuti all'inizio della preghiera stessa.

Su questi orologi la linea dell'Asr è indicata con il nome della preghiera scritto in arabo غصر in modo stilizzato, con la lettera centrale (sad, ص) "stirata" sino a farla assomigliare ad un lungo rettangolo (Fig. 5.12).

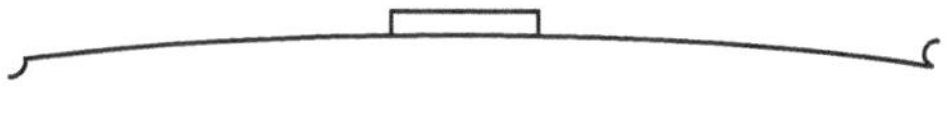

Fig. 5.12 La parola Asr غصر stilizzata

Da qui l'uso sovente di un semplice rettangolo allungato segnato sulla linea della preghiera in sostituzione della intera parola (Fig. 5.13, 5.14, 5.15).

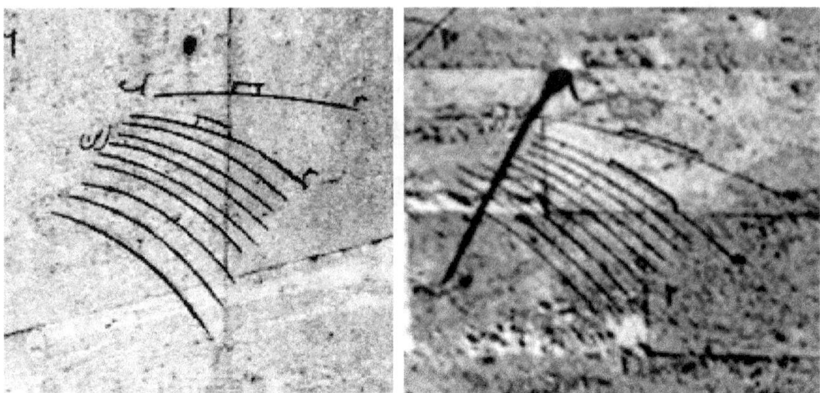

Fig. 5.13   La parola Asr stilizzata in meridiane a Istanbul

Fig. 5.14   La parola Asr stilizzata in meridiane a Istanbul

5.13 Tabelle

Per ottenere una maggiore precisione nella determinazione degli istanti delle preghiere e facilitare la loro ricerca agli addetti delle moschee, gli astronomi musulmani, a partire dal IX secolo, iniziarono a compilare delle tavole numeriche che o davano direttamente i valori degli istanti cercati, o dovevano essere usate insieme a strumenti portatili, come quadranti e astrolabi, atti a determinare l'altezza del Sole sull'orizzonte.[72]
Frequentemente queste tavole contenevano i valori dell'azimut e della lunghezza dell'ombra di uno stilo verticale nei momenti voluti, valori che potevano essere usate anche per facilitare la costruzione delle curve delle preghiere in orologi solari orizzontali.

---

[72] Le prime tavole conosciute furono compilate dal matematico e astronomo al-Khwārizmi per la latitudine di Baghdad, verso l'inizio del IX secolo.

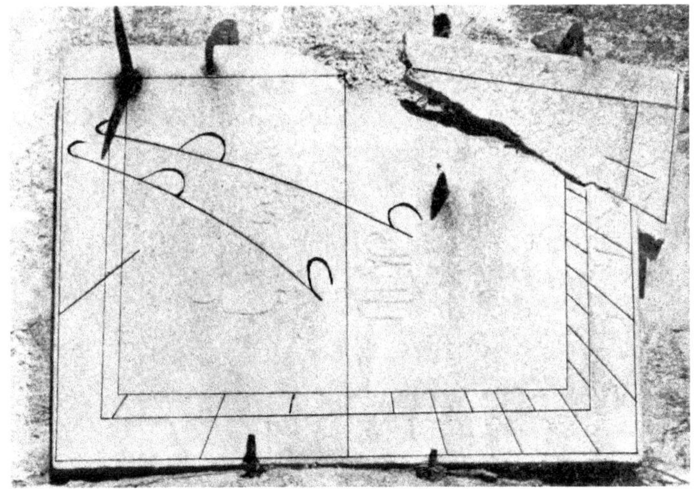

Fig. 5.15 Istanbul – Moschea del Sultano Eyüp

Furono calcolate numerosissime di queste tavole, dalle più semplici che davano le ore dei fenomeni per una data località soltanto nei giorni dell'inizio dei segni zodiacali, a quelle riportanti decine di migliaia di dati relativi a diverse località, per ciascun giorno dell'anno.

5.14 Un esempio

Nell'esempio che segue ho cercato, esaminando una semplice pagina, di dare al lettore una idea di come fossero compilate queste tavole numeriche, di come i dati fossero presentati e delle conoscenze necessarie sia per la loro compilazione, sia per la loro comprensione.
La pagina riportata in Fig. 5.16 proviene da un manoscritto di al-Khwārizmi, certamente scritto fra l'anno 820 e l'850.[73]
In essa sono riportate due tabelle numeriche affiancate che contengono i valori delle lunghezze dell'ombra di uno stilo verticale negli istanti del mezzogiorno (preghiera Zuhr) e dell'inizio e della fine del periodo della preghiera Asr (1' e 2' Asr), durante tutto l'anno con intervalli di 6 giorni.

Occorre premettere che a quel tempo, come per molti secoli prima e dopo di allora, gli astronomi per indicare un dato giorno dell'anno non utilizzavano la data del calendario ma la longitudine del Sole, cioè la sua posizione fra le costellazioni zodiacali.
Questo perché i calendari variavano da un paese all'altro e spesso non seguivano le stagioni, come quello lunare islamico, e quindi non potevano essere presi come base per l'individuazione dei giorni all'interno dell'anno solare.

---

[73] Il manoscritto si trova nella Deutsche Staatsbibliothek di Berlino.

Poiché in un anno il Sole, nel suo percorso fra le stelle (eclittica), compie un giro di 360°
attraversando le 12 costellazioni zodiacali, per convenzione a ciascuna di queste fu assegnato
uno spazio di 30° e tali zone vennero chiamate Segni (zodiacali).[74]

Nacque così l'uso di indicare la posizione del Sole con il nome della costellazione in cui esso
si trova seguito dal numero di gradi percorso dall'inizio di essa e, modernamente, con il
numero di gradi percorso a partire dall'Equinozio di Primavera (longitudine del Sole).

Fig. 5.16 Esempio di tavola di
al-Khwārizmī

In tal modo possiamo dire che all'Equinozio di Primavera il Sole attraversa la posizione 0° di
Ariete, al termine dell'ultimo giorno in cui si trova in questa costellazione è in 30° di Ariete,
che coincide con 0° Toro e così via.

Poiché poi il Sole percorre circa 1° ogni giorno, il valore della sua Longitudine corrisponde
con buona approssimazione[75] con il numero dei giorni trascorsi dall'Equinozio di Primavera:

---

[74] A causa della precessione degli equinozi i Segni zodiacali non coincidono più con zone dell'eclittica
occupate dalle originali costellazioni di ugual nome.

[75] La cosa non è corretta non solo perché i giorni sono 365 e lo zodiaco ha 360°, ma anche per la
diversa velocità del Sole nelle diverse parti dell'anno dovuta principalmente alla eccentricità
dell'orbita terrestre.

ad es. quan-do il Sole si trova in 1° Ari[76] siamo al 21 Marzo; in 1° Tau al 20 Aprile; in 6° Sgr al 28 Novembre (con longitudine di 246°).

Nelle due tavole di Fig. 5.16 i nomi dei Segni sono scritti nell'ultima colonna a sinistra: all'esterno ho riportato le sigle moderne. La tabella a sinistra si riferisce ai segni d'autunno e inverno (dal 21 Set-tembre al 21 Marzo), quella a destra ai segni estivi (dal 21 Marzo al 21 Settembre).

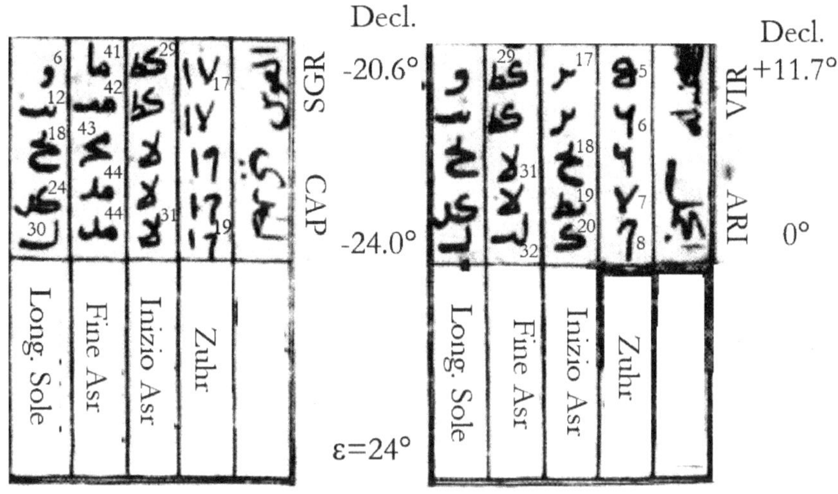

Fig. 5.17 Traduzione di alcune parti
della tavola di Fig. 5.16

Nella prima colonna a sinistra di ciascuna tabella sono scritti i numeri 6, 12, 18, 24, 30 (v. Fig. 5.17) che indicano i "gradi" dall'inizio del Segno, e quindi indicano il giorno nell'anno, a cui i valori riportati nella corrispondente riga si riferiscono.
I nomi dei Segni sono scritti in parte dall'alto verso il basso e in parte dal basso verso l'alto.
Il motivo di questo modo procedere sta nel aver voluto far corrispondere ogni riga alle due date nell'anno in cui la declinazione del Sole è uguale e quindi uguali sono i valori delle ombre.
Nella Fig. 5.18 ho cercato di rappresentare graficamente il metodo sopra descritto e i valori della longitudine del Sole corrispondente a ciascuna riga delle tabelle.

Nella caselle della riga più in basso di Fig. 5.16 si leggono le scritte che indicano gli istanti delle preghiere, che ho riportato tradotte in Fig. 5.17: i valori numerici sono scritti quasi tutti con la notazione *abjad* nella quale le unità, le decine e le centinaia corrispondono a lettere dell'alfabeto arabo (vedi Cap. 11).

---

[76] Per semplicità indico i segni zodiacali con le sigle internazionali delle costellazioni di ugual nome.

Soltanto alcuni valori, come quelli nelle colonne Zuhr, sono scritti con la notazione "una cifra, una lettera".

I valori delle lunghezze delle ombre presenti in tabella sono stati calcolati per la città di Baghdad (Lat.=33°), con un'asta verticale lunga 12 unità e possono essere facilmente ricalcolati con i metodi moderni.

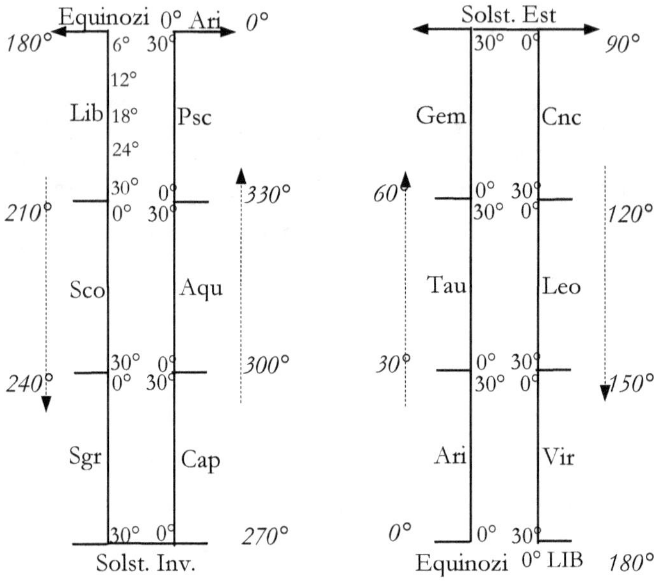

Fig. 5.18 La disposizione delle costellazioni dello Zodiaco e
i valori della Longitudine solare nella tabella di Fig 5.16

Nota la longitudine solare λ, cioè il giorno, si può determinare la declinazione δ del Sole con la formula $\sin(\delta) = \sin(\varepsilon) \cdot \sin(\lambda)$ con $\varepsilon = 24°$.

Conoscendo la latitudine φ del luogo si ha poi:

$$L_{Zuhr} = G \cdot \tan(\varphi - \delta) \quad ; \quad L_{1'Asr} = L_{Zuhr} + G \quad ; \quad L_{2'Asr} = L_{Zuhr} + 2 \cdot G$$

Con i valori $\varphi=33°$ e $G=12$, nel giorno 6° Sagittario (21 Novembre circa) si ricava: $\lambda = 246°$; $\delta=-21.8°$; $L_{Zuhr}=17$; $L_{1'Asr}=29$; $L_{2'Asr}=41$, valori che coincidono con quelli riportati nella prima riga in Fig. 5.16

Per calcolare il valore della lunghezza dell'ombra meridiana (Zuhr) oggi utilizziamo la funzione trigonometrica tangente che non era ancora diffusa al tempo di al-Khwārizmi e che iniziò ad essere usata da al-Battānī, suo contemporaneo.
Fra i diversi metodi geometrici che si possono usare ne ho indicato uno, molto elementare, in Fig. 5.19.

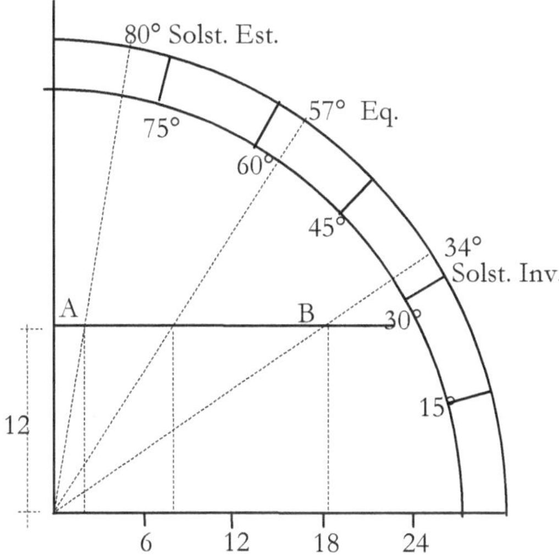

Fig. 5.19 Determinazione geometrica
della lunghezza dell'ombra meridiana

L'intersezione della linea che forma con l'orizzontale un angolo uguale alla altezza del Sole a mezzogiorno, uguale a $(90°-\varphi+\delta)$, interseca la linea AB in un punto che dista dal centro una lunghezza uguale a L_{Zuhr}.
I valori riportati in figura sono quelli dell'altezza del Sole a Baghdad.

In alcuni quadranti ed astrolabi si può trovare una linea come la AB di Fig. 5.19 tracciata proprio per la ricerca della lunghezza delle ombre orizzontali a partire dall'altezza del Sole.

Capitolo 6
LE ORE CANONICHE E LE ORE UGUALI

6.1 Le Ore Canoniche[77]

La chiesa cristiana mantenne, sin dagli inizi, l'uso, già del mondo ebraico, di pregare ad ore fisse e di dividere la giornata in intervalli di tempo scanditi dalle preghiere. Già nel II e nel III secolo alcuni padri della Chiesa invitavano a pregare all'inizio e al termine dei 4 periodi in cui può essere diviso ogni giorno, e cioè all'alba, a metà mattina, a mezzogiorno, a metà pomeriggio e al tramonto.

Nel 525 San Benedetto[78] nella sua regola, *"Regula Sancti Benedicti"* (RSB), fissò chiaramente e rigidamente le norme della vita religiosa e profana per gli appartenenti al monastero.

In queste norme indicò anche i tempi che i frati dovevano seguire per svolgere le varie atti-vità giornaliere, cioè per il lavoro, per il riposo, per i pasti e, principalmente, per l'Ufficio Divino, cioè per le preghiere, che furono subito l'elemento più importante della vita del mo-nastero.

Gli istanti in cui iniziare a recitare le diverse preghiere all'interno del giorno, che in seguito presero il nome di *"Horae Canonicae"*, furono scelti sia per motivi pratici, in quanto la loro posizione temporale corrispondeva approssimativamente con le divisioni del giorno, sia per ricordare i momenti principali della Passione di Gesù come descritti dai vangeli di Marco e Matteo: subito dopo l'alba i sacerdoti si riunirono, nell'ora terza Gesù fu crocifisso, nell'ora

---

[77] Ludovico Antonio Muratori, Antichità italiane, Dissertazione LII, Dell'istituzione de' Canonici.

Chiunque è versato nella sacra erudizione, non ha bisogno d'imparare da me che anche negli antichi secoli ogni chiesa matrice e principale, cioè le Cattedrali e Parrocchiali, teneva pel suo ministero varj preti e cherici che erano ascritti ad essa, e con perpetua assistenza ivi servivano a Dio e al bene del popolo. Pochi ne contavano le Parrocchiali, molto le Cattedrali; ed era così formato il Clero di questa, che rappresentavano un collegio e una specie di senato, capo di cui era il vescovo. ... Poscia a poco a poco sotto il suddetto re Pippino, e Carlo Magno suo figlio e suoi nipoti ... procurando quei Re che a niuna Cattedrale mancasse il Collegio di essi Canonici.

Onde venisse il loro nome, non si può facilmente decidere. ... pensano altri, perché essi più strettamente osservassero i Canoni, o sia le Regole Canoniche; o pure perché canonicamente, cioè regolarmente viveano, per distinguersi dagli altri del Clero, che non obbligati da Regola alcuna viveano nelle proprie case ... Io nulla deciderò, bastando a noi di sapere essere stati chiamati Canonici coloro che professavano la Regola de' Cherici, faceano vita comune in un chiostro, cantavano in coro i divini Ufizj, e faceano l'altre ecclesiastiche funzioni, tuttavia secolari, e non monaci, benché si studiassero d'imitare in gran parte la vita e disciplina monastica. Di qua venne il nome delle **Ore Canoniche** *per significare esso divino Ufizio, che era cantato da essi nell'ore determinate del dì e della notte. Fu anche dato il nome di Canonica al chiostro dove essi abitavano.*

[78] San Benedetto nacque a Norcia nel 480, morì a Montecassino nel 547 (o qualche anno dopo) e a Montecassino scrisse la sua Regola fra il 530 e il 545. La regola si diffuse in Europa già nel VII secolo e fu la base di molte congregazioni monastiche come i Clunacensi, i Camaldolesi (sec. X), i Cistercensi (sec. XII), gli Olivetani (sec. XIV), ecc.

sesta la luce del Sole scomparve, alla fine dell'ora nona Gesù morì e al calare della sera fu calato dalla croce [79].

Le preghiere dei monaci iniziavano nelle ore notturne, al primo apparire della luce, e terminavano dopo il tramonto, al calare della notte [80].

Sino al 1963 (Concilio Vaticano II°) erano previste 7 preghiere. [81] [82] [83]

- Il Mattutino (da S. Benedetto chiamata *officium in noctibus*), da recitarsi prima dell'alba, all'incirca all'inizio del crepuscolo astronomico, verso l'ottava ora temporaria notturna. [84]

- Le Laudi o preghiera del mattino (da S. Benedetto indicata col nome di *matutinum*) da recitarsi all'alba, cioè quando inizia la luce del giorno, circa un'ora prima del sorgere del Sole.

- La Prima. Come indica il nome inizialmente doveva essere recitata al termine della prima ora temporaria [85], ma fu subito anticipata quasi all'inizio della stessa ora. È la preghiera di preparazione al lavoro.

---

[79] Censorino (*De Die Nat.* 24) scrive che presso i romani la notte e il giorno erano divisi in 4 parti di 3 ore ciascuna e quelle della notte erano dette veglie. La prima parte del giorno comprendeva le tre ore ordinarie dopo la levata del sole; ad essa seguiva la seconda parte, detta "terza" perché iniziava alla fine della terza ora ordinaria, che durava sino al mezzogiorno; poi cominciava la terza parte del giorno, detta "sesta" e infine, dopo questa, si aveva l'ultima parte chiamata "nona".
Secondo questa spiegazione le ore indicate nei Vangeli che scandiscono la passione di Gesù non devono intendersi come indicazioni di istanti ben precisi, nel modo in cui oggi siamo abituati, ma piuttosto come indicazioni delle parti del giorno in cui accaddero i diversi avvenimenti.

[80] Jacopone da Todi (1236-1306), Laude [IV], 75, 20 , *"Assai me levo a mattutino/ all' officio devino; / terza, nona e vespertino,/ poi compieta sto a veiare"*

[81] Nel Medioevo le 7 preghiere furono associate anche alle 7 età dell'uomo: infanzia, puerizia, adolescenza, giovinezza, maturità, senescenza e vecchiaia. John Belethus (teologo parigino, morto ca. 1182), scrive nel suo *"Rationale Divinorum Officiorum"*: *"per matutinas laudes representatur infantia: per primam puerizia: per tertiam adolescentia: per sextam juventus: per nonam aetas virilis: per vesperas senectus: per completiorum aetas decrepita ac finis humanae vitae"*. Altri le associarono anche ai 7 doni dello Spirito Santo: consiglio, sapienza, fortezza, intelletto, pietà, timor di Dio e scienza.

[82] *"Septies in die laudem dixi tibi"* - verso 164, Salmo 118, traduzione in latino della Bibbia, detta "Vulgata", fatta da S. Girolamo (347-420). Nel commento di questo verso S. Girolamo elenca le sette preghiere con le parole *"videte quid dicat hora terzia, sexta, nona, lucernarium, media nocte, gallicinum, mane primum"*.

[83] RSB, XVI, 1-2 - *"Ut ait propheta: septies in die laudem dixi tibi. Qui septenarius sacratus numerus a nobis sic implebitur, si matutino, primae, tertiae, sextae, nonae, vesperae completoriique tempore nostrae servitutis officia persolvamus"* – "Sette volte al giorno ti ho lodato, dice il profeta. Questo sacro numero di sette sarà adempiuto da noi, se assolveremo i doveri del nostro servizio alle Lodi, a Prima, a Terza, a Sesta, a Nona, a Vespro e a Compieta"

[84] RSB,VIII - *"... Hiemis tempore…. octava hora noctis surgendum est… "*. L'istante corrisponde circa a 2 ore dopo la mezzanotte.

[85] Le ore temporarie antiche indicavano un periodo di tempo piuttosto che un istante ben preciso della giornata. Gli antichi quando usavano il nome dell'ora per indicare un istante facevano riferimento al termine dell'ora stessa. Erano usate anche locuzioni del tipo *"hora tertia plena"* (al termine dell'ora

- La Terza, alla fine della terza ora temporaria [86]; oltre ad indicare la metà della mattina ricorda la discesa dello Spirito Santo e il momento della crocifissione.
- La Sesta. Anche se inizialmente era la preghiera del mezzogiorno, fu in seguito anticipata di un'ora, un'ora e mezza; ricorda l'ora della crocifissione di Gesù.
- La Nona era recitata circa a metà dell'ora temporaria VIII, cioè un'ora e mezza prima della fine dell'ora IX.
- I Vespri, da recitare al tramonto, cioè al termine della XII ora[87]; fu spesso anticipata di un'ora, un'ora e mezza. I Vespri e le Laudi erano le Ore più solenni. [88]
- La Compieta, che terminava la giornata liturgica, all'incirca un ora dopo il tramonto, quando era ancora possibile vedere senza lume. [89]

Come si è indicato sopra in dettaglio, anche se alcune preghiere prendono il nome dalle ore temporarie, gli istanti in cui le preghiere venivano recitate (*hora quoad officium*) non furono mai strettamente legati ai momenti di inizio o fine delle ore temporarie "teoriche" (*hora quoad tempus*) e rimasero vaghi e non ben definiti durante l'intero Medio Evo.

Non fu mai vietata la recitazione anticipata o ritardata di alcune orazioni essendo più importante osservare correttamente il susseguirsi del ciclo delle preghiere e delle opere giornaliere del rispetto di istanti esatti nella giornata in cui queste azioni avevano inizio e fine, istanti che, inoltre, erano difficilmente determinabili.

I momenti in cui si mossero le ore delle preghiere subirono spesso spostamenti anche notevoli: la diversa lunghezza delle ore temporarie durante l'anno, i costumi locali, le necessità pratiche delle comunità e le differenze nelle diverse regole portarono nell'arco di alcuni secoli, ad usi abbastanza diversi nelle varie regioni d'Europa, mantenendo quindi solo nominalmen-te il legame con gli istanti indicati dalle ore antiche.

III), *"hora paene seconda"* (prima dell'inizio dell'ora II), *"hora quasi quarta"* (prima dell'inizio dell'ora IV), *"mediante octava hora"* (circa a metà dell'ora VIII), ecc. Vedi ARNALDI (2005), pp. 28-35.

[86] Dante Alighieri, Convivio, Trattato IV, capitolo XXIII – *"E però l'officio de la prima parte del die, cioè la terza, si dice in fine di quella"*

[87] Dante Alighieri, Convivio, Trattato IV, capitolo XXIII – *"e quello de la terza parte e de la quarta si dice ne li principii"*

[88] RSB,XLI,7-9 – *"In quadragesima vero usque in Pascha, ad vesperam reficiant; ipsa tamen vespera sic agatur ut lumen lucernae non indigeant reficientes, sed luce adhuc diei omnia consummentur. Sed et omni tempore, sive cena sive refectionis hora sic temperetur ut luce fiant omnia."* Durante la Quaresima, poi, fino a Pasqua pranzino all'ora di Vespro: questo Ufficio però dev'essere celebrato a un'ora tale da non aver bisogno di accendere il lume durante il pranzo e poter terminare mentre è ancora giorno. Anzi, in ogni stagione, sia l'ora del pranzo che quella della cena devono essere fissate in maniera che tutto si possa fare con la luce del sole.

[89] Ad esempio nei versi in Purgatorio VIII,1: *"Era già l'ora che volge il disio/ ai navicanti e 'ntenerisce il core/ lo dì c'han detto ai dolci amici addio;/ e che lo novo peregrin d'amore / punge se ode squilla di lontano/ che paia il giorno pianger che si more;... "* Dante si riferisce alla campanella che nelle chiese dava, al tramonto, il segnale dell'ora della compiéta; l'uso ufficiale della campana dell'Ave Maria fu sancito ufficialmente nel 1318 dal Papa Giovanni XXII, ma era già abituale anche nei secoli precedenti.

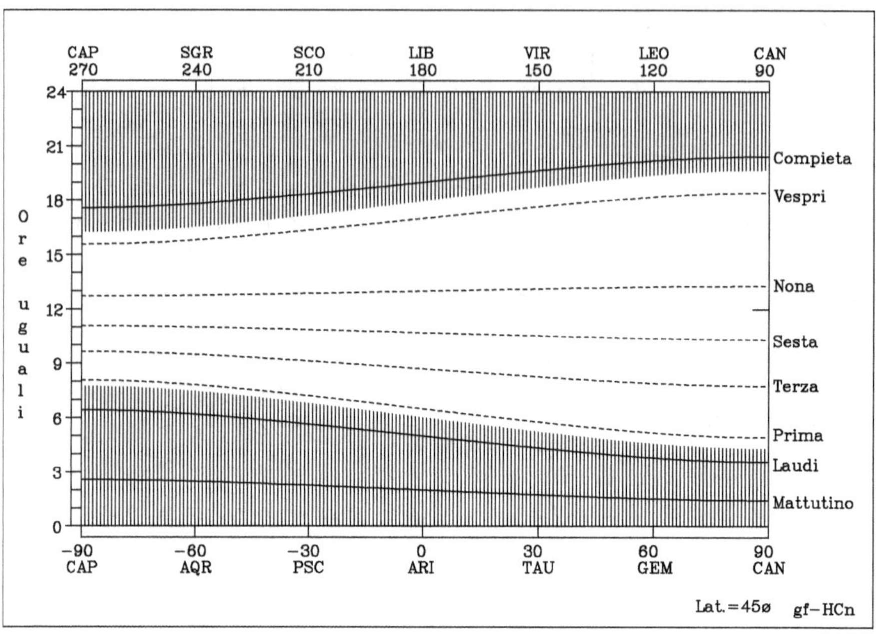

Fig. 6.1 Gli istanti delle Preghiere Canoniche durante l'anno

Un esempio di questi spostamenti è la preghiera di Nona o "Ora Nona" che, inizialmente fissata a metà del pomeriggio al termine della IX ora temporaria (alle nostre 15 agli Equinozi), venne anticipata già da S. Benedetto a circa la metà dell'ora VIII, cioè un'ora e mezzo prima, circa alle 13h30m agli Equinozi [90] [91] ed in seguito spostata ancor più sino a farla coincidere con il mezzogiorno, come testimonia anche Dante nel Convivio – Cap. XXIII - *"E però sappia ciascuno che, ne la diritta nona, sempre dee sonare nel cominciamento de la settima ora del die…"* [92] [93] [94]

---

[90] RSB,48,6 *"… et agatur nona temperius mediante octava hora, et iterum quod faciendum est operentur usque ad vesperam"*- Si celebri Nona circa alla metà dell'ora VIII.

[91] Jacques Le Goff dà una spiegazione diversa, abbastanza discutibile: poiché la Nona indicava la fine del lavoro nelle vigilie delle festività, ad es. al Sabato, la pressione dei salariati urbani provocò un ulteriore anticipo della preghiera, che era anche un segnale orario cittadino.

[92] Il vocabolo inglese *"noon"* (mezzogiorno) deriva dalla preghiera dell'ora nona e da questa consuetudine di recitarla in coincidenza con il mezzogiorno.

[93] Anche il termine *"siesta"*- che non ha però nessuna derivazione religiosa - deriva dal riposo dopo il pranzo dell'ora sesta. Questo periodo di riposo è previsto anche nella RSB, XLVIII, 5 ove si legge *"post sextam autem surgentes a mensa pausent in lecta sua cum omni silentio"* cioè "dopo l'Ufficio di Sesta e il pranzo, quando si alzano da tavola, riposino nei rispettivi letti in assoluto silenzio".

[94] Sull'argomento vedi anche Mario Arnaldi, *"Orologi solari dipinti nel chiostro del convento di San Domenico a a Taggia"* in Gnomonica, n. 5, Gennaio 2000, pagg. 14,17

Gli istanti delle preghiere, annunciate dai rintocchi delle campane dei monasteri e delle chiese[95], che dividevano il giorno in modo regolare, presero il nome di "Ore Canoniche".

Questo sistema di divisione dell'arco del giorno iniziata nei monasteri influenzò lentamente la comunità e venne pian piano adottato, da prima dagli abitanti delle campagne che circondavano i conventi, ed ai quali spesso le terre appartenevano, poi dagli abitanti delle comunità, dei paesi e delle città, introducendo l'abitudine di utilizzare una regolare suddivisione del giorno nello svolgimento delle attività lavorative e sociali, sconosciuta nelle epoche precedenti.

Le "Ore Canoniche" restarono in vigore in Italia per più di otto secoli durante l'intero Medio Evo e in questo lungo periodo la divisione del giorno in 12 ore e l'uso corretto delle antiche "ore temporarie" non furono mai usati dal popolo, rimanendo soltanto conoscenze teoriche di alcuni eruditi.

Nella Fig. 6.1 è possibile vedere come, in una località dell'Italia Settentrionale, gli istanti delle preghiere, legati alle ore temporarie, cambiano durante l'intero anno, e come il periodo di riposo, fra Compieta e Mattutino, passi da poco meno di 9 ore in inverno a circa 6 ore in estate.

6.2 Gli orologi solari ad ore canoniche

Come accadde in Oriente per le preghiere diurne della religione islamica, anche in Occidente, per trovare gli istanti delle ore canoniche, cioè degli istanti delle preghiere, si utilizzarono degli orologi solari.

L'empirismo e l'ignoranza portarono quindi alla costruzione di quelli che vengono detti "orologi solari ad ore canoniche" che, spesso rozzamente scolpiti o incisi su facciate o pareti rivolte a Sud di chiese o di campanili, avevano uno gnomone orizzontale e linee orarie coincidenti con i raggi di un semicerchio [96].

---

[95] Anche se l'impiego degli strumenti sonori che oggi chiamiamo campane era diffuso nell'antichità e si può far risalire all'antica Babilonia, il suo uso in ambito liturgico si fa risalire, secondo una tradizione non del tutto provata, al V secolo d.C. Il vescovo di Nola San Paolino verso il 420 avrebbe iniziato ad usarle, a fabbricarne di maggiori dimensioni per aumentare la potenza del suono e a porle su di una torre che da allora si chiamò torre campanaria o campanile. Furono queste i primi *"vasa campana"* o "vasi della Campania", da cui le campane presero il loro nome. Anche Isidoro di Siviglia nei suoi *"Etymologiarum sive originum libri"* del VII sec., scrive che *"Campana a regione Italiae nomen accepit, ubi primum usus huius repertus est"*, cioè che la campana prende il suo nome dalla regione d'Italia dove per la prima volta ne fu trovato l'uso. L'abitudine di far suonare le campane per comunicare alla comunità l'ora delle funzioni religiose fu stabilito da una bolla del papa Sabiniano, successore di Papa Gregorio Magno, morto nel 606. Dal Medio Evo sino ad oggi il suono delle campane è sempre stato, oltre che un segnale religioso, anche un mezzo di comunicazione, un segnale di pericolo e di allarme per tutte le comunità. Un commentario del 1166 ricorda sei tipi di campane: *"squilla in refectorio, cimbalum in plaustro, nola in choro, notula vel diplula in orologio, campana in campanili, signa in turribus"*

[96] Occorre ricordare, per amore di verità, che molti degli orologi solari islamici che ci sono pervenuti sono abbastanza semplici nel progetto e nel disegno, furono quasi certamente tracciati partendo da semplici tabelle per moschee poco importanti e non riflettono le profonde conoscenze matematiche

Fig. 6.2   Orologio a ore canoniche - Chiesa di S. Giorgio all'Isola
Montemonaco (AP)

Le linee riportate, i raggi, erano in genere: la linea alba-tramonto (orizzontale) indicante l'inizio dell'ora prima e il termine dell'ora dodicesima, la linea del mezzogiorno (verticale), indicante la fine dell'ora sesta, e alcune linee, formanti con la verticale angoli in genere multipli di 15°, 30°o 45°, che volevano rappresentare le linee orarie delle altre ore temporarie.

Fig. 6.3   Esempi di orologi ad ore canoniche

A causa della loro semplicità di costruzione e di lettura e della mancanza di altri strumenti per la misura del tempo, questi semplicissimi orologi solari si diffusero rapidamente nelle comunità e nei conventi di tutta Europa.

La loro precisione dal punto di vista moderno era molto scarsa ma, ciononostante, essi furono gli unici strumenti che permisero alle comunità religiose, per quasi 800 anni, di determinare gli istanti in cui suonare le campane che chiamavano i fedeli alle preghiere del

---

e astronomiche che si ritrovano nei trattati degli studiosi. Ciononostante il confronto fra un orologio europeo ad ore canoniche e una meridiana islamica costruiti negli stessi secoli dà una idea molto precisa della differenza fra le conoscenze gnomoniche nelle due parti in cui allora era diviso il mondo.

giorno e che, in questo modo, regolavano tutto lo svolgersi della vita delle comunità laiche ed ecclesiastiche.

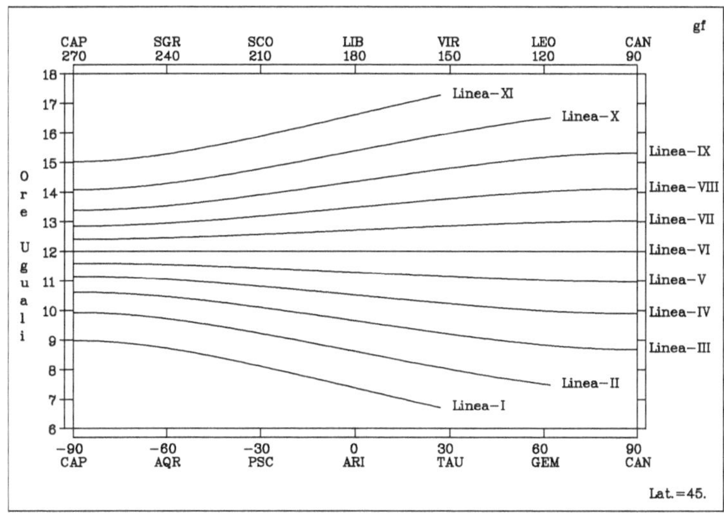

Fig. 6.4 Le ore segnate da un orologio a ore canoniche durante l'anno
espresse in ore uguali

Nelle Fig. 6.4 e 6.5 sono rappresentati, in ore uguali e temporarie, gli andamenti degli istanti nei quali in un orologio solare ad ore canoniche l'ombra dello stilo orizzontale cade sulle linee equidistanziate di 15°.

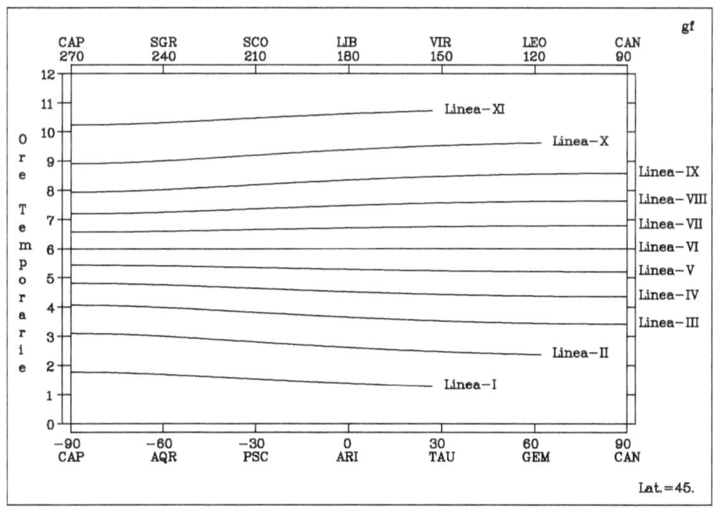

Fig. 6.5 Le ore segnate da un orologio a ore canoniche durante l'anno
espresse in ore temporarie

Si può subito vedere come nella stagione estiva non è possibile che l'ombra dello gnomone orizzontale coincida con le linee più estreme. Inoltre gli istanti in cui l'orologio segna una data ora, cioè in cui l'ombra cade su una data linea, solo approssimativamente coincidono con l'ora temporaria avente lo stesso nome, con l'eccezione della linea del mezzogiorno.

6.3 Le preghiere canoniche e quelle musulmane

Poiché i momenti nella giornata in cui devono essere recitate sia le preghiere canoniche della Liturgia delle Ore della religione cristiana, sia quelle della religione islamica, sono legati a fenomeni naturali facilmente osservabili dal fedele - come l'alba, l'aurora, la metà mattina, il mezzogiorno, la metà pomeriggio, il tramonto e il crepuscolo - gli istanti delle preghiere nelle due religioni dividono la giornata quasi allo stesso modo.
In Fig. 6.6 sono riportati questi istanti per una località meridionale, verso l'inizio del mese di Maggio, riferiti sia alle ore uguali moderne, sia a quelle temporarie
Da essa è possibile vedere, in particolare, come siano praticamente coincidenti gli istanti di Laudi e Fajr, di Nona e Zuhr e di Vespri e Maghrib.

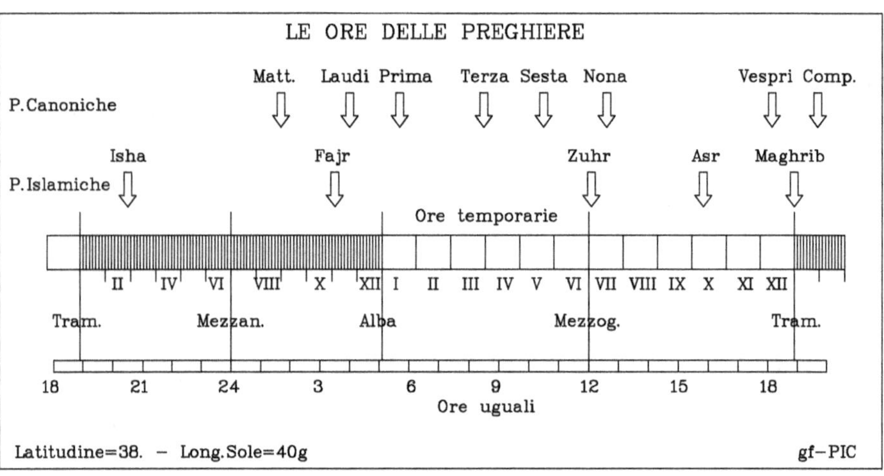

Fig. 6.6   Gli istanti delle preghiere Canoniche e Islamiche

6.4 Il passaggio dalle ore temporarie alle ore uguali

Durante il periodo fra la fine del XIII e il successivo secolo XIV la *proprietà* o il *possesso* del tempo, cioè il controllo della divisione del giorno, o, in altre parole, il potere di stabilire il sistema orario e le durate dei periodi di lavoro e di riposo, passò abbastanza rapidamente dalle mani della Chiesa a quelle delle classi mercantili e per esse ai Comuni.
Si pensa spesso che questa transizione sia dovuta al passaggio dalle ore temporarie, di lunghezza diversa durante l'anno, alle ore moderne, cioè alla suddivisone dell'intero giorno

in 24 parti tutte uguali fra loro: probabilmente questo fu piuttosto un effetto e non la causa principale del cambiamento.

Durante il periodo che va dagli anni 700-800 a circa il 1300, anche se i pochi studiosi che scrissero sull'argomento o i notabili che redigevano gli atti legali facevano ancora riferimento alle ore temporarie usate dagli antichi romani, è quasi certo che i punti temporali di riferimento nella giornata e le sue suddivisioni fossero, per la gente comune, operai e contadini, gli istanti delle preghiere, cioè le ore canoniche, scandite dalle campane delle chiese e dei conventi: istanti che, come si è già scritto, in parte non coincidevano più con le vere ore temporarie degli antichi.[97]

La rinascita economica europea del XII secolo, accompagnata dallo sviluppo del commercio e dell'artigianato e della nascita delle comunità comunali, e la sempre maggiore importanza che il tempo lavorativo assumeva per gli affari, portò presto alla necessità di una più accurata misura e regolazione del tempo, sia da parte dei lavoratori dipendenti che da parte dei mercanti.

Gli unici strumenti a disposizione di tutti per indicare il tempo erano gli orologi solari che nei secoli erano passati dai numerosi tipi complessi ed elaborati descritti da Vitruvio, ancora costruiti sino al V secolo circa, alle modeste meridiane medievali a ore canoniche che non furono mai molto diffuse nelle città e che non potevano servire, per la loro imprecisione e semplicità, a misurare le quantità di tempo e a determinare i momenti di inizio e di fine delle diverse attività lavorative.

Queste esigenze, insieme a quella di determinare le ore notturne, portarono nell'arco di circa un secolo alla invenzione degli orologi meccanici.

Nei conventi per poter svegliare i frati e chiamarli alla preghiera notturna occorreva che uno di essi rimanesse sveglio e facesse un computo del tempo[98]. Nei secoli per aiutare questo incaricato, detto anche *"horoscopus"*, si utilizzarono molti ingegnosi dispositivi segnatempo: semplici clessidre, candele graduate e orologi ad acqua complessi. [99]

Dal XII secolo in poi una campana collegata all'orologio diventò una parte fissa dei sempre più elaborati meccanismi orari usati nei monasteri.

---

[97] W.Rothwell in *"The hours of the day in medieval french"* - French Studies-1959; XIII: 240-251 scrive che da nessuna delle opere citate da Bilfinger si ricava la certezza che nell'alto medioevo il tempo fosse misurato dalle ore stagionali piuttosto che dalle ore delle preghiere.

[98] Ricordo la notissima canzoncina *"Frà Martino, Campanaro, dormi tu? Dormi tu?/Suona le campane/Suona le campane/Din, don, dan/Din, don, dan"*.

[99] In un documento che contiene l'elenco degli uffizi da compiere, redatto verso il 1100 nel monastero clunacense di Garsten, si fa cenno alle operazioni necessarie per un orologio complesso, certamente ad acqua con galleggiate : *"Secretarius in nocte surgit, quando horologium cadit, siderea caeli si serenum est aspicit. Et si tempus surgendi est … ad horologium pergit, aquam de parva caldaia in maiorem proicit, funem et plumbum sursum trait scillam poste hec perutit"*.

Si giunse così, attraverso una serie continua di tentativi, allo sviluppo di quegli strumenti meccanici per la misura del tempo con ruote e pesi che dai primi "svegliarini monastici"[100] portarono alla invenzione - verso il 1250-1270 - e alla diffusione dei primi orologi [101] [102].

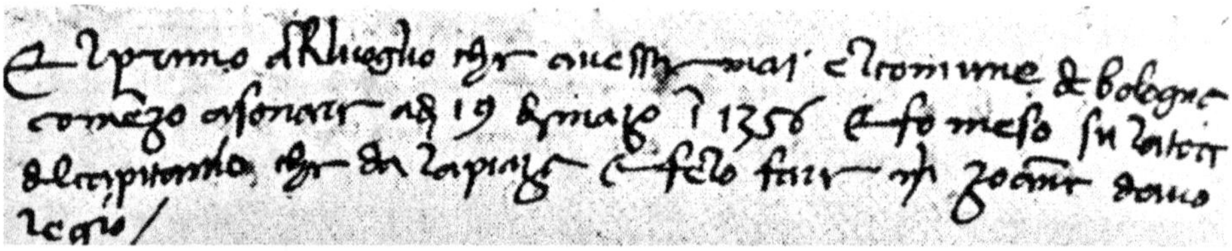

Il primo orologio del Comune di Bologna cominciò a suonare il giorno 19 marzo 1356 e fu messo sulla torre campanaria nella Piazza. Fu fatto dal Signor Giovanni da Reggio (o da Oleggio)

Fig. 6.7   Da una Cronaca bolognese – Biblioteca dell'Archiginnasio – Bologna

Anche se la maggioranza dei primi orologi erano eretti su campanili e utilizzati per scopi ecclesiastici, ben presto le municipalità iniziarono, già dai primi decenni del XIV secolo, a finanziare, quasi a gara fra loro, la costruzione e la gestione di orologi pubblici a scopi civili per indicare il mezzogiorno e l'inizio e la fine del lavoro.[103] [104]

---

[100] Lo "svegliarino o svegliatore o destatore monastico" possedeva soltanto 4 ruote azionate da un peso. Su un disco frontale si poteva posizionare un perno che, durante la rotazione, sbloccava un peso che faceva suonare una campanella. Il meccanismo funzionava con uno scappamento chiamato " a verga", che provvedeva a regolare e rallentare la rotazione delle ruote.

[101] La prima notizia, datata, relativa ad un orologio a pesi, la troviamo nel "*Tractatus de Anima*" di Guillaume d'Auvergne (teologo e filosofo, morto nel 1249). L'invenzione dello scappamento è degli anni fra il 1270 e il 1290.

[102] La prima notizia certa dell'uso delle ore uguali con un orologio, è la cronaca di Fra' Galvano Fiamma del Convento dei Predicatori di Milano che, nel suo "*Opuscolum de rebus gentis*", descrive l'entrata in funzione nel 1336 dell'orologio di San Gottardo a Milano, la cui campana suonava automaticamente le ore da 1 a 24.

[103] Jacques Le Goff (Tolone 1924), uno tra i più autorevoli storici francesi, studioso della storia e della sociologia del Medioevo, cita il diffondersi degli orologi nelle Fiandre e nel nord Europa tra il 1320 e il 1370. Vedere il suo "*Au Moyen Age: Temps de l'Eglise et temps du marchand*", Annales ESC, 1960 e anche il volume "*Un lungo Medioevo*", Dedalo, 2006.

[104] Nella Divina Commedia si possono ritrovare alcuni riferimenti agli orologi da campanile che indicavano le ore e i momenti delle preghiere canoniche. Ad esempio nei versi in Paradiso X,139: "*Indi, come orologio che ne chiami / ne l'ora che la sposa di Dio surge / a mattinar lo sposo perché l'ami, / che l'una parte e l'altra tira e urge, / tin tin sonando con sì dolce nota,/...*" Dante si riferisce all'orologio meccanico azionato da pesi e da ingranaggi - l'una parte e l' altra tira ed urge - il cui rintocco richiama "*a mattinar*" cioè a recitare la preghiera del mattutino.
Un altro famoso passo è in Paradiso XXIV,13: "*E come cerchi in tempra d'oriuoli / si giran si che il primo, a chi pon mente, / quieto pare, e l'ultimo che voli / *"
Sembra che Dante abbia potuto osservare l' orologio meccanico in ferro posto sul campanile della chiesa di S. Eustorgio a Milano nel 1309, che è il primo orologio pubblico in Italia di cui si ha conoscenza. Questi sono fra i primi riferimenti agli orologi meccanici che si trovano nella letteratura europea.

Ovviamente il controllo dei segnali di tempo e la conseguente regolazione della vita del popolo portò a un controllo maggiore sui cittadini da parte delle autorità civili, controllo sottratto alle autorità religiose.[105]

Il diffondersi dell'orologio meccanico, incentivato dalla richiesta di una misura più corretta e di un controllo più accurato del tempo, a beneficio del commercio e dei lavoratori nei cantieri e nelle botteghe, portò infine come ovvia conseguenza alla diffusione delle ore uguali e a una migliore percezione della lunghezza degli intervalli di tempo e delle ore.

L'uso di misurare il tempo in ore uguali si diffuse abbastanza rapidamente in tutta Europa, impiegando soltanto un secolo circa ad imporsi: anche se questo periodo sembra a noi moderni molto lungo, occorre ricordare la vastità delle regioni, i mezzi di trasporto, la lentezza delle comunicazioni e anche l'analfabetismo generalizzato e la poca diffusione della cultura, condizioni tutte che portano al conservatorismo e alla resistenza di molti ad abbandonare le vecchie usanze.
In particolare negli atti legali il sistema antico delle ore temporarie rimase a lungo in vigore spesso in parallelo con quello delle nuove ore, come indicano i numerosi esempi che si trovano nelle cronache trecentesche e che riportano per un avvenimento le indicazioni nei diversi sistemi.[106]

6.5 Le ore uguali

Le ore che oggi noi tutti usiamo, che dividono l'arco di un giorno in 24 parti uguali durante l'intero anno, erano già note ed utilizzate dagli astronomi da moltissimo tempo, in particolare presso i Greci, i Persiani (i Sassanidi del VI e VIII sec. a.C.), gli Indiani, ecc., che se ne servivano per indicare gli istanti dei fenomeni astronomici in modo chiaro e preciso, con valori numerici che si prestavano più facilmente ai calcoli[107].
Ad esempio Tolomeo nell'Almagesto, esprime in ore uguali le lunghezze del giorno e della notte nelle località con diverse latitudini e, per rendere più facili i calcoli, trasforma in ore

---

[105] Ad esempio nel 1370 Carlo IV di Francia decretò che tutti gli orologi di Parigi dovessero seguire l'ora di quello installato nel palazzo reale.

[106] Nella Cronica di Matteo e Filippo Villani si riporta un fatto che avvenne a Firenze il 21 giugno 1362 : *"sonato terza, alla duodecima ora del dì"*. Eseguendo i calcoli si trova che all'ora 12 italica a Firenze erano circa le 7h40m di tempo solare (o tempo vero locale), mentre all'ora terza erano circa le 8h 10m.

In una cronaca francese è invece riportato che re Riccardo II di Inghilterra nacque il 6 gennaio 1367 o "all'ora terza" o "verso la decima ora". I moderni calcoli confermano l'esattezza di queste indicazioni in quanto alle ore 10 di tempo solare, contato da mezzanotte, si era quasi esattamente all'ora terza.

[107] Questo tipo di ore sono anche chiamate "equinoziali" poiché nei giorni degli Equinozi la loro durata è uguale a quella delle ore stagionali.

uguali gli istanti dei fenomeni dati in ore temporarie [108], con il giorno che inizia nell'istante in cui il Sole passa al meridiano.

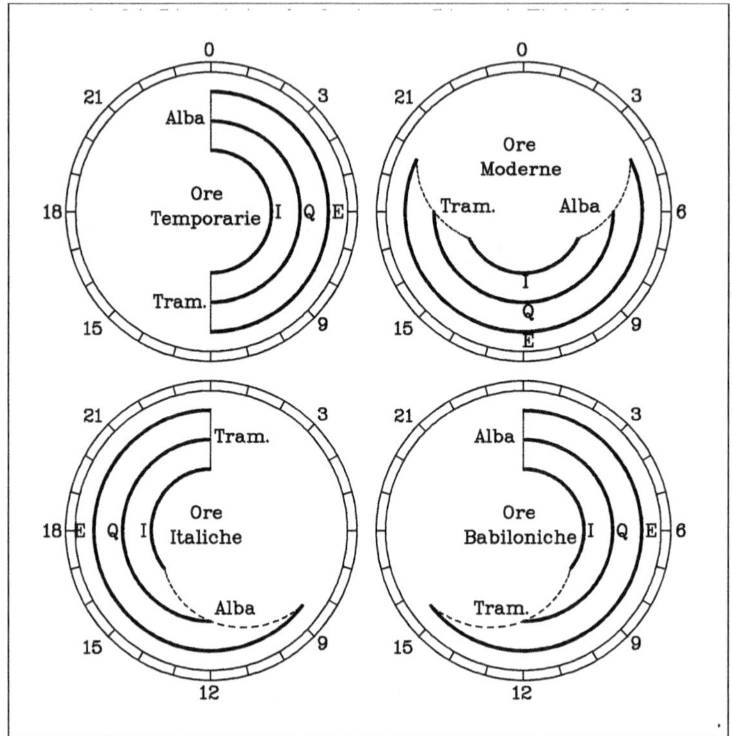

Fig. 6.8   Inizio e termine dell'arco diurno nei diversi sistemi orari
Latitudine=45° E-Solst. Estivo Q-Equinozi I-Solst. Invernale

Sono, e furono usati nei secoli, diversi sistemi di "ore uguali" che differiscono fra loro soltanto per l'istante in cui si fa iniziare il giorno. Precisamente si hanno:

– il sistema delle ore "Italiche" o *"ab occasu"*, in cui il giorno inizia al tramonto del Sole. Questo sistema prende il suo nome dal fatto che è stato utilizzato in Italia per circa 500 anni, dalla metà del '300 a circa il 1820-1860; [109] [110] [111] [112]

---

[108] Thābit ibn Qurra (824-901 d.C.) in un suo trattato dice che *"le ore equinoziali sono tali che ognuna di esse rappresenta il valore di tempo nel quale la sfera celeste ruota di quindici gradi"*.

[109] Molto probabilmente l'aggettivo "italico" fu inizialmente usato al posto dell'equivalente "italiano" poiché deriva dal Latino "italicus", lingua in cui, sino alla fine del XVIII secolo, furono scrtti quasi tutti i testi scientifici e di gnomonica.

[110] Probabilmente il sistema Italico fu adottato per i suoi vantaggi: si manteneva l'uso già consolidato di iniziare il giorno alla sera; la messa in punto degli orologi era più semplice poiché era sufficiente osservare il Sole al tramonto, senza la necessità di una meridiana ausiliaria; infine le ore indicate dalle campane davano immediatamente l'indicazione di quanto tempo mancava alla fine della giornata lavorativa.

- quello delle ore Babiloniche o *"ab ortu"*, in cui il giorno inizia all'alba;
- quello delle ore dette "Ultramontane" - cioè dei popoli al di la delle montagne, o delle Alpi - o "Francesi" o "Spagnole", o "Tedesche", in cui il giorno è diviso in due parti ciascuna formata da 12 ore uguali, con la due "mezze giornate" che iniziano al mezzogiorno e alla mezzanotte;
- quello delle ore di "Tempo Vero Locale", cioè le ore che sono usate attualmente, in cui il giorno inizia alla mezzanotte ed è diviso in 24 periodi uguali;
- quello delle ore "Astronomiche" in cui il giorno è diviso in 24 periodi ed inizia al mezzogiorno.

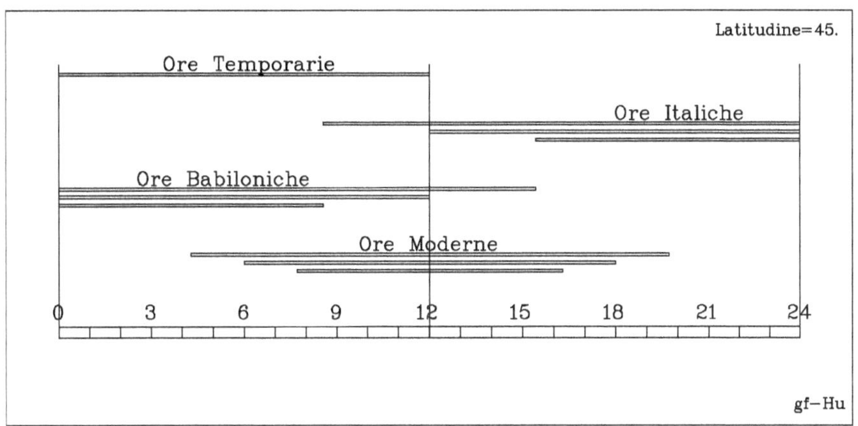

Fig. 6.9   Istanti dell'alba e del tramonto nei diversi sistemi orari
nei giorni dei Solstizi e degli Equinozi

Nel sistema delle ore temporarie, di lunghezza variabile, l'inizio e la fine del giorno, inteso come periodo di luce, coincideva con due ben determinati eventi naturali: l'alba e il tramonto. In ogni giorno dell'anno le stesse ore segnavano gli stessi punti della giornata: l'inizio (inizio della I ora), la metà mattina, il mezzogiorno (fine dell'ora VI), il pomeriggio, la fine del giorno (fine dell'ora XII).
Anche in alcuni sistemi ad ore uguali l'inizio o la fine del giorno coincidono con un ben determinato fenomeno naturale, direttamente e facilmente osservabile, come il sorgere e il calare del Sole, ma in ogni caso gli altri momenti importanti della giornata capitano ad ore diverse da una stagione all'altra.
Solo nel sistema delle nostre moderne ore "Civili" (quelle segnate dai comuni orologi) non vi è alcun momento della giornata legato a un fenomeno naturale, per cui si può dire che esso è un sistema completamente "artificiale": l'inizio (mezzanotte) è determinabile solo con strumenti astronomici, gli istanti in cui si hanno l'alba, il mezzogiorno e il tramonto

---

[111] A partire dal 1600 circa le ore Italiche furono usate anche nei paesi di religione Islamica e in particolare in Turchia, dove furono chiamate *"ezaniche"* dalla parola *"ezan"*, che si riferisce al tramonto.

[112] I riferimenti alle ore del giorno che si possono leggere negli scritti e nei libri italiani del periodo che va dal XV al XVIII secolo indicano sempre ore nel sistema "Italico".

dipendono sia dalla stagione, a causa della Equazione del Tempo[113], sia dalla longitudine del luogo, all'interno dello stesso fuso orario, sia dalla sua latitudine.

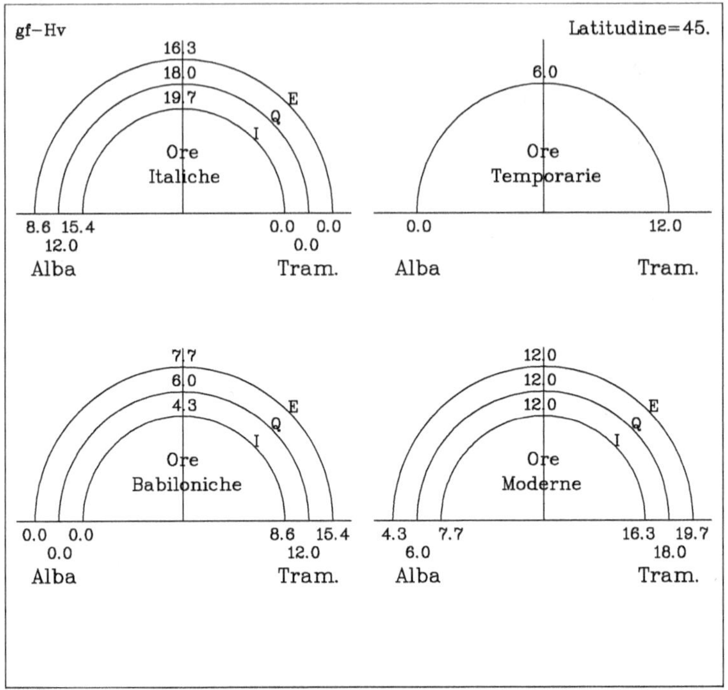

Fig. 6.10   Istanti dell'alba, del mezzogiorno e del tramonto
nei diversi sistemi orari nei giorni dei Solstizi e degli Equinozi

Così ad esempio, per una località con latitudine 45°:
– nel sistema delle ore Italiche il tramonto si ha sempre alle ore 24h (o alle ore 0h), il sorgere del Sole si può avere fra le ore 8h32m e le 15h 28m e il mezzogiorno fra le 16h 17m e le 19h 43m.   Solo nei giorni degli Equinozi il sorgere si ha esattamente alle ore 12h e il mezzogiorno alle ore 18h.[114]

---

[113] Poiché, a causa della eccentricità dell'orbita terrestre e della inclinazione del suo asse, la velocità del Sole lungo la sua orbita non è costante, il periodo di tempo fra l'istante del passaggio del centro del disco solare al meridiano (mezzodì) in un dato giorno e quello nel giorno successivo, cioè la durata effettiva del giorno, varia leggermente.
Questo fenomeno è ininfluente negli orologi solari poiché essi indicando il tempo "naturale" segnato dal Sole e quindi segnano sempre le ore 12 al suo transito a Sud. Gli orologi meccanici, che si basano su un giorno di durata "media" diviso in 24 ore "medie", ne sono invece influenzati e segnano al mezzodì istanti diversi dalle 12.
La differenza fra il tempo "solare" (dagli gnomonisti chiamato Tempo Vero Locale) e il tempo "medio" indicato dagli orologi meccanici è chiamata Equazione del Tempo: il suo valore varia durante l'anno da circa +14m 10s a -16m 24s.

[114] Per scrivere un istante espresso in ore, minuti e secondi possono essere usate diverse notazioni.

- Nel sistema delle ore Babiloniche il sorgere del Sole si ha sempre alle ore 0h mentre il mezzogiorno si può avere fra le 4h 17m e le 7h 43m e il tramonto fra le ore 8h 32m e le 15h 28m.   Solo nei giorni degli Equinozi il mezzogiorno si ha esattamente alle ore 6h e il tramonto alle 18h.

- Nel sistema moderno delle ore Civili, se non si considerano gli effetti della longitudine e della Equazione del Tempo, il sorgere può avvenire fra le 4h 17m e le 7h 43m e il tramonto fra le 16h 17m e le 19h 43m e solo nei giorni degli Equinozi la nascita del Sole si ha esattamente alle ore 6h e il tramonto alle ore 18h [115].

6.6 Le ore uguali e lo stilo polare

Le traduzioni e gli studi più recenti hanno messo in luce che, quasi certamente, l'uso delle ore uguali negli orologi solari nel modo antico fu descritto per la prima volta dall'astronomo, studioso, traduttore, Thābit ibn Qurra († 901), nel suo libro dal titolo "Gli orologi solari", ove insegna chiaramente come disegnare le meridiane su piani diversi con tali tipi di ore.[116] Sfortunatamente le opere di Thābit caddero nella dimenticanza e furono riscoperte e tradotte soltanto nel XX secolo.[117]

Per questo motivo il merito di aver diffuso l'uso delle ore uguali nelle meridiane è da tutti attribuito all'astronomo al-Marrākushī, che nel suo trattato sugli strumenti astronomici degli arabi, di 4 secoli posteriore all'opera di Thābit, descrive come tracciare le linee delle ore uguali in meridiane realizzate su piani di diversa giacitura, utilizzando però sempre come elemento ombreggiante l'estremo di uno stilo ortogonale al piano[118]. Sono questi i primi orologi disegnati e descritti in cui troviamo le linee delle ore formate da tratti rettilinei.

Da molti anni si dibatte fra gli studiosi di astronomia antica e fra gli appassionati di orologi solari, sull'epoca in cui comparve la prima applicazione, voluta, studiata e non casuale,   dello stilo polare negli orologi solari ad ore uguali, presente in quasi tutte le moderne meridiane[119],

---

Ad es. 8h 32m 26s , oppure 8;32,26 (metodo usato per indicare i numeri nel sistema sessagesimale) , oppure 8:32:26 (ISO 8601) o, infine, trasformando in decimali, 8.54055h . In questo testo userò sempre la prima notazione.

[115] Infine, poiché le ore civili sono uguali per tutte le località all'interno di uno stesso fuso orario, gli istanti dell'alba, del tramonto e del mezzogiorno vero sono diversi per località diverse, anche in uno stesso giorno.

[116] Thābit ibn Qurra – *"Oeuvres d'astronomies"* - Paris 1987 – pag.133

[117] Né al-Marrākushī, né il suo traduttore Sedillot sapevano della loro esistenza.

[118] Nel testo di al-Marrākushī tradotto da Sedillot nel 1830, l'autore scrive chiaramente che le linee orarie per le ore uguali sono la proiezione dei meridiani celesti e che, poiché questi passano per il Polo Celeste, anche le linee devono passare per la sua proiezione. Scrive inoltre *" questa [materia] fa parte di quelle cose che abbiamo scritto come risultato di nostre meditazioni e riflessioni".* In una nota, il traduttore Sedillot afferma che *"Questo passaggio ci dice che, prima di al-Marrakushi, nessuno aveva pensato disegnare le linee delle ore uguali sulle meridiane".* SEDILLOT (1834), libro III, capitolo XIV, pag. 551

[119] Viene chiamato "stilo polare" l'asta, diretta verso il Polo Nord Celeste, cioè all'incirca verso la stella Polare, che è presente in quasi tutti gli orologi solari moderni.

e su chi, per primo, tracciò un orologio in cui l'ombra dell'intero stilo era usata per indicare l'ora, cioè su chi, per primo, sostituì un'ombra rettilinea a quella puntiforme dell'estremo di uno gnomone o di un semplice "nodo".

Fig. 6.11   Orologio solare con stilo polare e linee delle ore uguali
Moschea Ferruh Kethüda a Istanbul

A mia conoscenza non vi sono testimonianze certe dell'esistenza di antichi orologi solari, greci o romani, con uno stilo polare usato e posizionato con lo scopo descritto e i pochissimi esempi che sono stati riportati nella letteratura riguardano o casi molto incerti o, probabilmente, orologi equatoriali nei quali il normale ortostilo è necessariamente coincidente con uno stilo polare.

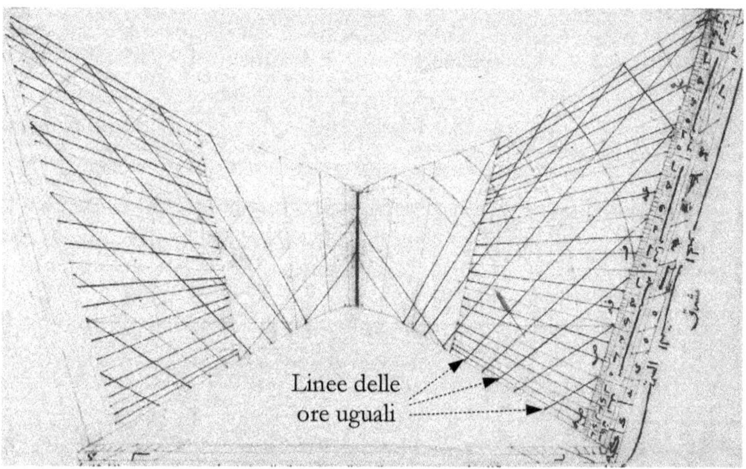

Fig. 6.12   Meridiana orizzontale di Najm al-Din-al-Misri
Tavola dal manoscritto modificata

Allo stesso modo non è comprovata da nessuna testimonianza l'ipotesi, avanzata da qualche studioso, che questo tipo di orologio solare sia di origine ellenistica.

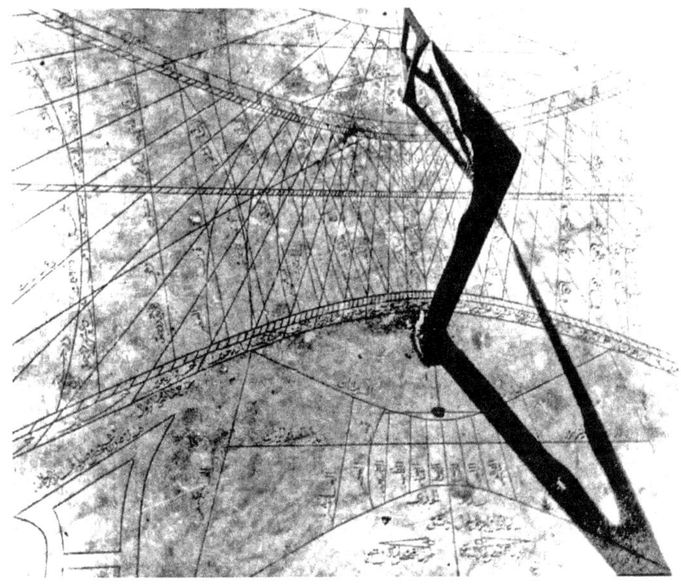

Fig. 6.13 L'orologio solare nella Moschea Umayyade di Damasco
Lo stilo polare

Dai pochi riferimenti che si trovano nei manoscritti sino ad oggi rinvenuti sembra che l'evoluzione degli orologi a tempo vero e dello stilo polare abbia seguito la sequenza cronologica qui riassunta:

-   Thābit ibn Qurra (Baghdad, 900 ca.) fu il primo a spiegare la teoria di come disegnare gli orologi solari ad ore uguali, ma la sue opera rimase sconosciuta;
-   al-Marrākushī (Cairo, 1300 ca.) re-inventò questo tipo di strumento e fu il primo a spiegare e a diffondere i procedimenti per tracciare le linee delle ore uguali, utilizzando però sempre uno stilo normale al piano (ortostilo);
-   gli astronomi Ibn al-Sarrāj (Aleppo, 1300 ca.) e Najm al-Dīn al-Misrī (Cairo, 1300-1350ca) descrissero e disegnarono meridiane di questo tipo (Fig. 6.12);
-   infine l'astronomo Ibn al-Shāṭir (Damasco,1306-1375) fu il primo a costruire intenzionalmente un orologio solare con stilo polare (Fig. 6.13).

Secondo gli studi più recenti si può quindi affermare con certezza che lo "scopritore" dell'utilità dello stilo polare negli orologi solari a ore uguali, e quindi l' "inventore" di questo tipo di meridiana, fu certamente il famoso astronomo Abu'l-Hasan Ibn al-Shāṭir, che fondò il suo studio sugli sviluppi della trigonometria sferica fatti da al-Battānī nel X secolo, e che era perfettamente consapevole del fatto che, usando come gnomone un'asta parallela all'asse terrestre, era possibile indicare le ore con la sua intera ombra.[120]

---

[120] Il Prof. D. A. King, il più grande esperto moderno di astronomia araba, già nel 1981 in una sua relazione in un Congresso a Bucarest (ripubblicata in KING (1987), pag. 11) scriveva *"A mia cono-*

Egli progettò e costruì il grande orologio solare orizzontale della Grande Moschea Umayyade di Damasco (Fig. 6.13), che non solo è il primo a contenere uno gnomone polare per la determinazione del tempo solare locale, ma è anche il più antico esistente. Questo strumento, che è considerato la più bella meridiana di tutto il medioevo, rimase per alcuni secoli l'orologio solare più complesso al mondo.[121]

Ibn al-Shāṭir non lasciò nessun trattato di gnomonica e non è stato sino ad oggi rinvenuto nessun testo o manoscritto in lingua araba precedente il XV secolo in cui sia descritto, o anche solo menzionato, l'uso dello stilo polare. [122]

Fig. 6.14   Orologio del 1346 sulla Cattedrale di Brunswich
Lo Stilo polare è stato aggiunto in epoca moderna

La conoscenza e l'uso di uno stilo polare in Occidente si ebbe soltanto alcuni decenni dopo la costruzione dell'orologio di Damasco e portò, fra le altre cose, a una notevole semplificazione nel progetto e nel tracciamento delle meridiane, alla successiva scoperta di molti ingegnosi metodi grafici alla portata di tutti e, in questo modo, alla grande diffusione degli orologi solari, sia sugli edifici pubblici, che sulle pareti di ville e case private.

---

scenza una delle prime meridiane islamiche con stilo polare è quella costruita da Ibn al-Shāṭir nel 773H (1371-1372 CE)."

[121] La meridiana di Ibn al-Shāṭir è ancora visibile a Damasco: sfortunatamente un astronomo turco della fine del XIX secolo volendo aggiungere una linea, la ruppe. Dell'originale di questo orologio solare rimangono soltanto i frammenti conservati al Museo Archeologico Nazionale di Damasco, in Siria mentre una copia esatta fu costruita nel 1876 dall'astronomo al-Tantawi.

[122] Il primo riferimento esplicito in un testo in arabo, a uno gnomone orientato verso il polo, si trova in un trattato dell'astronomo mamelucco Sibi-al-Maridini (Cairo 1460 ca.).

Probabilmente i primi orologi ad ore uguali furono orologi verticali, rivolti a Sud e con stilo ortogonale, ottenuti quasi certamente per tentativi, da orologi ad ore canoniche[123].
Sempre rimanendo in Europa gli orologi a stilo polare progettati e realizzati correttamente sulla base di una seria teoria iniziarono a diffondersi dal 1440 circa, più di un secolo dopo i primi orologi meccanici che quindi per lungo tempo rimasero gli unici strumenti capaci di segnare il nuovo tipo di ore.

L'ipotesi, avanzata da alcuni, che il principio dello stilo polare sia giunto in Europa a seguito dei crociati che ritornavano dalla Terra Santa è stata scartata da Karlheinz Schaldach in BSS Bulletin 1996. L'ipotesi appare non vera anche considerando che l'ultima crociata, la IX, terminò nel 1291, molti anni prima della "invenzione" dello stilo polare da parte degli astronomi islamici.

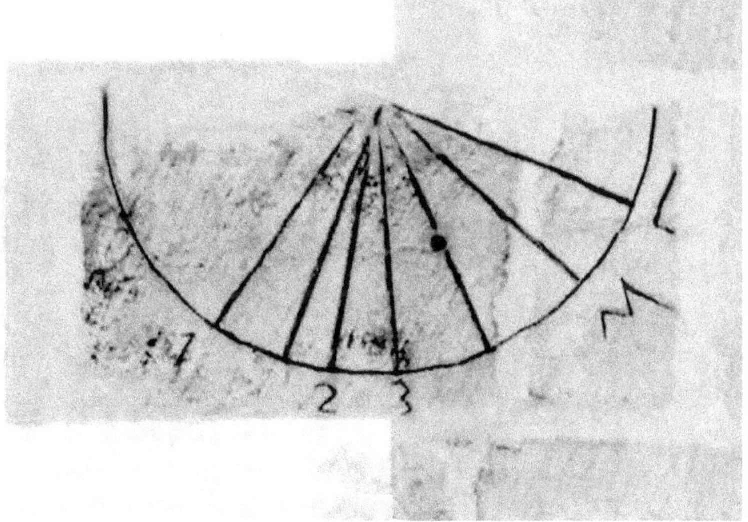

Fig. 6.15   L'orologio solare sulla chiesa di S. Maria a Weißenfels
Il più antico a stilo polare in Europa

Lo gnomonista olandese Frans W. Maes in un articolo pubblicato sul Bollettino della Società gnomonica fiamminga nel 2003 [124] afferma che l'orologio con stilo polare apparve nel mondo occidentale per la prima volta in Germania nella prima metà del XV sec. e che l'astronomo tedesco Ernst Zinner (1886-1970) scoprì nel 1956 dei manoscritti, datati dal

---

[123] Sul lato sud della Cattedrale di Brunswick (Braunschweig) vi sono due antichi orologi: uno costruito verso il 1334 riporta delle linee orarie radiali sulle quali cadeva l'ombra di un ortostilo   allo scoccare delle ore uguali soltanto nei giorni degli equinozi. La seconda meridiana, del 1346, riporta invece le linee del tempo vero, uguali a quelle di un orologio a stilo polare. Non è certo però se lo stilo fosse o meno di questo tipo. Quasi certamente i due orologi furono costruiti per tentativi o usando regole empiriche.

[124] *Zonnewijzerkring Vlaanderen*, 8/2003, 29/2004 - *"Een speurtocht naar de oorsprong van de poolstijlzonnewijzer "* – "Una ricerca sulle origini della meridiana a stilo polare"

1426 in avanti, in cui sono date le istruzioni per la costruzione di meridiane verticali con stilo polare.[125]

Secondo Maes le 6 meridiane più antiche a stilo polare, presenti in Europa, sono: 1446, Weißenfels (Germania); 1447, Klosterneuburg (Austria); 1452, Hall (Austria) 1454, Waldhausen (Austria); 1457, Duderstadt (Germania); 1463, Utrecht (Olanda), tutte incise su pietra ad esclusione di quella di Hall che è dipinta.

Secondo questo autore quindi il più antico orologio solare di questo tipo tuttora esistente in Europa è quello che si trova su una parete della chiesa di S. Maria a Weißenfals, vicino a Lipsia, in Germania (Fig. 6.15)

Il confronto fra questo orologio, o fra quello contemporaneo di Brunswick in Fig. 6.14, e l'orologio di Ibn Shatir (Fig. 6.13) mostra l'enorme differenza esistente all'epoca fra le conoscenze e le capacità scientifiche e costruttive dell'Europa e quelle del mondo islamico.

Le ore canoniche

Parte IV

LA QIBLA

L'HILAL

IL CALENDARIO

I SEGNI ZODIACALI

Capitolo 7
LA QIBLA

7.1 La Qibla

Sin dai tempi pre-Islamici i popoli del centro dell'Arabia adoravano un gruppo di dei che risiedevano, secondo le credenze, nel tempio di origine e data incerte chiamato Kaaba, che si trova alla Mecca (Fig. 7.14). Dopo la conquista di questa città nel 630, Maometto distrusse tutti gli idoli che in essa erano contenuti e dedicò il tempio ad Allah: per questo motivo in breve tempo la Kaaba divenne il centro di tutto l'Islam come importanza religiosa e come vero e proprio luogo sacro e radice della religione islamica.

Maometto infine, a suggello di questa sua azione, fece un pellegrinaggio rituale ai luoghi sacri circostanti il tempio che diventò così l'esempio del pellegrinaggio (*hajj*) che milioni di fedeli compiono ogni anno.

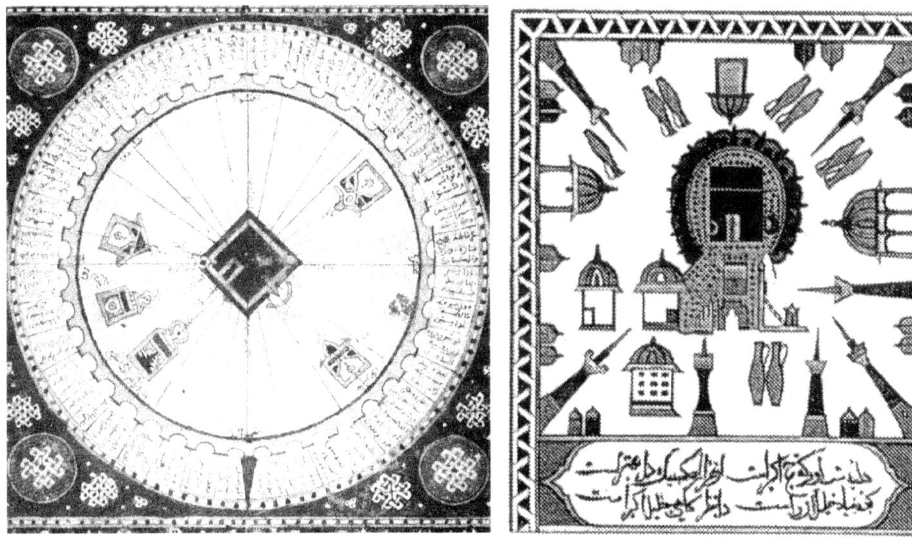

Fig. 7.1   Tutte le moschee sono rivolte verso la Mecca
Indicatore della qibla   Antico tappeto da preghiera

Il Corano in più punti impone al fedele di rivolgersi nella preghiera verso la Kaaba, chiamata nel Corano la *"Santa Casa"*[1], cioè verso la Mecca[2]: questa direzione, fondamentale nella vita

---

[1] Corano - Sura II , Al-Baqara (La giovenca), 125 - *"E quando facemmo della Casa un luogo di riunione e un rifugio per gli uomini. Prendete come luogo di culto quello in cui Abramo ristette! E stabilimmo un patto con Abramo*

dei musulmani, viene chiamata qibla o, anche, quiblah, quibla, kibla (قبلة).[3] [4]

Fig. 7. 2   Indicazione della qibla su orologi solari
Orologio s. del XIV sec. –Tunisi   Orologio s. a Granada

L'osservanza della direzione della Mecca è una delle pratiche che maggiormente hanno influenzato e permeato la vita dell'Islam per più di 1300 anni; non soltanto il fedele durante le preghiere della giornata ha l'obbligo, in qualunque luogo della Terra si trovi, di rivolgere il volto verso la Mecca, ma anche aspetti comuni della vita sono influenzati dalla qibla, in quanto la tradizione prescrive che certi atti debbano essere eseguiti osservandola.

Così ad esempio la tumulazione dei morti, la recita del Corano, la macellazione degli animali devono essere fatti seguendo la qibla; altri atti come lo sputare e le funzioni corporali dovrebbero essere invece eseguite volgendosi nella direzione perpendicolare a quella del Sacro Tempio.[5] [6]

---

e Ismaele: Purificate la Mia Casa per coloro che vi gireranno attorno, vi si ritireranno, si inchineranno e si prosterneranno."

[2] Corano - Sura II ,144 - *"Ebbene, ti daremo un orientamento che ti piacerà. Volgiti dunque verso la Sacra Moschea. Ovunque siate, rivolgete il volto nella sua direzione."*

[3] Inizialmente, sino a 16-17 mesi dopo l'Egira, Maometto usava come qibla quella degli Ebrei, cioè la direzione di Gerusalemme. Quando sorsero dissapori con gli Ebrei di Medina proclamò la nuova qibla verso la Mecca. Corano-Sura II, 142, 149: *"Che cosa li ha allontanati dalla qibla che avevamo prima? ... Dio che guida chi vuole alla retta via"* , *"ti doneremo una qibla che ti piacerà : volgi il volto verso il Tempio sacro ..."*,   *"da qualunque luogo tu esca volgi la faccia verso il Sacro Tempio ..."*

[4] L'astronomo Ibn al Haytham (965-1040) così definisce la qibla:
"la qibla è la direzione che quando è di fronte a un osservatore il raggio che esce dal suo occhio in quella direzione è nel piano del cerchio celeste passante per la direzione del suo zenit e per lo zenit della Mecca."

[5] Il nome qibla sembra che originariamente indicasse la direzione verso cui bisognava volgersi per ricevere sul volto il vento *"qabul"*, direzione considerata fortunata dai pre-Islamici. Questa direzione , verso Nord-Est, coincide anche con quella in cui, alla Mecca, il Sole nasce nel solstizio estivo e con uno dei lati della Kaaba.   Guardando il vento *"qabul"*, cioè volgendosi verso la qibla, il vento del nord (detto *al shamal*) proviene da sinistra: per questo motivo il vocabolo arabo per indicare la sinistra è *"shamal"*. Il vento proveniente invece dalla direzione opposta, cioè da destra, giunge dalla di-

Poiché i metodi per il calcolo esatto della qibla sono abbastanza complessi, le persone comuni hanno sempre richiesto metodi e tecniche il più possibile semplici per poter rivolgersi verso la Kaaba durante le preghiere.

Conoscendo, per il luogo in cui si trova il fedele, il valore dell'angolo che la qibla forma con una data direzione, ad esempio con quella di uno dei punti cardinali, i metodi più semplici usati per secoli sono stati l'uso di una bussola o l'osservazione dell'ombra di un'asta o di un altro oggetto verticale sul piano orizzontale.

Ovviamente conosciuta la direzione cercata questa veniva "fissata" con un segnale facilmente riconoscibile e trasmessa da una generazione all'altra.[7]

La direzione della Mecca si trova indicata anche su molte meridiane islamiche orizzontali: in esse la qibla è indicata o con un segmento avente origine o dal piede dello gnomone verticale o da una piccola figura che rappresenta schematicamente il *"mirhab"* (محراب), cioè quella nicchia che è presente in tutte le moschee per indicare al fedele la direzione verso cui deve rivolgersi nella preghiera (Fig. 7.3).

Fig. 7.3 *Mihrab*

m. Masjid-i-Jami	m. Madar-i-shah	m. Lutfallah	m. Nasir Mohammed
Isfahan, Iran	Isfahan, Iran	Isfahan, Iran	Cairo

rezione dello Yemen e per questo la destra in lingua araba è detta *"yamin"*: anche l'origine di questi nomi indica l'importanza della direzione della Mecca per la civiltà Islamica.

[6] Per favorire le comunità di religione musulmana che si sono stabilite recentemente nel nostro paese, da alcune Amministrazioni è stata accolta la richiesta di progettare alloggi per queste comunità seguendo i criteri imposti dalla religione islamica per quanto riguarda l'orientamento dei locali interni.

[7] *"Imperciocchè tutte le moschee e cappelle erette negli Stati di religione maomettana, e i luoghi stessi che nelle case de' privati servono alla preghiera, hanno una nicchia posta alla direzione della Kaaba della Mecca e contorni delle città, nelle campagne, lungo le strade maestre, trovansi segnali alla stessa direzione eretti, per lo più di marmo, o di pietra, fondati sopra alture, o almeno singolarmente cospicui, per norma di ognuno.*

Presso poi a questi segnali la pietà religiosa di ricche persone ha fatto costruire o fontane, o grandi pozzi per comodo delle purificazioni necessarie a premettersi alla preghiera." Da *"Storia dell'Impero Ottomano Compilata dal Cav. Compagnoni"*, Livorno 1829

Per indicare la qibla negli orologi verticali erano invece usati particolari artifici atti a determinare un immaginario piano verticale avente l'azimut della Mecca.[8]

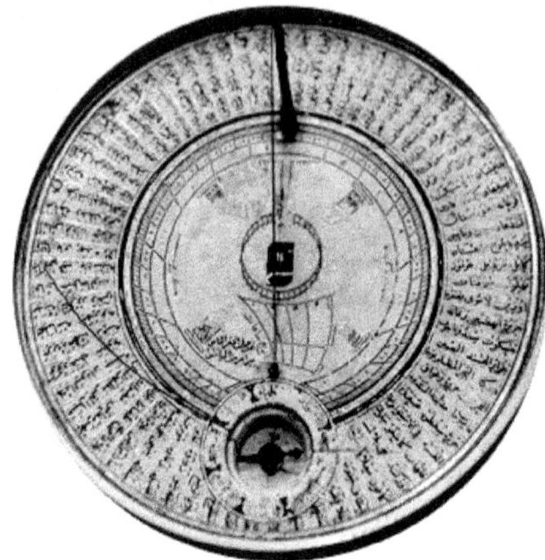

Indicatore della qibla – Turchia 1582   Orologio con qibla
Fig. 7.4   Fig. 7.5

Poteva essere ad esempio usato uno gnomone ausiliario disposto in modo tale che quando l'ombra del suo estremo cadeva sulla linea del mezzogiorno questa linea e l'estremo dell'asta individuavano il piano cercato. Oppure veniva tracciata una curva sulla quale cadeva l'ombra dell'estremo dello gnomone principale quando il Sole si trovava in direzione della qibla o in una direzione a questa ortogonale.

Durante i secoli furono calcolate numerose tavole con l'indicazione della direzione geografica della qibla per molte città del mondo e furono anche inventati molti dispositivi meccanici adatti a questo scopo, formati spesso da un disco, che doveva essere disposto orizzontale e orientato con una bussola, con elencati alla periferia i nomi delle città (Fig. 7.4).

Oltre a questi strumenti, potremmo dire "specializzati", furono ideati anche dei particolari diagrammi e grafici che venivano tracciati sul retro di astrolabi o sui quadranti, usati per trovare l'altezza del Sole sull'orizzonte.
Nella Fig. 7.6 sono riprodotte le curve, una per ogni città, che danno l'altezza del Sole nelle diverse stagioni dell'anno quando il Sole ha lo stesso azimut della qibla, cioè quando ha la direzione della Mecca. Fissando l'alidada in corrispondenza del punto in cui la curva della località interessata interseca la circonferenza che indica il giorno nell'anno (longitudine del Sole), si ricava l'altezza che avrà il Sole quando si troverà nella direzione cercata.
Nella Fig. 7.6 è evidenziata la località di Baghdad (Lat. 33° 15') nei giorni degli equinozi, con una altezza del Sole di 54°57'.

---

[8] Anche il termine Azimut è di origine araba e deriva da *al-simut* (السمة) che significa "la direzione".

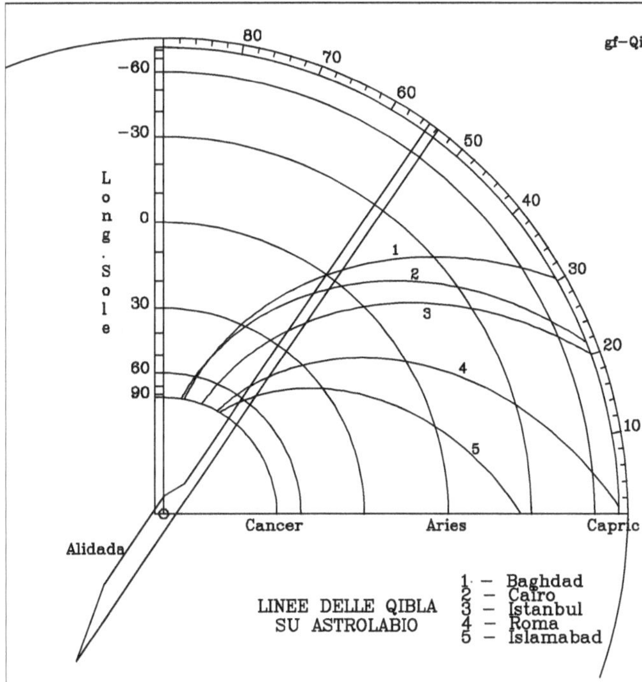

Curve che danno l'altezza del Sole quando si trova nella direzione della qibla. La scala della longitudine del è proporzionale al valore della declinazione del Sole.

Curve come queste si trovano ad esempio sul retro di un famoso astrolabio conservato presso il "Museum of History of Science" di Oxford (Fig. 7.7).

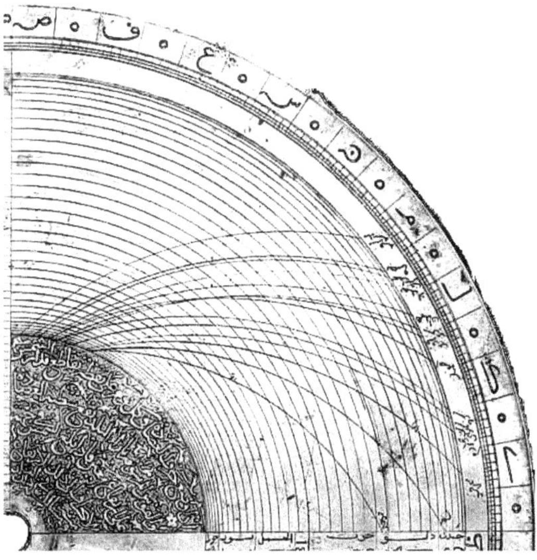

Fig. 7. 7 Retro di un astrolabio persiano del 1682

Modernamente esistono dispositivi elettronici e anche orologi da polso che indicano la qibla di una data località o della località in cui ci si trova.
Indicazioni della direzione della Mecca si trovano frequentemente in alberghi e locali pubblici dei paesi islamici.

Fig. 7. 8   Indicazioni della qibla in luoghi pubblici

7.2 Calcolo della qibla

La ricerca di un metodo per la determinazione della qibla è stato uno dei problemi più importanti, e difficili, studiato dagli astronomi, matematici e geografi islamici sino dalla metà dell'VIII secolo.
I primi metodi discussi da al-Khwārizmī (780-850) e da al-Battānī (858-929) erano abbastanza empirici e basati sulla geometria elementare.
In seguito risultati più esatti furono sviluppati, usando delle costruzioni grafiche, da Habash al Hasib (ca. 850) e da Ibn al-Haytham. Infine Ibn Yunus (ca. 985), al-Nayrizi (ca. 897) e al-Bīrūnī (973-1048), usando la trigonometria sferica giunsero alla soluzione che possiamo dire completamente "moderna".
Nelle molte centinaia di raccolte astronomiche, testi teorici o tabelle di dati che furono compilati sino al XVI secolo, si trovano descritti metodi e riportate tavole per la determinazione della qibla.
Nel 1365 il siriano Muhammad al-Khalīlī [9] compilò la più estesa raccolta di queste tavole che davano l'angolo della qibla in funzione della latitudine e della differenza di longitudine dalla Mecca, per ogni grado di latitudine, da 10° a 56°, e per ogni grado di longitudine, da 1° a 60° ad est ed ad ovest dalla Mecca (Fig. 7.9).

Per determinare in quale direzione si trova la città della Mecca occorre conoscere le coordinate geografiche, latitudine e longitudine, della località in cui ci si trova e quelle della Mecca stessa.
Mentre la latitudine é facilmente determinabile, la ricerca della longitudine era di difficile soluzione per gli antichi astronomi e poteva essere determinata solo con l'ausilio di fenomeni

---

[9] al-Dīn Abū 'Abd Allāh Muhammad ibn Muhammad al-Khalīlī (1320–1380) lavorò, per quasi tutta la vita, a Damasco in Siria come *muwaqqit* presso la Moschea Umayyade.

astronomici particolari come le eclissi di Luna: come é ben noto questa difficoltà rimase sino alla fine del 1700 quando divennero disponibili orologi precisi e costanti (cronometri da Marina) [10].

Latitudine

عرض لح (33)		عرض لب		عرض لا		الاطوال Longitudine		الاطوال	
عد بح	فو ى	عه نط	فه كو	عز مو	فد بح	97 صز	لز	قكز	ز
عح بد	فو م	عه ح	فه نه	عو ند	فه ى	96 صو	لخ	قكو	ح
عب بح	فز با	عد ه	فو كد	عو .	فه لخ	95 صه	لط	قكه	ط
عا ى	فز مس	عح ه	فو ند	عه ح	فو و	94 صد	م	قكد	ى
19 26	عط كح	كح كز	ف نا	ل نه	فس كا	73	سا	قو	لا
(20 22) كى	عح له	كد بح	ف و	كو كه	فا لط	(72) عـ	سس	قب	لب

Qibla

Fig. 7. 9   - Pagina dalle Tavole di al-Khalīlī relativa alle Latitudini 31°, 32°, 33°
Denis Roegel "An Extension of al-Khalīlī 's Qibla Table to the Entire World", 2008

Le longitudini sono prese dal meridiano di riferimento delle Isole Fortunate nel quale la longitudine della Mecca è di 67°E.
I valori della qibla si leggono da destra a sinistra e sono presi da Sud.
In evidenza la località con λ=72°, φ=33°, quasi corrispondente alla città di Baghdad.

7.2.1 Primo metodo per la determinazione della qibla

Dato un luogo sulla Terra, consideriamo il cerchio massimo passante per esso e per la Mecca (Fig. 7.10): dal punto di vista matematico la qibla è definita come l'angolo, misurato nel luogo in questione, fra la direzione di questo cerchio massimo e la direzione del Sud.

Siano dati quindi i due punti M e P sulla superficie della Terra, supposta perfettamente sferica, che rappresentano rispettivamente la città della Mecca e una diversa località: siano (φ_M, λ_M) e (φ_P, λ_P) le rispettive coordinate geografiche.

Per determinare la distanza fra essi e la direzione, o meglio l'azimut **q** contato dal Sud, con cui dal punto P si "vede" il punto M, si hanno le formule seguenti, che si possono facilmente ottenere dal triangolo sferico M, P, Polo Nord.

---

[10] Da notare che gli astronomi musulmani erano a conoscenza, già sin dal VII secolo, che la Terra é una sfera, che può essere abitata in tutte le sue parti e che le sue dimensioni sono molto piccole in confronto alle dimensioni dell'universo allora conosciuto. Intorno all'anno 830 il califfo al-Ma'mun incaricò un gruppo di studiosi di misurare la distanza fra due città lontane allo scopo di trovare le dimensioni della Terra che risultò avere una circonferenza di circa 38500 km. In seguito a nuove misure questo valore fu portato a 40238 km e, infine, Abū Rayhān al-Bīrūnī (973-1048), utilizzando un nuovo metodo geodetico, ottenne un valore del raggio terrestre di 6340 km, che differisce di meno di 27 km dal valore moderno del raggio medio (6367 km).

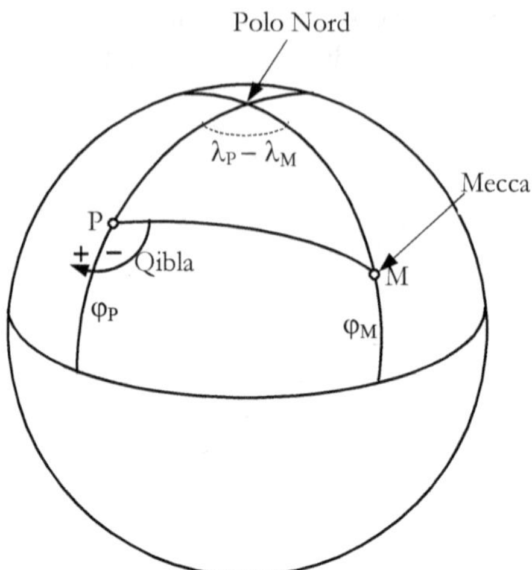

Fig. 7.10 La ricerca della qibla

$$\cos(d) = \sin(\varphi_M).\sin(\varphi_P) + \cos(\varphi_M).\cos(\varphi_P).\cos(\lambda_P - \lambda_M)$$

$$\sin(q) = \frac{\cos(\varphi_M).\sin(\lambda_P - \lambda_M)}{\sin(d)}$$

oppure

$$\tan(q) = \frac{\sin(\lambda_P - \lambda_M)}{\sin(\varphi_P) \cdot \cos(\lambda_P - \lambda_M) - \cos(\varphi_P) \cdot \tan(\varphi_M)}$$

Il valore dell'Azimut q trovato è la qibla del luogo indicato con P, misurato da Sud verso Ovest [11].

La distanza fra le località M e P   si può ricavare dalla relazione seguente nella quale R indica il raggio della Terra (valore medio = 6370 km):

$$\text{Distanza M-P} = \frac{\pi \cdot R \cdot d}{180}$$

Esempio di calcolo della direzione della Kaaba vista dalla città di Baghdad, cioè della qibla di Baghdad:

M   La Mecca $\varphi_M = 21° \, 29'$ $\lambda_M = 39° \, 45'$ Est [12]

P   Baghdad $\varphi_P = 33° \, 15'$ $\lambda_P = 44° \, 30'$ Est

d $= 12° \, 29'$ (equivalente alla distanza di 1388 km)

q $= 20° \, 51'$ verso Ovest qibla di Baghdad

---

[11] Il valore dell'Azimut dato dalle formule è corretto come segno se le Longitudini vengono prese positive per le località ad Est di Greenwich. Occorre inoltre osservare che l'azimut di M "visto" da P NON è il supplemento dell'azimut di P "visto" da M.

[12] al-Khalīlī, come longitudine della Mecca, usa il valore 67°, cioè la longitudine riferita alle Isole Fortunate (le attuali Canarie), il cui meridiano era stato preso da Tolomeo, nell'anno 120, come meridiano di riferimento.

7.2.2 Secondo metodo

Dai triangoli sferici evidenziati in Fig. 7.11 si vede immediatamente che il problema del calcolo della qibla è equivalente al problema di determinare l'azimut (q) di un corpo celeste M di cui si conoscono la declinazione (φ_M) e l'angolo orario ($\lambda_P-\lambda_M$) rispetto al meridiano locale dell'osservatore.

<u>Quindi in un qualsiasi luogo appartenente all'emisfero centrato sulla Mecca si può trovare la direzione esatta della qibla osservando la direzione del Sole nell'istante in cui esso passa allo zenit della Mecca stessa.</u>

Questo semplice metodo è riportato in diversi testi islamici[13] ove si consiglia di osservare il Sole nel giorno in cui la sua declinazione è uguale alla latitudine della Mecca, nell'istante in cui l'angolo orario del Sole è uguale alla differenza di longitudine fra le due località, cioè nell'ora locale data da $[12+(\lambda_P-\lambda_M)/15]$ ore uguali.

Poiché la latitudine della Mecca è uguale a 21° 29' i giorni in cui il Sole ha questo valore di declinazione sono, approssimativamente, il 28 maggio e il 15 luglio.

Ad esempio, essendo Roma a 27° 16' a Ovest della Mecca, il 28 maggio occorrerà osservare il Sole 1h 49m prima del mezzogiorno locale, e quindi alle 10h 11m locali, corrispondenti alle ore 10h 18m 25s di tempo civile.

Volendo una maggiore precisione occorre trovare l'istante in cui il Sole passa il più vicino possibile allo zenit della Mecca, nell'anno della osservazione.

Così ad esempio nell'anno 2010 si trova che il Sole al mezzogiorno vero del 28 maggio passa a 47" dallo zenit della Mecca alle ore civili locali 12h 18m 14s, corrispondenti alle ore 10h 18m 14s a Roma (senza considerare l'ora legale). Il 15 luglio dello stesso anno invece il Sole passa a 1' 36" dallo zenit della Mecca alle ore 12h 26m 58s, corrispondenti alle ore 10h 26m 58s a Roma.

Per le località che si trovano nell'emisfero opposto a quello ove è la Mecca, la qibla si può trovare osservando la direzione del Sole quando si trova esattamente al nadir della Mecca stessa, fenomeno che avviene all'incirca il 13 gennaio e il 29 novembre.

Per l'anno 2010 si hanno i seguenti istanti: 13 gennaio alle ore 0h 29m 26s e 30 novembre alle ore 0h 9m 24s, tempo della Mecca.

Volendo invece determinare l'ora locale in cui in un dato giorno dell'anno, diverso da quelli indicati sopra, il Sole ha lo stesso Azimut della Mecca, cioè ha la direzione della qibla, si può utilizzare il procedimento seguente.

---

[13]La prima descrizione di questo metodo per la ricerca della qibla si trova in un testo dell'astronomo Nasir al-Din al-Tusi (Persia 1201-1274), che indicò anche i giorni dell'anno riportando la corrispondente longitudine del Sole: 8° nei Gemelli e 23° nel Cancro.

Dalla nota relazione $\sin(\lambda) = \sin(\delta)/\sin(\varepsilon)$ con i valori $\sin(\varepsilon) = 0.4$ e $\varphi_M=21.5°$, usati verso l'anno 1000, si ricavano i valori $\lambda=66.4°$ e $\lambda=113.6°$.

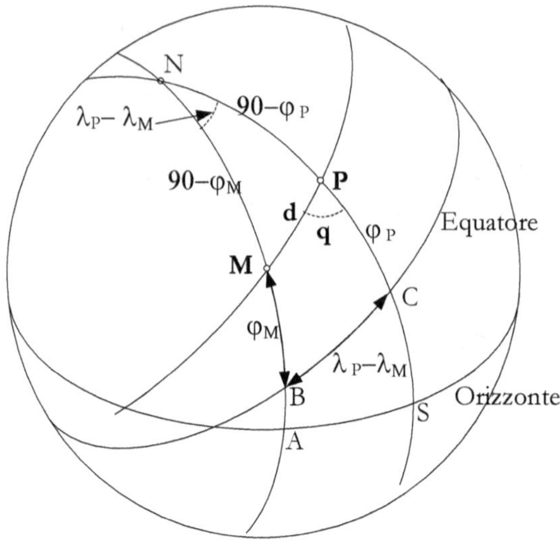

Fig. 7.11

Noti i valori della latitudine φ del luogo, della declinazione del Sole δ, dell'azimut della Mecca Az, con i valori ausiliari

$$B = \frac{\sin(\delta)\cdot\sin(\varphi)}{1-\cos^2(\varphi)\cdot\sin^2(Az)} \qquad\qquad C = \frac{\sin^2(\delta)-\cos^2(\varphi)\cdot\cos^2(Az)}{1-\cos^2(\varphi)\cdot\sin^2(Az)}$$

si calcola l'altezza del Sole h con la $\qquad \sin(h) = +B \pm \sqrt{B^2 - C}$

Il valore dell'angolo orario ω del Sole si può infine ricavare con le note formule:

$$\cos(\delta)\cdot\cos(\omega) = +\sin(h)\cdot\cos(\varphi) + \cos(h)\cdot\sin(\varphi)\cdot\cos(Az)$$
$$\cos(\delta)\cdot\sin(\omega) = +\cos(h)\cdot\sin(Az)$$

Ad esempio a Roma (φ=41.8°), il 1' gennaio il Sole, che ha δ=−23.0°, si trova nella direzione della Mecca alle ore 7h 39m (ora locale) quando è appena sorto (h=1.5°) e a 90° da questa direzione alle 14h 18m. Az= qibla di Roma= −56.7°

Il giorno 1 giugno (δ=+22.1°) invece il Sole si trova nella stessa direzione della qibla alle 10h 13m (h=60.2°) e a 90° da questa direzione alle 12h 52m

Valori moderni delle coordinate geografiche delle principali città arabe e valori delle loro qibla.

Località	Latitudine	Longitudine	Qibla da Sud
Baghdad	33° 15'	44° 30' E	20.8° W
Cordova	37° 54'	04° 46' W	79.7° E
Damasco	33° 30'	36° 22' E	14.8° E
Gerusalemme	31° 47'	35° 10' E	22.7° E
Il Cairo	30° 03'	31° 15' E	43.7° E
Islamabad	33° 43'	75° 16' E	77.9° W
Istanbul	41° 01'	28° 58' E	28.3° E
La Mecca	21° 29'	39° 45' E	
Medina	24° 30'	39° 42' E	0°
Roma	41° 53'	12° 29' E	56.7° E
Palermo	38° 07'	13° 22' E	61.3° E

7.2.3 Altri metodi [14]

Nei secoli sono stati inventati molti metodi per trovare la direzione della qibla, alcuni corretti, spesso approssimati. Uno di questi, riportato per la prima volta in un manoscritto dell'astronomo siriano al-Battānī (ca. 910), e che fu ripreso in seguito in molti altri lavori, è il seguente (Fig. 7.12):

— siano $\Delta\varphi$ e $\Delta\lambda$ le differenze in latitudine e in longitudine fra il luogo considerato e la Mecca;

— si portino questi angoli al centro di un cerchio come in figura ottenendo i punti X e Y;

— dai punti così trovati si portino le rette verticale (per Y) e orizzontale (per X): sia Q il loro punto di incontro;

— la semiretta avente origine nel centro O del cerchio e passante per il punto Q è la direzione (approssimata) della qibla.

Questo metodo porta al valore di qibla espresso dalla relazione seguente:

$$\tan(\text{Qibla}) = \frac{\sin(\Delta\lambda)}{\sin(\Delta\varphi)}$$

con la quale si ottengono valori abbastanza approssimati per località non troppo distanti dalla Mecca.

Ad esempio per Baghdad 22.1°invece di 20.8°; per il Cairo 44.8° invece di 43.7; per Cordova 63.8° invece di 79.7°.

---

[14] Molti metodi approssimati ed esatti inventati dagli astronomi di lingua araba dal IX al XV secolo sono ampiamente descritti alla voce "Kibla" della *"Encyclopaedia of Islam"*- Brill

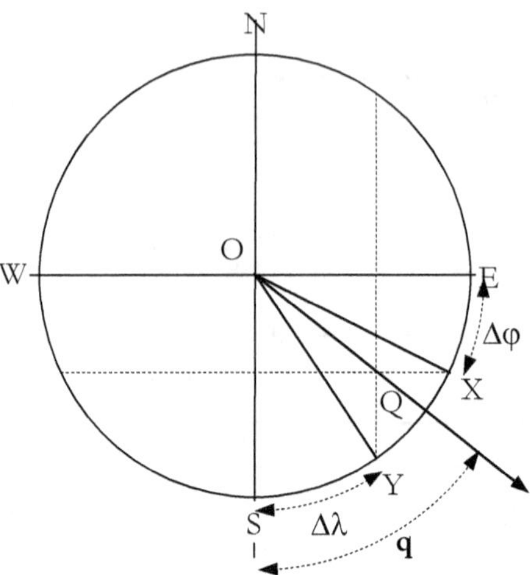

Fig. 7.12 Il metodo di al-Battānī
per la ricerca della qibla

Soltanto per curiosità riporto un metodo moderno, molto approssimato e reperibile in
Internet, per ottenere la qibla di località negli USA.
Secondo il suo "inventore" la direzione opposta alla Kaaba coincide con l'ombra di un
osservatore , in inverno, in prossimità del tramonto. [15]

7.3 La Kaaba [16]

La Kaaba, chiamata nel Corano la *"Santa Casa"*, è un edificio a forma quasi cubica, con i lati
di 10 e 12m e altezza di 15m, che attualmente si trova al centro della grande moschea che la
circonda; nel suo angolo Sud-Est, a circa un metro dal suolo è inserita la Pietra Nera[17] (Fig.
7.14 e 7.15). L'edificio è orientato con i quattro angoli all'incirca nelle direzioni dei 4 punti
cardinali, con il fronte, su cui sia apre una grande porta, rivolto verso Nord-Est; il tetto è
piano e leggermente inclinato verso l'angolo nord-ovest da cui sporge un doccione dorato

---

[15] Sono reperibili moderni programmi per calcolatore che permettono di calcolare, giorno per giorno,
gli istanti in cui l'ombra di un oggetto verticale (il fedele) è nella direzione della qibla o in quella
opposta o forma con essa angoli di 45° o 90°. Si trovano anche tabulati i valori degli angoli formati
fra l'ombra del fedele e la qibla negli istanti della preghiera Asr.

[16] Dall'arabo كعبة che significa *cubo*.

[17] Secondo una antica leggenda, il primo tempio eretto nel luogo fu distrutto dal diluvio universale e
solo un piccolo pezzo, la pietra nera, fu salvato in una grotta vicino alla città. Abramo la ritrovò e,
aiutato dal figlio Ismaele, la inserì nelle mura del nuovo tempio. La Pietra è di origine vulcanica e ha
un diametro di circa 30 cm

chiamato *mizab:* l'esatta qibla è un punto fra questo tubo sporgente dal tetto e l'angolo occidentale.

L'edificio è di pietra grigia locale e appoggia su un basamento di marmo sporgente. Le pareti sono ricoperte da un panno nero decorato con fregi d'oro e d'argento e parole del Corano: ogni anno il telo viene cambiato e il vecchio è tagliato in piccoli pezzi distribuiti e venduti come reliquie.

L'interno è molto semplice ed ornato soltanto da arazzi e lampadari in argento; il tetto è sostenuto da tre pilastri di legno e il pavimento è in marmo.

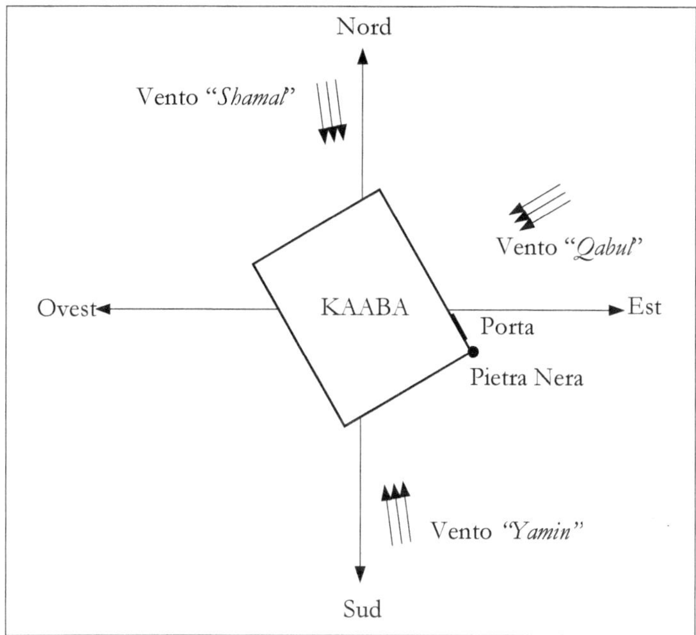

Fig. 7.13   Orientamento della Kaaba

Nell'anno 683 (64H) la città della Mecca fu assediata e le grosse pietre lanciate dalle catapulte danneggiarono molto la Kaaba; nell'incendio che seguì il tempio fu totalmente distrutto e la Pietra Nera si ruppe in tre pezzi. In seguito, circa 10 anni dopo, il tempio fu ricostruito nella sua forma originaria, che è quella è giunta sino a noi.

I pezzi della Pietra Nera vennero allora riuniti all'interno di una spessa cornice d'argento (Fig. 7.15).

Fig. 7.14
La Kaaba circondata dai pellegrini durante l'*hajj*

Fig. 7.15
La Pietra Nera

Fig. 7.16
Tappeto da preghiera con raffigurata la Kaaba

Capitolo 8
L'HILAL

8.1 L'Hilal e l'inizio dei mesi nel calendario islamico

Seguendo i dettami scritti da Maometto nel Corano (Sura IX, 36), il secondo califfo 'Umar stabilì nel 638CE che il calendario dei maomettani doveva essere lunare e che l'inizio dei mesi doveva avvenire nel giorno seguente il primo apparire, alla sera, della sottile falce crescente della Luna, dopo la Luna Nuova.
Questo fenomeno viene chiamato *hilal* (هلال) dai musulmani [18].
L'istante in cui esse avviene ha, da quasi quattordici secoli, una grande importanza nel mondo islamico, in particolare per stabilire l'inizio del mese sacro del Ramadan e del Digiuno rituale, obbligo di ogni fedele.

La frase del Corano   *"È nel mese di Ramadan ... Chi di voi ne testimoni l'inizio digiuni..."* [19] fu subito interpretata come l'unico modo per stabilire l'inizio e la fine del Ramadan e l'inizio del digiuno: il nuovo ciclo lunare deve essere obbligatoriamente confermato dalla osservazione visuale della Luna nuova.
Per secoli i fedeli si radunavano nei giorni vicini al fenomeno per cercare di vedere per primi, scrutando il cielo verso Ovest, la falce di Luna crescente: il giorno seguente sarebbe iniziato il digiuno soltanto dopo che *"alcuni testimoni degni di fiducia"* avessero confermato di aver visto l'*hilal* [20] .
Ancora qualche decina di anni fa, seguendo questo metodo tradizionale, dei testimoni con la vista molto acuta venivano inviati in località vicine che offrivano un orizzonte libero verso Ovest, per cercare la falce della Luna: l'osservazione è abbastanza semplice se si conosce, anche in modo approssimativo, dove e quando guardare nel cielo occidentale.

Poiché la visione della falce della Luna a sera dipende da molte cause astronomiche, solo in parte calcolabili, e da cause imponderabili come le situazioni atmosferiche, la presenza di

---

[18] La parola *hilal* (plurale *ahillah*) in arabo significa "crescente, che cresce". Gli arabi chiamano *istahalla* il primo pianto di un bambino appena nato e anche *ahalla* l'invocazione gridata dai pellegrini: i diversi vocaboli hanno la stessa radice HLL, che dà l'idea di una voce che si innalza. Per questo motivo alcuni pensano che la parola *hilal* derivi dalle grida di acclamazione che nascono dalla gente quanto compare la nuova Luna e inizia il sacro mese del Digiuno. Mentre *hilal* è la "luna crescente", cioè la prima falce, il nome della Luna in arabo è *qamar,* mentre la Luna Piena è chiamata *badr.*

[19] Corano - Sura II , Al-Baqara (La giovenca),185 – *" È nel mese di Ramadan che abbiamo fatto scendere il Corano, guida per gli uomini e prova di retta direzione e distinzione. Chi di voi ne testimoni l'inizio digiuni... "*
Corano - Sura II ,189 – *"Quando ti interrogano sui noviluni rispondi: "Servono alle genti per il computo del tempo e per il Pellegrinaggio."..."*

[20] Non è permesso ai Musulmani di usare altri metodi per determinare gli istanti relativi a: atti di culto come il digiuno, stabilire l'inizio dei mesi, celebrare la fine del Ramadan, iniziare l'Hajj (pellegrinaggio rituale alla Mecca), uccidere una persona condannata, ripudiare la moglie.

foschia e polvere, l'illuminazione del cielo, ecc., non sempre gli "osservatori" di località diverse giunsero alle stesse conclusioni, dando inizio e fine al digiuno in giorni non coincidenti e provocando così aspri contrasti e dibattiti fra le diverse comunità.

Sino a quando le comunicazioni erano lente e le distanze fra le città grandi rispetto alla velocità dei mezzi di trasporto poterono coesistere calendari leggermente diversi da un paese all'altro.
Questo non è però più ammissibile nel nostro tempo in cui occorre fissare, stampare, pubblicare, diffondere i calendari con molto tempo di anticipo e questi, per ovvi motivi, devono essere fra loro concordi nei diversi stati.[21]
Anche se, strettamente parlando, non è permesso affidarsi ai soli dati astronomici per stabilire l'inizio dei mesi[22], quasi tutti i Paesi hanno cercato di accordarsi per stabilire dei procedimenti astronomici per determinare univocamente quando sarà visibile la prima falce della Luna nuova: molti movimenti integralisti si oppongono a questa prassi.

8. 2 Il problema del calcolo dell'Hilal

Il problema della ricerca delle circostanze astronomiche in base alle quali vi è la possibilità che la falce della Luna sia visibile in una data sera è stato studiato dagli astronomi musulmani per molti secoli.[23]

Sebbene la teoria di Tolomeo del complesso moto della Luna fosse abbastanza accurata in prossimità della Luna Nuova, essa studiava il moto lunare solo relativamente alla sua posizione sull'eclittica.
 Per predire la prima visibilità della Luna era invece necessario descriverne il moto rispetto all'orizzonte e, per far questo, occorrevano complesse conoscenze di trigonometria sferica: molti degli sviluppi dell'astronomia araba, dallo studio e dalla interpretazione dei lavori di Tolomeo, ai miglioramenti delle sue teorie, allo studio dei moti della Luna, alla invenzione della trigonometria, ecc., derivano direttamente dalla continua ricerca di risolvere, il più corret-tamente possibile, il difficile problema dell'*hilal* .[24]

---

[21]Anche nei paesi occidentali, per la presenza di molti immigrati di religione islamica, i giorni di inizio e di fine del mese di Ramadan sono oggi riportati nei calendari e nei giornali.

[22] Già da secoli è permesso l'uso di binocoli o telescopi per cercare di vedere la falce della Luna.

[23] I Babilonesi furono i primi a cercare dei criteri per predire l'istante della prima visibilità della Luna nuova. Gli astronomi Musulmani per ottenere migliori risultati perfezionarono la teoria e migliorarono i loro strumenti di osservazione. Nonostante che questi sforzi si siano protratti per più di 1400 anni tutti i metodi escogitati hanno sempre dato risultati con una piccola dose di incertezza. Vedere: Muhammed Ilyas – *"A modern guide to Astronomical Calculations of Islamic Calendar, Times and Quibla"* e i programmi di Waleed A. Muhanna della Ohio State University e del Dr. Mohibullah N. Durrani della Islamic Amateurs Astronomers Association della Columbia University - NY

[24] Nel medioevo furono compilate numerosissime tavole per facilitare l'osservazione del fenomeno, delle quali più di 200 sono giunte manoscritte sino a noi.

E' doveroso ricordare, a questo proposito, anche soltanto i lavori di al-Battani e la scoperta della "terza irregolarità" del moto della Luna, detta "variazione lunare", che fu scoperta dell'astronomo Mohammed Abul Wefa, che operò nel 975 al Cairo e a Baghdad. Questa irregolarità fu riscoperta sei secoli dopo da Tycho Brahe e viene sempre a lui attribuita .

In realtà la ricerca della possibilità di vedere la Luna alla sera dopo una nuova lunazione è uno dei problemi più complessi fra quelli affrontati dagli astronomi, non solo islamici del medioevo , ma anche moderni.
La Luna infatti sarà visibile alla sera solo se essa, dopo la congiunzione, è abbastanza lontana dal Sole e, contemporaneamente, lontana dall'orizzonte, e ciò indipendentemente dalla condizioni di visibilità locali e da quelle meteorologiche [25].

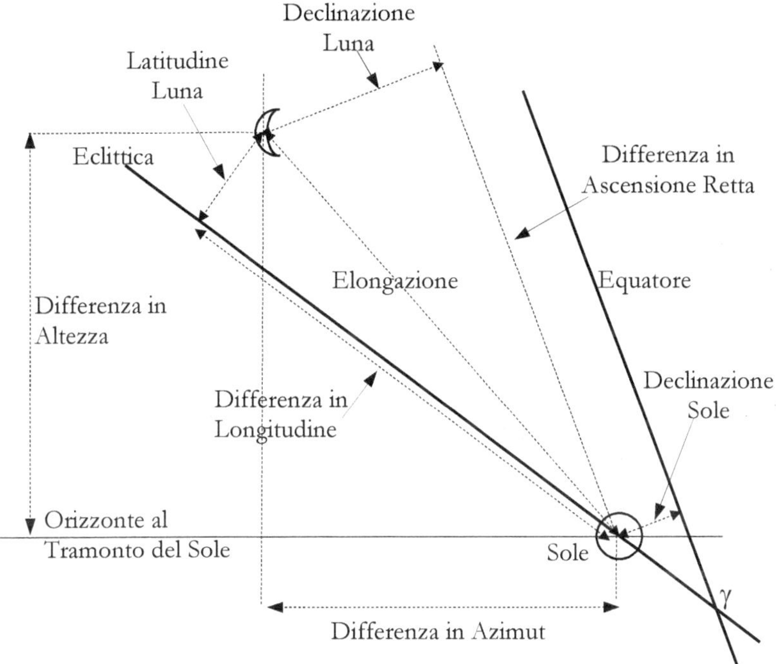

Fig. 8.1 Parametri del sistema Sole-Luna all'*hilal*

Per la precisione le grandezze che influenzano la prima visibilità sono:
- l'età della luna, cioè il tempo passato dall'ultima Luna Nuova. In generale l'occhio umano, anche con l'aiuto di un telescopio, non può vedere i raggi riflessi dalla luna se l'età è minore di 12 ore.

---

[25] Oggigiorno per questa ricerca si ricorre a programmi per calcolatore che, in funzione delle coordinate geografiche del luogo di osservazione, determinano la visibilità della Luna: numerosi programmi di questo tipo si possono trovare in Internet in particolare nei siti gestiti da Associazioni di studenti islamici presso le principali Università statunitensi e inglesi.

Fig. 8.2　L'Hilal

-   La separazione angolare (detta elongazione) fra la Luna e il Sole visti dalla Terra.
    L'elongazione fra Sole e Luna cresce di circa 10-14° al giorno e sino a quando
    quest'angolo è minore di 7° i raggi del Sole riflessi dalla luna non possono raggiun-
    gere la Terra a causa delle montagne e delle asperità presenti sulla superficie lunare.
    La separazione angolare per una data età della Luna può variare molto, in funzione
    della latitudine della Luna stessa (distanza dall'Eclittica) e della posizione della Luna
    sulla sua orbita (precisamente della sua vicinanza al perigeo o all'apogeo). Sperimen-
    talmente si è trovato che questo angolo deve essere almeno di 10-12°.
-   L'altezza della Luna sopra l'orizzonte all'istante del tramonto del Sole: Se la Luna è
    molto vicina all'orizzonte essa rimane invisibile a causa del bagliore dell'astro e per
    questo l'altezza deve essere almeno di 10°.
-   La differenza in azimut fra la Luna e il Sole.
-   L'intervallo di tempo fra gli istanti dei tramonti del Sole e della Luna [26].
-   Il valore della rifrazione atmosferica.

Se la Luna Nuova avviene alle ore 0 e 30 minuti del giorno X , alla sera di tale giorno, se si é
in Estate, può darsi, che essa sia visibile con una età superiore alle 20 ore e quindi abbia
inizio il nuovo mese nel giorno seguente: si può costruire tabella empirica seguente.

---

[26] Il record mondiale per quello che riguarda l'osservazione della Luna Nuova crescente è stato
ottenuto il 5 Maggio 1989 a Houston nel Texas ove due gruppi di 5 e 3 persone (studenti e studiosi
di astronomia di religione Islamica) riuscirono ad osservare l'Hilal alla età della Luna di 13h e 24m.
Il record precedente (14h 30m) risaliva al Maggio 1916 ed era stato ottenuto con osservazioni fatte
in Inghilterra . (Royal Astronomical Society of Canada - Bullettin June 1989).

Luna Nuova nel giorno X alle ore	Visibilità alla sera del giorno X	Visibilità alla sera del giorno X+1	Il Nuovo Mese inizia nel giorno :
0h	Si - in Estate	Si	X in Estate
4h	No	Si	X+1
12h	No	Si	X+1
20h	No	Si - in Estate	X+1 in Estate
23h	No	No	X+2

Dall'esame di molte osservazioni fatte nell'ultimo secolo [27] si é trovato che la prima falce di Luna Nuova si riesce a vedere alla sera, dopo il tramonto del Sole, soltanto se la Luna ha una età non inferiore a circa 20 ore e la sua distanza dal Sole é di almeno 10°. In queste circostanze l'osservazione può avvenire da 10 a 90 minuti dopo il tramonto[28].

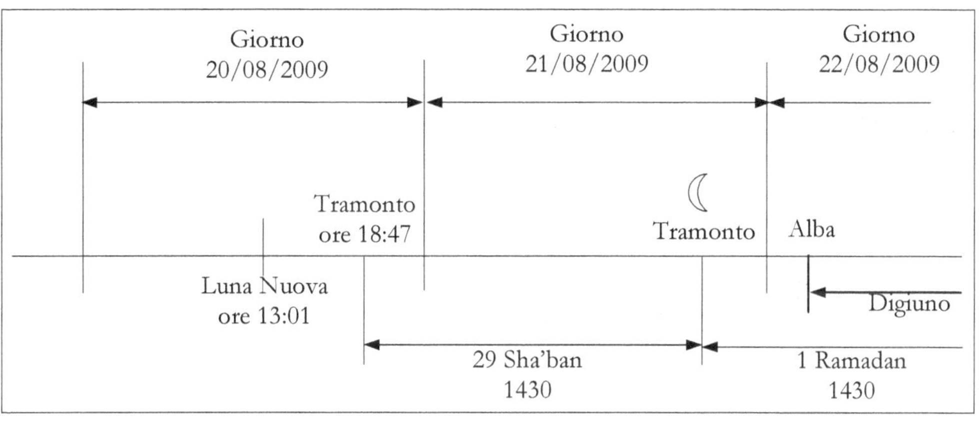

Fig. 8.3 Esempio - Inizio del mese di Ramadan 1430AH – La Mecca

Per curiosità riporto diversi metodi per la determinazione dell'inizio dei mesi del calendario islamico oggi utilizzati in diverse parti del mondo: i nomi degli stati sono a titolo di esempio e non esaustivi.

- Osservazione diretta della falce di Luna che deve essere convalidata dall'autorità religiosa (Qādi) – India, Pakistan, Oman.
- Quando il tramonto della Luna avviene dopo quello del Sole – Arabia Saudita, Kuwait, Emirati Arabi Uniti, Bahrain, Yemen, Turchia.
- Dopo la Luna Nuova se la Luna tramonta almeno 5 minuti dopo il Sole – Egitto

---

[27] Si veda il volume "*The Astronomical Scrapbook*" di J. Asbrook , pp. 200-209

[28] Vedere le note fornite dal Dr. Mohibullah N. Durrani della *Islamic Amateurs Astronomers Association* della Columbia University-NY e il volume "*A modern guide to astronomical calculation of Islamic Calendar, Times and Kibla*" di M. Ilyas – Kuala Lumpur 1989

- Notizie giunte da paesi vicini – la Nuova Zelanda segue l'Australia, Suriname segue la Guyana.

- Viene accettata la notizia ufficiale data dal primo paese Islamico – Europa, Isole dei Caraibi.

- Diversi criteri che riguardano l'età e l'altezza della Luna o il ritardo fra i tramonti del Sole e della Luna – Algeria, Tunisia.

- Età della Luna maggiore di 8 ore, altezza maggiore di 2°, elongazione maggiore di 3° all'istante del tramonto del Sole – Malesia, Brunei, Indonesia.

- Calendario calcolato secondo le teorie astronomiche – comunità Ismaelitiche e delle città indiane di Qadian e Borha.

- Senza nessun criterio. La decisione varia da un anno all'altro – Nigeria.

- Osservazione confermata da calcoli astronomici – USA, Canada.

8.3 L'Hilal come simbolo dell'Islam

La falce di Luna, accompagnata o meno da una stella, è, da alcuni secoli, riconosciuta in tutto il mondo come simbolo della fede islamica, allo stesso modo che la Croce individua la Cristianità e la stella di Davide, Israele e l'Ebraismo [29].

La mezzaluna compare sia sulle bandiere di numerosi Paesi, come Azerbaigian, Turchia, Pakistan, Turkmenistan, Uzbekistan, Algeria, Mauritania, Tunisia, sia sull'emblema ufficiale della "Mezzaluna Rossa", Società analoga alla nostra Croce Rossa.

Fig. 8.4   Denarius di Adriano, 120 CE

Fig. 8.5   Bandiera della Turchia
Mezzaluna in campo rosso

L'uso come simbolo, della falce di Luna accompagnata da una stella, risale a molti secoli prima della nostra era e a quasi un migliaio di anni prima della nascita della religione predicata da Maometto. Si trova questo simbolo nella Grecia antica, ove rappresentava Diana, nelle monete romane (Fig. 8.4), in molti antichi monumenti della città di Bisanzio che lo adottò come emblema, molti anni prima di Cristo.

---

[29] Nell'arte religiosa molto sovente la Madonna è rappresentata con le caratteristiche descritte nella Apocalisse di San Giovanni Evangelista: la corona di dodici stelle e la mezzaluna sotto il piede sinistro (antico simbolo di castità).

Le prime comunità musulmane non avevano simboli definiti e per molti secoli le armate islamiche utilizzavano bandiere colorate, nere, verdi o bianche, che spesso riportavano brani del Corano. Soltanto quando gli Ottomani, comandati dal sultano Maometto II, conquistarono Costantinopoli nel 1453, la bandiera con la mezzaluna, appartenente ai conquistati, fu fatta propria dai conquistatori e la mezzaluna diventò simbolo dell'Impero e dell'Islam.

Basandosi su questa storia molti musulmani, ancora oggi dopo più di 500 anni, rifiutano di riconoscere il simbolo della Mezzaluna come emblema della fede islamica sapendo che si tratta di un'antica icona pagana.

Fig. 8.6   Artista veneziano (forse Giovanni Bellini)- 1511, Louvre, Parigi
Ricevimento degli ambasciatori veneziani presso i Mamelucchi a Damasco
La mezzaluna compare sulle cupole e sui minareti

Capitolo 9
IL CALENDARIO ISLAMICO

Il calendario Islamico (التقويم الهجري *al-hijrī at-taqwīm*) è usato sin dai tempi del Profeta Maometto per determinare i giorni delle principali festività e ricorrenze religiose come l'inizio e la fine del digiuno nel mese di Ramadān, il Giorno del Sacrificio (*Īd al-Adhà*) e il pellegrinaggio annuale alla Mecca.

Per le esigenze della vita civile oggi in quasi tutti i paesi di religione musulmana viene usato il calendario Gregoriano e il calendario Islamico, nonostante sia pubblicato su tutti i giornali e diffusissimo, è usato soltanto per scopi religiosi: fanno eccezione l'Arabia Saudita e alcuni stati confinanti, come il Bahrain e il Qatar, in cui viene seguita una versione "moderna" del calendario religioso.[30]

Poiché il calendario Islamico è un calendario lunare puro, esso non segue le stagioni e le festività religiose, che cadono sempre negli stessi giorni degli stessi mesi lunari, compiono l'intero ciclo delle stagioni ogni 33 anni circa.

9.1 L'inizio dell'era Islamica

Presso tutti i popoli antichi, Babilonesi, Greci, Ebrei, popoli preislamici, ecc., venivano usati calendari lunisolari che, pur avendo i mesi la durata di una lunazione, erano periodicamente "sincronizzati" con l'anno tropico, e quindi con le stagioni, con l'aggiunta di mesi intercalari [31].

La necessità dell'inserimento di questi mesi aggiuntivi portò alla scoperta, nel 443 a.C., di quello che viene chiamato Ciclo di Metone, periodo di tempo corrispondente a 19 anni tropici o a 235 lunazioni.[32]

---

[30] Questo calendario è chiamato *"Umm al-Qurà"*

[31] Il momento in cui inserire i mesi intercalari veniva in genere fatta delle autorità religiose. Presso i Greci si ricorreva a un oracolo; presso i Romani era una decisione che spettava al Pontefice Massimo: usanza che portò spesso a dimenticanze e ad arbitri, ad esempio per allungare o accorciare la durata degli anni consolari. Giulio Cesare che, ancora giovane, era stato nominato Pontefice Massimo, pose termine a questo stato di cose con la sua riforma del calendario.

[32] Essendo la durata di una lunazione di 29.53059 giorni e quella dell'anno tropico di 365.2422, in un periodo di 19 anni tropici sono contenute esattamente 234.997 lunazioni, cioè 235 lunazioni meno 2 ore. Il Ciclo di Metone è stato usato sino quasi ai nostri giorni per la ricerca della data della Pasqua. Il Ciclo di Metone non deve essere confuso (come capita sovente) con il Ciclo di Saros, che riguarda invece la ripetitività, ogni 223 lunazioni, delle stesse eclissi di Luna e di Sole. La durata di questo ciclo dipende dal fatto che 223 rivoluzioni sinodiche corrispondono quasi esattamente a 242 rivoluzioni che riportano la Luna allo stesso nodo sull'eclittica (rivoluzioni dette *"draconitiche"*, pari a 27.2122 giorni).

Sulla base di questo ciclo i Babilonesi e gli Ebrei stabilirono un ciclo calendariale di 19 anni, all'interno del quale 7 anni contenevano 13 mesi (lunazioni), e i rimanenti soltanto 12. Nel calendario religioso ebraico, seguito ancora oggi, gli anni "lunghi" sono chiamati *embolistici* e sono il 3°, 6°, 8°, 11°, 14°, 17° e 19° del ciclo.

Sembra quasi certo che l'introduzione di mesi intercalari fu adottata anche dai popoli che abitavano l'Arabia in tempi pre-islamici, per una ragione pratica legata al loro pellegrinaggio annuale alla città della Mecca, per adorare la Kaaba e la Pietra Nera.

Durante il pellegrinaggio, che avveniva nel 12°mese lunare dell'anno, i pellegrini dovevano portare con se animali per il sacrificio rituale ma, a causa del calendario lunare, che causava un continuo slittare del 12° mese attraverso le stagioni, si venivano ad avere, in alcuni anni, grandi difficoltà nel trovare cibo per nutrire sia i pellegrini, sia gli animali durante il viaggio. La soluzione, adottata verso il 400 d.C., fu quella di inserire, quando si riteneva opportuno, un 13° mese subito dopo quello del pellegrinaggio, che in tal modo veniva a coincidere sempre con l'autunno.

Nell'anno 638 della nostra era, sei anni dopo la morte del Profeta Maometto, il secondo califfo 'Umar ibn Al-Khattab (592-644)[33] si convinse della necessità di un nuovo calendario, necessario per regolare il mondo musulmano che si stava velocemente ampliando e rinnovando. Il motivo di questa decisione era dovuta al fatto che, nei paesi conquistati, erano in vigore diversi sistemi di datazione a causa dei diversi calendari in vigore e questo creava una grande confusione nelle comunicazioni, per i comandi militari e per l'amministrazione[34].

A questo scopo 'Umar, nel 4° anno del suo califfato, nominò una commissione costituita dalle più importati personalità, per decidere quale poteva essere il miglior calendario per i Musulmani.

Costoro scartarono immediatamente sia i calendari basati sul Sole e sulle stagioni, poiché nel Corano è scritto che il tempo deve essere misurato dai moti della Luna[35], sia l'uso di mesi intercalari, vietati dal Profeta[36], sia i calendari persiano, siriano ed egiziano, perché erano

---

[33] In occidente è chiamato col nome di Omar I.

[34] In Persia come inizio del calendario si usava il 16 Giugno 632, data della ascesa al trono dell'ultimo monarca Sasanide, Yazdagird III (624-651); in Siria, che sino alla conquista araba faceva parte dell'impero bizantino, si usava il calendario giuliano di Roma, con inizio il 1 Ottobre 1312 a.C.; l'Egitto usava il calendario copto, con inizio il 29 Agosto 284; ecc.

Tutti erano calendari basati sul Sole, e quindi seguivano le stagioni con un anno di 365 giorni, ma ognuno aveva metodi diversi per inserire i giorni necessari a portare il valore dell'anno alla durata media di 365.2422 giorni.

[35] Corano - Sura II, Al-Baqara (La Giovenca), 189 – *"Quando ti interrogano sui noviluni rispondi: "Servono alle genti per il computo del tempo e per il Pellegrinaggio."…"*

[36] Corano - Sura IX, At-Tawba (Il Pentimento o la Disapprovazione),36 – *"In verità il numero dei mesi, presso Allah, è di dodici mesi [lunari] segnati nel Suo Libro, sin dal giorno in cui creò i cieli e la terra. Quattro di loro sono sacri. Questa è la religione retta….."*

Corano -Sura IX, 37 – *"In verità il mese intercalare non è altro che un sovrappiù di empietà col quale si traviano gli empi: essi lo dichiarano profano in un anno e sacro in un altro per alterare il numero dei mesi resi sacri da Allah.*

troppo legati ad altre religioni e culture. Decisero quindi di creare un nuovo calendario per la nuova comunità Musulmana, che seguisse soltanto la Luna e l'antica tradizione, con 12 mesi di 29 o 30 giorni ciascuno, e stabilirono le complesse regole seguite ancora oggi.

Come data di inizio alcuni suggerirono quella del calendario Cristiano-Bizantino, che era seguito da molti dei popoli vinti (erano già stati conquistate la Palestina, la Siria, l'Egitto, parte della Mesopotamia), mentre altri proposero di iniziare il calendario dal giorno della nascita di Maometto: entrambe questi suggerimenti furono abbandonati poiché queste date non erano conosciute con sicurezza.

Furono allora suggerite le date della morte del Profeta e quella del suo arrivo a Medina[37] e il califfo 'Umar scelse quest'ultima giudicando la migrazione dalla Mecca a Medina (la *Hijrah* o Egira [38]) l'evento più importante della storia dell'Islam e, di conseguenza, quella data come la più importante fra tutte [39].

Così il 622 d.C. divenne il primo anno della nuova era: 1H o 1AH dal latino *"Anno Hegirae"*. Per essere più esatti, l'istante di inizio dell'Era Islamica coincide con quello in cui, al tramonto di Venerdì 16 luglio dell'anno 622, a Medina fu osservata la prima falce della Luna Nuova[40]: in questo istante inizia il primo giorno del primo mese dell'anno 1H [41].

Come primo mese fu scelto il mese chiamato Muharram poiché questo era, nel vecchio calendario in uso presso gli arabi, il primo mese dopo il pellegrinaggio alla Mecca.

9.2 Note astronomiche

Poiché ogni anno lunare dura soltanto 354 giorni, quindi i circa 11 giorni e 1/4 di meno dell'anno tropico, il primo giorno di ogni anno musulmano non ha una posizione fissa ris-

---

[37] Maometto, in fuga dalla Mecca, si spostò nella località chiamata Yathrib. All'oasi di Yathrib fu per questo dato nome di Madinat al Nabî (المدينة اني), cioè la Città del Profeta, da cui il moderno nome di Medina. Medina (مدينه) in arabo significa città.

[38] La parola Hijrah (هِجْرَة), latinizzata in Hegira, che indica l'emigrazione del Profeta e di 70 suoi compagni dalla Mecca a Medina, è stata spesso male interpretata sia dai Musulmani che dagli occidentali. Essa infatti non significa *"volo"*, come si trova in moltissime fonti, ma piuttosto *"separazione dal proprio paese"* o *"abbandono della propria tribù"* e, in senso spirituale,*"partenza dalla città dell'idolatria"*.

[39] La scelta del califfo 'Umar non fu seguita alla lettera poiché, nonostante il fatto che l'Egira fosse avvenuta nel Settembre del 622, il primo giorno dell'era musulmana fu fatto coincidere con il 16 Luglio di quell'anno.

[40] La Luna nuova era avventa circa 2 giorni e mezzo prima, il 14 luglio 622.

[41] Nel mondo arabo anche il giorno, come i mesi, inizia al tramonto e quindi, diversamente dal nostro uso, quando si fa riferimento alla notte di un certo giorno (ad esempio la notte del 20 o la notte di Lunedì), ci si riferisce alla notte che precede la mattina di quel giorno (cioè alla notte che precede il giorno 20 o il Lunedì). In altre parole la notte di oggi è quella che è terminata all'alba di oggi.

petto alle stagioni e retrograda di circa 11 giorni ogni anno, ritornando al punto di partenza in circa 33.2 anni musulmani o in 32.2 nei nostri anni.[42]

Poiché la durata esatta di una lunazione è di 29d 12h 44m 2s.9 o 29.530589 giorni, al termine di un anno musulmano di 354 giorni sono trascorse esattamente 11.98757 lunazioni e mancano ancora 8h 48m 35s per terminare la dodicesima: questa differenza porterebbe ad un errore di 1 giorno in circa 3 anni o di 11 giorni in circa 30 anni.

Per correggere questo errore fu deciso di introdurre 11 giorni suppletivi ogni 30 anni: precisamente negli anni 2, 5, 7, 10, 13, 16, 18, 21, 24, 26 e 29 di ciascun ciclo di 30 anni la durata del 12° mese (Zul Hijja) viene aumenta a 30 giorni.[43]

In questo modo 30 anni musulmani contengono 10631 giorni (30x354+11) e corrispondono a 360 lunazioni, con un errore di soli 17.4m ogni 30 anni, pari a un giorno dopo circa 2483 anni.[44] Poiché il 1' Gennaio 2010 corrisponde al 16 Muharram 1431H, l'errore attuale é di circa 14h.

Infine il periodo trentennale contiene 1518 settimane più 5 giorni, per cui ogni 210 anni (7 cicli) sono trascorse esattamente 1523 settimane e i giorni si ripetono esattamente uguali: per questo i calendari islamici medievali erano spesso tabulati per un periodo di 210 anni.

9.3 I nomi dei mesi del calendario *hijrī*

Nome	Altro nome	Altro nome		giorni
Muharram			محرّم	30
Safar			صفر	29
Raby' al-awal	Rabi' al-Awwal	Rabi I	ربيع الأول	30
Rabi' al-Thaany	Rabi II		ربيع الثاني	29
Jumaada al-awal	Jumada al-Awwal	Jumada I	جمادى الاولى	30
Jumaada al-Thaany	Jumada II		جمادى الثاني	29
Rajab			رجب	30
Sha'ban	Sha'baan		شعبان	29
Ramadan			رمضان	30
Shawal	Shawwal		شوّال	29

---

[42] Per questa ragione mentre noi contiamo 32 anni i Musulmani ne contano 33 (esattamente 32.982) e una persona che da noi ha 60 anni, presso i paesi che utilizzano ancora questo calendario (ad esempio l'Arabia Saudita) ha 61 anni e 10 mesi. Ovviamente queste caratteristiche del calendario complicano notevolmente il problema delle datazioni degli avvenimenti storici.

[43] Questi anni in cui il mese Zul Hijja ha 30 giorni sono detti "anni abbondanti" e corrispondono ai nostri "anni bisestili". Ad es. il giorno 1 Muharram 1431H, corrispondente al 18 dicembre 2009 (G.G. 2455183.5), inizia l'anno n.21 del ciclo trentennale iniziato il 1411H: l'anno è quindi "abbondante". Il giorno 1 Muharram 1432H invece, corrispondente all'8 dicembre 2010 (G.G: 2455538.5), inizia l'anno "normale" n.22 del ciclo.

[44] La durata media di un mese, nel ciclo di 30 anni, è di soli 2.9 sec inferiore alla rivoluzione sinodica della Luna.

Dhu al-Qa'dah	Zul Qi'da	Thw al-Qi'dah	ذو القعدة	30
Dhu al-Hijjah	Zul Hijja	Thw al-Hijjah	ذو الحجة	29-30
				354

Nelle lingue occidentali i nomi dei mesi del calendario *hijrī* si trovano scritti con diverse grafie per i nomi dei mesi: nella tabella sono riportate le più comuni.

9.4 Il calendario dell'Arabia Saudita

Dal 1975 l'Arabia Saudita e alcuni stati confinanti della penisola araba, come il Bahrain e il Qatar, utilizzano un calendario lunare calcolato secondo le moderne teorie astronomiche e chiamato *"Umm al-Qurrah"* [45] o calendario Ufficiale Saudita.

In questo calendario, per eliminare i risultati che si ottenevano con il calcolo e che non si accordavano con il metodo classico della osservazione dell'*hilal*, sono stati adottati, sino ad oggi, tre diversi criteri per la determinazione dell'inizio dei mesi: nel 1975, nel 1999 e nel 2002.

Dall'inizio dell'anno 1423H (15 marzo 2002) viene usato il criterio che stabilisce che:

"Se nel 29' giorno di un mese lunare, la congiunzione geocentrica fra Sole e Luna avviene prima del tramonto osservato alla Mecca e, sempre alla Mecca, la Luna tramonta dopo il Sole, allora il giorno seguente è il primo del nuovo mese. Se le due condizioni non sono soddisfatte allora l'inizio del nuovo mese avverrà due giorni dopo e il mese attuale avrà una lunghezza di 30 giorni".

Occorre osservare che l'Arabia Saudita è oggi l'unica importante nazione al mondo che adotta ancora il calendario islamico anche nella vita e nelle attività civili.

<u>Una curiosità</u>

Per poter individuare alcune date legate all'anno tropico, e che quindi nel calendario lunare variano da un anno all'altro, in Arabia Saudita si utilizza ancora oggi l'antico metodo di indicare i giorni con i segni zodiacali.

Così la *"Festa Nazionale Araba"*, in cui si commemora la fondazione del Regno Saudita sotto re Faysal al-Sa'ud, viene indicata come "il giorno in cui il Sole entra nel segno della Libra" (Equinozio di Autunno), mentre l'inizio dell'anno fiscale è indicato come "il giorno in cui il Sole entra nell'11° grado del Capricorno", corrispondente al 1' Gennaio del calendario gregoriano.

Questo vuol dire che l'anno fiscale in Arabia inizia e finisce in giorni sempre diversi del calendario ufficiale vigente. Ad esempio:

– l' 1/1/2008   nel 22° giorno del 12° mese (Dhu l-Hijja) dell'anno "abbondante" 1428;

---

[45] *Umm al-Qurrah* o *Umm al-Qura* è un locuzione della lingua araba che significa "centro del villaggio" o "abitanti dei villaggi", che è spesso era usato per indicare "il popolo della città della Mecca". Oggi essa viene usata per indicare l'Università della Mecca (*Umm al-Qurrah University*) o il calendario islamico.

– l' 1/1/2009   nel 4° giorno del 1° mese (Muharram) dell'anno 1430;
– l' 1/1/2010   nel 15° giorno del 1° mese (Muharram) dell'anno "abbondante" 1431.

9.5 La conversione delle date

La conversione fra le date del calendario gregoriano e di quello islamico e la determinazione della corrispondenza fra le date di avvenimenti della storia araba-islamica sono sempre stati fra i problemi che gli storici hanno dovuto affrontare. Soltanto da pochi anni con la diffusione dei calcolatori sono reperibili programmi, per la verità non sempre corretti, per effettuare rapidamente queste conversioni [46].

Per mostrare le differenze fra i due calendari è sufficiente confrontare alcune semplici date:

Calendario Islamico	Calendario Giuliano o Gregoriano	Differenza anni
1 1 1 H	16 7 622 Gi	622
1 1 200	11 8 815 Gi	615
1 1 500	2 9 1106 Gi	606
1 1 1000	19 10 1591 Gr	591
1 1 1421	6 4 2000 Gr	579

Un metodo empirico, per ricavare la data Gregoriana corrispondente a un giorno del calendario islamico, che dà un errore massimo di 1 giorno e che era usato sino a qualche decina di anni fa é il seguente:

– moltiplicare la data Islamica (espressa in anni) per 0.970224;

– aggiungere 621.5774;

– la parte a sinistra della virgola del numero così ottenuto indica il corrispondente anno della nostra era, la frazione decimale, moltiplicata per 365, dà invece il giorno nell'anno.

Esempio - Data islamica 1/1/1421H - 1421 x 0.970224 +621.5774 = 2000.265704
Data gregoriana corrispondente: giorno 96.98 (6 Aprile) dell'anno 2000.
Esempio - In un manoscritto è scritto che, nel giorno 2 del mese Muharram del 672H, durante la seconda ora della notte, fu osservata una congiunzione della Luna con Mercurio nella città di Qus (Lat. 25° 55' Long.= 32° 44')
Dal calcolo si trova la data giuliana 19 Luglio 1273. L'occultazione si ebbe effettivamente in tale data alle 17h 30m ora moderna, circa un'ora temporaria (55m) dopo il tramonto.

Ovviamente il metodo può essere utilizzato al contrario per ricercare la data musulmana corrispondente ad una data nel nostro calendario:

– trovare il numero di giorni dall'inizio dell'anno e dividerlo per 365;

– sommare l'anno;

---

[46] In molti astrolabi arabi erano riportate delle tavole per trasformare la posizione del Sole nello Zodiaco, in date *"siriache"* (cioè musulmane) o *"cristiane"*.

- sottrarre 621.5774;
- dividere il risultato per 0.970224 ;
- la parte intera del risultato trovato dà l'anno musulmano; la frazione il giorno.

Esempio – Data gregoriana1/1/2000 - Calcolo: (2000+1/365-621.5774) /0.970224 = 1420.72897
Quindi   anno 1420H, giorno 266, cioè 24 Ramadan 1420H

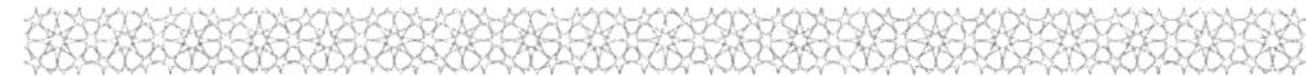

<u>Una curiosità</u>
Ricordo qui che anche nel calendario usato in occidente si sono avute, sino al 1700 circa, delle grandi differenze nei vari Stati europei, in particolare per quello che riguarda il millesimo e l'inizio dell'anno.
Senza considerare i vari momenti in cui fu adottato nei vari paesi occidentali il calendario Gregoriano, si può osservare che, prima del 1582 (introduzione negli stati a religione cattolica), l'inizio dell'anno era diverso nei vari Paesi, anche se universalmente era in uso il calendario Giuliano.
Le conseguenze di questo stato di cose si possono comprendere con il seguente esempio ipotetico.
Un viaggiatore partito da Venezia il 25 febbraio 1253, alcuni giorni prima del 28 febbraio, ultimo giorno dell'anno negli stati Veneziani, avrebbe raggiunto Ferrara il 1° Marzo 1254, poiché allora a Ferrara l'inizio dell'anno avveniva il 25 dicembre.
Ripartendo da qui sarebbe arrivato a Bologna il 20 marzo del 1253, poiché a Bologna valeva l'uso fiorentino di fare iniziare l'anno il 25 marzo.
Ripartito da Bologna per Firenze e giunto il 30 marzo si sarebbe trovato di nuovo nell'anno 1254, iniziato da pochi giorni.
In seguito sarebbe arrivato a Pisa il 2 aprile 1253 e, da qui, a Genova, arrivando il 5 aprile 1254. Infine messosi in viaggio per la Provenza sarebbe arrivato il 10 aprile 1253, pochi giorni prima di Pasqua (12 aprile), ove avrebbe atteso e festeggiata sia la Pasqua che l'inizio del nuovo anno 1254. In un viaggio di 45 giorni l'anno sarebbe cambiato ben 8 volte.

Da notare anche, ad esempio, che il viaggio di Dante ebbe inizio il Venerdì Santo del 1300 (8 Aprile), circa 27 giorni dopo l'Equinozio di Primavera del 1299 (12 Marzo 1299 per i fiorentini).

9.6 Le linee diurne sugli orologi solari

Negli orologi solari islamici, come anche nei nostri moderni, sono sovente tracciate le linee percorse dall'ombra dell'estremità dello gnomone in particolari giorni dell'anno (linee diurne): su di esse non é mai riportato alcun riferimento alla corrispondente data del calendario, ma soltanto l'indicazione della posizione del Sole in cielo, cioè della sua posizione fra i Segni Zodiacali.
Questo avviene perché il calendario musulmano non segue le stagioni e la linea percorsa dall'ombra in un certo giorno (ad esempio il primo giorno dell'anno, 1 Muharran) dovrebbe essere spostata da un anno all'altro.
Non si può allora parlare di linee diurne "relative a una data", ma soltanto di linee percorse dall'ombra in giorni in cui il Sole ha una data declinazione, e quindi una data longitudine lungo l'eclittica.

Come avviene ancora oggi, le uniche linee diurne che si trovano sugli antichi orologi islamici sono quelle percorse dall'ombra nei giorni in cui il Sole entra nei segni zodiacali, cioè
nelle date in cui la sua longitudine ha valori multipli di 30°.[47]

Nei manuali e nei manoscritti in lingua araba che danno le istruzioni per la costruzione di orologi solari o sono descritti i metodi per calcolare i punti di queste linee diurne o, quasi sempre, sono riportate le tabelle dei valori delle coordinate di alcuni punti di esse.

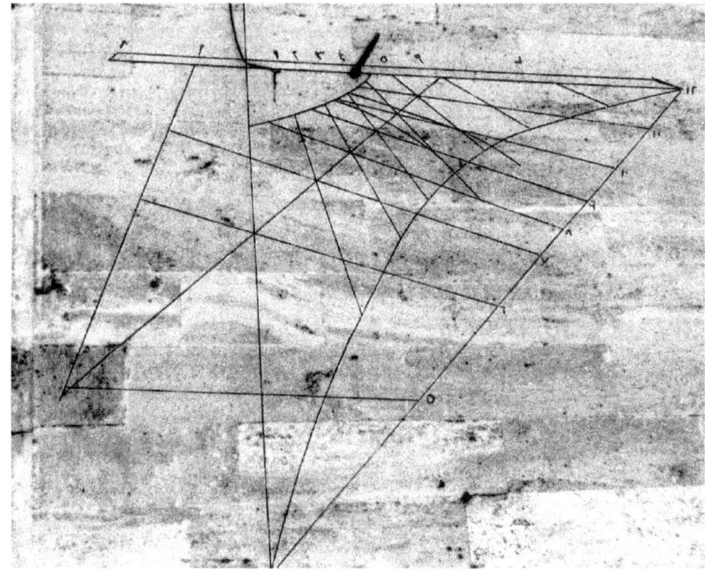

Fig. 9.1 Moschea Yavouz Selim, Istanbul – Le linee dei Solstizi e dell'Equinozio

---

[47] Molto spesso si trovano soltanto le due linee a forma di iperbole relative ai Solstizi e quella, rettilinea, degli Equinozi.

Capitolo 10
I SEGNI ZODIACALI

10.1 Lo Zodiaco

Quando nacque l'astronomia "scientifica"[48] presso i Sumeri e i Babilonesi e man mano che si definivano stabilmente i diversi concetti e le conoscenze del cielo, si osservò che il Sole, la Luna e i pianeti nel loro moto apparente annuale tra le stelle si muovevano sempre tutti all'interno di una fascia della volta celeste centrata su un cerchio massimo che fu in seguito chiamato Eclittica.[49] [50]

Anno 1000CE / 390-391H

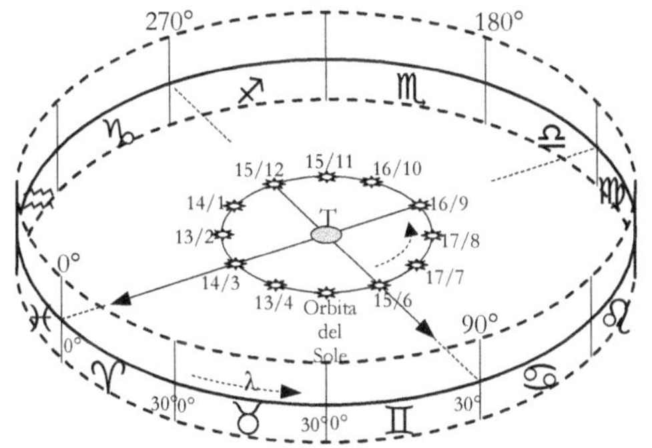

Fig. 10.1   Lo Zodiaco
Secondo la teoria Tolemaica
il Sole ruota attorno alla Terra

Questa fascia, avente una ampiezza di circa 18 gradi, un millennio prima della nostra era fu divisa in 12 parti di lunghezza circa uguale, corrispondenti ciascuna allo spostamento del Sole in cielo durante il periodo di una lunazione, periodo che da tempo immemorabile era usato per dividere l'anno, o meglio il ciclo delle stagioni, in 12 parti uguali: i mesi.

---

[48] Volendo essere "pignoli" il nome della scienza che studia l'universo materiale al di là della atmosfera terrestre dovrebbe essere "Astrologia" (dal greco " conoscenza degli astri"), come avviene per tutte le altre scienze come la Geologia, la Biologia, ecc. La parola Astronomia, il cui significato è diverso (misura, distribuzione degli astri), ha però prevalso.

[49] L'eclittica è il cerchio massimo della sfera celeste in cui essa è intersecata dal piano dell'orbita della Terra e rappresenta l'apparente percorso del Sole in cielo. Il suo nome deriva dal fatto che soltanto quando la Luna si trova esattamente su di essa o nelle sue immediate vicinanze si possono verificare le eclissi di Sole e di Luna.

[50] Stabilire la posizione del Sole in cielo e il suo spostamento fra le costellazioni è possibile soltanto osservando quali sono le stelle che diventano visibili nella posizione in cui esso è sceso sotto l'orizzonte, al tramonto, o quelle che precedono il suo sorgere, all'alba.

Ai gruppi di stelle contenuti in ciascuna di queste zone del cielo vennero assegnati poi dei nomi sia per riconoscere un gruppo dall'altro, sia per poterne tramandare la conoscenza e per poterli distinguere, sia per usare tale conoscenza a scopi calendariali, per determinare le ore durante la notte, e, principalmente, per scopi astrologici e divinatori.[51]

Furono in questo modo "create" le 12 costellazioni eclitticali.[52]

La fascia del cielo interessata fu chiamata Zodiaco[53] e i nomi delle costellazioni divennero, in seguito, i 12 "segni" zodiacali.

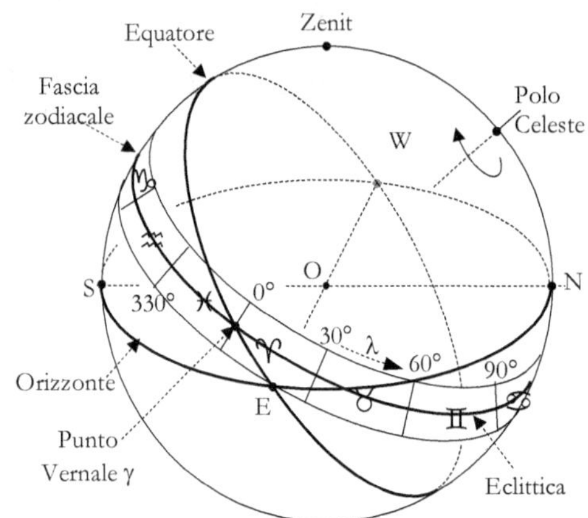

Fig. 10.2   La fascia dello zodiaco e i Segni
            Zodiacali sulla volta celeste

Fig. 10.3   L'eclittica e l'equatore celeste
            sulla volta celeste

Nella Fig. 10.2 è disegnata sulla volta celeste la fascia dello Zodiaco come appare ad un osservatore posto nel centro O. L'equatore celeste e l'eclittica si intersecano nel punto γ; nel punto di incontro tra orizzonte ed eclittica si vede che sta sorgendo, all'incirca, il punto 10° del Toro, con longitudine 40°.

Nella Fig. 10.3 invece sono evidenziati soltanto i cerchi massimi, equatore, eclittica, orizzonte, e sono indicati gli angoli fra i loro piani.

---

[51] L' astronomia e l' astrologia sono nate e cresciute insieme come buone sorelle per migliaia di anni, con l'astrologia nel ruolo principale di sorella maggiore e più importante (lo era in parte anche ai tempi di Keplero): è probabile che, all' inizio, lo studio dei fenomeni celesti sia stato portato avanti quasi solo per scopi divinatori, per analizzare la personalità degli uomini e per prevedere il loro futuro. Lo zodiaco, le costellazioni zodiacali e il loro uso per l'individuazione certa di una data (ad es. di nascita) furono ovviamente usate per primi dagli astrologi e probabilmente l'intera costruzione fu dovuta ad essi.

[52] Poiché le costellazioni esistono soltanto nella mente dell'uomo, le figure "attribuite e viste" nei vari gruppi casuali di stelle, furono soltanto una conseguenza delle credenze, degli usi e delle superstizioni locali dell'epoca.

[53] Il nome Zodiaco deriva dalla parola greca ζῷον (zòon), che significa "vivente" o anche "immagine di animali" ed è dovuto al fatto che a ben sette delle dodici costellazioni gli antichi assegnarono le figure e i nomi di animali veri o immaginari.

Originariamente presso i Babilonesi, come è descritto nel *MUL.APIN*, compendio di astrologia del VII sec. a.C., lo Zodiaco comprendeva 12 costellazioni principali, più altre 6 minori *"che si trovano sul cammino della Luna"*, ma già al tempo della conquista di Alessandro Magno le costellazioni erano state ridotte a 12. Lo Zodiaco non era legato ai solstizi e agli equinozi e aveva inizio nella stella Aldebaran, circa 30° dopo il punto dell'equinozio di primavera, allora circa 8-10° all'interno della costellazione dell'Ariete.
I greci conquistatori, verso il 300 a.C., portarono queste conoscenze in Occidente, ad Alessandria in Egitto, dove tre dei nomi che comparivano nello Zodiaco babilonese, e cioè Pleiadi, Presepe e Spiga, furono sostituiti con il Toro, il Cancro (o Granchio) e la Vergine.

Fig. 10.4   Lo Zodiaco
da un manoscritto arabo del XVI sec

Gli astronomi greco-alessandrini stabilirono anche una graduazione lungo l'eclittica, quella che oggi chiamiamo "longitudine celeste λ", e ne fissarono l'origine nel punto dell'eclittica in cui il Sole, visto dalla Terra, veniva proiettato nel giorno dell'equinozio di primavera[54], stabilendo così uno stretto legame fra la posizione del Sole in cielo, cioè fra la costellazione

---

[54] Questo punto, che cadeva allora nella costellazione dell'Ariete, fu preso come inizio del "segno" di ugual nome e per questo è da allora chiamato *"primo punto d'Ariete"*, *"punto vernale"* (dalla parola latina *"ver, veris"*, primavera) o *"punto gamma "*, dalla lettera greca γ che coincide con il simbolo del segno dell'Ariete.

zodiacale in cui esso viene proiettato (o, come si usa dire, "si trova"), e il giorno e il mese dell'anno.[55]

La scoperta di questa relazione biunivoca fra la data nell'anno e la posizione del Sole all'interno delle costellazioni dello Zodiaco si è rivelata di fondamentale importanza nell'antichità per stabilire le date esatte dei fenomeni storici e astronomici, essendo un metodo legato soltanto al moto annuo del Sole e quindi indipendente dai calendari usati dai vari popoli e dalle loro diversità e imprecisioni.

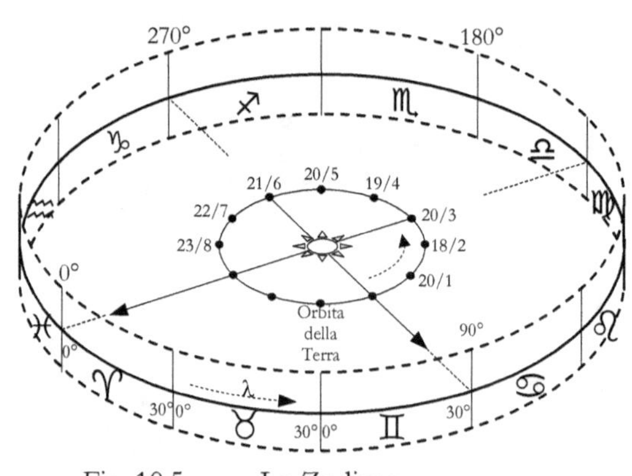

Fig. 10.5   Lo Zodiaco
Secondo la teoria Copernicana
la Terra ruota attorno al Sole

Nelle Fig. 10.5 è rappresentata la fascia dello Zodiaco e l'orbita percorsa dalla Terra durante un anno. Si può osservare come il Sole, all'inizio della primavera (20/3), si vede dalla Terra "proiettato" in cielo nel punto in cui si trova l'inizio del segno dell'Ariete.

Nella analoga Fig. 10.1 invece si è indicata l'orbita percorsa dal Sole attorno alla Terra, secondo l'ipotesi Tolemaica antica, mentre i giorni di "ingresso" del Sole nei vari segni sono quelli che si avevano nell'anno 1000 del calendario giuliano.

10.2 I segno zodiacali

Furono Ipparco e gli altri astronomi alessandrini che, nel II-III sec. a.C., si accorsero che le costellazioni, e in particolare quelle lungo la fascia dello Zodiaco, "si muovevano" e che il cerchio dell' eclittica si spostava in cielo a causa di quella che, da allora, viene chiamata "pre-

---

[55] Mentre il sistema sessagesimale compare per la prima volta nei lavori di Eratostene (Cirene 276-Alessandria 194 a.C.), le prime testimonianze della divisione dei cerchi della sfera celeste in 360° si fanno risalire all'astronomo Ipsicle (Alessandria circa 190-200 a.C.). La più antica iscrizione in cui viene descritta questa divisione è stata trovata nel 1893 a Keskintos (isola di Rodi), oggi al Pergamon Museum di Berlino.

cessione degli Equinozi".

A causa di questo fenomeno il punto in cui il Sole viene proiettato in cielo nell'equinozio di primavera (punto vernale), si sposta di 1° in circa 71.6 anni e, come conseguenza, le costellazioni sulle quali vengono a proiettarsi i diversi "segmenti" della fascia dello zodiaco cambiano anch'essi lentamente.[56]

Per non dover fare continui cambiamenti per indicare un dato giorno nell'anno si iniziò allora ad usare, al posto della costellazione effettiva (vera) su cui esso si proiettava, la longitudine del Sole, cioè l' angolo, misurato sull'eclittica, fra la sua posizione e il punto vernale.

Così, pian piano, alle costellazioni si sostituirono i "segni", che, pur essendo completamente indipendenti da esse, mantennero gli stessi nomi di circa 2500 anni fa. [57]

A ciascun segno corrisponde quindi un arco di 30° sulla eclittica e il nome ad esso associato (Toro, Leone, ecc.) è soltanto un "nome" per indicare quel determinato arco o intervallo della longitudine del Sole: non è assolutamente detto che mentre il Sole è in un dato segno, esso sia "proiettato", se visto dalla Terra, all'interno della costellazione con lo stesso nome.

Supponendo uniforme il moto del Sole sull'eclittica e l'anno costituito di 360 giorni, si può pensare, con una certa approssimazione, che il Sole si muova alla velocità di 1° al giorno e quindi impieghi circa 30 giorni per attraversare un segno dello zodiaco. In altre parole si può associare alla longitudine del Sole il numero di giorni trascorsi dall'inizio della primavera.

A causa della eccentricità dell'orbita terrestre la permanenza del Sole in ciascun segno non è però costante, per cui non sono costanti le loro "durate" in giorni. Queste vanno da circa 29 giorni in Inverno, quando la Terra è al perielio, sino a 31.5 giorni in prossimità del Solstizio estivo.

Esempio. Quando il Sole è nel 20° del segno del Leone (5° segno) si può approssimare la sua Longitudine a 4x30°+20°=140° e quindi affermare che sono passati circa 140 giorni dall'inizio della primavera. In realtà il Sole passa per il punto dato nel giorno 13 di Agosto del nostro calendario, quando sono trascorsi 11 giorni di Marzo+30 di Aprile+31 di Maggio+30 di Giugno+31 di Luglio+12 di Agosto, cioè circa 145 giorni dall'inizio della primavera.

Esempio. Quando Tolomeo riferisce di qualche osservazione dice, ad esempio, che essa è stata fatta *"nel 5° grado del Cancro"*, per indicare che il Sole si trovava già 5 gradi all'interno di questo segno (longitudine = 30x3+5=95°). Quindi l'osservazione fu fatta 95 giorni (circa) dopo l'equinozio di primavera e quindi circa il 25 Giugno del calendario giuliano.

---

[56] Dal punto di vista astronomico lo spostamento dell'eclittica ha fatto si che il suo cerchio si proietti, oggi, su una zona del cielo diversa da quella del 500 a.C. e quindi che siano cambiate le costellazioni da esso attraversate.

[57] La condivisione degli stessi nomi con le antiche costellazioni che si trovavano lungo l'eclittica genera spesso confusione anche fra gli esperti, che tendono a confondere le due cose. A questo si aggiunge il fatto che, nei secoli, i "confini" convenzionali delle costellazioni sono stati cambiati più volte e, secondo le ultime definizioni fissate dall'Unione Astronomica Internazionale nel 1928, sul cerchio dell'eclittica si trovano oggi 13 costellazioni (la 13' è Ofiuco, tra Scorpione e Sagittario). Su di esse il Sole si proietta per archi, e tempi, molto variabili: ad esempio nello Scorpione per 7° circa e nella Vergine per più di 44°.

Fig. 10.6   I segni dello Scorpione e del Sagittario
Manoscritto arabo del XIV sec.

In tutti i testi medievali islamici di carattere astronomico e astrologico le date vengono
sempre indicate col metodo sopra descritto a causa del calendario lunare arabo che non permette di associare una certa data stagionale sempre allo stesso giorno e allo stesso mese.
La stessa cosa si ritrova negli orologi solari islamici per indicare i giorni che individuano
particolari linee diurne.
L'uso di indicare sugli orologi solari le linee diurne corrispondenti all'inizio dei segni zodiacali, o per meglio dire ai giorni in cui il Sole "entra" in essi, è stato sempre molto diffuso anche in Europa dal Rinascimento ad oggi.

10.3   I segno zodiacali e le loro durate

Nella Tabella 10.3.1 sono elencati i 12 segni zodiacali, i loro simboli classici, i loro nomi, le
sigle internazionali delle corrispondenti costellazioni, i giorni del calendario giuliano in cui il
Sole entrava in essi verso l'anno 1000 e i giorni corrispondenti nella nostra epoca, questi
ultimi come media dei valori calcolati sul periodo di 48 anni dal 2000 al 2047.
Il giorno del calendario moderno e l'ora in cui il Sole entra in un dato segno variano di anno
in anno sia a causa della introduzione dell'anno bisestile di 366 giorni ogni 3 anni normali di
365, sia a causa del fatto che l'anno tropico differisce dal valore di 365.25 giorni per circa
11m 14.3sec.
Ad esempio l'inizio del segno del Leone è stato:
–   nel 1985 il 22 Luglio alle ore 21h 38m
–   nel 1986 il 23 Luglio alle ore 3h 34m (differenza di 5h 56m)

Segno		Nome Italiano	Latino	Arabo	Arabo	Inizio anno 1000	Inizio anni 2000-50
♈		Ariete	ARI-Aries	الحمل	al-Hamal	Mar. 14	Mar. 20
♉		Toro	TAU-Taurus	الثور	ath-Thawr	Apr. 13	Apr. 20
♊		Gemelli	GEM-Gemini	الجوزاء	al-Jawzaa'	Mag. 15	Mag. 21
♋		Cancro	CNC-Cancer	السرطان	as-SaraTaan	Giu. 15	Giu. 21
♌		Leone	LEO-Leo	الأسد	al-Asad	Lug. 17	Lug. 23
♍		Vergine	VIRVirgo	العذراء	al-'Adhraa'	Ago. 17	Ago. 23
♎		Bilancia	LIB-Libra	الميزن	al-Miizaan	Sett. 16	Sett. 23
♏		Scorpione	SCO-Scorpio	العقرب	al-'Aqrab	Ott. 16	Ott. 23
♐		Sagittario	SGR-Sagittarius	القوس	al-Qaws	Nov. 15	Nov.22
♑		Capricorno	CAP-Capricornus	الجدي	al-Jadi	Dic. 15	Dic. 21
♒		Acquario	AQR-Aquarius	الدلو	ad-Dalw	Gen. 14	Gen. 20
♓		Pesci	PSC-Pisces	الحوت	al-Huut	Feb. 13	Feb. 19

Tabella 10.3.1

Occorre osservare che, per questo motivo, le tabelle riportate nei testi e nei calendari, e anche le date indicate dalla tradizione, danno i giorni dell'ingresso del Sole nei segni con valori spesso fra loro leggermente diversi

Fig. 10.7   Il segno del Cancro - Agostino di Duccio (1450)
Tempio Malatestiano – Rimini

Nella Tabella 10.3.2 sono invece riportati i valori della Longitudine e della declinazione del Sole negli istanti del suo ingresso nei segni, il periodo di permanenza del Sole in essi e la sua "velocità" media. Anche queste durate sono state calcolate come valori medi su 48 anni dal 2000 al 2047.

Segno		Inizio Segno	Longitudine del Sole °	Declinaz. del Sole °	Durata Segno in giorni	°/giorno
Ariete	♈	20 Marzo	0	0.00	30.45	0.9848
Toro	♉	20 Aprile	30	+11.47	30.96	0.9688
Gemelli	♊	21 Maggio	60	+20.15	31.33	0.9575
Cancro	♋	21 Giugno	90	+23.44	31.45	0.9538
Leone	♌	23 Luglio	120	+20.15	31.30	0.9588
Vergine	♍	23 Agosto	150	+11.47	30.91	0.9708
Bilancia	♎	23 Settembre	180	0.00	30.40	0.9872
Scorpione	♏	23 Ottobre	210	-11.47	29.90	1.0030
Sagittario	♐	22 Novembre	240	-20.15	29.56	1.0151
Capricorno	♑	21 Dicembre	270	-23.44	29.45	1.0187
Acquario	♒	20 Gennaio	300	-20.15	29.59	1.0138
Pesci	♓	19 Febbraio	330	-11.47	29.70	1.0097

Tabella 10.3.2

Nella Tabella 10.3.3 infine sono riportate le date del calendario giuliano di inizio del segno dell'Ariete, equinozio di primavera o punto γ, in diversi anni della nostra era.

Anno	Punto γ
0	22 marzo
325	20
500	18
1000	14
1500	11
1600	21
2000	20
2100	20

Tabella 10.3.3

Parte V

GLI OROLOGI SOLARI ISLAMICI

I PROBLEMI E I METODI

Capitolo 11
I PROBLEMI E I METODI

11.1 Gli orologi solari islamici - I problemi

Come ho già scritto in precedenza, per alcuni dei tipi più diffusi di orologi solari sono stati ritrovate, nelle fonti a disposizione, brevi descrizioni dei procedimenti di calcolo, mentre per altri sono giunte sino a noi soltanto delle tavole di valori, calcolati per una data località, utili per il tracciamento delle linee orarie principali.
In altri casi infine, e in particolar modo per le meridiane meno usate e diffuse, sono state ritrovate solo descrizioni della forma ed eventualmente delle curve principali e del tipo di gnomone in esse usato.

Sugli orologi solari meglio descritti, e in quelli tuttora conservati, si trovano:
- alcune linee orarie relative alle ore temporarie;
- le linee indicanti gli orari delle preghiere diurne: sempre l'Asr, spesso il secondo Asr, talvolta le linea della preghiera Zuhr, in pratica coincidente con la linea meridiana. Di queste linee particolari non sono stati ritrovati né i metodi per disegnarle, né quelli di calcolo, ma soltanto tabelle contenenti i valori per il loro tracciamento; [1]
- le curve percorse dall'ombra nei giorni dei Solstizi e degli Equinozi;
- spesso il disegno della forma e l'esatta dimensione dello stilo, quasi a voler ricordare ai posteri come dovesse essere ricostruito in caso di rottura, di smarrimento, di furto o di vandalismo (Fig. 11.1)

In tutti i casi in cui è stato possibile si sono sperimentati i metodi di calcolo descritti e si sono confrontati i valori ottenuti con quelli riportati dalle tabelle numeriche antiche e con i risultati che si hanno utilizzando il calcolo, le formule e i metodi moderni.
Per i dati relativi al Sole, in particolare per il valore della inclinazione dell'eclittica, si sono adottati i valori validi per gli anni 1000-1100 della nostra era.
Spesso non si sono potuti fare confronti fra i risultati moderni e quelli "antichi" per la mancanza di alcuni elementi fondamentali, come ad esempio la latitudine del luogo, anche se, quando possibile, si è cercato tale valore con approssimazioni successive, trovando quasi sempre un valore vicino ai 30° (latitudine del Cairo).

Ha molto meravigliato l'autore, che ha svolto i calcoli con grande interesse, meraviglia e senso di scoperta, l'accordarsi quasi perfetto fra i risultati ottenuti quasi 1000 anni fa e quelli ottenuti oggi con un moderno elaboratore.

---

[1] La mancanza della indicazione del metodo di calcolo nei diversi compendi sugli strumenti astronomici, fa pensare che tali metodi fossero da tempo noti a tutti gli studiosi del ramo.

L'ammirazione deriva, ovviamente, non solo dalla correttezza dei valori numerici ottenuti dagli studiosi islamici, ma, in particolar modo, dalla consapevolezza della grande mole di lavoro, fatica, abilità e perseveranza necessari per ottenere tali risultati utilizzando i metodi matematici e numerici allora a disposizione, che l'autore ha sperimentato nei suoi anni giovanili eseguendo "a mano" calcoli astronomici e di orbite con il solo aiuto delle tavole dei logaritmi, che facilitano moltissimo le operazioni e che gli arabi non possedevano.

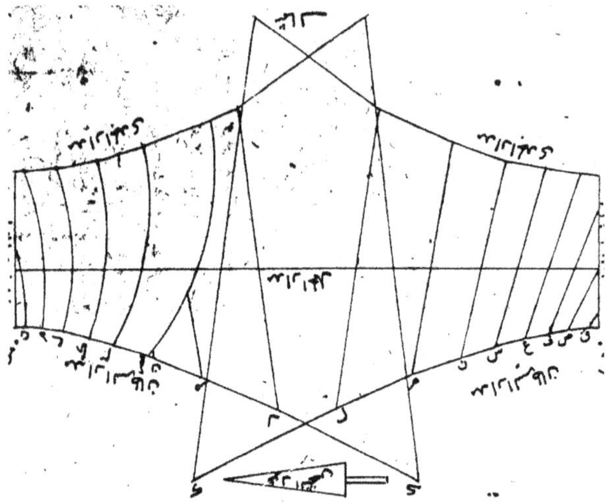

Fig. 11.1   Disegno del quadrante di Ibn Al-Muhallabi

Occorre ricordare che le difficoltà di calcolo, quasi non più comprensibili oggi, erano dovute a molti fattori, come ad esempio:

– la rappresentazione dei numeri con lettere dell'alfabeto, come presso la civiltà greca, o con altri simboli, come presso i romani;

– la rappresentazioni dei numeri nel sistema sessagesimale;

– l'enorme difficoltà nell'eseguire, usando queste notazioni, le operazioni elementari di somma e sottrazione e in particolare modo di moltiplicazione e divisione (senza parlare della radice quadrata) (Fig. 11.2); [2]

– la necessità dell'uso di tavole delle corde o dei seni calcolate con intervalli di uno o qualche grado; [3]

---

[2] Gli astronomi e i matematici arabi usavano per i loro calcoli delle tavole di moltiplicazione per numeri sessagesimali di cui sono stati ritrovati decine di esemplari. Molte di tali tavole si limitano a dare i risultati dei prodotti di due numeri di valore compreso fra 1 e 60, cioè sono una specie di "tavola pitagorica" da 1 a 60, con risultati nel sistema sessagesimale; altre più complesse contengono 60 x 60 x 60 = 216.000 risultati e cioè danno i risultati di prodotti di numeri del tipo 27;12 x 24 = 10, 52; 48 (in notazione moderna 1632 x 24 =39168) - KING (1993B), cap. XV.
Ricordo che tabelle di moltiplicazione di questo tipo sono state ritrovate anche su tavolette Babilonesi risalenti a più di 1000 anni prima dell'era Cristiana.

[3] Ricordo che Tolomeo possedeva soltanto tavole delle corde e che quelle dei seni incominciarono ad essere usate dagli arabi solo nel X secolo.

– la non completa conoscenza, almeno sino al 1200 circa, delle formule e dei teoremi della trigonometria per cui le "formule" descritte ai fini del calcolo sono in genere molto più elaborate delle nostre; [4]

– la mancanza di un formalismo matematico sintetico, chiaro e condiviso;

– l'uso di tavole di grandezze variabili con la stagione, come ad esempio la declinazione del Sole o le lunghezze delle ombre nei vari giorni dell'anno, calcolate per intervalli di tempo non sempre molto stretti e quindi la necessità di ricorrere ad approssimazioni e ad interpolazioni più o meno empiriche;

– la non corretta conoscenza della latitudine e della longitudine dei luoghi.

Operazioni di somma, sottrazione, moltiplicazione e divisione di due numeri.

Notazione moderna e sessagesimale :	12.35888889	12; 21, 32
	3.96111111	3; 57, 40
Somma	16.32000000	16; 19, 12
Sottrazione	8.39777779	8; 23, 52
Moltiplicazione	48.95493210	48; 57, 17, 45, 20,...
Divisione	3.12005610	3; 07, 12, 12, 07,...

Fig. 11.2 Le difficoltà nell'uso del sistema sessagesimale.

Oltre alle accennate difficoltà occorre ricordare e tenere presente quali erano, ai tempi del fiorire della civiltà araba, le conoscenze scientifiche ed astronomiche, la precisione degli strumenti e la velocità delle comunicazioni.

La teoria tolemaica, per spiegare con buona approssimazione i principali moti degli astri, richiedeva di tenere conto nei calcoli di decine di cerchi in rotazione, con periodi e velocità angolari diverse, attorno a centri diversi, cosa questa che obbligava gli astronomi ad anni di calcoli per preparare delle tavole del moto dei corpi celesti valide per un periodo abbastanza lungo.

Gli strumenti più elaborati erano l'occhio umano, i quadranti e gli astrolabi che davano tutti, salvo quelli di dimensioni enormi che si ricordano ancora oggi, misure con la precisione di qualche primo.

Infine la diffusione dei libri, dei dati, delle tavole, delle scoperte e delle notizie era affidata ai manoscritti e alle carovane che, a piedi o a dorso di cammello, portavano anche questa merce o, più spesso, accompagnavano gli stessi studiosi che si spostavano fra i vari centri del sapere portandosi appresso questi loro tesori, frutto di anni e anni di ricerca e fatica.

---

[4] Tolomeo nei calcoli di trigonometria sferica utilizza soltanto il teorema di Menelao. Il teorema dei seni, che portò a grandi semplificazioni nei calcoli, fu scoperto soltanto verso il 900 d.C.

Il relativamente piccolo numero di meridiane fisse e portatili e di quadranti orari ed astrolabi che ci sono pervenuti, rispetto al grande numero che certamente venne costruito, ci danno una chiara indicazione della precisione nel progetto e della abilità nella costruzione che furono alla base della loro produzione e ci fanno rimpiangere tutti quegli esemplari che furono distrutti nei secoli successivi.[5][6]

11.2 I metodi di calcolo

Nei manoscritti di contenuto astronomico in lingua araba, il calcolo degli orologi solari e degli altri strumenti atti a misurare il tempo é sempre fatto utilizzando relazioni trigonometriche della trigonometria sferica. Non si trovano mai descritti o applicati metodi geometrici del tipo di quelli usati nella antichità dai greci e dai romani e, più tardi, universalmente usati in Europa durante il Rinascimento e sino ai giorni nostri.

Non si trovano neppure quasi mai le dimostrazioni dei procedimenti seguiti, come è nostra moderna abitudine, e i risultati sono o ricavati con una formula descritta semplicemente a parole o, più spesso, sono riportati sotto forma di una tabella numerica, senza nessuna prova giustificativa.

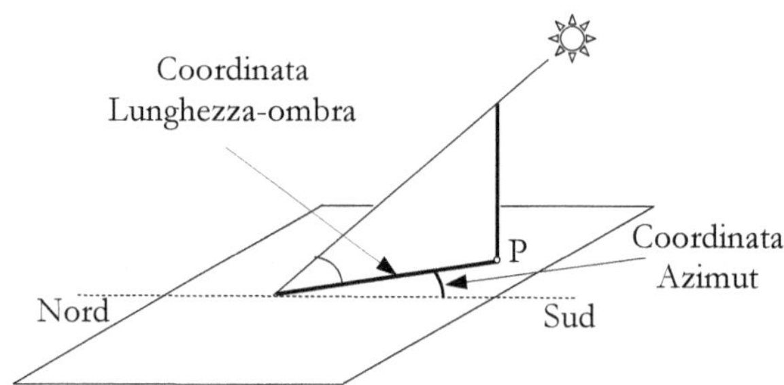

Fig. 11.3   Le coordinate "polari" usate in alcuni
testi islamici

Nel caso degli orologi solari i punti ove cade l'ombra dell'estremo dello stilo sono individuati calcolando o tabulando le coordinate che, con espressione moderna, chiamiamo polari, con l'origine che sempre coincide con il piede dello stilo, in genere ortogonale al piano (Fig. 11.3).

---

[5] Anche oggi non si può dire che la conoscenza e la cura degli orologi solari, presenti in gran numero nelle nostre montagne e campagne, sia molto diversa. Soltanto l'amore per questi oggetti del passato da parte di gruppi esigui di appassionati o cultori della materia e delle cose belle ha rallentato negli ultimi anni la loro cancellazione e distruzione.

[6] Occorre osservare che ben pochi degli orologi solari in pietra che ci sono pervenuti hanno la precisione che si trova negli astrolabi e nei quadranti di metallo. Questi manufatti erano infatti spesso costruiti nelle moschee da persone con una conoscenza matematica e astronomica non professionale e servivano quasi soltanto per indicare con una certa approssimazione le ore delle preghiere.

In altre parole vengono dati la lunghezza dell'ombra, cioè la lunghezza del segmento che va dalla estremità dell'ombra dello stilo al suo piede, e l'angolo che tale segmento forma con una direzione prefissata che coincide con la linea Nord-Sud per le meridiane orizzontali e con la linea del filo a piombo per quelle verticali.

In alcuni casi di meridiane piane, e in quelle cilindriche e coniche, di cui si considera sempre la superficie sviluppata in piano, i punti sono individuati dando le moderne "coordinate rettangolari", cioè dando le loro distanze dai lati della lastra sulla quale l'orologio deve essere disegnato: un esempio di questo tipo è la tabella numerica, tratta dal manoscritto di Najm al-Din al Misri, riportata in parte nel Capitolo 11.4.2 (Fig. 11.7).

11.3 Le formule

Per quello che riguarda le relazioni matematiche, nei testi arabi non compaiono mai espressioni scritte con una simbologia semplice ed efficiente come quella a cui siamo abituati da alcuni secoli per le nostre formule, ma si trovano sempre le descrizioni a parole delle formule stesse, cioè le descrizioni dei procedimenti che si debbono seguire per ottenere i risultati cercati.

Per rendere più chiaro questo modo di dare le relazioni e i procedimenti matematici, riporto sotto alcuni semplici esempi, ricordando prima che

- i valori del seno, e anche quelli delle altre funzioni trigonometriche, erano calcolati e scritti nelle tavole sempre con riferimento ad un cerchio di raggio R, normalmente uguale a 60 unità. Nelle traduzioni moderne dei manoscritti islamici medievali questi valori sono per convenzione scritti con l'iniziale maiuscola, cioè con *Sin, Cos*, ecc. [7];
- i valori che usiamo oggi sono riferiti ad un cerchio di raggio unitario e le relative funzioni sono scritte con la lettera minuscola (*sin, cos*, ecc.);
- il valore R veniva anche chiamato "seno totale";
- il *senoverso* di un angolo α, abbreviato modernamente in *versin*, è la funzione trigonometrica $(1-\cos(\alpha))$, uguale cioè alla freccia. Questa funzione fu molto usata sino al 1700 circa mentre oggi é praticamente scomparsa (vedi anche il paragrafo 11.5.4).

Esempio - per indicare il seno di un angolo:

> *"prendi il seno dell'angolo e dividilo per il seno totale"* , che equivale alla formula

$$\frac{\mathrm{Sin}(\alpha)}{R} = \frac{R \cdot \sin(\alpha)}{R} = \sin(\alpha)$$

Se a=45° e R=60 si ha $\sin(\alpha) = 0.707107$ e $\mathrm{Sin}(\alpha) = 42;25,35,4$

Esempio - per definire il "*Senoverso*" di un angolo:

> *" prendi l'arco e sottrailo a un quarto di cerchio, prendi il seno di quello che resta e poi sottrailo al seno totale, quello che rimane e il Seno-verso dell'arco ".* In notazione moderna:

$$\mathrm{Versin}(\alpha) = R - \mathrm{Sin}(90° - \alpha) \quad \text{da cui} \quad \mathrm{versin}(\alpha) = 1 - \cos(\alpha)$$

---

[7] KING (1987)

Esempio - per trovare l'altezza di un oggetto G conoscendo la lunghezza della sua ombra orizzontale L e l'altezza del Sole α, si può trovare una frase del tipo:

"prendi il seno dell'altezza del Sole, moltiplicalo per la lunghezza dell'asta e poi dividi il risultato per la radice della somma del quadrato del seno totale meno il quadrato del seno stesso "

da cui si può ricavare con le formule moderne:

$$G = \frac{L \cdot Sin(\alpha)}{\sqrt{R^2 - Sin(\alpha)^2}} = \frac{L \cdot R \cdot sin(\alpha)}{\sqrt{R^2 - \left[R \cdot sin(\alpha)\right]^2}} = L \cdot tan(\alpha)$$

Esempio – Al termine di questo capitolo è riportato il metodo completo di Thābit ibn Qurra per il calcolo di un orologio solare orizzontale.

11.4 I numeri

11.4.1 La notazione sessagesimale

Per quanto riguarda i valori numerici delle lunghezze e degli angoli essi sono sempre espressi con notazione sessagesimale, cioè con la notazione utilizzata a partire dagli antichi Babilonesi sino a Tolomeo e, in occidente, sino al tardo XVI secolo.

Il sistema sessagesimale è un sistema di numerazione di posizione a base 60 nel quale si usano 60 simboli diversi (cifre) per formare i numeri: ogni simbolo ha quindi il valore da esso rappresentato moltiplicato (o diviso) per una potenza di 60.

Ad esempio se "α , β, γ" sono i simboli per rappresentare una, due, tre unità, il numero intero di 4 cifre "$\alpha \ \gamma \ \alpha \ \beta$" corrisponde a $1.60^3 + 3.60^2 + 1.60^1 + 2.60^0$, cioè a 226862 .

Secondo le moderne convenzioni al posto dei sessanta "simboli" si usano, creando un ibrido non sempre chiaro, i loro valori numerici espressi in notazione decimale, cioè "0", "1", "2", …, "58", "59".

Le cifre sono fra loro separate da una "virgola", mentre per separare la parte intera da quella decimale si usa un "punto e virgola".

Con questo sistema ad esempio il numero che scriviamo in notazione moderna con 432.3456 veniva scritto come:

$$7 \cdot 60 + 12 + \frac{20}{60} + \frac{44}{60^2} + \frac{11}{60^3} + \ldots = 7,12;20,44,11,\ldots \ ^8$$

---

[8] Ricordo che lo studioso musulmano Ghiyath al-Din al-Khasi (1350-1439) ottenne il valore di 2π espresso da 6; 16, 59, 28, 34, 51, 46, 15, 50 corrispondente al valore 6.2831853071795865, con 16 decimali corretti.

 Thābit Ibn Qurra trovò la durata dell'anno tropico uguale a 365; 14, 33, 12 giorni, corrispondente a 365.2425556 cioè a 365 giorni 5h 49m 16.8 sec, con un errore di circa 25 secondi sul valore adottato oggi. Infine l'inclinazione dell'eclittica, che i Greci avevano trovato di 23° 51' 20", fu fissata da al

Κανόνιον τῶν ἐν κύκλῳ εὐθειῶν			Table of Chords			Esempio
περιφε. ρειῶν	εὐθειῶν	ἑξηκοστῶν	arcs	chords	sixtieths	Arco =7°, Corda = 7;19,33 corrispondente al valore decimale 7.325833 Questo valore diviso per 60 (valore del raggio) dà 2sin (3.5°) Nella colonna di destra gli incrementi del valore della corda per ogni 1/60 di grado
ϛ∠′	ϛ μη ια	σ α β μγ	6½°	6;48,11	0;1,2,43	
ζ	ζ ιθ λγ	σ α β μβ	7°	7;19,33	0;1,2,42	
ζ∠′	ζ ν νδ	σ α β μα	7½°	7;50,54	0;1,2,41	

Fig. 11.4   Numerazione sessagesimale
Tabella delle Corde di Tolomeo - particolare

Nei manoscritti antichi i numeri non erano scritti con una notazione così semplice, ma con le lettere dell'alfabeto arabo per indicare le cifre (modo praticato anche dai greci) o per esteso in lettere. Ad esempio il numero riportato sopra poteva essere scritto con: *sette, dodici; venti, quaranta-quattro, ecc.* oppure, nel mondo arabo, con i gruppi di lettere يا مد ك تلب che, letti da destra a sinistra, rappresentano proprio 432; 20, 44, 11.

Nelle tavole spesso gli angoli e i tempi sono scritti dando i gradi e i minuti indicati con l'ultima lettera delle parole : *j* (خ) per *daraj* (درج - gradi) e *q* (ق) per *daqaiq* (دقآىق - minuti). Quasi sempre, nelle graduazioni che si trovano sugli orologi solari, i tempi sono espressi dando i corrispondenti gradi di angolo orario (1° ogni 4 minuti di tempo).

Nei calcoli sono utilizzate tavole della declinazione del Sole (chiamata *inclinazione*) nei diversi giorni dell'anno astronomico, quasi sempre nei giorni di ingresso del Sole nei segni dello Zodiaco. Si fa riferimento alla latitudine del luogo dando l'angolo fra il Sole e lo Zenit nell'istante del mezzogiorno nei giorni degli Equinozi (ricordo che nei giorni degli Equinozi a mezzogiorno, l'altezza del Sole è data da $h_{Sole} = 90° - \varphi + \delta = 90° - \varphi$).

11.4.2 La notazione Abjad

Il sistema *"abjad"* è un particolare sistema di numerazione decimale che era usato nei paesi musulmani prima dell'introduzione, verso il IX secolo, del sistema dei numeri indo-arabi moderni. In seguito i due sistemi vennero spesso usati insieme sino all'epoca moderna.
In questo sistema alle 28 lettere dell'alfabeto sono assegnati i valori numerici delle unità, delle decine e delle centinaia, secondo un ordine particolare che non coincide più con l'ordine in cui le lettere stesse sono elencate nell'alfabeto moderno. Con questo metodo si possono scrivere numeri interi da 1 a 1999.

Mamun nell'830 d.C. in 23° 33' e da Ibn Yunus nell'879 in 23° 35'; Abuol Hasan Ali ne fissò infine il valore tra 23° 35' e 23° 33'.

Fig. 11.5   Esempio di numeri in notazione sessagesimale.
Orologio solare di Egnazio Danti - 1572
Facciata di S. Maria Novella a Firenze
La distanza fra i tropici è data come 46° 57' 39" 50'"
e l'inclinazione dell'eclittica come 23° 28' 49" 55'"

La parola "abjad" (أبجد) è un acronimo ottenuto dalle prime 4 lettere dell'antico alfabeto arabo *alif, bâ, jîm, dâl* (ا ب ج د) le cui traslitterazioni fonetiche sono (a, b, j, d), che coincidono con le prime lettere degli alfabeti fenicio e aramaico (*aleph, beth, gimel* e *daleth*) e anche con quelle dell'alfabeto greco (*alfa, beta, gamma, delta*).

Questo metodo di scrittura fu usato nel mondo di lingua araba a partire da circa il VII e sino al XIV secolo e, in alcune applicazioni, lo è ancora ai nostri giorni per indicare piccole quantità.

Ad esempio:
- mentre in occidente per individuare le voci di un elenco si usano le lettere dell'alfabeto a, b, c, ecc., nei paesi di lingua araba non si usano le prime lettere dell'alfabeto moderno, che sono *alif, bâ, tâ, thâ* (ا ب ت ث), ma proprio *alif, bâ, jîm, dâl* ;
- nei paesi arabi, su alcuni edifici si trova una parola incisa su una pietra che riporta la data di costruzione dell'edificio: il valore numerico della data si può ottenere facendo la somma dei valori delle singole lettere secondo la notazione abjad.

La notazione abjad "classica" è riportata nella tabella in Fig. 11.6 [9]
I valori scritti fra parentesi indicano un differente ordine delle lettere per individuare alcuni valori che venne usato dagli arabi del Maghreb (Nord-Africa) e della Spagna musulmana.

---

[9] Una particolarità di questo sistema di scrittura sta nel fatto che le lettere che rappresentano un dato numero possono essere scritte in un ordine qualsiasi.

I numeri espressi con le lettere dell'alfabeto sono anche la base della numerologia[10] che consiste nell'assegnare un valore numerico, spesso con significato mistico, alle parole e alle frasi, e che fu molto presente nella cultura di lingua araba.

abjad			abjad			abjad		
1	ا	ā	10	يـ ي	y	200	ر	r
2	بـ ب	b	20	كـ ك	k	300 (100)	شـ ش	sh
3	جـ ج	j	30	لـ ل	l	400	تـ ت	t
4	د	d	40	مـ م	m	500	ثـ ث	th
5	هـ ه	h	50	نـ ن	n	600	خـ خ	kh
6	و	w/ ū	60 (300)	سـ س	s	700	ذ	dh
7	ز	z	70	عـ ع	‘	800 (90)	ضـ ض	D
8	حـ ح	h'	80	فـ ف	f	900 (800)	ظ	Z
9	ط	T	90 (60)	صـ ص	S	1000 (900)	غـ غ	rh'
10	يـ ي	y	100	قـ ق	q	0	ه	

Fig. 11.6 La notazione abjad

Ad esempio molti poeti si cimentarono nella scrittura di *cronogrammi* cercando parole con un equivalente numerico corrispondente alla data di nascita o di morte di una persona, ecc.

Ad esempio alla parola Allah الله è associato il numero 1+30+30+5=66.

La formula di invocazione che compare all'inizio delle Sure nel Corano (Bismillah)

بسم الله الرحمن الرحيم   *bi-smi-llaahi r-rahmaani r-rahiim*

la cui traduzione è "nel nome di Allah, Clemente e Misericordioso", ha il valore numerico 786 che si ottiene sommando i valori delle singole lettere (2+60+40 + 1+30+30+5 +1+30 +200+8+40+50 + 1+30+200+8+10 +40).

In alcuni paesi musulmani, ad esempio in India e Pakistan, è entrato nell'uso sostituire il numero 786 al posto della Bismillah, per evitare di scrivere il nome di Dio e la frase del Corano nei giornali e nelle carte che possono in seguito essere sporcati o entrare in contatto con sostanze impure. Non tutti i musulmani approvano però questa pratica.

Nelle Fig. 11.7 e 11.8 è riportata una parte di una tavola dell'astronomo Najm al-Dīn al-Misrī con le "coordinate cartesiane" dei punti di un orologio solare orizzontale, per le ore temporarie dalla I alla VI e per la preghiera Asr, nei giorni dei Solstizi.

---

[10] La numerologia è un'antica arte per la previsione del futuro degli essere umani per mezzo dell'uso dei numeri.

In Fig. 11.9 il disegno dell'orologio ottenuto con questi valori.

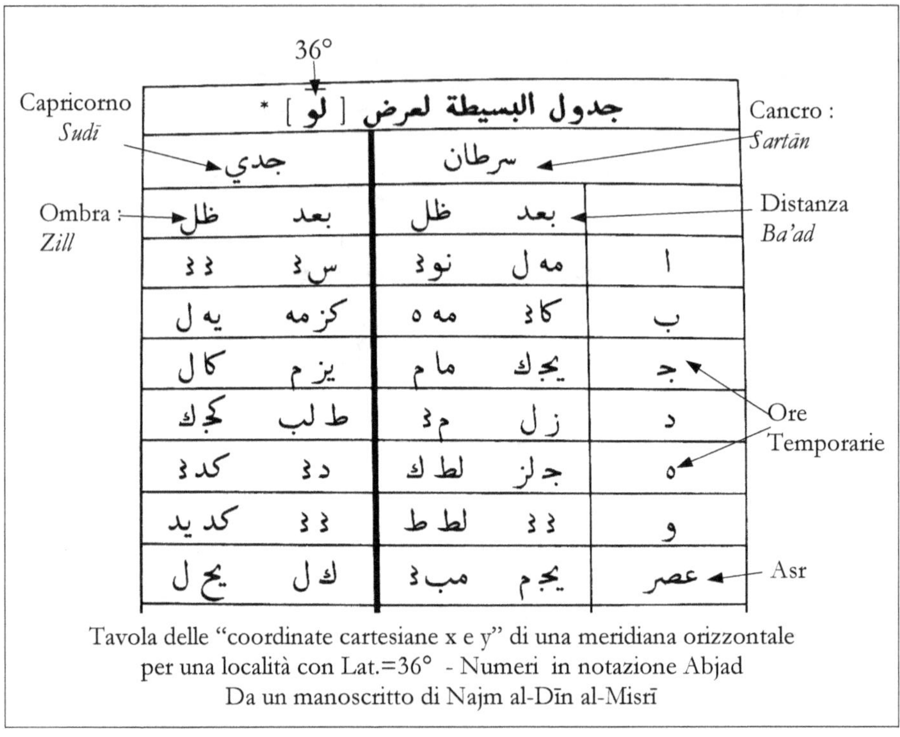

Tavola delle "coordinate cartesiane x e y" di una meridiana orizzontale
per una località con Lat.=36° - Numeri in notazione Abjad
Da un manoscritto di Najm al-Dīn al-Miṣrī

Fig. 11.7

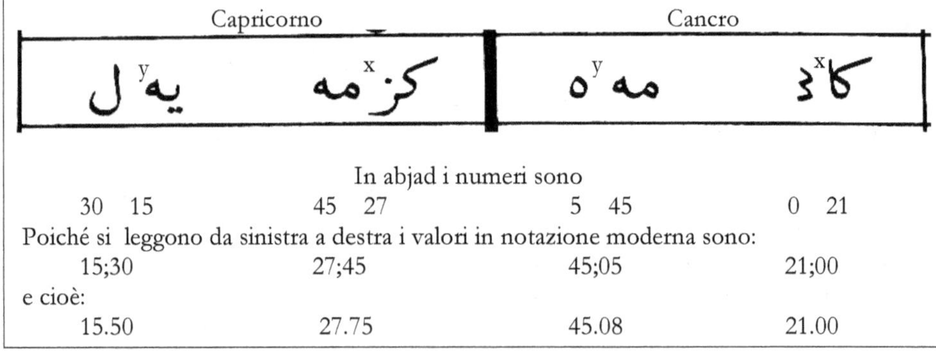

In abjad i numeri sono

| 30   15 | 45   27 | 5   45 | 0   21 |

Poiché si leggono da sinistra a destra i valori in notazione moderna sono:

| 15;30 | 27;45 | 45;05 | 21;00 |

e cioè:

| 15.50 | 27.75 | 45.08 | 21.00 |

Fig. 11.8   Particolare della tavola precedente: linea dell'ora II

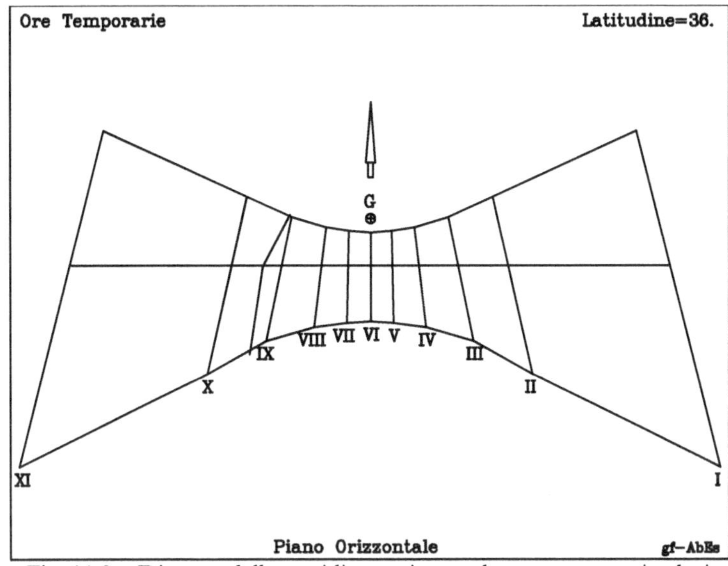

Fig. 11.9   Disegno della meridiana orizzontale ottenuto con i valori
della tavola precedente

11.4.3 La notazione araba moderna

I cosi detti *"numeri arabi"*, cioè i simboli che usiamo nel mondo moderno per indicare le cifre da 0 a 9, furono inventati in India verso il VI secolo. Furono usati dai matematici arabi sin dal X secolo, in particolare uno dei primi a usarli e a diffonderli fu al-Khwārizmī, e dal mondo islamico giunsero in Europa verso il 1000: da questa provenienza il loro nome. [11]
Divennero di uso generale in occidente soltanto tra il 1200 e il 1300.
Nei paesi di lingua araba per lo stesso motivo essi sono chiamati *"numeri indiani"* ed hanno la grafia riportata in Fig. 11.10

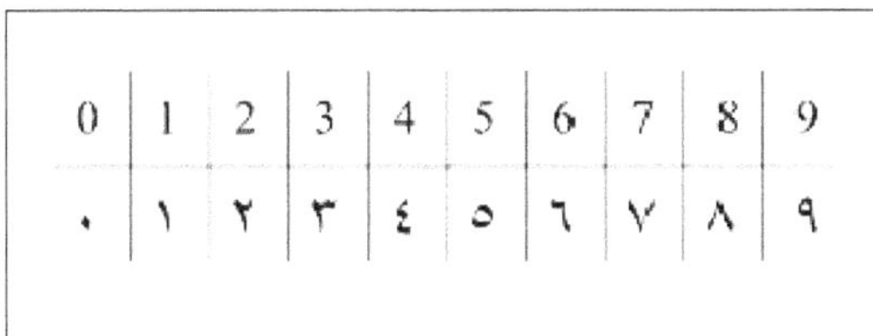

Fig. 11.10   I numeri arabi moderni

Occorre osservare che nei paesi islamici, contrariamente alla scrittura alfabetica, i numeri

---

[11] Occorre osservare, per la precisione, che in Europa giunsero dall'oriente non soltanto i simboli delle cifre ma, cosa molto più importante, il principio della numerazione decimale e l'uso dello zero.

sono scritti da sinistra a destra, come in Europa. Ad es. ٣٦٨ rappresenta il numero 368 (in abjad شسح).

11.5 La trigonometria

La trigonometria[12] é una creazione greco-alessandrina e fu studiata inizialmente allo scopo di costruire una astronomia quantitativa necessaria principalmente per prevedere i moti e le posizioni dei corpi celesti richiesti sia per la costruzione di oroscopi astrologici, sia per la determinazione dell'inizio dei mesi lunari e del calendario, sia per la costruzione di orologi solari.

Fra i primi studiosi e astronomi greci che studiarono il legame matematico fra le corde in un cerchio e gli angoli al centro ad esse corrispondenti e che iniziarono ad utilizzarlo nei calcoli astronomici, vi furono Aristarco da Samo (310-230 a.C.), Apollonio di Perga (262-190 a.C.) e Ipparco di Nicea[13] (190-120 a.C.). Fu però quest'ultimo il primo ad approfondire lo studio, a calcolare una tavola numerica dei valori di questi legami e ad applicare questi nuovi concetti alla soluzione analitica di problemi geometrici: per questo motivo, è considerato il fondatore della trigonometria. [14]

Fig. 11.11 Al-megiste

Nei secoli seguenti molti astronomi matematici[15] estesero questo studio giungendo lentamente allo sviluppo di quella che oggi prende il nome di trigonometria sferica, che contiene, come sottoinsieme, anche i teoremi e le regole della comune trigonometria piana.

Nel II secolo Tolomeo, che visse ad Alessandria fra il 100 e il 178d.C., scrisse una estesa tavole di corde [16] [17],

---

[12] La parola *trigonometria* si deve a Bartholomeo Pitiscus (1561-1613) che la usò nel suo trattato *"Trigonometria: sive de solutione triangulorum tractatus brevis et perspicuous"* pubblicato a Heidelberg nel 1595.

[13] L'antica città di Nicea si trova in Turchia e oggi è chiamata Isnik.

[14] Ipparco è considerato uno dei maggiori astronomi di tutti i tempi. A lui si attribuisce la diffusione nella astronomia greco-alessandrina della antica pratica babilonese di dividere i cerchi celesti in 360 parti (i gradi) e di utilizzare come divisioni inferiori le frazioni sessagesimali (i nostri primi e secondi). Utilizzò un valore del raggio pari a 60 unità, valore usato in seguito anche da Tolomeo e da molti matematici e astronomi arabi. Le sue opere sono andate perdute e se ne conoscono solo alcuni frammenti; le notizie più importanti sul suo lavoro sono contenute nell'Almagesto di Tolomeo. Alcuni storici ipotizzano che proprio la grande diffusione del lavoro enciclopedico di Tolomeo sia stata la causa principale della caduta nell'oblio delle opere di Ipparco.

[15] Ricordo soltanto Menelao di Alessandria (circa 98 a.C.) che lavorò a Roma e scrisse il primo libro di trigonometria sferica conosciuto. Il suo famoso teorema rimase per secoli l'unico teorema di trigonometria conosciuto e usato: Tolomeo nei suoi calcoli utilizza soltanto il teorema di Menelao.

[16] Tolomeo, mostrando l'influenza della matematica Babilonese, prese il diametro uguale a 120 parti per avere un raggio uguale a 60, cioè uguale all'unità nel sistema sessagesimale, come nel nostro uso moderno. In seguito si trova anche il valore R=12 unità e, secondo la tradizione indiana, di 150.

[17] In Almagesto I,11, scrive di aver ottenuto i valori della sua tabella *"calcolando le corde sottese dagli archi con intervalli di ½°, esprimendo ciascuno con un numero di parti in un sistema dove il diametro è diviso in 120 parti, per convenienza dei calcoli"*. Nella sua tavola riporta il valore delle corde degli angoli da ½° a 180° con

scoprì vari teoremi e proprietà delle funzioni trigonometriche[18] e applicò ampiamente la trigonometria contribuendo alla sua diffusione.

La sua opera principale, contenente tutta la conoscenza degli antichi sull'astronomia e sulla trigonometria e la descrizione matematica di quello che fu in seguito chiamato "Sistema Tolemaico", fu tradotta nel 827 della nostra era dagli astronomi di lingua araba che la considerarono di tale importanza da darle il nome di *"al Megiste"* (il moderno Almagesto) che significa "l'opera più grande". [19]

I successivi importanti sviluppi della trigonometria si ebbero poi in India ove il matematico e astronomo Aryabhata (476–550), nella sua opera *"Aryabhata-Siddhanta"*, definì per la prima volta il seno, il coseno, il senoverso, e l'inverso del seno (la moderna cosecante).

Dalle opere di Tolomeo, di Euclide e dei matematici greco-alessandrini, tradotte in arabo nei primi anni del IX secolo, e dalle traduzioni di quelle indiane, gli studiosi musulmani appresero, sintetizzarono e proseguirono lo studio della matematica sia nel campo numerico e di calcolo, con la diffusione dell'algebra, sia nel campo della trigonometria. [20]

Iniziarono ad utilizzare il seno degli archi piuttosto che le corde verso il 900 (Thābit, al-Battānī).

Dopo i primi pionieri che trattarono principalmente alcune applicazioni all'astronomia, come ad esempio il calcolo della qibla, la trigonometria fu sviluppata come una disciplina a se stante per la prima volta dal matematico Muhammad ibn Muādhi al-Jayyaānī (ca. 989-1080) che visse a Cordova e scrisse il trattato *"Determinazione delle grandezze degli archi sulla superficie di una sfera"*. A questo primo testo seguirono altre opere ad esso contemporanee, come ad esempio quelle di Ahmad al-Bīrūnī (973-1055), e infine l'astronomo e matematico persiano Nasīr al-Dīn al-Tūsī (1201-1274) nel XIII sec. scrisse il primo trattato completo di trigonometria piana e sferica e organizzò la materia come ancora oggi la conosciamo e studiamo: sfortunatamente in Europa la sua opera fu conosciuta soltanto verso il 1450.

---

passi di ½°, con una precisione sino alla terza cifra sessagesimale (che, considerando il raggio usato, corrisponde a una precisione di 3 parti su 10000 sul valore della funzione.

[18] Una delle proprietà scoperte da Tolomeo è la relazione $\sin^2(\alpha) + \cos^2(\alpha) = 1$.

[19] L'opera di Tolomeo era inizialmente intitolata *Μαθεματιχε συνταξις* cioè *Raccolta matematica*. Questo titolo venne ben presto (200-300 d.C.) cambiato dagli studiosi in *Μεγαλε μαθεματιχε συνταξις τες αστρονυμιας* cioè *Grande raccolta matematica di astronomia*. Gli arabi sostituirono poi all'aggettivo "grande" il superlativo *μεγιστε* ("il più grande") e aggiunsero l'articolo arabo *al.* Il titolo *al-Megiste* venne infine trasformato dai primi traduttori medioevali in *Almagesti* ed infine nel latino *Almagestum*. La prima traduzione dall'arabo in latino fu fatta da Gherardo da Cremona nel 1175: quasi 350 anni dopo la prima traduzione in lingua araba.

[20] Il matematico persiano Muhammad ibn Musa Khwārizmī (780-850) compilò tavole dei seni e delle tangenti, e contribuì anche alla trigonometria sferica. A partire dal X secolo, i matematici musulmani, come ad esempio Abu'l-Wafa (940-998), usavano già tutte le sei funzioni trigonometriche principali, e possedevano tavole per i seni con incrementi di 0.25° e con una precisione di 8 cifre decimali, come pure tavole dei valori delle tangenti.

La trigonometria e la costruzione di precise tavole per le funzioni trigonometriche furono uno dei più importanti contributi dell'Islam alla matematica.

I primi trattati comparsi in Occidente risalgono soltanto al secolo XV quando Regiomontano (1436-1476) sviluppò la trigonometria come disciplina a sé stante nel suo trattato *"De triangulis omnimodus"* del 1464.

11.5.1 La corda

La base della trigonometria é il confronto fra l'arco di un cerchio di dato raggio e il valore della corda ad esso corrispondente (Fig. 11.12). Era l'unica funzione trigonometrica conosciuta da Tolomeo.

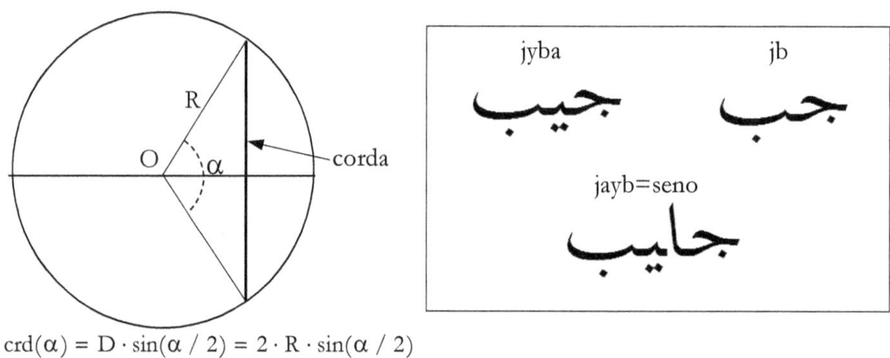

$$\mathrm{crd}(\alpha) = D \cdot \sin(\alpha / 2) = 2 \cdot R \cdot \sin(\alpha / 2)$$

Fig. 11.12   Fig. 11.13   L'origine della parola seno

11.5.2 Il seno

La prima comparsa del concetto di seno, come lo intendiamo attualmente, cioè come la mezza corda sottesa dall'angolo 2α, appare nelle opere del matematico indiano Aryabhata verso il 500 d.C., mentre i matematici di lingua araba iniziarono ad utilizzarlo al posto delle corde soltanto verso il 900.

Aryabhata   diede il nome di *jya-ardha* [21] alla metà della corda sottesa da un angolo e quindi al moderno seno, nome che fu presto abbreviato con la sola parola *jya*. Questa parola per assonanza fu tradotta in arabo con جيب (*jyba*) che, tralasciando le vocali come è uso nella lingua araba, divenne presto جب (*jb*).

Quando gli europei tradussero le opere arabe confusero la parola *jyba* (che non ha nessun significato) con la parola araba *jayb* (جايب), che significa "baia, insenatura, golfo" oppure

---

[21] La parola *jya* significa "corda" e *jya-ardha* "mezza corda" . Aryabhata chiamò poi *ko jya* il coseno, *ukrama jya* il seno verso e *otkram jya* l'inverso del seno (cosecante).

"piega", "tasca", e infine tradussero il termine con la parola *sinus* con il significato di "piega", "curva" (ricordiamo ad es. il nostro vocabolo sinuoso) (Fig. 11.13). [22]

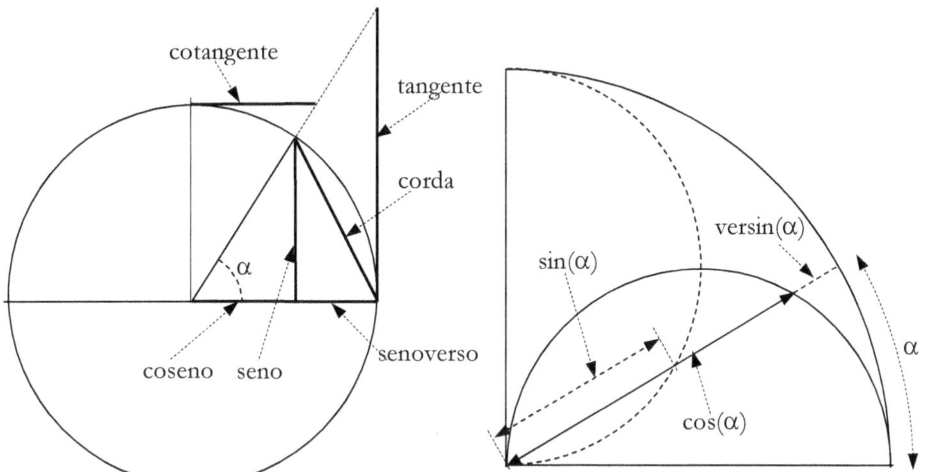

Fig. 11.14 - Le funzioni trigonometriche   Fig. 11.15 Seno e coseno negli antichi quadranti

La locuzione *"sinus rectus arcus"* cioè *"seno verticale dell'arco"* fu usata per la prima volta da Leonardo Fibonacci (c. 1170-1240), riservando il termine *"sinus versus"* o *"seno rovesciato o girato su un lato"* alla *"sagitta"* o freccia, cioè alla funzione ancora oggi chiamata seno-verso (in inglese versin).

L'abbreviazione in *sen* o *sin* fu usata per la prima volta da Edmund Gunter (1581-1624) nel 1620 circa, anche se alcuni sostengono la candidatura di William Oughtred, che usò il termine *sin* in una sua opera del 1632.

11.5.3 Il coseno

Il termine *ko jya* di Aryabhata fu tradotto inizialmente *"complementus sinus"* o seno dell'angolo complementare, trasformato poi in *co-sinus* da Gunter nel 1628.

Ancora agli inizi del XVII secolo François Viète usava il termine *seno residuo*.

11.5.4 Il senoverso

Per molti secoli, sino a circa il 1800 la seconda funzione trigonometrica in ordine di importanza nei calcoli e nei trattati fu il *"seno-verso"*, coincidente con la freccia di un dato arco.

---

[22] Non è stato ancora del tutto chiarito chi sia stato il primo in Occidente a tradurre erroneamente la parola *jb* in *sinus*. Alcuni studiosi affermano sia stato Plato Tiburtinus (Plato di Tivoli), matematico italiano del XII secolo, che visse a Barcellona e tradusse dall'arabo le opere di astronomia di al-Battānī. Altri traduttori di opere arabe che usarono il termine *sinus* sono Gerardo di Cremona (1114-1187) e Robert da Chester.

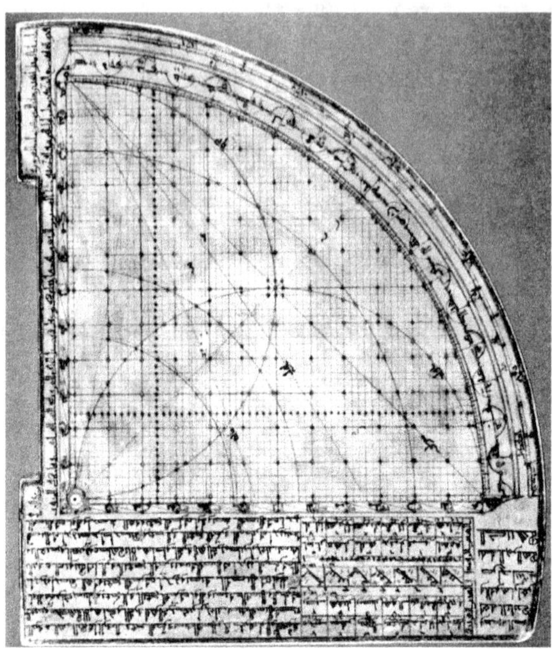

Fig. 11.16   Quadrante trigonometrico Siriano-XVIII sec

Questa funzione, oggi praticamente sconosciuta, è indicata dalla parola *versin* e definita dalla relazione

$$\text{versin}(\alpha) = 1 - \cos(\alpha)$$

Da osservare che la funzione versin è sempre positiva (valore tra 0 e 2) ed è, come il coseno, una funzione pari, cioè $\text{versin}(\alpha) = \text{versin}(-\alpha)$. [23]

Ritengo opportuno riportare qui una antica formula, molto sintetica ed elegante, contenente il seno verso, che fu molto usata per trovare l'angolo orario ω del Sole conoscendo la sua altezza h, l'altezza meridiana h_M, e il semiarco diurno ω_S:

$$\frac{\text{versin}(\omega)}{\text{versin}(\omega_S)} = \frac{\sin(h_M) - s\,in(h)}{\sin(h_M)}$$

11.5.5 La tangente

Il concetto di tangente e di cotangente si sviluppò fra gli studiosi arabi in modo indipendente dallo sviluppo delle funzioni seno e coseno, nate come si è detto dal rapporto fra una corda e

---

[23] Questa antica funzione da non molti anni è ritornata ad essere usata nella teoria dei controlli e nello studio dei segnali impulsivi in cui vengono anche usate le funzioni *coversin*, o senoverso del complemento, e *haversin* o metà del seno verso: $\text{coversin}(\alpha) = \text{versin}(\pi / 2 - \alpha) = 1 - \sin(\alpha)$ e

$\text{haversin}(\alpha) = \text{versin}(\alpha)/2 = \sin^2(\alpha/2)$

l'arco di una circonferenza.

Le due funzioni si svilupparono dalla osservazione della relazione esistente fra l'altezza di un oggetto, di un edificio, di una asta verticale, e la sua ombra sul terreno o su un piano orizzontale e dalle relazione fra la lunghezza di un'asta fissata perpendicolarmente a una parete verticale rivolta a sud e la sua ombra verticale al mezzogiorno.

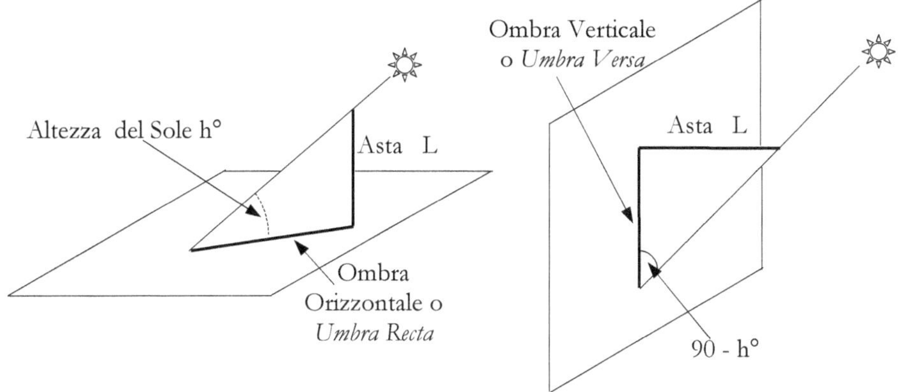

Fig. 11.17   L'*umbra recta*   Fig. 11.18   L'*umbra versa*

Furono quindi i risvolti pratici derivanti dalla conoscenza del rapporto fra altezza di un oggetto e la lunghezza della sua ombra, come la ricerca dell'altezza degli edifici[24] o la progettazione di orologi solari[25], a far accettare e a diffondere e questa nuova funzione trigonometrica.

Le prime tavole "di ombre" conosciute furono compilate dagli arabi verso l'860: in esse si usavano le due grandezze che furono poi tradotte in latino con i termini di *"umbra recta"* (ombra orizzontale di un'asta verticale) e *"umbra versa"* (ombra verticale di un asta orizzontale su un piano rivolto a sud). (Fig. 11.17, 11.18) [26]

Tavole delle lunghezze dell'umbra recta (*zill mabsuta*) e dell'umbra versa (*zill ma'kusa*) si trovano in vari manoscritti arabi riguardanti il calcolo degli orologi solari e degli astrolabi, mentre grafici per determinare queste funzioni erano spesso tracciati sugli astrolabi e su quadranti orari.

---

[24] Talete (c. 630-550 a.C.) usò la lunghezza dell'ombra per ricavare l'altezza delle piramidi.

[25] Sembra che lo studio delle sezioni coniche, presso i matematici ellenistici, abbi avuto origine dal problema pratico di determinare il percorso dell'ombra di un punto su un piano, cioè da un problema legato alla realizzazione degli orologi solari – vedi NEUGEBAUER(1974), p. 256.

Anche il classico problema della trisezione di un angolo sembra sia derivato dalla ricerca di una soluzione del problema pratico di trovare la 12' parte dell'arco tracciato dal Sole sopra l'orizzonte, equivalente al periodo di una ora stagionale (opera citata pag. 265).

[26] Il termine tangente fu usato per la prima volta da Thomas Fincke (1561-1656) nel libro *"Flenspurgensis Geometriae rotundi libri XIII"* del 1583 ; il termine cotangente da Edmund Gunter nel 1620.

NOTA - Delle otto funzioni trigonometriche conosciute sin dall'antichità:

corda	Ipparco di Nicea circa 150 a.C.	
seno	Tolomeo circa 150 d.C.	Arabi circa 850 d.C.
coseno	Arabi circa 850-900 d.C.	Thābit ibn Qurra (826-902)
tangente, cotangente	Arabi circa 850-930 d.C.	Al-Battānī (Albatenius 858-929)
secante, cosecante	Arabi circa 1000 d.C.	Abu al-Wafa' (940-998)
senoverso	Arabi circa 850 d.C.	

oggi nelle nostre scuole e nei linguaggi di programmazione ne vengono usate soltanto tre.

La cotang(α) = 1/tang(α), la sec(α)=1/cos(α) e la cosec(α)=1/sen(α) erano in uso in molti libri sino ad una cinquantina di anni fa (1960 circa) e si ritrovano soltanto in alcune opere di matematica e di astronomia ancora oggi ristampate (ad es. F.Zagar , *"Astronomia sferica e teorica"* , Zanichelli ,1948 - Ristampa del 1984).

Il senoverso é praticamente scomparso da moltissimi anni dalla letteratura. A mia conoscenza l'unico testo in italiano di astronomia, in cui viene ancora usato é il volume di F. Flora, *"Astronomia Nautica"*, Hoepli, 5° ediz., ristampa 1979, ancora attualmente in vendita e, per altro, pregevole e consigliabile per contenuto, trattazione e chiarezza.

Per evidenziare come sono riportate le spiegazioni che si trovano nei manoscritti di gnomonica islamica rimando al Cap. 20 ove è illustrato un metodo di calcolo per un orologio solare orizzontale (*Basītah* ال بسيطة) così come si trova nel testo di Thābit ibn Qurra.

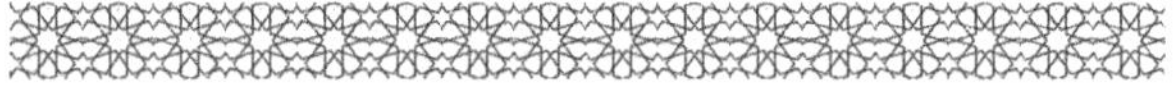

Parte VI

UNA ANTICA FORMULA APPROSSIMATA

Capitolo 12
UNA ANTICA FORMULA APPROSSIMATA

Nello studio degli strumenti per la misurazione del tempo esiste una semplice formula trigonometrica approssimata che, permettendo di determinare l'ora temporaria conoscendo soltanto l'altezza del Sole nell'istante di osservazione e la sua altezza meridiana, indipendentemente dalla latitudine del luogo, è stata utilizzata per più di 1000 anni, insieme ai metodi grafici da essa derivati, per calcolare e progettare quadranti orari e orologi solari praticamente "universali". [1]

La formula, scoperta dagli astronomi indiani verso il 500, fu subito fatta propria dagli studiosi di lingua araba e di essa si ha menzione per la prima volta in un'opera di autore ignoto dell'VIII secolo, richiamata dall'astronomo al-Bīrūnī [2] che la descrive usando la cosecante invece del seno. Essa compare poi in un testo di al-Khwārizmī (780-850) e in un'opera dell'astronomo di Toledo al-Zarqālī o Arzachel (1028-1087), tradotta in latino col titolo di "Canoni". Fu in seguito largamente utilizzata dagli astronomi al-Marrākushī (1256-1321) e Najm al-Dīn al-Misrī (Cairo 1300-1350), autori di due fondamentali opere sugli antichi strumenti astronomici dell'antico Islam e basandosi su di essa furono costruite numerose tavole per la misura del tempo.

Il metodo grafico derivato dalla formula approssimata è testimoniato sin dall'VIII secolo su uno strumento siglato dall'astronomo-matematico Ibrāhīm al-Fazārī (morto nell'806), mentre in Occidente esso giunse, probabilmente dalla Spagna, verso il XIV-XV secolo e fu ampiamente applicato ed utilizzato sino agli inizi del secolo XVIII. Non vi è però nessuna testimonianza che gli astronomi europei fossero a conoscenza della relazione matematica alla base delle loro costruzioni geometriche e della entità di approssimazione dei loro strumenti. [3]

Occorre anche osservare che le curve delle ore temporarie ottenute utilizzando l'antico metodo vennero tracciate anche dopo l'abbandono di questo tipo di ore, quasi come un disegno ornamentale che la tradizione imponeva nel retro degli astrolabi.

Joseph Drecker (1853-1931) fu il primo studioso moderno a stabilire, nel 1925, che le curve delle ore nei quadranti universali medievali derivavano da una formula trigonometrica approssimata. In seguito, dopo il 1960, il ritrovamento e la traduzione di manoscritti e testi

---

[1] Per trovare le ore temporarie, i primi astronomi arabi, oltre al metodo che si descrive qui, adottarono anche una formula aritmetica basata sull'allungamento dell'ombra. Vedi Cap. 5.7

[2] Muhammad ibn Ahmad al-Bīrūnī (973-1048) in *"Ifrad al-Maqal fi Amr al-Zilal"* (*ca.* 1020) o "Il trattato completo delle ombre"

[3] Sembra che anche la maggior parte dei costruttori di strumenti orientali ignorasse la formula e applicasse il metodo geometrico solo per imitazione.

astronomici in lingua araba, in particolare per opera di David A. King e della sua scuola, ha portato alla conoscenza dei risultati dei primi astronomi islamici, sopra riportati.

Anche se il metodo è approssimato, esso ebbe una così grande diffusione e fu utilizzato per più di mille anni principalmente per tre motivi:
- nonostante il fatto che i risultati non siano corretti, esso permette di trovare i valori delle ore temporarie con una buonissima approssimazione, superiore alla relativamente scarsa precisione degli strumenti di misura dell'antichità;
- il metodo è molto semplice e permette facili soluzioni, sia grafico-geometriche sia numeriche;
- poiché per la ricerca dell'ora non richiede la conoscenza della latitudine del luogo, il metodo permette la costruzione di strumenti, come quadranti e orologi solari portatili, "universali", cioè utilizzabili in ogni luogo, per qualunque latitudine o, come scrive al-Marrākushī, *"per tutti i luoghi abitabili"*. [4]

12.1 La formula approssimata o "formula universale"

Nella maggioranza dei testi arabi conosciuti non si trova una descrizione dettagliata della formula ma si trovano soltanto indicazioni di come possono essere disegnati e calcolati alcuni "strumenti universali". Questa mancanza dipende probabilmente dalla larga diffusione e dalla "ovvietà" del metodo presso gli studiosi islamici.

Riporto qui la descrizione del metodo come compare nel monumentale "Trattato degli strumenti astronomici degli arabi" di al-Marrākushī, al cap. XXXIX , secondo la traduzione di Jean-Jacques Sédillot. [5]

"Determinazione delle ore del tempo già trascorso.
Questa determinazione si fa con un metodo di cui è stata verificata l'esattezza sia in luoghi di cui non era nota la latitudine, sia in molti altri siti con latitudini diverse.
Forse qualche persona, non avendolo provato, può pensare che i risultati di questo metodo si avvicinano alla verità soltanto se le latitudini sono piccole e che essi se ne allontanino quando le latitudini aumentano.
In tutti i casi noi crediamo che esso possa essere impiegato utilmente per la parte abitabile della Terra, cioè sino a 66° di latitudine. ...
Quando vorrete avere, per un giorno qualunque, le ore [temporarie] *del tempo già trascorso* [dall'alba] *moltiplicate il seno dell'altezza osservata del Sole per 60, dividete il prodotto per il seno dell'altezza meridiana e avrete come quoziente un seno di cui cercherete l'arco, e, dividendolo per 15, avrete le ore trascorse* [dall'alba] *se l'osservazione è fatta prima del mezzogiorno, o quelle che mancano* [al tramonto] *se l'osservazione è fatta nel pomeriggio.*

---

[4] Al-Marrākushī critica chi pensa che la formula sia universalmente valida, è consapevole del fatto che gli errori aumentano con la latitudine ed esprime l'opinione che la formula sia utile e pratica per tutte le località comprese nella zona temperata, all'interno della fascia fra i circoli polari.

[5] Jean-Jacques Sédillot non comprese a pieno le considerazioni di al-Marrākushī e la descrizione della formula da lui fatta.

Esempio – L'altezza del Sole in un giorno qualunque prima del mezzogiorno vero sia 10° e l'altezza meridiana 30°.
Prendete il seno dell'altezza osservata che è 10p 25' [Sin(10)=60xsin(10)=10.419=10°25'];
moltiplicatelo per 60 e dividete il prodotto 625 [esattamente 625.13] *per 30, seno dell'altezza meridiana*
[Sin(30)= 60x sin(30)=30] . *Avrete un quoziente di 20p50'* [20.838°] *seno dell'arco 20°21'* [esattamente arcsin(20.838)/60=20.322=20° 19'] *; dividetelo per 15 e avrete le ore temporarie 1h 21m già*
trascorse [dall'alba]."

Tradotto in linguaggio matematico moderno il metodo è esprimibile dalla semplicissima
formula seguente:

$$\sin(15 \cdot T) = \frac{\sin(h)}{\sin(h_M)} \qquad (1) \quad \textbf{formula universale approssimata}$$

nella quale

T = ora temporaria
h = altezza del Sole nell'istante considerato
h_M = altezza massima del Sole nel giorno o altezza meridiana

Poiché l'altezza massima h_M è data da

$$h_M = 90° - \varphi + \delta \quad \text{in cui} \quad \varphi = \text{latitudine del luogo e} \quad \delta = \text{declinazione del Sole,}$$

la relazione (1) esprime l'ora temporaria T in funzione delle grandezze (φ, δ, h).

E' immediato osservare che la (1) dà valori corretti agli Equinozi, all'Equatore e quando il
Sole è al meridiano o all'orizzonte. Infatti:

- quando il Sole è all'orizzonte: con $h=0$ si ottiene $T = 0$;
- quando il Sole è al meridiano: con $h=h_M$ si ha $15 \cdot T = 90$, da cui $T = 6$;
- nei giorni degli Equinozi. In questo caso, indicando con H_{TV} le ore di tempo vero e con
  ω l'angolo orario del Sole, si hanno i valori:

$$\delta = 0$$
$$T = H_{TV} - 6$$
$$\omega = 15 \cdot (H_{TV} - 12) = 15 \cdot (T - 6) = 15 \cdot T - 90°$$
$$h_M = 90 - \varphi$$

  Che, sostituiti nella (1), danno la relazione $\sin(h) = \cos(\omega) \cdot \cos(\varphi)$ che è l'espressione

  della formula esatta quando $\delta = 0$. [6]

- Nelle località all'Equatore. Quando $\varphi = 0$ si ha

$$T = H_{TV} - 6$$
$$\omega = 15 \cdot T - 90°$$
$$h_M = 90° + \delta$$

---

[6] La formula completa è $\sin(h) = \sin(\delta) \cdot \sin(\varphi) + \cos(\delta) \cdot \cos(\varphi) \cdot \cos(\omega)$

per cui la (1) diventa $\sin(h) = \cos(\omega) \cdot \cos(\delta)$, che è la formula esatta quando $\varphi = 0$.

Negli altri casi i risultati sono approssimati di pochi minuti, come si può rilevare dai grafici in Fig. 12.2 e 12.3.

12.2 L'applicazione più importante della formula: il quadrante universale

L'applicazione geometrica più importante e diffusa della formula approssimata porta alla costruzione di un quadrante molto semplice, chiamato universale in quanto utilizzabile in località con latitudine diversa, in cui le linee delle ore temporarie sono degli archi di circonferenza. [7]

Questo tipo di grafico orario sino al XVII secolo è stato il più popolare sia in Europa che in Oriente, e si trova riportato sia su quadranti veri e propri, che nel retro degli astrolabi. [8]

Un tipico un quadrante di questo tipo è rappresentato in Fig. 12.1

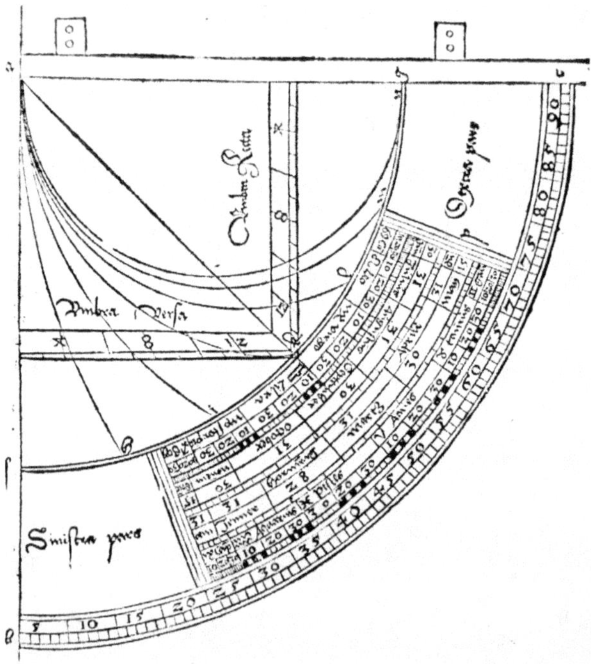

Fig. 12.1 – Il *quadrans vetus* di Sacrobosco – XIII sec.
Da un trattato del 1539

---

[7] I quadranti universali sono descritti nei capitoli successivi.

[8] Il primo quadrante di questo tipo conosciuto si trova su un astrolabio dell'anno 959, rubato alcune decine di anni fa dal Museo Nazionale di Palermo.

12.3 Derivazione della formula approssimata – Via analitica

La formula approssimata descrive un legame fra l'ora temporaria T e le altezze istantanea h e massima h_M del Sole: cerchiamo quale sia questo legame espresso con formule moderne corrette.

Indicando con ω_S l'angolo orario del Sole al tramonto (semi arco diurno) si hanno le note relazioni:

$$\begin{vmatrix} h_M = 90° - \varphi + \delta \\[2mm] \omega = \dfrac{T-6}{6} \cdot \omega_S \\[2mm] \cos(\omega_S) = -\tan(\varphi) \cdot \tan(\delta) \\[2mm] \sin(h) = \sin(\delta) \cdot \sin(\varphi) + \cos(\delta) \cdot \cos(\varphi) \cdot \cos(\omega) \end{vmatrix}$$

dalle quali si può ricavare la:

$$\frac{\sin(h)}{\sin(h_M)} = \frac{\cos(\omega) - \cos(\omega_S)}{1 - \cos(\omega_S)}$$

e infine la

$$\frac{\sin(h)}{\sin(h_M)} = \frac{\cos\left(\dfrac{15 \cdot T - 90}{90} \cdot \omega_S\right) - \cos(\omega_S)}{1 - \cos(\omega_S)} \tag{2}$$

che è la relazione corretta che lega le grandezze interessate.

Agli Equinozi e nelle località all'Equatore il semiarco diurno è di 6 ore, cioè $\omega_S=90°$, per cui la (2) si trasforma in:

$$\frac{\sin(h)}{\sin(h_M)} = \cos(15 \cdot T - 90) = \sin(15 \cdot T) \quad \text{che è la formula approssimata (1).}$$

12.4 Errori della formula approssimata

Quando il Sole ha una altezza h e un angolo orario ω si hanno le formule:

$$\begin{vmatrix} \sin(h) = \sin(\delta) \cdot \sin(\varphi) + \cos(\delta) \cdot \cos(\varphi) \cdot \cos(\omega) \qquad \text{esatta} \\[2mm] \sin(h) = \sin(15 \cdot T) \cdot \cos(\varphi - \delta) \qquad \text{approssimata} \end{vmatrix}$$

Uguagliandole si ricava:

$$\cos(\omega_A) = \sin(15 \cdot T) \cdot \left[1 + \tan(\varphi) \cdot \tan(\delta)\right] - \tan(\varphi) \cdot \tan(\delta)$$

ove ω_A è l'angolo orario all'ora Temporaria T che si ricava usando la formula approssimata.
Infine ricordando la definizione del semiarco diurno ω_S si ha:

$$\cos(\omega_A) = \sin(15 \cdot T) + \cos(\omega_S) \cdot \left[1 - \sin(15 \cdot T)\right]$$

Il valore corretto dell'angolo orario all'ora temporaria T è invece dato dalla

$$\omega = \frac{15 \cdot T - 90}{90} \cdot \omega_S = \frac{T - 6}{6} \cdot \omega_S$$

Confrontando i valori di ω_A con quelli esatti si può calcolare l'errore della formula approssimata $\mathrm{Err} = \omega - \omega_A$.

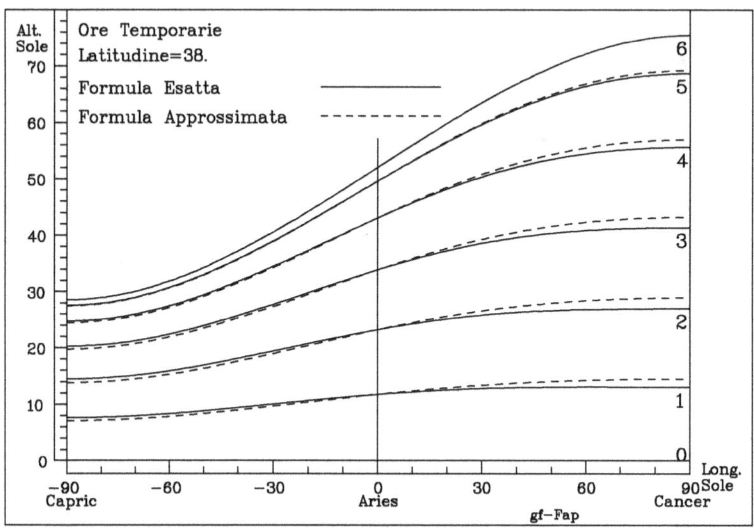

Fig. 12.2 - Confronto fra formula esatta e formula approssimata

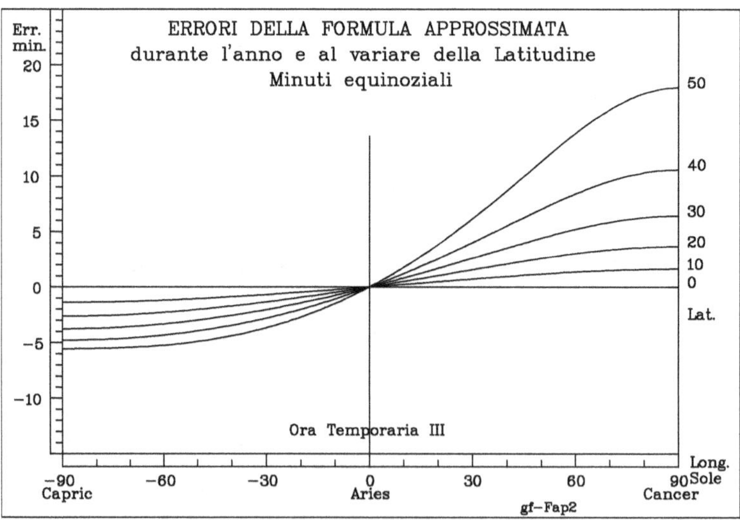

Fig. 12.3

Dalla Fig. 12.3 si vede che per località con latitudine inferiore a 40-45° l'errore massimo, al Solstizio estivo, risulta dell'ordine di soli 10 minuti.

12.5   Derivazione della formula approssimata – Via geometrica

12.5.1   Caso con $\delta = 0$ – Giorni degli Equinozi

Indichiamo (Fig. 12.4 e 12.5) :

- con FAG il percorso del Sole in cielo nei giorni degli equinozi e con F'A'G' quello in un giorno qualunque (in Fig. 12.4 in un giorno d'estate);
- con E il punto in cui si trova il Sole in certo istante nel giorno dell' Equinozio;
- con D e B i piedi delle normali da E e da A al piano dell'orizzonte;
- con α l'angolo EOF nel piano FEAG su cui si trova il Sole;
- con R il raggio della sfera.

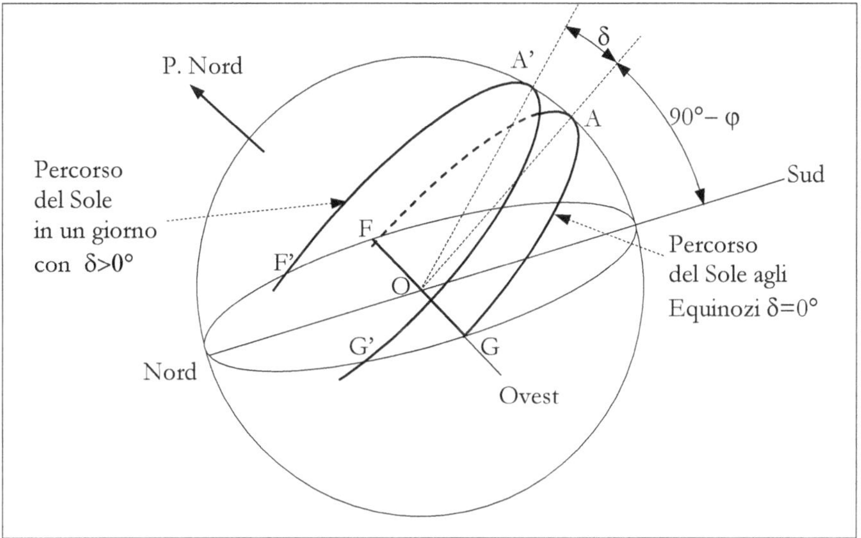

Fig. 12.4

L'angolo α è l'angolo orario del Sole contato dall'alba e poiché agli equinozi il Sole in un'ora temporaria descrive un angolo orario di 15° si ha $\alpha = 15° \cdot T$

Osservando la Fig. 12.5 si possono ricavare le relazioni seguenti:

$$AB = R \cdot \sin(90 - \varphi) = R \cdot \cos(\varphi)$$

$$EH = OE \cdot \sin(\alpha) = R \cdot \sin(\alpha)$$

$$ED = EH \cdot \sin(90 - \varphi) = R \cdot \sin(\alpha) \cdot \cos(\varphi)$$

Essendo il Sole in E, l'angolo EOD è la sua altezza h e quindi $ED = R \cdot \sin(h)$

Infine uguagliando le due espressioni di ED si ha:

$$\sin(h) = \sin(\alpha) \cdot \cos(\varphi) = \sin(\alpha) \cdot \sin(90 - \varphi) \quad \text{da cui la formula approssimata}$$

$$\sin(h) = \sin(15 \cdot T) \cdot \sin(h_M)$$

ove h_M è l'altezza massima del Sole a mezzogiorno.

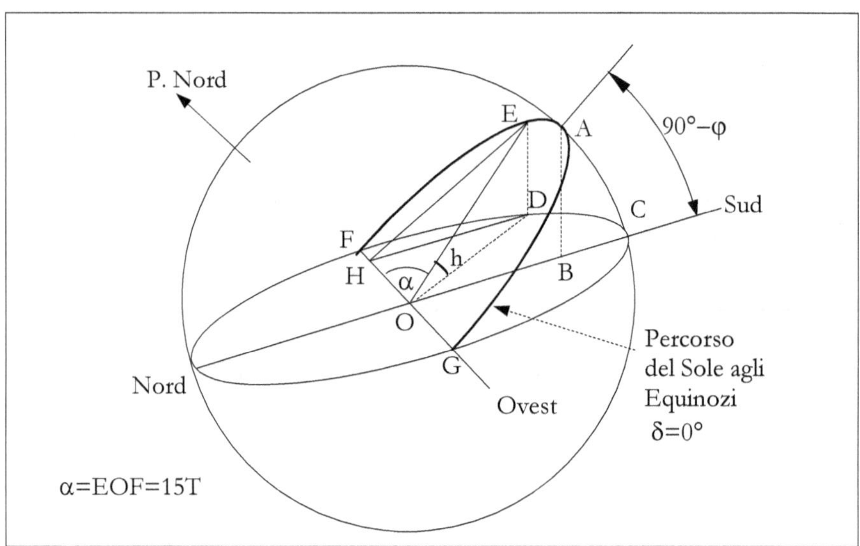

Fig. 12.5

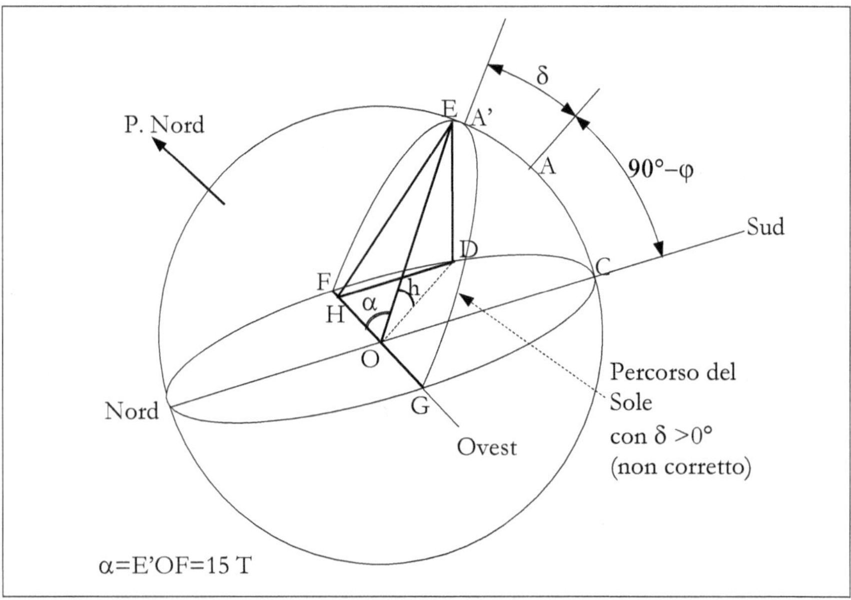

Fig. 12.6

12.5.2 Caso con δ≠ 0

In un giorno in cui la declinazione del Sole δ è diversa da 0° il Sole al culmine si trova in A'
(Fig. 12.6) , punto che dista δ gradi da A.

Se, approssimando, supponiamo che esso invece di percorrere il parallelo celeste F'A'G' di Fig. 12.4, percorra l'arco di cerchio massimo FE'A'G di Fig. 12.6, passante per A' e per i punti Est e Ovest e inclinato sull'orizzonte di $h_M = (90 - \varphi + \delta)$, possiamo facilmente ricavare la

$$\sin(h) = \sin(15 \cdot T) \cdot \cos(\varphi - \delta) = \sin(15 \cdot T) \cdot \sin(90° - \varphi - \delta) = \sin(15 \cdot T) \cdot \sin(h_M)$$

cioè la formula approssimata.

Da questa osservazione si può ipotizzare che, quasi certamente, la formula universale approssimata fu ottenuta supponendo, per ragioni di semplicità, il moto del Sole avvenire su un cerchio massimo, come rappresentato in Fig. 12.6 invece che su un parallelo celeste, come in Fig. 12.4.

12.6 Formula approssimata – Determinazione grafica dell'ora temporaria

Sono state inventate diverse costruzioni grafiche per risolvere con riga, compasso e goniometro la formula approssimata, cioè per trovare il valore dell'ora temporaria note le altezze del Sole all'istante interessato e al mezzodì: ne presento alcune.

12.6.1 1° costruzione

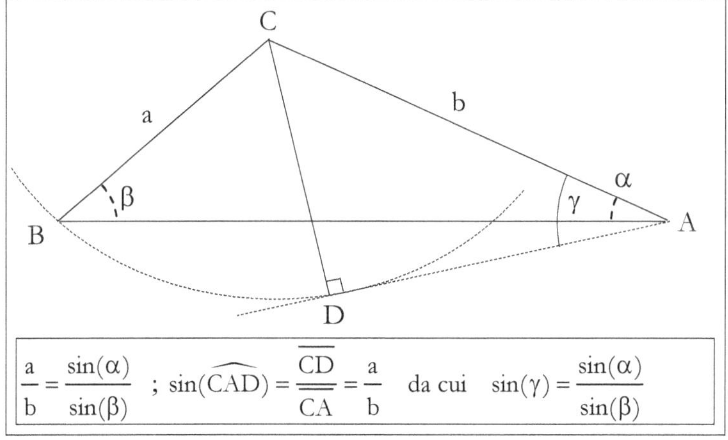

$$\frac{a}{b} = \frac{\sin(\alpha)}{\sin(\beta)} \quad ; \quad \sin(\widehat{CAD}) = \frac{\overline{CD}}{\overline{CA}} = \frac{a}{b} \quad \text{da cui} \quad \sin(\gamma) = \frac{\sin(\alpha)}{\sin(\beta)}$$

Fig. 12.7

Uno dei metodi più semplici è quello illustrato in Fig. 12.7 che utilizza il teorema dei seni, non conosciuto dagli astronomi islamici [9].

---

[9] Il teorema dei seni per la geometria sferica fu scoperto dal matematico Abū al-Wafā (949-998): la sua applicazione alla trigonometria piana è però posteriore.

Dati gli angoli α e β (con $\alpha < \beta$), costruiamo un triangolo con questi angoli alla base: siano **a** e **b** i cateti opposti ad essi. Disegniamo poi una circonferenza di raggio **a** e centro nel vertice C e la tangente ad essa dal vertice A.

Nel triangolo ACD, rettangolo in D, si ha allora $\quad \sin(\widehat{CAD}) = \dfrac{\overline{CD}}{\overline{CA}} = \dfrac{a}{b}\quad$ e, per il teorema dei

seni, $\quad \sin(\gamma) = \dfrac{\sin(\alpha)}{\sin(\beta)}$.

Se si prendono gli angoli $\alpha = h$ e $\beta = h_M$, allora l'angolo γ risulta uguale a (15 T).

12.6.2 2° costruzione

Un secondo modo per determinare geometricamente il valore dell'ora T, certamente noto sin dalla antichità, è indicato nella Fig. 12.8 e si ottiene con la costruzione seguente.

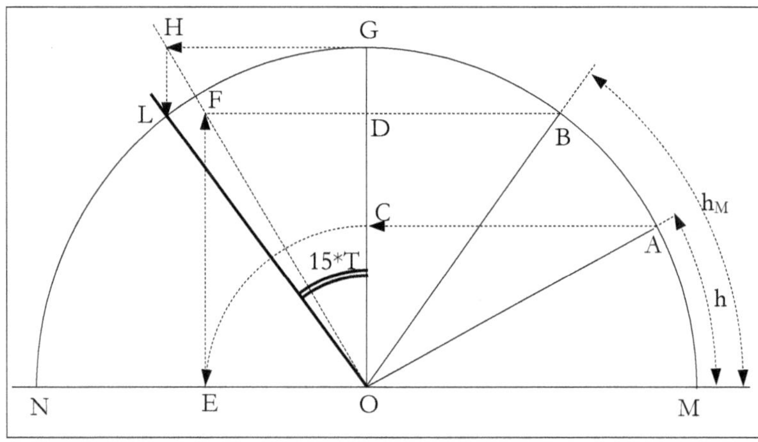

Fig. 12.8

- Si disegni un semicerchio MGN di raggio unitario e centro in O;

- si segnino gli angoli h e h_M: $\widehat{MOA} = h$ e $\widehat{MOB} = h_M$;

- dai punti A e B si traccino le orizzontali AC e BD. Si ha $OC = \sin(h)$ e $OD = \sin(h_M)$

- Se si ribalta OC su OE e si innalza la verticale da E sino ad incontrare la BD in F si ha $FD = \sin(h)$ e $DO = \sin(h_M)$.

- Indicando con α l'angolo $\widehat{DOF}$ si ha allora che $\tan(\alpha) = \dfrac{FD}{DO} = \dfrac{\sin(h)}{\sin(h_M)}$

- Se poi si manda l'orizzontale per G sino ad incontrare il prolungamento di OF in H si ottiene $\quad HG = \tan(\alpha) = \dfrac{\sin(h)}{\sin(h_M)}$

- Infine abbassando la verticale dal punto H al semicerchio, si ottiene il punto L e l'angolo $\beta = \widehat{DOL}$ da cui $\sin(DOL) = \sin(\beta) = HG$ e quindi

$$\sin(\beta) = \frac{\sin(h)}{\sin(h_M)}$$ che è la formula universale, ove $\beta = 15 \cdot T$

12.6.3 3° costruzione

Una terza costruzione geometrica per trovare il valore dell'ora T, talvolta riportata nella costruzione di antichi quadranti, è indicata in Fig. 12.9. Data la sua semplicità non necessita di ulteriori spiegazioni. Questa costruzione è alla base di diversi tipi di quadranti orari.

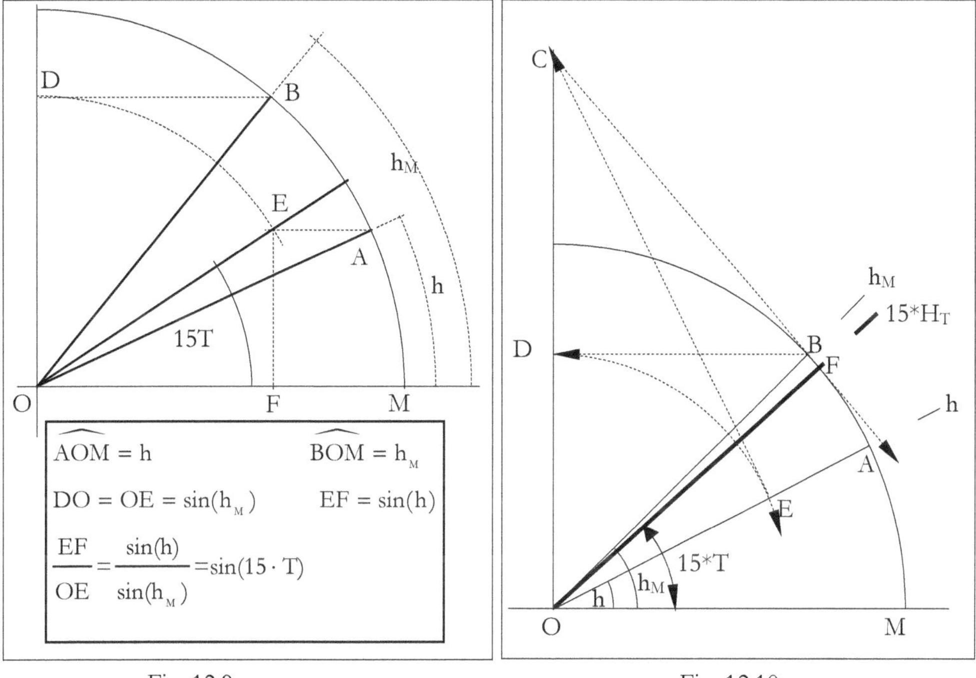

Fig. 12.9   Fig. 12.10

12.6.4 4° costruzione

Infine una ulteriore costruzione, descritta anche da al-Marrākushī, è quella di Fig. 12.10 la cui costruzione è la seguente:

- Costruiti gli angoli al centro h e h_M si traccia l'orizzontale BD, l'arco di cerchio di raggio DO e centro in O sino alla linea OA (punto E) e la tangente per questo punto E all'arco DE sino ad incontrare la verticale OD nel punto C.
- Si disegna poi la tangente CF dal punto C al cerchio di raggio unitario. Dal triangolo OCF, rettangolo in F, si ha $\dfrac{OF}{OC} = \sin(\widehat{OCF}) = \sin(\widehat{FOM})$ e quindi

$$\sin(\widehat{FOM}) = \dfrac{1}{\dfrac{\sin(h_M)}{\sin(h)}} = \dfrac{\sin(h)}{\sin(h_M)}$$ che ci dice che l'angolo $\widehat{FOM} = 15 \cdot T$

12.7 Formula approssimata – Lunghezza dell'ombra

12.7.1 Lunghezza dell'ombra orizzontale meridiana

La lunghezza l_O dell'ombra orizzontale di uno gnomone verticale di altezza ρ è data dalla

$$l_O = \dfrac{\rho}{\tan(h)}$$ essendo h l'altezza del Sole sull'orizzonte (Fig. 12.11).

Nell'istante del mezzogiorno, quando l'altezza del Sole h_M è massima, l'ombra orizzontale

assume la sua lunghezza minima $l_{OM} = \dfrac{\rho}{\tan(h_M)}$.

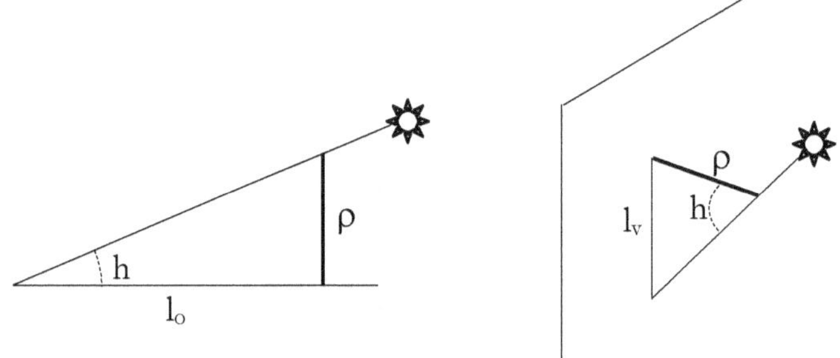

Fig. 12.11 Ombra orizzontale e ombra verticale

In alcuni strumenti, come quadranti e orologi portatili universali, si utilizza proprio questa lunghezza d'ombra invece della altezza del Sole essendo la misura di una lunghezza molto più comoda e facile di quella di un angolo. La formula universale approssimata che dà l'ora temporaria $T = f(h, h_M)$ viene in questi casi sostituita da una relazione perfettamente equivalente $T = g(l_O, l_{OM})$.

Si hanno le seguenti relazioni:

$$\sin(h) = \dfrac{1}{\sqrt{1 + \dfrac{1}{\tan^2(h)}}} = \dfrac{1}{\sqrt{1 + \left(\dfrac{l_O}{\rho}\right)^2}} \qquad \sin(h_M) = \dfrac{1}{\sqrt{1 + \left(\dfrac{l_{OM}}{\rho}\right)^2}}$$

che portano alla versione della formula universale con l_O e l_{OM}:

$$\sin(15 \cdot T) = \dfrac{\sqrt{1 + \left(\dfrac{l_{OM}}{\rho}\right)^2}}{\sqrt{1 + \left(\dfrac{l_O}{\rho}\right)^2}}$$

L'inversa di questa formula viene usata nel calcolo dei punti degli orologi solari portatili nei quali, nota l'ora T, si vuole determinare la lunghezza dell'ombra l_O.
Si ha:

$$\frac{l_O}{\rho} = \frac{1}{\sin(15 \cdot T)} \cdot \sqrt{\cos^2(15 \cdot T) + \left(\frac{l_{OM}}{\rho}\right)^2} = \sqrt{\frac{1 + (l_{OM}/\rho)^2}{\sin^2(15 \cdot T)} - 1}$$

12.7.2 Lunghezza dell'ombra verticale meridiana

Consideriamo un piano verticale e uno gnomone orizzontale ad esso normale e indichiamo con l_V la lunghezza dell'ombra verticale che si ottiene ruotando il piano sino a portare lo gnomone nel piano verticale contenente il Sole (Fig. 12.11).
Si ha immediatamente:

$$l_V = \rho \cdot \tan(h) \quad e \quad l_{VM} = \rho \cdot \tan(h_M)$$

da cui si ricava l'espressione della formula approssimata contenente l_V e l_{VM}

$$\sin(15 \cdot T) = \frac{\sqrt{1 + \left(\dfrac{\rho}{l_{VM}}\right)^2}}{\sqrt{1 + \left(\dfrac{\rho}{l_V}\right)^2}}$$

12.7.3 Formula approssimata – Calcolo dell'ora dell'Asr

Nell'istante di inizio della preghiera Asr si ha, con ovvio simbolismo:

$$l_{OASR} = \rho + l_{OM} = \rho \cdot \left(1 + \frac{1}{\tan(h_M)}\right) = \frac{\rho}{\tan(h_{ASR})} \quad da\ cui$$

$$\tan(h_{ASR}) = \frac{\tan(h_M)}{1 + \tan(h_M)} \quad e\ infine$$

$$\sin^2(h_{ASR}) = \frac{\sin^2(h_M)}{\sin^2(h_M) + \left[\sin(h_M + \cos(h_M)\right]^2}.$$

Questa relazione sostituita nella formula universale porta alla

$$\sin(15 \cdot T_{ASR}) = \frac{1}{\sqrt{\sin^2(h_M) + \left[\sin(h_M) + \cos(h_M)\right]^2}}$$

che fornisce l'ora approssimata dell'Asr.
La stessa formula in funzione della lunghezza dell'ombra orizzontale meridiana diventa

$$\sin(15 \cdot T_{ASR}) = \frac{\sqrt{1 + \left(\dfrac{1_{OM}}{\rho}\right)^2}}{\sqrt{1 + \left(\dfrac{1_O}{\rho} + 1\right)^2}}$$

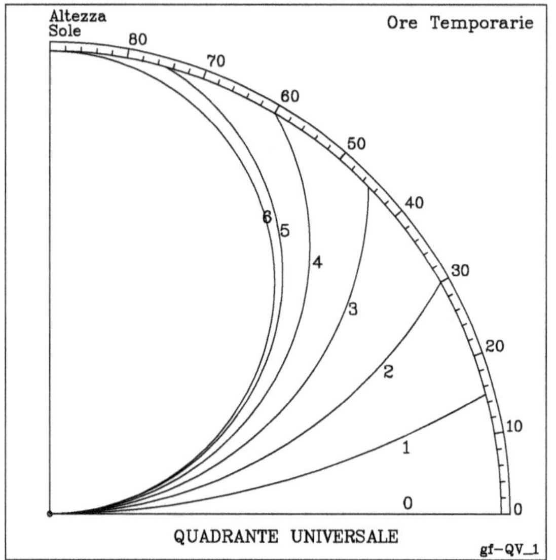

Fig. 12.12   Quadrante con le linee orarie
tracciate con la formula universale

Il tracciamento delle linee orarie sui quadranti universali è spiegato in dettaglio nel successivo Cap. 14.

Parte VII

GLI STRUMENTI PER LA MISURA DEL TEMPO

I QUADRANTI

Capitolo 13
I QUADRANTI

13.1 I quadranti astronomici

A causa della loro semplicità di ideazione e costruzione i quadranti, fissi e portatili, furono usati sin dall'antichità in astronomia e nella pratica della navigazione, sia per la misura del tempo attraverso la misura della altezza del Sole, sia per misurare l'altezza degli astri allo scopo di determinare la latitudine del luogo, sia per determinare le reciproche posizioni delle stelle e il moto dei pianeti e della Luna fra le costellazioni.

Uno dei più antichi esempi di questo tipo di strumenti è il cosiddetto "Plinto di Tolomeo", descritto nell'Almagesto, che consisteva in un plinto massiccio fissato al terreno con una faccia disposta esattamente nel piano meridiano e con una piccola asta orizzontale, perpendicolare alla faccia stessa. Osservando l'ombra di questo elemento al mezzogiorno era possibile leggere l'altezza del Sole su una scala graduata disegnata su un quarto di cerchio.[1]

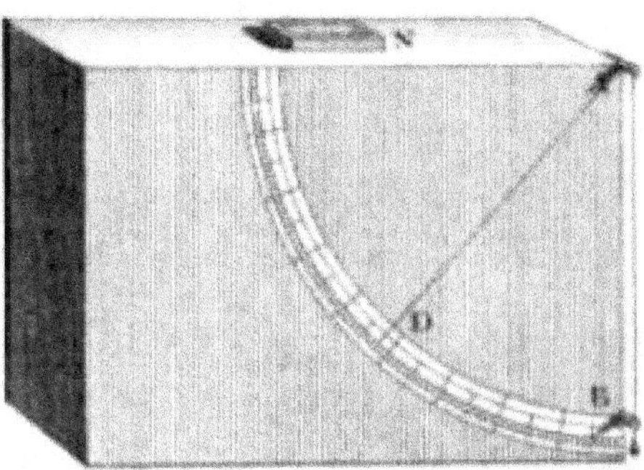

Fig. 13.1   Il plinto di Tolomeo

Gli astronomi islamici costruirono molti quadranti anche di grandissime dimensioni per aumentare la precisione della lettura. Alcuni potevano essere ruotati per determinare sia l'altezza, sia l'azimut di un astro; i più erano fissi e posizionati nel piano meridiano. Fra i più grandi si ricorda quello costruito dall'astronomo al-Khujandi [2] nell'anno 940 circa, nella antica città di Rayy (oggi Shahr-e Rey), presso la moderna Téhéran.

---

[1] A causa del diametro finito del Sole (in media 32') anche un'asta molto sottile produce un'ombra circondata da una penombra che limita a qualche primo d'arco la precisione di questo tipo di strumenti.

[2] Abu Mahmud Hamid ibn al-Khidr Al-Khujandi nato nel 940 a Khudzhand in Tajikistan, morto nel 1000. Quel poco che si conosce di questo eminente astronomo osservatore deriva da alcune sue opere che ci sono pervenute e dai commenti fatti dal famoso astronomo Nasir al-din al Tusi (1201-1274). Nobile, di origine mongola, fu catturato dagli Arabi durante la loro espansione nel VIII secolo e visse tutta la vita sotto la protezione della dinastia Buyide che occupò Baghdad, capitale

Lo strumento, funzionante a camera oscura, cioè con una piccola apertura dalla quale entravano i raggi solari, aveva la forma di un grande quadrante verticale di 20m di raggio; era costruito in muratura e contenuto in un edificio completamente chiuso formato da due pareti verticali distanti 3.5m e alte 10m, con la parte inferiore parzialmente interrata (Fig. 13.2).

Fu usato per determinare il valore della obliquità dell'eclittica, gli istanti degli equinozi e dei solstizi, la durata delle stagioni, ecc. [3]

Circa 470 anni dopo, fra il 1428 e il 1437, nell'osservatorio di Samarcanda (attuale Usbekistan), fu realizzata dall'astronomo Ulugbek[4] una seconda grande meridiana a camera oscura, avente praticamente la stessa forma, che è in parte giunta sino a noi. Lo strumento aveva un raggio di 40.2 m. ed era anch'esso parzialmente interrato.

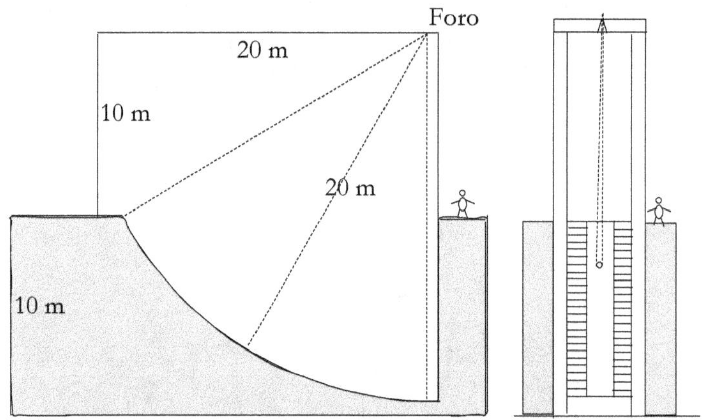

Fig. 13.2   Schema del quadrante di al-Khujandi (schizzo dell'autore)

Un grado corrispondeva a circa 70.1cm e quindi 1' a 11.7mm. Con questo strumento, che rimase in attività sino a circa il 1500, fu redatto il catalogo detto *"Zij-i Sultani"* contenente le coordinate di 994 stelle, che fu il primo catalogo originale nei 1200 anni trascorsi dal tempo di Tolomeo e 150 anni prima di quello di Tycho Brahe.

---

degli Abassidi, nel 945. In particolare, fu sostenuto nei suoi progetti scientifici dal principe Fakhr ad-Dawlah che regnò dal 976 al 997 (366-387H). Per lungo tempo si credette che Al-Khujandi fosse lo scopritore del teorema dei seni nei triangoli sferici, ma in seguito la scoperta di questo teorema fu attribuita correttamente ad Abu Nasr Mansur (970-1036).

[3] Usando questo strumento al-Khujandi osservò una serie di transiti meridiani del Sole in prossimità dei solstizi nel 994 e determinò il valore dell'obliquità dell'eclittica pari a 23°32'19". Poiché il valore che si ottiene per l'anno 994, utilizzando le teorie moderne, è di 23°34'10", l'errore commesso è soltanto dell'ordine dei 2'.

[4] Ulugbek (1394-1449) oltre ad essere sultano dell'impero Timuride (fondato da Tamerlano, Timur, suo nonno) fu un grande matematico e l'ultimo grande astronomo di cultura islamica. Nacque in Iran e si stabilì in seguito a Samarcanda. Il nome Ulugbek, che si trova anche nelle forme *Uluğ Bey* e *Ulugh Bekk*, non è un nome di persona ma significa "Grande reggitore" o "Grande re".

Famosi in Europa rimangono i quadranti astronomici costruiti da Tycho Brahe verso il 1580 con diametri di oltre due metri.

Oltre ai quadranti astronomici fissi, sin da all'anno 800 circa cominciarono ad essere costruiti molti tipi di quadranti portatili che rimasero in uso, prima presso gli studiosi islamici, poi presso gli europei, sino a tutto il XVIII secolo.
Alcuni di questi, come i quadranti detti astrolabici, servivano per determinare diverse grandezze astronomiche, altri furono molto usati come orologi solari e misuratori di tempo.

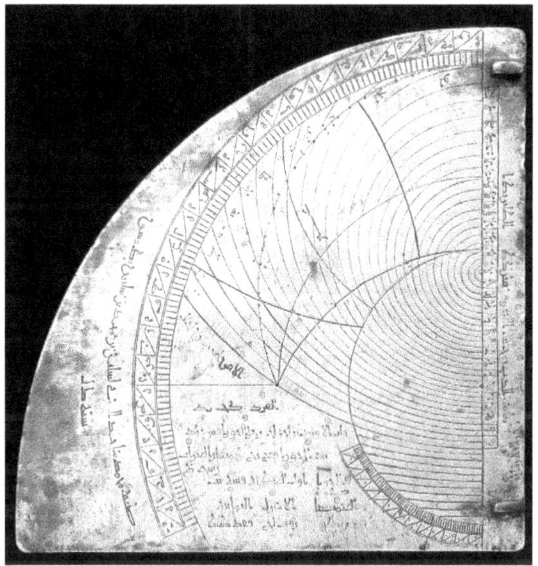

Fig. 13.3 – Quadrante siriano - 1329

13.2 I quadranti orari (رُبع rub')

13.2.1 Descrizione
Un quadrante orario è un orologio solare di altezza portatile che permette di trovare l'ora del giorno[5] in funzione dell'altezza del Sole e della sua longitudine celeste, cioè della data nell'anno.
In genere questo strumento ha la forma di un quarto di cerchio[6] ed in esso sono presenti: una scala graduata da 0° a 90° (scala delle altezze), un sistema di mira avente lo scopo di facilitare l'allineamento di uno dei due lati nella direzione del Sole (foro e riscontro, pinnule, ecc.) e un dispositivo indicatore.

---

[5] In tutti i quadranti islamici si hanno le linee orarie delle ore temporarie. Solo nel rinascimento, in Europa, si cominciarono a costruire quadranti ad ore equinoziali di tempo vero e ad ore italiche.
[6] Sono stati costruiti anche "quadranti" con forme diverse, come rettangolari, circolari, ecc.

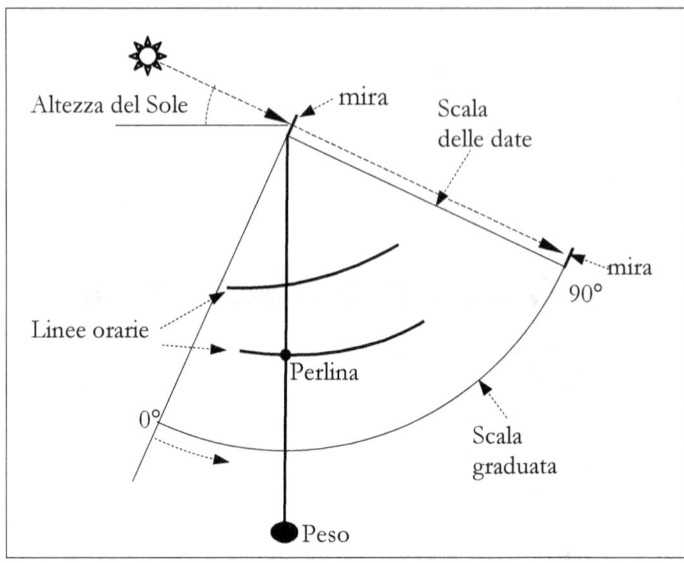

Fig. 13.4   Gli elementi di un quadrante orario

Solitamente questo dispositivo indicatore è formato da un filo, corda o catenella[7], fissato al centro del quadrante e terminante con un peso avente lo scopo di assicurarne la verticalità quando lo strumento viene sospeso.

Su questa cordicella è poi posto un elemento indicatore, formato da una sferetta, da un piccolo piombino o da una "perlina", che è possibile far scivolare lungo la cordicella stessa e fermare nella posizione desiderata.

Spesso su uno dei lati del quadrante è riportata una "scala delle date" nella quale sono segnate o le longitudini del Sole nei vari periodi dell'anno, o i segni zodiacali, o i nomi dei mesi (Fig. 13.4). [8]

Tutti i quadranti sono infine sempre forniti di un anello per poter essere sospesi verticalmente ed essere ruotati attorno alla verticale.

Per utilizzare un quadrante orario occorre, per prima cosa, spostare la "perlina" sulla cordicella sino alla posizione corrispondente al giorno di osservazione, operazione che si compie secondo diverse modalità a seconda dei diversi tipi di strumento.

Poi occorre sospendere il quadrante e, mantenendolo verticale, ruotarlo sino a portarlo nel piano contenente il Sole; infine ruotarlo attorno ad un ipotetico asse orizzontale passante per il centro sino a quando il lato "indicatore" riportante i punti di mira non è esattamente rivolto verso il Sole.

---

[7] Al posto della cordicella in alcuni esemplari si può trovare un'asta metallica incernierata a un perno passante per il centro, avente la possibilità di ruotare mantenendosi aderente al quadrante (alidada).

[8] In alcuni tipi sullo strumento erano incise anche le linee diurne, eliminando così la necessità della perlina mobile lungo la cordicella.

Durante queste operazioni la cordicella si comporta come un filo a piombo.

Bloccandola nella posizione raggiunta è così possibile sia leggere l'altezza del Sole sulla scala graduata, sia trovare l'ora osservando la linea oraria passante per il punto in cui si viene a trovare la perlina.

Tutti i quadranti orari, ad eccezione di quelli universali, sono progettati per una data latitudine.

13.2.2 Breve storia

I primi quadranti orari calcolati per una data latitudine furono inventati dagli astronomi di lingua araba, quasi certamente a Baghdad sotto gli Abassidi verso i primi anni del IX secolo e il primo manoscritto conosciuto che ne descrive uno è opera di al-Khwārizmī.

Successivamente furono descritti da al-Bīrūnī nel suo trattato sull'astrolabio, da al-Marrā-kushī, che dà le istruzioni per costruirne 4 tipi diversi, e, infine, da Najm al-Din al_Mişrī (1300-1350 ca.) che ne descrive in dettaglio 8 modelli.

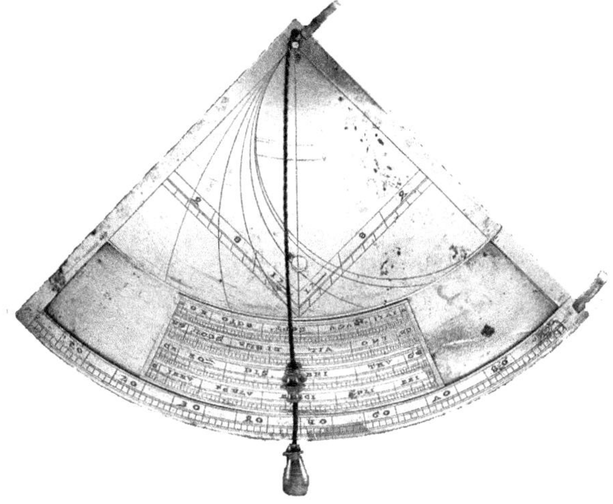

Fig. 13.5 *Quadrans vetus* inglese - XIV sec.

Inoltre tutti i numerosi trattati che riportano le istruzioni per la costruzione e l'uso degli astrolabi contengono esempi e descrizioni di quadranti orari, spesso incisi sul retro degli astrolabi stessi: si tratta quasi sempre del tipo di quadrante che viene chiamato *"quadrans vetus"* e che sarà descritto più avanti. Questi sono quasi gli unici quadranti dell'epoca giunti sino a noi.

In Europa si cominciarono costruire quadranti orari, inizialmente derivati direttamente da quelli arabi, sin dal 1200: famosi rimangono i testi di Sacrobosco che nel *Tractatus de quadrante* del 1240 descrive, per la prima volta in Europa, il *"quadrans vetus"*, e di Johannes Anglicus (1260 ca.).

L'astronomo ebreo Jacob ben Machir ibn Tibbon († 1305), detto Profazio Giudeo (*Profatius Judaeus*), vissuto a Montpellier, descrisse verso 1288 nel suo *"Tractatus de novo Quadrante"* un nuovo tipo di strumento, reclamandone la paternità . Nel 1980 però, fu scoperto da David

King a Istanbul un manoscritto egiziano del XII in cui è descritto l'uso dello stesso strumento (*rub' al-muquantarat* o quadrante degli archi di altezza).

Altri tipi di quadranti, sempre più evoluti e complessi, furono in seguito inventati e descritti ad esempio da Oronce Finé, che nel suo *Quadrantibus libri quator* (Parigi 1531) descrive il "quadrante astrolabico", da Gunter (1623), ecc.

13.2.3 Il quadrante orario dal punto di vista analitico.

Lo studio analitico del quadrante orario si può riassumere nelle poche righe seguenti.

Sia P un punto appartenente alla linea oraria dell'ora temporaria T, in una data dell'anno in cui il Sole ha longitudine celeste λ (Fig. 13.6)

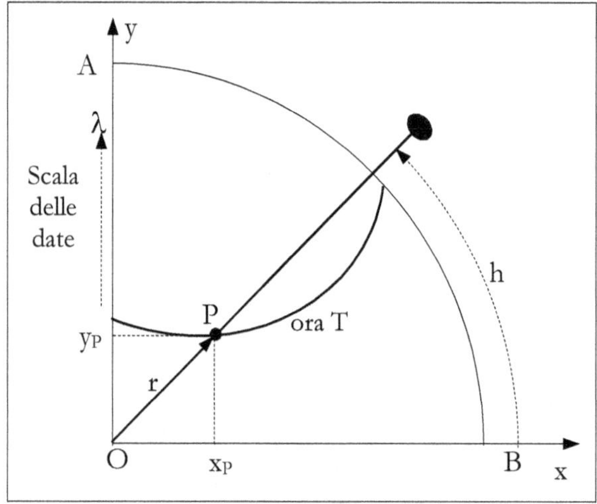

Fig. 13.6

Siano $\left[r(\lambda), h\right]$ le coordinate polari di P e $\left[x_P, y_P\right]$ quelle cartesiane riferite al centro O.

Dalla relazione $\sin(\delta) = \sin(\lambda) \cdot \sin(\varepsilon)$ una volta nota λ si può ricavare δ e, conoscendo l'ora temporaria T, si può calcolare l'angolo orario ω con le relazioni:

$$\cos(\omega_s) = -\tan(\varphi) \cdot \tan(\delta) \quad e \quad \omega = \left(\frac{T-6}{6}\right) \cdot \omega_s$$

Infine noti φ, δ e ω si può ricavare l'altezza del Sole h con la

$$\sin(h) = \sin(\varphi) \cdot \sin(\delta) + \cos(\varphi) \cdot \cos(\delta) \cdot \cos(\omega)$$

Il valore di r, funzione di λ, dipende dalle modalità costruttive del quadrante.

Capitolo 14
I QUADRANTI ORARI UNIVERSALI

14.1 Il quadrante universale

Prende il nome di quadrante universale *(rub' āfāki)* il primo quadrante orario che si conosce e che, per la sua semplicità, fu utilizzato per la determinazione dell'ora temporaria, dalla prima metà del X secolo sino al 1600 circa.

Mentre sono abbastanza rari gli esempi di quadranti di questo tipo giunti sino a noi, rimangono numerosi astrolabi, arabi e occidentali, che riportano questo quadrante sulla faccia posteriore.

Sul quadrante universale sono tracciate le linee delle ore temporarie dalla I alla VI che, ottenute utilizzando la già discussa formula universale, sono dei semplici archi di cerchio disegnabili con grande facilità e senza la necessità di una approfondita conoscenza teorica; talvolta, in quelli arabi, si trovano disegnate anche le linee di inizio e fine della preghiere Asr.

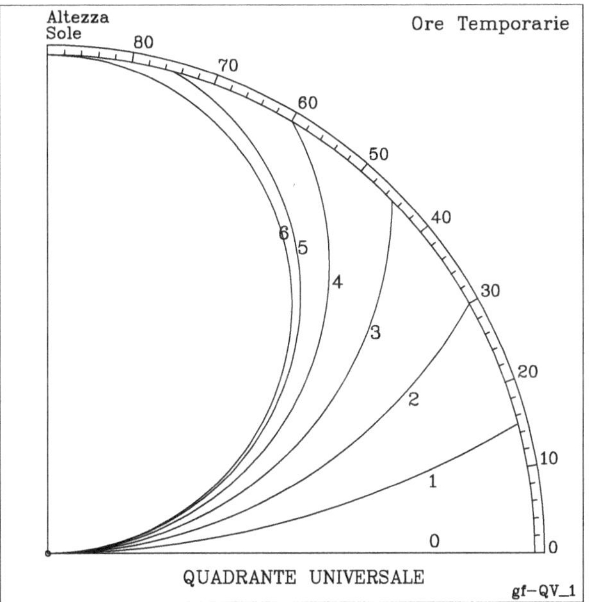

Fig. 14.1   Il quadrante universale

Da notare che la linea termine dell'ora VI (indicata in Fig. 14.1 con la cifra 6) ha la forma di un semicerchio di diametro uguale al raggio del quadrante, mentre quella di inizio dell'ora I (indicata con la cifra 0) coincide con un lato del quadrante stesso.

Da notare anche come le diverse curve, come sarà descritto ampiamente in seguito, incontrano l'arco graduato nei punti con angolo uguale a 15T° (cioè 0°, 15°, 30°, ecc.)

L'utilizzo del quadrante è molto semplice.

Nota l'altezza meridiana h_M del Sole, si porta la cordicella in corrispondenza di tale valore sulla scala graduata incisa sull'arco (scala delle altezze) e si posiziona la "perlina" scorrevole nel punto in cui la cordicella interseca la semicirconferenza delle ore VI (punto A in Fig. 14.2).[9]

In seguito si sospende il quadrante disponendolo verticale e lo si ruota sino a portare il bordo superiore, fornito di tacche di mira, esattamente nella direzione del Sole[10]: la cordicella, sotto l'azione del peso posto alla sua estremità, viene così a disporsi verticalmente formando con il secondo lato del quadrante un angolo uguale alla altezza h del Sole nell'istante della osservazione.

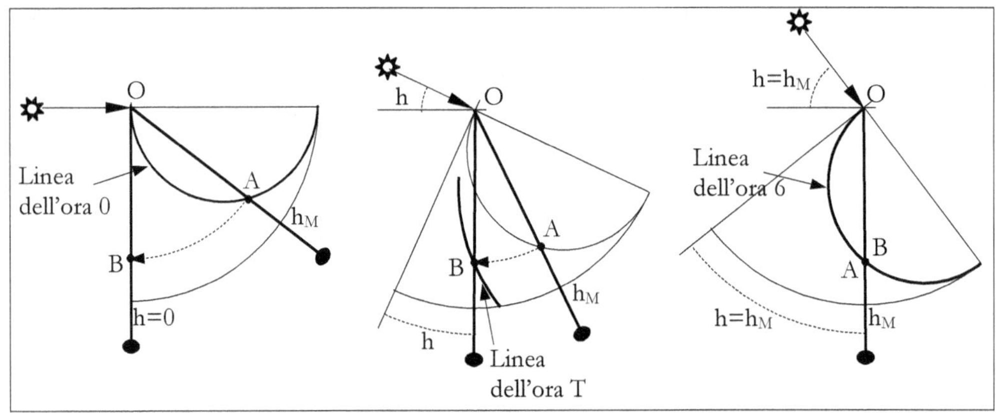

Fig. 14.2 – Come si usa il quadrante universale

Il punto in cui viene a trovarsi la perlina indica la linea oraria relativa all'ora T cercata (punto B).

Nella Fig. 14.2 sono disegnati: il caso quando il Sole che si trova all'orizzonte (h=0°), cioè all'inizio della ora I; un caso intermedio e infine il caso in cui il Sole è alla sua altezza massima, cioè al mezzogiorno, termine dell'ora VI.

Sono indicate sia la posizione in cui si deve porre la cordicella-peso per sistemare la perlina (A), sia la pozione di lettura dell'ora (cordicella verticale – punto B)

14.2 Il *Quadrans Vetus*

Poiché per la determinazione dell'ora è necessario conoscere l'altezza meridiana del Sole, che è funzione sia della latitudine del luogo, sia della declinazione del Sole, e quindi della data nell'anno, il quadrante universale fu migliorato con l'aggiunta di una lamina graduata scorre-

---

[9] Questa "perlina" era chiamata "*almuri*".

[10] Spesso le "tacche di mira" erano costituite da due piccole lastrine con quella disposta nel centro dello strumento con un piccolo forellino.

vole lungo l'arco, come disegnato in Fig. 14.3, ottenendo quello che venne chiamato *"Quadrans Vetus"*.[11]

Muovendo questa lamina in corrispondenza del valore del complemento della latitudine del luogo è allora possibile leggere il valore dell'altezza meridiana in corrispondenza dei valori della longitudine del Sole, o dei segni zodiacali, riportati sulla lamina stessa [12].

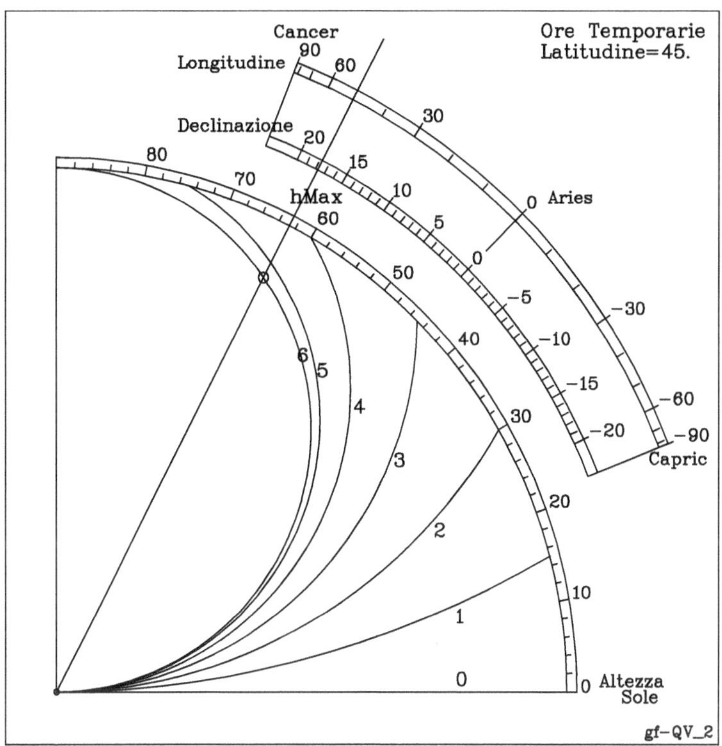

Fig. 14.3   Il *quadrans vetus*

In Fig. 14.3 è disegnato il caso di un quadrante per latitudine 45°, nel giorno in cui il Sole ha una longitudine celeste di +50° (20° del Toro), corrispondente circa all'attuale 12 Maggio, con una declinazione $\delta = +17.7°$ [13].

---

[11] Il quadrante ha assunto questo nome in contrapposizione di un nuovo, e rivoluzionario, tipo detto *"Quadrans Novus"* in cui si trova sia il cursore del *quadrans vetus*, sia una proiezione stereografica dell'eclittica e dell'orizzonte. Questo nuovo quadrante fu descritto per la prima volta nel 1288 da Jacob ben Mahir ibn Tibbon (1236-1304), nome latinizzato in Profatius Judaeus, la cui opera fu tradotta in latino da Ermengaud Blasius a Montpellier nel 1301. Il testo originale in ebraico è oggi perduto.

[12] Poiché $h_M = (90 - \varphi + \delta)$, il suo valore è sempre compreso fra $(90 - \varphi - \varepsilon)$ e $(90 - \varphi + \varepsilon)$, cioè all'interno di un arco lungo 2ε, pari a circa 47°, centrato sul valore $(90° - \varphi)$.

Sulla lamina disegnata in Fig. 14.3 sono riportate sia la scala delle declinazioni, sia quella delle longitudini celesti del Sole e i segni zodiacali estremi.

La lamina è stata fatta scorrere lungo il bordo ad arco sino a portare lo zero della scala delle longitudini in corrispondenza al complemento del valore della latitudine interessata, letto sulla scala delle altezze sull'arco del quadrante. In corrispondenza alla longitudine del giorno (50°) il raggio indica il valore di h_{MAX} uguale a circa 62.7°.

Poiché la descrizione di questo artificio costruttivo compare su diversi scritti europei del primo rinascimento (Ermanno Contratto, Roberto Angelicus, Giovanni da Sacrobosco, ecc.), sino a pochi anni fa si credeva che esso fosse stato inventato in Europa.

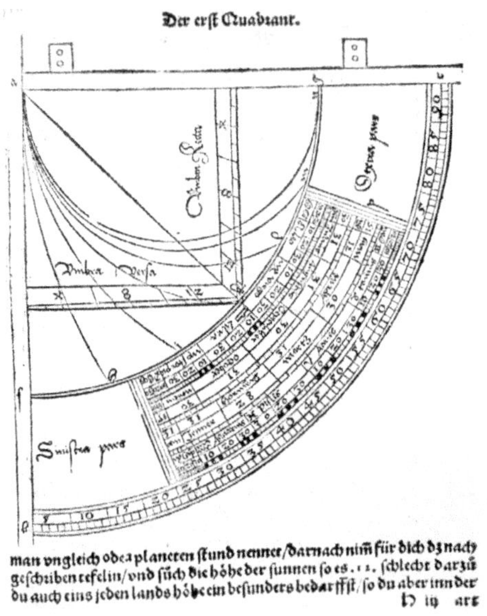

Fig. 14.4   Quadrante di Sacrobosco – XIII sec.

Recentemente però sono stati ritrovati manoscritti in lingua araba dai quali si ha la certezza che gli studiosi islamici lo inventarono a Baghdad nel IX secolo: non sono però giunti sino a noi esemplari di strumenti costruiti nel mondo islamico.

Da notare che molti   autori moderni commettono l'errore di considerare la presenza del cursore indispensabile per l'utilizzo dello strumento, mentre esso serve soltanto ad eliminare la necessità di conoscere l'altezza meridiana del Sole nel giorno di osservazione.

14.3 Le linee orarie nel quadrante universale

Consideriamo (Fig. 14.5) un quadrante OAB di raggio r e, partendo dalla orizzontale, prendiamo due angoli α e β, con α > β. Siano C e D i punti così trovati sull'arco. Mandando l'orizzontale da C sino ad incontrare la verticale otteniamo il punto G e, con raggio OG e centro in O, tracciamo l'arco GE.

---

[13] I valori di δ e λ sono legati dalla nota formula $\sin(\delta) = \sin(\varepsilon) \cdot \sin(\lambda)$

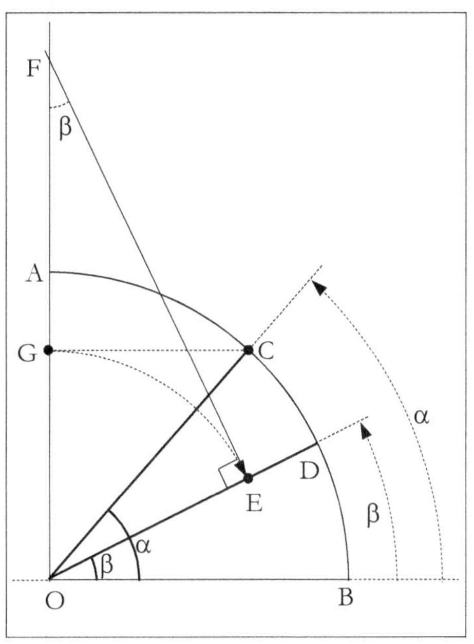

Fig. 14.5

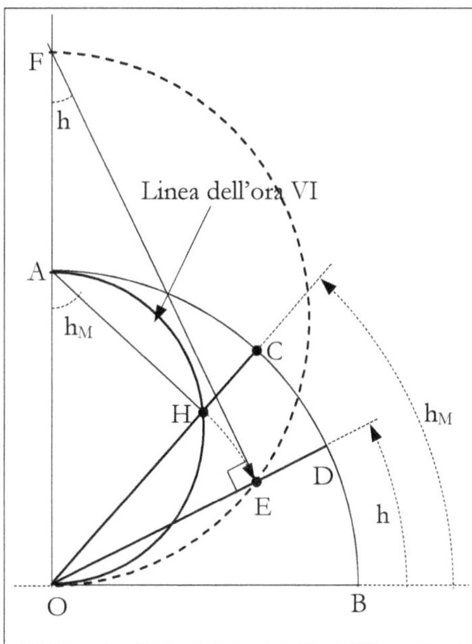

Fig. 14.6

Disegniamo poi la normale al raggio OD passante per E, cioè la tangente in E all'arco GE, sino ad incontrare la verticale in F.

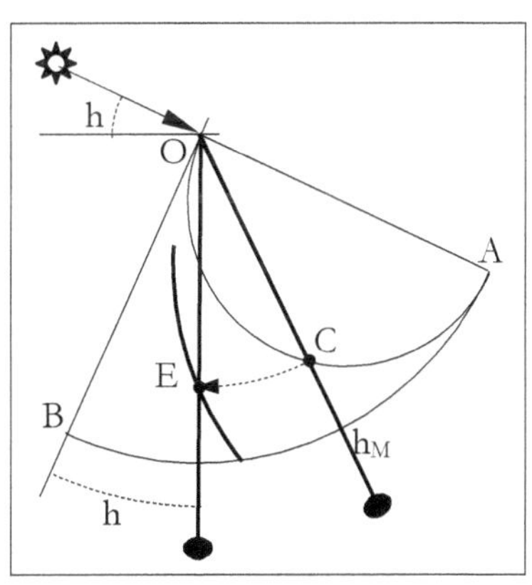

Fig. 14.7

Si ricavano subito le relazioni seguenti:

$$\overline{OG} = \overline{OE} = r \cdot \sin(\alpha), \quad \sin(\beta) = \frac{\overline{OE}}{\overline{OF}} \quad \text{da cui}$$

$$\overline{OF} = r \cdot \frac{\sin(\alpha)}{\sin(\beta)}$$

Ricordando la formula universale-approssimata, se poniamo $\alpha = h_M$ e $\beta = h$ otteniamo

$$\frac{\overline{OF}}{r} = \frac{\sin(h_M)}{\sin(h)} = \frac{1}{\sin(15 \cdot T)} \quad \text{che ci dice che la lunghez-}$$

za del segmento OF dipende soltanto dall'ora temporaria T e che il punto E trovato appartiene alla linea oraria di tale ora.

Ripetendo la costruzione in altri giorni alla stessa ora possiamo trovare altri punti E che godono tutti della stessa proprietà: la normale al raggio OE passa sempre per il punto F (Fig. 14.6).

Questo vuol dire che tutti i punti E appartengono alla semicirconferenza di diametro OF, e cioè che la linea oraria relativa all'ora temporaria T, contenuta nel quadrante, è un arco della semicirconferenza di diametro $\dfrac{r}{\sin(15 \cdot T)}$ che passa per i punti O ed F ed ha il centro nel punto intermedio fra tali punti.

Ne consegue immediatamente che la linea dell'ora VI ha il diametro uguale al raggio r del quadrante, e cioè coincide con la semicirconferenza OHA inscritta nel quadrante (Fig. 14.6), mentre quella dell'inizio dell'ora I (ora 0) coincide con la semiretta OB.

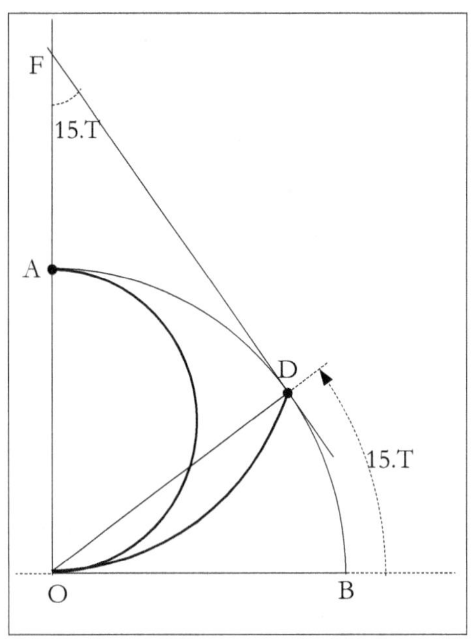

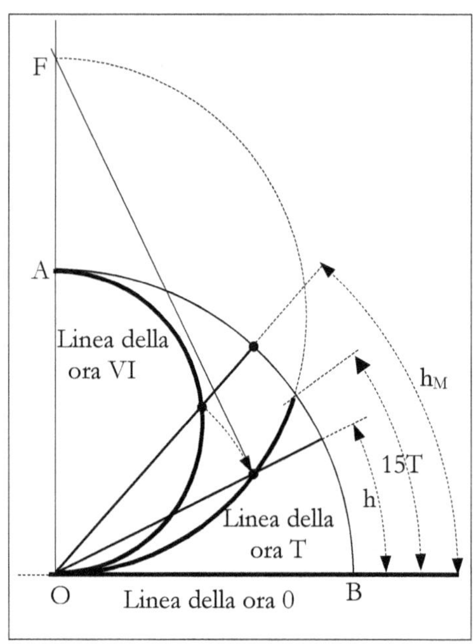

Fig. 14.8 Fig. 14.9

Poiché l'angolo in A del triangolo OHA, inscritto nella semicirconferenza dell'ora VI, è uguale ad $\alpha = h_M$ risulta che il cateto $OH = r \cdot \sin(h_M)$ e quindi, per la ricerca del punto E, invece della costruzione fatta inizialmente si può usare il metodo "classico" già ricordato in precedenza.[14]

Quando $h_M = 90°$, cosa possibile solo all'interno della fascia fra i due tropici quando $\delta = \varphi$, il punto C di Fig. 14.6 coincide con A e quindi i punti E delle linee orarie si trovano sull'arco esterno ADB del quadrante.

In questo caso dalla formula approssimata si ha $h = 15 \cdot T$ e quindi le linee orarie incontrano il semicerchio ADB sotto un angolo $= 15 \cdot T$ (Fig. 14.8, 14.9).

Su questa proprietà si basa uno dei metodi per il tracciamento delle linee orarie.

---

[14] Conoscendo il valore dell'altezza meridiana del giorno di osservazione h_M, portiamo la corda imperniata in O su tale valore, sulla scala graduata incisa sull'arco a partire da B. Spostiamo la perlina nel punto in cui essa interseca la semicirconferenza OCA e troviamo il punto C . Inclinando il quadrante e rivolgendolo verso il Sole la perlina si porta nel punto E che appartiene alla linea oraria relativa all'stante T di osservazione (Fig. 14.7)

14.4 Il disegno delle linee orarie nel quadrante universale

Sono stati ideati numerosi metodi per tracciare le linee orarie in un quadrante universale: indicherò qui soltanto i due più semplici.
Tutte le costruzioni si basano sulla proprietà che le linee orarie passano per il centro del quadrante e per il punto, sull'arco che lo delimita, individuato dall'angolo al centro =15T.

1) Metodo di al-Marrākushī [15]
  - Data l'ora T si calcola l'angolo 15T e si riporta sul quadrante: punto E in Fig.14.10.
  - Si traccia la corda OE.
  - Si disegna la sua bisettrice che incontra il prolungamento di OA in C.
  - L'arco di cerchio OE, avente centro in C è la linea oraria cercata.

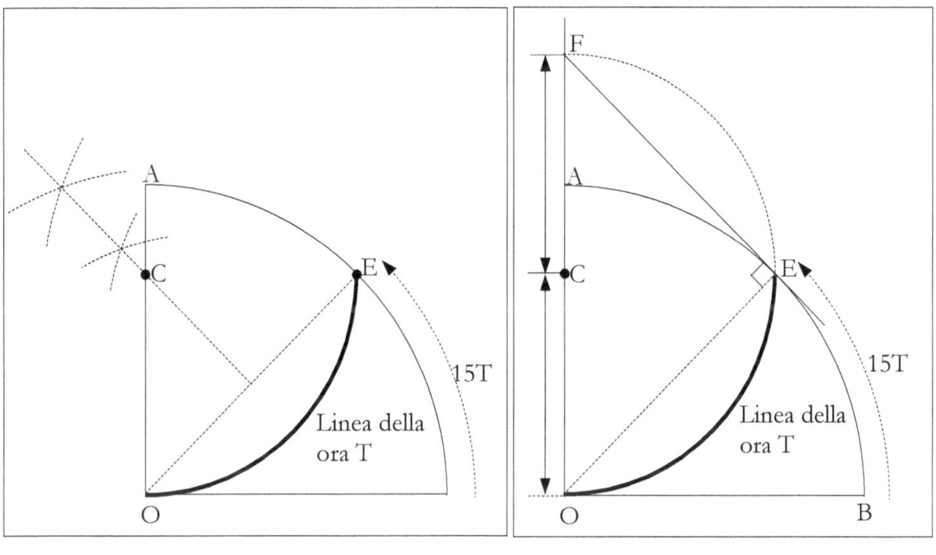

Fig. 14.10   Fig. 14.11

2)
  - Data l'ora T si calcola l'angolo 15T e si riporta sul quadrante: punto E.
  - Si traccia la tangente al quadrante per E fino a intersecare il prolungamento di OA nel punto F.
  - OF è il diametro del cerchio di cui la linea oraria cercata è un arco. Il centro C si trova a metà fra F ed O.

14.4.1 Formule per il tracciamento per via analitica delle linee orarie.

La linea oraria T è un arco del cerchio di raggio ρ e centro in $(0, y_C)$ (Fig. 14.12) con

---

$$\rho = y_C = \frac{r}{2 \cdot \sin(15 \cdot T)}.$$

Indicando con (x, y) le coordinate dei suoi punti si ha:

$$x = \sqrt{2 \cdot y \cdot y_C - y^2}$$

valida per $y \leq r \cdot \sin(15 \cdot T)$

oppure

$$\left| \begin{array}{l} x = r \cdot \dfrac{\sin(\alpha) \cdot \cos(\alpha)}{\sin(15 \cdot T)} \\[2ex] y = x \cdot \tan(\alpha) \end{array} \right.$$

con α da $0°$ a $15T°$

Esprimendo le coordinate dei punti della linea in funzione di h_M ed h, si hanno invece le relazioni:

$$\left| \begin{array}{l} y_C = \dfrac{r \cdot \sin(h_M)}{2 \cdot \sin(h)} \\[2ex] x = 2 \cdot y_C \cdot \sin(h) \cdot \cos(h) = y_C \cdot \sin(2h) \\[2ex] y = 2 \cdot y_C \cdot \sin^2(h) = y_C \cdot [1 - \cos(2h)] \end{array} \right.$$

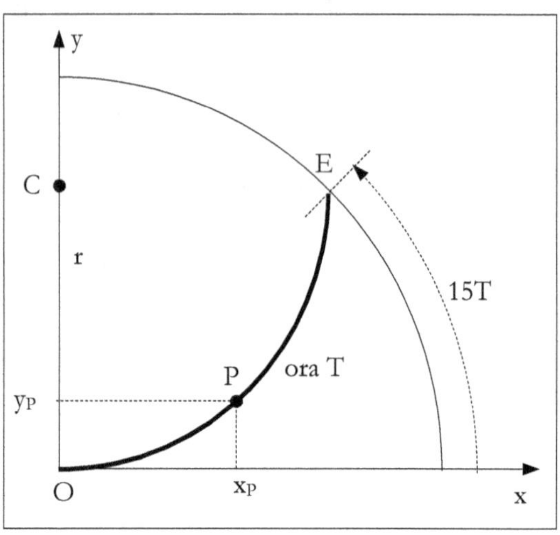

Fig. 14.12

14.4.2 Espressione analitica delle linee della preghiera Asr nel quadrante universale

All'inizio e alla fine della preghiera Asr si ha

$$\tan(h_{ASR}) = \frac{\tan(h_M)}{1 + n \cdot \tan(h_M)} \quad \text{con } n = 1, 2$$

Conoscendo h_M, da questa formula si può ricavare h_{ASR} e con le due relazioni precedenti, i valori di (x_{ASR} e y_{ASR}).

14.5 Quadranti universali diversi

Oltre al classico quadrante universale che si può ritrovare su moltissimi strumenti e che è descritto in numerosi testi, ne furono ideati altri due tipi, entrambi con linee orarie ad ore temporarie tracciate sulla base della formula approssimata. Questi quadranti si trovano descritti soltanto in un manoscritto del IX-X secolo ritrovato e studiato da David King [16]

---

[16] David A. King , "*A vetustissimus arabic treatise on the quadrans vetus*", JHA, xxxiii (2002), IX-X sec.

14.5.1 Quadrante universale con linee orarie parallele o *quadrans vetustissimus*

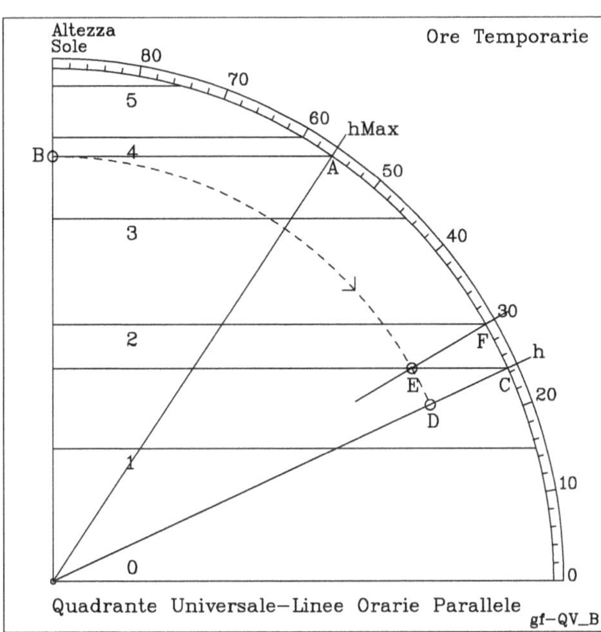

Fig. 14.13

La costruzione di questo quadrante è semplicissima poiché la linea oraria dell'ora T è la semicorda normale al lato dello strumento che viene diretto verso il Sole, passante per il punto dell'arco individuato dall'angolo (15T) (Fig. 14.13)

Le linee orarie delle ore sono quindi corde parallele passanti per gli angoli 0°, 15°, 30°, ..., 75°; la linea oraria delle ore VI si riduce a un punto.

Per l'utilizzo del quadrante occorre procedere nel seguente modo (Fig. 14.14):

- dal punto in cui si legge il valore della h_M (punto A) si traccia la normale al lato OM del quadrante che viene rivolto al Sole (segmento AB);
- portata la cordicella con il peso in corrispondenza del suddetto lato OM, si fissa la perlina in corrispondenza del punto B.
- Dopo aver sospeso il quadrante e aver diretto il lato OM verso il Sole si trova, con la corda ora verticale, il punto C sulla scala delle altezze;
- la linea CE, normale al lato dello strumento rivolto verso il Sole e passante per C, interseca l'arco BD, descritto dalla perlina, in E;
- portando ora la cordicella a passare per questo punto si individua il raggio OF e, infine, la linea oraria FH relativa all'istante in cui è fatta l'osservazione.

    Nella Fig. 14.13 la linea individuata è quella delle ore 2.

La dimostrazione è immediata. Si ha subito:

$$\overline{BO} = \overline{OE} = r \cdot \sin(h_M) \quad e \quad \overline{GO} = r \cdot \sin(h)$$

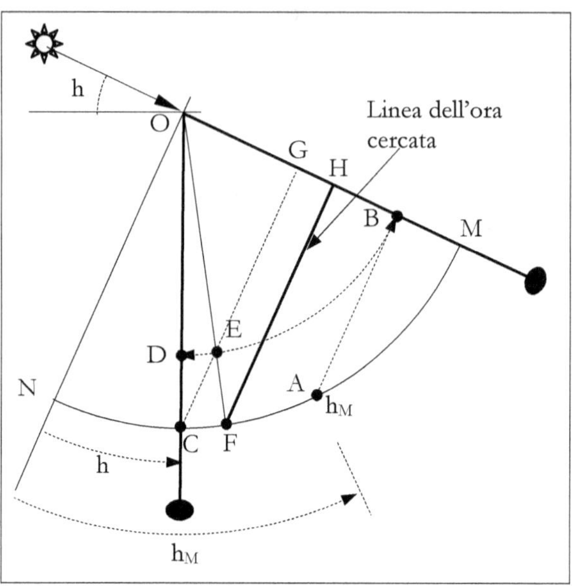

Fig. 14.14

Dai triangoli simili EGO e FHO, ricordando la formula approssimata si ricava poi

$$\frac{\overline{HO}}{r} = \sin(\widehat{OFH}) = \sin(\widehat{NOF}) = \frac{\overline{GO}}{\overline{EO}} = \frac{\sin(h)}{\sin(h_M)} = \sin(15 \cdot T)$$

e quindi $\widehat{NOF} = 15 \cdot T$

che ci dice che la linea oraria per F è proprio quella cercata.

In questo quadrante quando h_M=90° l'arco BDE coincide con l'arco delle altezze MFC e la linea oraria cercata è quella passante per C.

14.5.2   Quadrante universale con linee orarie radiali.

Anche la costruzione di questo quadrante è molto semplice poiché la linea oraria dell'ora T è il raggio del quadrante che forma l'angolo (15T).

Le linee orarie delle ore sono quindi i raggi che formano gli angoli 0°, 15°, 30°, …, 75°.

Le linee orarie delle ore 0 e delle ore VI coincidono con i due lati dello strumento.

Per l'utilizzo del quadrante occorre procedere come nel caso del precedente quadrante:

- dal punto in cui si legge il valore della h_M (punto A) si manda la normale al lato OM che viene rivolto al Sole (segmento AB);

- portata la cordicella con il peso in corrispondenza di questo lato si fissa la perlina in corrispondenza del punto B.

- Dopo aver sospeso il quadrante e averlo orientato verso il Sole si trova, con la corda ora verticale, il punto C sulla scala delle altezze;

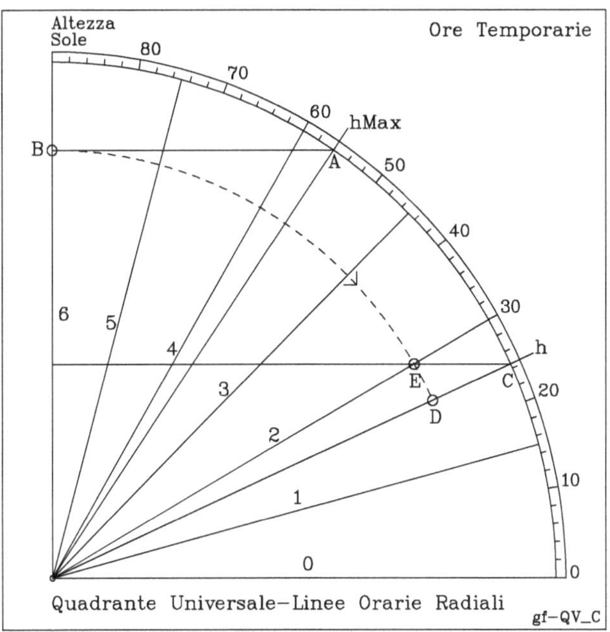

Fig. 14.15

- la linea   CE, normale al lato dello strumento rivolto verso il Sole e passante per C, interseca l'arco BD nel punto E per il quale passa la linea oraria OE relativa all'istante in cui è fatta l'osservazione.

Nella Fig. 14.15 la linea individuata è quella delle ore 2.

Anche in questo quadrante quando $h_M=90°$ l'arco BDE coincide con l'arco delle altezze e la linea oraria cercata è il raggio quella passante per C.

Astronomi con astrolabio

Capitolo 15
I QUADRANTI ORARI NON UNIVERSALI

Chiamerò con questo termine tutti quei quadranti le cui linee non sono tracciate utilizzando la formula approssimata universale, ma usando le relazioni corrette esistenti fra le diverse grandezze.
Per questo motivo le linee orarie in tutti questi quadranti dipendono dalla latitudine del luogo per il quale sono stati calcolati.

Anche soltanto limitandoci ai quadranti ad ore temporarie che furono inventati, descritti e costruiti per la prima volta dagli astronomi di lingua araba, se ne possono elencare almeno 14 tipi diversi, ciascuno spesso con una o due varianti. Furono ideati da vari autori per rispondere a particolari esigenze e, in genere, per avere linee orarie più leggibili e meno addensate in zone particolari dello strumento, sempre con lo scopo di ottenere una migliore precisione nella lettura dell'ora.

Quasi tutti questi quadranti, oltre alla scala graduata dell'altezza incisa sull'arco, riportano, su uno o entrambi i lati rettilinei dello strumento, o su linee interne, la scala graduata o della longitudine solare (il caso più frequente), o quella delle declinazioni del Sole, o quella della altezza massima meridiana.
Alcuni modelli richiedono l'uso di 2 cordicelle.

Di seguito descriverò soltanto alcuni modelli descrivendone brevemente le caratteristiche e il modo di uso e dando le relazioni analitiche, in linguaggio matematico moderno, per calcolare le linee orarie.

15.1 Quadranti con linee diurne circolari
15.1.1 Casi 1, 2

Sono descritti da al-Misri [17] nel suo trattato.
Su un lato del quadrante (Fig. 15.1, 15.2) è riportata la scala lineare delle longitudini del Sole che si estende da -90° a +90°, con il valore inferiore o in prossimità del bordo o in prossimità del centro dello strumento. In sostituzione o in aggiunta si può trovare la scala delle date indicate con i simboli dei segni zodiacali.
All'interno possono essere disegnati degli archi di cerchio concentrici ed equidistanti passanti per i valori principali delle longitudini, in genere ogni 30° o all'inizio dei segni zodiacali: sono queste le linee delle date o linee diurne.

---

[17] CHARETTE (2004), pp 118-123

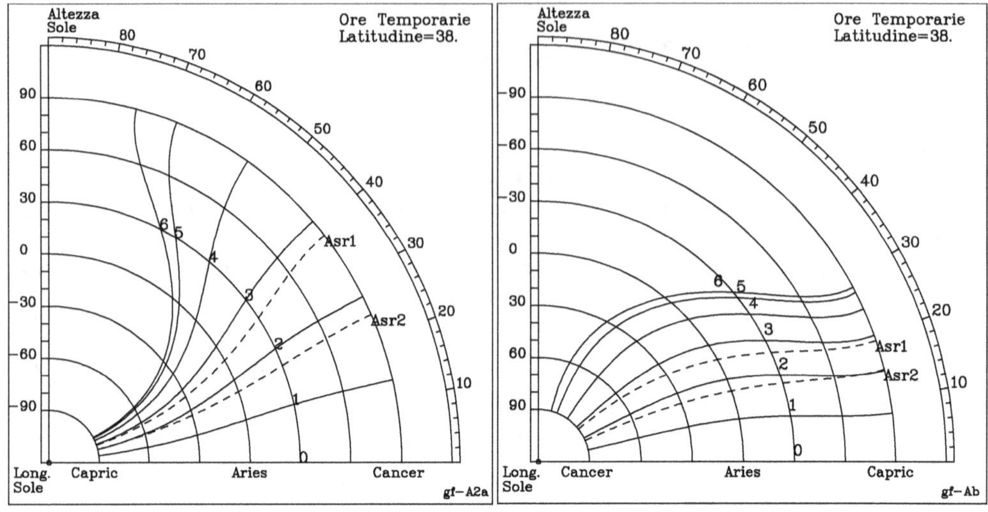

Fig. 15.1   Fig. 15.2

L'utilizzo dello strumento è molto semplice (Fig. 15.3):

- si pone la cordicella con peso lungo il bordo dello strumento;
- si sposta la perlina sulla cordicella sino al valore della data (o di λ) riportato sulla scala (punto A);
- si sospende lo strumento dirigendone il bordo verso il Sole;
- si blocca il filo, si trova la linea oraria più prossima al punto ove si trova la perlina (punto B) e si legge l'ora che individua tale linea.

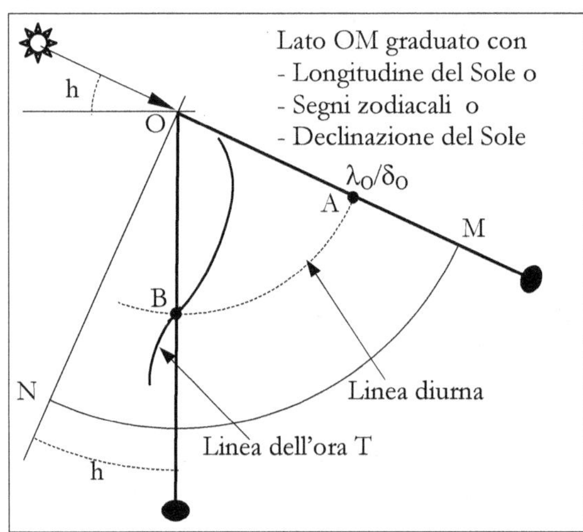

Fig. 15.3

Nel caso in cui sono presenti gli archi-linee delle date, la perlina non è necessaria e la linea oraria si individua osservando il punto di intersezione della cordicella con la linea diurna del giorno di osservazione.

Nelle Fig. 15.1 e 15.2 sono disegnati i due casi in cui le longitudini solari crescono dal centro verso l'esterno e viceversa; in entrambi i casi sono state tracciate anche le curve per gli istanti della preghiera Asr.

Come si può vedere da queste figure nel primo caso le linee orarie sono molto distanziate, e quindi più facilmente leggibili, in corrispondenza dei mesi fra la primavera e l'autunno ($\lambda > 0$) e molto addensate nei mesi invernali. Nel secondo caso le cose si invertono, anche se rimangono abbastanza distanziate fra loro durante tutto l'anno.

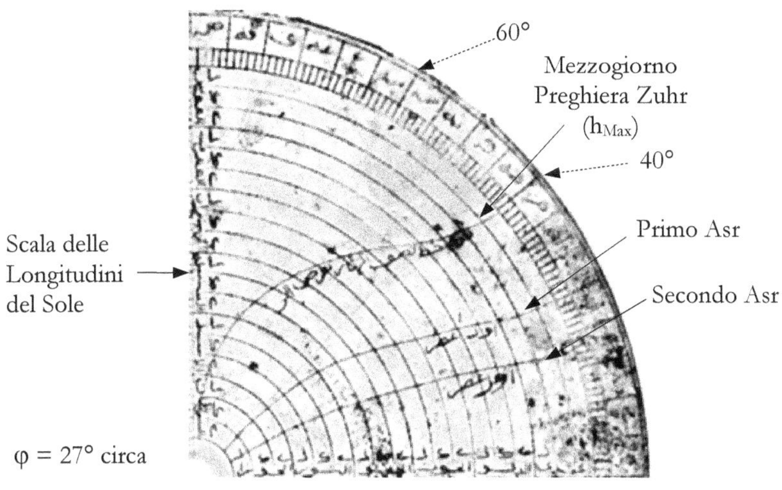

Quadrante islamico
Curve del mezzogiorno e delle preghiere Asr

<u>Studio analitico per il tracciamento del quadrante</u> (Fig. 15.4)

Indichiamo con R_1 il raggio delle linea diurna corrispondente a $\lambda = +90°$ (solstizio estivo) e con R_2 quello corrispondente a $\lambda = -90°$ (solstizio invernale).

Il raggio della linea degli equinozi R_E, e quello per una generica longitudine solare λ, sono allora dati dalle:

$$R_E = \frac{R_1 + R_2}{2} \quad e \quad R_\lambda = R_E + \frac{\lambda}{90} \cdot (R_2 - R_E) = \frac{R_2 + R_1}{2} + \frac{R_2 - R_1}{180} \cdot \lambda$$

Quindi fissati i raggi minimo e massimo degli archi, per ogni giorno che interessa, noto il corrispondente valore di λ, si possono ricavare i valori di R_λ e δ.

Nota l'ora temporaria T, si possono poi calcolare l'angolo orario ω e l'altezza h del Sole.

Le coordinate del punto P che corrisponde all'ora T del giorno dato (λ), sono quindi:

$$\begin{vmatrix} x_P = R_\lambda \cdot \cos(h) \\ y_P = R_\lambda \cdot \sin(h) \end{vmatrix}$$

Nel caso del secondo tipo di quadrante, con le longitudini solari crescenti andando verso il centro, cambia soltanto il valore di R_λ :

$$R_\lambda = \frac{R_2 + R_1}{2} - \frac{R_2 - R_1}{180} \cdot \lambda$$

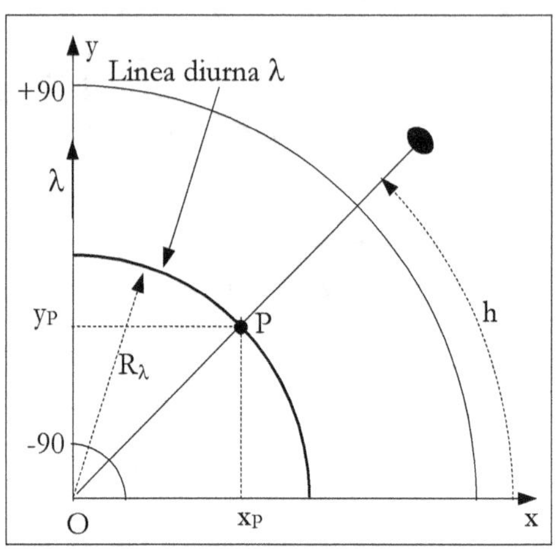

Fig. 15.4

15.1.2 Quadranti con linee diurne circolari – Casi 3, 4

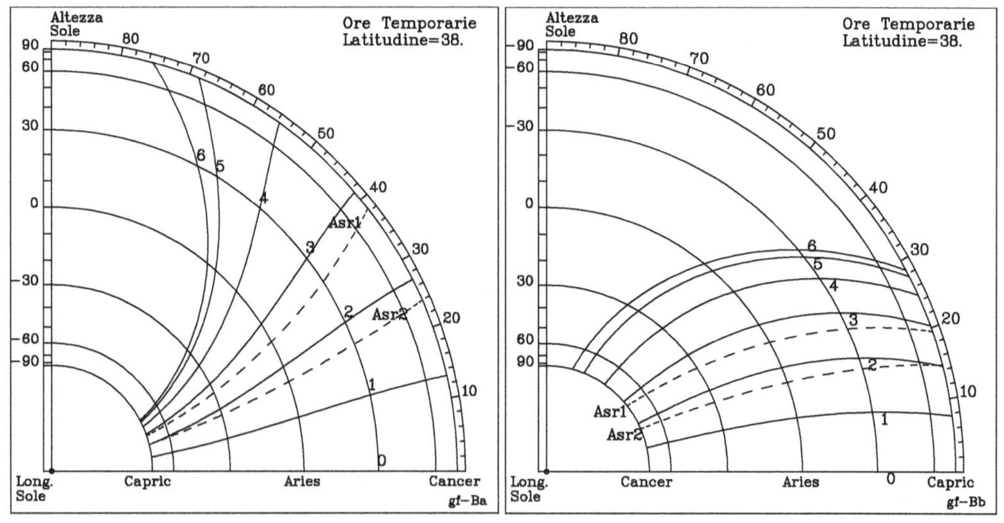

Fig. 15.5   Fig. 15.6

Invece di utilizzare una graduazione lineare delle longitudini solari si può utilizzare una graduazione lineare della declinazione: si ottengono così i due nuovi tipi di quadranti a linee diurne circolari concentriche disegnati nelle Fig. 15.5 e 15.6.

Come si vede dalle figure l'aspetto delle linee orarie è abbastanza simile a quello dei quadranti precedenti, anche se la lettura risulta un poco più precisa a causa della maggiore distanza fra le linee stesse.

<u>Studio analitico</u>

L'unica differenza, rispetto ai casi precedenti, è la relazione che dà il valore del raggio della linea diurna con declinazione δ, che risulta: $R_\delta == \dfrac{R_2 + R_1}{2} \pm \left(R_2 - R_1\right) \cdot \dfrac{\delta}{2 \cdot \varepsilon}$

15.1.3 Uno sviluppo del quadrante con linee diurne circolari

Il primo quadrante con linee diurne circolari sopra descritto si presta a uno sviluppo molto semplice che, anche se non è dimostrato sia stato preso in considerazione dagli astronomi islamici, fu reinventato durante il Rinascimento europeo, utilizzando le ore equinoziali (uguali) e che si trova descritto in vari autori.

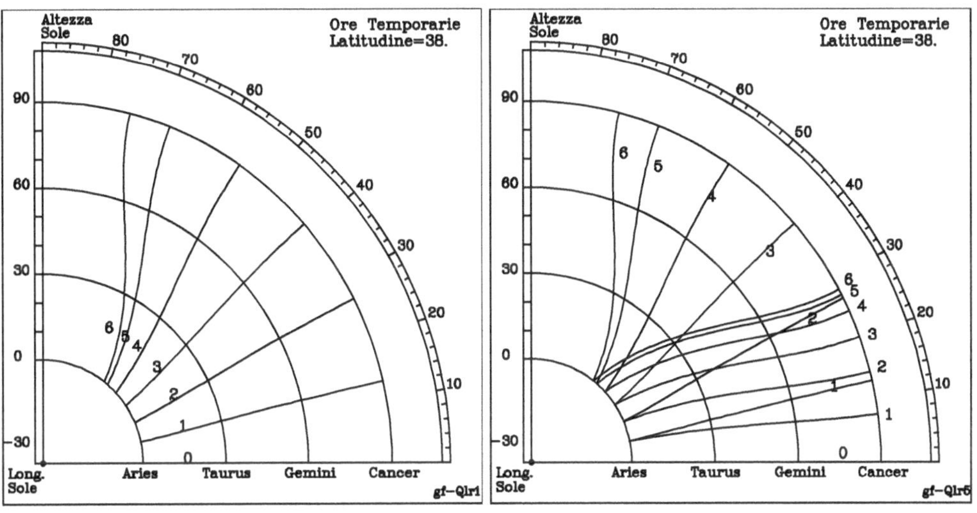

<table>
<tr><td>Fig. 15.7</td><td>Fig. 15.8</td></tr>
</table>

Se la scala lineare delle longitudini del Sole viene limitata tra 0° a +90°, con il valore inferiore in prossimità del centro dello quadrante, si ottiene uno strumento utilizzabile soltanto nei mesi estivi nel quale le linee diurne risultano, in prima approssimazione, assimilabili a segmenti rettilinei. (Fig. 15.7).

Per poterlo utilizzare anche nei mesi invernali occorre però riportare sul quadrante anche un secondo gruppo di linee orarie (Fig. 15.8) ottenute supponendo negativi i valori delle longitudini riportati sul lato sinistro del quadrante stesso.

Per usare lo strumento occorre seguire le modalità già descritte con l'avvertenza di utilizzare un gruppo di curve per i mesi estivi e l'altro per quelli invernali.

Nelle figure precedenti si è rappresentato questo tipo di quadrante ad ore temporarie, anche se, come si è già accennato, non esiste la prova della loro esistenza fra gli strumenti di origine islamica.

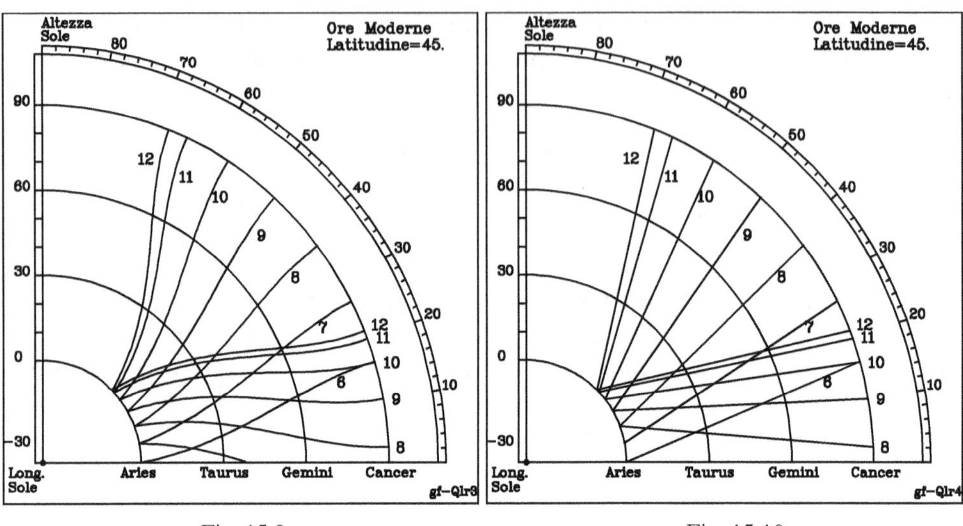

Fig. 15.9

Fig. 15.10

Disegnando lo stesso strumento con ore uguali (ore equinoziali) si ottiene il diagramma di Fig. 15.9 e, infine, approssimando le curve con segmenti di retta compresi fra i punti estremi al solstizio estivo e all'equinozio, si ha il quadrante a ore uguali a linee orarie rettilinee di Fig. 15.10.

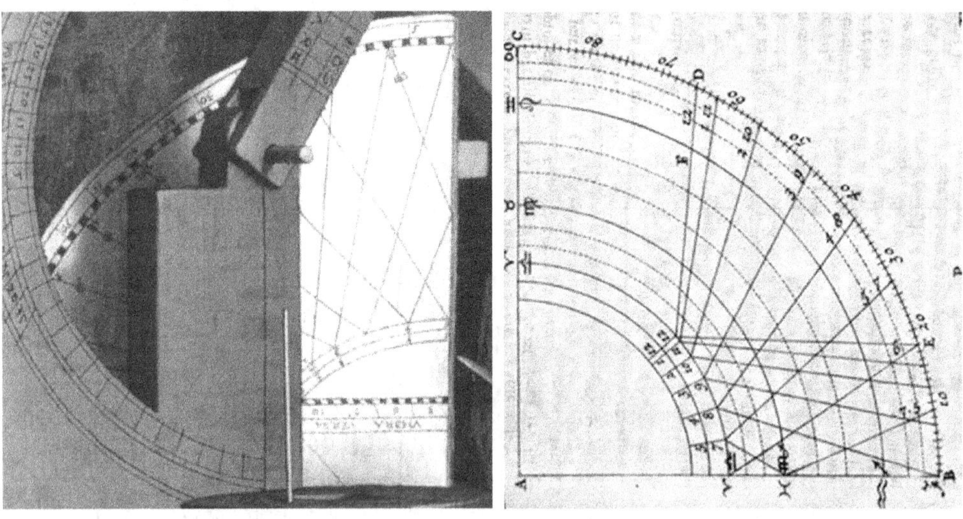

Fig. 15.11   Particolare de "Gli ambasciatori" di Hans Holbein

Fig. 15.12   da *"Recreation mathematiques"* di Jacques Ozanam

Esso si trova descritto in diversi trattati rinascimentali[18] ed è anche illustrato nel quadro *"Gli ambasciatori"* di Hans Holbein [19] (Fig. 15.11, 15.12).

15.2 Quadranti con linee diurne rettilinee

Al-Marrākushī e al-Misrī presentano, nei loro manuali sugli strumenti astronomici, 3 tipi di quadranti nei quali le linee diurne sono linee rette. Precisamente:
- linee diurne rettilinee parallele a un lato del quadrante;
- linee diurne rettilinee e inclinate di 45° sui lati del quadrante;
- linee diurne rettilinee uscenti da un punto.

15.2.1 Quadranti con linee diurne rettilinee parallele a un lato del quadrante
Le linee diurne sono segmenti paralleli al lato del quadrante che viene rivolto verso il Sole (Fig. 15.14 e 15.15).
Come nei casi precedenti non è necessaria la presenza della perlina sulla cordicella-peso.
Le modalità per l'utilizzo sono le seguenti (Fig. 15.13):
- si sospende lo strumento dirigendone il bordo verso il Sole;
- si blocca la cordicella e si trova la linea oraria più prossima al punto ove essa interseca la linea della data del giorno di osservazione (punto A in figura).

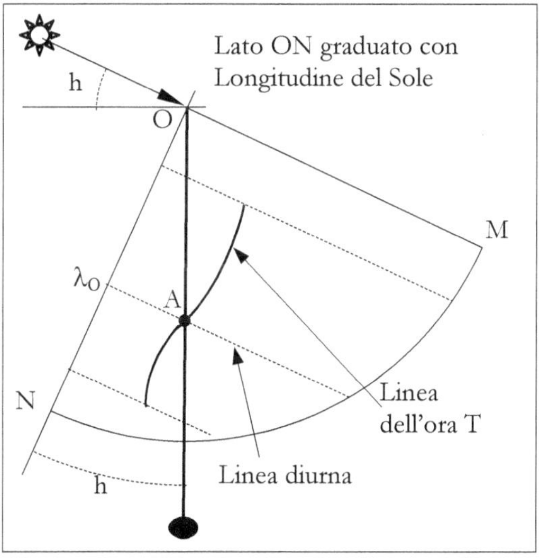

Fig. 15.13

[18] Ad esempio in *"Künstlich Sonnenuhr"* di Johann Stöfflers (1452-1531; in *"Rudimenta Matematica"* di Sebastian Munster (1488-1552); nei lavori di Oronce Finé (1494-1555) e anche in *"Recreation mathematiques"* di Jacques Ozanam (1640-1717).
[19] Il quadrante è molto ben descritto nel volume *"Il segreto degli Ambasciatori"* di John North, 2005.

I valori della longitudine λ del Sole possono essere disposti in modo arbitrario, anche se la distribuzione più comune è quella lineare, con la distanza x dal centro del quadrante lungo il lato proporzionale a λ.

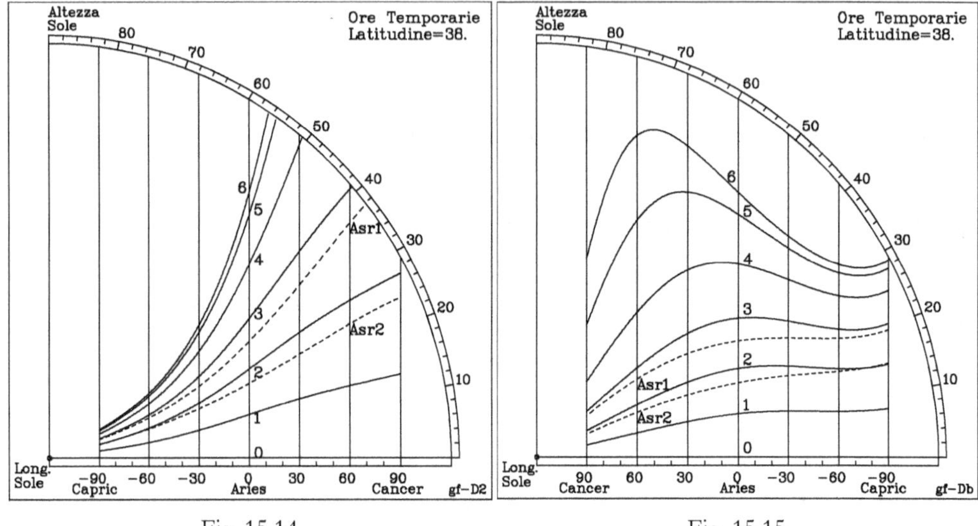

Fig. 15.14   Fig. 15.15

Anche ora i valori si possono assegnare prendendo la scala delle longitudini crescente andando dal centro verso l'esterno, o viceversa.

Nel primo caso le linee orarie non possono essere completamente contenute all'interno del quadrante e quindi lo strumento non permette di leggere le ore centrali della giornata nel periodo estivo.

Nella Fig. 15.14, dove si sono prese uguali a 1/8 e a 7/8 di R le distanze delle linee diurne dei Solstizi dal bordo del quadrante, si trova che, al solstizio estivo ($\lambda = +90°$), la massima altezza del Sole per cui le linee orarie sono comprese nel quadrante è di 28.95°.

Poiché l'altezza meridiana in questa data vale $\left(90° - \varphi + \varepsilon\right) = 75.5°$, si ha che il punto della linea delle ore VI non è compreso all'interno del quadrante: esattamente esso si troverebbe a una distanza dal centro circa uguale a 3.5 volte il raggio del quadrante stesso.

Occorre inoltre osservare che le linee orarie dall'ora IV all'ora VI sono molto ravvicinate.

Nel secondo caso, in cui la scala delle longitudini è invertita (Fig. 15.15), le linee sono invece ben distanziate e la lettura risulta più agevole.

<u>Studio analitico</u>

Come nei casi precedenti si trova:

$$x_\lambda = \frac{R_2 + R_1}{2} \mp \left(R_2 - R_1\right) \cdot \frac{\lambda}{180} \quad e \quad y_\lambda = x_\lambda \cdot \tan(h)$$

Le curve delle ore si possono ottenere con i passaggi seguenti: dato il giorno, e quindi λ, si ricavano δ e x_λ. Dati l'ora T e δ si ricavano ω, h e y_λ (convenzioni come in Fig. 15.4).

Al-Marrākushī fissa le linee diurne in modo tale che esse incontrino la scala delle altezze, sul bordo del quadrante, in corrispondenza dell'altezza massima meridiana in quella data.

Ad esempio con una latitudine $\varphi=38°$, la linea del solstizio estivo incontra la scala graduata al valore $h_M = 90° - \varphi + \varepsilon = 75.5°$ (Fig. 15.16).

Con questo artificio non solo le linee orarie sono tutte contenute nel quadrante, ma la linea dell'ora VI viene a coincidere con l'arco di cerchio che delimita il quadrante stesso: in questo modo le linee orarie occupano quasi l'intera superficie e risultano quasi equidistanti con conseguente riduzione degli errori.

<u>Studio analitico</u>
Si ricava che la graduazione in longitudine è compresa fra:

$$x_{MIN} = R \cdot \cos(90° - \varphi + \varepsilon) \qquad \text{corrispondente a } \lambda = +90° \text{ o a } 0°\text{Cancer e}$$

$$x_{MAX} = R \cdot \cos(90° - \varphi - \varepsilon) \qquad \text{corrispondente a } \lambda = -90° \text{ o a } 0°\text{Capricorno.}$$

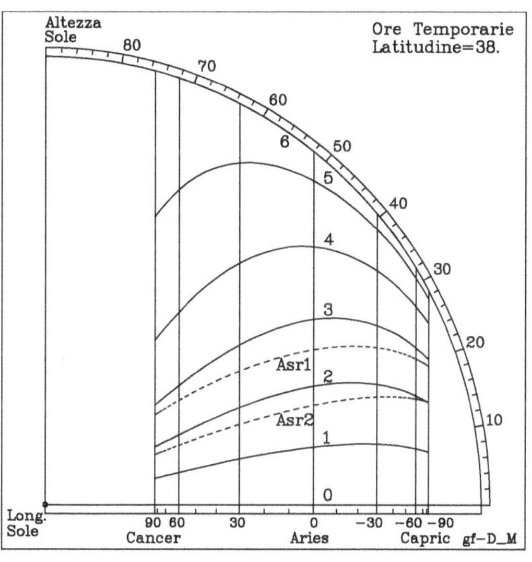

Fig. 15.16

15.2.2 Quadranti con linee diurne rettilinee e inclinate di 45°

Due esempi di questo tipo di quadrante sono rappresentati in Fig. 15.17 e 15.18: osservando gli andamenti delle linee orarie, si nota immediatamente che non vi sono vantaggi rispetto ai tipi descritti in precedenza.

Le linee diurne sono rettilinee, fra loro parallele, equidistanziate e inclinate di 45°.

La graduazione in longitudine si trova su un lato dello strumento, o su entrambi, e può andare da ±90°, nel punto più lontano dal centro, a ∓90°, nel punto più vicino. [20]

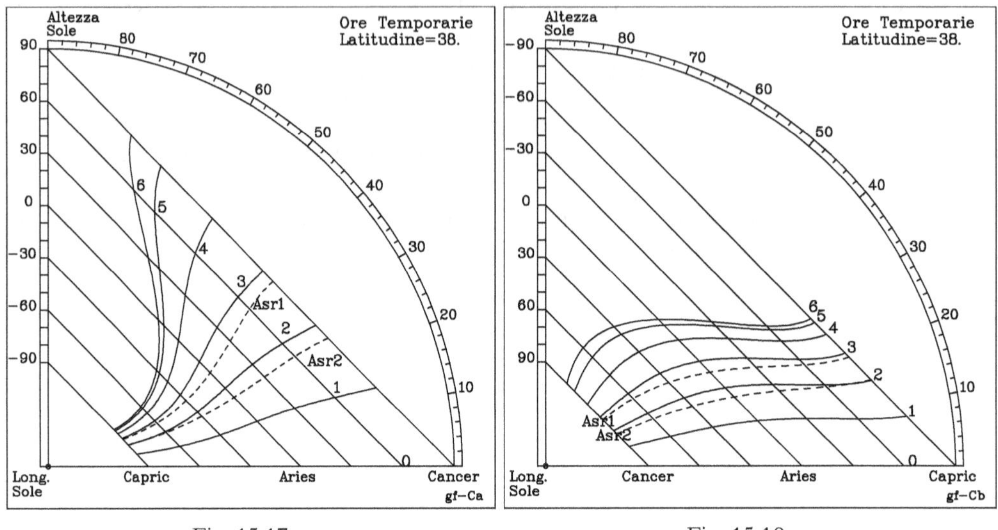

Fig. 15.17   Fig. 15.18

Anche per questi quadranti, in cui la perlina non è necessaria, l'uso è molto semplice (Fig.15.19)

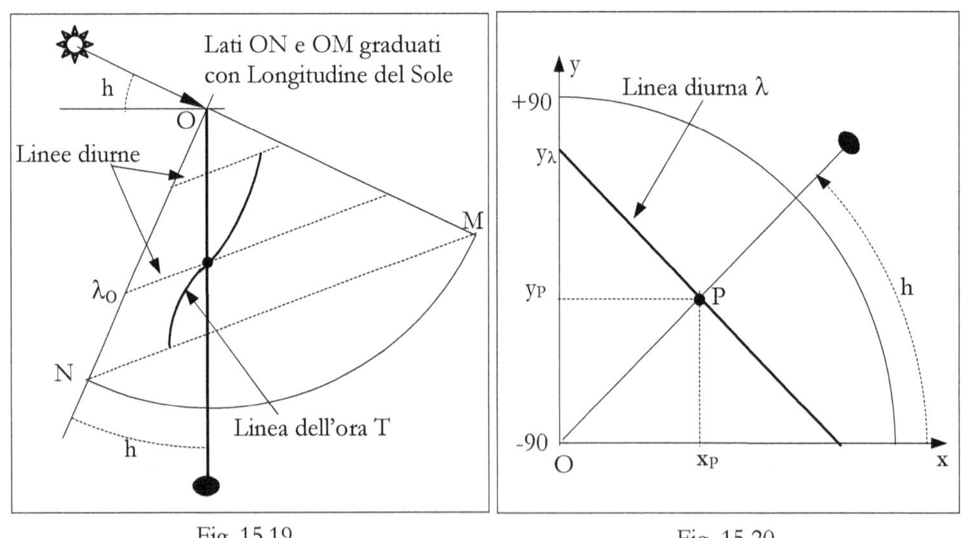

Fig. 15.19   Fig. 15.20

---

[20] Al-Marrākushī prende questo punto ad una distanza uguale a 1/3 del raggio.

<u>Studio analitico</u> (Fig. 15.20)

Indicando con R1 e R2=R le distanze dei punti estremi della graduazione, corrispondenti a $\lambda = \pm 90°$, si ha:

$$y_\lambda = \frac{R + R_1}{2} + (R - R_1) \cdot \frac{\lambda}{180} \quad \text{e, se R1=R/3,} \quad y_\lambda = \frac{R}{3} \cdot \left(2 + \frac{\lambda}{90}\right)$$

Il punto di intersezione della linea di altezza h con la linea diurna λ ha coordinate:

$$x_P = \frac{y_\lambda}{1 + \tan(h)} \quad \text{e} \quad y_P = \frac{y_\lambda}{1 + \tan(h)} \cdot \tan(h)$$

15.2.3   Quadranti con linee diurne rettilinee passanti per un punto

In questo quadrante, descritto sia da al-Marrākushī che da al-Miṣrī, le linee diurne sono segmenti che escono tutti da uno stesso punto (A in Fig. 15.21) e passano per i punti della graduazione delle altezze corrispondenti alla altezza massima del Sole alla data considerata. Ad esempio nel giorno dell'anno con $\lambda = 40°$ (10° del Toro, circa il 30 Aprile) si ha $\delta = 14.8°$ e quindi, in un quadrante calcolato per $\varphi = 38°$, si ha una altezza massima $h_{MAX} = 66.8°$.

La linea diurna corrispondente a questa data pertanto esce dal punto A e passa per il valore 66.8 sulla graduazione delle altezze.

Il punto A è scelto in modo che la linea relativa all'equinozio sia verticale: la sua distanza dal centro O vale quindi $OA = R \cdot \sin(\varphi)$.

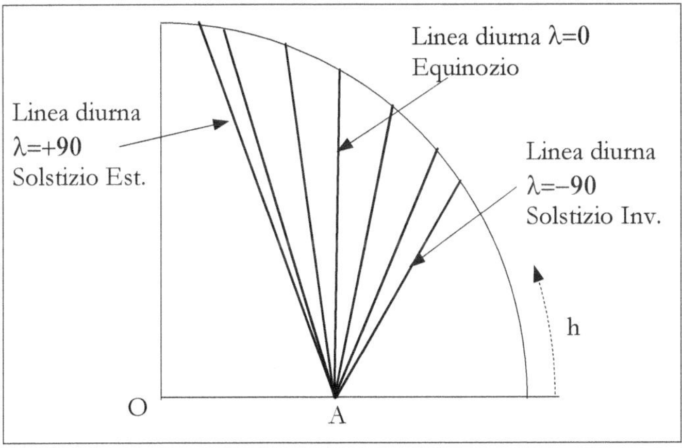

Fig. 15.21

In pratica il tracciato si ottiene dal quadrante di Fig. 15.16, facendo passare tutte le linee diurne per il punto con (h=0° , 0°Ariete).

15.3 Quadrante con linee diurne radiali o quadrante polare inverso.

In questo quadrante, descritto da al-Miṣrī, le linee diurne coincidono con i raggi del quadrante, mentre le linee ad altezza costante sono cerchi aventi il centro comune nel centro del quadrante stesso (Fig. 15.22).
Essendo quindi le linee ad altezza costante e quelle diurne esattamente invertite rispetto a quelle dei quadranti a linee diurne circolari (Fig. 15.1), esso è stato chiamato da Charette *quadrante polare inverso* [21].

La linea diurna relativa agli equinozi passa per il valore h=45° della scala circolare delle altezze; le altre linee formano con tale linea angoli uguali al valore $\lambda/2$, da 0° a 90°.
In questo modo le linee diurne intervallate di 30° in longitudine, cioè le linee corrispondenti all'inizio dei segni zodiacali, formano fra loro angoli di 15°.
La linea con λ =90° (solstizio estivo o 0°Cancer) coincide con il lato del quadrante usato per la mira verso il Sole.

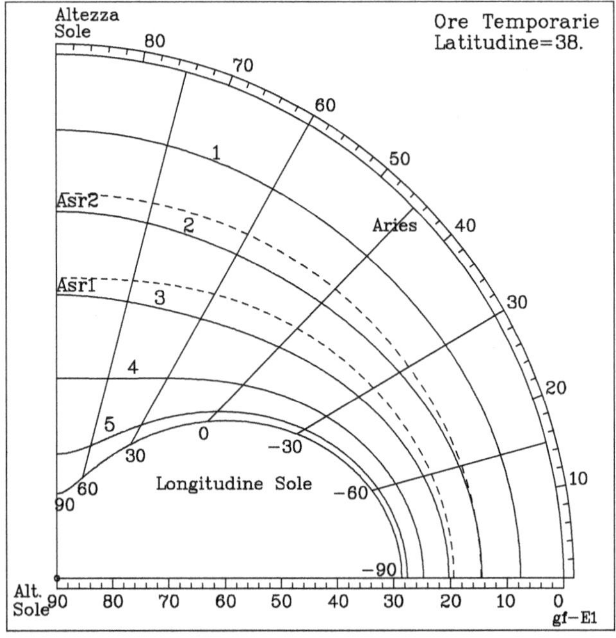

Fig. 15.22

Sull'altro lato del quadrante (corrispondente al giorno del solstizio invernale) vi è una seconda scala delle altezze, rettilinea, con il valore 90 nel centro dello strumento.

---

[21] Nel quadrante con linee diurne circolari di Fig. 15.1 le coordinate polari dei punti sono date dalla longitudine λ (il "raggio") e dalla altezza h del Sole (l'"angolo").
In questo tipo di quadrante invece le coordinate polari dei punti sono invertite, cioè con il "raggio" proporzionale all'altezza e l'"angolo" alla longitudine del Sole.

In questo modo la linea dell'ora 0 (o più propriamente dell'inizio della I ora) coincide con l'arco di cerchio che delimita il quadrante.

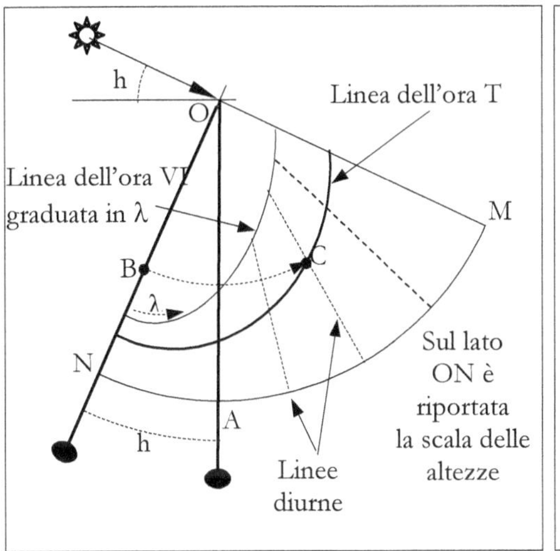

Fig. 15.23

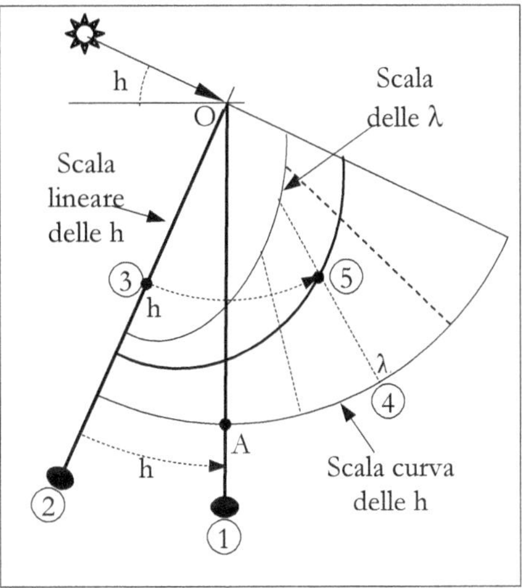

Fig. 15.24

Per l'utilizzo dello strumento occorre seguire i seguenti passi (Fig. 15.23, 15.24):

- posto lo strumento in posizione di misura si legge il valore della altezza h del Sole sulla scala curva (punto 1);
- si porta poi la cordicella lungo il lato graduato (punto 2) e si sposta la perlina sino a farla coincidere, sulla scala lineare, con il valore di h prima trovato (punto 3);

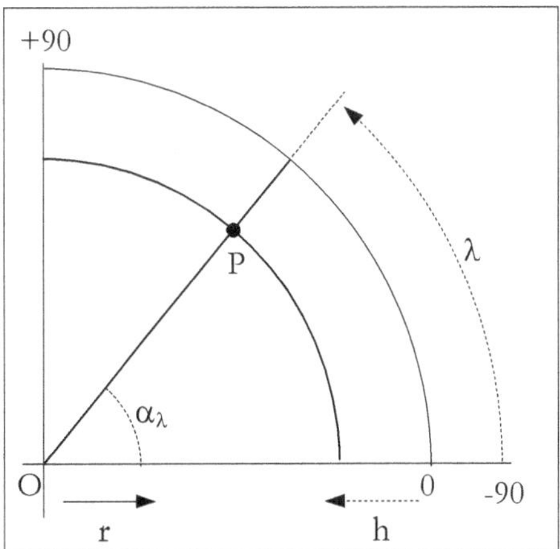

Fig. 15.25

- si sposta di nuovo la cordicella sino a portarla a coincidere con la linea radiale corrispondente alla data del giorno di osservazione (punto 4);
- si legge l'ora sulla linea oraria più prossima al punto ove viene a trovarsi la perlina (p. 5).

<u>Studio analitico</u>

Siano α_λ l'angolo fra la linea diurna radiale relativa alla longitudine del Sole=λ e l'orizzon-tale (Fig. 15.25) e r il raggio del cerchio relativo ala altezza del Sole, h.

 Si ha immediatamente:

$$\alpha_\lambda = \frac{\lambda + 90}{2}; \quad \alpha_{90} = 90 \ \text{e} \ \alpha_{-90} = 0$$

$$r = R \cdot \left(1 - \frac{h}{90}\right) \quad \text{essendo R il raggio del quadrante.}$$

Quindi

$$x_P = r \cdot \cos(\alpha_\lambda) = R \cdot \left(1 - \frac{h}{90}\right) \cdot \cos\left(\frac{\lambda + 90}{2}\right)$$

$$y_P = r \cdot \sin(\alpha_\lambda) = R \cdot \left(1 - \frac{h}{90}\right) \cdot \sin\left(\frac{\lambda + 90}{2}\right)$$

Noto il giorno dell'anno si ricavano i valori di λ, α_λ e δ.

Data l'ora T si ricava l'angolo orario ω e, infine, noti ω, δ e la latitudine φ, si può calcolare l'altezza del Sole e con essa le coordinate del punto P.

15.4 Quadrante con linee orarie equidistanti
15.4.1 Prima versione con due cordicelle

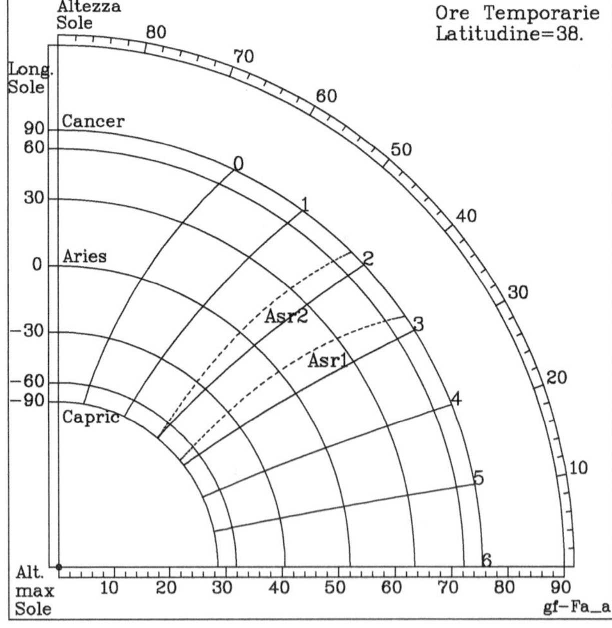

Fig. 15.26

Come ultimo quadrante prendiamo in considerazione un quadrante inventato e descritto da al-Misrī.

Una prima forma di questo quadrante è quella rappresentata in Fig. 15.26 in cui si può vedere che, oltre alla solita scala delle altezze sull'arco, sono presenti altre due scale sui lati: una scala delle altezze massime meridiane (in basso in figura) e una scala della declinazione del Sole (sul lato sinistro della stessa figura).

Su questa scala, lineare in δ, sono riportati, per comodità, i valori corrispondenti della longitudine eclitticale.

Il valore per $\delta=0°$, corrispondente agli Equinozi ($\lambda = 0°$), ha una distanza dal centro uguale al valore della corrispondente altezza massima ($90°$-φ) letta sulla scala orizzontale.

In modo simile un valore qualunque di δ è posto sulla scala a sinistra a una distanza dal centro uguale al valore della altezza massima meridiana ad esso corrispondente.

Ovviamente in questo modo i cerchi concentrici al quadrante sono sia linee diurne, che linee ad altezza meridiana costante.

Il quadrante possiede due fili: F1 fissato al centro O ed F2 fissato all'estremo del lato orizzontale (Fig. 15.27 e 15.28).

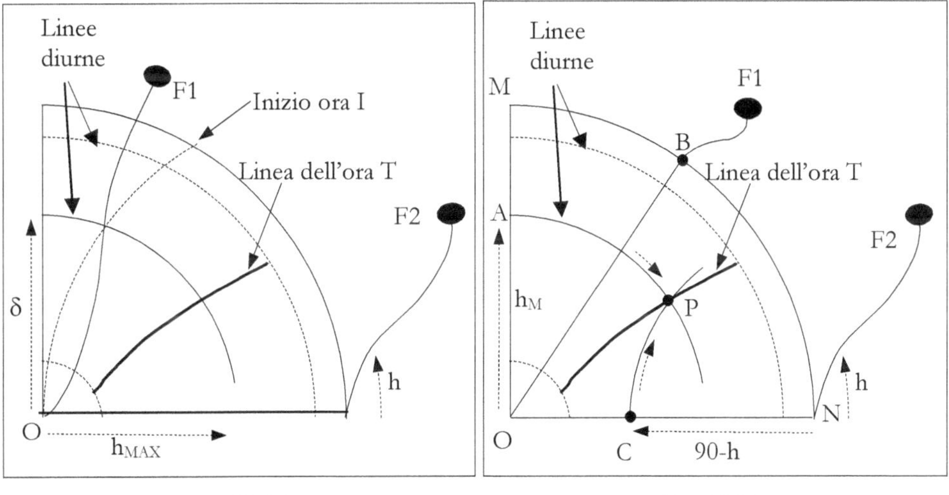

Fig. 15.27   Fig. 15.28

L'utilizzo è abbastanza complesso e avviene con le seguenti modalità:
- si posiziona lo strumento verticale rivolto al Sole e si misura, usando il filo F1, l'altezza istantanea h (punto B in Fig. 15.28);
- si dispone il filo F2 lungo il lato orizzontale e si porta la perlina che si trova su di esso sul valore di h appena trovato (punto C ove OC=h);
- si ruota il filo F2, mantenendolo teso, facendo descrivere alla perlina l' arco CP;
- nel punto in cui questo arco interseca la linea diurna corrispondente al giorno di misura (arco AP) si trova il punto P per il quale passa la linea oraria cercata.

- La linea diurna AP, se non è tracciata, si può individuare utilizzando il filo F1, portando la relativa perlina o sul valore di λ sulla scala verticale o sul valore di h_{MAX}, letto sulla scala orizzontale, e facendo descrivere ad essa l'arco AP.

Il quadrante a due cordicelle rappresentato in Fig. 15.26 è stato tracciato per una località con latitudine di 38°.
In figura si può osservare che in esso la linea dell'ora 0 (inizio della ora I) coincide con l'arco di cerchio di centro N (Fig. 15.28) e raggio uguale a quello del quadrante, che passa per l'origine O e per il punto dell'arco delle altezze individuato dal valore h=60°.
La linea dell'ora VI coincide invece con il lato dello strumento, orizzontale nelle figure, graduato in h_{MAX}.

I vantaggi di questo quadrante derivano dal fatto che le linee orarie sono praticamente equidistanziate e che occupano la maggior parte della superficie.
Queste caratteristiche rendono le incertezze e gli errori nella lettura dell'ora minori di quelli che si hanno con altri tipi di strumenti, sia durante l'intero arco del giorno, sia durante l'intero anno.

<u>Studio analitico – Caso con due cordicelle</u>
Siano r_{MIN} e r_{MAX} i raggi delle linee diurne dei Solstizi (linea dell'inizio del Capricorno e del Cancro), cioè gli estremi della scala delle date (o delle declinazioni δ), ed R il raggio dello strumento (Fig. 15.29). Si ha:

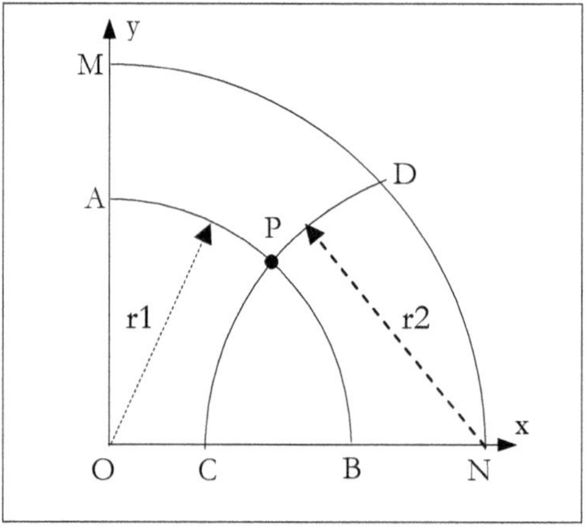

Fig. 15.29

$$r_{MIN} = \frac{R}{90} \cdot \left(90 - \varphi - \varepsilon\right)$$

$$r_{MAX} = \frac{R}{90} \cdot \left(90 - \varphi + \varepsilon\right)$$

$$r_{EQUIN} = \frac{R}{90} \cdot \left(90 - \varphi\right)$$

Fissata la data, e quindi λ o δ, si ricavano i valori:

$$\left| \begin{array}{l} r_1 = \dfrac{R}{90} \cdot (90 - \varphi + \delta) \\[3mm] r_2 = R \cdot \left(\dfrac{90 - h}{90} \right) \end{array} \right.$$

o anche

$$r_1 = \dfrac{R}{90} \cdot h_{MAX} \qquad e \qquad r_2 = R \cdot \left(1 - \dfrac{h}{90} \right)$$

Il punto di intersezione P ha quindi coordinate date da:

$$x_P = \frac{r_1^2 - r_2^2 + R^2}{2 \cdot R} \qquad\qquad y_P = \sqrt{r_1^2 - x_P^2}$$

Da notare che essendo sempre $h_{MAX} > h$, si ha $(r_1 + r_2) \geq R$ e quindi i due archi di cerchio si incontrano sempre. Quando $h = h_{MAX}$ (ora VI) si ha $(r_1 + r_2) = R$ e il punto di intersezione si trova sull'asse x.

Esempio - con $\varphi = 38°$; $\delta = 11°$ e $h = 45°$ si ha $h_{MAX} = 63°$ e quindi $r_1 = 0.70R$; $r_2 = 0.50R$; $x_P = 0.62R$ e $y_P = 0.325\,R$

15.4.2 Quadrante con linee orarie equidistanti - Seconda versione

Una seconda versione dello stesso tipo di quadrante, con linee orarie praticamente equidistanti, è quello rappresentato nelle Fig. 15.30, 15.31.

Il suo uso è più semplice del tipo precedente possedendo una sola cordicella F1.

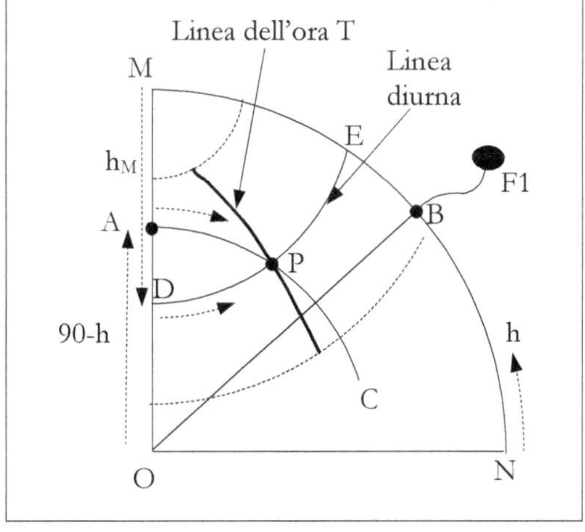

Fig. 15.30

L'utilizzo dello strumento segue la stessa procedura precedentemente descritta:

- si posiziona il quadrante verticale, rivolto al Sole, e si misura, usando il filo F1, l'altezza istantanea h (punto B in Fig. 15.31);
- si dispone il filo F1 lungo il lato verticale e si porta la perlina sul valore di h appena trovato (punto A con MA=h);
- si ruota il filo, mantenendolo teso, facendo descrivere alla perlina l' arco AC;
- nel punto in cui questo arco interseca la linea diurna corrispondente al giorno di misura (arco DPE) si trova il punto P per cui passa la linea oraria cercata.

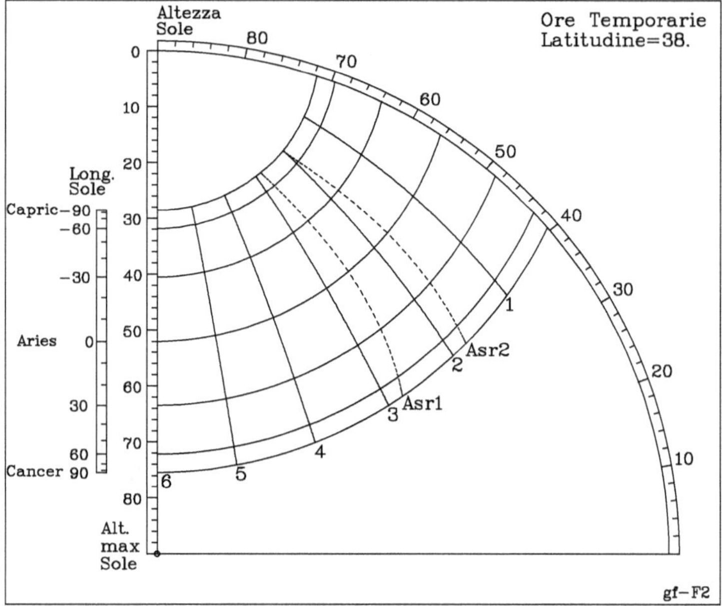

Fig. 15.31

In questa disposizione si ha che la linea dell'ora VI coincide con il lato MO e quella dell'ora 0 (cioè la linea dell'orizzonte) con l'arco del quadrante.

Parte VIII

GLI STRUMENTI PER LA MISURA DEL TEMPO

GLI OROLOGI SOLARI PORTATILI

Capitolo 16
GLI OROLOGI SOLARI ISLAMICI

16.1 I diversi tipi di orologi solari

Nei testi esaminati sono riportati numerosi tipi di orologi solari che furono usati, più o meno diffusamente, nel mondo islamico: alcuni sono descritti con grande accuratezza, altri sono soltanto menzionati; per molti sono riportati i procedimenti di progetto e di calcolo e le tabelle numeriche contenenti i valori per tracciarne le linee fondamentali.

In base alla loro complessità e alla difficoltà di progettazione ho cercato di suddividerli schematicamente in alcuni gruppi principali e ho seguito questa "classificazione" nelle descrizioni che seguiranno questo capitolo.

16.1.1 Orologi solari portatili e mobili
Sono gli orologi solari (o.s.) d'altezza per il calcolo dei quali l'unica grandezza che è necessario conoscere è l'altezza del Sole.
Tutti questi orologi devono poter essere sospesi e orientati, ruotandoli attorno ad un asse verticale. Per tutti si trovano le istruzione per la costruzione, in genere sotto forma di tabelle numeriche di dati, o per una data località [1] o per ottenere meridiane universali.[2]

In questo gruppo sono compresi:
 Gli o.s. tracciati su un piano verticale.
- O.s. di altezza su tavoletta verticale con gnomone orizzontale, cioè normale al piano; la tavoletta deve essere ruotata e portata nel piano contenente il Sole. È anche detto "tavoletta quadrante".
- O.s. su tavoletta verticale con gnomone orizzontale fisso o mobile, in cui la tavoletta deve essere ruotata sino a quando l'ombra dello gnomone non risulta verticale. Era chiamato *Shaq al Jeradah*.

 Gli o.s. su un piano orizzontale.
- O.s. detto *Hhafir*,   con gnomone verticale, linee diurne radiali e linee orarie pseudo ellittiche.
- O.s. *Hhalazune* con caratteristiche come il precedente ma con linee orarie elicoidali (detto anche " a elica").
- O.s. con due gnomoni verticali e linee diurne parallele.
- O.s. su tavoletta orizzontale a forma di lunula, con linee orarie orizzontali.

---

[1] In al-Marrākushī normalmente la località è il Cairo, con latitudine $\varphi=30°$.
[2] al-Marrākushī li definisce come *"validi per una qualsiasi località"*.

<u>Gli o.s. su superfici diverse.</u>
- Diversi tipi di o.s. ad anello con foro.
- O.s. sulla superficie esterna di un cilindro verticale con gnomone orizzontale (m. del pastore).
- O.s. sulla superficie esterna di un cono verticale con gnomone orizzontale (m. del pastore conica).

16.1.2 Orologi solari fissi [3]

<u>Orologi solari su un piano</u>

Sono questi gli orologi solari "classici" che, tracciati su lastre di marmo orizzontali o incisi su pareti verticali, erano posti nel cortile delle moschee o in prossimità dei minareti e usati per la chiamata alle preghiere.

Molti di questi strumenti presentano spesso più sistemi di linee: diurne, orarie con diversi tipi di ore, di azimut costante, di altezza costante, con le ore delle preghiere, ecc.

Fra essi:
- O.s. su piano orizzontale con uno o due gnomoni verticali, chiamati *Basītah* o anche *Rukhāmat*. Fra questi strumenti occorre ricordare, per il loro aspetto caratteristico, gli orologi solari "intrecciati", formati da due mezze meridiane orizzontali, ciascuna con il proprio gnomone, disegnate una per le ore del mattino e l'altra per quelle pomeridiane, i cui andamenti vengono a sovrapporsi.
-

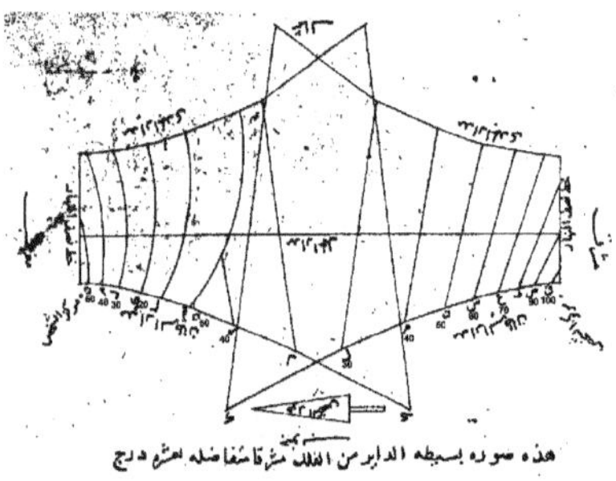

Fig. 16.1   Meridiana orizzontale "intrecciata"

Fig. 16.2   Meridiana verticale al Cairo

- O.s. su piano verticale declinante con gnomone orizzontale.
- O.s. su piano polare con gnomone ortogonale al piano.
- O.s. su piano equatoriale con gnomone ortogonale, cioè polare.
- O.s. su piano declinante e inclinato, con gnomone ortogonale o orizzontale.
- O.s. azimutali, orizzontali con gnomone verticale.

---

[3] al-Marrākushī scrive: *"le superfici regolari sulle quali si tracciano [le meridiane] sono 4: la superficie piana, quella del cilindro, del cono e della sfera… relativamente a queste superfici esporremo le costruzioni che è sufficiente conoscere, per ricavare tutte le altre"* SEDILLOT (1834), pag. 478

<u>Orologi solari composti da più piani con uno o più gnomoni</u>
- O.s. chiamato *Mujennahhah* o ad ala, tracciato sulla superficie esterna di due piani verticali formanti un angolo diedro (Fig. 16.3).
- O.s. chiamato *Mutékafiah* tracciato sulla superficie interna di due piani verticali formanti un angolo diedro (Fig. 16.4).
- O.s. chiamato *Maknasa* o a capanna, disegnato sulla superficie esterna di due piani aventi la stessa inclinazione e formanti una specie di capanna (Fig. 16.5).
- O.s. tracciato sulla superficie interna di due piani aventi la stessa inclinazione e uniti lungo una linea orizzontale (capanna rovesciata) (Fig. 16.6).

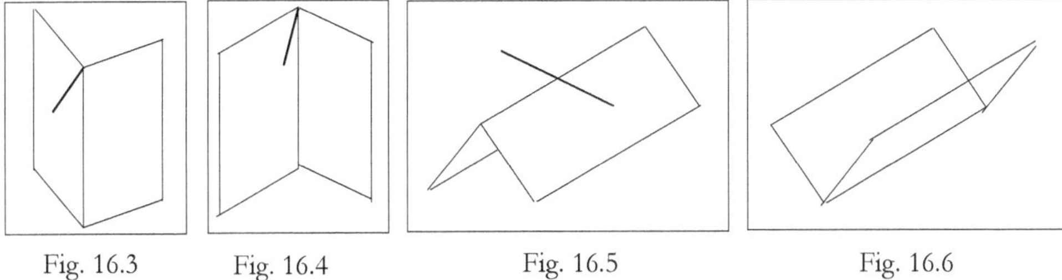

Fig. 16.3   Fig. 16.4   Fig. 16.5   Fig. 16.6

<u>Orologi solari su superfici cilindriche, coniche o sferiche.</u>
- O.s. sulla superficie esterna di un cilindro orizzontale con diversi orientamenti.
- O.s. sulla superficie esterna di un cilindro verticale.
- O.s. sulla superficie esterna di coni o tronchi di cono verticali.
- O.s. sulla superficie interna di una semisfera con base orizzontale o verticale.

<u>Orologi solari senza linee orarie.</u>
Appartengono a questo gruppo molti strumenti che avevano l'unico scopo di indicare l'ora di una particolare preghiera, in genere l'Asr, o di più preghiere, diurne o notturne. Per questo più che veri e propri "orologi solari" si dovrebbero chiamare strumenti per l'indicazione di particolari istanti. Erano abbastanza diffusi ed alcuni si trovano ancora oggi sulle mura delle moschee.

Al termine di questo elenco occorre far notare, come è già stato ricordato, che in nessun testo è decritto l'uso dello gnomone polare, che compare soltanto in alcune meridiane di epoca successiva al 1300 circa. Nei pochi casi in cui si trovano le descrizioni per la costruzione di meridiane orizzontali ad ore uguali (usate per scopi astronomici) viene sempre usato uno gnomone verticale, normale al piano.

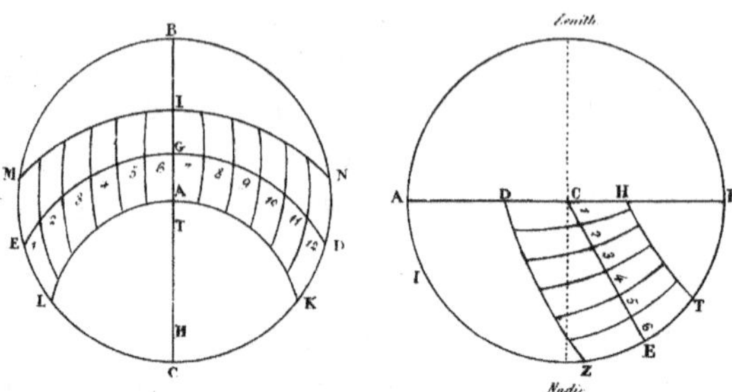

Fig. 16.7   Orologi solari su semisfera - da Sedillot

16.2 Le linee riportate sugli orologi solari

Già nell'890 d.C. nel trattato di Thābit ibn Qurra, *"Descrizione delle figure che forma l'estremità dell'ombra di uno gnomone...."* viene fatta una trattazione generale, sistematica e completa di quale forma vengono ad avere le linee diurne su un orologio solare piano. Vengono cioè descritte le linee percorse su un piano dall'ombra di un punto, estremo di uno stilo normale al piano stesso, nei vari giorni dell'anno e in vari luoghi sulla superficie terrestre.[4]

Per ogni caso vengono prese in esame, e dimostrate, le forme che le linee diurne assumono nelle varie stagioni - retta, cerchio, ellisse, parabola, iperbole - e anche calcolate e descritte quelle percorse dall'ombra dello gnomone nei giorni dei Solstizi e degli Equinozi.

Le dimostrazioni sono fatte per via geometrica senza nessun calcolo o esempio numerico.

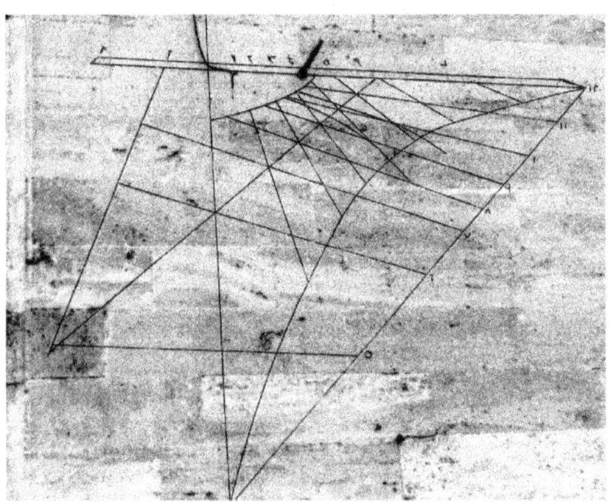

Fig. 16.8   Moschea Yavouz Selim-Istambul
Ore Temporarie e Italiche - 1'e 2'Asr

Queste linee diurne, e in particolare quelle percorse nei giorni degli Equinozi e dei Solstizi, sono sempre disegnate in tutti gli orologi solari descritti nei manoscritti: meridiane piane clas-

---

[4] Vengono trattate le località all'Equatore (latitudine=0°), comprese fra l'Equatore e il Tropico, (latitudine inferiori a ε), comprese fra il Tropico e il Circolo Polare (latitudine fra ε e $90° - \varepsilon$), e comprese fra il Circolo Polare e il Polo (latitudine maggiori di $90° - \varepsilon$), ove ε è l'inclinazione dell'Eclittica, oggi uguale a 23° 27'.

siche, cilindriche, coniche, di altezza di diversa forma, ecc.

Oltre alle linee diurne sono ovviamente riportate sugli orologi solari anche le linee orarie che, sino a circa il 1300 circa, si riferiscono sempre alle ore temporarie.

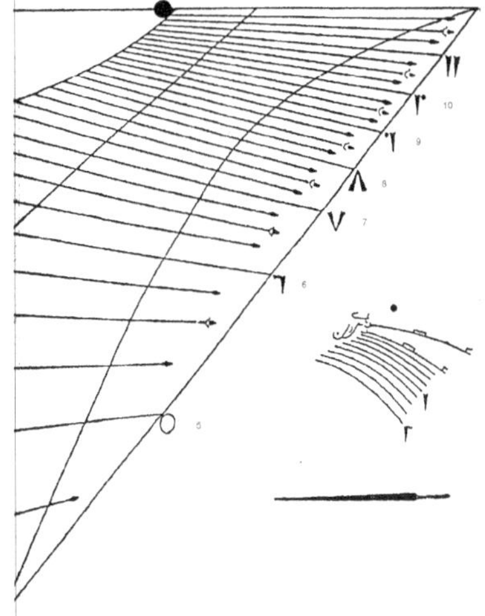

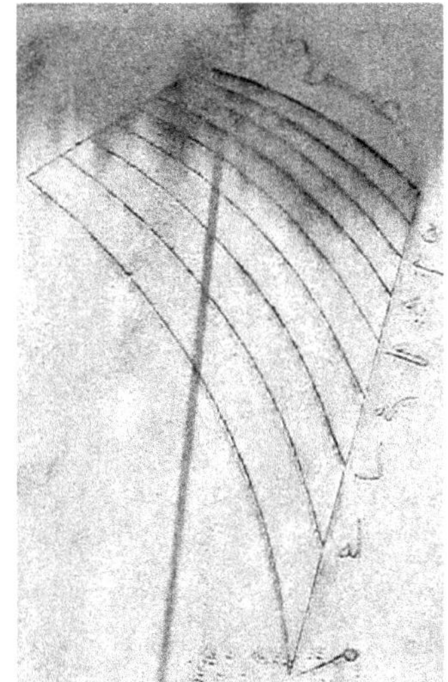

Fig. 16.9 Moschea Fatih – Istambul
Ore ezaniche e linee dell'Asr

Fig. 16.10 Cairo, Moschea di Suleiman
Linee dell'Asr

Sugli orologi solari meglio descritti, e in quelli tuttora conservati, si trovano:

- Le linee orarie delle ore temporarie e, dopo il 1300-1400 circa, quelle delle ore ezaniche (ore dal tramonto in due cicli di 12 ore) e delle ore uguali di tempo solare;
- le linee indicanti gli orari delle preghiere diurne: sempre l'Asr, spesso il secondo Asr, talvolta le linea della preghiera Zuhr, in pratica coincidente con la linea meridiana. Di queste linee particolari, nei diversi compendi sugli strumenti astronomici non sono stati ritrovati né la descrizione, né il metodo di calcolo, ma soltanto tabelle contenenti i valori per il loro tracciamento: questa mancanza fa pensare che tali metodi fossero da tempo ben noti a tutti gli studiosi del ramo;
- sempre dopo il 1300 circa, alcune linee per la determinazione degli istanti delle preghiere notturne;
- le curve percorse dall'ombra nei giorni dei Solstizi e degli Equinozi.
- Spesso, all'interno o a lato dell'orologio solare, si trova inciso il disegno della forma e l'esatta dimensione dello gnomone, quasi a voler ricordare ai posteri come dovesse essere ricostruito in caso di rottura, di smarrimento, di furto o di vandalismo (Fig. 16.9, 16.13, 16.14, 16.15).

16.3 Gli gnomoni

Negli orologi solari islamici l'asta la cui estremità getta l'ombra che indica l'ora, cioè lo gnomone, é sempre :

- fisso e perpendicolare al piano su cui è tracciato l'orologio, nel caso di meridiane piane orizzontali o verticali;
- fisso e orizzontale nelle meridiane piane inclinate;
- mobile e orizzontale, nel caso di meridiane tracciate su superfici coniche e cilindriche e in alcune meridiane portatili;
- inclinato sull'orizzonte e perpendicolare alla superficie in alcune meridiane piane inclinate e in meridiane su tronco di cono.
- In quasi tutti gli orologi lo gnomone è costituto da un'asta a forma di cono spesso abbastanza largo e tozzo, come si può vedere nelle Fig. 16.11 e 16.12.

Nei testi medievali lo gnomone è chiamato *al shaks* (الشخس) o anche *miqayis e miqyas*[5] o *qyas* [6].

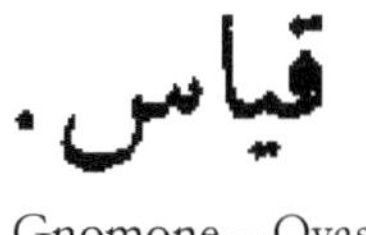

Gnomone – Qyas

Fig. 16.11   Moschea Nuova - Istanbul   Fig. 16.12   Orologio solare nella moschea di Kairouan - Tunisia

Nei pochi orologi solari antichi giunti sino a noi lo gnomone è mancante o, se presente, non è mai quello originale. La causa è abbastanza semplice da spiegare se si pensa che esso era realizzato in metallo e quindi, a causa del suo notevole valore monetario, era soggetto a frequenti furti.

---

[5] CHARETTE (2003), p. 182
[6] THĀBIT IBN QURRA (1987)

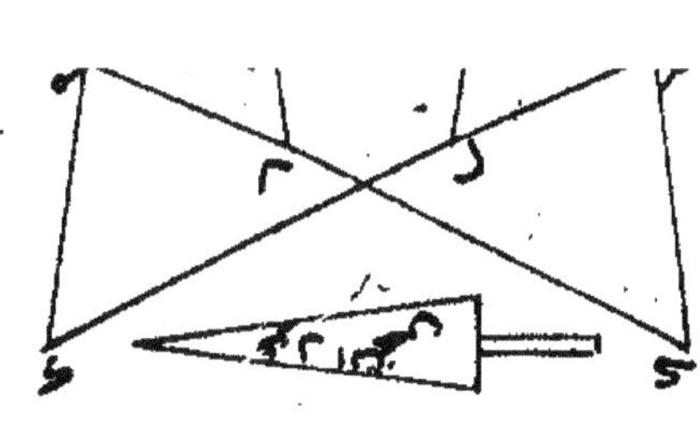

Fig. 16.13   Gnomone di una meridiana
in un manoscritto di Ibn Al-Muhallabi

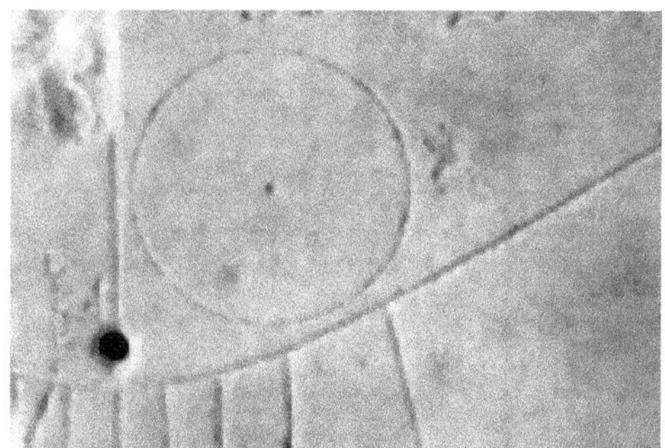

Fig. 16.14   Meridiana di Cordova
Il raggio del cerchio indica la misura dello
gnomone

Questo fatto spiega anche la consuetudine di incidere sul bordo della tavola riportante le linee orarie degli orologi solari, o in prossimità della posizione dello stilo, o un tratto avente la lunghezza dello stilo stesso o sovente anche il disegno della forma dello gnomone stesso.

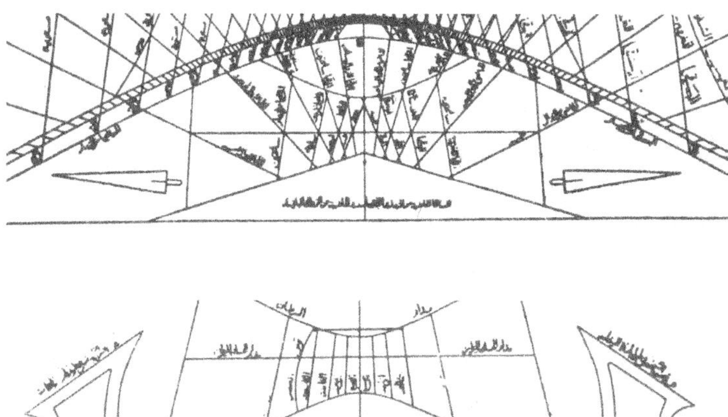

Fig. 16.15   Meridiana di ibn al Shatir - Damasco
Gli gnomoni

Questa abitudine è una caratteristica peculiare degli orologi solari islamici che non si ritrova né nelle antiche meridiane greche e romane, né in quelle successive del medioevo e del rinascimento europeo, né infine in quelle moderne.

16.4 I nomi arabi degli orologi solari

Ripeto qui l'elenco dei nomi arabi dei diversi orologi solari, come è già stato riportato nel Cap. 2.

Nella lingua araba moderna gli orologi solari sono chiamati *mizwala* (مزولة) o *sā'at shamsiyya* (ساعة شمسية) o *shamsiyya mizwala* (شمسية مزولة) ma nei testi antichi si trovano anche molti altri nomi, usati sia per particolari orologi solari, sia per indicare la loro forma o il materiale con cui erano costruiti.

In diversi contesti si trovano i nomi seguenti:

- *Rukhāmat* - رخامة - per indicare principalmente meridiane orizzontali e, talvolta, anche come termine generale.
- Il significato della parola *rukhāma* è "marmo", "lastra di marmo", da cui il nome dell'orologio inciso su una lastra (orizzontale). Il termine *rukhāmat* compare ad esempio nei manoscritti di Thābit ibn Qurra dell'anno 900 circa e in quelli di al-Khwārizmī e di al-Battānī. Nelle trascrizioni nelle lingue occidentali si trova anche come *rakhāmat* o *rakhāma*.
- *Basītah o basītat* - ال بسيطة - per indicare meridiane piane.
- Il vocabolo *"basīta"* (بسيط) significa esattamente "piano, piatto", "lastra piana". In al-Battānī. si trova l'espressione *"al-rukhāma al-basīta"* per indicare una meridiana piana orizzontale. Al-Marrākushī invece usa il nome *basītah* solo per i quadranti orizzontali.
- *Munharifa* - منحرف - per indicare meridiane verticali declinanti.
- Il significato della parola è "inclinato" .
- *Qa'ima* – per indicare una meridiana verticale

Oltre a questi nomi che si riferiscono agli orologi solari più diffusi, si trovano poi anche i nomi seguenti specifici di strumenti particolari:

- *Hhāfir* o *hāfir* - حافر - orologio di altezza portatile.
- *Shaq al Jeradah* o *Sāq al-Jarāda* - ساق الجادة - orologio di altezza a gnomone mobile.
- *Hhalazūne* o *al halzūn* o *halazūn* - ال حازون - orologio di altezza portatile a forma elica.
- *Mujennahhah* o *mujenhat* o l'ala - مجنحة - su due piani verticali formanti un angolo diedro.
- *Mutékafiah* - متقافية - su due piani verticali formanti un angolo diedro.
- *Mknesat o Mukunsat o Maknasa* - مكنسة - meridiana tracciata su due piani disposti come il tetto di una capanna; per questo viene chiamata sia "la scopa", sia "la tana".
- *Mukhula o Makrut* - da مخروط, cono - meridiana su superficie conica.

Capitolo 17
GLI OROLOGI PORTATILI VERTICALI

17.1 Gli orologi solari portatili

Dopo l'invenzione dei primi strumenti utilizzati per la determinazione del tempo gli orologi solari diventarono con il passare degli anni di uso abbastanza comune, anche se, all'inizio, certamente soltanto fra astronomi, astrologi, sacerdoti e studiosi del cielo.

Ben presto questi studiosi, che spesso intraprendevano lunghi viaggi per mettere le proprie esperienze e conoscenze al servizio di regni e potentati diversi, comprendendo la comodità di trasportare con se il "tempo" da una località all'altra, studiarono e idearono i primi orologi solari portatili.[7]

Antichi orologi portatili

Fig. 17.1   Egiziano   Fig. 17.2   Romano   Fig. 17.3 Medioevale
(1500 BCE)   (III sec.)   europeo

Fra questi si possono ricordare gli orologi egiziani del regno di Tutmosi III (Fig. 17.1), i numerosi tipi di orologi diffusi negli Imperi Romano e Bizantino (i *viatoria pensilia*) (Fig. 17.2), i vari tipi di orologi del medioevo europeo (Fig. 17.3), gli orologi ad anello e, infine l'orologio cilindrico chiamato (erroneamente) "del pastore", il più importante, conosciuto già dal III secolo e costruito ancora oggi (Fig. 17.4, 17.5).

Per più di 2500 anni, all'incirca sino al Rinascimento europeo, tutti gli orologi portatili che sono stati descritti o che sono giunti sino a noi erano orologi d'altezza, che cioè basavano il loro funzionamento soltanto sulla altezza del Sole.

Poiché l'altezza del Sole è l'angolo, appartenente al piano verticale contenente l'astro, compreso fra l'orizzonte e il suo centro, tutti gli orologi solari di altezza devono necessariamente poter essere ruotati attorno ad un asse verticale in modo da essere rivolti direttamente verso

---

[7] Si pensa che i primi orologi solari "mobili" o portatili siano stati usati verso il 1500 a.C. (Hester Higton, *Sundials*, P.Wilson Publisher, London 2001)

il Sole: sono quindi orologi mobili che, quando realizzati in piccole dimensioni, ben si prestano ad essere trasportati da un luogo a un altro.

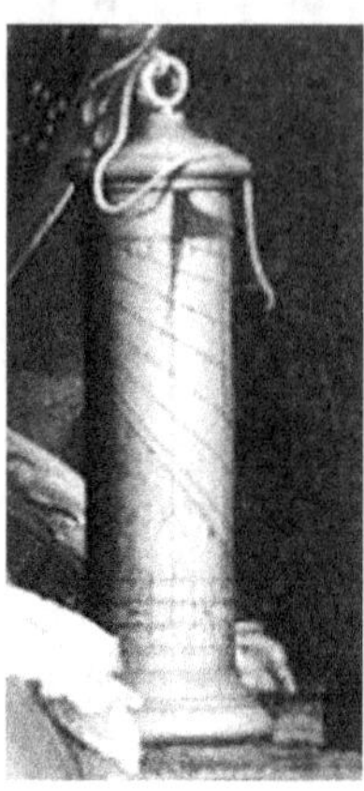

Fig. 17.4   Hans Holbein il giovane
Gli Ambasciatori (1533)

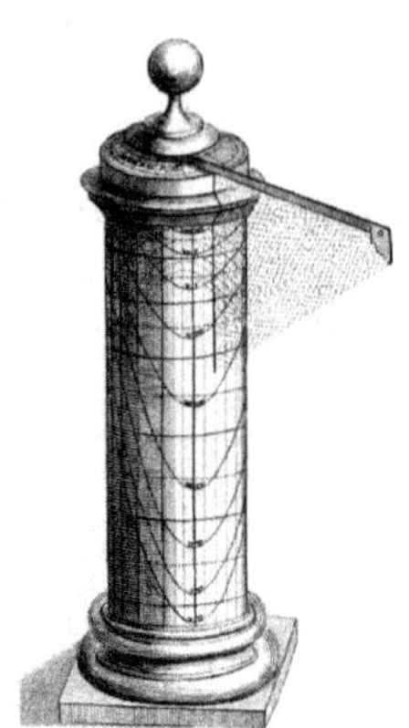

Fig. 17.5   Da una rivista inglese
del 1793

Per facilitarne l'uso tutti questi orologi avevano inoltre la possibilità di essere sospesi, tramite catenelle o nastri, in modo da poter essere facilmente ruotati dopo aver raggiunto la perfetta verticalità. Ovviamente potevano essere anche dotati di una base da appoggiare su una superficie orizzontale allo scopo di ottenere una migliore e più agevole lettura della posizione dell'ombra.

Soltanto dopo il 1300 circa sia in occidente che nel modo arabo, cominciarono ad essere costruiti anche orologi portatili di tipo diverso, nei quali il posizionamento necessario per leggere l'ora era ottenuto mediante l'ausilio di una piccola bussola, generalmente facente parte integrante dell'orologio stesso (Fig. 17.6, 17.7).

A questo proposito si può ricordare che la conoscenza delle proprietà di un ago magnetico e della bussola fu trasmessa ai marinai arabi, che con le loro navi commerciavano fra la Persia e la Cina, dai cinesi verso l'VIII secolo. In seguito l'uso dello strumento passò al Mediterraneo, in Siria, e da qui ai porti meridionali dell'Europa. Probabilmente notizie erano già giunte, fra l'VIII e il IX, nel Nord Europa attraverso i fiumi sui quali avvenivano i commerci con il Sud dell'Asia e questo spiega anche, in parte, l'abilità dei marinai Normanni [8].

Le prime bussole, chiamate in arabo *al-tasa* o *magnatis*, avevano la forma di una tazza o di una coppa, che veniva riempita d'acqua e sulla quale galleggiava l'ago magnetico, spesso appog-

---

[8] In nessun trattato si trova menzione al fenomeno della deviazione magnetica.

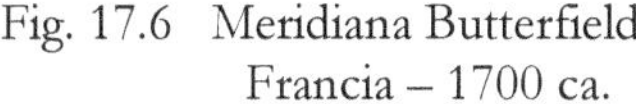

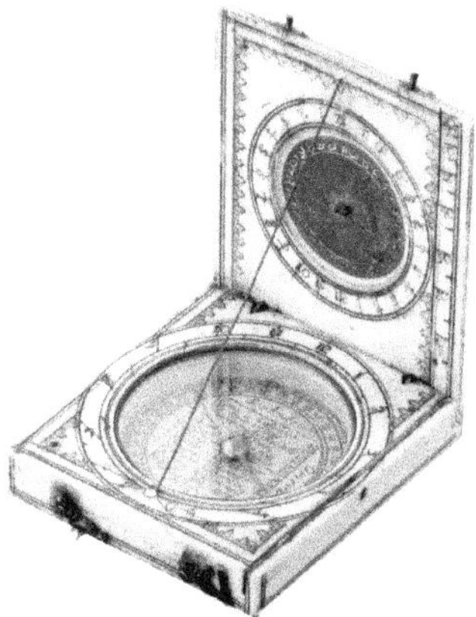

Fig. 17.6   Meridiana Butterfield   Fig. 17.7   Dittico
Francia – 1700 ca.   Francia – 1750 ca.

giato a una pagliuzza.[9]

La prima descrizione conosciuta di una bussola racchiusa in una piccola scatola con l'ago attaccato al centro si trova in un trattato sulla misura del tempo dell'astronomo Ibn Sim'un, vissuto al Cairo verso il 1300 ca.

La prima descrizione dell'uso di una bussola con un orologio solare si trova invece in un trattato di Ibn al-Shatir (circa 1330) ove viene descritto uno strumento astronomico a più funzioni, chiamato *"compendium"*, in cui si trova anche una piccola bussola usata per il suo allineamento verso i punti cardinali. [10]

Dei moltissimi tipi di orologi solari di altezza portatili inventati sin nell'antichità mi limiterò ad esaminare soltanto quelli più comuni descritti nei testi in lingua araba·.

Prima delle descrizioni dei vari tipi è opportuno ricordare:
- che poiché l'altezza del Sole in un dato giorno e in una data ora cambia al variare della latitudine del luogo, tutti gli orologi di altezza danno letture corrette soltanto nella località per la quali sono stati progettati e costruiti;

---

[9] Poiché per i paesi a nord dell'Arabia la direzione della qibla coincide quasi esattamente con quella del Sud, la bussola fu quasi subito usata, dai viaggiatori, per trovare la direzione della Mecca: per questo motivo presso i musulmani l'ago magnetico era anche chiamato *kiblat nāma* ed era il sud la direzione che esso indicava e non, come in Europa, il nord.
  Vi erano anche bussole, usate dai marinai, in cui l'ago magnetico era attaccato a un sottile disco di legno galleggiante sul quale era disegnato un piccolo *mihrab*.

[10] KING (2004)

- che, per superare questo inconveniente, molto importante per i viaggiatori e i naviganti, fu applicato, anche alla costruzione e progetto degli orologi solari portatili, il metodo della formula universale, già descritto, ottenendo strumenti *"validi per tutti i luoghi abitati"*;
- che in tutta la storia degli orologi solari, dalla antichità greco-romana sino ad oggi, nel progetto il Sole è sempre stato considerato puntiforme, trascurandone il diametro finito e calcolando ed utilizzando, sempre, la posizione del suo centro. Allo stesso modo si è sempre trascurato l'effetto della rifrazione atmosferica, salvo in alcuni casi di orologi di grandi dimensioni, in genere costruiti più come strumenti astronomici che come dispositivi per leggere l'ora;
- infine che, pur essendo anche i quadranti orari degli orologi solari di altezza, essi sono stati descritti a parte, costituendo una classe molto numerosa di strumenti con forme e caratteristiche particolari.

17.2 La tavoletta quadrante

17.2.1 La tavoletta per una data latitudine

Si tratta di un orologio solare realizzato su una tavoletta rettangolare verticale riportante uno stilo (gnomone) ortogonale posto in uno degli vertici superiori.

In questo strumento per la determinazione dell'ora non si utilizza l'estremo dell'ombra dello gnomone, ma l'intera ombra dello stilo stesso (Fig. 17.8), la cui lunghezza quindi non influisce sulla forma e sulle dimensioni delle diverse linee.

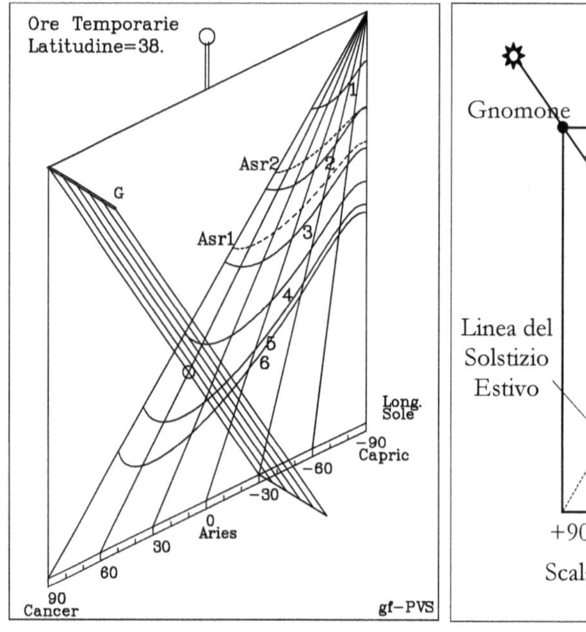

Fig. 17.8

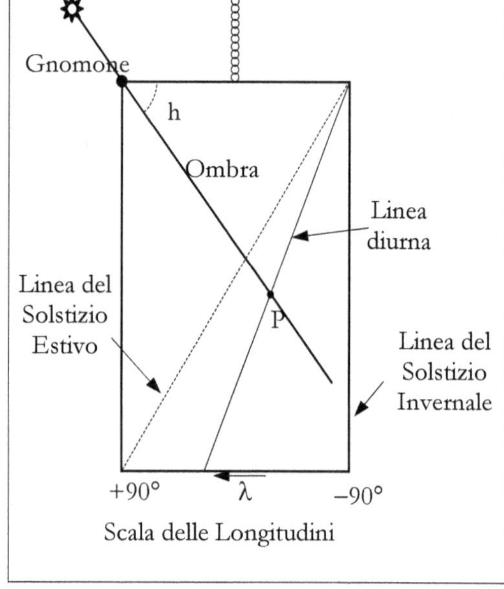

Fig. 17.9

Il procedimento per la ricerca dell'ora è molto simile a quello di un quadrante orario:
- si sospende la tavoletta in modo da portarla verticale;
- la si ruota sino a disporla esattamente nel piano verticale contenente il Sole;
- si individua il punto ove l'ombra dello stilo interseca la linea diurna del giorno di osservazione;
- si legge l'ora sulla linea oraria passante per tale punto o in prossimità di esso (o si interpola).

Le linee diurne sono rettilinee e tutte uscenti dal vertice superiore della tavoletta opposto a quello in cui si trova lo stilo.

La linea del solstizio estivo è la diagonale della tavoletta e quella del solstizio invernale coincide invece con un lato verticale (lato destro in Fig. 17.9).

Il lato inferiore della tavoletta può essere graduato in valori della longitudine λ del Sole (da -90° a +90°) come in Fig. 17.8, o in valori di declinazione solare δ, o riportare i segni zodiacali, o essere graduato in valori della altezza meridiana del Sole h_{MAX}, come in Fig. 17.11.

Centrato nel punto in cui si trova lo stilo si può disegnare un quadrante graduato per ottenere, insieme all'ora, il valore della altezza del Sole (Fig. 17.10, 17.11).

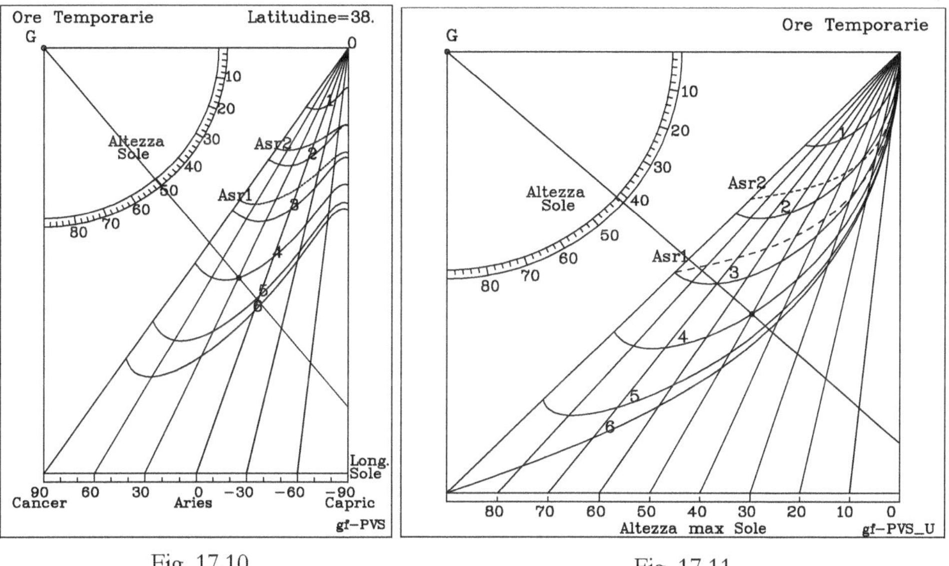

Fig. 17.10   Fig. 17.11

Come si può vedere dalle figure l'orologio è molto semplice e permette una lettura abbastanza precisa soltanto con elevate altezze del Sole e quindi nei mesi estivi (alta λ) e nelle ore in prossimità del mezzogiorno.

NOTA – Nelle diverse figure ho rappresentato gli esempi seguenti, tutti relativi a una località con latitudine di 38°

Fig. 17.8 – λ=60° o 120° con Sole in 0°Gem o in 0°Leo ; δ=+20.15°; ω=±30° ; h=58.5° ;
        h_{MAX}=72.1°; ora temporaria 4h19m o 7h 41m

Fig. 17.10 – λ=30° o 150° con Sole in 0°Tau o in 0°Vir ; δ=+11.5° ; ω=±33.5° ; h=50.0° ;
      h_{MAX}=63.5°; ora temporaria 4h o 8h

17.2.2 La tavoletta universale

Nella versione "universale", rappresentata in Fig. 17.11, il lato inferiore è graduato in altezza
meridiana del Sole h_{MAX}, per cui le linee diurne risultano essere linee ad h_{MAX} costante.
Ricordo che in questo caso le linee sono tracciate sulla base della formula "approssimata universale" $\sin(h) = \sin(h_{MAX}) \cdot \sin(15 \cdot T)$ ove T è l'ora temporaria.

Ad esempio per la linea oraria delle ore 6 si ha $h = h_{MAX}$, che ci dice come essa passi per

vertice in basso a sinistra della tavoletta (punto con $h = h_{MAX} = 90°$).

Una variante di questo tipo di orologio solare consiste nel porre due mire sul lato superiore,
sostituire lo gnomone con un filo a piombo attaccato nel punto G, sospendere la lastra
appendendola dal punto G stesso e ruotarla sino a dirigere il lato superiore verso il Sole,
ottenendo in pratica un vero e proprio quadrante orario.

Fig. 17.11 –h=41.6° ; h_{MAX}=50.0°; ora temporaria 4h o 8h

17.2.3 Studio analitico dell'orologio a tavoletta per una data latitudine

Siano :
- a, b le dimensioni dei lati della tavoletta (Fig. 17.12) (era consigliato il valore b/a=1.5);
- AB la linea diurna relativa alla data in cui la longitudine del Sole = λ° ;
- G il punto in cui si trova lo gnomone;
- GP l'ombra dello gnomone;
- h = PGA l'altezza h del Sole;
- α = GAB un angolo ausiliario.

Si ha immediatamente :

$$BC = a \cdot \left(\frac{90 + \lambda}{180} \right)$$

$$\tan(\alpha) = \frac{b}{BC} = \frac{b}{a} \cdot \left(\frac{180}{90 + \lambda} \right)$$

$$x = a \cdot \frac{\tan(\alpha)}{\tan(\alpha) + \tan(h)}$$

$$y = b - (a - x) \cdot \tan(\alpha) = b - a \cdot \frac{\tan(\alpha) \cdot \tan(h)}{\tan(\alpha) + \tan(h)}$$

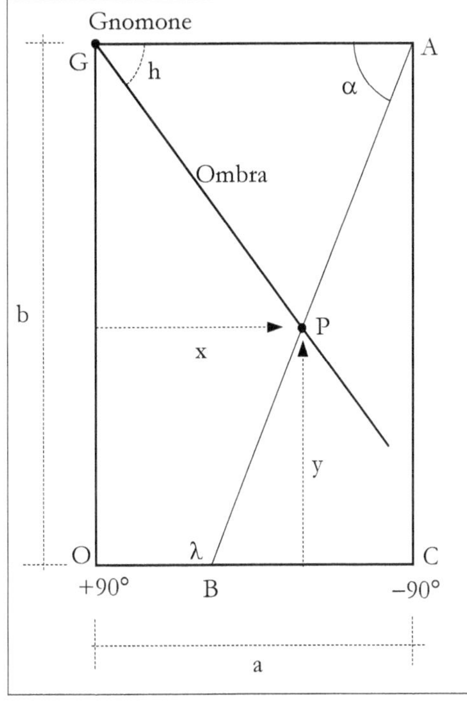

Fig. 17.12

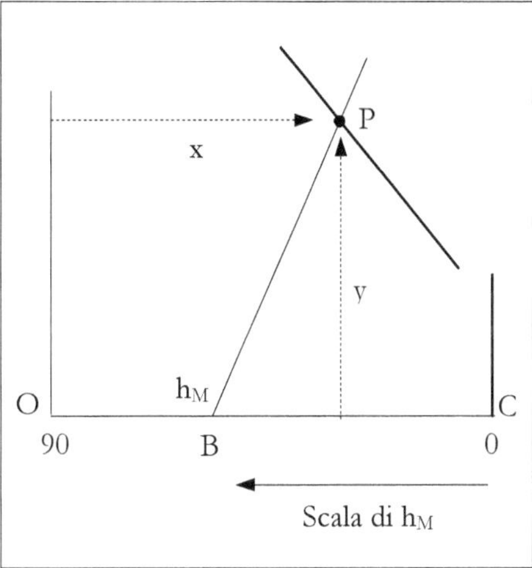

Fig. 17.13

Quindi nota la latitudine φ del luogo, il giorno (λ) e l'ora temporaria T, si possono calcolare con le note formule i valori di δ, ω, e h e quindi le coordinate (x, y) del punto P della linea oraria dell' ora T.

Volendo disegnare le curve dell'Asr è sufficiente osservare che, in un dato giorno, all'Asr si ha

$$\tan(h_{ASR}) = \frac{1}{1 + \tan(\varphi - \delta)}$$

17.2.4 Studio analitico dell'orologio a tavoletta universale

Lo studio è analogo a quello precedente con l'unica differenza che il lato inferiore è graduato in h_{MAX} da 0° a 90° (Fig. 17.13). Si ha:

$$BC = a \cdot \frac{h_{MAX}}{90} \qquad \tan(\alpha) = \frac{b}{a} \cdot \frac{90}{h_{MAX}}$$

$$x = a \cdot \frac{\tan(\alpha)}{\tan(\alpha) + \tan(h)} \qquad y = b - (a - x) \cdot \tan(\alpha)$$

Noti il giorno dell'anno, e quindi il valore di h_{MAX}, e l'ora temporaria T, occorre calcolare l'altezza del Sole con la formula universale approssimata $\sin(h) = \sin(h_{MAX}) \cdot \sin(15 \cdot T)$ e quindi trovare il valore di α e quello delle coordinate (x,y) del punto P.

17.2.5 La descrizione di al Misrī per il progetto dell'orologio a tavoletta universale

Anche per questo orologio solare trascrivo, con alcuni commenti e aggiunte, la descrizione del come eseguire il calcolo e il progetto, come riportata nel manoscritto di Najm al-Dīn al-Misrī (Fig. 17.11).

- *"Prendi una tavoletta piana di legno o materiale simile … , dividi* [il lato inferiore] *in 90 parti uguali e su ciascuna divisione* [segna] *l'altezza meridiana."*
- *Traccia le linee* [diurne]*che convergono in un singolo punto.*
- *Fai passare un righello dal centro alla altezza dell'ora* [cioè formante un angolo uguale alla altezza del Sole nell'ora considerata] *e fai un segno alla intersezione del lato del righello con la corrispondente linea diurna, così da completare* [segnare] *tutte le ore per tutti i segni zodiacali* [cioè ripeti le operazione per tutte le ore e per le linee diurne corrispondenti ai segni zodiacali].
- *Unisci i punti e scrivi i loro numeri* [cioè unisci i punti disegnando le linee orarie e segna il valore delle ore] ………
- *L'altezza del Sole può essere trovata con la seguente tabella* [che riporta anche i valori delle altezze negli istanti delle preghiere dell'Asr].

جدول ارتفاع الساعات

خامسة	رابعة	ثالثة	ثانية	أولى	غاية
طم	ح لط	زذ	٥٥	ب لا	ي
يط يد	يز يب	يج مط	ط مط	د نج	ك
كح ند	كه ما	كد ل	يد ل	ز يا	ل
لح كه	لج نب	كز مه	يز مه	ط يه	م
مز يح	مب نه	لب كه	كب لب	يا ب	ن
نو نا	يح لط	لز ك	كه م	يب	س
سه يز	ند لب	ما ح	كح ب	يج له	ع
عب ي	نح لو	مج لد	كح كط	يج مه	ف
عه د	س د	مه د	ل د	يد ل	ص

		Tabella elevazione delle ore			
Quinta	Quarta	Terza	Seconda	Prima	Altezza
9 40	8 39	7	5	2 31	10
19 14	17 12	13 49	9 49	4 53	20
28 54	25 41	20 30	14 30	7 11	30
38 25	33 52	كزمه	يزمه	طيه	م
47 48	مب نه	لب كه	كب لب	ياب	ن
نونا	يح لط	لزك	كه م	يب	س
سه يز	ند لب	ماح	كح ب	يجله	ع
عب ي	نح لو	مجلد	كح كط	يجمه	ف
75	60	45	30	14 30	90

Fig. 17.14   La tabella delle altezze di al Misrī parzialmente tradotta dall'autore

NOTA

Nella tabella di Fig. 17.14 i valori numerici sono espressi nella notazione Abjad. In Fig. 17.15 a titolo di esempio ho riportato i valori presenti nella casella evidenziata (casella dell'ora IV, con altezza 70°). I numeri si leggono, a differenza di quelli scritti in arabo moderno, da destra a sinistra partendo dai valori più significativi (qui i gradi). Il valore 54 viene indicato scrivendo la lettera Nun (ن) per il valore 50, seguita , a formare una unica parola, dalla lettera Dal (د) per il valore 4.

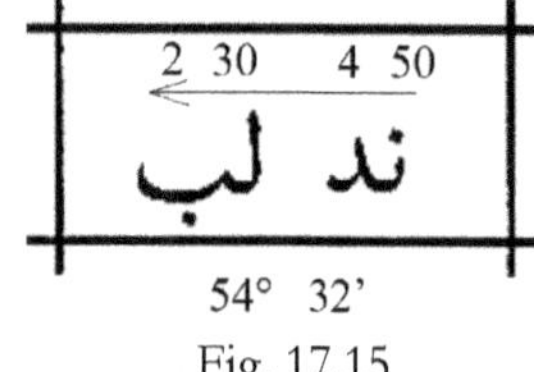

Fig. 17.15

Analogamente il numero 32 è scritto con le lettere che indicano i valori 30 e 2 (ل +ب).

Per il calcolo di questa tabella.
- *Prendi un quarto del seno dell'altezza meridiana e trovane l'arco : questa sarà l'altezza della prima.*
- *Prendi la metà del seno dell'altezza meridiana e trovane l'arco : questa sarà l'altezza della seconda.*
- *Prendi la metà più un quinto del seno dell'altezza meridiana e trovane l'arco : questa sarà l'altezza della terza.*
- *Prendi due terzi più un quinto del seno dell'altezza meridiana e trovane l'arco : questa sarà l'altezza della quarta.*
- *Prendi due terzi più un quinto più un decimo del seno dell'altezza meridiana e trovane l'arco : questa sarà l'altezza della quinta.*
- *Questo procedimento è approssimato e vale per le latitudini dei luoghi abitati.*

Traduzione in linguaggio moderno e commenti
Data l'altezza meridiana h_{MAX} del Sole, per il calcolo dell'altezza all'inizio delle diverse ore si usano le relazioni seguenti :

$$\sin(h_I) = \frac{1}{4} \cdot \sin(h_{MAX})$$

$$\sin(h_{II}) = \frac{1}{2} \cdot \sin(h_{MAX})$$

$$\sin(h_{III}) = \left(\frac{1}{2} + \frac{1}{5}\right) \cdot \sin(h_{MAX}) = \frac{7}{10} \cdot \sin(h_{MAX})$$

$$\sin(h_{IV}) = \left(\frac{2}{3} + \frac{1}{5}\right) \cdot \sin(h_{MAX}) = \frac{13}{15} \cdot \sin(h_{MAX})$$

$$\sin(h_V) = \left(\frac{2}{3} + \frac{1}{5} + \frac{1}{10}\right) \cdot \sin(h_{MAX}) = \frac{29}{30} \cdot \sin(h_{MAX})$$

Poiché al-Miṣrī vuole calcolare una tabella universale, utilizza la formula approssimata
$\sin(h) = \sin(h_{MAX}) \cdot \sin(15 \cdot H)$ e quindi approssima:

per la I ora	il valore di $\sin(15°) = 0.2588$	al valore	$1/4 = 0.25$
per la II ora	il valore di $\sin(30°) = 0.5$	al valore	$1/2 = 0.5$
per la III ora	il valore di $\sin(45°) = 0.7071$	al valore	$7/10 = 0.7$
per la IV ora	il valore di $\sin(60°) = 0.8660$	al valore	$13/15 = 0.8666$
per la V ora	il valore di $\sin(75°) = 0.9659$	al valore	$29/30 = 0.9666$

Prosegue il testo arabo.
- *Ho fatto i calcoli utilizzando i seni e i seniversi e ho trovato una buona approssimazione. Per questo e a causa delle grandi difficoltà nel calcolare le altezze [del Sole] delle [diverse] ore per tutte le latitudini, ho deciso di calcolare una tabella. Così quando ho visto che questa tabella è una buona approssimazione e che*

la sua utilità è grande in generale, allora l'ho inserita in questo mio libro in modo che sia utile e renda più semplice il compito di coloro che vogliono costruire meridiane coniche [?] e a tavoletta e altri strumenti orari per tutte le latitudini.

- Quando la chiamo [la tabella] *universale voglio dire che essa è valida per tutte le latitudini abitate con una approssimazione che è molto buona. La tabella è valida dalla latitudine 0° alla 48°.*

Occorre osservare che le prime due righe della tabella di Fig. 17.14 sono praticamente inutili poiché, essendo $h_{MAX} = (90 - \varphi + \delta)$, l'altezza meridiana può scendere al di sotto del valore 20° soltanto al Solstizio invernale per località con latitudine >46.5° e al disotto di 10° solo per località con latitudine >56.5°.

Per verificare l'approssimazione dei valori della altezza del Sole dati da al Misrī, nella tabella che segue sono riportati, per due valori di h_{MAX}, questi stessi valori, quelli calcolati oggi usando i coefficienti suggeriti dallo studioso arabo, quelli dati in una tabella nel testo di al Marrākushī, quelli calcolati utilizzando la formula approssimata e infine quelli per una data località e un dato giorno dell'anno.

$h_{MAX} = 40°$		I	II	III	IV	V
Universale	Tabella di al-Misrī	9;15	17;45	27;45	33;52	38;25
Universale	Calcolo ora con coeff. di al-Misrī	9;15	18;45	26;44	33;51	38;25
Universale	al-Marrākushī	9;36	18;44	27;02	33;50	38;24
Universale	Calcolo esatto con formula appros.	**9;34**	**18;45**	**27;02**	**33;49**	**38;22**
Esatta	Per $\varphi = 30°$ $\delta = -20°$	10;02	19;19	27;31	34;06	38;27

$h_{MAX} = 80°$		I	II	III	IV	V
Universale	Tabella di al-Misrī	13;45	28;29	43;34	58;36	72;10
Universale	Calcolo ora con coeff. di al-Misrī	14;15	29;30	43;34	58;35	72;10
Universale	al-Marrākushī	14;47	29;34	44;09	58;13	72;00
Universale	Calcolo esatto con formula appros.	**14;46**	**29;30**	**44;08**	**58;31**	**72;02**
Esatta	Per $\varphi = 30° \delta = +20°$	13;54	28;20	43;02	57;42	71;39

Si può vedere come le differenze fra i valori siano abbastanza piccole, così come sono gli errori fra i valori delle altezze ottenute con la formula approssimata e quelli ottenuti con i moderni procedimenti esatti per una località con latitudine 30° (Il Cairo). Si può anche notare che i valori dati da al-Marrākushī sono leggermente più precisi di quelli di al-Misrī.

17.3 Gli orologi solari ad anello

17.3.1 Descrizione.

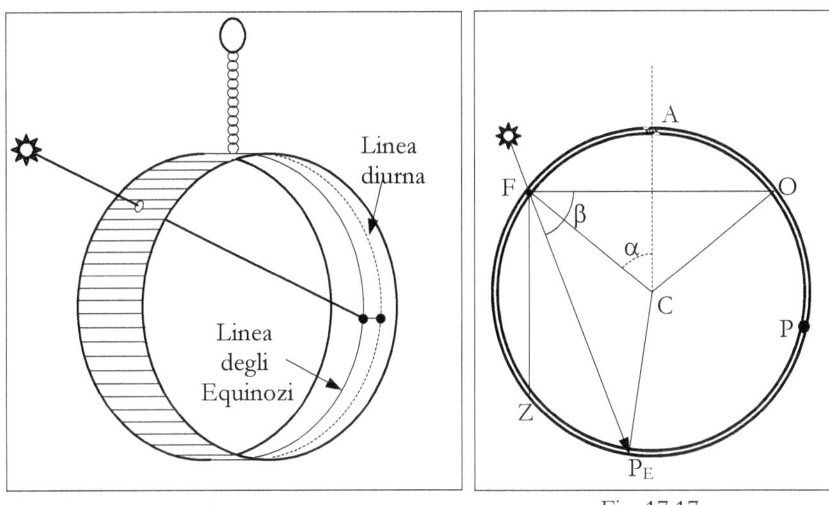

Fig. 17.16   Fig. 17.17

Gli orologi solari ad anello sono troppo ben conosciuti per descriverli in dettaglio. L'uso di questi orologi solari risale ai primi secoli del medioevo e si è protratto sino a tutto il 1700. Ancora oggi vengono costruiti modelli di orologi di questo tipo più come curiosità che come veri e propri strumenti di misurazione del tempo.

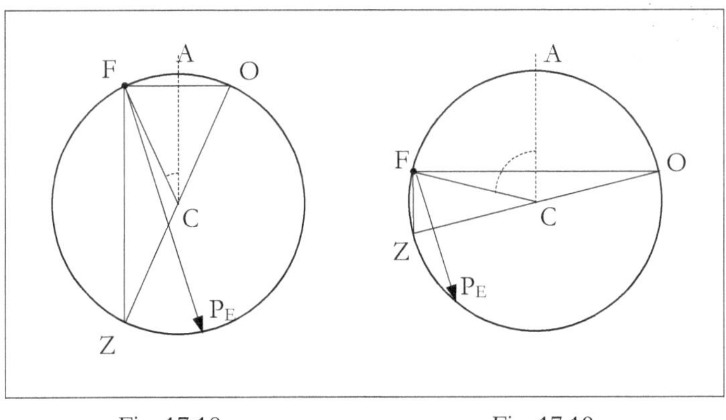

Fig. 17.18   Fig. 17.19

Nei secoli sono stati costruiti orologi ad anello sia con foro fisso che con foro mobile: quelli descritti nei testi arabi sono soltanto con foro fisso.

In Fig.17.17 sono indicati :

F   – il foro;

FO   – la linea dell'orizzonte;

FZ   – la linea dello Zenit;

P_E – il punto del Solstizio estivo;

β – l'altezza meridiana del Sole al Solstizio estivo data da $\beta = (90° - \varphi + \varepsilon)$

α – un angolo ausiliario.

L'arco OPZ è una semi circonferenza e al suo interno cade, sempre, il raggio luminoso entrante nel foro, qualunque sia la latitudine del luogo di osservazione.

L'arco OP_E, di angolo al centro 2β, è invece la zona dell'anello nella quale cade il raggio in una località di latitudine data, ed ha lunghezza costante indipendentemente dalla posizione del foro F.

Nel testo di al-Misrī la posizione del foro viene fissata prendendo l'angolo $\alpha = 30°$, senza dare alcuna spiegazione sul perché di questa scelta.

Come si può immediatamente vedere dalle Fig. 17.18 e 17.19, al variare della posizione del foro F, si sposta la zona utile dell'orologio senza cambiare, come si è già detto, la sua ampiezza. La posizione del foro dipende quindi soltanto da considerazioni che riguardano sia la praticità per l'osservatore nel sostenere lo strumento, sia la comodità di lettura delle curve tracciate sulla superficie interna, sia la facilità di controllare la posizione del punto luminoso nelle diverse condizioni di uso.

Ad esempio se il foro F è in alto le linee orarie delle prime ore del mattino e quelle delle ultime ore serali sono anch'esse alte e scomode da osservare.

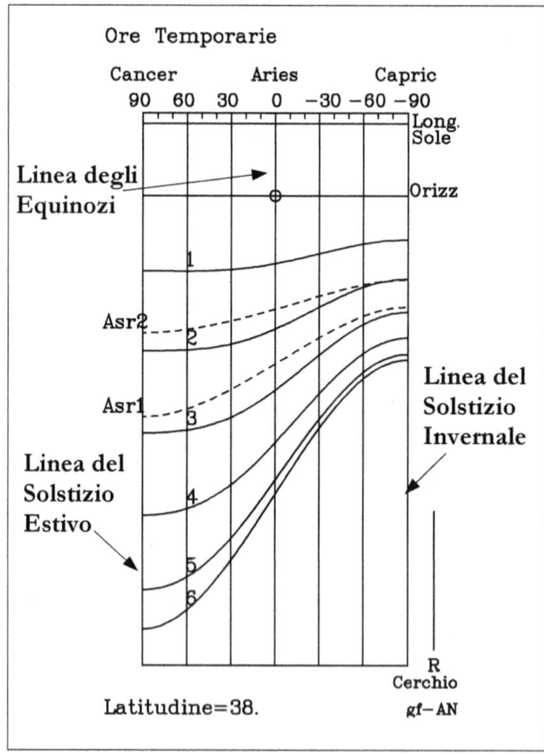

Fig. 17.20

Poiché a mezzogiorno negli Equinozi, il raggio luminoso forma un angolo $h = (90° - \varphi)$, in questi istanti esso passa esattamente per il centro dell'anello soltanto se $\alpha = \varphi$: probabilmente il valore di α suggerito nel manoscritto fu, per questa ragione, posto uguale a 30°, latitudine della città del Cairo.

Sulla superficie interna dell'anello (Fig. 17.20) sono tracciate le principali linee diurne e le linee orarie.
Le linee diurne sono circonferenze parallele al bordo e, sempre, equidistanti. Se si fanno coincidere i bordi dell'anello con le linee solstiziali e si tracciano soltanto le linee corrispondenti all'inizio dei segni zodiacali, si hanno 7 linee, distanziate di 1/6 delle larghezza dell'anello stesso.

L'utilizzo dell'orologio solare ad anello è semplice:
- si sospende l'anello verticalmente;
- lo si ruota sino a portare il punto luminoso, prodotto dai raggi solari entranti dal foro, sulla mezzeria dell'anello, cioè sulla linea equinoziale;
- si traccia una linea orizzontale ideale da questo punto sino ad intersecare la linea diurna del giorno di osservazione;[11]
- si legge l'ora sulla linea oraria passante per tale punto o in prossimità di esso (o si interpola).

17.3.2 Studio analitico dell'orologio ad anello per una data latitudine

Siano (Fig. 17.21) :
- r il raggio dell'anello;
- s la larghezza dell'anello;
- x misurata lungo la larghezza dell'anello a partire da un bordo;
- y misurata lungo la circonferenza a partire al punto O.

Si hanno le relazioni:

$$x = \frac{(90 + \lambda)}{180} \cdot s \qquad y = \overset{\frown}{OP} = \frac{\pi \cdot r}{90} \cdot h \qquad \overset{\frown}{OA} = \frac{\pi \cdot r}{180} \cdot \alpha$$

---

[11] Non è corretto ruotare l'anello sino a portare il punto luminoso sulla linea diurna del giorno di osservazione in quanto le curve diurne sono calcolate usando l'altezza del Sole sul piano passante per il foro e per la circonferenza mediana dell'anello. Anelli calcolati in modo tale da dare letture corrette quando il punto luminoso cade sulla linea diurna del giorno furono ideati e costruiti soltanto nel Rinascimento europeo, dopo il 1570 circa.

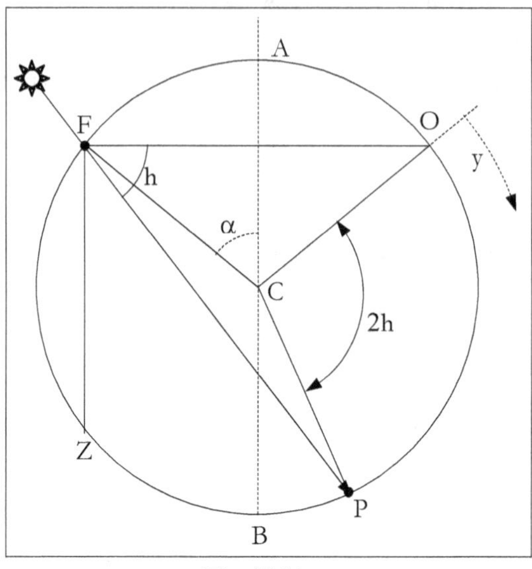

Fig. 17.21

17.3.3 Studio analitico dell'orologio ad anello universale

Ora le linee diurne sono individuate da un valore della altezza meridiana h_{MAX}.

La larghezza dell'anello può essere graduata da 0 a 90 , oppure da un valore h_0 a 90: questo perché valori molto bassi di h_{MAX} si possono avere solo per alte latitudini (ad es. h_{MAX} è minore di 20° solo al solstizio invernale per latitudini superiori a 46.5°).

Si hanno le relazioni:

$$x = \frac{h_{MAX}}{90} \cdot s \qquad \text{oppure} \qquad x = \left(\frac{h_{MAX} - h_0)}{90 - h_0} \right) \qquad e \qquad y = \overset{\frown}{OP} = \frac{\pi \cdot r}{90} \cdot h$$

Dati il giorno (cioè h_{MAX}) e l'ora temporaria T si trova il valore di h utilizzando la formula approssimata $\sin(h) = \sin(h_{MAX}) \cdot \sin(15 \cdot T)$ e quindi le coordinate (x, y) del punto P.

17.4 La tavoletta verticale Sāq al-Jarāda con gnomone mobile [12]

17.4.1 Descrizione

L'orologio solare chiamato Sāq al-Jarāda (ساق الجادة)[13] con gnomone mobile è un orologio solare di altezza tracciato su una tavoletta rettangolare verticale sul cui bordo superiore è posto uno gnomone ortogonale che può essere spostato orizzontalmente.

---

[12] *Shaq al Jeradath* o *Sāq al-Jarāda,* significa in lingua araba "zampa di cavalletta". Questo nome deriva quasi certamente dalla figura formata delle linee orarie, in particolare da quella dell'ora VI, con il bordo della tavoletta.

[13] In seguito, per comodità, userò la sigla SaJ.

Sulla superficie della tavoletta sono tracciate le linee diurne e quelle orarie.

Le linee diurne sono sempre segmenti verticali paralleli al lato maggiore della tavoletta in corrispondenza alle divisioni di una scala delle date, incisa sul lato superiore, che riporta o i segni zodiacali, o i valori della longitudine solare λ o, nelle meridiane universali, i valori della altezza meridiana h_{MAX} del Sole.

La graduazione in longitudine λ si estende o per 180°, con i giorni dei solstizi coincidenti con i bordi, o per 360° con il giorno del solstizio estivo nella mezzeria (Fig. 17.22, 17.23))

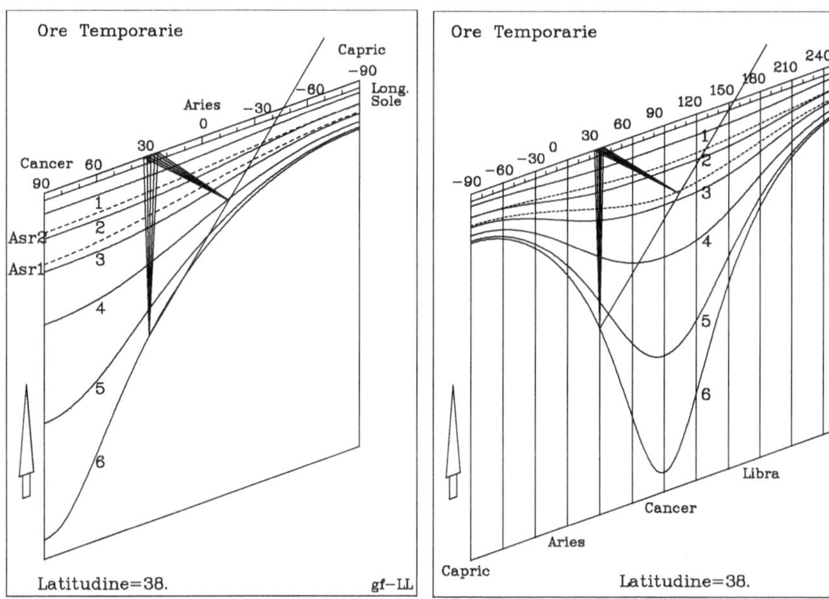

Fig. 17.22   Fig. 17.23

Lo gnomone può essere o traslato con continuità lungo la scala delle date oppure essere inserito in appositi fori praticati in corrispondenza dell'inizio dei segni zodiacali.

L'utilizzo dello strumento è il seguente:
- si sospende la tavoletta in modo da portarla verticale;
- si posiziona lo gnomone, ora orizzontale, in corrispondenza della data del giorno di osservazione;
- si ruota la tavoletta sino a rendere perfettamente verticale l'ombra dello gnomone, cioè sino a portare lo gnomone stesso nel piano verticale contenente il Sole;
- si legge l'ora sulla linea oraria passante per l'estremo dell'ombra verticale o in prossimità di esso.

Questo tipo di orologio solare non è altro che lo sviluppo su un piano del notissimo e antichissimo orologio solare cilindrico detto "del pastore".

In questo tipo di meridiana, come in molte altre, la lunghezza dello gnomone era spesso indicata sulla tavoletta per poterlo sostituire facilmente in caso di rottura o di perdita.

Al-Shāṭir consiglia di prendere la tavoletta delle dimensioni $6L_G$ x $9\ L_G$, essendo L_G la lunghezza dello gnomone. Consiglia anche le misure: L_G=12 dita e tavoletta di 72 x 108 dita.

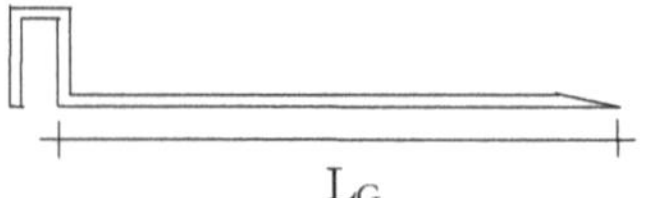

Fig. 17.24   Gnomone mobile

NOTA – In questo orologio solare al posto dello gnomone mobile si può anche mettere in alto una lastrina orizzontale avente la larghezza uguale alla lunghezza dello gnomone, come se fosse una tettoia. In questo caso per controllare l'esatto orientamento dello strumento verso il Sole occorre verificare la verticalità dell'ombra di uno dei suoi lati.

Fig. 17.25 - Meridiana Sāq al-Jarāda
Manoscritto di al-Marrākushī

17.4.2 L'orologio portatile più antico

Il più antico orologio solare portatile islamico che si conosce è un orologio del tipo Sāq al-Jarāda (Fig. 17.26) [14].

---

[14] Lo strumento è stato descritto da Paul Casanova nell'articolo *"Le montre du sultan Nour ad Din"* in Syria, Tome 4, 1923, pp.282-299

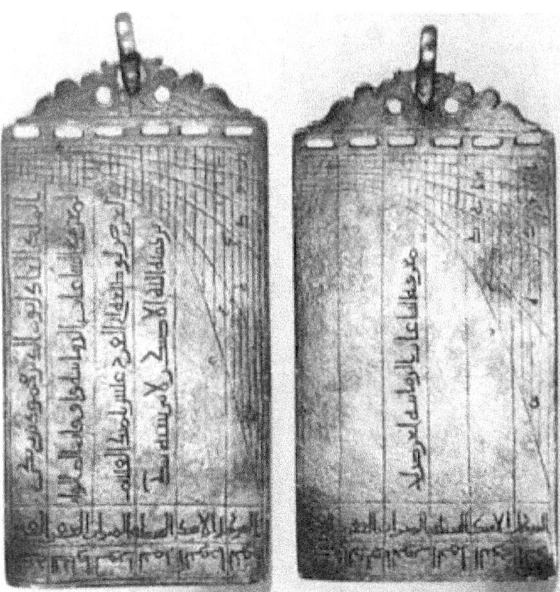

Fig. 17.26 Il più antico orologio portatile islamico
Damasco 554H/1159CE

Esso fu costruito a Damasco in Siria nell'anno 554H (1159 CE), per *"mostrare le ore e i momenti delle preghiere"*, da Abou al-Faradj Isa per il sultano della Siria ad al-Malik al'Adil Nour ad-Din (*Luce della fede*), a cui succedette il famoso Salāh al-Dīn al-Ayyūbi *(il Vittorioso)* (1138-1193), detto in Occidente, il Saladino, vincitore dei cristiani e conquistatore di Gerusalemme nel 1187.

L'orologio è inciso su una lastrina di rame avente le dimensioni di 86x51mm e riporta sulle due facce le curve orarie, dall'ora I all'ora VI, calcolate per la latitudine di Damasco, approssimata a 33°, e di Aleppo, approssimata a 36°.

La superficie è divisa in 6 parti da linee verticali che coincidono con l'inizio dei segni zodiacali, i cui nomi sono scritti nelle due fasce in alto e in basso.

Nella fascia più in alto sono riportati, andando da destra a sinistra, i nomi dei segni che si incontrano dall'estate all'inverno, e cioè Cnc, Leo, Vir, Lib, Sco, Sgr, Cap. Questi segni iniziano in corrispondenza della verticale che si trova alla destra del loro nome.

Nella fascia inferiore, che è scritta a rovescio, vi sono invece i segni che si incontrano dall'inverno all'estate e cioè, guardando lo strumento e andando ora da sinistra a destra, Cap, Aqr, Psc, Ari, Tau, Gem. Questi segni iniziano in corrispondenza della verticale che si trova alla loro sinistra.

Da notare che in questo modo i segni sono scritti seguendo una percorso che rappresenta quello annuale apparente del Sole.

Lo gnomone, andato perduto, veniva inserito in uno dei sei fori praticati in alto e quindi non in corrispondenza all'inizio di un segno, ma all'incirca alla metà di esso.

Ad es. il centro del secondo foro da destra corrisponde all'incirca a 15° Leo (λ=135°, 7 Agosto) o a 15° Tau (λ=45°, 6 Maggio).

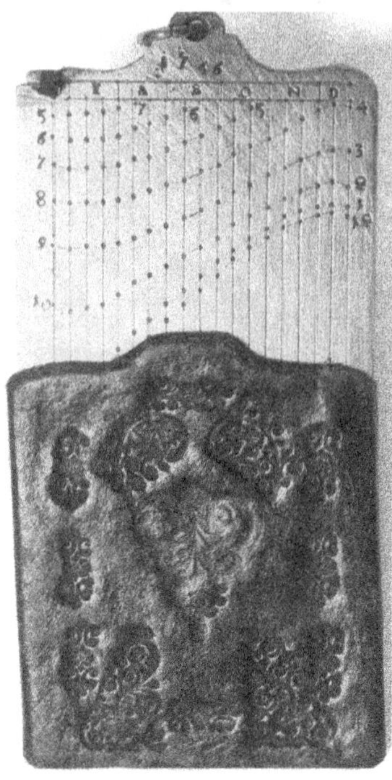

Fig. 17.27   Orologio da viaggio
Francia 1766

Per mettere in evidenza la grande diffusione di questo tipo di meridiana riporto in Fig. 17.27
l'immagine di un orologio francese della seconda metà del XVIII secolo che, se pur costruito
più di 600 anni dopo quello di Damasco, è praticamente uguale ad esso.
L'orologio, parzialmente racchiuso in una busta in pelle, riporta, ovviamente, le linee delle
ore di tempo "moderno", tracciate per punti, e le linee diurne verticali ogni 10 giorni dei 12
mesi. Su ogni linea oraria sono indicate l'ora del mattino, a sinistra, e quelle del pomeriggio,
a destra.

17.4.3 La Sāq al-Jarāda universale con gnomone mobile

Nella versione "universale" della meridiana SaJ, il lato graduato orizzontale superiore invece
dei valori della longitudine solare riporta i valori della altezza meridiana h_{MAX} del Sole. Per
poter fare la lettura dell'ora in un dato giorno l'osservatore deve quindi conoscere l'altezza
massima del Sole in quel giorno [15] e posizionare lo gnomone mobile sul tale valore sulla scala
graduata.

---

[15] Eventualmente, essendo i cambiamenti di h_{MAX} abbastanza modesti da un giorno al successivo, con
   misure fatte nei giorni precedenti

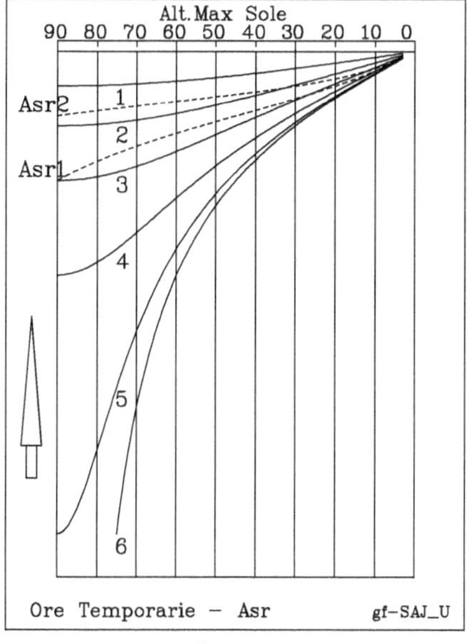

Fig. 17.28

Ovviamente le curve orarie erano tracciate utilizzando la formula universale approssimata.

17.4.4 Studio analitico della meridiana SaJ a gnomone mobile

Lo studio e il calcolo di questo orologio solare è così banale che non si ritiene opportuno riportarlo in dettaglio.

L'unica grandezza che occorre calcolare è la lunghezza dell'ombra verticale dello stilo orizzontale, nelle diverse date e nelle diverse ore.

Le formule per calcolare i valori nell' ora T sono :

$$\cos(\omega_A) = -\tan(\varphi) \cdot \tan(\delta) \qquad \text{da cui il semiarco diurno } \omega_A$$

$$\omega_H = \omega_A \cdot (6 - T)/6 \qquad \text{da cui l'angolo orario } \omega_H \text{ all'ora T}$$

$$\sin(h_H) = \sin(\varphi) \cdot \sin(\delta) + \cos(\varphi) \cdot \cos(\delta) \cdot \cos(\omega_H)$$
$$\text{da cui l'altezza h del Sole}$$

$$L_{OmbVe} = L_G \cdot \tan(h) \qquad \text{da cui la lunghezza della ombra verticale cercata.}$$

Sia al-Miṣrī che al-Marrākushī riportano tabelle complete dei valori di $[12 \cdot \tan(h)]$ [16], nelle di-

---

[16] Ricordo che il concetto di tangente trigonometrica proviene direttamente dalla necessità, derivata dallo studio e dal calcolo delle meridiane, di determinare l'ombra verticale e quella orizzontale di uno gnomone. Inoltre sino all'epoca moderna le funzioni trigonometriche non erano tabulate con riferimento a un raggio unitario, ma per valori del raggio o di 60 (come in Tolomeo) o di 12.

verse ore del giorno, sia nelle diverse date o, per le meridiane universali, per prefissati valori di h_{MAX} .

Dal confronto di queste tabelle si può affermare che quelle di al-Marrākushī, oltre a riportare un numero maggiore di valori, sono le più precise.

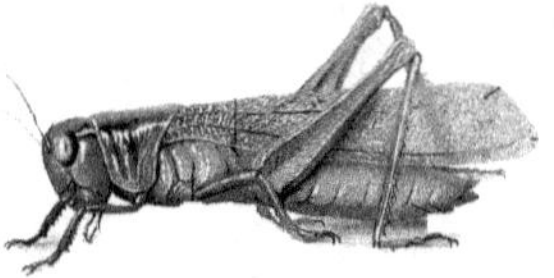

17.5 La tavoletta verticale Sāq al-Jarāda con gnomone fisso

17.5.1 Caso con latitudine data.

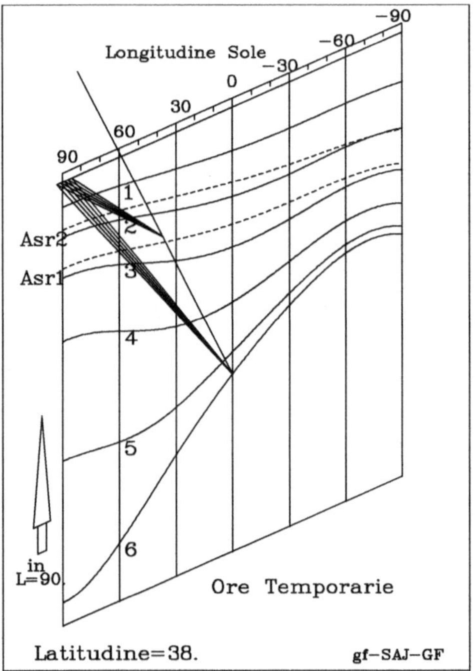

Fig. 17.29

L'orologio solare Sāq al-Jarāda con gnomone fisso è simile a quello appena descritto, soltanto che lo gnomone non ha la possibilità di essere spostato ma è rigidamente fissato in un punto del bordo superiore della tavoletta.

Per la lettura dell'ora è in questo caso necessario ruotare a tavoletta, ovviamente dopo aver la sospesa verticalmente, sino a portare l'ombra dell'estremo dello gnomone sulla linea verticale corrispondente alla data del giorno (Fig. 17.29).

Le linee orarie assumono forme molto diverse e aspetti alquanto inconsueti al variare sia del segno posto all'inizio del bordo orizzontale (cioè della longitudine del punto più a sinistra della tavoletta), sia del punto ove si fissa lo gnomone.

Ad esempio ponendo il segno del Cancro (longitudine=90°) al bordo sinistro della tavo-letta e lo gnomone su tale segno (configurazione che possiamo dire standard) si hanno le cur-ve rappresentate in Fig. 17.29.

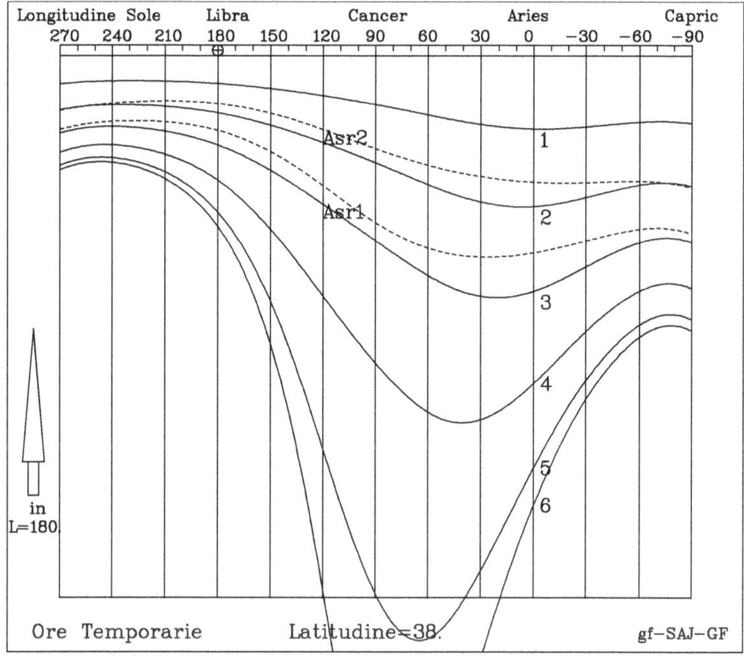

Fig. 17.30

Ponendo invece ai bordi il segno del Capricorno ($\lambda = -90°=270°$) e lo gnomone in corris-pondenza del segno della Libra ($\lambda =180°$) si hanno le curve dell'esempio di Fig.17.30, ove la scala delle longitudini si estende su 360°.

17.5.2 La tavoletta universale con gnomone fisso

La sola differenza rispetto allo strumento precedente consiste nel fatto che le linee orarie so-no calcolate utilizzando la formula approssimata universale e che il lato superiore è graduato in valori di h_{MAX} (Fig. 17.31).

Anche in questo caso ovviamente, come nel caso precedente la distanza di un punto della curva dell'ora VI dal bordo superiore è proporzionale a $\tan(h_{MAX})$ e quindi tende all'infinito per h_{MAX} tendente a 90°.

17.5.3 Studio analitico della meridiana Sāq al-Jarāda a gnomone fisso

Siano (Fig. 17.32) :

λ_A — la longitudine del Sole nel punto più a sinistra della tavola (ad es. $\lambda=90°$ per Cancro);

$\overline{AB} = L_O$ — la larghezza della tavoletta, corrispondente a 180° di longitudine del Sole oppure a 365 giorni;

$\overline{AO}$ — la distanza dal bordo esterno A dal punto O in cui è fissato lo gnomone. La longitudine del Sole nel punto O è data da

$$\lambda_O = \lambda_A + \frac{\overline{AO}}{\overline{AB}} \cdot 180°$$

$\overline{AC}$ — la distanza della linea verticale diurna del giorno per cui si fa il calcolo dal bordo sinistro della tavoletta. La longitudine del Sole in questo giorno vale $\lambda_C = \lambda_A + \dfrac{\overline{AC}}{\overline{AB}} \cdot 180°$

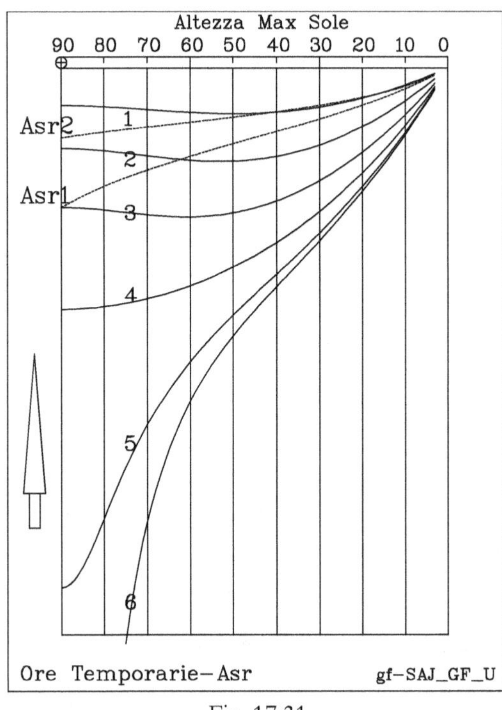

Fig. 17.31

$d = \overline{AC} - \overline{AO}$ — la distanza fra la linea verticale diurna del giorno in cui si fa il calcolo e il piede dello gnomone;

$\rho = \overline{GO}$ — la lunghezza dello stilo ; l'ombra della sua estremità G indica l'ora (nei testi arabi questa lunghezza era di 12 dita);

T — l'ora temporaria di calcolo;

$\omega_{\mathrm{H}} = \omega_{\mathrm{A}} \cdot (6 - \mathrm{T}) / 6$ l'angolo orario del Sole all'ora T , ove ω_{A} è il semiarco diurno nel giorno di calcolo

h   l'altezza del Sole nell'istante considerato.

Si ricavano le seguenti relazioni :

$\overline{QP} = \sqrt{\rho^2 + d^2} = a$ distanza detta "corpo dell'ombra"

$y = \overline{CP} = a \cdot \tan(h)$ distanza dal bordo superiore al punto P in cui cade l'ombra di G nell'istante di calcolo.

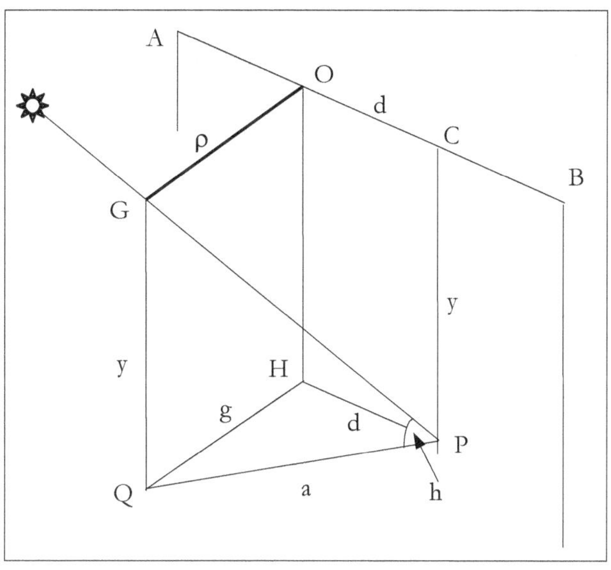

Fig. 17.32

Nei testi consultati viene descritta, a parole, la formula $y = L_{\mathrm{OmbraVerticale}} \cdot \dfrac{\sqrt{\rho^2 + d^2}}{\rho}$ che è perfettamente equivalente a quella ottenuta sopra essendo $L_{\mathrm{OmbraVerticale}} = \rho \cdot \tan(h)$.

Avendo a disposizione tabelle riportanti le lunghezze delle ombre verticali, l'uso di questa formula era più veloce e immediato.

In genere per avere una maggiore semplicità dei calcoli, la lunghezza dello gnomone era presa uguale a 12 dita e così pure la larghezza di un segno zodiacale.

In questo modo ponendo ad esempio lo gnomone nel Capricorno e volendo calcolare nel primo giorno dell'Acquario si aveva $\dfrac{\sqrt{\rho^2 + d^2}}{\rho} = \dfrac{\sqrt{12^2 + 12^2}}{12} = \sqrt{2} = 1;24,51,10$

Nel primo giorno dei Pesci $\dfrac{\sqrt{\rho^2+\mathrm{d}^2}}{\rho}=\dfrac{\sqrt{12^2+24^2}}{12}=\sqrt{5}=2;14,9,51$ e così via.

17.5.4 Il prosciutto di Portici: un antico esempio di Sāq al-Jarāda a gnomone fisso.

Anche questo orologio ha origini molto antiche e giunge agli arabi certamente dall'epoca romana come dimostra il famosissimo orologio portatile comunemente detto "prosciutto di Portici" risalente alla prima metà del I secolo d.C.[17]

L'orologio fu rinvenuto negli scavi della Villa dei Papiri, presso Ercolano, l'11 Giugno 1755, fu descritto per la prima volta nel 1762, nella prefazione al volume III dell'opera *"Le antichità di Ercolano e contorni incise con qualche spiegazione"*, frutto del lavoro dell' Accademia Ercolanese , pubblicata a Napoli dal 1757 a 1792.   È conservato presso il Museo Nazionale Archeologico di Napoli (N. inv. 25491) (Fig.17.33).

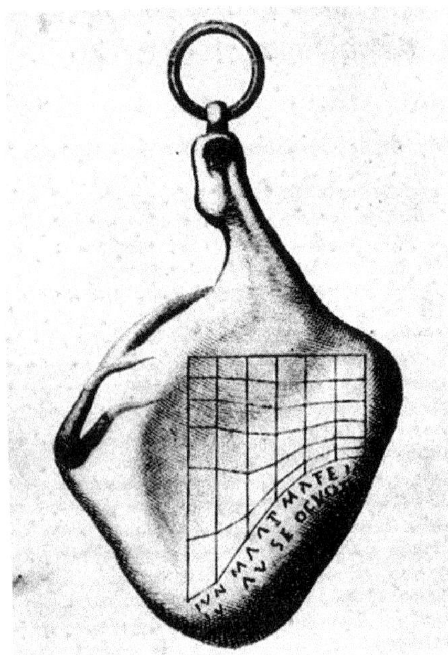

Fig. 17.33
L'incisione che compare su
"Le Antichità di Ercolano"

Fig. 17.34
Il tracciato antico e quello calcolato

In esso non era presente uno stilo vero e proprio ma l'ora era letta osservando l'ombra dell'estremo della coda del maiale (ricostruita nell'incisione di Fig. 17.33), ruotando lo strumen-

---

[17] Non esistono per altro altri reperti o descrizioni di epoca romana di questo tipo di orologio solare.

to, manteuto sospeso, sino a portarla sulla linea verticale corrispondente alla data.

Lo strumento , in bronzo argentato, ha dimensioni molto piccole: 116mm di altezza, 80 di larghezza e 18 di spessore; il quadrante vero e proprio è largo 41mm mentre la lunghezza della linea diurna al solstizio estivo è di soli 57mm.

Da notare che le linee diurne verticali sono individuate dalle abbreviazioni dei mesi secondo il calendario di Giulio Cesare, emendato verso il 20 a.C. con la sostituzione del nome di Augusto al mese Sestile.

Da uno studio dell'autore[18] è risultato che questo orologio fu realizzato con molta precisione ma o l'incisore sbagliò a posizionare il tracciato sul bronzo e fu costretto a restringerlo in larghezza alterandone la funzionalità, oppure che la distanza fra le linee diurne verticali fu presa in modo arbitrario, pensando che la cosa fosse possibile come negli orologi su cilindro.

Per questo motivo gli errori di lettura dell'ora sono risultati abbastanza alti, da varie decine di minuti ad ore, cosa che fa pensare che probabilmente lo strumento fu costruito più come un segno di distinzione e un gioiello, che forse richiamava nella forma il nome o l'attività del possessore, piuttosto che un vero e proprio strumento di precisione atto a dare una misura corretta del tempo.

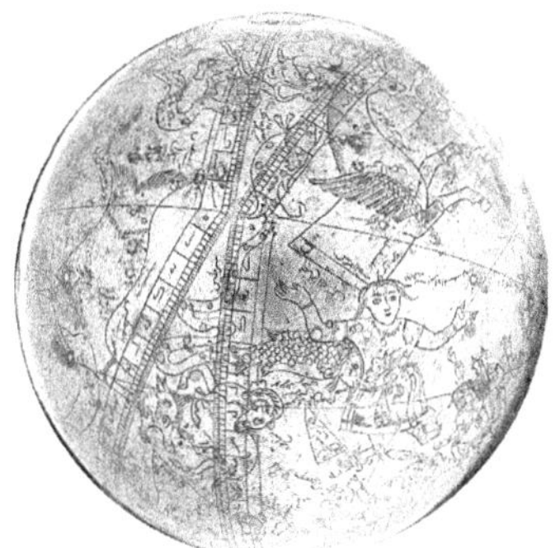

Globo celeste

---

[18] Ferrari, Gianni - *L'orologio romano detto prosciutto di portici* in Atti del XV   Seminario Nazionale di Gnomonica - Monclassico (TN) - Maggio 2008
Ferrari, Gianni - *Uno studio sull'orologio romano conosciuto come "Prosciutto di Portici"* in Gnomonica Italiana Anno V - n° 15 - Giugno 2008

Capitolo 18
GLI OROLOGI PORTATILI ORIZZOTALI

18.1 La meridiana Hāfir (حافر)

18.1.1 La meridiana Hāfir per una data latitudine

La meridiana Hāfir é un orologio solare portatile di altezza realizzato su una tavoletta di forma circolare avente la possibilità di essere sospesa in modo da mantenersi parallela al piano orizzontale e di poter essere ruotata attorno alla verticale.

Lo gnomone é verticale e, nella versione più antica, era fissato al centro della tavoletta.

Sulla superficie sono tracciati dei segmenti disposti a raggiera con origine nel piede dello gnomone e formanti, con una semiretta di riferimento, angoli uguali alla longitudine del Sole nei diversi giorni dell'anno. Questi "raggi" costituiscono le linee diurne dell'orologio.

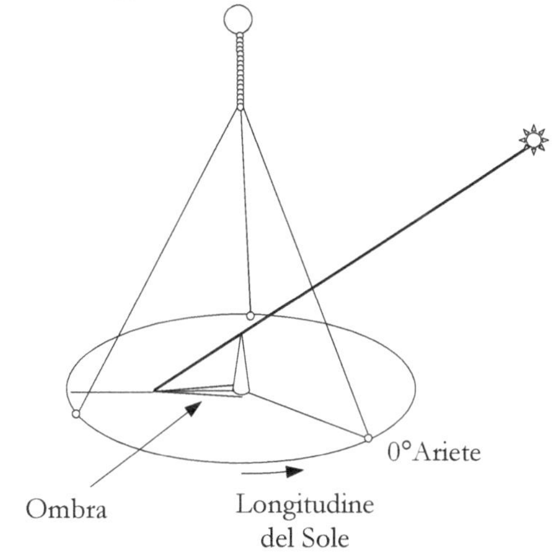

Fig. 18.1 Meridiana Hafir

Riportando su ciascun raggio-linea-diurna le lunghezze dell'ombra orizzontale dello gnomone all'inizio delle ore temporarie e unendo i punti così ottenuti si ricavano le linee orarie che hanno la forma di un ovale più o meno allungato a seconda della latitudine per cui la meridiana é tracciata.

Lo strumento deriva il suo nome proprio da questa forma delle linee orarie, e in particolare da quella più esterna dell'ora I , che assomiglia alla impronta dello zoccolo (non ferrato) di un cavallo: nella lingua araba infatti la parola *hāfir* significa zoccolo di cavallo.

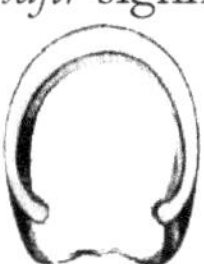

Occorre osservare però che questa rassomiglianza si ha soltanto se la latitudine del luogo per cui la meridiana è calcolata ha valori abbastanza bassi (20-35°), tipici delle località ove fiorì l'antica civiltà islamica.[19]

Le linee orarie delle ore pomeridiane coincidono con quelle delle ore mattutine ed sono simmetriche rispetto alla retta passante per i giorni di inizio dei segni solstiziali, Cancro e Capricorno.

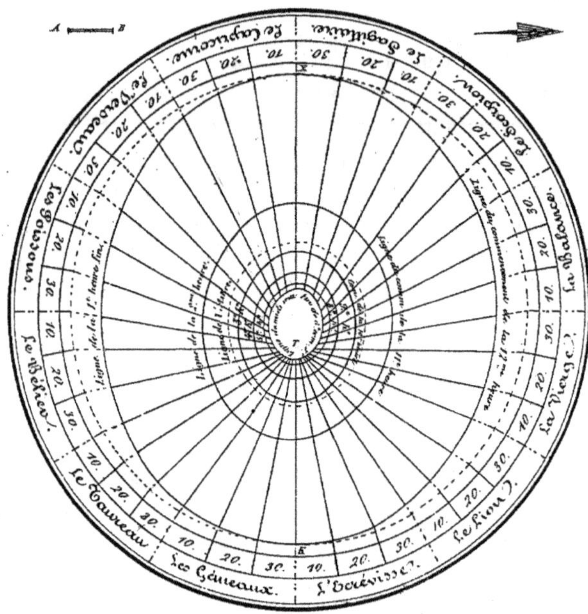

Fig. 18.2 Meridiana Hafir – da Sedillot

Il primo esempio di questo tipo di orologio solare fu descritto in un manoscritto X secolo dall'astronomo 'Abd al-Rahman al-Sufi[20] che lo chiama "a forma di limone". In questo primo esempio lo gnomone era posizionato esattamente al centro del cerchio delle date e i raggi formavano angoli esattamente uguali alla longitudine solare.

All'esterno del tracciato delle linee orarie, sul bordo della tavoletta circolare, era disegnato il *cerchio delle date* o riportante i nomi dei segni zodiacali (Fig. 18.2) o graduato in valori di λ (Fig. 18.3).

---

[19] Jean B. J. Delambre (1749-1822) nella sua *Histoire de l'astronomie du moyen age* del 1819, dice che questo orologio era quello che, nell'antichità, era chiamato "disco".

[20] 'Abd Al-Rahman al-Sufi – astronomo persiano (903-986) conosciuto anche come 'Abd al-Rahman Abu al-Husain e in Europa con il nome di Azophi - visse ad Isfahan e tradusse e commentò le antiche opere astronomiche greche e in particolare l'Almagesto. Osservò per la prima volta sia la nebulosa di Andromeda, nel 964, sia la Grande Nube di Magellano, visibile dallo Yemen, che fu "riscoperta" in Europa soltanto nel 1520. Scrisse anche un trattato sulla costruzione e sull'uso dell'astrolabio.

Nell'orologio descritto in dettaglio da al-Marrākushī il centro di questo cerchio delle longitudini non coincide con la posizione dello gnomone ma è spostato in modo tale che la curva della I ora temporaria sia ad esso tangente nei punti solstiziali.

Lo gnomone aveva in genere la forma di un cono allungato e riportava, sotto la base, un piccolo perno che si poteva inserire in un apposito foro; la tavoletta era generalmente realizzata in metallo, aveva dimensioni abbastanza modeste (qualche decina di cm. di diametro) e poteva essere sospesa a un gancio tramite un sistema di catenelle per poter essere ruotata a piacere ed essere mantenuta orizzontale.

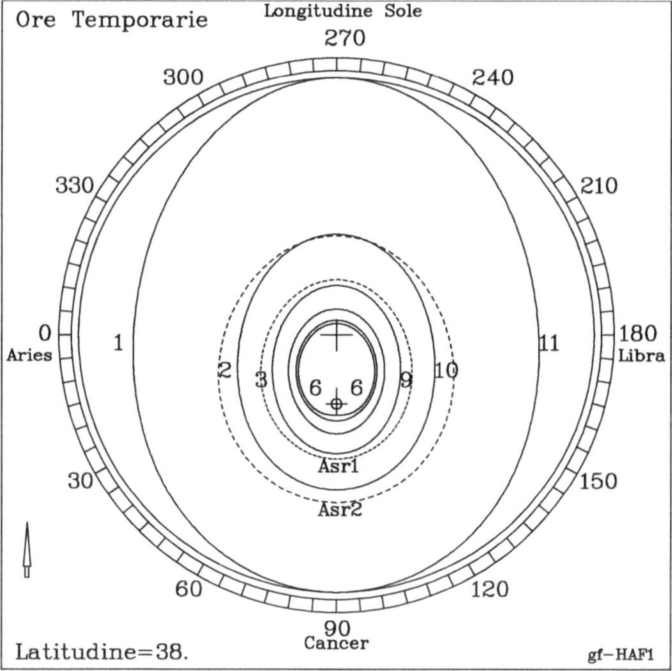

Fig. 18.3

Per determinare l'ora con la meridiana Hāfir è sufficiente sospendere la tavoletta per renderla orizzontale e ruotarla sino a quando l'ombra dello gnomone cade sul raggio corrispondente alla data del giorno. La linea oraria ove cade l'estremità dell'ombra indica l'ora.

Questo orologio venne usato soltanto per basse latitudini poiché al crescere della latitudine del luogo le linee orarie si allungano notevolmente e l'orologio, a parità di dimensioni dello gnomone, perde in precisione

Disegnando una Hāfir per ore uguali, moderne o italiche, si ottengono forme delle linee orarie che assomigliano o a ovali allungati o a parabole: non si conosce però alcun esempio riportante questi tipi di ore.

18.1.2 Studio analitico della meridiana Hāfir (secondo al-Sufi)

Nel caso dell'orologio descritto da al-Sufi, in cui lo gnomone è nel centro del cerchio delle date e le linee diurne formano, con una direzione prefissata, angoli uguali alla longitudine del Sole, il disegno delle linee orarie è semplicissimo utilizzando un sistema di coordinate polari (L_O, λ), avendo indicato con L_O la lunghezza dell'ombra orizzontale nel giorno e all'ora voluti, e con λ la longitudine del Sole in tale giorno.

I valori della lunghezza dell'ombra orizzontale nelle diverse ore del giorno, nei principali giorni dell'anno, furono tabulati da vari autori: al-Marrākushī fornisce una tabella, molto precisa nei valori, per l'inizio delle ore temporarie e per l'istante della preghiera dell'Asr, ogni 10° di ciascun segno zodiacale (cioè ogni 10° di longitudine solare, o approssimativamente ogni 10 giorni).

Le formule moderne per ricavare i valori della lunghezza dell'ombra orizzontale all'inizio dell'ora temporaria T sono già state riportate nello studio della meridiana Sāq al-Jarāda.

18.1.3 Studio analitico della meridiana Hāfir (secondo al-Marrākushī)

Poiché la curva della prima ora temporaria deve essere tangente al cerchio delle date (Fig. 18.4) occorre che sia: $R = \dfrac{\rho}{2} \cdot \left(\dfrac{1}{\tan(h_{1CN})} + \dfrac{1}{\tan(h_{1CAP})} \right)$ in cui R è il raggio del cerchio delle date, ρ l'altezza dello gnomone e h_{CN}, h_{CAP} le altezze del Sole all'inizio della I ora nei giorni dei solstizi (Cancro e Capricorno).

La posizione dello gnomone risulta allora spostata della quantità $CG = a = \left(R - \dfrac{\rho}{\tan(h_{1CN})} \right)$ lungo la direzione Cancro-Capricorno.

NOTA - Prendendo $\rho=12$, per una località con $\varphi=30°$ si ricavano i valori :
$R=61$; $h_{1CN}=13.847$; $h_{1CAP}=9.358$ e uno spostamento dello gnomone rispetto al centro del cerchio quasi esattamente uguale a 12, cioè all'altezza dello gnomone.
Quindi per la latitudine del Cairo la posizione dello gnomone dista in pratica 4 e 6 volte la sua altezza dagli estremi del diametro dei solstizi.

In un sistema di coordinate cartesiane con origine nel centro C del cerchio delle date[21] (Fig. 18.5) si ricavano le relazioni:

$$\begin{array}{ll} x_{P\lambda} = -R \cdot \cos(\lambda) & \\ y_{P\lambda} = -R \cdot \sin(\lambda) & \text{coordinate del punto sul cerchio delle date} \end{array}$$

---

[21] Anche se nel testo ricavo, per comodità del lettore moderno, le coordinate cartesiane dei punti delle linee orarie, non era questo il metodo utilizzato e descritto dagli autori arabi che, per la costruzione di questo orologio utilizzarono sempre valori tabulati di quelle che oggi chiamiamo coordinate polari.

$$\overline{GP} = \frac{\rho}{\tan(h)} \qquad \text{lunghezza dell'ombra orizzontale}$$

$$x_P = k \cdot \cos(\lambda)$$

$$y_P + a = k \cdot \left[\sin(\lambda) - \frac{a}{R} \right] \qquad \text{coordinate del punto del punto P}$$

$$\text{essendo } k = -\frac{\rho}{\tan(h)} \cdot \frac{1}{\sqrt{\cos^2(\lambda) + \left[\sin(\lambda) - \frac{a}{R} \right]^2}}$$

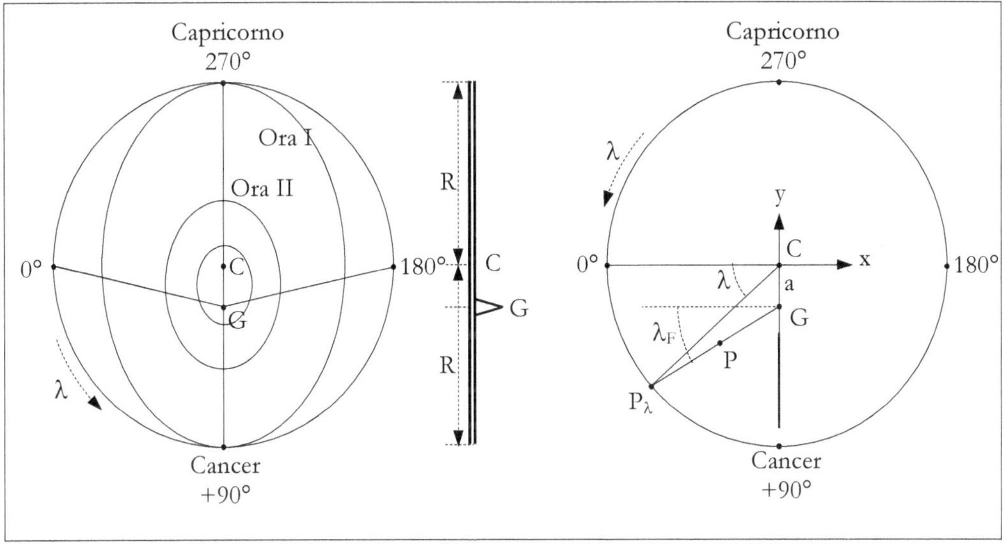

Fig. 18.4   Fig. 18.5

Poiché la scala delle λ è lineare attorno al cerchio delle date e le linee diurne non escono dal centro C ma dal punto G in cui è posto lo gnomone, si ha che l'angolo λ_F che queste linee formano con la direzione degli equinozi varia andando dal solstizio estivo verso quello invernale. I valori di questa "longitudine fittizia" λ_F si possono ottenere con la formula :

$$\tan(\lambda_F) = \frac{R \cdot \sin(\lambda) - a}{R \cdot \cos(\lambda)} \; .$$

In un sistema di coordinate con origine in G si avrebbe allora :

$$x_P' = -\overline{GP} \cdot \cos(\lambda_F)$$

$$y_P' = -\overline{GP} \cdot \sin(\lambda_F) \quad \text{essendo ovviamente GP la lunghezza dell'ombra orizzontale.}$$

Con i dati dell'esempio precedente supponendo di avere h=30° e λ=40° si ricavano i valori:
λ_F=30.212° ; x_P=−17.961 e y_P=−22.458.

18.1.4 Meridiana Hāfir universale

Anche in questo caso le uniche differenze fra l'orologio solare calcolato per una data latitudine e quello universale consistono nel fatto che le linee orarie sono ricavate utilizzando la formula universale approssimata, che la scala esterna non è più graduata con valori della longitudine λ, ma con valori o dell'altezza meridiana del Sole o della lunghezza dell'ombra meridiana, e che la posizione dello gnomone coincide con il centro del cerchio delle date.
Gli andamenti delle linee assumono, nei due casi, aspetti molto diversi (Fig. 18.6, 18.7).

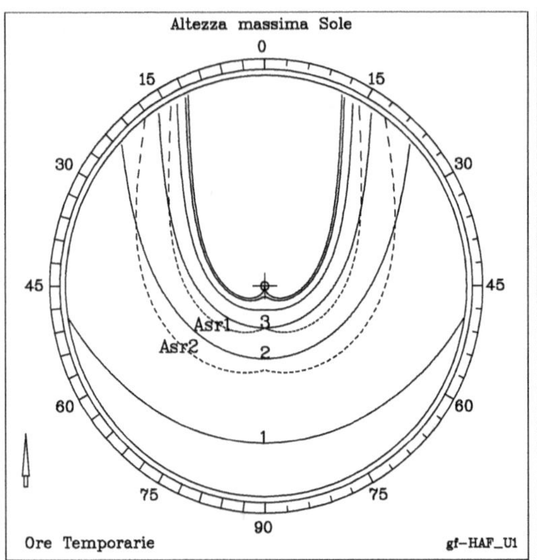

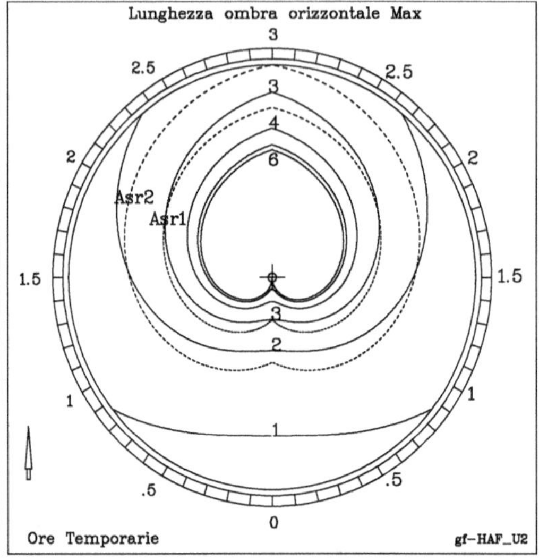

Fig. 18.6

Fig. 18.7

18.1.5 Studio analitico della meridiana Hāfir universale

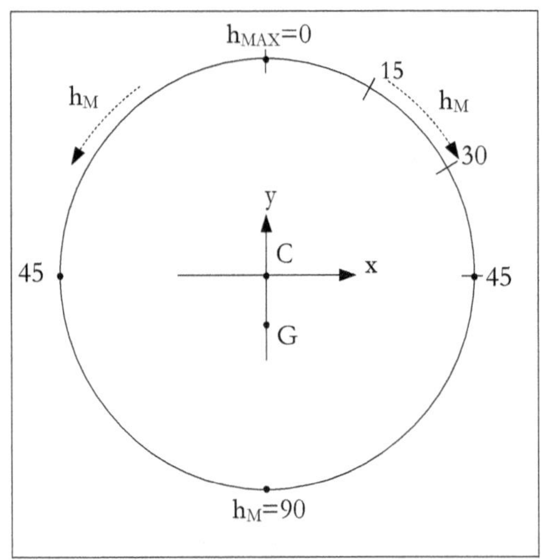

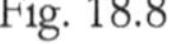

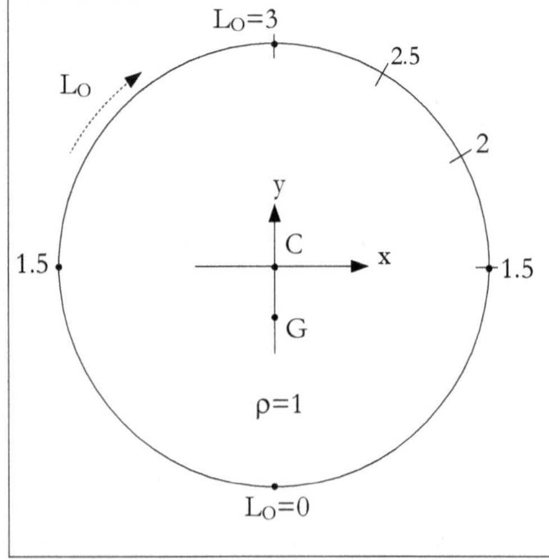

Fig. 18.8

Fig. 18.9

Come si è detto la circonferenza delle date è graduata in valori:
- o della altezza massima meridiana h_{MAX} da 0° a 90° (Fig. 18.8);
- o della lunghezza dell'ombra orizzontale meridiana L_O, in genere da 0 a 3 volte la lunghezza dello gnomone. Poiché quest'ultima era sempre presa uguale a 12 dita, la graduazione andava generalmente da 0 a 36. (Fig. 18.9).

18.2 Meridiana Halazūn (حازون)

18.2.1 Meridiana Halazūn per una data latitudine
Come si è visto la meridiana Hāfir è simmetrica rispetto al diametro passante per i segni solstiziali e quindi potrebbe essere ridotta soltanto a un semicerchio, limitato da tale diametro. Per il suo funzionamento sarebbe necessario graduare soltanto la semicirconferenza rimanente, prima andando in verso orario dal Cancro al Capricorno, poi ritornando in verso opposto dal Capricorno al Cancro.

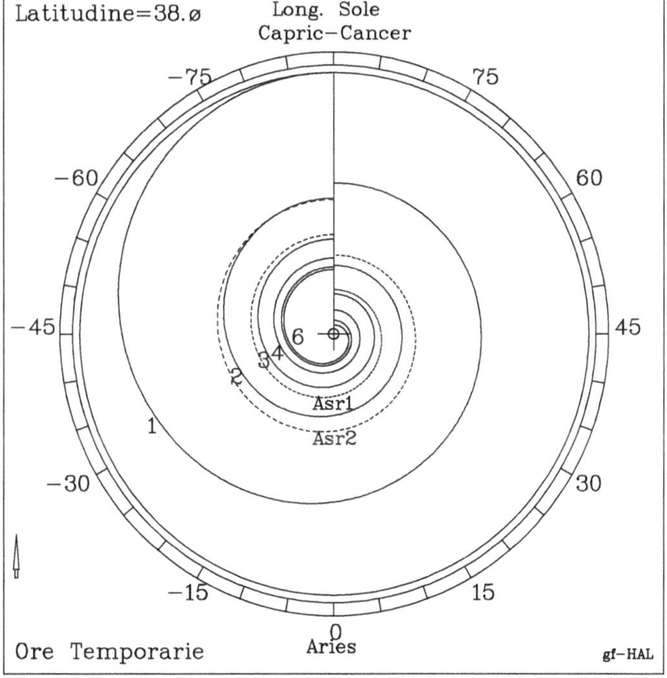

Fig. 18.10

Poiché nello strumento che si otterrebbe in questo modo sarebbe utilizzato soltanto un arco di 180, su 360° a disposizione, è immediato pensare di aprire a ventaglio il semicerchio stesso portando il raggio per il segno del Capricorno a coincidere con quello passante per il segno del Cancro come in Fig. 18.10
Lo strumento risultante è quindi un orologio solare con le linee diurne radiali che formano, con una linea prefissata, angoli pari a 2 volte la longitudine del Sole.

Poiché le linee orarie che risultano hanno la forma di una spirale, lo strumento venne chiamato *Halazūn*, che in lingua araba significa "chiocciola" o , come tradotto da Sedillot, "elica".
Anche la Halazūn è quindi una meridiana orizzontale di altezza e come tale era disegnata su una tavoletta, in genere circolare, avente la possibilità di poter essere ruotata attorno ad un asse verticale.
Lo gnomone era sempre posto al centro della tavoletta circolare.

La sua realizzazione è molto semplice utilizzando le tabelle riportanti le lunghezze dell'ombra orizzontale all'inizio delle diverse ore, calcolate per la latitudine del luogo.[22]

18.2.2 Meridiana Halazūn universale

Anche in questo caso le curve sono costruite partendo dai valori delle ombre orizzontali calcolate con la formula universale approssimata (Fig. 18.11, 18.12).
Una traduzione parziale del testo di al-Marrākushī [23], ove viene spiegato come disegnare le linee orarie, è la seguente.

> *"Prendete uno gnomone della lunghezza che volete e disegnate un cerchio occulto* [cioè un cerchio che sarà utile soltanto per la costruzione e che dovrà poi essere cancellato] *che dividerete in 37 parti uguali.*[24] *Sia T il suo centro, che è anche quello dello gnomone; da tale punto e per l'estremo di ogni divisione disegnate dei raggi occulti. Cercate nelle tavole l'ombra orizzontale alla fine della prima ora del giorno in cui l'ombra* [orizzontale] *al mezzogiorno vero è uguale a 36 dita* [cioè 3 volte lo gnomone]. *Troverete 145;57* [25]
>
> *Con il compasso portate dal punto T questa lunghezza su uno dei raggi occulti. Questo punto indicherà la fine della prima ora nel giorno in cui l'ombra* [orizzontale meridiana] *è di 36 dita. Il raggio usato sarà proprio e particolare di quel giorno.*
>
> *Ripetete per la lunghezza dell'ombra uguale a 35 dita ….."*
>
> *"Continuate per tutti gli altri raggi occulti e il 36'* [correttamente dovrebbe essere il 37' raggio; vedi nota] *sarà quello che corrisponde al giorno in cui al mezzogiorno vero non si ha ombra orizzontale.*

---

[22] al-Misrī propone anche un orologio solare in cui invece di aprire a ventaglio il semicerchio a cui si può ridurre l'Hāfir, questo viene rinchiuso sino a ridurre la figura a un quadrante. La difficoltà di lettura, a causa delle linee molto addensate, inducono a pensare che questa variante sia stato soltanto un esercizio o una curiosità.

[23] SEDILLOT (1834), pp. 430 e segg.

[24] Al-Marrākushī consiglia di dividere l'angolo di 360° in 37 angoli e, nella figura che compare nel suo testo, assegna a ciascuno di questi angoli un valore dell'ombra orizzontale meridiana da 0 a 36. Nel testo che riporto sopra però egli dice, correttamente, che bisogna assegnare un valore dell'ombra ad ogni raggio e non ad ogni angolo. Essendo 37 i valori, da 0 a 36, occorre allora disegnare 37 raggi e quindi, se il primo e l'ultimo coincidono come nella sua figura, 36 angoli e non 37. Per questa ragione ho preferito correggere, nelle mie figure e nelle formule, il valore 37 portandolo a 36.

[25] Con le formule moderne si ha $\tan(h_{MAX}) = \rho / L_{OMERIDIANA} = 12 / 36$ da cui $h_{MAX} = 18.43$.

Con la formula approssimata al termine della I ora $h_I = 4.694°$ e quindi $L_{OI} = 146.125 = 146;07$

Unite tutti i punti e la curva ottenuta sarà la linea della fine della I ora in tutti i giorni che abbiamo indicato"

Anche per questo strumento l'utilizzo è come già descritto:
- si sospende la tavoletta in modo da portarla orizzontale;
- la si ruota sino a far coincidere l'ombra dello gnomone con il raggio corrispondente al giorno della osservazione.

Questo raggio lo si può individuare o cercando in una tabella il valore della lunghezza dell'ombra orizzontale meridiana corrispondente al giorno o osservando l'ombra al mezzogiorno vero e facendo ruotare la tavoletta sino a quando il suo estremo cade sulla curva della VI ora.

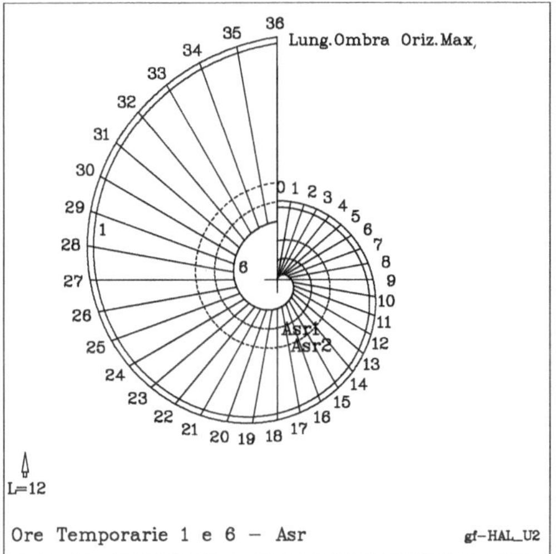

Fig. 18.11

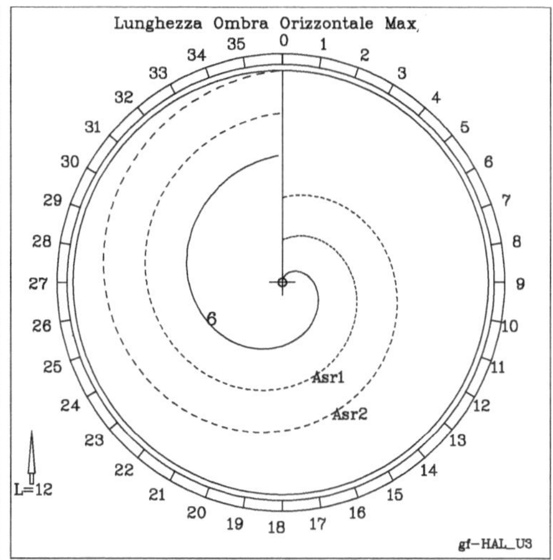

Fig. 18.12

Questo secondo metodo è giustificato anche dal fatto che una misura fatta in un dato giorno si può ritenere abbastanza valida anche per i giorni seguenti a causa della piccola variazione della declinazione del Sole, dei relativamente bevi spostamenti in latitudine possibili all'epoca in questo intervallo di tempo e, non ultimo, della scarsa precisione degli orologi solari portatili di piccole dimensioni e del fatto che nella vita quotidiana non era mai necessaria la conoscenza esatta dell'ora.

18.2.3 Studio analitico della meridiana Halazūn

Le relazioni che danno le coordinate di un punto di una linea oraria sono immediate (Fig. 18.13) :

$$\alpha = 2 \cdot \lambda - 90° \qquad x_{P\lambda} = R \cdot \cos(\alpha) \qquad y_{P\lambda} = R \cdot \sin(\alpha)$$

$$x_P = \frac{\rho}{\tan(h)} \cdot \cos(\alpha) \qquad y_P = \frac{\rho}{\tan(h)} \cdot \sin(\alpha)$$

18.2.4 Studio analitico della meridiana Halazūn universale
Considero la meridiana con il cerchio delle date graduato in lunghezza dell'ombra orizzontale meridiana (Fig. 18.14).

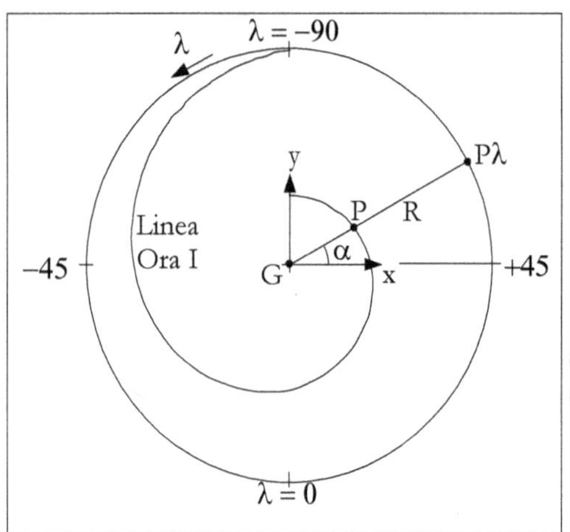

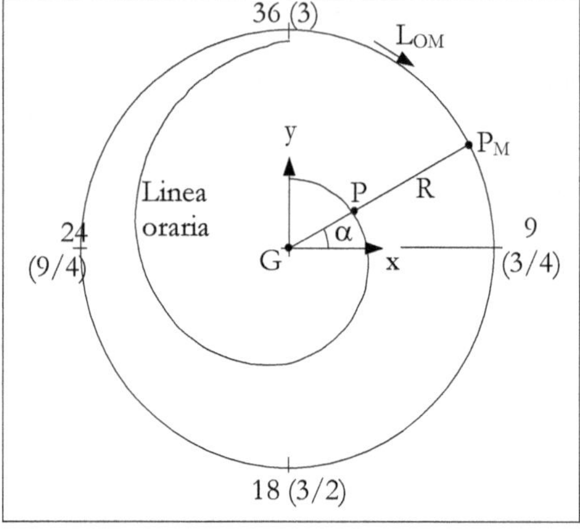

Fig. 18.13   Fig. 18.14

La graduazione in genere è compresa fra 0 e 36 dita, con uno gnomone lungo 12 dita, corrispondente a valori da 0 a 3 con uno gnomone di lunghezza unitaria.
Con riferimento alla Fig. 18.14 si ha :

$$\alpha^\circ = (9 - \mathrm{L_{OM}}) \cdot \frac{360^\circ}{36} = 90^\circ - 10^\circ \cdot \mathrm{L_{OM}}$$

$$\mathrm{x}_{P\lambda} = \mathrm{R} \cdot \cos(\alpha) \qquad\qquad \mathrm{y}_{P\lambda} = \mathrm{R} \cdot \sin(\alpha)$$

$$\mathrm{x}_P = \frac{\rho}{\tan(h)} \cdot \cos(\alpha) \qquad\qquad \mathrm{y}_P = \frac{\rho}{\tan(h)} \cdot \sin(\alpha) \quad \text{essendo al solito}$$

$$\sin(h) = \sin(h_{MAX}) \cdot \sin(15 \cdot \mathrm{T})$$

La lunghezza dell'ombra orizzontale all'ora temporaria T è data dalla formula, già ricavata in precedenza:

$$\frac{\mathrm{l_O}}{\rho} = \frac{1}{\sin(15 \cdot \mathrm{T})} \cdot \sqrt{\cos^2(15 \cdot \mathrm{T}) + \left(\frac{\mathrm{l_{OM}}}{\rho}\right)^2} = \sqrt{\frac{1 + (\mathrm{l_{OM}}/\rho)^2}{\sin^2(15 \cdot \mathrm{T})} - 1}$$

F. Charette[26] ha per primo osservato che le curve oraria dell'ora VI e quella dell'Asr, nella meridiana Halazūn universale sono delle spirali di Archimede.

Infatti poiché nel giorno g l'angolo formato dal raggio vale $\alpha_g = \dfrac{360}{36}(\mathrm{L_{OM}} + 1)$

---

[26] CHARETTE (2003), p. 161

e poiché la lunghezza dell'ombra orizzontale all'ora VI coincide con L_{OM}, si ha che l'equazione della curva dell'ora VI è data da $\quad r = L_{OM} = \dfrac{90° - \alpha}{10} = 9 - \dfrac{\alpha}{10}\quad$ che è l'equazione di una spirale di Archimede che inizia nell'origine per $\alpha=90°$ e si sviluppa in verso antiorario.

Essendo poi nell'istante dell'Asr $\quad L_{ASR} = L_{OM} + \rho\quad$ la curva dell'Asr avrà equazione data da

$$r = L_{ASR} = 9 - \frac{\alpha}{10} + \rho = 9 + 12 - \frac{\alpha}{10} = 21 - \frac{\alpha}{10}\quad \text{ove si è posto } \rho=12.$$

Anche la curva dell'Asr è quindi una spirale di Archimede, con inizio in (r=18, α=90°), che si sviluppa in verso antiorario mantenendosi parallela alla curva dell'ora VI (v. Fig. 18.12)

18.2.5 Un orologio solare verticale simile alla meridiana Halazūn

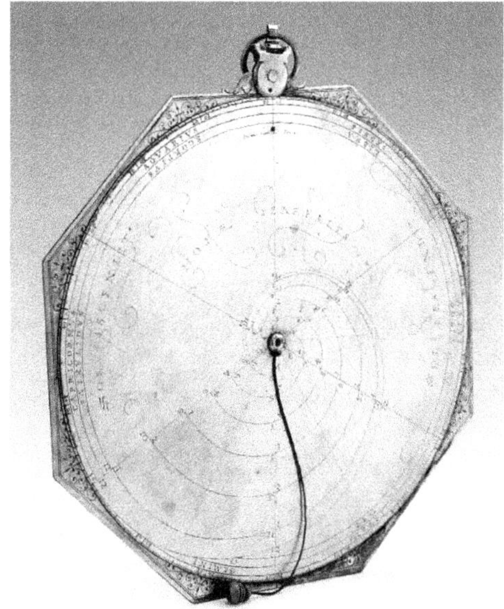

Fig. 18.15

Verso la fine del XVI secolo furono costruiti a Praga alcuni orologi solari concettualmente uguali alle meridiane Hāfir e Halazūn, ovviamente per ore uguali e non temporarie. Di questi ne rimangono alcuni esemplari, quattro dei quali da utilizzare in posizione verticale.

L'ideazione di questi tipi di orologi è certamente avvenuta in modo indipendente dai trattati in lingua araba nei quali essi sono stati descritti per la prima volta.

Uno di questi orologi è quello in Fig. 18.15, che fu inciso in Germania da Erasmus Habermel nel 1586 e che si trova al Museum of the History of Science di Oxford ((no. 35550).

Consiste in due dischi di rame sovrapposti del diametro di 16 cm, uno ottagonale fisso e uno circolare avente la possibilità di ruotare attorno al proprio centro. Su questo disco sono incise le linee orarie delle ore di tempo vero locale (tempo solare), che hanno la forma di spirale come nella meridiana Halazūn, numerate da 1 a 5 e da 7 a 12.

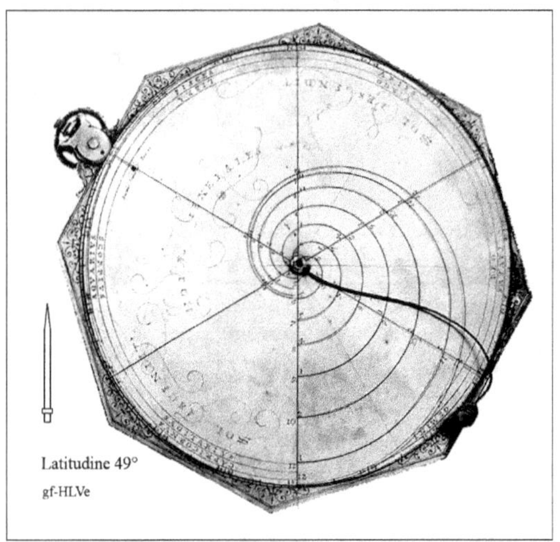

Fig. 18.16

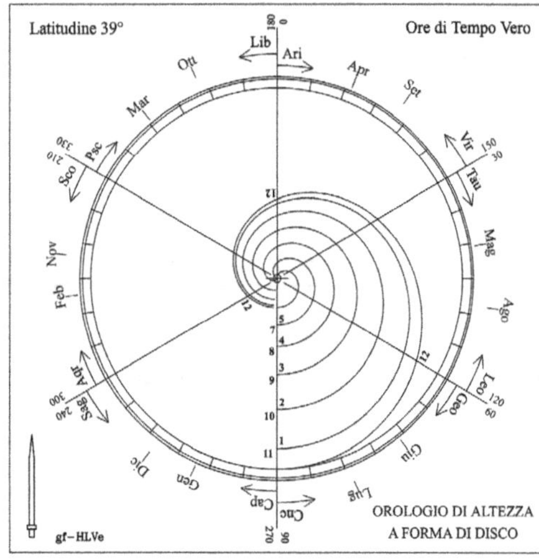

Fig. 18.17

Per la lettura dell'ora era necessario:
- ruotare il disco sino a portare la data dell'osservazione, indicata sul cerchio esterno, nel punto diametralmente opposto all'anello di sospensione;
- sospendere lo strumento verticalmente in modo che lo gnomone, inserito al centro del disco, risultasse orizzontale;
- ruotare il disco attorno alla verticale in modo che da rendere verticale l'ombra dello gnomone;
- leggere l'ora sulla linea passante per l'estremo dell'ombra.

In Fig. 18.16 sull'orologio, visto frontalmente, sono state sovrapposte le curve relative a una località con latitudine 49° (Norimberga).
Nella Fig. 18.17 invece le curve sono state calcolate per una località meridionale e si sono riportati sulla circonferenza esterna sia i nomi dei mesi, sia i segni zodiacali, sia i valori della longitudine del Sole. A lato è riportata anche la lunghezza dello gnomone.

18.3 Tavoletta orizzontale con gnomone mobile

Al-Marrākushī, parlando di uno strumento detto "bilancia Khorarie o Fazari" (*al-Mizan al-Fazari*), accenna a un orologio solare praticamente uguale a una meridiana Sāq al-Jarāda orizzontale, a gnomone mobile.

La "bilancia Fazari" era uno strumento di misura e di calcolo col quale si potevano risolvere molti problemi astronomici e trigonometrici analogamente a quanto era possibile con il più versatile, più conosciuto e più diffuso astrolabio.

Questo strumento, la cui descrizione completa meriterebbe uno studio a parte, era realizzato su un parallelepipedo di legno duro di sezione quadrata e lunghezza circa 7 volte il lato della base. Su una delle facce era disegnata una meridiana, sulle altre erano riportate numerose curve e scale. Fra queste:

- una scala per determinare la declinazione del Sole nota la sua longitudine, vale a dire il giorno nell'anno;
- una scala per determinare l'altezza del Sole nota la lunghezza dell'ombra orizzontale (in linguaggio moderno una scala delle cotangenti);
- una scala per determinare il valore del seno di un angolo;
- una tabella dei valori della tangente di un angolo;[27]
- una rappresentazione del cielo in coordinate cartesiane (longitudine, declinazione);
- ecc.

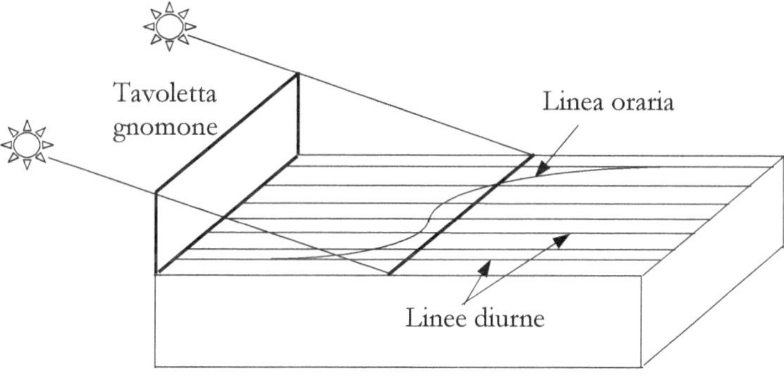

Fig. 18.18

La meridiana disegnata su una delle facce della "bilancia Fazari" era un orologio solare di altezza praticamente uguale a una meridiana Sāq al-Jarāda a gnomone mobile.

Lo gnomone mobile poteva essere sostituito da una lastrina metallica fissata ad una delle estremità, perpendicolarmente al piano contenente le varie linee, e di larghezza uguale a quella utile dello strumento.

---

[27] Ricordo che la funzione tangente non era ancora stata definita mentre il rapporto fra il seno e il coseno di un angolo era detto "*sinus fadhal*".

Le linee orarie potevano essere tracciate o in modo da utilizzare la meridiana col piano orizzontale e lo gnomone verticale (Fig. 18.18) o con il piano verticale e lo gnomone orizzontale, come una normale Sāq al-Jarāda.

Come in questa meridiana le linee diurne erano segmenti fra loro paralleli individuati o con i segni zodiacali, per le meridiane costruite per una data latitudine, o con i valori della lunghezza dell'ombra verticale o di quella orizzontale, per gli orologi "universali".

18.4 Tavoletta rettangolare orizzontale universale

18.4.1 Descrizione

Questo orologio solare è formato da una tavoletta rettangolare, da disporre in posizione orizzontale, sulla quale le linee diurne erano costituite da segmenti rettilinei paralleli al lato più lungo della tavola.

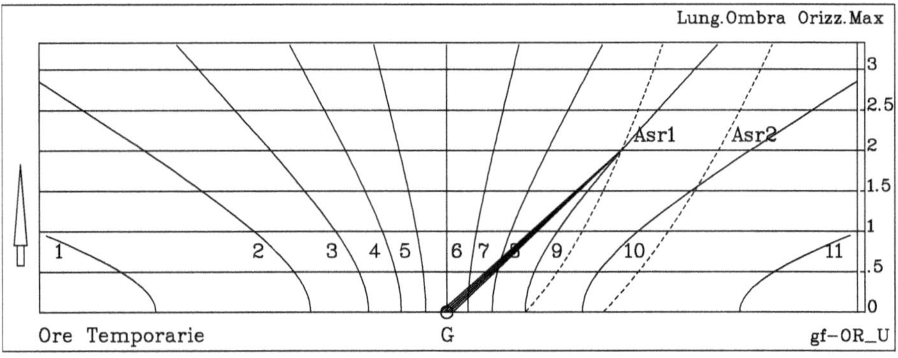

Fig. 18.19   Tavoletta rettangolare orizzontale universale

Su uno dei lati minori, lunghi 3 volte lo gnomone, era riportata la scala delle lunghezze delle ombre orizzontali meridiane, graduata da 0 a 36 (Fig. 18.19).

Lo gnomone, alto 12 dita, era posto esattamente al centro di uno dei lati più lunghi della tavoletta, in corrispondenza della linea diurna identificata dal valore nullo della ombra orizzontale meridiana (l_{OM}=0).

Il tracciato delle linee era perfettamente simmetrico rispetto alla linea di mezzeria, con le linee delle ore del mattino da un lato e quelle del pomeriggio dall'altro.

L'utilizzo dello strumento è ovvio:

- nota la lunghezza dell'ombra orizzontale meridiana, si individua la linea del giorno;
- poi, disposta la tavoletta orizzontale, la si ruota sino a portare l'estremo dell'ombra sulla questa linea;
- infine si legge l'ora sulla linea diurna passante per quel punto o in prossimità di esso.

Esempio - L'esempio rappresentato in Fig. 18.19 è relativo a un giorno in cui l'ombra orizzontale meridiana è lunga 2 volte lo gnomone, nella IX ora temporaria. Per una località con latitudine +40° questo giorno corrisponde al Solstizio invernale e l'istante con l'ora 14h 17m di tempo vero (solare).

Nell'istante dell'Asr la lunghezza dell'ombra orizzontale è lunga 3 volte lo gnomone e questo momento coincide quasi esattamente (con un errore di circa 7 minuti) con la IX ora temporaria.

18.4.2 Studio analitico della tavoletta rettangolare orizzontale universale

Le coordinate di un punto P (Fig. 18.20) sono date da :

$$x_P = L_O \cdot \cos(\alpha) \qquad\qquad y_P = L_{OM} = L_O \cdot \sin(\alpha)$$

ove L_O è la lunghezza dell'ombra orizzontale e L_{OM} quella dell'ombra meridiana.

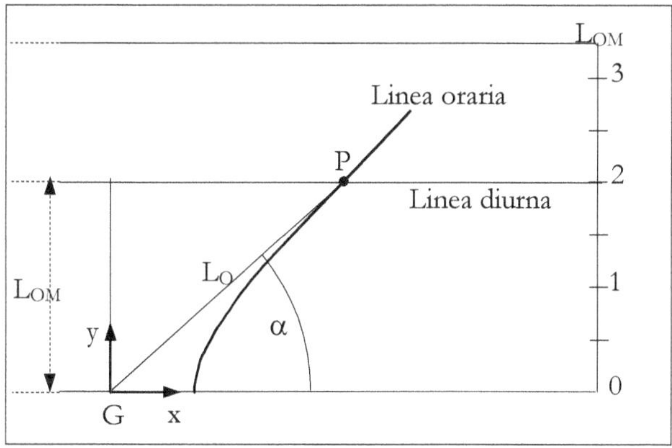

Fig. 18.20

Utilizzando la formula universale e ponendo $\beta = (15 \cdot T)$ si ricavano le :

$$x_P = \frac{\rho}{\sin(\beta)} \cdot \sqrt{\cos^2(\beta) + \left(\frac{L_{OM}}{\rho}\right)^2} \cdot \cos(\alpha)$$

$$y_P = \frac{\rho}{\sin(\beta)} \cdot \sqrt{\cos^2(\beta) + \left(\frac{L_{OM}}{\rho}\right)^2} \cdot \sin(\alpha) \qquad\qquad \text{da cui}$$

$$\cos(\alpha) = \cos(\beta) \cdot \sqrt{\frac{1 + \left(\dfrac{L_{OM}}{\rho}\right)^2}{\cos^2(\beta) + \left(\dfrac{L_{OM}}{\rho}\right)^2}} \qquad\qquad \text{e infine}$$

$$x_P = \frac{\rho}{\tan(\beta)} \cdot \sqrt{1 + \left(\frac{L_{OM}}{\rho}\right)^2} \qquad\qquad y_P = L_{OM}$$

Poiché $y_P = L_{OM}$, l'espressione della x si può anche scrivere come $x_P = A \cdot \sqrt{1 + B \cdot y_P^{\,2}}$ che ci dice che in questa rappresentazione le linee orarie sono delle iperboli con vertice nel punto $\left(\dfrac{\rho}{\tan(15 \cdot T)}, 0 \right)$.

Essendo all'Asr $L_{OA} = L_{OM} + \rho$, con alcuni passaggi si ricavano le coordinate dei punti della linea corrispondente :

$$x_A = \rho \cdot \frac{1 + \left(\dfrac{L_{OM}}{\rho} \right)}{\sqrt{1 + \left(\dfrac{L_{OM}}{\rho} \right)^2}} \qquad\qquad y_A = L_{OM}$$

18.5 Meridiana a forma di lunula

18.5.1 Descrizione

Anche questo orologio solare, di forma abbastanza insolita, e una meridiana di altezza portatile, orizzontale e universale (Fig. 18.21).

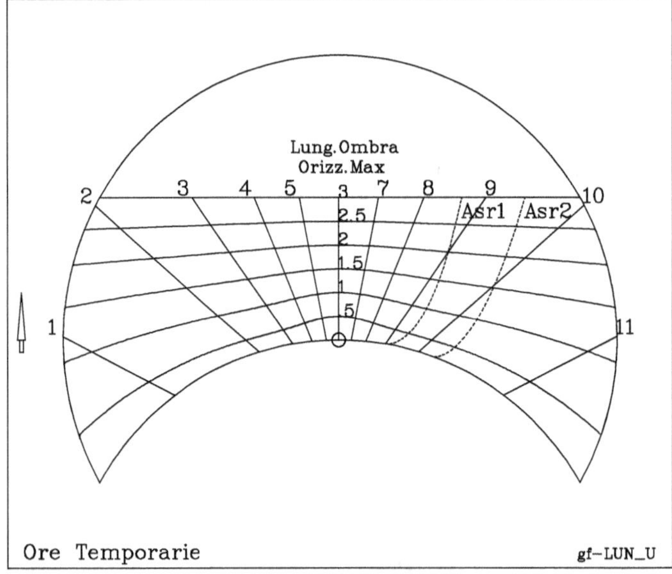

Fig. 18.21

La tavoletta su cui è disegnata ha la forma di lunula che si può ottenere o ripiegando una parte di un cerchio sino a portare la circonferenza della parte ripiegata a passare per il centro, oppure sovrapponendo due cerchi di uguale raggio in modo che le circonferenze passino per i centri e togliendo la parte comune.

Lo gnomone era, al solito, di lunghezza uguale a 12 dita e il raggio R del cerchio 6 volte più grande, cioè di 72 dita.

Mentre nell'orologio rettangolare descritto in precedenza erano le linee diurne ad essere rettilinee, nell'orologio a lunula sono le linee orarie ad essere tali.

Esse sono infatti dei segmenti compresi fra la linea EB di Fig. 18.22, posta a R/2 dal centro, e la curva DOC che delimita inferiormente la lunula.

Il bordo della lunula DOC è la linea dei punti orari nei quali $L_{OM}=0$, cioè dei punti in cui, a mezzogiorno, non si ha ombra orizzontale e in cui quindi $h_{MAX}=90°$.

La retta EAB, posta alla distanza R/2 dal centro, è la linea in cui la lunghezza dell'ombra orizzontale meridiana vale $L_{OM} = 3 \cdot \rho = 36$.

Le altre linee in cui L_{OM} assume valori diversi hanno forme complesse come si può vedere in Fig. 18.21.

L'utilizzo dello strumento è esattamente uguale a quello degli altri orologi universali orizzontali.

18.5.2 Studio analitico della meridiana a forma di lunula

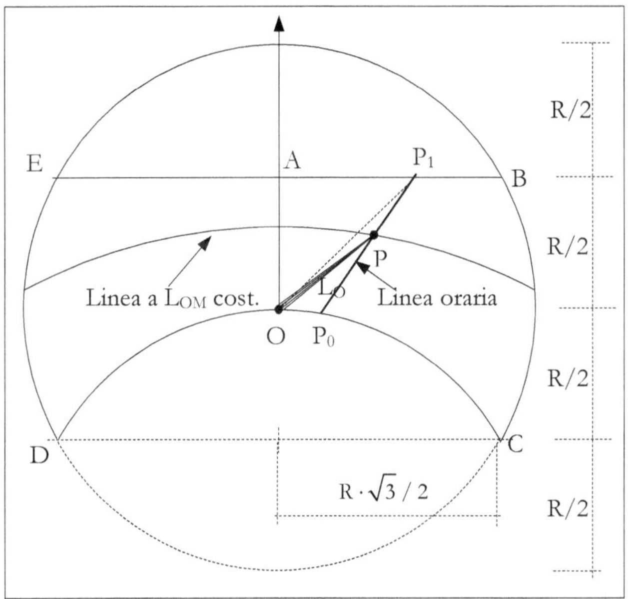

Fig. 18.22

Con riferimento alla Fig. 18.22 , siano:
Sia P_0PP_1 una linea oraria con :

- $\overline{OP} = L_O$ lunghezza dell'ombra orizzontale

- $\overline{OP_1} = L_{OM}$ lunghezza dell'ombra orizzontale meridiana

- L_{OT} la lunghezza dell'ombra orizzontale in un istante T, in un giorno in cui l'ombra orizzontale meridiana si annulla. Quindi $L_{OT}= OP_0$. Poiché nei punti della curva DOC l'altezza del Sole è $h_{MAX}=90°$, la formula approssimata ci dice che in essi risulta $h=(15\,T)$.
- β l'angolo $(15\,T)$ che compare nella formula approssimata.

<u>Determinazione delle linee orarie</u>
Si ricavano le seguenti relazioni:

$$L_{OT} = \frac{\rho}{\tan(\beta)}$$

$$x_{P0} = -2\cdot R\cdot\left(\frac{L_{OT}}{2\cdot R}\right)\cdot\sqrt{1-\left(\frac{L_{OT}}{2\cdot R}\right)^2} = -\frac{\rho}{\tan(\beta)}\cdot\sqrt{1-\left(\frac{\rho}{2\cdot R\cdot\tan(\beta)}\right)^2}$$

$$y_{P0} = -2\cdot R\cdot\left(\frac{L_{OT}}{2\cdot R}\right)^2 = -2\cdot R\cdot\left(\frac{\rho}{2\cdot R\cdot\tan(\beta)}\right)^2$$

che permettono di individuare sulla curva DOC i punti di inizio delle linee orarie.
Troviamo ora le coordinate dell'altro estremo P_1 della linea oraria.

La linea EB è individuata da $OA=L_{OM}=R/2=3\rho$ per cui si ricava :

$$x_{P1} = -\frac{\rho}{\tan(\beta)}\cdot\sqrt{10} \qquad e \qquad y_{P1} = 3\cdot\rho$$

La linea diurna ha quindi equazione $\dfrac{x-x_0}{x_1-x_0}=\dfrac{y-y_0}{y_1-y_0}$ cioè $y = A\cdot x + B$ con

$$A = \frac{y_1-y_0}{x_1-x_0} \qquad e \qquad B = \frac{x_1\cdot y_0 - x_0\cdot y_1}{x_1-x_0}$$

Si possono facilmente ricavare anche i seguenti risultati:
- Il punto C è raggiunto dall'ombra quando $L_{OT}=OC=R$ e quindi quando

$$\tan(\beta) = -\frac{\rho}{R} = -1/6\,,$$ cioè quando $\beta=170.54°$ corrispondente alle ore $T=11;22$

- Poiché nel punto B si ha $L_{OB}=R=3\rho$ si ricava $\sin(\beta)=\sqrt{\dfrac{10}{37}}$ che ci dice che per B

passa la linea oraria relativa all'ora $T=9;54$, mentre per E passa quella dell'ora $T=2;05$

<u>Determinazione delle linee diurne con lunghezza dell'ombra costante.</u>
Imponendo che la distanza di un punto della linea dall'origine sia uguale al valore di L_{OT} si ricavano le coordinate dei punti di queste linee :

$$x_P = \frac{-A\cdot B \pm \sqrt{A^2\cdot B^2 - (1+A^2)\cdot(B^2 - L_{OH}^2)}}{1+A^2} \qquad e \qquad y_P = A\cdot x_P + B \quad \text{essendo}$$

$$L_{OH} = \rho \cdot \sqrt{\dfrac{1 + \left(\dfrac{L_{OM}}{\rho}\right)^2}{\sin^2(\beta)} - 1}$$

Infine variando il valore di $\beta = 15T$ per una data L_{OM} si ottengono i punti della linea diurna a L_{OM}=costante.

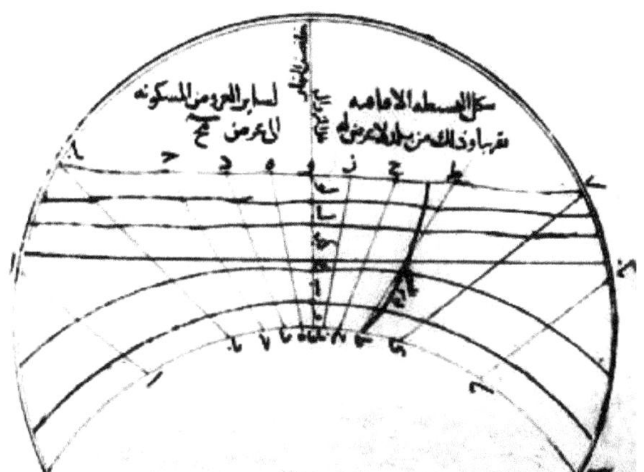

Fig. 18.23   Meridiana a lunula
Da un manoscritto di Najm al-Dīn al-Miṣrī

Capitolo 19
GLI OROLOGI PORTATILI SU CONI E CILINDRI

19.1 Orologio di altezza su cilindro verticale

Fig. 19.1

Ho lasciato come ultimo esempio degli orologi portatili di altezza quello realizzato sulla superficie esterna di un cilindro verticale anche se questo tipo di strumento, conosciuto impropriamente con il nome di "meridiana del pastore", è una delle più antiche meridiane portatili di cui si ha memoria.

Ne sono infatti pervenuti esemplari romani costruiti nei primi secoli della Era Cristiana e probabilmente esso era noto e diffuso anche presso i greci-alessandrini alcuni secoli prima.

Vitruvio nel capitolo 8 del IX libro del *De architettura* riporta il famoso brano[28] in cui, tra i vari tipi di orologi da lui conosciuti, ricorda anche quelli detti *viatoria pensilia*, strumenti quindi "da appendere" e adatti ad essere usati dai viaggiatori .

L'orologio del pastore è troppo conosciuto per parlarne diffusamente, poiché dal punto di vista costruttivo non è altro che una meridiana del tipo Sāq al-Jarāda a gnomone mobile avvolta attorno a un cilindro (Fig. 19.2, 19.3), ed inoltre su di esso esiste

---

[28] Caput 8 - *De horlogiorum inventione.. 1. Hemicyclium excavatum ex quadrato ad enclimaque succisum Berosus Chaldaeus dicitur invenisse; scaphen sive hemisphaerium Aristarchus Samius, idem etiam discum in planitia. Arachnen Eudoxus astrologus; nonnulli dicunt Apollonium. Plinthium sive lacunar, quod etiam in circo Flaminio est positum, Scopinas Syracusius; προς τα ιστορουμενα Parmenion, προς παν κλιμα Theodosius et Andreas; Patrocles pelecinon, Dionysodorus conum, Apollonius pharetram : aliaque genera, et qui supra scripti sunt, et alii plures inventa reliquerunt, uti gonachnen, engonatum, antiboraeum. Item ex his generibus viatoria pensilia uti fierent, plures scripta reliquerunt : ex quorum libris, si qui velit, subiectiones invenire poterit, dummodo sciat analemmatos descriptiones.*

Traduzione dell'autore.

Si tramanda che Beroso il Caldeo abbia inventato l'Emiciclo scavato, contenuto in un blocco quadrato tagliato secondo il clima [la latitudine], Aristarco da Samo lo Scafo (scaphen) o Emisferio (hemis-phaerium) e anche il disco *in planitia* (cioè su superficie piana). L'Aracne fu inventato da Eudosso l'astronomo o, come alcuni affermano, da Apollonio.

Il Plinto o Lacunar, come quello posto nel circo Flaminio, fu inventato da Scopas di Siracusa; il *pros ta historoumena* da Parmenio; il *pros pan klima* da Teodosio e da Andreas; il Pelecinum da Patroclo; il Cono da Dionysodorus; la Faretra da Apollonio. Gli uomini ricordati sopra e molti altri hanno trovato anche altri tipi di meridiane, come ad esempio il Conarachnen, il Plinto conico, l'Antiboreum. Molti hanno lasciato anche le istruzioni per la costruzione di *viatoria pensilia*. Chi vuole trovare queste descrizioni le troverà nei libri scritti da questi autori, purché sia a conoscenza della figura dell'analemma.

un'ampia documentazione nella moderna letteratura[29].

Le sole differenze rispetto alle descrizioni che si trovano nei manuali moderni si riducono al fatto che nelle meridiane arabe le ore erano sempre temporarie e che veniva sempre tracciata anche la linea della preghiera del pomeriggio.

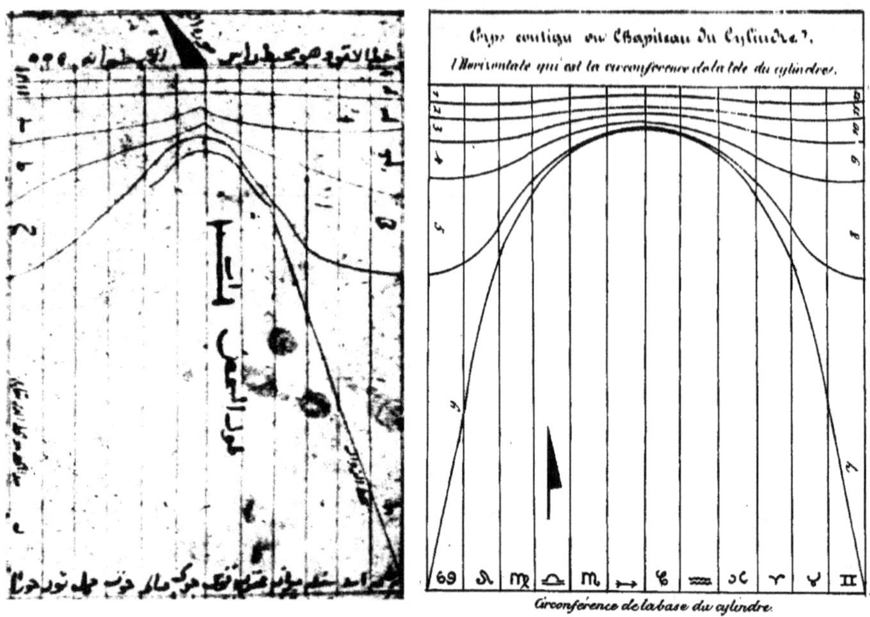

Sviluppo della superficie di un orologio cilindrico "per una data latitudine"

Fig. 19.2 Dal manoscritto di al-Marrākushī   Fig. 19.3   Dalla traduzione di Sédillot

Ovviamente anche per questo tipo di orologio furono costruite, nel mondo arabo, versioni "per qualunque latitudine", cioè universali..

Anche se il primo trattato in cui sono descritti questi tipi di orologi universali è quello di al-Marrākushī del XIV secolo, essi erano certamente conosciuti sino dal IX secolo: D. King, sia per la mancanza di orologi rimasti, sia per la scarsità dei testi che li descrivono, suppone però che essi fossero poco diffusi e usati.

Nelle Fig. 19.4 e 19.5 si può vedere metà dello sviluppo della superficie del cilindro con le "linee diurne" verticali contraddistinte da valori della altezza meridiana del Sole, ogni 5°. La linea sottile in basso è quella dell'ora VI, che correttamente và all'infinito quando il Sole si trova allo zenit (altezza meridiana di 90°). Le altre linee orarie sono appena accennate nell'incisione di Sédillot, mentre nel manoscritto originale è disegnata soltanto la linea dell'ora V.

---

[29] La costruzione di questo tipo di orologio non si trova descritta dagli autori di lingua islamica, probabilmente proprio per la sua facilità.

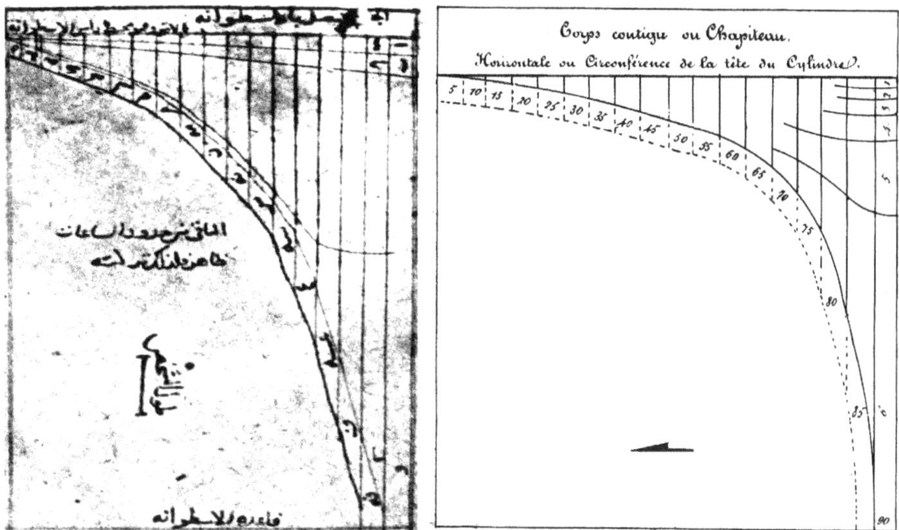

Sviluppo della superficie di un orologio cilindrico "valido per tutte le latitudini"

Fig. 19.4 Dal manoscritto di al-Marrākushī   Fig. 19.5 Dalla traduzione di Sédillot

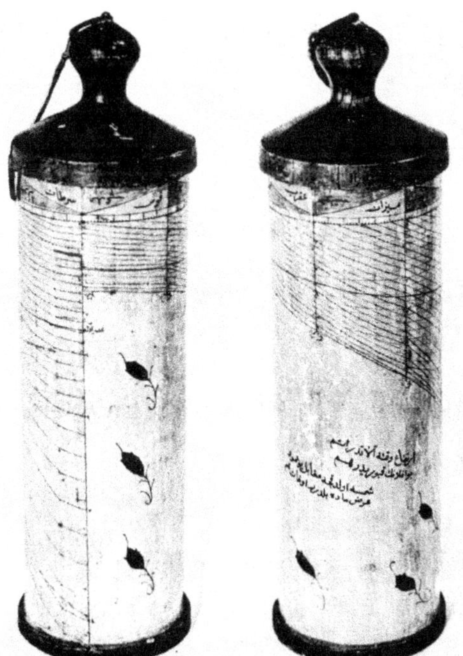

Fig. 19.6 Orologio portatile su cilindro – sec. XVII

19.2 Orologio portatile di altezza su tronco di cono

19.2.1 Descrizione

Gli orologi solari di altezza realizzati sulla superficie di un tronco di cono[30] si possono considerare varianti della meridiana cilindrica del pastore.

Il primo accenno ad un orologio solare su superficie conica si trova in un trattato del IX secolo scritto a Baghdad[31] ; in seguito esso compare negli scritti di al-Khwārizmī, che lo include in un elenco di strumenti orari, di al-Bīrūnī , che dà un procedimento geometrico per costruirlo, di Abdallah ibn Qāsim al-Siqillī (il Siciliano) del XIII sec., di al-Marrākushī e di al-Misrī che lo descrivono in dettaglio.

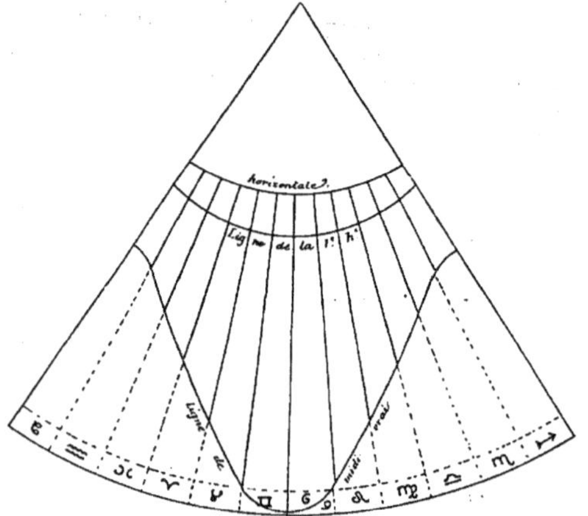

Fig. 19.7 Meridiana conica
da Sédillot

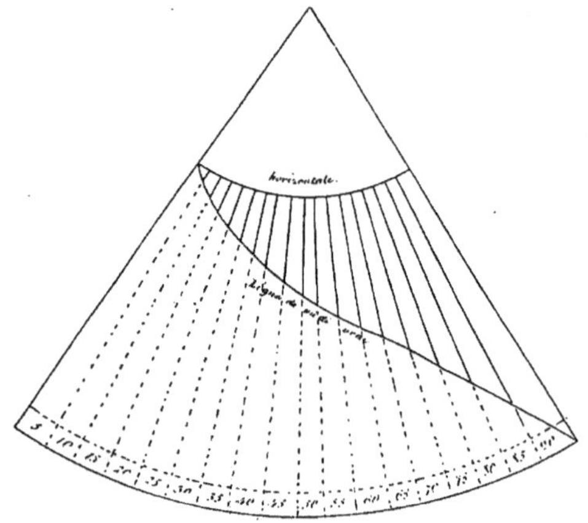

Fig. 19.8 Meridiana conica universale
da Sédillot

La meridiana conica in lingua araba fu da alcuni (al-Khwārizmī, al-Bīrūnī, al-Siqillī) chiamata anche *mukhulā* [32] poiché la sua forma ricorda quella di un tipico recipiente usato per conservare il cosmetico per gli occhi detto *kuhl* o *khol* [33]; al-Marrākushī la chiama invece *makhrut*.

---

[30] Anche se spesso si parla di meridiane coniche o su cono, tutte quelle descritte sono tracciate sulla superficie esterna di un tronco di cono.

[31] KING (2004), pp. 585,6

[32] Il significato di *mukhulā* è "contenitore per la polvere di antimonio kuhl"

[33] Il khul o khol era, ed è ancora oggi, una polvere finissima di antimonio di colore nero, usata dalle donne nella penisola arabica per delineare ed ombreggiare gli occhi e le palpebre (come il moderno mascara usato dalle donne in occidente). A causa della estrema finezza della polvere, la parola *al-kuhl* divenne anche un termine per indicare la proprietà più fine delle cose cioè la loro essenza. Per questo motivo gli alchimisti islamici medievali usarono la stessa parola per indicare il prodotto distillato dai liquidi fermentati. Probabilmente da qui prende il nome la nostra parola alcool, anche se alcuni studiosi pensano che esso derivi dalla parola *al-goul* che indica una sostanza che confonde il cervello. Questo ultimo termine è menzionato nel Corano che descrive il vino del paradiso come "*libero da al-goul*". Dal termine khul deriva anche la nostra parola "collirio" (kollyre).

Come la classica meridiana su cilindro, anche quelle tracciate su una superficie conica aveva-no le linee diurne coincidenti con le generatrici della superficie, il cerchio limite della base superiore riportante i segni zodiacali o graduato in longitudine del Sole e uno gnomone oriz-zontale appoggiato alla base superiore del tronco di cono e imperniato sull'asse del tronco, o uno stilo normale alla superficie con la possibilità di poter essere spostato mantenendolo ap-poggiato a una circonferenza in prossimità della base superiore.

La base maggiore del tronco di cono poteva essere in basso nelle meridiane a "cono appoggiato", o in alto in quelle "a cono sospeso".
In genere le misure erano circa 10-12 cm in altezza, 5 cm di diametro alla base e 2-3 di dia-metro alla testa; il corpo era in in legno duro (bosso) e lo gnomone in metallo (ottone o rame).

19.2.2 Meridiana portatile conica universale
Anche per le meridiane su superficie conica si trovano descritte le versioni "universali", con il cerchio dell'orizzonte graduato in valori dell'altezza massima del Sole h_{MAX}, da 0° a 90°, e i suoi punti sono, come per tutti gli orologi universali, calcolati con la formula approssimata (Fig. 19.8)
Rispetto alle altri orologi di questo tipo non presenta differenze tali da richiedere una descri-zione particolareggiata.

Fig. 19.9   Vaso per il *khol*
Antico Egitto

19.3   Costruzione della meridiana conica. Confronto fra procedimenti

La costruzione della meridiana su tronco di cono per una data latitudine è descritta molto in dettaglio da al-Marrākushī [34] e, con minor precisione, da al-Misrī [35]. Per rendere edotto il lettore dei procedimenti usati dagli astronomi islamici, cercherò di seguire in parte i due testi traducendoli in linguaggio moderno.

---

[34] SEDILLOT (1834), pp. 450 e segg.
[35] CHARETTE (2003), p. 316

19.3.1 Testo di al-Marrākushī
Fig. 19.7, 19.10, 19.11

- *Prendi un cono e taglialo verso la cima; dividilo in un cono superiore e in un tronco di cono.*

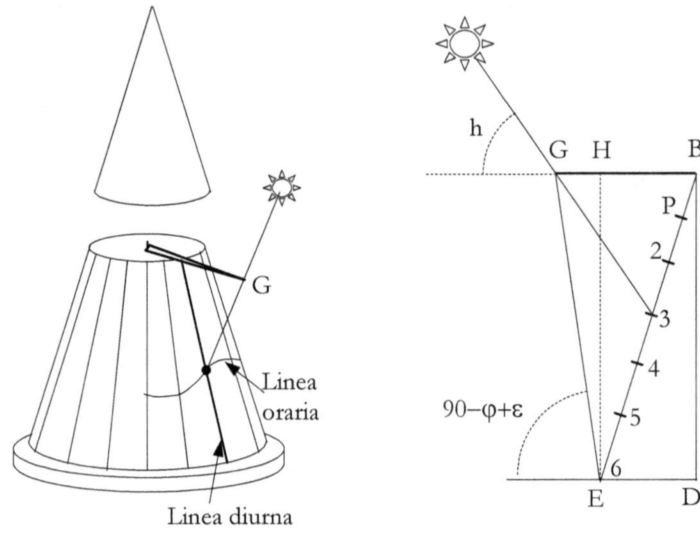

Fig. 19.10   Fig. 19.11

- *Traccia una generatrice sulla superficie e poi dividi le due circonferenze* [che limitano le basi] *in 12 parti uguali a partire* [dai punti in cui vengono intersecate] *dalla generatrice; indica queste divisioni con i segni zodiacali. Unisci i segni della base superiore a quelli inferiori* [con altrettante generatrici]*: sono queste le linee diurne di inizio dei segni.*
- *A parte disegna un segmento orizzontale ED lungo quanto è la differenza dei raggi delle due basi e un secondo segmento BD perpendicolare lungo come l'altezza. La linea BE rappresenta una generatrice del tronco di cono.*
- *Prendi una retta che formi con l'orizzontale DE un angolo uguale alla altezza meridiana del Sole all'inizio del segno del Cancro e falla passare per E. Il segmento orizzontale BG sino a questa retta è la lunghezza massima dello gnomone.*
- *Prendi ora* [da una tabella] *l'altezza del Sole al termine della prima ora nel giorno* [di inizio] *del Cancro, porta questo angolo nel punto G, disegna la retta GP: P è il punto di tale ora sulla linea del segno del Cancro* [linea del solstizio estivo]*.*
- *Ripeti per tutte le altre ore* [dalla I alla VI] *ottenendo un gruppo di punti.*
- *Riporta con il compasso sulla linea del cono corrispondente al segno del Cancro, le distanze di questi punti da B.*
- *Ripeti per tutti gli altri segni , unisci i punti della stessa ora e ottieni le linee orarie* [cercate].
- *Prendi uno gnomone lungo BG, fissalo al cono* [rimasto dalla operazione di taglio iniziale] *e collega questo cono con un perno alla faccia superiore* [del tronco; cerchio dell'orizzonte] *così che possa ruotare* [assieme allo gnomone].
- *Hai ottenuto la meridiana sul cono.*

19.3.2 Testo di al-Miṣrī

- *Per determinare l'inclinazione del cono apri il compasso sino al raggio del cerchio* [della base] *più grande e togli da esso il raggio del suo cerchio minore* [si ottiene una apertura del compasso uguale a (r2-r1)].
- *Dividi l'altezza del* [tronco di] *cono per questo* [valore], *supponendo che la sua altezza sia divisa in 12 parti uguali* [suppone cioè che l'altezza abbia valore 12].

- *Quello che rimane* [$\dfrac{12}{r_2 - r_1}$] *è un'ombra orizzontale. Prendi la sua altezza* [altezza del Sole che produce questa ombra orizzontale]: *questa sarà il complemento della inclinazione del cono.*
- *Ricordatelo*

La spiegazione delle ultime righe è la seguente:

Se il valore $(r_2 - r_1)$ è l'ombra orizzontale di uno gnomone verticale lungo 12, allora l'altezza del Sole corrispondente a questa ombra è l'angolo β di Fig. 19.12, mentre il suo complemento α è l'apertura o inclinazione del cono. In formule moderne quindi

$$\tan(\beta) = \frac{12}{r_2 - r_1} \quad e \quad \tan(\alpha) = \frac{r_2 - r_1}{12} \ ^{36}$$

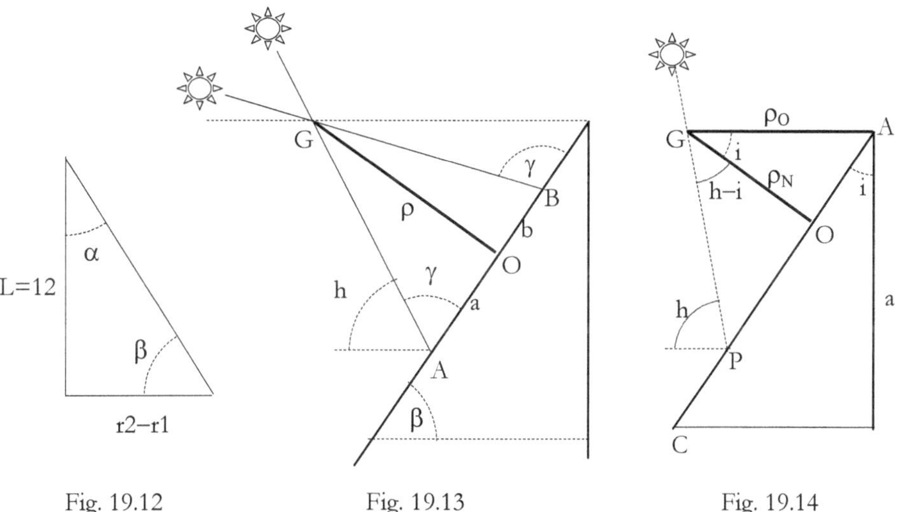

Fig. 19.12   Fig. 19.13   Fig. 19.14

Il testo prosegue senza dire nulla di come deve essere messo lo gnomone. Che esso debba essere <u>ortogonale</u> alla superficie e non orizzontale lo si arguisce dal testo che segue.

---

[36] Si sono ritrovate numerose tavole che danno le lunghezze dell'ombra verticale e dell'ombra orizzontale in funzione della altezza del Sole, per gnomoni alti 12. Queste non sono altro che tavole dei valori della funzione tangente e della funzione cotangente, moltiplicati per 12. Ad esempio per una altezza di 50° si trova : $L_V = 12 \cdot \tan(50°) = 14;18,04$ e $L_O = 12 \cdot \cot(50°) = 10;04,09$.

La funzioni tangente e cotangente vennero per secoli indicate in questo modo.

In un dato giorno e in una data ora

- *…somma 90° al complemento dell'altezza di quella ora. Sottrai dalla somma il complemento della inclinazione del cono* [con riferimento alla Fig. 19.13: al supplemento di h togliere l'angolo β, uguale al complemento della inclinazione del cono per ottenere l'angolo γ].

- *Se la differenza* [angolo γ] *è minore di 90°, prendi la sua ombra orizzontale: questa sarà l'ombra di quella ora sotto la base dello gnomone del cono* [l'ombra orizzontale di γ, cioè la cot(γ), è il segmento OA, che è la lunghezza dell'ombra quando il Sole ha altezza h e che si trova al di sotto del punto O, base dello gnomone OG].

- *Se la differenza* [angolo γ] *è più grande di 90°sottraila da 180° e prendi l'ombra* [orizzontale] *di questa differenza: questa sarà l'ombra di quella ora* [che si trova sotto] *al centro* [dello gnomone].

  [Sempre con riferimento alla Fig. 19.13, la differenza (180° − γ) è l'angolo GBO, la cui ombra orizzontale, cioè la cui cotangente, è il segmento OB che misura l'ombra dello gnomone OG e che si trova al di sopra della base O (centro) dello gnomone stesso.]

- *Ecc.*

19.3.3 Studio analitico della meridiana conica per una data latitudine.

Noti i valori della latitudine φ, del giorno, e quindi della declinazione δ, e dell'ora temporaria T, si ricava, con le formule abituali, il valore della altezza del Sole h.

Se indichiamo con **a** l'altezza del tronco di cono, si hanno subito le relazioni:

$$\rho_O = a \cdot \left[\tan(i) + \tan(\varphi - \varepsilon)\right]$$

$$\rho_N = \rho_O \cdot \cos(i)$$

$$\overline{AO} = \rho_O \cdot \sin(i) = \rho_N \cdot \tan(i)$$

$$\overline{OP} = \rho_O \cdot \cos(i) \cdot \tan(h - i) = \rho_N \cdot \tan(h - i)$$

$$\overline{AP} = \rho_O \cdot \left[\sin(i) + \cos(i) \cdot \tan(h - i)\right] =$$

$$= \rho_N \cdot \left[\tan(i) + \tan(h - i)\right]$$

Per $h = 0°$ si ha ovviamente AP=0 .

Per $h < i$ il punto P cade tra A ed O.

19.4 Orologio portatile di altezza su tronco di cono rovesciato

19.4.1 Descrizione

Si trovano anche descrizioni di orologi solari tracciati su un tronco di cono rovesciato, cioè disposto con la base maggiore in alto come in Fig. 19.15

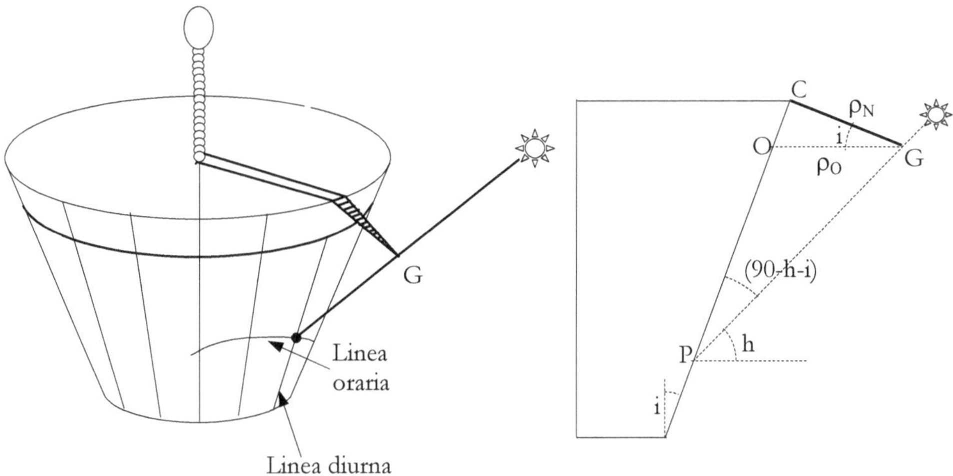

Fig. 19.15 Meridiana conica "appesa"   Fig. 19.16 Sezione del tronco di cono

In questo caso l'orologio, durante l'uso, veniva sospeso a una catenella e mantenuto verticale come un filo a piombo. Lo gnomone era disposto perpendicolarmente alla superficie e poteva ruotare attorno a un perno passante per il centro della base superiore.

19.4.2 Studio analitico della meridiana a trono di cono rovesciato, per una data latitudine.

Il progetto è simile a quello della meridiana su cono diritto (Fig. 19.15).

Noti i valori di φ, δ e dell'ora temporaria T si ricava il valore della altezza del Sole h.

Le relazioni sono:

$$\rho_O = \overline{GO} = \rho_N / \cos(i)$$

$$\overline{CP} = \rho_N \cdot \tan(h+i) = \rho_O \cdot \cos(i) \cdot \tan(h+i)$$

$$\overline{CO} = \rho_N \cdot \tan(i)$$

$$\overline{OP} = \overline{CP} - \overline{CO} = \rho_N \cdot \left[\tan(h+i) - \tan(i)\right] = \rho_O \cdot \cos(i) \cdot \left[\tan(h+i) + \tan(i)\right]$$

Per il punto O passa il cerchio dell'orizzonte.

Affinché il raggio dal Sole raggiunga la superficie del cono occorre che l'altezza meridiana del Sole sia $h_M < (90° - i)$ e quindi che la declinazione del Sole sia $\delta < (\varphi - i)$.

Quindi per una meridiana completa deve essere $i < (\varphi - \varepsilon)$.

Parte IX

OROLOGI SOLARI FISSI

Capitolo 20
OROLOGI SOLARI SU UN PIANO

20.1 Premessa

Le meridiane su piano, orizzontale o verticale, furono per molti secoli gli orologi solari fissi più diffusi nel mondo islamico, utilizzati sia per indicare l'ora durante la giornata, sia, principalmente, per determinare correttamente gli istanti di inizio delle preghiere del giorno. Ogni moschea, dal XII secolo in poi, era dotata di uno o più orologi solari, in particolare orizzontali, che i fedeli, il muezzin, o altro addetto consultavano regolarmente prima di chiamare i fedeli alla preghiera.

Fig. 20.1   Kairouan
Moschea Sidi Oqba

Fig. 20.2 Testour - Tunisia
Grande moschea

Fig. 20.3   Tunisi
Moschea Al-Zaytuna

Ancora oggi, quando la quasi totalità degli strumenti più antichi è scomparsa, si trovano nei cortili di alcune moschee dei pilastrini o altre semplici costruzioni sulle quali esiste ancora un orologio solare. Nelle figure dalla 20.1 alla 20.6 si possono vedere alcuni esempi riguardanti moschee della Tunisia.

Tutti gli autori descrivono in modo rigoroso, sistematico, esaustivo e completo questi orologi solari e i metodi per calcolarli e costruirli, classificandoli e suddividendoli in diverse categorie a seconda dell'orientamento del piano su cui sono tracciati.
Per ciascuna di queste categorie si trovano descritte le formule di calcolo per ottenere i punti delle diverse linee e, sempre, sono riportate tabelle di valori, calcolati per una data località.

Contrariamente ai metodi geometrici greci e romani e a quelli che si diffusero in Occidente a partire dal XIV-XV secolo, tutti quelli descritti nei testi in lingua araba sono procedimenti "analitici" consistenti nella descrizioni sia delle formule trigonometriche necessarie per il calcolo della altezza e dell'azimut del Sole, sia di quelle che, in funzioni di queste grandezze, portano alla determinazione della posizione dell'estremo dell'ombra di uno gnomone.

Fig. 20.4   Djerba - Tunisia   Fig. 20.5   Djerba - Tunisia   Fig. 20.6   Kairouan
Sidi Ibrahim el Jemni   Tunisia

La posizione dei punti delle diverse linee è sempre ottenuta utilizzando sia quelle che oggi chiamiamo "coordinate polari" , sia, soltanto in pochi casi, le nostre "coordinate cartesiane". I metodi si riferiscono quasi sempre ad orologi solari con uno gnomone perpendicolare al piano su cui sono tracciati. Solo in alcuni casi, per orologi solari tracciati su un piano inclinato viene utilizzato uno gnomone orizzontale.[1]

النصّ التاسع

في آلات الساعات التي

تسمّى رخامات.

Fig. 20.7

Questi metodi "analitici, già chiaramente sviluppati teoricamente e descritti da Thābit ibn Qurra († 901 d.C.) nel testo *"Libro sugli strumenti che indicano le ore, detti orologi solari"* (Fig. 20.7), vennero universalmente adottati dagli astronomi dei secoli successivi, anche se il loro utilizzo per la costruzione pratica degli orologi solari si diffuse soltanto a partire dal XII secolo. Sino a questa epoca infatti gli addetti delle moschee, fra i cui compiti rientrava anche lo stabilire gli istanti delle diverse preghiere, non avevano alcuna particolare preparazione sul moto del Sole e delle stelle e sull'uso degli strumenti astronomici e quasi ovunque si

---

[1] Come si è già scritto le formule che si trovano nei testi, oltre ad essere soltanto "descritte" a parole e non riportate con le notazioni a cui oggi siamo abituati, sono spesso abbastanza diverse da quelle da noi usate, anche se sono facilmente riconducibili a queste. La cosa dipende dal fatto che le uniche funzioni trigonometriche allora conosciute erano soltanto il seno (introdotto dai matematici indiani verso il 500), il coseno e il seno-verso (introdotte da Thābit ibn Qurra e da al-Battānī verso l'870). In trigonometria sferica non erano ancora stati scoperti i teoremi fondamentali del seno e del coseno e l'unico teorema utilizzato era quello di Menelao sul quale Tolomeo basa tutto il suo studio. Soltanto con al-Bīrūnī (973-1055) e Nasīr al-Dīn al-Tūsī (1201-1274) la trigonometria piana e sferica furono definitivamente sviluppate.

limitavano a verificare le lunghezze dell'ombra di uno gnomone verticale negli istanti delle preghiere, seguendo regole empiriche dell'astronomia popolare.

In seguito, verso la metà del XII secolo, con lo scopo principale di ottenere una maggiore precisione negli istanti delle preghiere, si istituì, da prima in Egitto, la figura di astronomi professionisti al servizio della religione (i *muwaqqit*) che erano associati alle principali moschee e i cui compiti principali erano proprio quelli di determinare questi istanti, utilizzando orologi solari durante il giorno e con l'osservazione delle stelle e l'uso dell'astrolabio durante la notte, di determinare l'inizio dei mesi attraverso l'osservazione della Luna nuova, di costruire strumenti ed istruire e scrivere manuali per gli studenti.[2]

Si diffusero quindi le descrizioni dei metodi per costruire orologi solari precisi e, basandosi su questi metodi, si compilarono centinaia di testi (*ziji*) contenenti tabelle più o meno complesse, utili per la costruzione pratica di meridiane su piani orizzontali o verticali per diverse località.[3]

L'uso di queste tabelle e di questi manuali semplificati era per altro una necessità dovuta al fatto che soltanto le più grandi e ricche moschee potevano permettersi studiosi come i *muwaqqit* e che pertanto la costruzione e il ripristino degli orologi solari, presenti praticamente in ogni moschea dell'immenso impero di lingua araba, era fatto da inesperti nelle scienze astronomiche che basavano il loro lavoro esclusivamente su queste tavole numeriche.

Per dare una idea della sistematicità degli studi sulla costruzione degli orologi solari su piano e di come questi siano descritti, riporto soltanto in modo sintetico alcune parti tratte dal testo già citato di Thābit ibn Qurra.

20.2 La classificazione degli orologi solari piani

Le diverse categorie in cui Thābit ibn Qurra suddivide le meridiane piane sono le seguenti (Fig. 20.8) :

I. Piano parallelo all'orizzonte (P1) con gnomone verticale. Questa meridiana era detta o *Rukhāmat* , che significa "lastra di marmo", o *Basītah o basītat*, che significa "piano".

---

[2] I *muwaqqit* "leggevano" le ore sugli orologi solari e comunicavano a segni ai muezzin che era giunto il tempo per richiamare i fedeli alla preghiera.

[3] Nel XIII vissero al Cairo gli astronomi Shihab al-Dīn al-Maqsi e Najm al-Dīn al-Misrī. Il primo compilò un gruppo di tavole da cui si poteva ricavare, nota la l'altezza e la longitudine del Sole (e quindi il giorno nell'anno), il tempo trascorso a partire dall'alba. Le tavole contenevano anche gli istanti delle preghiere nei vari giorni dell'anno. Queste tavole, espanse nel secolo seguente, contenevano circa 30.000 dati e furono usate per molti secoli.

Al-Maqsi nel 1277 scrisse anche un trattato sulla teoria delle meridiane, contenente più di 100 tavole, per la realizzazione di qualsiasi tipo di quadrante solare per la latitudine del Cairo. al-Misrī compilò invece tavole, con più di 250.000 dati, valide per luoghi con diversa latitudine.

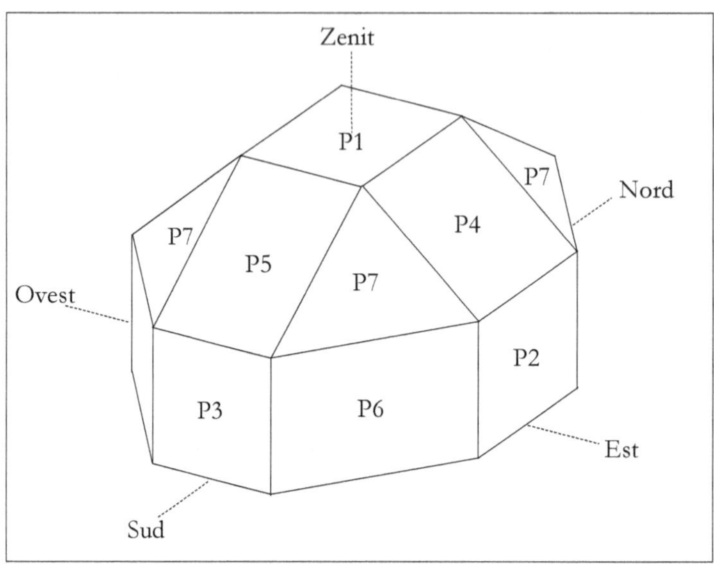

Fig. 20.8   Orologi solari su piano - I diversi piani

II.   Piano parallelo al piano meridiano (piano Nord-Sud o *shamal-janub*) verso Est o verso Ovest (P2) ; gnomone orizzontale (Fig. 20.10).

III.   Piano parallelo al primo verticale (piano Est-Ovest o *mashriq-maghrib*) verso Sud (P3) con gnomone orizzontale (Fig. 20.11).

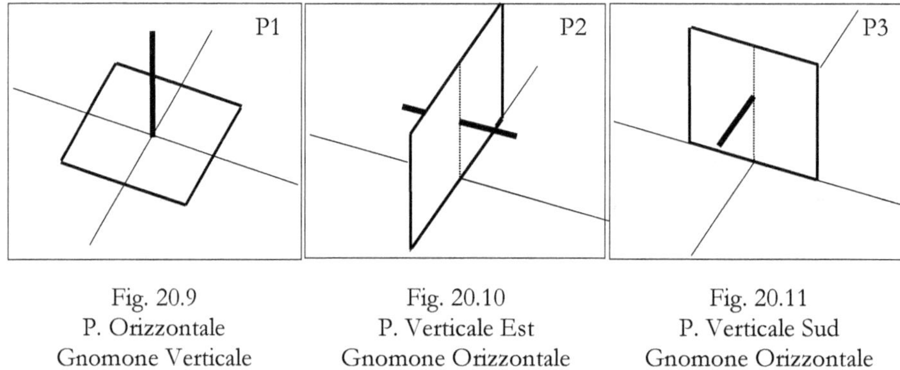

Fig. 20.9	Fig. 20.10	Fig. 20.11
P. Orizzontale	P. Verticale Est	P. Verticale Sud
Gnomone Verticale	Gnomone Orizzontale	Gnomone Orizzontale

IV.   Piano perpendicolare al primo Verticale, inclinato sul p. Orizzontale (P4) ; gnomone ortogonale al piano (Fig. 20.12).

V.   Piano perpendicolare al piano Meridiano, inclinato sul p. Orizzontale (P5) ; gnomone ortogonale al piano (Fig. 20.13).

VI.   Piano verticale declinante, cioè avente un certo Azimut (P6) ; gnomone orizzontale (erano indicate col nome *Munharifa* che significa "inclinato") (Fig. 20.14)

VII. Piano inclinato e declinante (P7) ; gnomone ortogonale al piano (Fig. 20.15).

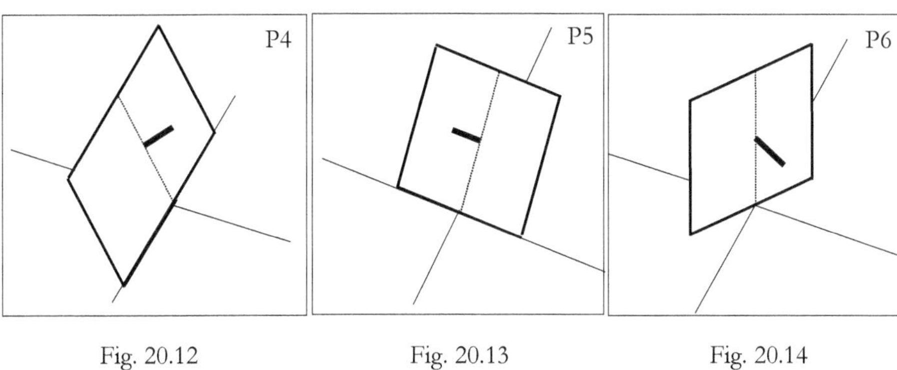

<table>
<tr><td align="center">Fig. 20.12
P. Inclinato Est
Gnomone Normale</td><td align="center">Fig. 20.13
P. Inclinato Sud
Gnomone Normale</td><td align="center">Fig. 20.14
P. Vertic. Declinante
Gnomone Orizzontale</td></tr>
</table>

Fig. 20.15
P. Inclinato e Declinante
Gnomone Normale

I metodi di calcolo per le meridiane costruite sui piani P1, P2 e P3 sono descritti esplicitamente.

Per calcolare invece le meridiane sugli altri piani sono dati dei procedimenti in cui si utilizza la costruzione di una meridiana ausiliaria di uno dei primi tre tipi. Precisamente sono dati metodi per passare:

- da P1 a P3 , da P1 a P2 , da P1 a P6, da P2 a P3;
- da P3 a P4 , da P2 a P5, da P6 a P7 .

(Vedi anche il successivo Cap. 20.7).

20.3 Alcuni esempi

Poiché i metodi per tracciare le meridiane piane sono gli stessi già esposti e non presentano nessuna difficoltà o caratteristiche nuove non ripeto qui la loro descrizione, limitandomi a illustrare alcuni esempi con immagini tratte da antichi manoscritti.[4]

Nelle Fig. dalla 20.16 alla 20.21 alcuni orologi solari riportati in un manoscritto del *muwaqqit* Shihāb al-Dīn Ahmad al-Sūfi (Ibn al Sūfi) (Cairo †1319).[5]

---

[4] Come ho già scritto gli orologi solari antichi che sono giunti sino a noi sono pochissimi e saranno descritti in dettaglio in seguito.

[5] Il manoscritto dal titolo *"Il libro per correggere gli errori nel sistemare le meridiane di marmo"* è un opera scritta per gli addetti delle moschee e in 14 capitoli spiega i metodi di calcolo dell'azimut e dell'altezza del Sole e come trovare le ore e la direzione della qibla. Il lavoro contiene molti grafici di orologi solari piani, ognuno accompagnato da tavole numeriche con le coordinate dei punti delle

Fig. 20.16
Meridiana orizzontale

Fig. 20.17
Meridiana equatoriale

Fig. 20.18
Meridiana verticale

Fig. 20.19
Meridiana declinante

Fig. 20.20
Meridiana declinante

Fig. 20.21
Tabella delle coordinate

linee basate su quelle preparate da al-Farghānī verso l'860. Il testo è un libretto di 130 fogli di 12.5x17 cm.

Nelle figure 20.22 e 20.23 è rappresentata una tavola dal trattato *"Fragranza dello spirito nel disegnare le linee orarie su superfici piane"* scritto dallo scienziato turco Taqi al-Din.[6]

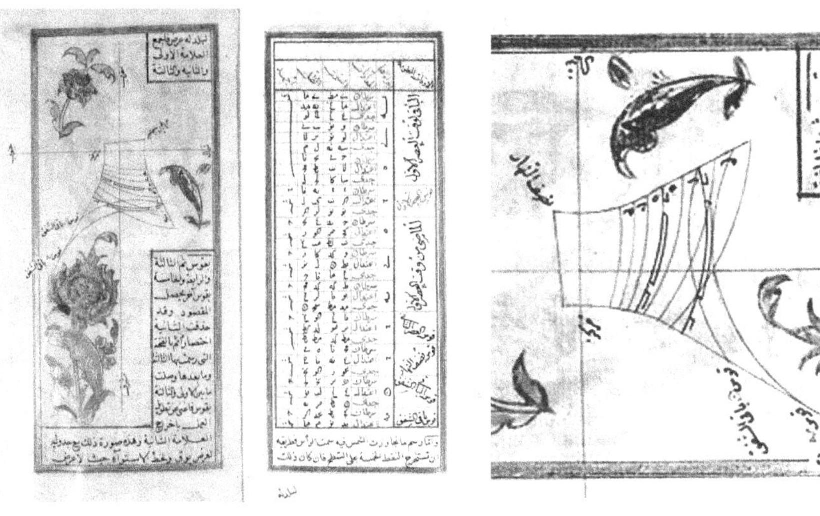

Fig. 20.22
Tavola da Taqi al-Din

Fig. 20.23
Particolare

La figura rappresenta una meridiana orizzontale per la latitudine di 33.5°, senza linee orarie ma con le sole linee stagionali e alcune linee delle preghiere.

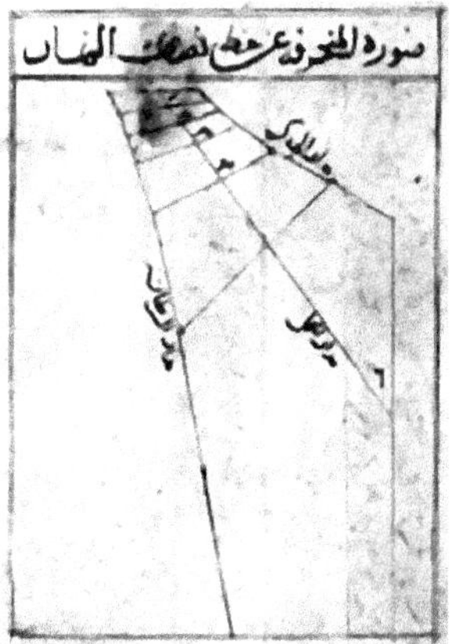

Fig. 20.24
Najm al-Dīn (1320 ca.)
Meridiana per piano
verticale declinante 15° est
Latitudine 30°

---

[6] Taqi al-Din (Takiyuddin) (1526–1585) fu un importantissimo scienziato ottomano. Astronomo, astrologo, ingegnere, inventore, costruttore di orologi, fisico, matematico, botanico, zoologo, medico, filosofo, teologo. Dai suoi contemporanei fu considerato il più grande scienziato vivente. Scrisse 90 libri, di cui 24 sono giunti sino a noi. Sugli orologi solari scrisse nel 1567 il trattato *"Fragranza dello spirito nel disegnare le linee orarie su superfici piane"* ((*Rayhānat al-rūh fī rasm al-sā'āt 'alā mustawā al-sutūh*), riccamente illustrato a colori, e anche il *"Libro sulla conoscenza della posizione delle linee orarie"*.

20.4 Meridiane orizzontali intrecciate

Gli orologi solari più diffusi nell'area di lingua araba furono quasi certamente quelli incisi su un piano orizzontale (*basīṭah*), presenti certamente in quasi tutte le moschee. Queste meridiane se disegnate ad ore temporarie per località con bassa latitudine hanno le linee orarie estreme che si allontanano notevolmente dalla linea meridiana Nord-Sud, per cui tendono ad avere una forma rettangolare abbastanza allungata (Fig. 20.25).

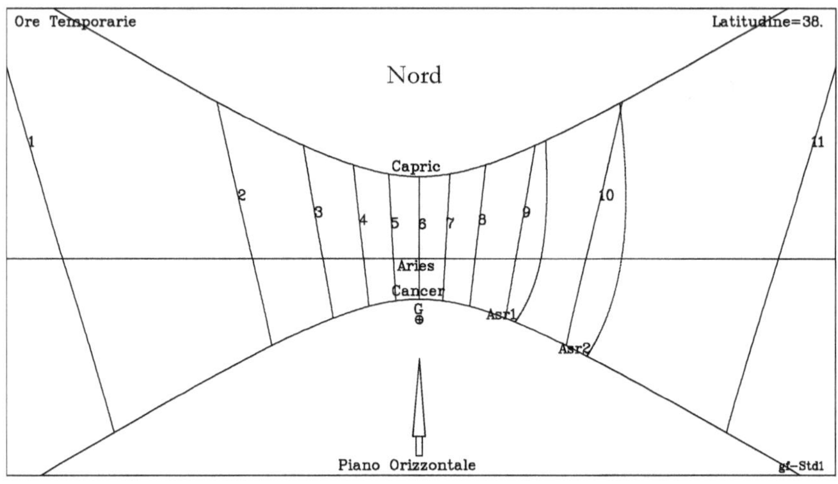

Fig. 20.25
Orologio solare orizzontale a ore temporarie – Lat. 38°

Per rispondere sia all'esigenza tecnica di avere un quadrante di dimensioni più limitate, quasi di forma quadrata, sia a quella artistica di ottenere un disegno complessivo di tipo "ornamentale" più vicino ai canoni estetici che si ritrovano nelle decorazioni arabe del periodo, sia infine anche per ridurre il costo della lastra di marmo, furono "inventate" le meridiane intrecciate.

Un quadrante di questo tipo si può facilmente ottenere dividendo esattamente in due parti uguali lungo la linea meridiana il tracciato di un normale orologio orizzontale e poi traslando queste parti fra loro, lungo la direzione Est-Ovest, sovrapponendole sino a portare le due linee del mezzogiorno alle due estremità. Ovviamente ognuna delle due parti deve avere un suo stilo verticale.

In Fig. 20.26 è rappresentata una meridiana di questo tipo ad ore temporarie.

In Fig. 20.27 invece un diverso esempio con le indicazioni delle ore trascorse dall'alba (oggi chiamate ore Babiloniche) nella parte Est e con quelle trascorse dal tramonto del giorno precedente (le nostre ore Italiche) in quella Ovest.

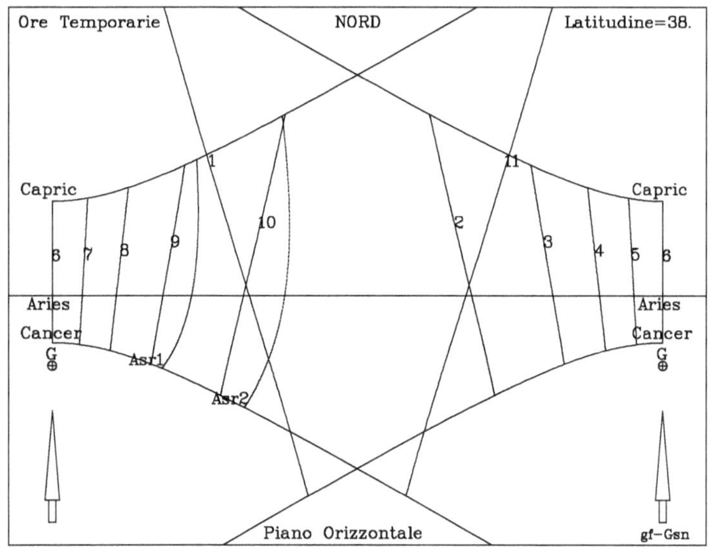

Fig. 20.26

Meridiana orizzontale "intrecciata" ad ore temporarie – Lat. 38°

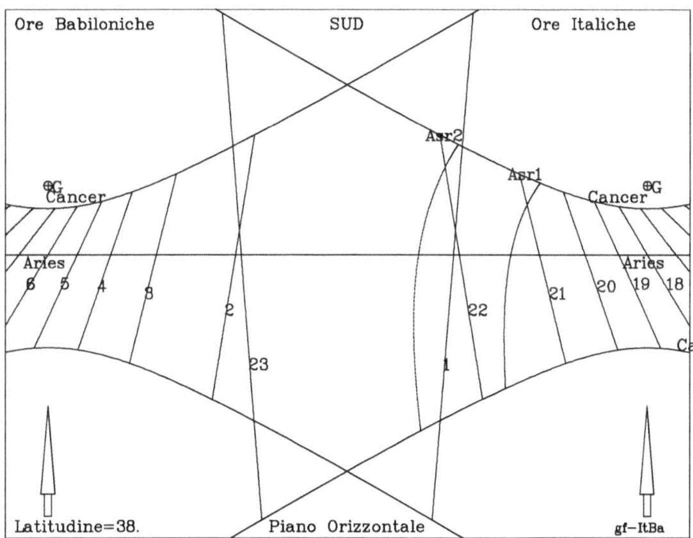

Fig. 20.27

Meridiana "intrecciata" con ore dall'alba e dal tramonto

Da notare come la curva dell'inizio della preghiera Asr (Asr1) sia subito dopo l'inizio dell'ora temporaria IX sul lato sinistro del primo orologio e tra le ore Italiche 21 e 22 (cioè circa 2-3 ore prima del tramonto) sul lato destro del secondo.

Un esempio di questa disposizione intrecciata si ha nella famosa meridiana trovata in prossimità della moschea di Ahmed Ibn Tulun al Cairo, scoperta, disegnata e subito di nuovo perduta, dagli studiosi francesi al seguito di Napoleone nella sua spedizione in Egitto nel 1798 (Fig. 20.28).

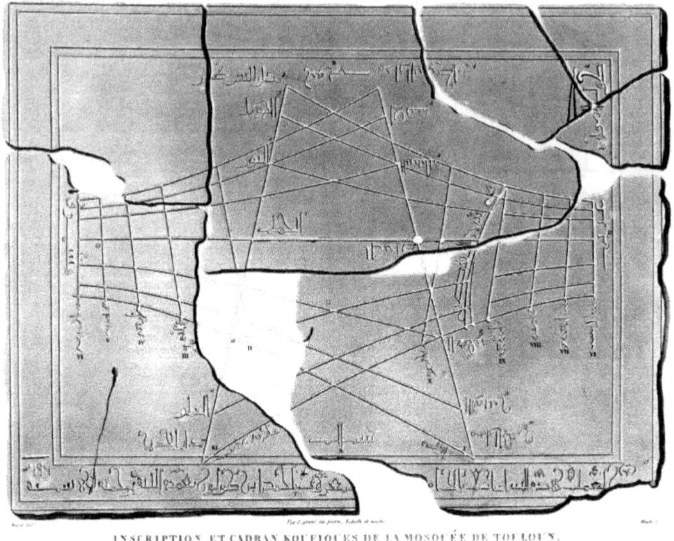

Fig. 20.28
Meridiana della Moschea di Ibn Tulun – Il Cairo

Nella Fig. 20.29 infine è riprodotto un disegno che si trova in un trattato di gnomonica compilato nel 1425 dal *muwaqqit* Ibn al-Muhallabi, una copia del quale, datata 1455, si trova presso la biblioteca Universitaria di Dublino.

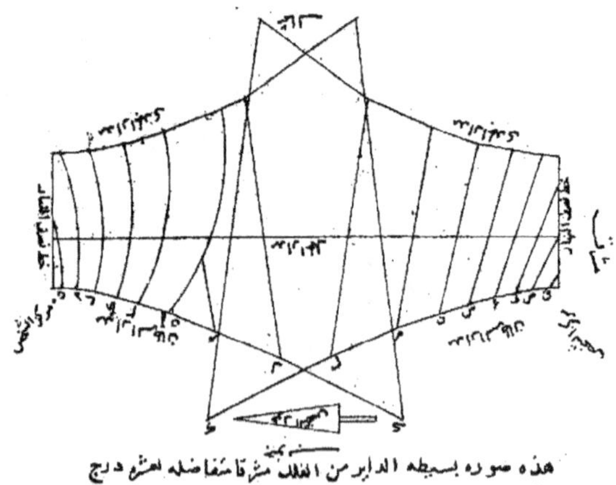

Fig. 20.29
Meridiana di Ibn al-Muhallabi

Nel metà di destra (Est), corrispondente alle ore del mattino, vi sono 9 tratti rettilinei che rappresentano le curve dove cade l'ombra dello gnomone negli istanti in cui sono trascorsi un certo numero di "gradi orari" dal momento della nascita del Sole.

Nell'altra metà del quadrante (Ovest), corrispondente alle ore del pomeriggio, partendo da sinistra si incontrano da prima 6 linee concave che rappresentano le curve dove cade l'ombra dello gnomone negli istanti in cui mancano un certo numero di "gradi orari" al momento della preghiera Asr e, dopo queste, altre 4 linee che indicano quanti "gradi orari" mancano al tramonto.

Queste ultime meridiane sono descritte in dettaglio nella Parte X ai Capitoli 25 e 26.

20.5 Studio analitico di una meridiana su piano orizzontale secondo Thābit ibn Qurra

20.5.1 Generalità

A complemento di quanto già scritto nel Cap. 11 sugli antichi metodi e per evidenziare come sono riportate le spiegazioni che si trovano nei manoscritti di gnomonica islamica, trascrivo qui il metodo di calcolo per un orologio solare orizzontale (*basītah*) così come si trova nel testo di Thābit ibn Qurra[7], riportando le formule con notazione moderna e con qualche commento.

20.5.2 Come trovare la lunghezza dell'ombra nota l'altezza h del Sole.

- *Prendi l'intervallo di tempo in ore dall'istante di calcolo alla metà del giorno. Se sono ore equinoziali moltiplica per 15, se sono ore stagionali [8] moltiplica per il numero di gradi corrispondente a ciascuna ora in quella stagione. Il risultato corrisponde alla distanza del Sole dalla metà del cielo, sul cerchio della sfera celeste.*

Il risultato corrisponde all'angolo orario ω del Sole, contato dal meridiano a Sud.

- *Prendi il Coseno dell'altezza del Sole, moltiplicalo per il numero di parti dello gnomone [cioè per la lunghezza dell'asta] - e quindi per 12 se lo hai diviso in quelle che vengono chiamate "dita" o per 60 se lo hai diviso in sessanta parti - dividi il risultato per il Seno dell'altezza. Il quoziente darà il valore del-l'ombra.*

Indicando con R la lunghezza dello gnomone e con h l'altezza del Sole la formula descritta è

[7] THĀBIT IBN QURRA (1987), Trattato 9

[8] Col termine "ore equinoziali" si intendono le "ore uguali", lunghe una 24ma parte del giorno o 15° di angolo orario. Per "ore stagionali" si intendono le ore temporarie o disuguali. Thābit è il primo che richiama l'uso delle ore uguali per il calcolo degli orologi solari.

quella usata anche oggi:

$$L = R \cdot \frac{Cos(h)}{Sin(h)} = R \cdot \frac{R \cdot cos(h)}{R \cdot sin(h)} = R \cdot \frac{cos(h)}{sin(h)} = \frac{R}{tan(h)}$$

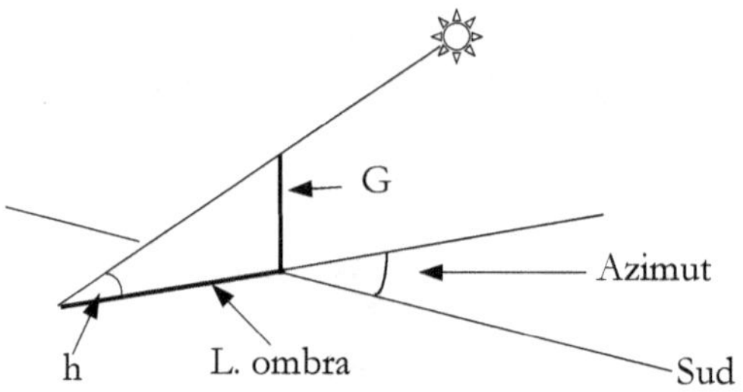

Fig. 20.30

20.5.3 Come trovare l'altezza h del Sole

Sono dati i seguenti due metodi:

1)

- *Prendi la distanza del Sole dalla metà del cielo, sul suo cerchio della sfera celeste* [angolo orario ω] *negli istanti in cui vuoi le ore.*

- *Prendi il Seno-verso* , [$R \cdot \{1 - cos(\omega)\}$], *moltiplicalo per il Coseno della inclinazione del Sole e dividi per il Seno totale* [cioè moltiplica per $R \cdot cos(\delta) / R$]

- *Moltiplica per il Coseno della latitudine del paese* [φ], *dividi il risultato per il Seno totale e conserva questo valore.*

$$R \cdot \left[1 - \frac{R \cdot cos(\omega)}{R} \right] \cdot \frac{R \cdot cos(\delta)}{R} \cdot \frac{R \cdot cos(\varphi)}{R} = R \cdot \left[1 - cos(\omega) \right] \cdot cos(\delta) \cdot cos(\varphi)$$

- *"Calcola il Seno dell'altezza del Sole al mezzo-giorno* [$Sin(h_M) = R \cdot sin(h_M)$] *e sottrai il valore prima trovato"*

- *"Prendi l'arco di quello che resta: questa è l'altezza del Sole"*

La formula descritta è la seguente:

$$Sin(h) = R \cdot sin(h_M) - R \cdot [1 - cos(\omega)] \cdot cos(\delta) \cdot cos(\varphi) \qquad \text{da cui}$$

$$sin(h) = sin(h_M) - [1 - cos(\omega)] \cdot cos(\delta) \cdot cos(\varphi) \qquad \underline{\text{1° formula di Thābit}}$$

Sostituendo in questa formula la

$$sin(h_M) = sin(90° - \varphi + \delta) = sin(\varphi) \cdot sin(\delta) + cos(\varphi) \cdot cos(\delta)$$

si ricava la formula oggi usata:

$$sin(h) = sin(\varphi) \cdot sin(\delta) + cos(\varphi) \cdot cos(\delta) \cdot cos(\omega)$$

2)

Potrai conoscere l'altezza con un altro metodo valido anch'esso per tutte le ore :

- *Prendi la distanza del Sole dal mezzogiorno e il suo Seno-verso*

Cioè $R \cdot \mathrm{versin}(\omega) = R \cdot \left[1 - \cos(\omega)\right]$

- *Sottrai il risultato dal Seno-verso del semiarco del giorno e conserva il risultato*

quindi $R \cdot \left\{[1 - \cos(\omega_S)] - [1 - \cos(\omega)]\right\}$ avendo indicato con ω_S il semiarco diurno

- *Prendi il Seno dell'altezza del Sole a mezzo-giorno e dividilo per il Seno-verso di metà dell'arco del giorno*

$$\frac{\mathrm{Sin}(h_M)}{R \cdot \left[1 - \cos(\omega_S)\right]} = \frac{\sin(h_M)}{1 - \cos(\omega_S)}$$

- *Moltiplica il rapporto per il risultato trovato prima. Prendi l'arco di quello che ottieni: questa è l'altezza Sole in quell'istante*

La formula descritta è la seguente:

$$\sin(h) = \sin(h_M) \cdot \frac{[1 - \cos(\omega_S)] - [1 - \cos(\omega)]}{1 - \cos(\omega_S)} = \sin(h_M) \cdot \frac{\cos(\omega) - \cos(\omega_S)}{1 - \cos(\omega_S)}$$

2°formula di Thābit [9]

che si può trasformare con pochi passaggi nella formula oggi usata, già sopra riportata, ricordando che il *semiarco del giorno* ω_S si può ottenere dalla

$$\cos(\omega_S) = -\tan(\varphi) \cdot \tan(\delta)$$

- *Quando poi vuoi conoscere l'azimut* [dell'ombra], *prendi il Seno della distanza del Sole dalla metà del cielo, moltiplicalo per il Coseno della inclinazione del Sole, dividi il risultato per il Coseno dell'altezza, prendi l'arco corrispondente al quoziente. Questo arco è l'azimut preso a partire dal Nord o dal Sud*

In formule moderne: $\sin(Az) = \dfrac{\sin(\omega) \cdot \cos(\delta)}{\cos(h)}$ che è la formula usata ancora oggi.

20.5.4 Come tracciare le linee orarie sul quadrante orizzontale
Coordinate polari

Un primo metodo descritto da Thābit per il tracciamento delle linee orarie utilizza quelle che modernamente chiamiamo coordinate polari con centro nel piede dello gnomone verticale.

- *Una volta che conosci l'ombra e il suo azimut determina la lunghezza e la larghezza necessarie al quadrante.*
- *Prendi come centro la posizione dello gnomone e attorno a questo centro traccia un cerchio che dividerai in 360 parti.*
- *Trova su questo cerchio il valore dell'azimut dell'ombra dell'ora* [voluta] *nel primo giorno del Cancro* [cioè nel giorno del solstizio estivo in cui l'ombra è più corta].
- *Poni un regolo per il centro e per l'azimut trovato e con un compasso riporta* [sul regolo] *la misura dell'ombra, prendendo come unità lo gnomone* [cioè la lunghezza dello g. - punto A in Fig. 20.31].

---

[9] Da notare come in questa formula, che fu usata per molti secoli per la sua semplicità, non compaiono esplicitamente i valori di φ e di δ, ma soltanto i valori dell'altezza massima meridiana e del semiarco diurno. Oggi essa è praticamente sconosciuta e non si trova in alcun testo moderno.

- *Fai la stessa cosa per l'ora (voluta) nel giorno dell'inizio del Capricorno.*

[cioè nel giorno del solstizio invernale in cui l'ombra è più lunga - punto B in Fig. 20.31].

- *Traccia la linea che unisce l'ora del Cancro con quella del Capricorno: questa è la linea di quell'ora.*

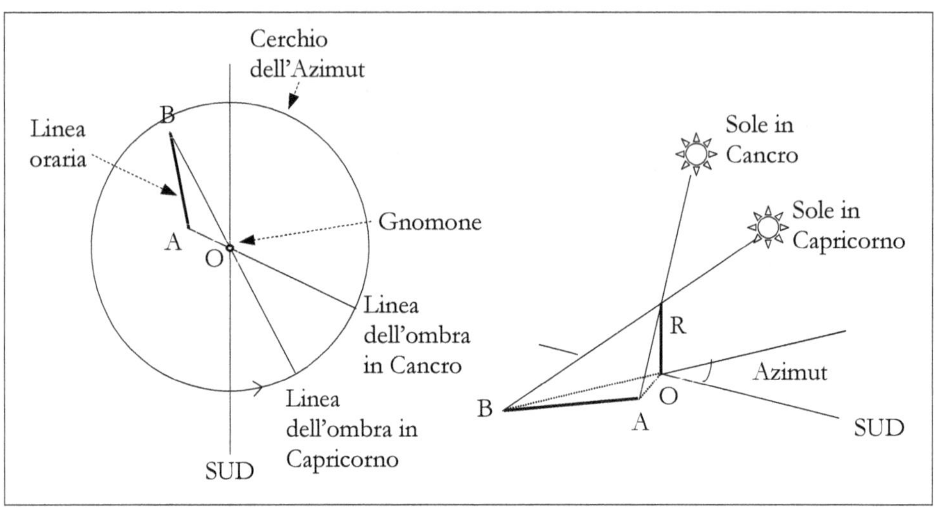

Fig. 20.31

Coordinate cartesiane

Un secondo metodo per il tracciamento delle linee orarie utilizza invece quelle che oggi chiamiamo coordinate cartesiane (Fig. 20.32).

- *Se vuoi tracciare le linee delle ore di un quadrante* [orizzontale] *senza disegnare dei cerchi, dividi la sua lunghezza e la sua larghezza* [del quadrante] *in parti uguali a una delle suddivisioni dello gnomone* [cioè con una graduazione avente come unità una frazione della lunghezza dello gnomone].

- *Fai così lungo i quattro lati del quadrante. Quando vuoi segnare* [i punti del] *le linee orarie traccia una linea leggera parallela alla lunghezza, passante per la divisione* [cioè per il valore] *che si ottiene con il calcolo che descrivo sotto in corrispondenza all'ora e al giorno voluti. Poi con la riga parallela alla larghezza ripeti l'operazione e fai un segno sulla precedente riga. Ripeti per tutte le ore per il Capricorno e per il Cancro e per tutti i segni.*

Per calcolare le divisioni della lunghezza e della larghezza da utilizzare con il metodo descritto.

- *Trova l'azimut e l'ombra per il momento che ti interessa con l'aiuto di quanto ho scritto* [sopra].

- *Prendi l'arco dell'azimut dell'ombra a partire dal Sud, il suo Seno e il suo Coseno e moltiplica ciascuno per la* [lunghezza dell'] *ombra e dividi ciascuno dei risultati per il Seno-totale.* [Così si trovano i valori $y = L \cdot \sin(Az)$ $x = L \cdot \cos(Az)$]

- *Il primo quoziente corrisponde alle divisioni sulla lunghezza, il secondo alle divisioni sulla larghezza. Le divisioni sulla lunghezza sono prese sul quadrante a partire dalla linea del mezzogiorno che passa per il centro dello gnomone, verso Ovest dopo il mezzogiorno e verso Est prima.*

- Le divisioni sulla larghezza sono prese a partire dalla linea passante per lo gnomone e che taglia ad angolo retto la linea del mezzogiorno.

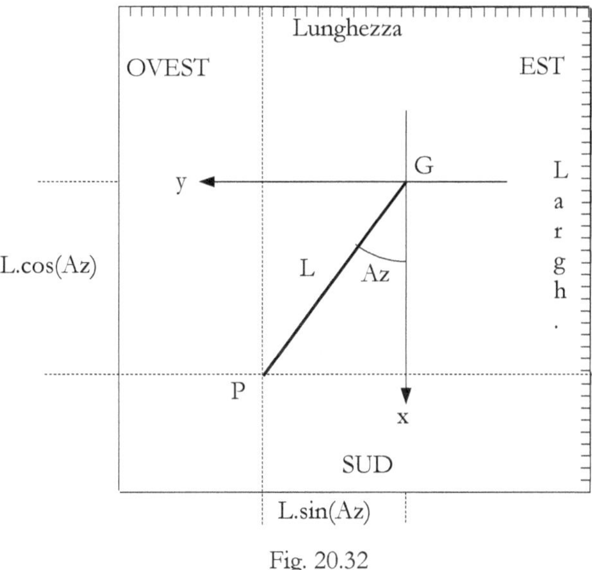

Fig. 20.32

20.6 Metodi geometrici per ricavare le formule dell'altezza del Sole

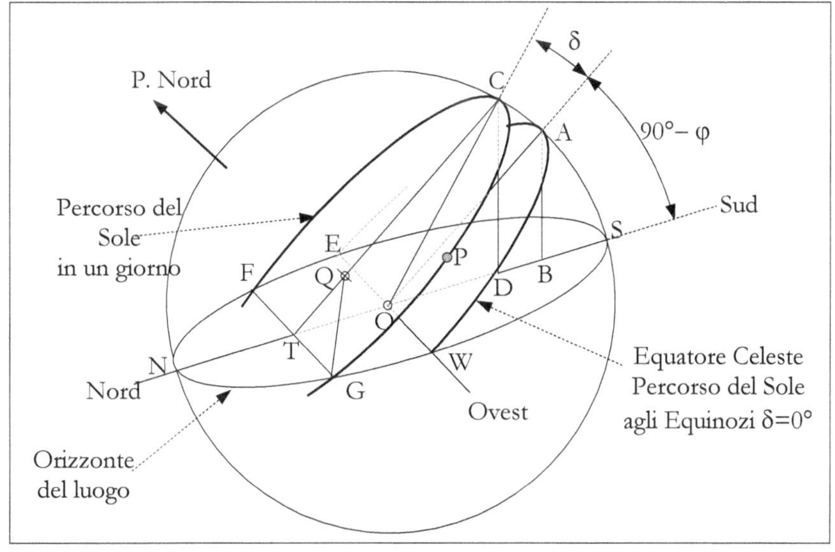

Fig. 20.33

Le due formule di Thābit per calcolare il valore della altezza del Sole in un'ora, in un giorno e in una località qualunque, riportate in (20.5.3), si possono ricavare anche con procedimenti geometrici: espongo qui quello descritto da al-Bīrūnī.

In Fig. 20.33 sono disegnati la sfera celeste di raggio R; l'orizzonte dell'osservatore posto nel centro O (cerchio NESW); il cerchio dell'Equatore celeste WAE; il parallelo celeste FCG di declinazione δ con centro in Q e raggio $R' = R \cdot \cos(\delta)$, il piano meridiano dell'osservatore SACN.

Si possono individuare gli angoli :

$$\widehat{AOS} = 90° - \varphi$$

$$\widehat{COS} = h_M = (90° - \varphi + \delta) \qquad \text{altezza massima (meridiana) del Sole}$$

$$\widehat{CQG} = \widehat{CQF} = \omega_S \qquad \text{semiarco diurno}$$

Se P (Fig. 20.34) è la posizione del Sole e h (angolo POL) è la sua altezza sull'orizzonte nello istante dato, si ricavano immediatamente i valori :

$$\widehat{CQP} = \omega \quad \text{angolo orario}$$

$$\overline{CH} = R' \cdot \text{versin}(\omega) = R \cdot \cos(\delta) \cdot \text{versin}(\omega) = R \cdot \cos(\delta) \cdot \left[1 - \cos(\omega)\right]$$

$$\overline{CT} = R' \cdot \text{versin}(\omega_S) = R \cdot \cos(\delta) \cdot \left[1 - \cos(\omega_S)\right]$$

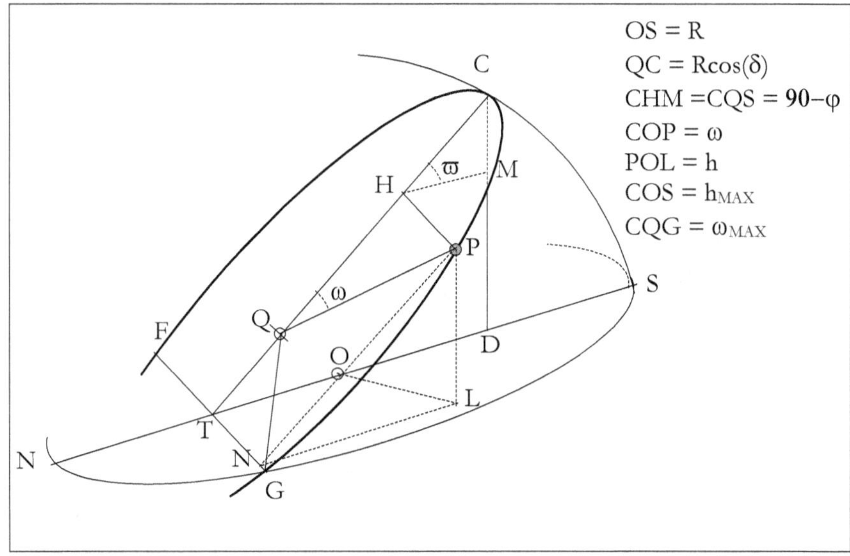

Fig. 20.34

$$\overline{CD} = R \cdot \sin(h_M)$$

$$\overline{PL} = \overline{MD} = R \cdot \sin(h)$$

$$\overline{CM} = \overline{CH} \cdot \cos(\varphi) \qquad \text{da cui}$$

$$R \cdot \sin(h) = \overline{PL} = \overline{MD} = \overline{CD} - \overline{CM} = R \cdot \left[\sin(h_M) - \text{versin}(\omega) \cdot \cos(\delta) \cdot \cos(\varphi)\right]$$

e infine

$$\sin(h) = \sin(h_M) - \text{versin}(\omega) \cdot \cos(\delta) \cdot \cos(\varphi) \text{ che è la 1° formula di Thābit.}$$

Per ricavare la seconda formula è sufficiente osservare i due triangoli simili CDT e PLN.[10]
Si ha

$$\frac{\overline{PL}}{\overline{CD}} = \frac{\overline{PN}}{\overline{CT}} = \frac{\overline{HT}}{\overline{CT}} = \frac{\left(\overline{CT} - \overline{CH}\right)}{\overline{CT}} \qquad \text{da cui}$$

$$\sin(h) = \sin(h_M) \cdot \frac{\text{versin}(\omega_S) - \text{versin}(\omega)}{\text{versin}(\omega_S)} = \sin(h_M) \cdot \frac{\cos(\omega) - \cos(\omega_S)}{1 - \cos(\omega_S)}$$

20.7 Calcolo di orologi su piani diversi con trasformazioni fra piani - Cenni

20.7.1 Generalità

Per terminare farò un cenno ai metodi usati per passare da un orologio solare tracciato su un
dato piano ad uno posto su un piano diverso.

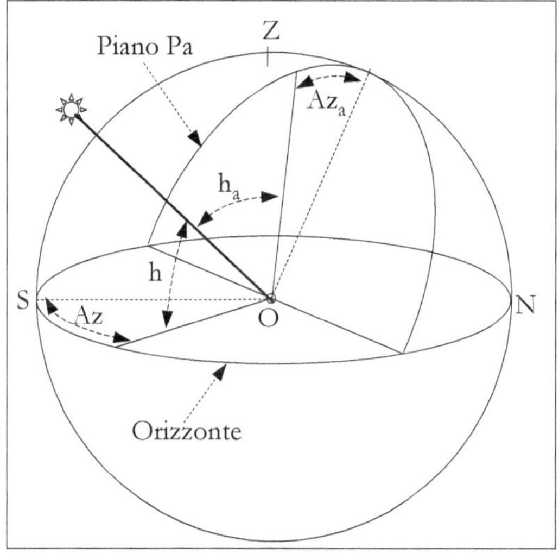

Fig. 20.35

In tutti i casi partendo dai valori dell'azimut e dell'altezza del Sole in un dato istante riferiti al
primo piano (Pa) vengono cercate le trasformazioni per ottenere gli angoli corrispondenti
riferiti al secondo piano (quello voluto) (piano Pb) . Per raggiungere questo scopo gli angoli

---

[10] al-Bīrūnī li chiama *"triangolo del giorno"* e *"triangolo dell'ora"*.

di azimut e altezza del Sole, da noi riferiti sempre al piano orizzontale, vengono generalizzati estendendo le loro definizioni a un piano qualunque.

In questa generalizzazione l'altezza riferita a un piano Pa è l'angolo fra la direzione dei raggi dal Sole e il piano stesso (altezza del Sole su Pa o ha) (Fig. 20.35).

L'azimut è invece l'angolo che l'intersezione del piano passante per il Sole e normale a Pa forma con una direzione prefissata su di esso (azimut su Pa o Aza).

Ovviamente se il piano Pa coincide con quello orizzontale, le due definizioni sono quelle abitualmente usate.

Questa generalizzazione deriva direttamente dalla osservazione (riportata sia da ibn Qurra che da al-Marrākushī) che un piano comunque disposto è parallelo al piano orizzontale di una particolare località della Terra e quindi i valori dell'altezza e dell'azimut generalizzati coincidono con i comuni valori di altezza e azimut per le popolazioni di quelle località.

Per poter utilizzare il teorema di Menelao in un quadrilatero completo con i quattro lati maggiori uguali ad angoli retti (Fig. 20.36), fondamentale nella trigonometria sferica sino a circa l'anno 1000, vengono presi in esame soltanto i passaggi fra i piani fra loro normali e precisamente fra i piani P1 e P2 , P1 e P3, P2 e P3, P3 e P4, P2 e P5, P1 e P6 e infine fra P6 e P7 (rimando al precedente Cap. 20.2 l'individuazione di questi piani).

Mi limiterò qui a riportare soltanto due di queste trasformazioni.

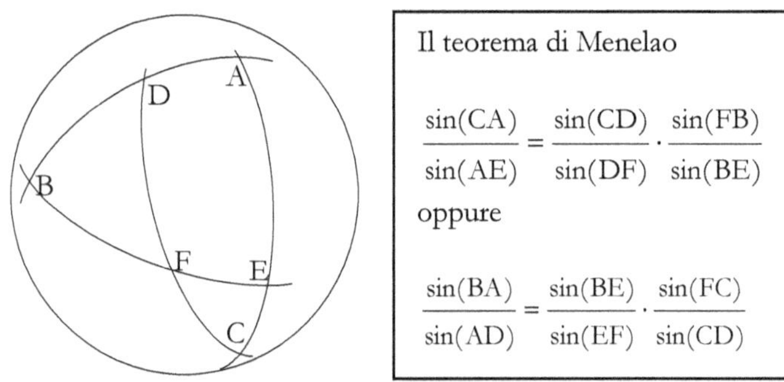

$$\frac{\sin(CA)}{\sin(AE)} = \frac{\sin(CD)}{\sin(DF)} \cdot \frac{\sin(FB)}{\sin(BE)}$$

oppure

$$\frac{\sin(BA)}{\sin(AD)} = \frac{\sin(BE)}{\sin(EF)} \cdot \frac{\sin(FC)}{\sin(CD)}$$

Fig. 20.36

20.7.2 Trasformazione da P1 a P6

Passaggio fra i valori di altezza, azimut su un piano orizzontale (ha, Aza) e i corrispondenti su un piano verticale declinante (hb, Azb). (vedi Fig. 20.8)

- *"Calcola l'azimut dell'ombra sul cerchio* [piano] *dell'orizzonte e l'arco della altezza con il quale puoi trovare l'ombra in questo quadrante* [quello su piano orizzontale o P1].

- *"Con riferimento al meridiano la metà del sesto quadrante* [quello verticale declinante] *è inclinata verso Est e l'altra metà verso Ovest. La metà che inclina a Est può essere poi rivolta a Nord o rivolta a Sud. Prendi nota di questi orientamenti e della inclinazione del piano rispetto al meridiano.*

La grandezza che si utilizza, e che viene chiamata declinazione, è quindi definita come l'angolo fra il piano declinante è il piano meridiano, diversamente da oggi che si utilizza l'angolo fra il piano e il primo verticale. Si considerano poi i 4 casi con il piano rivolto verso Nord-Est, Sud-Est, Sud-Ovest e Nord-Ovest. Segue poi una lunga discussione per determinare, a seconda di questi casi e del fatto se il valore della declinazione è maggiore o minore all'azimut del Sole, se la declinazione dovrà essere sommata o sottratta all'azimut stesso.

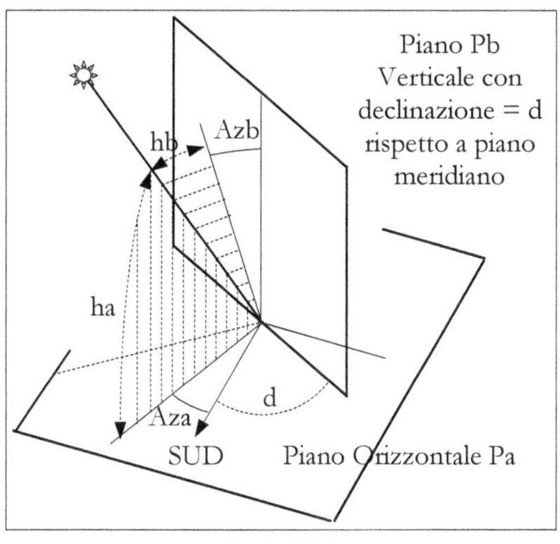

Fig. 20.37

- *"Prendi ora il Seno di quello che hai ottenuto dopo aver fatto la somma o la differenza, moltiplicalo per il Coseno dell'altezza e dividi il risultato per il Seno totale. Prendi l'arco che corrisponde a questo quoziente e conservalo da parte, questo arco ha il ruolo dell'altezza e tu troverai grazie a lui l'ombra in questo sesto quadrante.*

In formule moderne :

$$\text{Sin}(hb) = \text{Sin}(d - Aza) \cdot \text{Cos}(ha) / R \quad \text{cioè} \quad \sin(hb) = \cos(ha) \cdot \sin(d - Aza)$$

- *"Prendi di seguito il Seno dell'altezza, moltiplicalo per il Seno totale, dividi il risultato per il Coseno dell'arco che hai conservato, prendi l'arco corrispondente a questo quoziente e sottrailo a un quarto di cerchio* [vuol dire prendere l'angolo che ha come Coseno il valore ottenuto]. *Quello che rimane è l'azimut dell'ombra.*

In formule moderne : $\text{Cos}(Azb) = \dfrac{\text{Sin}(ha)}{\text{Cos}(hb)} \cdot R \quad \text{cioè} \quad \cos(Azb) = \dfrac{\sin(ha)}{\cos(hb)}$

Troviamo ora questi risultati applicando il teorema di Menelao al quadrilatero di lati ZA, ZB, QA, QC (tutti uguali ad un angolo retto) (Fig. 20.38).

Dalla $\dfrac{\sin(QA)}{\sin(AB)} = \dfrac{\sin(QC)}{\sin(CS)} \cdot \dfrac{\sin(SZ)}{\sin(BZ)}$ si ricava $\dfrac{1}{\sin(d - Aza)} = \dfrac{1}{\sin(hb)} \cdot \dfrac{\sin(90 - ha)}{1}$

da cui $\sin(hb) = \cos(ha) \cdot \sin(d - Aza)$

Dalla $\dfrac{\sin(ZA)}{\sin(AC)} = \dfrac{\sin(ZB)}{\sin(BS)} \cdot \dfrac{\sin(QS)}{\sin(QC)}$ si ha $\dfrac{1}{\sin(90 - Azb)} = \dfrac{1}{\sin(ha)} \cdot \dfrac{\sin(90 - hb)}{1}$

da cui $\quad \cos(\text{Azb}) = \dfrac{\sin(\text{ha})}{\cos(\text{hb})}$

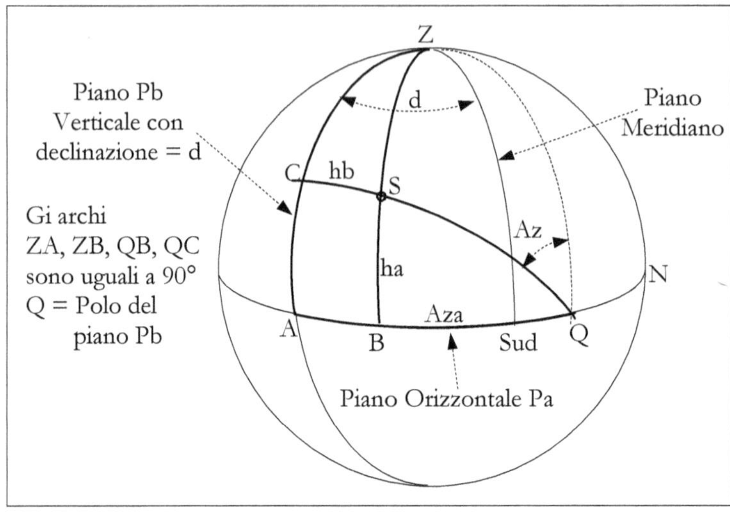

Fig. 20.38

Formule che, calcolati i valori dell'altezza e dell'azimut del Sole, ci permettono di ricavare i corrispondenti angoli per il piano verticale declinante.

20.7.3 Trasformazione da P3 a P4

Passaggio fra i valori di altezza, azimut su un piano verticale rivolto a Sud (ha, Aza) e i corrispondenti su un piano inclinato rivolto a Ovest (hb, Azb) (Fig. 20.39, 20.40)

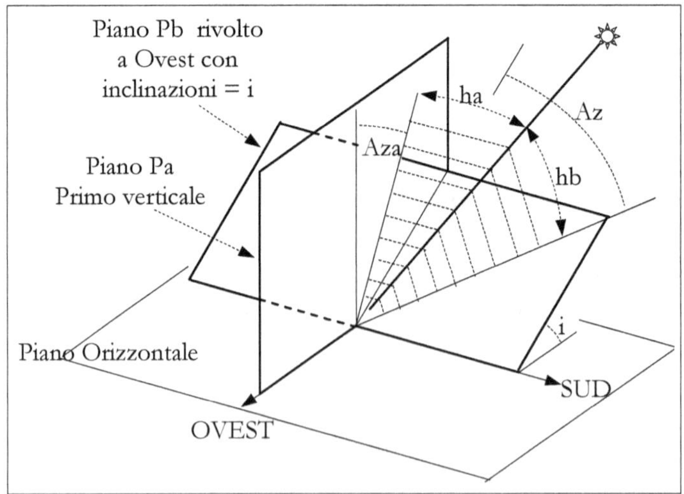

Fig. 20.39

Tralascio per questo caso la trascrizione della spiegazione data da ibn Qurra passando direttamente alla ricerca delle formule moderne.

Applicando il teorema di Menelao al quadrilatero di lati CA, CB, QA, QE (tutti uguali ad un angolo retto) (Fig. 20.39), si ricava :

dalla $\quad \dfrac{\sin(CA)}{\sin(AE)} = \dfrac{\sin(CD)}{\sin(DS)} \cdot \dfrac{\sin(SQ)}{\sin(QE)} \quad$ si ha $\quad \dfrac{1}{\sin(Azb)} = \dfrac{1}{\sin(ha)} \cdot \dfrac{\sin(90-hb)}{1}$

da cui $\quad \sin(Azb) = \dfrac{\sin(ha)}{\cos(hb)}$

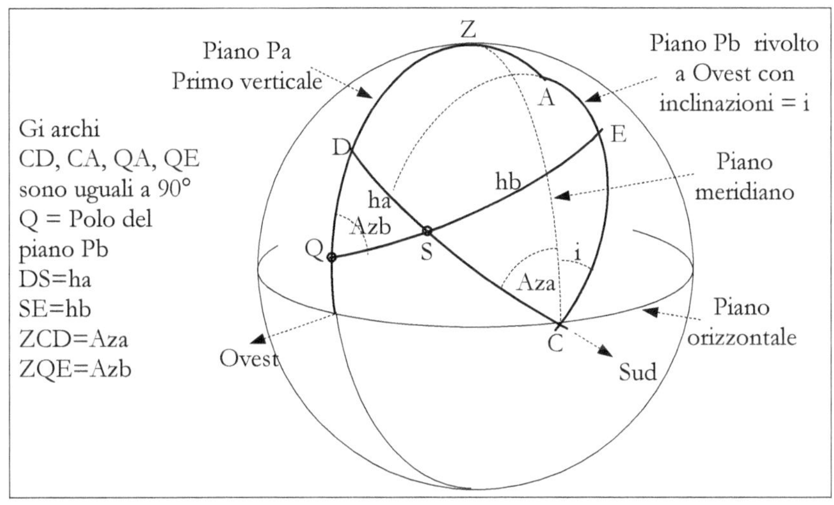

Fig. 20.40

Dalla $\quad \dfrac{\sin(QA)}{\sin(AD)} = \dfrac{\sin(QE)}{\sin(ES)} \cdot \dfrac{\sin(CS)}{\sin(CD)} \quad$ si ha $\quad \dfrac{1}{\sin(Aza+i)} = \dfrac{1}{\sin(hb)} \cdot \dfrac{\sin(90-ha)}{1}$

da cui $\quad \sin(hb) = \cos(ha) \cdot \sin(Aza+i)$

Nel trattato di al-Marrākushī sono riportati i procedimenti per tracciare gli orologi su più di venti piani con diverse giaciture.

Per ognuno di questi sono riportate anche sia le tabelle dei valori delle coordinate (in genere lunghezza dell'ombra e azimut dell'ombra), sia il disegno dell'orologio.

Capitolo 21
OROLOGI SOLARI SU PIU' PIANI

Orologi solari composti da due piani con uno o più gnomoni

Gli orologi solari composti da due piani sono complessi gnomonici costituiti dall'insieme di due quadranti piani disposti in modo da avere una retta in comune e da formare fra loro un certo angolo diedro. Dal punto di vista geometrico sono formati, più correttamente, da due semipiani appartenenti ad una stella.

Fra gli orologi solari descritti da più autori islamici si trovano numerosi complessi di questo tipo, i principali dei quali sono:

a)   la *Mujennahhah*,

b)   la *Mutékafiah*,

c)   la *Maknasa o Miknesa* e le sue varianti.

21.1 La *Mujennahhah* o l'Ala[11]

Questa meridiana è costituita da due semipiani perpendicolari al piano orizzontale disposti in modo da avere lo spigolo in comune verticale e l'angolo acuto compreso fra essi diviso esattamente a metà dal piano meridiano e rivolto verso il Nord.

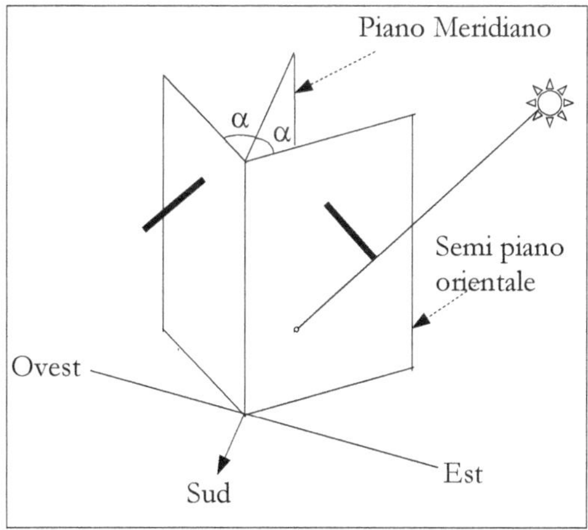

Fig. 21.1 La Mujennahhah

---

[11] Dalla parola مجنحة che significa "ala".

Le ore della prima metà del giorno sono tracciate sulla faccia orientale del semipiano a Est e quelle della seconda metà sulla faccia occidentale del semipiano a Ovest.
Ogni semipiano è dotato di uno gnomone ortogonale.

Non è trovato nessun accenno alla costruzione di questo orologio solare, a parte una annotazione in cui si afferma che la linea diurna dell'inizio del Cancro (solstizio di Estate) deve essere tracciata su uno dei semipiani in modo da "essere contigua" a quella tracciata sull'altro. Per altro i quadranti sono immediatamente calcolabili con i classici metodi per la realizzazione degli orologi solari su piani verticali.

Si danno nelle figure alcuni esempi così calcolati:
–   il primo per avere l'ombra sullo spigolo comune ai due piani all'alba nei giorni degli equinozi;

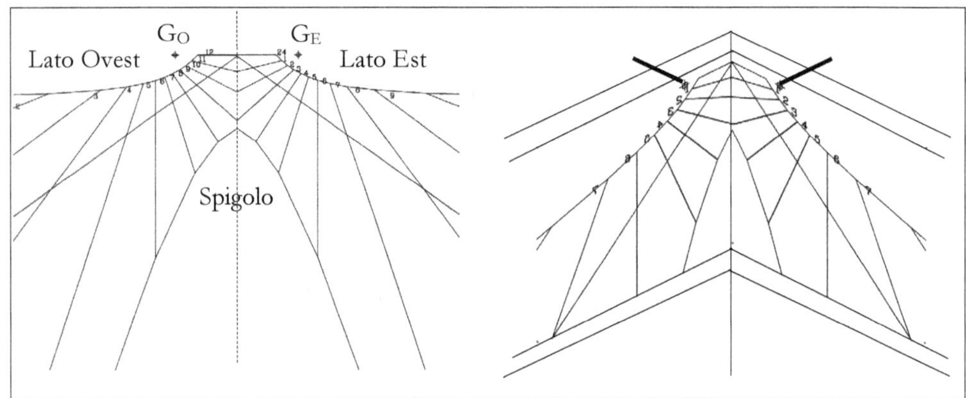

Fig. 21.2 La Mujennahhah
Lat. = 35°   Declinazione piani ±32°

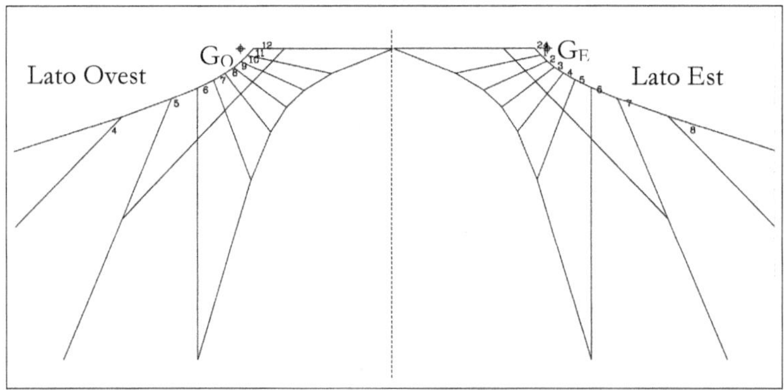

Fig. 21.3 La Mujennahhah
Lat. = 35°   Declinazione piani ±45°

– il secondo per avere, sempre sullo spigolo comune, l'ombra nell'istante dell'alba nel giorno del solstizio estivo;

21.2 La Mutékafiah

Questa meridiana è costituita da due semipiani perpendicolari al piano orizzontale disposti in modo da avere lo spigolo in comune verticale e l'angolo acuto compreso fra essi diviso esattamente a metà dal piano meridiano e rivolto verso il Sud [12].

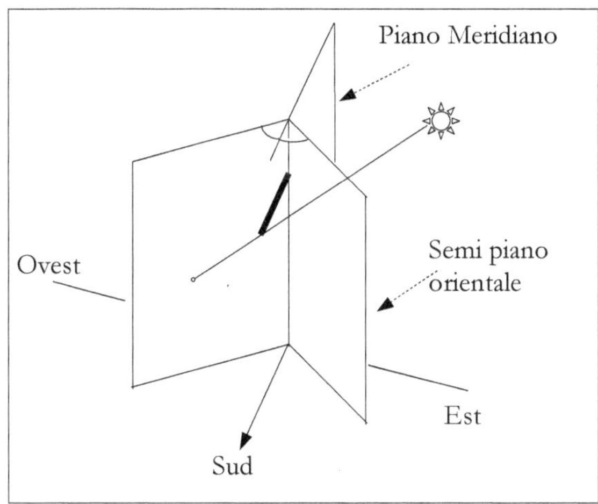

Fig. 21.4 La Mutékafiah

Le ore della prima metà del giorno sono tracciate sulla faccia orientale del semipiano occidentale e quelle della seconda metà sulla faccia occidentale del semipiano orientale. Normalmente lo gnomone era unico, fissato sullo spigolo comune ai due semipiani e rivolto verso Sud.
Neppure di questo orologio solare si sono trovati cenni al metodo di costruzione salvo l'indicazione, ovvia, che le linee del mezzogiorno tracciate sui due semipiani devono coincidere con lo spigolo comune.

Gli orologi solari costruiti all'interno di un diedro sono abbastanza diffusi e se ne trovano esempi sia greci che romani.
L'autore ritiene però che questo tipo di meridiana araba non abbia una derivazione romana, ma sia una invenzione indipendente degli studiosi islamici.

---

[12] La Mujennahhah e la Mutékafiah sono quindi, in pratica, lo stesso tipo di orologio: con l'angolo diedro rivolto a Sud maggiore e minore di 180°. Najm al Dīn distingue fra la *mutékafiah* , con piani a 90°, la *maftūha* (aperta) con i piani che formano un angolo ottuso e *maghlūqa* (chiusa) con i piani ad angolo acuto.

Uno dei primi orologi solari giunti fino a noi, costruito nel II-III sec. a.C. dall'architetto
Phaidros, figlio di Zoilo, consiste in un complesso gnomonico simile alla Mutékafiah. Proveniente da Atene fu portato a Londra da Lord Elgin ed ora si trova al British Museum di Londra (catalogo Gibbs n. 2544) (fig. 21.5).

Fig. 21.5
Antico orologio greco – II-III sec. a.C.
British Museum - Londra

Anche l'orologio rappresentato nel mosaico romano proveniente dalla città di Treviri (Trier),
ora nel Landermuseum della città, e l'antico orologio denominato "Pelecinum" sono dello
stesso tipo (Fig. 21.6).

Fig. 21.6
Landermuseum di Trier – Germania
Mosaico con il filosofo Anassimandro
con l'orologio solare detto Pelecinum

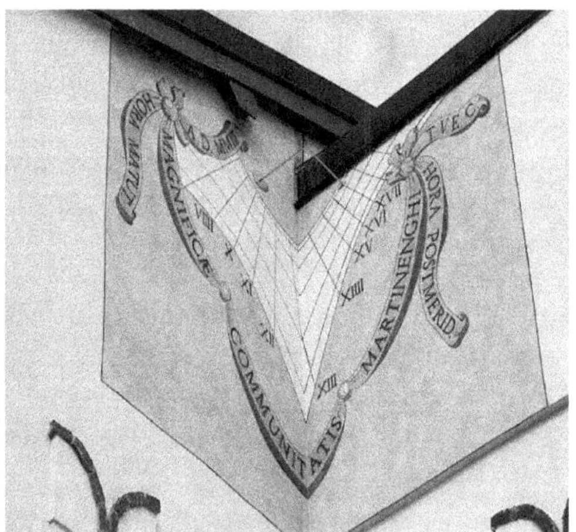

Fig. 21.7
Orologio a ore moderne a Martinengo (BG)
Progetto ing. Diego Bonata

21.3 La Maknasa

Il nome di questa meridiana, e il suo significato, non sono certi: in al-Marrākushī si trova infatti il nome *Miknesa*, che significa "la scopa"[13], e in ibn Qurra e in Najm al-Dīn al-Maqsi il nome *Maknasa*, che significa "la tana" o "il tetto" o "il rifugio di una bestia selvaggia".
L'aspetto della meridiana ci porta a preferire questa seconda traduzione.

La maknasa è costituita da due tavolette (semipiani) inclinate dello stesso angolo sul piano orizzontale che si appoggiano l'una all'altra su uno spigolo orizzontale comune. Lo spigolo si trova in alto, per cui l'insieme assomiglia a un tetto a due falde o a una capanna.
Le linee orarie vengono tracciate sulle facce superiori e visibili delle due tavolette.
Si possono avere diversi tipi di meridiane così fatte, e precisamente:
- la maknasa con lo spigolo appartenente al piano meridiano, e quindi le facce rivolte a Est e a Ovest. In questo caso un'asta orizzontale appoggiata allo spigolo superiore in modo simmetrico forma i due gnomoni utilizzati per indicare le ore sulle due tavolette (Fig. 21.8);
- la maknasa con lo spigolo appartenente al primo verticale e quindi le facce rivolte a Sud e a Nord;
- la maknasa con due gnomoni non orizzontali ma perpendicolari alle due facce.

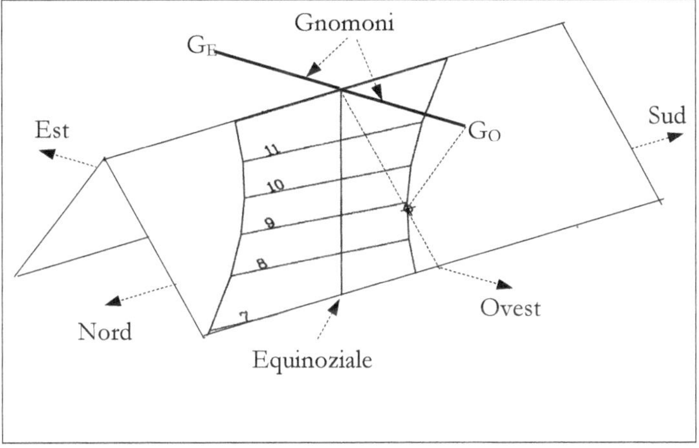

Fig. 21.8   Maknasa – Lato Ovest

Il calcolo di questo orologio solare si riduce a quello delle due meridiane piane tracciate sulle due tavolette per cui non presenta alcuna particolarità.

---

[13] Probabilmente dovuto ad un errore di traduzione

21.4 Un antico metodo

Nel testo intitolato *"Descrizione del tracciato del quadrante che ha due piani ad angoli retti"* Ibn
Qurra descrive la costruzione di una meridiana Maknasa con i lati inclinati di 45° rispetto al
piano dell'orizzonte e quindi con l'angolo dietro uguale a 90°.
Riassumo brevemente il metodo usato, vecchio di più di 1100 anni, essendo particolare e
originale.

In Fig. 21.9 sono disegnati i due piani inclinati aventi lo spigolo in comune posto ad una
altezza **a** = 12 unità e lo gnomone orizzontale. La faccia visibile è quella rivolta ad Ovest.
Poiché anche lo gnomone è lungo **a**, il suo estremo G si trova esattamente sulla verticale del
punto A appartenente alla intersezione del piano dell'orologio con il piano orizzontale.
Siano P ed F i punti in cui il raggio proveniente dal Sole, che in un istante qualunque forma
con l'orizzontale un angolo uguale all'altezza h, incontra il piano inclinato e quello orizzontale.
Per disegnare le linee orarie, nel testo di ibn Qurra viene data una tabella in cui sono riportati, in corrispondenza dei solstizi e degli istanti in cui terminano le diverse ore, il valore della
lunghezza dell'ombra AP e quello del segmento BD, essendo D il punto in cui il piano verticale passante per il Sole (GPFA) incontra lo spigolo superiore.
Sono cioè tabulate, per ogni punto voluto, due coordinate sul piano del quadrante, che possiamo chiamare pseudo-polari, potendosi considerare la distanza BD come un Azimut.

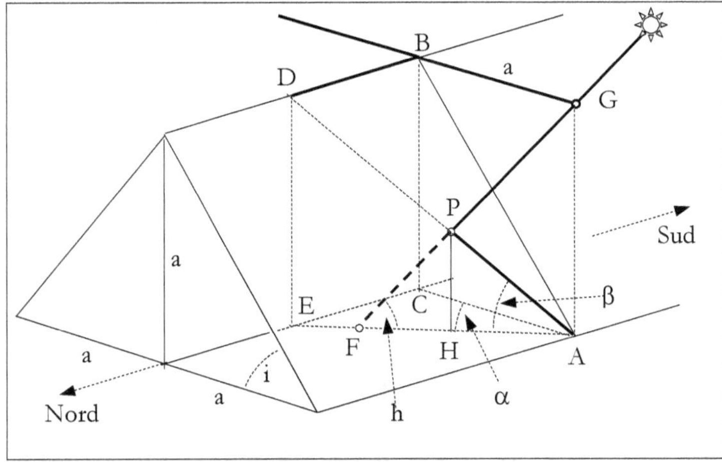

Fig. 21.9   Maknasa – Il metodo di Thābit ibn Qurra (ca. 900 CE)

Dai valori presenti nelle tabelle ho cercato di ricavare i valori della latitudine del luogo per cui
l'orologio fu calcolato e il valore usato per l'inclinazione dell'eclittica ε.
In base ai calcoli fatti, presumo che il valore di ε usato sia stato $23;34,41°$, tale da dare
$\sin(\varepsilon) = 0.4$ o, in notazione antica e raggio di 60 unità, $\mathrm{Sin}(\varepsilon) = 24;00,00$.
Con tale valore di ε, quello della latitudine φ è risultato esattamente uguale a $34;00,00°$.

Nel testo arabo non sono indicati i procedimenti matematici per ottenere i valori tabulati.

Con riferimento alla Fig. 21.9 si possono ricavare le seguenti relazioni:

$$\alpha = 90 - Az$$

$$\beta = \widehat{DAE} \qquad\qquad \tan(\beta) = \frac{DE}{EA} = \frac{a}{a \, / \sin(Az)} = \sin(Az)$$

$$EC = BD = \frac{a}{\tan(Az)} \qquad\qquad PA = a \cdot \frac{\cos(h)}{\sin(h + \beta)} = \frac{a}{\cos(\beta) \cdot \big[\tan(h) + \tan(\beta)\big]}$$

con le quali, noti i valori dell'Azimut e della altezza del Sole negli istanti interessati, si possono calcolare i due segmenti BD e PA.

الساعات	سمت السرطان	سمت الجدي	ظلّ السرطان	ظلّ الجدي
	ا	ب	ج	د
طلوع الشمس	جنوب و لز	شمال و لز	⊙	⊙
ا	جنوب د يه	شمال ح مج	يج نز	يو ح
ب	جنوب ب مح	شمال يا مه	يا ي	يد مز
ج	جنوب ⊙ كه	شمال يو ل	ح نج	يج مح
د	شمال ا نو	شمال كه يو	و لح	يج ما
ه	شمال و مب	شمال نا ن	د ي	يد مز
و	شمال ⊙	⊙	ب ي	يح ند

Fig. 21.10   Tabella di ibn Qurra

الساعات Ora temporaria	سمت السرطان Cnc Az BD	سمت الجدي Cap. Az BD	ظلّ السرطان Cnc Ombra PA	ظلّ الجدي Cap Ombra PA
ب 2	جنوب ب مح 48 2 Sud	شمال يا مه 45 11 Nord	يا ي 10 11	يد مز 47 14

Fig. 21.11   2° riga della tabella di ibn Qurra
I valori sono scritti in notazione *abjad*

In Fig. 21.10 è riportata la tabella di Thābit ibn Qurra con i valori per il tracciamento dello orologio solare di Fig. 21.9.
Nella Fig. 21.11 un ingrandimento della 2°riga, con riportati alcuni dei valori numerici.
I valori calcolati oggi sono: Cancro - PA = 11;09 , BD = 2;19 . Capricorno - PA = 14;40 , BD = 11;42 .

21.5 La Maknasa rovesciata

É formata, come la *maknasa*, da due tavolette inclinate sul piano orizzontale dello stesso angolo aventi uno spigolo comune appoggiato al piano orizzontale.

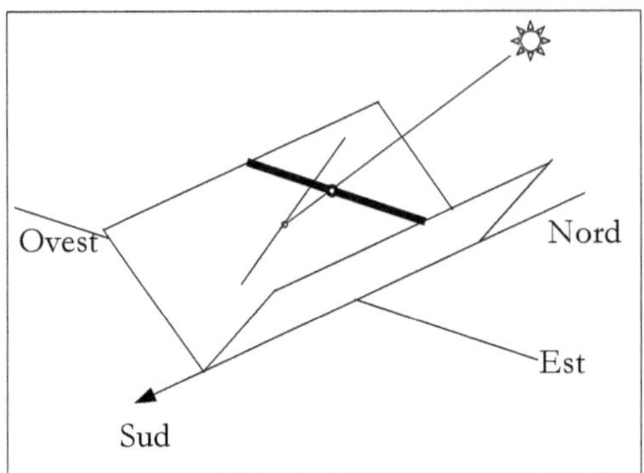

Fig. 21.12   La maknasa rovesciata

Le linee del quadrante sono tracciate quindi sulle facce interne delle due tavolette.
Il punto che getta ombra sui due semipiani può essere o l'estremità di uno gnomone parallelo allo spigolo oppure il punto intermedio di un'asta che si appoggia alle due tavolette (Fig. 21.12).
Anche in questo caso si possono avere le varianti descritte per la *maknasa* a tetto.

Thābit ibn Qurra (ca. 900)

Capitolo 22
OROLOGI SOLARI AZIMUTALI

22.1 Orologi solari azimutali

Prendono il nome di azimutali quegli orologi solari fissi nei quali la lettura dell'ora dipende soltanto dall'azimut del Sole[14]. Normalmente si tratta di orologi tracciati su un piano orizzontale sul quale è fissato uno stilo verticale la cui ombra è utilizzata per la lettura dell'ora.
Sul piano, attorno al piede dello stilo, vengono disegnate le linee diurne e, intrecciate a queste, le linee orarie (Fig. 22.1).

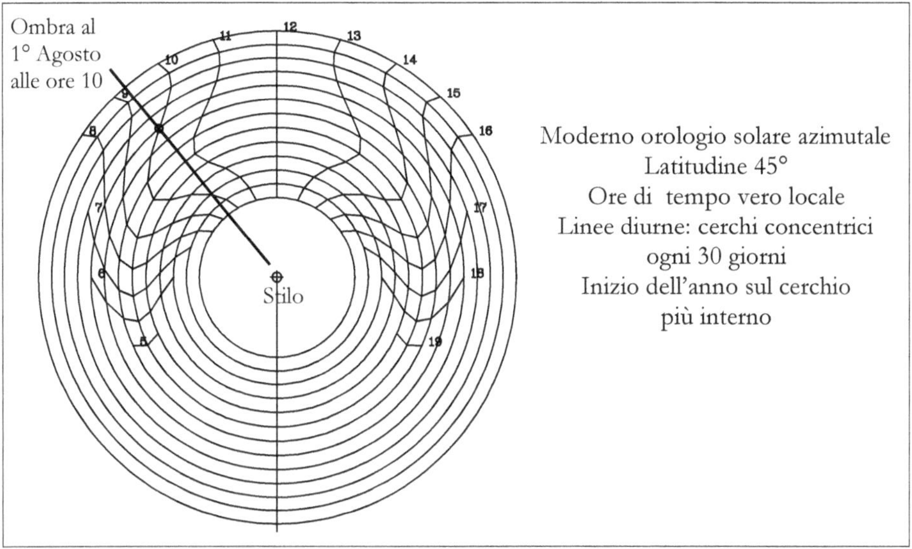

Fig. 22.1

Le linee diurne possono, in linea di principio, avere forma e dimensioni arbitrarie: nelle meridiane antiche sono quelle relative all'ingresso del Sole nei segni zodiacali o, il che è lo stesso, quelle dei giorni in cui il Sole ha una longitudine celeste compresa fra −90° e + 90°, con intervalli di 30°.

---

[14] In arabo la parola *as-samt* (السمت) significa direzione, strada, cammino; *al-samt* è un punto e, anche, il cerchio dell'orizzonte. Il plurale di *al-samt* è *al-sumât o assumūt*, da cui la parola *azimut*. Da notare che, nella astronomia medievale, l'azimut era normalmente misurato da Est o da Ovest mentre oggi viene misurato dal Nord, in astronomia, e dal Sud, in gnomonica. Nel medioevo, in Oriente, l'angolo misurato dal meridiano era chiamato *inhirāf*, da cui proviene anche il nome *munharifa* dato alle meridiane verticali declinanti.
Da notare che anche la parola *zenit* ha la stessa derivazione essendo una corruzione di *samt al-ras*, frase che, dal significato della parola *ras* (testa), indica il vertice del cielo.

Per leggere l'ora è sufficiente osservare il punto di intersezione dell'ombra dello stilo, che forma con la direzione Nord-Sud un angolo uguale all'azimut del Sole, con la linea diurna relativa al giorno di osservazione: la linea oraria passante per questo punto dà l'ora cercata.

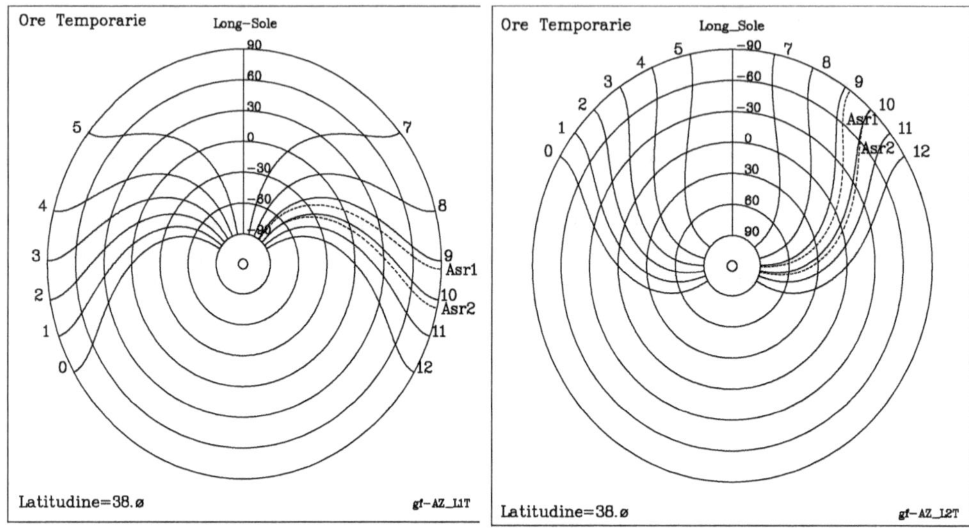

Fig. 22.2   Orologi solari azimutali ad ore temporarie
Linee diurne: cerchi concentrici
Segno del Cancro all'esterno (a sin.) e all'interno (a dx.)

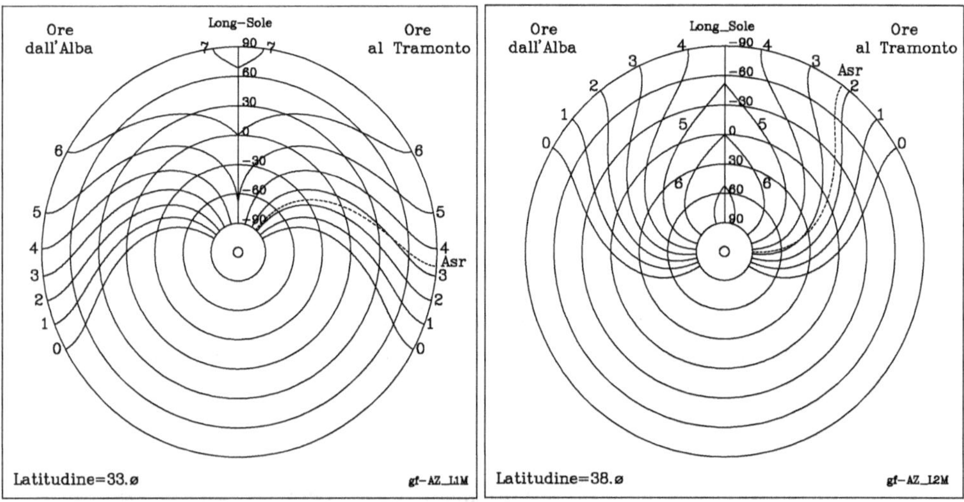

Fig. 22.3   Orologi solari azimutali con ore dall'alba e al tramonto
Linee diurne: cerchi concentrici
Segno del Cancro all'esterno (a sin.) e all'interno (a dx.)

La lunghezza dello stilo può essere qualunque, purché in ogni istante la sua ombra sia tale da intersecare la linea diurna del giorno di osservazione.

Sino ad alcuni anni or sono si pensava che gli orologi azimutali fossero stati inventati in Europa verso la metà del XVI secolo, ma le traduzioni dei manoscritti in lingua araba e gli studi più recenti hanno portato alla scoperta della descrizione di alcuni di questi orologi in alcuni manoscritti e, in particolare, nel testo *"Un libro sugli strumenti astronomici"* di Njm al-Dīn al-Mīsrī, scritto più di due secoli prima (1325 circa).

In questo manoscritto sono descritti due tipi di orologi azimutali che riportano, uno le ore temporarie (Fig. 22.2) e l'altro le ore dall'alba e che mancano al tramonto (Fig. 22.3).

Le linee diurne sono in tutti i casi dei cerchi concentrici con raggi proporzionali o al valore della longitudine λ del Sole o a quello della sua declinazione; il raggio del cerchio più interno è preso uguale ad 1/7 di quello più grande.

Sono anche accennate le possibili varianti che si possono avere assegnando la linea diurna più interna al segno del Cancro ($\lambda = +90°$, figure a sinistra) o a quello del Capricorno ($\lambda = -90°$). In altri testi si trovano cenni della possibilità di prendere i cerchi diurni come quelli in proiezione stereografica usati negli astrolabi.

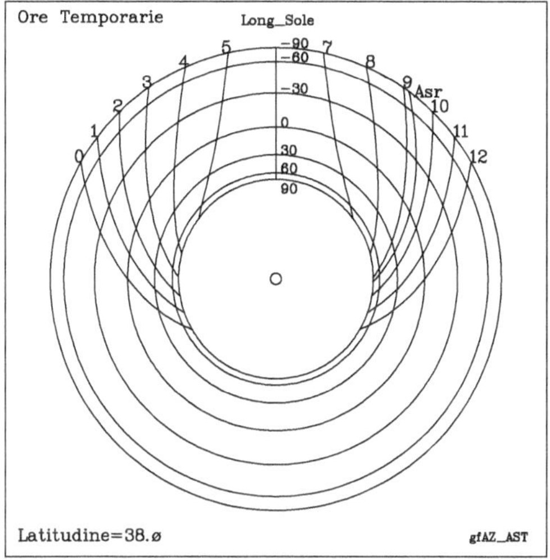

Fig. 22.4   Orologio solare azimutale ad ore temporarie
Linee diurne: cerchi concentrici
Raggi proporzionali alla declinazione solare

22.2 Studio analitico per il tracciamento delle linee diurne

Nel caso di raggi proporzionali al valore della longitudine λ, le relazioni che permettono di calcolare i raggi dei cerchi - linee diurne sono:

$$R = +\frac{R_{MAX} - R_{MIN}}{180} \cdot \lambda + \frac{R_{MAX} + R_{MIN}}{2} \qquad \text{con Cancro } (\delta = +\varepsilon) \text{ sul cerchio esterno}$$

$$R = -\frac{R_{MAX} - R_{MIN}}{180} \cdot \lambda + \frac{R_{MAX} + R_{MIN}}{2} \qquad \text{con Cancro sul cerchio interno}$$

Nel caso di raggi proporzionali al valore della declinazione δ è sufficiente sostituire in queste formule (2ε) al posto di (180) e (δ) al posto di (φ).

Capitolo 23
OROLOGI SOLARI SU CONI E CILINDRI FISSI

23.1 Orologi solari su cilindri e coni

Anche gli orologi solari realizzati sulla superficie di un cilindro o di un cono erano classificati in diverse categorie a seconda dell'orientamento del solido, della superficie, interna o esterna, su cui le linee erano tracciate e del tipo di gnomone, fisso o mobile.

Le diverse categorie descritte o solo menzionate sono:
I. Superficie esterna e interna di un cilindro verticale. Gnomone orizzontale fisso in direzione qualunque.
II. Superficie esterna di un cilindro verticale con gnomone orizzontale appoggiato alla base superiore avente la possibilità di essere ruotato attorno all'asse del cilindro.

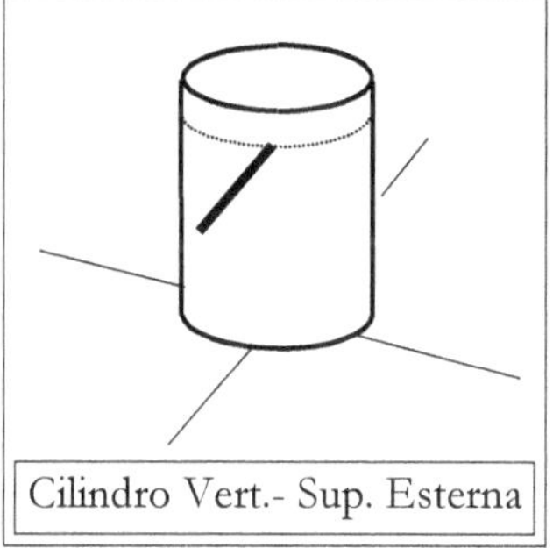
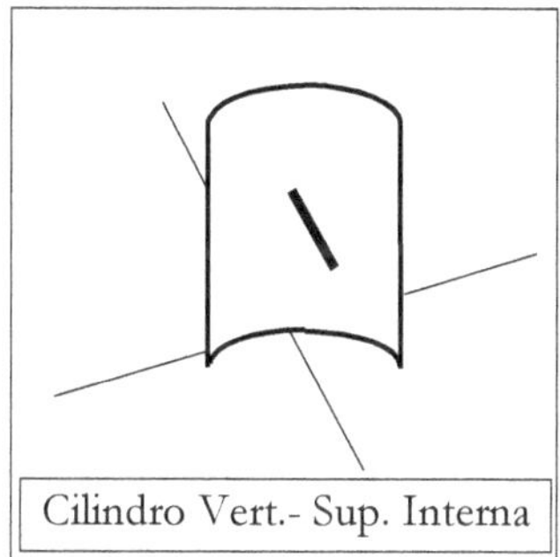

Fig. 23.1

III. Superficie esterna di un cilindro orizzontale perpendicolare al piano meridiano, cioè con asse nella direzione Est-Ovest. Con due gnomoni paralleli alle basi e la possibilità di ruotarli attorno all'asse del cilindro.
IV. Superficie esterna di un cilindro orizzontale perpendicolare al Primo Verticale, cioè con asse nella direzione Nord-Sud. Gnomoni come nel caso precedente.
V. Superficie esterna di un cilindro orizzontale con l'asse formante un certo azimut rispetto al piano meridiano. Gnomoni come nei casi precedenti.
VI. Superficie esterna di un cilindro inclinato con asse appartenente al piano meridiano; in particolare con l'asse parallelo all'asse polare.
VII. Superficie esterna di un cilindro con asse orientato in modo qualunque.

Nei testi esaminati sono ben documentate le descrizioni dei metodi di costruzione, o sono fornite semplici tabelle di valori numerici, soltanto per gli orologi realizzati: sulla superficie esterna di un cilindro verticale fisso, con gnomone fisso o mobile; su un cilindro orizzontale fisso, orientato nelle direzioni Nord-Sud e Est-Ovest con gnomone mobile; su un cilindro parallelo all'asse terrestre.

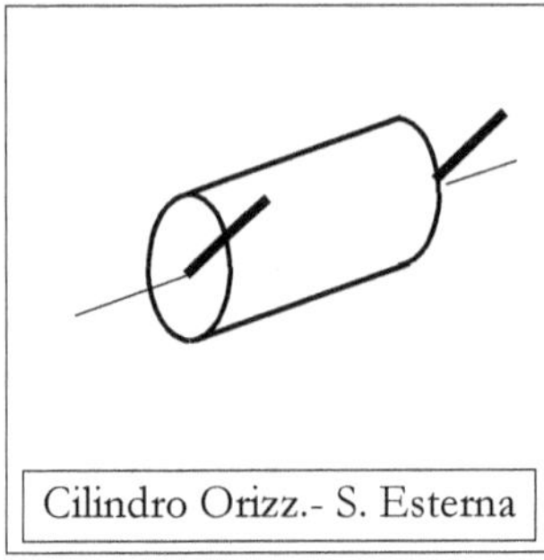

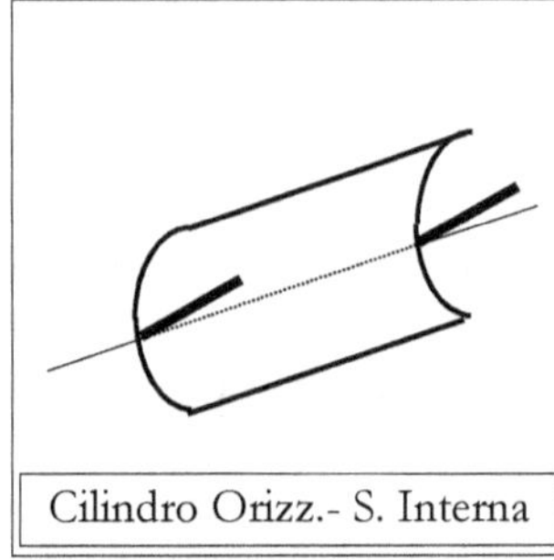

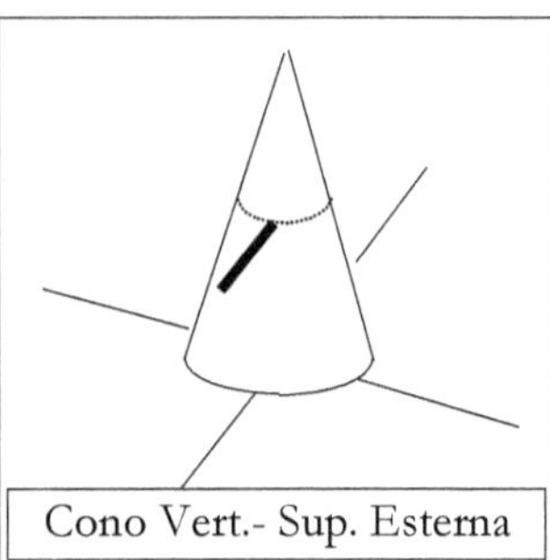

Fig. 23.2

Dei vari tipi di orologi solari su superficie cilindrica descriverò soltanto i seguenti:
- o.s. su cilindro verticale fisso con gnomone fisso;
- o.s. su cilindro verticale fisso con gnomone mobile;
- o.s. su cilindro orizzontale fisso perpendicolare al piano meridiano, cioè con asse nella direzione Est-Ovest;
- o.s. su cilindro orizzontale fisso perpendicolare al Primo Verticale, cioè con asse nella direzione Nord-Sud;
- o.s. su cilindro orizzontale fisso con asse inclinato di un angolo qualunque rispetto alla direzione Est-Ovest;
- o.s. su cilindro orizzontale semifisso perpendicolare al piano meridiano;
- o.s. su cilindro parallelo all'asse polare con gnomone mobile.

Dei primi due tipi, la cui costruzione si può trovare anche in manuali pubblicati ai nostri giorni, riporterò soltanto la descrizione di un metodo grafico e la traduzione del metodo descritto nel testo di al-Marrākūshi.
Degli altri, che non sono riportati nei manuali moderni, darò invece una descrizione della loro costruzione, riportando le formule (moderne) necessarie per il calcolo dei vari punti delle linee orarie.

I tipi di orologi solari tracciati su una superficie conica sono gli stessi già elencati per la superficie esterna di un cilindro. Di questi si trova descritta soltanto la costruzione della meridiana realizzata su un cono verticale fisso con gnomone mobile.

23.2 Orologio solare su cilindro verticale fisso con gnomone fisso
Orologio su colonna verticale

Consideriamo il cilindro verticale rappresentato in prospetto e pianta in Fig. 23.3, sulla cui superficie si vuole tracciare l'orologio.

Siano: AG uno gnomone ortogonale alla superficie, passante per il centro del cilindro e formante l'angolo α con la direzione Nord-Sud; Az ed h i valori dell'azimut e della altezza del Sole in un dato istante.

Il procedimento per il progetto è il seguente:
- si disegni sulla pianta un cerchio avente centro nell'estremo G dello gnomone e raggio uguale alla sua lunghezza.
- Per il punto G si traccino poi la direzione del meridiano MS e quella della direzione Est-Ovest (EW): il punto M in cui MS incontra il cilindro indica il punto in cui passa la linea meridiana (M' nel prospetto).

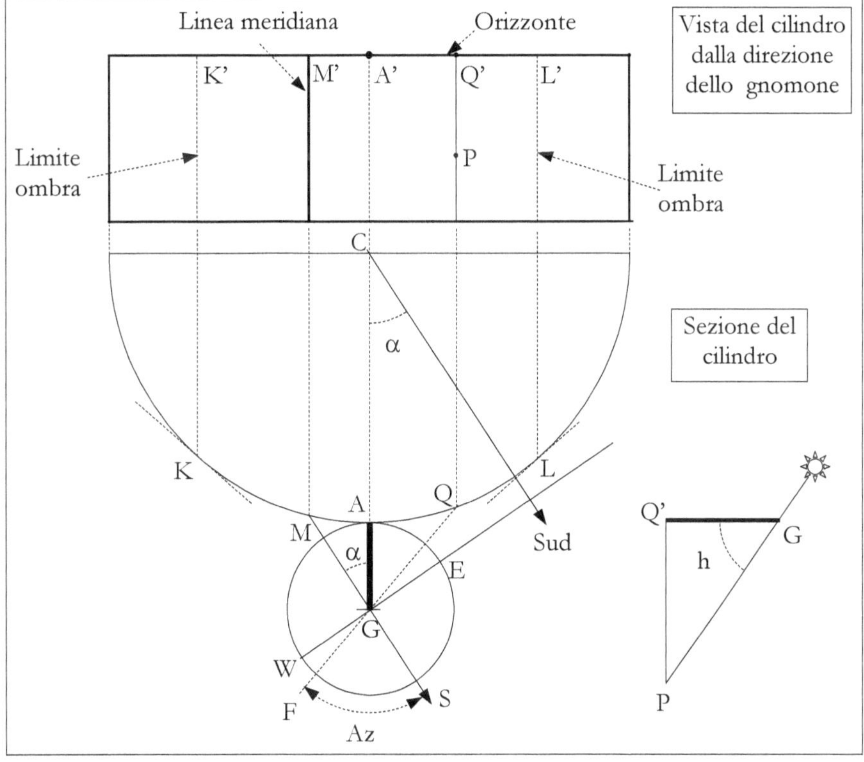

Fig. 23.3

- Per il punto G si disegnino poi le due tangenti al cilindro GK e GL; i raggi CK e CL delimitano il campo dell'azimut del Sole per cui l'ombra colpisce la superficie. Riportando i punti

K ed L sul prospetto si ottengono le linee verticali che delimitano la zona interessata dal quadrante.

- Prendendo dal Sud il valore dell'azimut del Sole nel giorno e nell'istante voluti, si ottiene la sua direzione FGQ e, innalzando la verticale da Q, sul prospetto la verticale Q'P ove cade l'estremo P dell'ombra dello gnomone.

- Poiché il piano verticale che contiene il Sole si proietta in FGQ, si ha subito che la distanza verticale Q'P vale $GQ \cdot \tan(h)$. La lunghezza Q'P si può costruire geometricamente come mostrato in figura e riportare con il compasso sulla verticale per Q'.

- Ripetendo le operazioni si possono quindi trovare i punti cercati delle linee orarie.

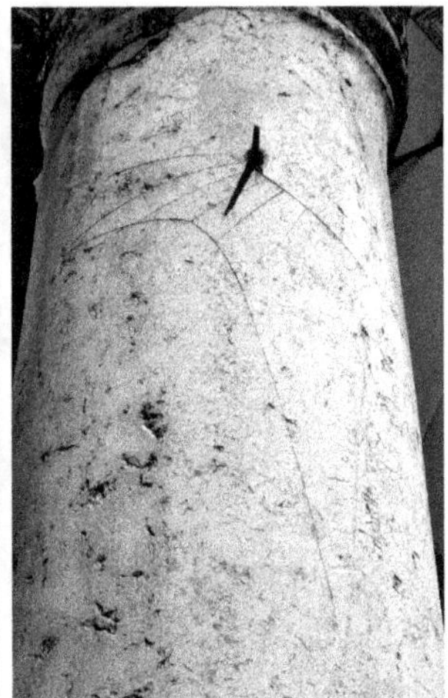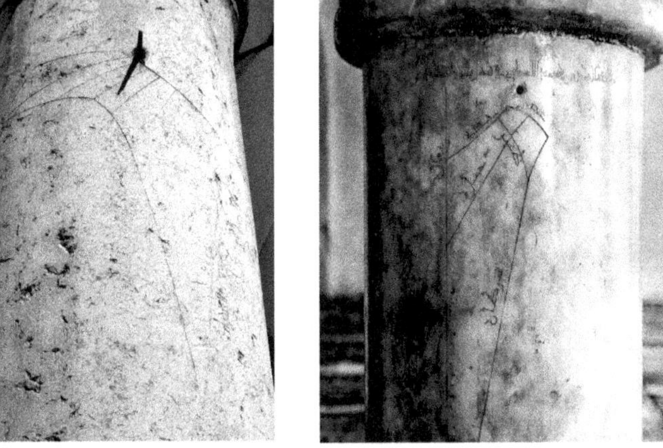

<table>
<tr><td>Fig. 23.4   Orologio su una colonna
della Cupola del Tesoro
Cortile della Grande Moschea di
Damasco</td><td>Fig. 23.5   Orologio su una
colonna nella Moschea di
Tlemcen in Algeria</td></tr>
</table>

23.3 Orologio solare su cilindro verticale fisso con gnomone mobile

Riporto in sintesi, con alcuni commenti esplicativi, il metodo descritto da al-Marrākūshi per il tracciamento di questo strumento.

- *"Determinate le* [lunghezze delle] *ombre verticali e i loro azimut per le ore* [volute nei giorni] *all'inizio del* [segno del] *Capricorno, del Cancro e di tutti gli altri i segni.*

- *Ordinate* [i valori trovati] *in una tabella* [e supponete che] *la circonferenza del cilindro rappresenti l'orizzonte".*

- *"Dividete* [questa circonferenza] *in 360 parti uguali e a metà dei due diametri che si incontrano ad angoli retti segnate i punti Est, Ovest, Nord e Sud.* [Sulla base superiore del cilindro sono segnati i punti cardinali e una scala degli azimut. Sullo sviluppo della superficie sono riportati questi punti.]

- *"Tracciate per il punto Sud una retta sulla superficie del cilindro e … segnate a partire dall'alto delle divisioni lunghe 12 dita"* [cioè uguali alla lunghezza dello gnomone. Questa scala, graduata in unità lunghe 12 dita, è riportata indicativamente a sinistra nelle Fig. 23.6 e 23.7]

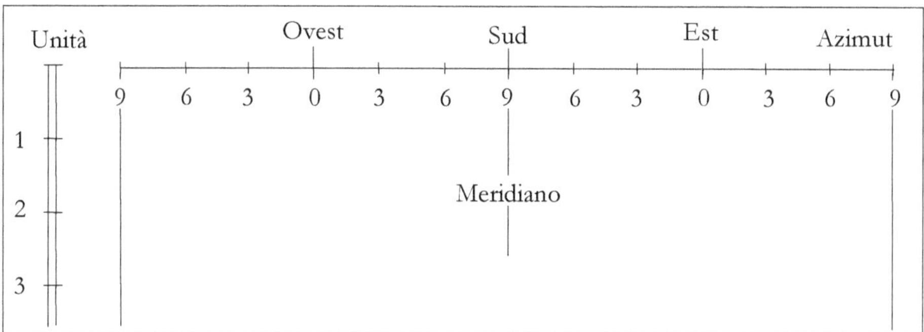

Fig. 23.6   Le coordinate sullo sviluppo della superficie del cilindro

- *"Trovate* [sulla scala tracciata] *l'azimut dell'inizio di una* [certa] *ora nel* [giorno dell'] *inizio del Capricorno. Disegnate per il punto trovato una retta* [verticale] *occulta* [cioè da cancellare alla fine] *sulla superficie del cilindro. Prendete con il compasso le parti della scala che corrispondono all'ombra della data ora del dato giorno e riportatela sulla retta disegnata* [bisogna cioè riportare sulla verticale passante per il valore dell'azimut, la lunghezza dell'ombra verticale nell'istante di calcolo, espressa in dita]. *Così trovate l'inizio della data ora nel segno del Capricorno"*.
- *"Allo stesso modo trovate i punti della stessa ora all'inizio del segno del Cancro e degli altri segni e unite i punti trovati "*.

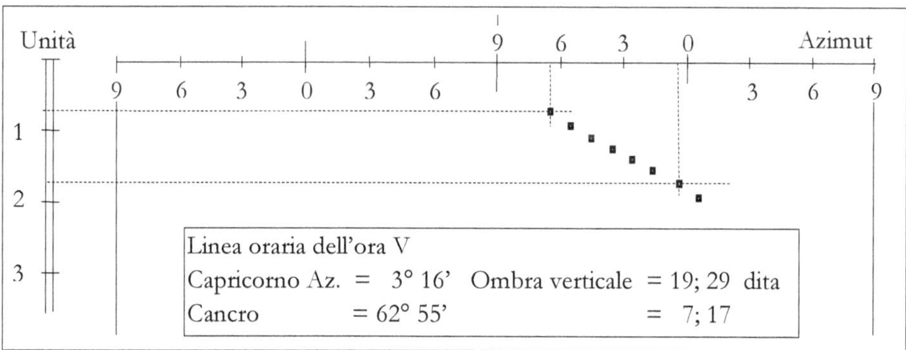

Fig. 23.7   La costruzione delle linee orarie

- *"Preparate uno gnomone d'ottone avente la forma di un triangolo appuntito e fissatelo al centro dell'orizzontale* [superficie orizzontale superiore del cilindro] *per mezzo di un perno; la parte che sporge dal cilindro deve essere uguale a 12 parti della scala* [cioè 12 dita] *"* (Fig. 23.8)
- *"Mettete il cilindro verticale e disponetelo in modo che i quattro punti* [cardinali] *segnati* [sulla circonferenza superiore] *siano nella direzione dei punti sull'orizzonte"*.
- *"Sospendete alla parte sporgente dello gnomone un filo a piombo che tocchi la superficie del cilindro.*

Se volete sapere l'ora ruotate lo gnomone sino a quando la sua ombra cade sul filo a piombo: l'ora [la linea oraria] *su cui cade l'estremità dell'ombra dello gnomone sarà l'ora cercata; la direzione indicata dallo gnomone segnerà l'azimut del Sole in quell'istante."*

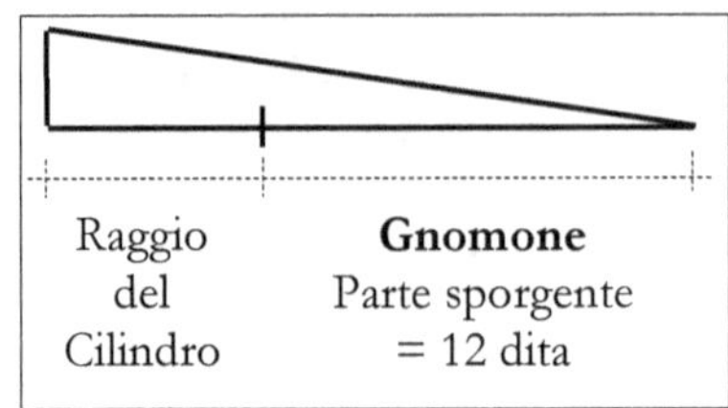

Fig. 23.8

In Fig. 23.9 lo sviluppo della superficie con le linee orarie

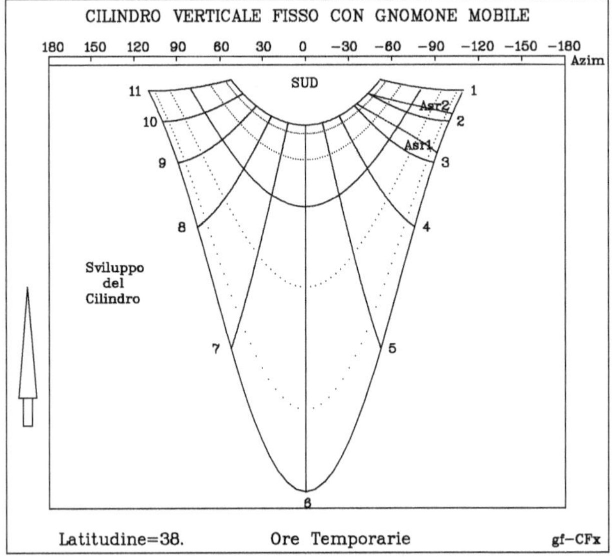

Fig. 23.9   Sviluppo di un orologio solare
su cilindro fisso con gnomone mobile

23.4   Orologio solare su cilindro orizzontale fisso perpendicolare al piano meridiano

Il cilindro orizzontale su cui sono riportate le linee orarie è perpendicolare al piano meridiano, quindi ha l'asse nella direzione Est-Ovest.

A ciascuna estremità del cilindro è fissato uno stilo (gnomone) avente la possibilità di ruotare attorno all'asse, sul quale è imperniato. Lo gnomone poggiante sulla base ad Est serve per indicare le ore del mattino e quello sulla faccia ad Ovest le ore del pomeriggio: ovviamente i due gnomoni possono essere fra loro collegati e ruotare insieme.

Per trovare l'ora si ruota lo gnomone interessato sino a quando la sua ombra diventa orizzontale: la linea oraria su cui cade l'ombra della estremità dell'asta indica l'ora cercata.

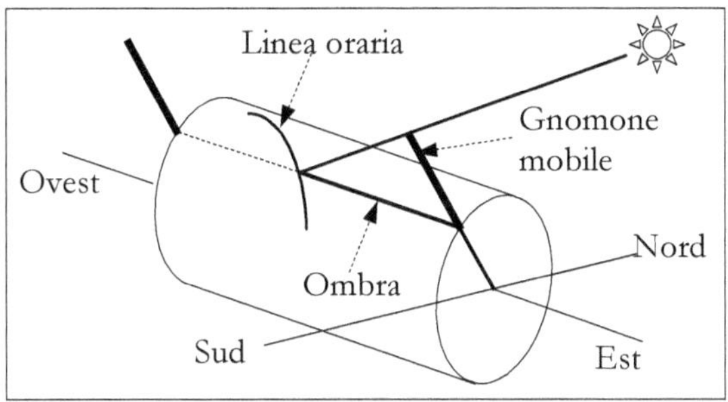

Fig. 23.10   Orologio solare su cilindro orizzontale
Est-Ovest con gnomone mobile

Per la costruzione delle linee di questo orologio cilindrico viene applicata la trasformazione già vista in precedenza per passare da una meridiana orizzontale a una su un piano verticale inclinato (Cap. 20).
In altre parole viene utilizzato l'"artificio matematico" consistente nel trovare l'altezza e l'azimut del Sole, nei giorni e nelle ore interessate, in una località in cui *"il piano del meridiano coincide con l'orizzonte"*, cioè in cui il piano dell'orizzonte è parallelo al piano del meridiano del luogo ove vogliamo costruire l'orologio solare.
In nessun caso sono date formule di calcolo, ma sono riportate soltanto le tabelle dei valori dell'azimut del Sole e della lunghezza "dell'ombra verticale" [15] di uno gnomone orizzontale (lungo 12 dita) calcolati per la località "fittizia".

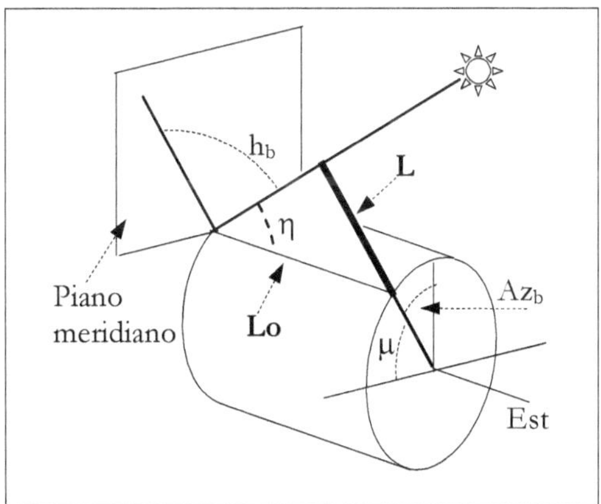

Fig. 23.11   Gli angoli in un orologio solare
su cilindro orizzontale Est-Ovest

---

[15] Ricordo che col termine *"lunghezza dell'ombra verticale"* era indicata l'espressione $L_G \cdot \tan(h)$

L'altezza e l'azimut del raggio dal Sole, relativi al piano meridiano, sono gli angoli indicati con h_b e Az_b nella Fig. 23.11. Questi angoli sono uguali ai complementi della coppia di coordinate tolemaiche *"angolo Meridianus"* e *"angolo Ectemoro"*, indicate con le lettere μ e η nella stessa Fig. 23.11.

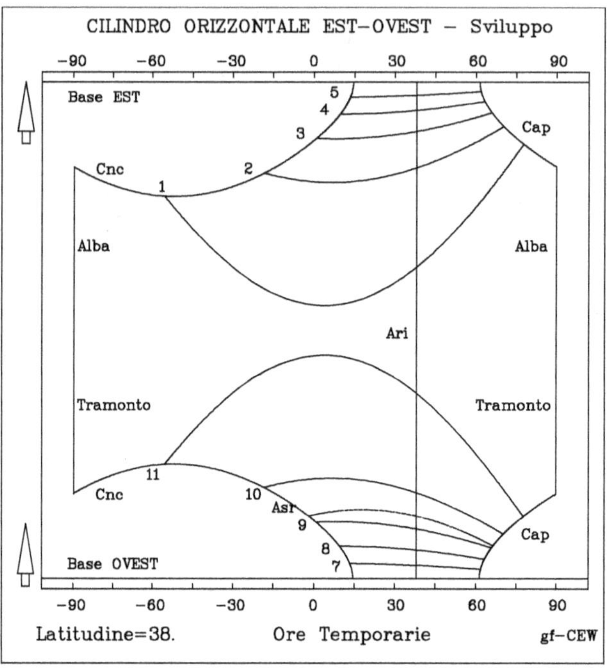

Fig. 23.12   Sviluppo di un orologio solare
su cilindro orizzontale Est-Ovest

Con le formule che seguono è possibile calcolare questi angoli (Az_b, h_b) o (μ, η), e quindi le coordinate dei punti sula superficie del cilindro.

Le grandezze indicate nella Fig. 23.11 sono:

- μ l'angolo di cui occorre ruotare l'asta per ottenere l'ombra orizzontale, partendo dalla sua posizione orizzontale; angolo Meridianus, misurato dal Sud;

- Az_b l'angolo di cui occorre ruotare l'asta partendo dalla sua posizione verticale;

- η l'altezza del Sole rispetto al cilindro; angolo Ectemoro;

- h_b l'altezza del Sole rispetto al piano meridiano;

- L   la lunghezza "utile" dello gnomone, cioè la sua parte sporgente;

- Lo   la lunghezza dell'ombra orizzontale sul cilindro.

Noti i valori dell'azimut e della altezza del Sole (Az, h) in un dato istante, per il calcolo del punto ombra si hanno le seguenti formule:

$$\sin(h_b) = \cos(h) \cdot \sin(Az)$$

$$\cos(Az_b) = \frac{\sin(h)}{\cos(h_b)} \qquad \text{o anche} \qquad \tan(Az_b) = \frac{\cos(Az)}{\tan(h)} \qquad \text{e infine}$$

$$Lo = L \cdot \tan(h_b) = L \cdot \tan(Az) \cdot \sin(Az_b) = L \cdot \frac{\sin(Az) \cdot \cos(Az_b)}{\tan(h)}$$

Ad esempio se nell'istante voluto si hanno i valori Az=55° Est, h=35° e L=12, si ottengono i valori: h_b=42.14°, Az_b=39.32° e infine Lo=10.86.
Lo stilo deve essere quindi ruotato di 42.14 gradi dalla posizione verticale per dare sulla superficie cilindrica un'ombra orizzontale.
I valori delle coordinate tolemaiche sono μ=50.68° e η=47.85°.

Da notare che:
- agli Equinozi ($\delta = 0°$) si ha $Az_b = \varphi$ e h_b = angolo orario ω;
- all'ora 0h (cioè all'alba) si ha Az_b=−90° e h_b=Az;
- a mezzogiorno Az_b=φ−δ e h_b=0;
- all'ora 12h (cioè al tramonto) si ha Az_b=90°.

23.5 Orologio su cilindro orizzontale fisso orientato nella direzione Nord-Sud

Il cilindro orizzontale su cui sono riportate le linee orarie è parallelo al piano meridiano, quindi con l'asse nella direzione Nord-Sud.

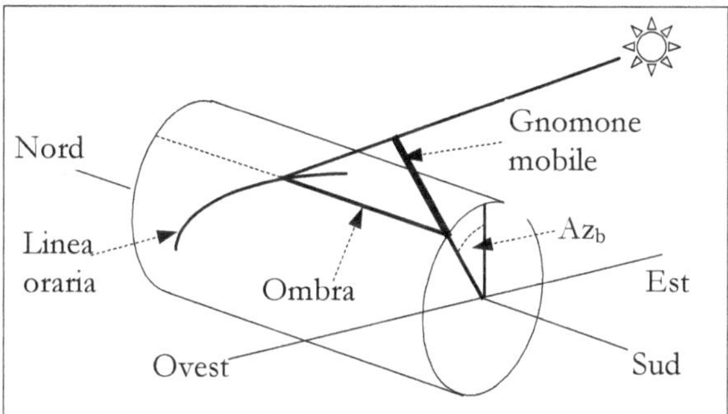

Fig. 23.13   Orologio solare su cilindro orizzontale
Nord-Sud con gnomone mobile

L'orologio è simile al precedente è viene calcolato determinando l'altezza e l'azimut del Sole in una località in cui *"il piano Primo verticale coincide con l'orizzonte"*, cioè in cui il piano dell'orizzonte è parallelo al piano verticale Est-Ovest del luogo ove vogliamo costruire l'orologio solare.
Uguali sono le modalità per la lettura dell'ora e per il tracciamento.

Le relazioni per il calcolo delle coordinate dei punti ombra sono:

$$\tan(Az_b) = \frac{\sin(Az)}{\tan(h)}$$

$$Lo = L \cdot \tan(h_b) = L \cdot \frac{\sin(Az_b)}{\tan(Az)} = L \cdot \frac{\cos(Az) \cdot \cos(Az_b)}{\tan(h)}$$

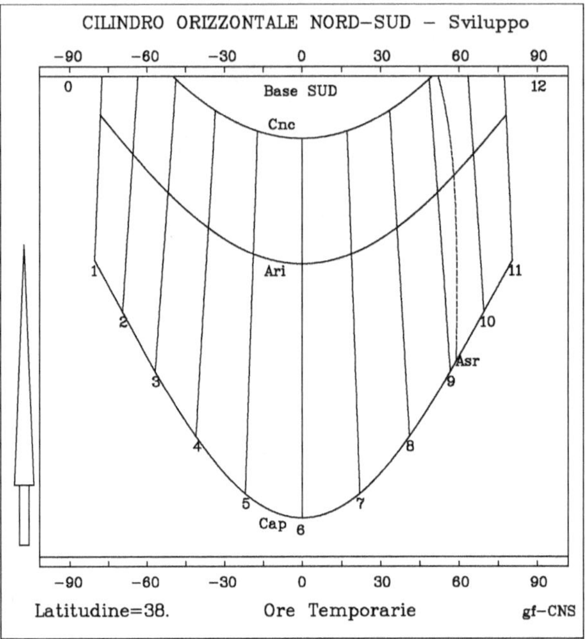

Fig. 23.14   Sviluppo di un orologio solare
su cilindro orizzontale Nord-Sud

23.6 Orologio su cilindro orizzontale fisso comunque orientato

Il cilindro orizzontale su cui sono riportate le linee orarie ha l'asse ruotato dell'angolo α rispetto alla direzione Est-Ovest.

Gli gnomoni sono disposti come nei casi precedenti; uguale è pure il metodo per ricercare l'ora: si ruota lo gnomone sino a quando la sua ombra non diventa orizzontale; la linea oraria su cui cade l'estremità dell'ombra così ottenuta indica l'ora cercata.

Utilizzando i simboli riportati nei casi precedenti si ricavano le seguenti formule per il calcolo dei vari punti:

$$\sin(h_b) = \cos(h) \cdot \sin(\alpha - Az)$$

$$\cos(Az_b) = \frac{\sin(h)}{\cos(h_b)}$$

$$Lo = L \cdot \tan(h_b) = L \cdot \tan(\alpha - Az) \cdot \sin(Az_b)$$

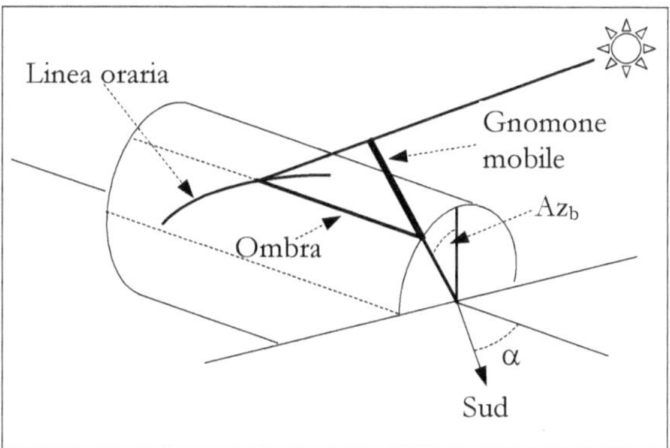

Fig. 23.15   Orologio solare su cilindro orizzontale
comunque orientato

23.7 Orologio su cilindro fisso parallelo all'asse terrestre

23.7.1 Generalità

Il cilindro su cui sono riportate le linee orarie è disposto con l'asse parallelo all'asse terrestre
e a ciascuna estremità è fissato uno gnomone avente la possibilità di ruotare attorno all'asse
stesso, al quale è imperniato. (Fig. 23.16)

Lo gnomone appoggiato alla base rivolta a Nord serve per indicare le ore nel periodo dell'anno in cui il Sole si trova a Nord dell'equatore celeste, cioè nei mesi estivi in cui si trova fra il
segno dell'Ariete e quello della Bilancia. Quello sulla faccia rivolta a Sud per l'altra metà
dell'anno, cioè nei mesi invernali.

Ovviamente i due gnomoni possono essere collegati e ruotare insieme.

Per trovare l'ora occorre ruotare lo gnomone che nell'istante considerato getta la sua ombra
sul cilindro, sino a quando l'ombra stessa diventa rettilinea e parallela alle generatrici del cilindro stesso. La linea oraria su cui cade l'estremità dell'ombra indica l'ora cercata.

L'angolo di cui occorre ruotare lo gnomone rispetto al piano meridiano è ovviamente uguale
all'angolo orario ω del Sole contato dal Sud.

Questo tipo di orologio solare presenta un aspetto abbastanza diverso a seconda che sia
tracciato per ore uguali moderne o per ore temporarie. Ciò a causa del fatto che, mentre
l'angolo orario del Sole ad una certa ora moderna è sempre lo stesso in tutti i giorni dell'anno, con le ore temporarie questo non è più vero.

23.7.2 Orologio su cilindro parallelo all'asse terrestre con ore uguali (moderne)

Poiché per ottenere sulla superficie del cilindro un'ombra parallela alle generatrici, occorre ruotare lo gnomone di un angolo uguale all'angolo orario ω, e poiché con le ore uguali ad una data ora H l'angolo orario assume, in una qualunque stagione dell'anno, sempre lo stesso valore $\omega=(H-12)\cdot 15°$, si ha che ogni linea oraria coincide con una generatrice del cilindro.

Il punto della linea oraria in cui cade l'estremità dell'ombra dello gnomone in un dato istante non ha importanza per la determinazione dell'ora, in quanto l'ombra dell'intera asta cade sulla linea oraria stessa: lo gnomone può essere quindi preso con una lunghezza qualsiasi.

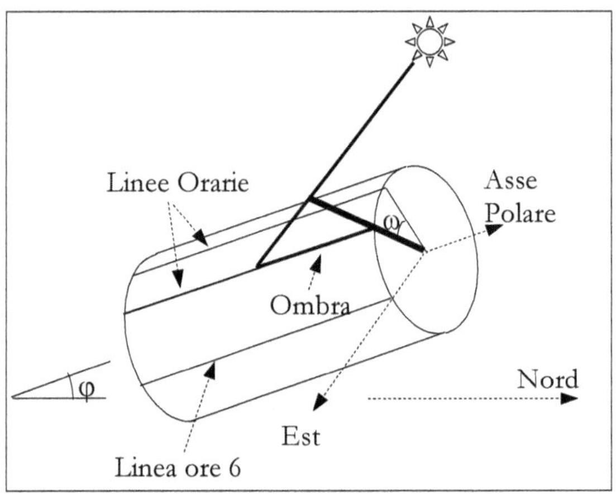

Fig. 23.16   Orologio solare su cilindro polare
ad ore moderne

Come conseguenza si ha quindi che tutte le linee orarie sono fra loro parallele e ugualmente distanziate e che la loro posizione sulla superficie del cilindro è indipendente dalla località (cioè dalla latitudine): l'orologio è quindi "universale".

23.7.3 Orologio su cilindro parallelo all'asse terrestre con ore temporarie

L'angolo orario ω che il Sole forma con il piano meridiano ad una data ora temporaria è dato dalla $\omega=\omega_S\cdot(H-6)/6$ ove ω_S è la durata del semiarco diurno e $\omega_S/6$ quella dell'ora temporaria (in gradi). Poiché queste durate dipendono sia dalla latitudine del luogo, sia dalla declinazione del Sole[16], le linee orarie non sono più coincidenti con le generatrici del cilindro e fra loro parallele, ma hanno la forma indicata in Fig. 23.18.

Ovviamente, non cadendo l'ombra dell'asta interamente su una linea oraria, per leggere l'ora occorre osservare il punto ove cade l'ombra dell'estremo dell'asta stessa.

---

[16] $\cos(\omega_S)=-\tan(\varphi)\cdot\tan(\delta)$

Ad es. per Lat.=45°   le durate delle ore temporarie ($\omega_S/6$) sono comprese fra 19.28° nel solstizio estivo e 10.71° nel solstizio invernale.

Il cilindro risulta in pratica diviso in due parti di uguale lunghezza su ciascuna delle quali sono tracciate le linee orarie relative alle due metà dell'anno: la parte superiore per la stagione estiva e l'inferiore per quella invernale.

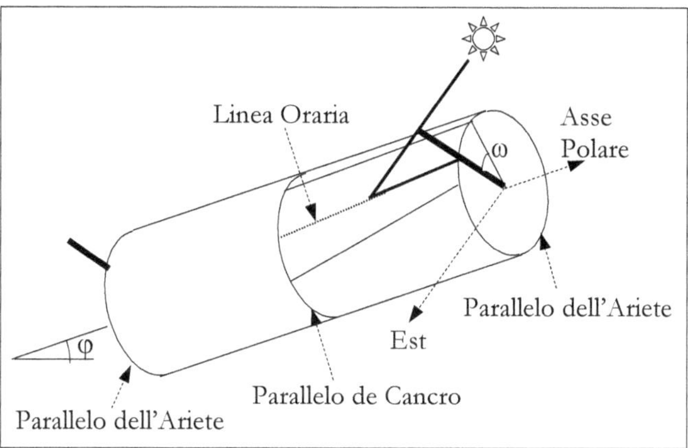

Fig. 23.17   Orologio solare su cilindro polare
ad ore temporarie

Per tracciare le linee orarie viene dato il procedimento seguente:
- *Si divida il segmento che coincide con lo sviluppo della circonferenza della base superiore* [detto parallelo dell'Ariete] *in 360 parti;*

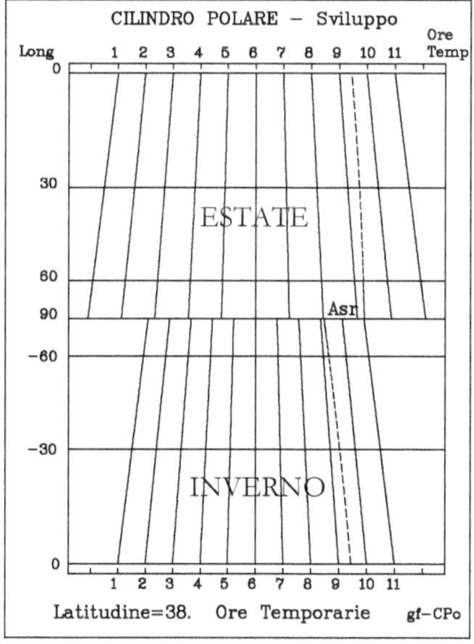

Fig. 23.18   Sviluppo di un orologio solare
ad ore temporarie
su cilindro polare

- *si riporti su questo segmento la lunghezza dell'ora temporaria nel giorno di inizio del segno dell'Ariete* [uguale a 15°] *da una parte e dall'altra, partendo dal centro.* [Si hanno così i punti in cui iniziano le linee orarie nel giorno dell' equinozio di primavera.]
- *Si divida poi il segmento che coincide con lo sviluppo della circonferenza della base inferiore del mezzo cilindro* [detto parallelo del Cancro] *in 360 parti;*
- *Si riporti su questo segmento la lunghezza dell'ora temporaria nel giorno di inizio del segno del Cancro.* [Si hanno così i punti in cui cadono le linee orarie nel giorno del solstizio di estate e i cui terminano le linee della metà superiore del cilindro.]
- *Unendo le coppie di punti* [relativi] *alla stesse ore possiamo allora disegnare le linee orarie* [valide nel periodo dell'anno in cui si utilizza lo gnomone superiore.]
- *In modo uguale si può procedere per disegnare le linee orarie per l'altra metà dell'anno* [in cui occorre utilizzare lo gnomone inferiore.]

La lunghezza L degli gnomoni (Fig. 23.19) è legata alla lunghezza del cilindro L_C dalla semplice relazione seguente, data da al-Marrākushī :

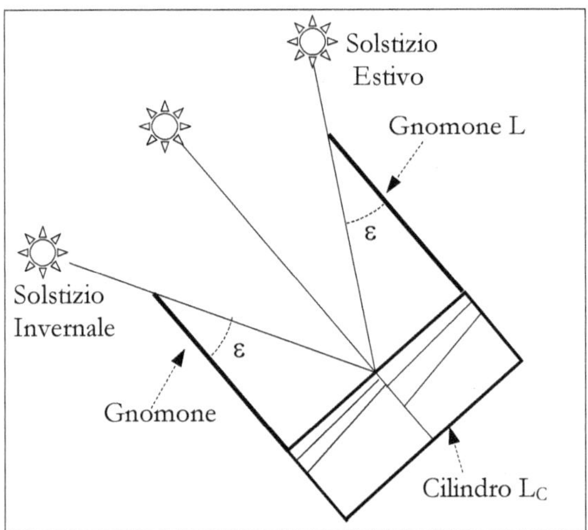

Fig. 23.19   Orologio solare su cilindro polare
Lunghezze dello gnomone e del cilindro

$$L = \frac{L_C}{2 \cdot \tan(\varepsilon)} = 1.1527 \cdot L_C \approx (1 + \frac{1}{7}) \cdot L_C$$

ove al solito si è indicato con ε il valore massimo della declinazione del Sole.

La differenza fra il valore calcolato con il valore moderno di ε (23° 27') e il valore 1+1/7 è inferiore allo 0.85% [17].

---

[17] J.J.Sédillot, che ha tradotto il manoscritto di al-Marrākushī, in una nota afferma di non capire il perché la lunghezza dello gnomone debba essere pari a 1+1/7 della lunghezza del cilindro.

23.8 Orologio su cilindro orizzontale semifisso normale al piano meridiano

Anche se questo orologio solare non rientra fra gli orologi fissi, lo descrivo brevemente qui in considerazione della sua somiglianza con gli strumenti appena descritti.

In questo strumento le linee orarie sono tracciate sulla superficie esterna di un cilindro orizzontale disposto con l'asse nella direzione Est-Ovest, avente la possibilità di essere ruotato attorno a tale asse.

E' quindi concettualmente simile al comune orologio cilindrico verticale nel quale l'asse deve essere sempre disposto verticalmente (cioè nella direzione Zenit-Nadir), con la possibilità di ruotare attorno a questo asse.

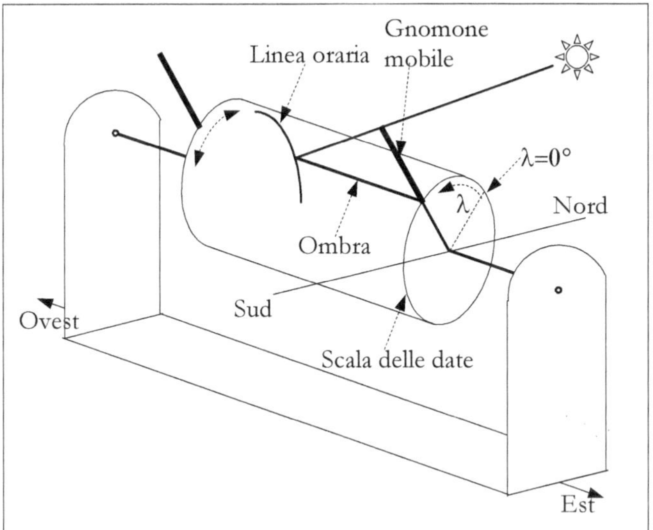

Fig. 23.20   Orologio solare su cilindro orizzontale
ruotante con gnomone mobile

La circonferenza di base o è graduata in 360° con i valori della longitudine del Sole o è semplicemente divisa in 12 parti corrispondenti ai segni zodiacali.

Per la lettura dell'ora occorre da prima spostare lo gnomone sino al punto, sulla circonferenza di base, corrispondente al giorno della osservazione, poi ruotare il complesso cilindro-gnomone sino a far diventare l'ombra parallela alle generatrici del cilindro.

23.9 Gli orologi solari sulla superficie interna di una sfera

Fra i possibili orologi solari che è possibile tracciare sulla superficie interna di una semisfera, in al-Marrākushī si trovano elencati i seguenti:

I. Superficie interna (concava) di una semisfera con la base parallela al piano orizzontale e gnomone verticale o orizzontale.

II. Superficie interna di una semisfera con la base parallela al piano meridiano.

III. Superficie interna di una semisfera con la base parallela al primo verticale (piano Est-Ovest).

IV. Superficie interna di una semisfera con la base parallela a un piano verticale qualunque.

V. Superficie interna di una semisfera con la base perpendicolare al piano meridiano e parallela all'asse polare e gnomone anch'esso parallelo all'asse polare.

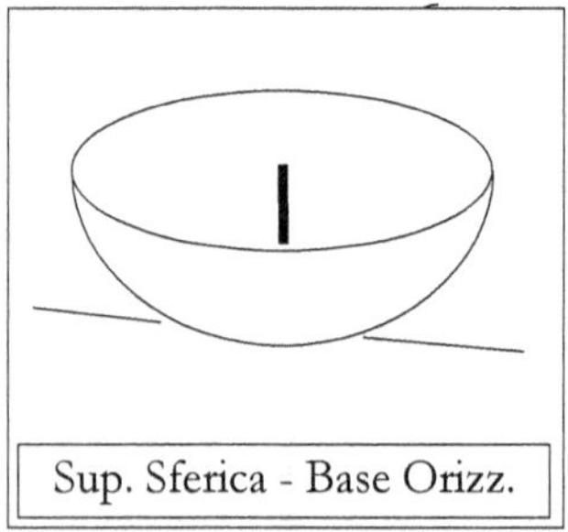

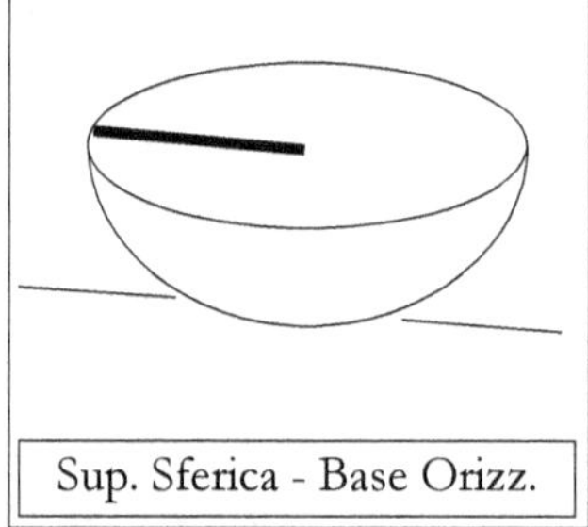

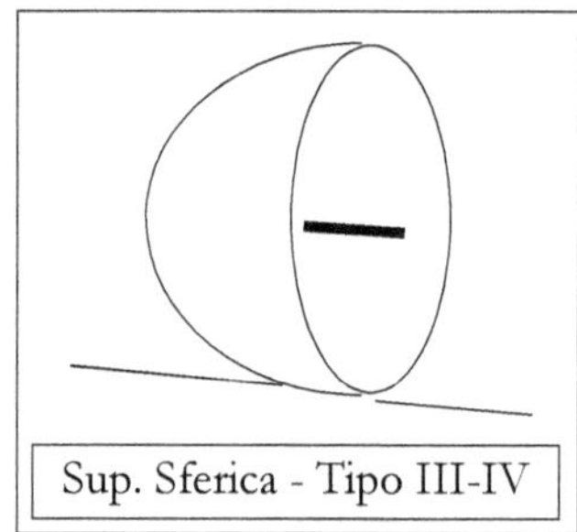

Fig. 23.21

Il procedimento per tracciare le linee di un orologio sulla superficie interna di una semisfera orizzontale è molto semplice ed è descritto nei seguenti passaggi (Fig. 23.22):

- si traccia all'interno della semisfera il semicerchio NGS ove la superficie è intersecata dal piano meridiano; sia G il punto intermedio di esso, piede della verticale dal centro della sfera.

- Partendo dal punto S a Sud si porta su questo semicerchio l'arco SP avente una lunghezza, in gradi, uguale alla latitudine del luogo. Si porta lo stesso arco anche dal punto G ottenendo il punto A. In A cade l'ombra del centro O della sfera a mezzogiorno nei giorni degli equinozi.

- Sempre sul semicerchio NGS si porta poi l'angolo ε da una parte e dall'altra di A ottenendo i punti B e C. In questi punti cade l'ombra del centro O a mezzogiorno nei giorni dei solstizi.

- Con centro in P ed apertura del compasso uguale a PB, PA, PC si disegnano sulla superficie interna gli archi di cerchio HH', DD' e MM', che sono le linee diurne agli equinozi e ai solstizi.

- I punti H, D, M in cui queste linee incontrano il cerchio orizzontale che delimita la semisfera indicano i punti in cui tramonta il Sole; i punti H', D', M' indicano dove il Sole nasce.

- Dividendo gli archi HH' DD', MM' ciascuno in 12 parti uguali si ottengono i punti in cui cade l'ombra del centro O all'inizio delle diverse ore temporarie.

- Lo gnomone può essere un'asta verticale lunga come il raggio della sfera e terminante nel suo centro O.

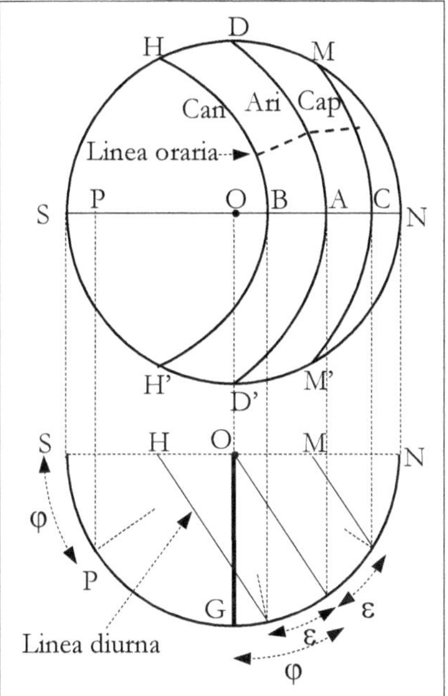

Fig. 23.22 Costruzione su semisfera orizzontale

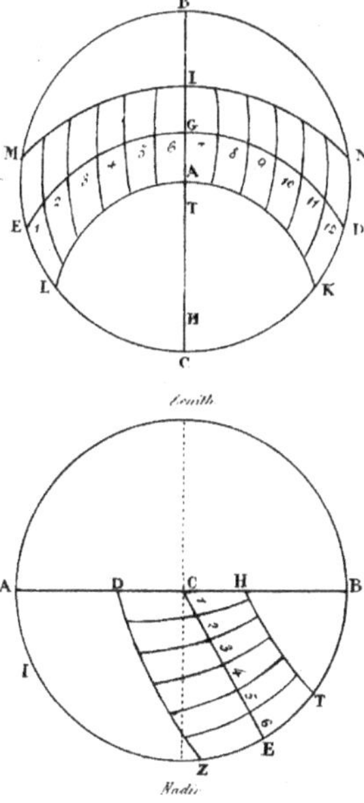

Fig. 23.23 Semisfera orizzontale e verticale da Sédillot

Capitolo 24
INDICATORI DELLE ORE DELLE PREGHIERE

24.1 Indicatori delle ore delle preghiere

Come ho già scritto più volte, per il fedele musulmano furono sempre molto importanti gli istanti in cui recitare le preghiere, mentre al contrario, sino a poco più di un secolo fa per la gente comune fu quasi sempre di poco interesse conoscere con precisione l'ora nella giornata.
Gli istanti delle preghiere erano indicati dai muezzin o, per i viaggiatori, dagli orologi e dai quadranti portatili.
Per conoscere l'ora, nei pochi casi in cui era richiesta, dal popolo comune venivano utilizzati dei metodi empirici, mentre gli astronomi, gli addetti alle moschee e gli studiosi usavano astrolabi o normali meridiane.

Dopo il 1500 circa, con la diffusione anche nei paesi musulmani degli orologi meccanici da torre, anche l'uso delle meridiane per la lettura dell'ora andò pian piano perdendo di importanza nonostante il fatto che il formarsi di grandi agglomerati urbani richiedesse, come contemporaneamente avvenne anche in Occidente, una organizzazione del lavoro e della vita più legata al tempo, e quindi la necessità di una più precisa conoscenza dell'ora nella giornata.
Poiché le ore delle preghiere non potevano essere segnate dagli orologi meccanici, le meridiane subirono i cambiamenti necessari per fornire questo "servizio". Nelle grandi città come Istanbul e il Cairo furono a questo scopo costruiti in luoghi aperti al pubblico molti strumenti che indicavano soltanto le ore delle preghiere principali e orologi solari verticali riportanti anche le linee delle ore mancanti alla preghiera del tramonto.
Mentre sono molto rari i frammenti dei primi orologi solari giunti sino a noi, sono invece molto numerosi questi strumenti che, ancora oggi, si possono osservare sulle pareti delle grandi moschee.

Occorre osservare che questi orologi sono spesso molto particolari e non facilmente leggibili da uno gnomonista moderno.
In quelli più complessi sono riportati, in un solo quadrante, due, tre o più orologi distinti, ciascuno con il proprio gnomone e con le linee in parte sovrapposte.

Alcuni esempi
Nelle immagini che seguono sono riprodotti alcuni esempi di questi particolari "orologi solari" riportanti soltanto le linee delle ore delle preghiere.

In Fig. 24.1 l'orologio su cilindro che si trova a Tlemcen in Algeria, nella Grande Moschea di Sidi el Halwi, e che fu tracciato da Ahmed al Mohammed al Lamti nell'anno 1347. Riporta soltanto la linea meridiana, le linee dei solstizi e dell'equinozio e la linea dell'ora della preghiera Asr.

Fig. 24.1   Orologio cilindrico
Tlemcen in Algeria

Fig. 24.2   Orologio solare
Tunisi (1345)

In Fig. 24.2 il quadrante orizzontale costruito da Abu l-Qasim ibn Hasan al-Shaddad a Tunisi nell'anno 1345, ora al Museo Nazionale di Cartagine sul quale sono riportate la linea meridiana e 4 linee che si riferiscono alle preghiere: la linea della preghiera Asr ; la linea della preghiera Zuhr ; una linea che indica quando manca   un'ora equinoziale per arrivare al mezzogiorno e infine una linea simmetrica a quella dell'Asr rispetto al mezzogiorno.

Fig. 24.3   Moschea Yeni Cami
Istanbul

In Fig. 24.3 la meridiana che si trova su una parete della Moschea Yeni Cami a Istanbul.
Alla curva più in alto, quella dell'Asr, seguono 9 curve che indicano periodi di tempo che mancano alla recita della stessa preghiera, intervallati di 20 minuti di ore equinoziali.

E' presente, sulla sinistra molto sottile, anche la linea del mezzogiorno vero, legata alla recita, in Turchia, della preghiera Zuhr.

Fig. 24.4   Moschea di S.Sofia
Istanbul

In Fig. 24.4 uno degli orologi solari che si trovano nella Moschea di S. Sofia (Ayasofya) ad Istanbul.
L'orologio comprende soltanto la linea oraria del mezzogiorno e 13 linee che indicano tempi legati all'istante della preghiera del pomeriggio Asr; i tempi vanno da 240 minuti a 20 minuti prima dell'istante della preghiera.

24.2 Indicatore del mezzogiorno o dello Zuhr

In Iran (l'antica Persia) sono ancora presenti in prossimità delle porte di alcune grandi moschee dei particolari "indicatori del mezzogiorno" costituiti in genere da pietre, rettangolari o sagomate, aventi una faccia coincidente esattamente con il piano meridiano: l'illuminarsi di questa faccia indica che è appena passato il mezzogiorno locale e che quindi è il momento per recitare la preghiera Zuhr.

In persiano sono chiamati proprio "*Shakhes-e Zohr*" (شاخص ظهر) che significa "marcatore dello zuhr".[18]

Fig. 24.5   L'indicatore del mezzogiorno nella Moschea reale di Isfahan - Iran

In Fig. 24.5 due immagini dell'"indicatore"che si trova all'esterno della famosissima, e bellissima, Moschea dell'Imam o Moschea del Re (Masjid-e Jam 'e Abbasi o Masjid-e Shah) a Isfahan in Iran.

Lo strumento si trova nell'edificio a sud ovest del cortile interno, a fianco della porta, e consiste in una pietra tagliata ad angolo in modo tale che la sua faccia verticale coincida esattamente con il piano meridiano.

Questa indicatore è attribuito allo scienziato, matematico, poeta e filosofo Sheikh Baha (1547- 1625)

Fig. 24.6   Moschea del Venerdì
Isfahan (Iran)

[18] Ringrazio il dott. Reinhold Kriegler di Brema (Germania) e il prof. Mohammad Bagheri di Isfahan (Iran) per le notizie su questi tipi di strumenti e per le immagini che mi hanno inviato.

Nella Fig. 24.6 si può vedere un diverso strumento dello stesso tipo presente in prossimità della porta della Moschea del Venerdì, sempre ad Isfahan.

Lo strumento riportato in Fig 24.7 è invece costituito da un blocco di pietra rettangolare di 46x57x75 cm, riportante due lunghe scritte sulle facce opposte. Si trova nella scuola religiosa di Chahār Bāgh (Quattro Giardini) ad Isfahan e il muro dietro la pietra non è la parete di una moschea.
Originariamente era posto con un vertice accostato alla parete della scuola, ruotato di circa 45° in modo da avere la faccia mostrata in figura esattamente rivolta a sud e le due laterali coincidenti con il piano meridiano..
Il testo scritto sulla pietra è in persiano e contiene il resoconto di una visita fatta ad Isfahan da Seyyed Jalal Tehrani che fu ambasciatore dell'Iran in Belgio, lavorò all'osservatorio di Bruxelles e fece incidere e installare lo strumento nel 1932.
La scritta sulla faccia Sud recita *"Questa pietra fu fissata nella scuola di Chahar-Bagh nel giorno di 29 Jamadi del 1351 AH lunare o 8 Aban 1311 AH solare, per determinare il mezzogiorno vero, in ricordo di una mia vista a Isfahan. Quando l'ombra della faccia ovest sparisce, allora è mezzogiorno. ..."*

Fig. 24.7   L'indicatore del mezzogiorno nella scuola Chahār Bāgh ad Isfahan

Due strumenti particolari, inventati appositamente per indicare l'stante della preghiera Asr, sono descritti molto sinteticamente da Najm al-Dīn al-Misrī: li indicherò con i nomi di *"Tavoletta universale per l'Asr"* e *"Cerchio dell'Asr"*.

24.3 La tavoletta universale per l'Asr

Si tratta di un orologio solare di altezza tracciato su una tavoletta verticale, al lato superiore della quale è applicata, perpendicolarmente, una lamina a forma di triangolo rettangolo, avente la funzione di elemento ombreggiante.

L'orologio è del tipo portatile ed universale e su di esso sono tracciate le linee diurne, verticali e fra loro parallele, la curva della preghiera Asr e quella del mezzogiorno (ora VI).

Le linee diurne sono individuate dal valore della altezza meridiana h_M del Sole, fra 0° e 90°, sulla base di una scala graduata posta sul bordo superiore (Fig. 2.48).

Per utilizzare la tavoletta occorre :

- determinare preventivamente l'altezza meridiana h_M del Sole nel giorno di osservazione (nell'esempio di Fig. 2.48 si ha $h_M=40°$);
- segnare la linea diurna verticale individuata da questo valore h_M (punto B) ;
- individuare il punto in cui questa linea diurna incontra la linea dell'Asr (punto A);
- sospendere verticalmente la tavoletta e ruotarla verso il Sole sino a renderla perpendicolare al piano verticale contenente il Sole stesso. Questo poteva essere fatto agevolmente portando l'ombra del cateto libero della lamina (OC) a coincidere con il bordo OD della tavoletta.
- Se il bordo dell'ombra della lamina, passante per D, interseca la curva dell'Asr esattamente nel punto A, allora l'istante della osservazione coincide con quello dell'Asr. Se il bordo dell'ombra passa sotto di questo punto l'istante non è ancora giunto.

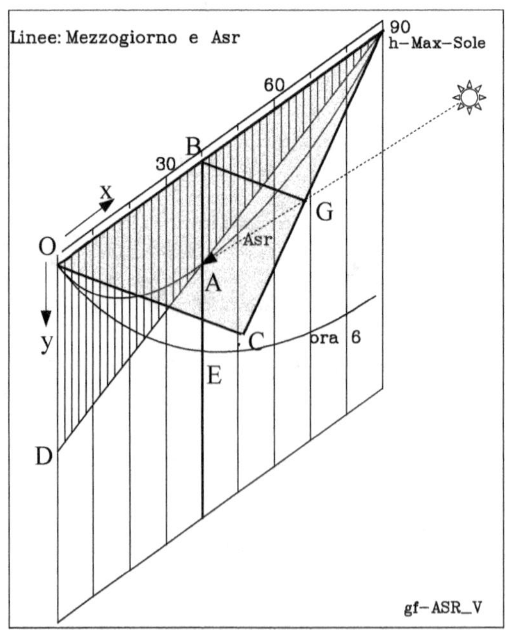

Fig. 24.8   La tavoletta universale per l'Asr

Il valore della altezza meridiana del Sole nel giorno di osservazione poteva essere trovato o con un quadrante di altezza o, più semplicemente, utilizzando la curva del mezzogiorno disegnata sulla tavoletta stessa.

Procedendo come sopra descritto e osservando a mezzogiorno il punto di intersezione del bordo inferiore dell'ombra con la curva dell'ora VI (punto E) si poteva immediatamente individuare la linea diurna verticale interessata e quindi il valore di h_M.

Studio analitico per il tracciamento della curva dell'Asr

Per disegnare la curva dell'Asr, noto il valore di h_M, occorre calcolare la distanza x=OB, la lunghezza dello gnomone ρ = BG in tale punto, l'altezza del Sole all'Asr (angolo BGA) e infine la distanza y=BA.

Indicando con ρ_{MAX} la lunghezza del lato OC del triangolo-gnomone e con **a** la larghezza della lamina si hanno le relazioni :

$$\rho = \rho_{MAX} \cdot \left(1 - \frac{h_M}{90}\right) \qquad \tan(h_{ASR}) = \frac{\tan(h_M)}{1 + \tan(h_M)}$$

$$x_A = \overline{OB} = \frac{a}{90} \cdot h_M \qquad y_A = \overline{BA} = \rho \cdot \tan(h_{ASR}) = \rho_{MAX} \cdot \left(1 - \frac{h_M}{90}\right) \cdot \frac{\tan(h_M)}{1 + \tan(h_M)}$$

Per la linea del mezzogiorno si ha :

$$y_E = \overline{BE} = \rho \cdot \tan(h_M) = \rho_{MAX} \cdot \left(1 - \frac{h_M}{90}\right) \cdot \tan(h_M)$$

24.4 Il cerchio dell'Asr

24.4.1 Generalità

Questo strumento è rimasto praticamente sconosciuto sino a pochi anni or sono, e cioè sino alla traduzione ed al commento da parte dello studioso Francois Charette del manoscritto di Najm al-Din al-Misri.

Lo strumento è descritto in un brevissimo paragrafo di una decina di righe, in cui viene data una succinta e non completa spiegazione della sua costruzione, senza accennare al suo utilizzo, come se lo strumento fosse ben conosciuto a quel tempo (1330 circa).

Il dispositivo si basa sulla osservazione che in un orologio solare orizzontale, costruito per una località con latitudine compresa fra 30° e 40° circa, la curva indicante gli istanti della preghiera Asr ha una forma che si approssima molto all'arco di un cerchio.

Per ottenere un "cerchio dell'Asr" possiamo quindi pensare di disegnare un orologio solare orizzontale su una piastra o su un piano di legno, cancellare tutte le linee lasciando soltanto lo gnomone verticale e la curva dell'Asr, tracciare la circonferenza che più si approssima a questa curva e, infine, tagliare la piastra seguendo questa circonferenza. Orientando lo strumento così ottenuto con lo stesso orientamento dell'orologio solare di partenza avremo che l'istante in cui l'ombra dello stilo raggiunge il bordo della piastra coincide, con buona approssimazione, con l'istante della preghiera (Fig. 24.10).

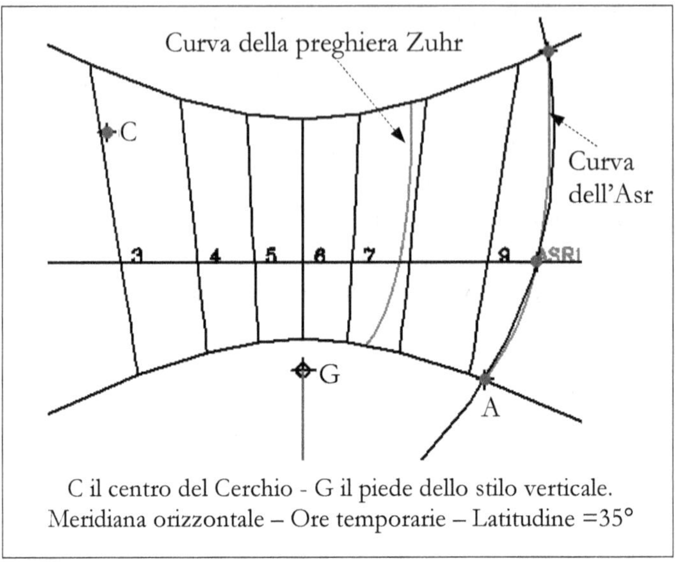

Fig. 24.9   Il cerchio che approssima la curva dell'Asr .

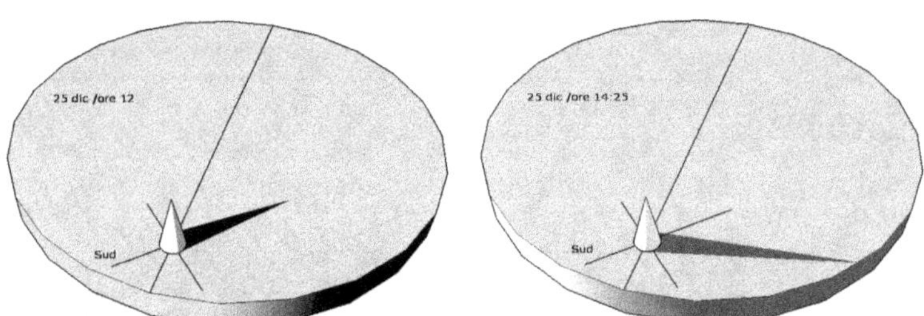

Fig. 24.10   Esempio di cerchio dell'Asr – Lat. =35°
25 dicembre a mezzogiorno e all'Asr

24.4.2 La costruzione di Najm al-Dīn al-Misrī

Nel suo trattato Najm al-Dīn dà la seguente concisa e un poco oscura spiegazione del procedimento per la costruzione del cerchio dell'Asr:

*Disegnare un cerchio e dividerlo in 4 parti di 90°. Porre una riga nel centro con l'angolo dell'azimut dell'Asr
a uno dei solstizi o all'equinozio . Aprire il compasso della lunghezza dell'ombra e fissare una punta al
centro e l'altra dove taglia la linea dell'azimut: questo è il segno dell'Asr. Ripetere la stessa costruzione e
unire i punti trovati con un cerchio. Disporre questo cerchio in relazione al primo.*

In linguaggio moderno possiamo "tradurre" questa spiegazione così (vedi Fig. 24.9):
conoscendo la lunghezza dell'ombra all'Asr e il suo azimut nei giorni dei solstizi e degli equinozi, trovare i punti corrispondenti a questi istanti utilizzando un sistema di coordinate polari

centrato nel punto in cui è sistemato lo stilo verticale e poi disegnare la circonferenza passante per questi tre punti
Il metodo è semplice e immediato e richiede soltanto la conoscenza della posizione delle ombre nell'istante dell'Asr nei giorni ricordati.
Mentre la determinazione della lunghezza dell'ombra è facilmente ricavabile con una semplice costruzione geometrica, per la determinazione del valore dell'azimut del Sole in questi istanti occorre o avere le nozioni astronomiche necessarie per il calcolo dell'azimut, o avere a disposizione delle tabelle calcolate per la latitudine del luogo, o avere una meridiana già costruita per la località che interessa. In altre parole occorrono conoscenze che solo raramente erano possedute dai religiosi presenti nelle moschee.

I risultati che si ottengono usando un cerchio dell'Asr realizzato seguendo il metodo descritto sono molto precisi, come si può osservare dalle curve riportate nel diagramma di Fig. 24.11, calcolato per località con latitudine di 25°, 35° e 45°.
In esso in ascissa si ha la longitudine del Sole, a partire dal solstizio invernale sino a quello estivo, e in ordinata l'errore in minuti equinoziali

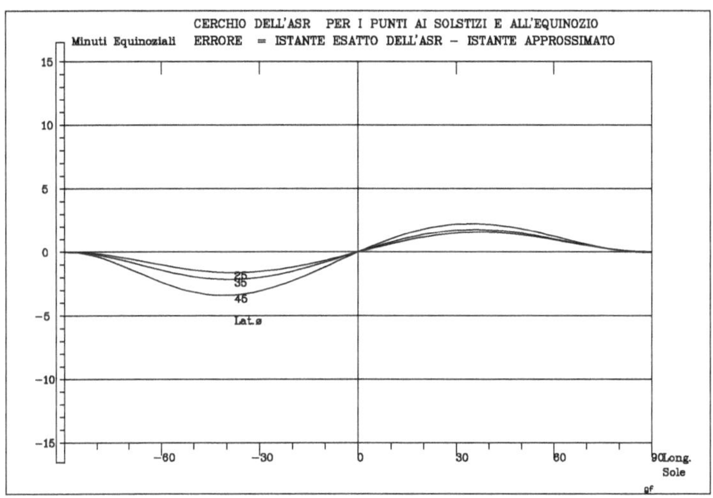

Fig. 24.11   Errore del cerchio dell'Asr

24.4.3 Una possibile e diversa costruzione

Una possibile diversa costruzione del cerchio dell'Asr si basa sulle osservazioni seguenti:
- la curva della preghiera Asr interseca l'iperbole del solstizio estivo in un punto A che si trova quasi esattamente ad Est del piede dell'ortostilo G (vedi Fig. 24.9);
- il cerchio dell'Asr interseca la linea meridiana a una distanza molto simile alla distanza GA;
- il centro di questo cerchio si trova, all'incirca, sulla linea passante per G con la direzione da Sud-Est a Nord-Ovest.

La costruzione del cerchio si può quindi fare con le seguenti semplici operazioni geometriche indicate in Fig. 24.12:

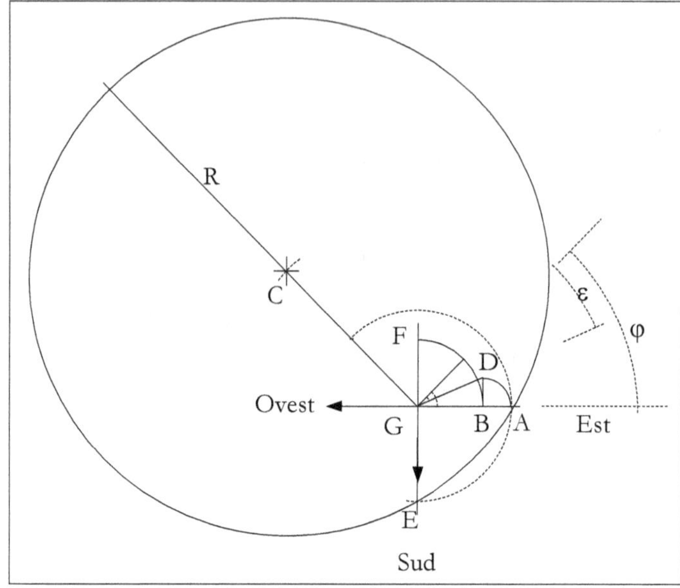

Fig. 24.12   Costruzione del cerchio dell'Asr

- dal piede dello stilo G si porta verso Est una distanza uguale alla lunghezza GA dell'ombra all'Asr al solstizio estivo;
- si traccia la linea passante per G con la direzione da Sud-Est a Nord-Ovest – linea GC;
- su questa linea, partendo da G, si porta due volte la lunghezza dell'ombra all'Asr GA, trovando così il punto C, centro del cerchio;
- si disegna la circonferenza con centro in C e raggio CA : questo è il cerchio dell'Asr già orientato correttamente rispetto ai punti cardinali.

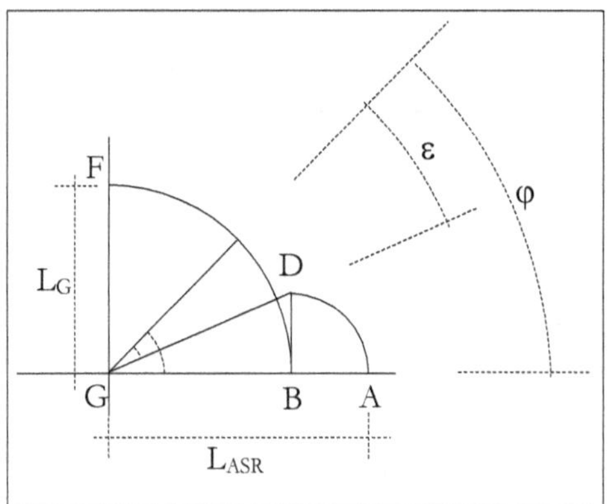

$$L_G = FG = GB = \text{lunghezza gnomone}$$
$$DB = BA = L_{MAX} = L_G \cdot \tan(\varphi - \varepsilon)$$
$$GA = L_{ASR} = L_G + L_{MAX}$$

Fig. 24.13   Costruzione della ombra all'Asr al Solstizio estivo

In Fig. 24.13 è illustrata la costruzione geometrica della lunghezza dell'ombra all'Asr, con riferimento al Solstizio estivo, indicata anche nella precedente figura. Per un diverso giorno dell'anno occorre sostituire al valore ε, il valore (positivo o negativo) della declinazione δ del Sole.

Questo metodo per la costruzione del cerchio dell'Asr ha, rispetto a quello di Najm al-Dīn, il vantaggio di essere molto semplice, di poter essere utilizzato anche da persone senza nessuna conoscenza astronomica e con il solo uso del compasso. L'unica nozione richiesta è il valore della latitudine del luogo.

Gli errori sull'istante dell'Asr che si hanno utilizzando il cerchio così costruito, al variare delle stagioni e per diverse latitudini, sono leggermente superiori a quelli del metodo originale ma inferiori a circa 10 minuti equinoziali, per località con latitudine inferiore a 40°.

24.5 Come ottenere l'altezza del Sole all'Asr

Il valore dell'altezza del Sole nell'istante dell'Asr si può trovare con la semplice costruzione geometrica di Fig. 24.14 ove ho indicato con L_G la lunghezza dello gnomone, con L_{MAX} e L_{ASR} le lunghezze dell'ombra massima meridiana e all'Asr, con h_{MAX} e h_{ASR} le altezze del Sole meridiana e all'Asr.

Per utilizzare questa costruzione geometrica e ottenere il valore della altezza all'Asr, in molti quadranti era riportata una linea orizzontale distante L_G (in genere 12 unità) dal bordo.

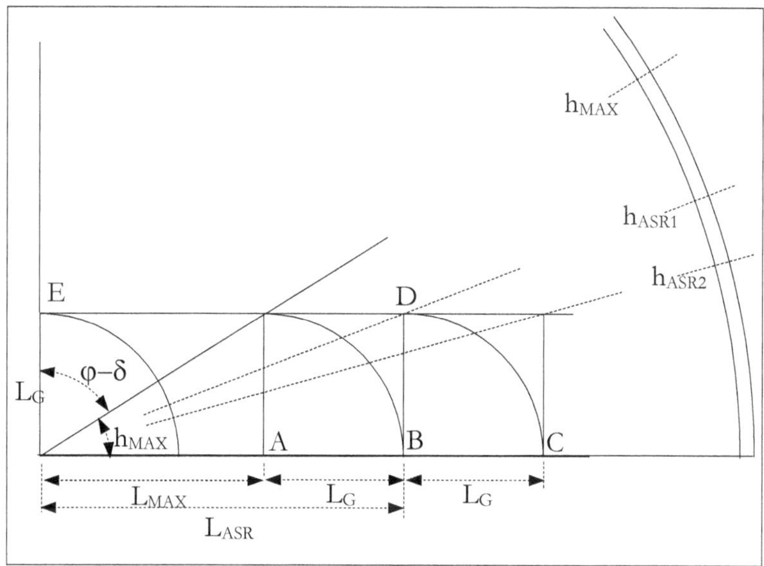

Fig. 24.14   Determinazione dell'ombra all'Asr

Impostando l'alidada o la cordicella sul valore dell'altezza meridiana h_{MAX} era quindi possibile trovare il punto A e, sommando una lunghezza uguale all'altezza L_G della striscia, ottenere il punto B. Portando infine l'alidada in D si poteva leggere il valore cercato dell'altezza del Sole all'Asr, sulla scala circolare.[19]

Ricordo che il valore della altezza meridiana del Sole si può ricavare anche usando il cerchio dei mesi o Menaeus.

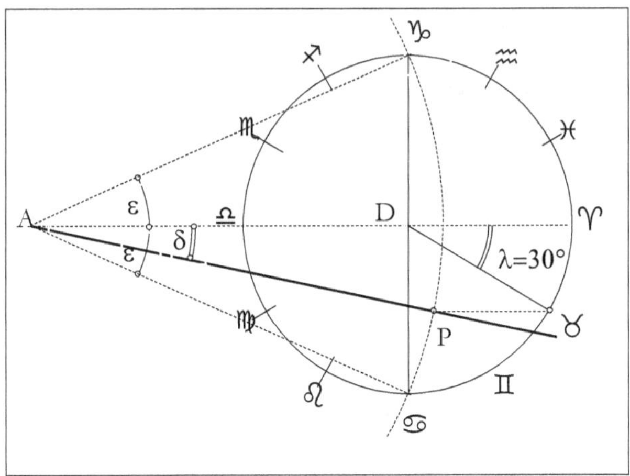

Fig. 24.15   Il Menaeus o cerchio dei mesi

Dato il giorno nell'anno, sul cerchio dei mesi si trova il punto corrispondente (nell'esempio in Fig.24.15 il giorno di ingresso del Sole nel segno del Toro, con $\lambda=30°$). Disegnando la parallela alla linea degli equinozi si trova il punto P e infine, tracciando la retta AP, il valore della declinazione del Sole in quel giorno (angolo PAD).

Conoscendo la latitudine del luogo si può infine ricavare il valore $h_{MAX} = 90 - \varphi + \delta$.

---

[19] La lunghezza dello stilo L_G era solitamente di 12 dita. Una linea come la ED si trova disegnata in molti astrolabi proprio per poter ricavare rapidamente, conoscendo la lunghezza massima dell'ombra orizzontale, quella all'Asr e l'altezza del Sole in tale istante.

Parte X

ESEMPI DI OROLOGI SOLARI ISLAMICI

ESEMPI DI OROLOGI SOLARI ISLAMICI

Ho già scritto più volte che, dei numerosissimi orologi solari che furono costruiti e usati per secoli nel mondo ove si diffuse la religione dell'Islam, soltanto pochissimi sono giunti sino a noi. Poiché erano strumenti usati in particolare per la lettura delle ore delle preghiere, vennero sostituiti, con il passare dei secoli, da orologi meccanici, che indicavano le nuove ore uguali, e da tabelle di valori numerici pre-calcolati.

Gli strumenti di cui abbiamo notizia possono, molto grossolanamente, essere suddivisi in tre distinti periodi:

- quelli costruiti prima del 1300, di cui rimangono soltanto alcuni frammenti rinvenuti in particolare in Andalusia e, fortunatamente, alcuni disegni che si trovano nei numerosi manoscritti sull'argomento rinvenuti negli ultimi decenni;
- quelli riportati nei manuali più importanti sugli strumenti per la misura del tempo, scritti nel periodo fra il 1250 e il 1350;
- quelli infine che si possono ancora ammirare nei musei e sulle pareti delle moschee di alcune importanti città dell'Impero Ottomano e che risalgono all'incirca al periodo successivo il 1400.

Nelle pagine che seguono cercherò di descrivere i principali di questi strumenti, suddividendoli in alcuni Capitoli in base a un criterio del tutto personale.

Nei Cap. 25 e 26 sono descritte alcune meridiane molto note e altre, a mio parere, molto elaborate e quasi spettacolari;

nel Cap. 27 ho raccolto gli orologi solari dell'Andalusia;

nel Cap. 28 alcuni dei moltissimi orologi Ottomani presenti a Istanbul e in Turchia;

nel Cap. 29 altri orologi Ottomani presenti al Cairo e nel Nord Africa;

nel Cap. 30 orologi su colonne o di forma semicircolare;

nel Cap. 31, infine, alcuni orologi solari realizzati negli ultimi anni secondo i criteri leggibili in quelli Ottomani.

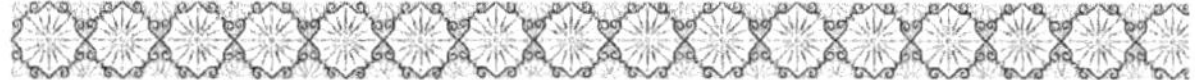

Capitolo 25
ALCUNI OROLOGI FAMOSI

25.1 La meridiana di Ibn al-Shāṭir – Moschea Omayyade di Damasco

E' forse l'orologio solare più famoso fra quelli che ci sono pervenuti; certamente è quello più bello e che ci desta più meraviglia per la complessità e la precisione del disegno, anche fra quelli di cui rimangono soltanto le descrizioni.

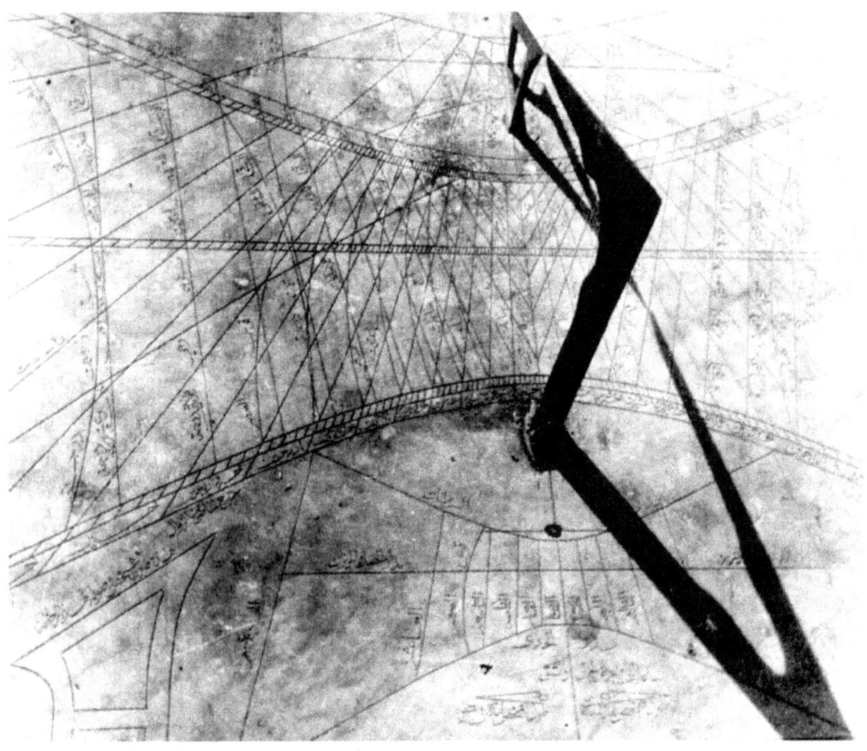

Fig. 25.1   L'orologio solare di Ibn al-Shāṭir a Damasco

Fu realizzato nell'anno 773H (1371-1372) dall'astronomo (*muwaqqit*) Ibn al-Shāṭir[1] e fu siste-

---

[1] Ala Al-Din Abu'l-Hasan Ali Ibn Ibrahim Ibn al-Shāṭir (ابن الشاطر) (1304 – 1375) è uno dei più importanti scienziati di lingua araba: fu astronomo, matematico, ingegnere e inventore. Siriano di origine, lavorò come *muwaqqit*, cioè come "conservatore del tempo", nella Moschea Omayyade di Damasco. Nel suo più importante trattato astronomico egli riformò drasticamente i modelli Tolemaici per il moto di Sole, Luna e pianeti eliminando gli epicicli nel moto del Sole, gli eccentrici e l'equante nei moti dei pianeti e della Luna. I modelli di Ibn al Shatir furono i primi, dopo più di

mato su un piccolo balcone sulla parete sud del minareto detto "la Torre della Sposa"

Fig. 25.2   Il *Madhanat al-Arus* nella
Grande Moschea di Damasco

Fig. 25.3   Vista dal balcone del minareto
Grande moschea Omayyade di Damasco

(*Madhanat al-Arus*) nella Grande Moschea di Damasco (attuale Siria), edificata dai califfi della dinastia Omayyade (Fig. 25.2, 25.3). [2] [3]

1000 anni, a dare risultati migliori di quelli prodotti dalla teoria tolemaica. Sebbene il suo sistema fosse ancora geocentrico i dettagli matematici della sua teoria, i suoi diagrammi e i punti segnati su di essi sono identici a quelli riportati da Copernico nel "De rivolutionibus", scritto 200 anni dopo.

Fra gli strumenti da lui inventati vi sono l'orologio solare con stilo polare, l'orologio astrolabio, il *compendium* astronomico e l'orologio universale con bussola incorporata: tutti questi strumenti furono riscoperti e si diffusero in Europa circa due secoli dopo. [Il *compendium* è uno complesso strumento che contiene un astrolabio, un cerchio orario, una meridiana con asse polare e una bussola].

[2] La grande Moschea degli Omayyadi a Damasco è il principale edificio di culto della città ed una delle più grandi ed antiche moschee del mondo. Nel luogo ove si trova vi era in epoca romana un grande tempio dedicato a Giove che, quando l'imperatore Teodosio alla fine del IV secolo impose il Cristianesimo come unica religione, fu trasformato in una chiesa dedicata a San Giovanni Battista. Alla conquista araba di Damasco nel 636 fu permesso alla comunità cristiana di continuare ad usare la chiesa che, almeno sino all'800 circa, rimase il più importante luogo di culto cristiano della regione.

Nel 706 il califfo al-Walid I ordinò la parziale distruzione della chiesa e la costruzione della grande Moschea che fu terminata nel 715. Della antica chiesa rimangono le colonne interne e tre torri trasformate in minareti; secondo una tradizione locale da uno di questi, detto il *"minareto di Gesù"*, Gesù annuncerà il giudizio universale.

Per questo era, ed è tuttora, visibile soltanto salendo sul minareto, non visibile quindi dai comuni fedeli.

La meridiana di al-Shāṭir rimase a lungo sconosciuta e fu descritta per la prima volta nella letteratura scientifica soltanto nel 1972 [4].

L'astronomo egiziano al-Tantawi, *muwaqqit* della Moschea, nel 1876 si accorse che la lastra di marmo, delle dimensioni di 100x200cm, su cui era incisa la meridiana non era perfettamente orizzontale ed era anche leggermente disallineata. Mentre cercava di sistemarla, la lastra si ruppe in tre pezzi, che, inizialmente depositati in un cortile, si trovano ora al Museo Nazionale di Damasco (Fig. 25.4).

Al-Tantawi allora fece incidere una copia molto accurata dell'orologio solare, perfettamente uguale all'originale, aggiungendovi una nuova linea: quella che indica che mancano 13h 20m alla "*rottura del giorno*", cioè all'alba del giorno seguente o alla prossima preghiera Fajr. [5]

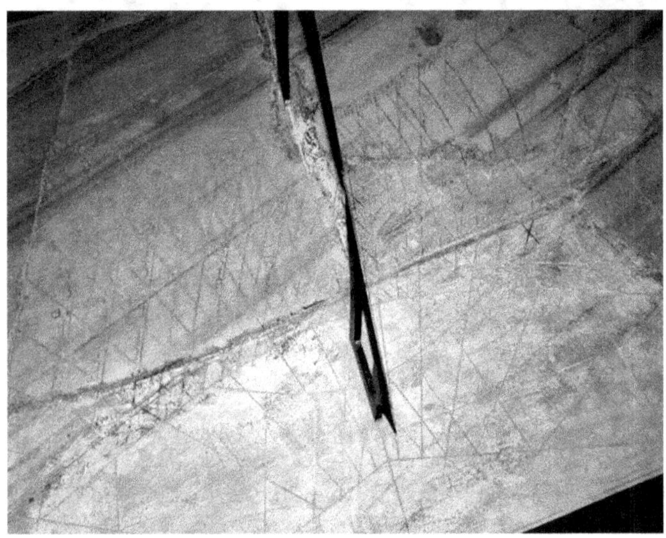

Fig. 25.1   L'orologio solare originale
Museo Nazionale Archeologico di Damasco

Mentre le vecchie meridiane si basavano sull'ombra prodotta da un punto (il nodo) e indica-

---

All'interno della moschea vi è una cappella in cui i musulmani credono sia conservata la testa del Battista, ritrovata durante la costruzione del nuovo tempio: Giovanni Battista è considerato un profeta dai musulmani. Secondo la tradizione cristiana invece la testa del Battista è conservata nella chiesa di San Silvestro in Capite a Roma.

[3] "… *uno dei servi si recò a visitare la grande moschea degli Omayyadi, che non ha simile al mondo…*". Da *Le Mille e una notte* , Storia del Visir Nur ed Din

[4] Janin, Louis (1972), "*Le Cadran Solaire de la Mosquée Umayyade à Damas*", Centaurus 16: 285–298
   Kennedy, E. S. and Imad Ghanem, "*The Life and Work of Ibn al-Shāṭir, an Arab Astronomer of the Fourteenth Century*", Aleppo, Institute for History of Arabic Science, 1976

[5] Osservando l'immagine della meridiana originale la linea del Fajr non è visibile

vano le ore temporarie, di durata variabile nelle diverse stagioni, Ibn al-Shāṭir nel 1371 si rese conto che, utilizzando come elemento ombreggiante uno stilo parallelo all'asse terrestre, l'ombra dell'intera asta coincideva con le linee ad angolo orario costante e quindi con le linee delle ore uguali.

La meridiana della moschea di Damasco è quindi il primo orologio solare costruito su questo principio e anche la più antica ancora esistente.
Questo tipo di orologio solare ad ore uguali, dette di tempo vero o solare, divenne noto in Europa a partire dal 1450 circa ed è quello che oggi è maggiormente diffuso nel mondo.

L'orologio solare di Ibn al-Shāṭir consiste in realtà in tre quadranti orizzontali distinti aventi la linea meridiana in comune: quello centrale di grandi dimensioni e, esterni esso, uno sul lato Nord e l'altro sul lato Sud, di dimensione pari a 1/3 di quello centrale (Fig. 25.5).[6]

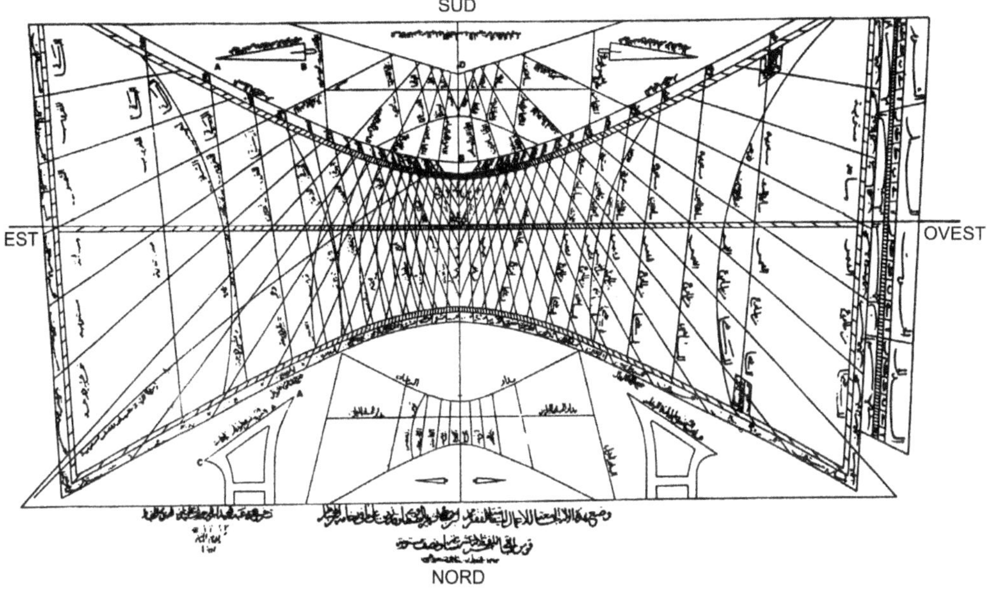

Fig. 25.5   L'orologio solare di Ibn al-Shāṭir a Damasco – Disegno

---

[6] Il disegno che compare in Fig. 25.5 è l'unico che l'autore è riuscito a trovare nella letteratura esistente. Si trova in molti testi sugli orologi solari, nella Enciclopedia dell'Islam, in diversi articoli e saggi di D. A. King, di L. Janin, ed di altri, in articoli su riviste, ecc.
Non è del tutto chiaro chi fu l'autore del disegno, che riporta scritte originali in francese, né quando fu eseguito. D. A. King e R. Morelon hanno scritto che esso proviene dagli archivi di Alain Brieux, da una copia della fine dell'800 di una litografia preparata dall'Ufficio Rilievi di Damasco (King, *World-maps for finding the direction and distance to Mecca*, Cap. 1, p. 22)
Da notare che spesso il disegno è stato pubblicato rovesciato.

Gli gnomoni dei due quadranti più piccoli sono uguali e le loro forma e lunghezza sono incise in prossimità dei bordi della lastra (fig. 25.5, 25.6).

Per l'orologio centrale era previsto invece un complesso gnomonico formato da due parti, con il bordo superiore allineato a formare uno "stilo" polare e con il punto di "incontro" a costituire l'estremità ideale di un ortostilo; la lunghezza di questo ortostilo è indicata dai due gnomoni riportati in prossimità del bordo Sud della lastra (Fig. 25.6 e 25.7).

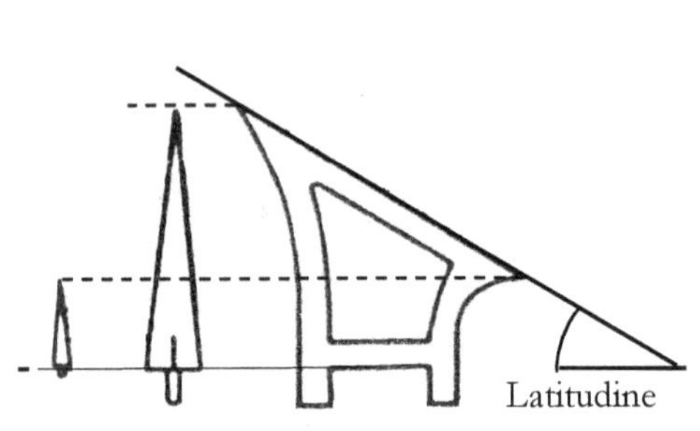

Fig. 25.6   I tre gnomoni

Fig. 25.7   Lo gnomone polare

Anche la forma di una parte di questo stilo è incisa in prossimità del bordo Nord della lastra.

Quadrante Sud

Il quadrante a Sud è uguale, come dimensioni, a quello a Nord. Sulla metà Ovest di esso sono riportate le linee che indicano le ore trascorse dal sorgere del Sole, mentre sulla metà Est troviamo le linee che indicano le ore che mancano al tramonto. In entrambi i casi le linee orarie sono indicate dai numeri dall' 1 al 5 (Fig. 25.8). Sovrapposte a queste linee troviamo i prolungamenti delle linee delle ore uguali o di tempo vero.

Da notare che, in questo orologio, la curva solstiziale estiva non è disegnata come una iperbole, ma è approssimata con due segmenti rettilinei.

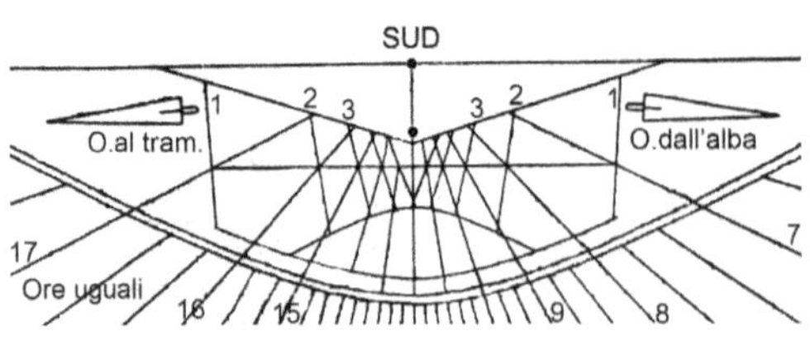

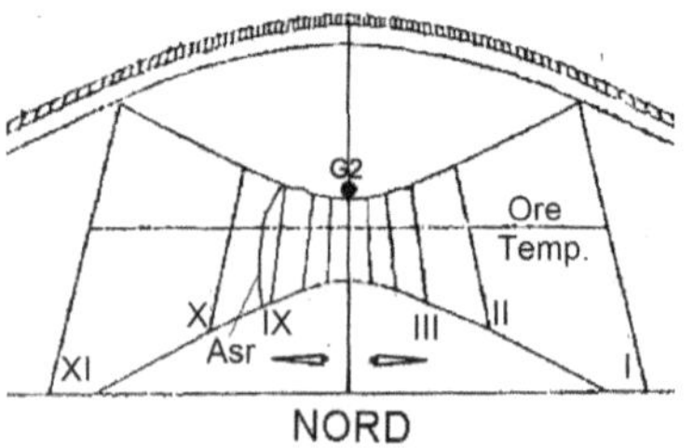

Fig. 25.8   Meridiana Sud

Fig. 25.9   Meridiana Nord

Quadrante a Nord

Il quadrante a Nord indica le ore temporarie e contiene soltanto, oltre alle linee orarie dall'ora I all'ora XI, la linea della preghiera Asr (Fig. 25.9).

Quadrante centrale

Il quadrante centrale è il più complesso in quanto riporta tre sistemi distinti di linee orarie e alcune curve che indicano il tempo in relazione alle 5 preghiere dell'Islam.

Per esaminare in dettaglio i diversi gruppi e sistemi di linee, il disegno dell'intera meridiana è stato, nelle figure che seguono, elaborato, pulito e ritoccato, conservandone però le dimensioni, le curve e le linee fondamentali.

Le linee delle preghiere.

Al centro si possono osservare (Fig. 25.10):

la linea che indica l'istante in cui si deve recitare la preghiera Asr, seguita, a destra, da un gruppo si 6 curve quasi parallele che indicano gli istanti in cui all'Asr mancano intervalli di tempo da 20 minuti a 2 ore. Le curve sono intervallate di 5° di angolo orario (20 minuti).

A sinistra:

due curve con la concavità verso l'esterno, che indicano i momenti in cui mancano 3 e 4 ore equinoziali (cioè 45° e 60° in angolo orario) all'istante in cui deve essere recitata la preghiera Isha o della notte. Da calcoli fatti si è potuto ricavare che queste linee indicano le ore che mancano all'istante in cui il Sole è sceso di 17° al di sotto dell'orizzonte, in cui gli astronomi arabi fissavano l'inizio della notte e il termine del crepuscolo serale.

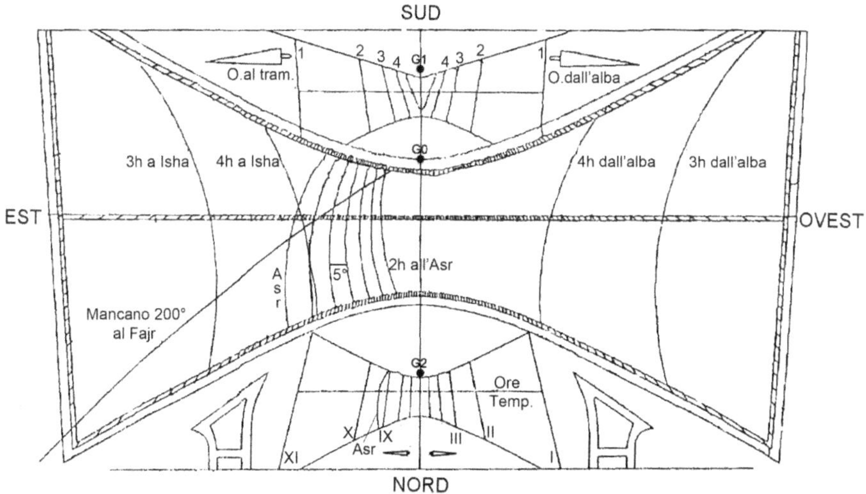

Fig. 25.10 Le linee delle preghiere

A destra:

due curve con la concavità verso Ovest, che indicano i momenti in cui sono trascorse 3 e 4 ore equinoziali (cioè 45° e 60° in angolo orario) dall'istante in cui è stata recitata la preghiera dell'alba o Fajr.

Da calcoli fatti si è trovato che esse indicano le ore dall'istante in cui il Sole si trova 19° al di sotto dell'orizzonte, in cui gli astronomi arabi fissavano il termine o la "rottura" della notte e l'inizio del crepuscolo mattutino.

A causa della diversità degli angoli adottati per l'inizio del crepuscolo mattutino e la fine di quello serale le due coppie di curve ai lati della zona centrale non sono simmetriche.

L'ultima linea che parte dall'angolo Nord-Est e si sposta diagonalmente andando verso Sud-Ovest sino ad incontrare la linea del Solstizio Estivo è quella aggiunta da al-Tantawi nel 1876. Ricalcolando i punti di questa curva l'autore ha trovato che essa indica l'istante in cui manca-no 200° di angolo orario (cioè 13h 20m) alla "rottura" della notte seguente cioè all'inizio del crepuscolo della alba successiva. La curva indica quindi che mancano 13h 20m alla prossima preghiera Fajr. Questa linea forniva al *muwaqqit* un dato utile per determinare, con l'uso dell'astrolabio, la posizione delle stelle nell'istante della Fajr della mattina seguente.[7]

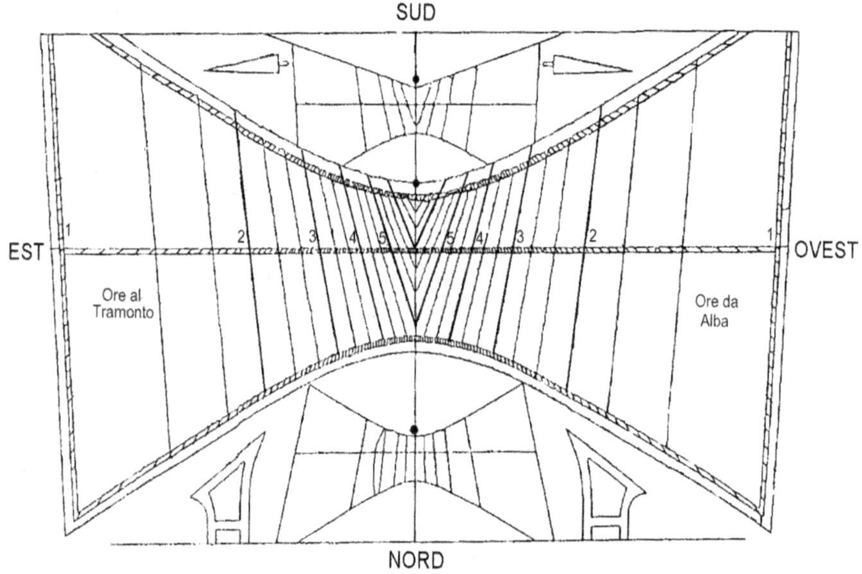

Fig. 25.11   Le linee delle ore dall'alba e al tramonto

Sul quadrante non è presente la linea relativa alla preghiera Zuhr, contrariamente a quello sostenuto da alcuni autori. Quasi certamente questa mancanza è dovuta al fatto che, ad esclusione di alcune regioni del Nord Africa, l'istante della preghiera Zuhr coincide con il mezzogiorno o, più esattamente, con un istante alcuni minuti dopo di esso. L'stante del

---

[7] In alcune fonti (King, Turkmani) è riportato che la linea aggiunta da al-Tantawi è relativa all'istante in cui mancano 13h 30m al Fajr. La cosa mi ha lasciato perplesso in quanto in tutte le meridiane ottomane i tempi (intervalli) sono sempre dati in gradi di angolo orario e 13h 30m corrispondono a 202.5°. Quindi o al-Tantawi non seguì l'uso antico o utilizzò un angolo orario di 200° corrispon-dente a 13h 20m: i calcoli, fatti purtroppo sull'unico disegno a disposizione, sembrano confermare questa ipotesi.

mezzogiorno era ovviamente indicato da tutte le tre meridiane con il passaggio dell'ombra sulla linea meridiana centrale.

Sempre sul quadrante centrale, nella metà ad Est, sono segnate le linee delle ore che mancano al tramonto (il complemento a 24 delle nostre ore italiche) e in quella Ovest le linee che indicano il tempo trascorso dal sorgere del Sole (le nostre ore babiloniche) (Fig. 25.11).
In entrambi i sistemi le ore sono "ore equinoziali", cioè uguali, sono intervallate di 5°, pari a 20 minuti, e vanno dall'una alle 6.

 L'ultimo gruppo di linee, che si sovrappongono ai vari sistemi già indicati, sono quelle delle ore uguali o ad angolo orario costante (le nostre ore "moderne" di tempo solare), sulle quali cade l'ombra dello stilo polare (Fig. 25.8 e 25.12). Sono numerate da 1 a 6 prima e dopo il mezzogiorno.

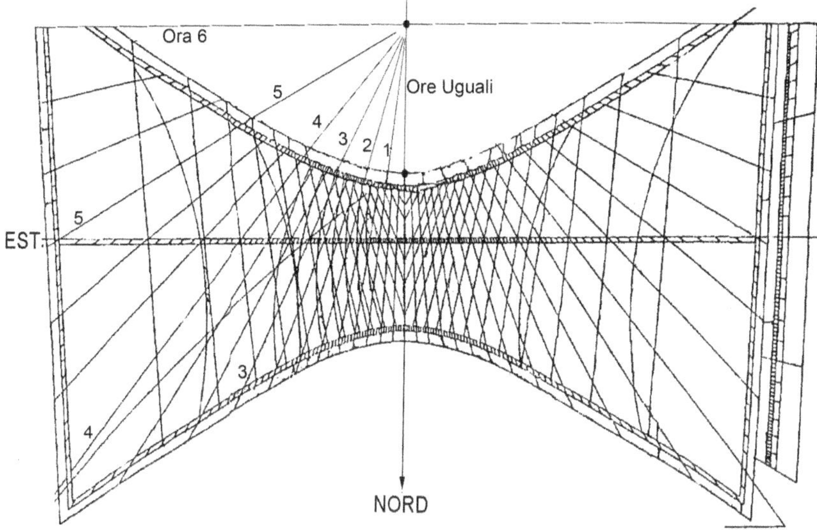

Fig. 25.12 Le linee ad angolo orario costante o delle ore uguali

Il centro della meridiana da cui si irradiano queste linee si trova esattamente al bordo Sud del disegno.

Le scale graduate
Le iperboli solstiziali, la retta equinoziale e i lati che delimitano il quadrante (cioè le linee della prima ora dall'alba e al tramonto) sono tutti fittamente graduati ad intervalli di 1° di angolo orario, corrispondente a 4m di tempo solare. Tutti i segmenti che delimitano le divisioni concorrono quindi al centro della meridiana sul bordo Sud (Fig. 25.13).

Sul lato Ovest del disegno compare infine una scala graduata (v. Fig. 25.5) che indica il valore della longitudine del Sole corrispondente alla linea diurna, non disegnata, passante per il punto della scala preso in esame.

La scala va da -60° a +60° di longitudine, con divisioni ogni 30° (un segno zodiacale), ogni 5° e ogni 1° (corrispondente circa a un giorno) (Fig. 25.14).

Osservando il punto ombra dell'estremo dello gnomone in prossimità del tramonto era quindi possibile determinare la longitudine del Sole o, più esattamente, la sua posizione nei segni zodiacali e quindi il giorno nell'anno solare.

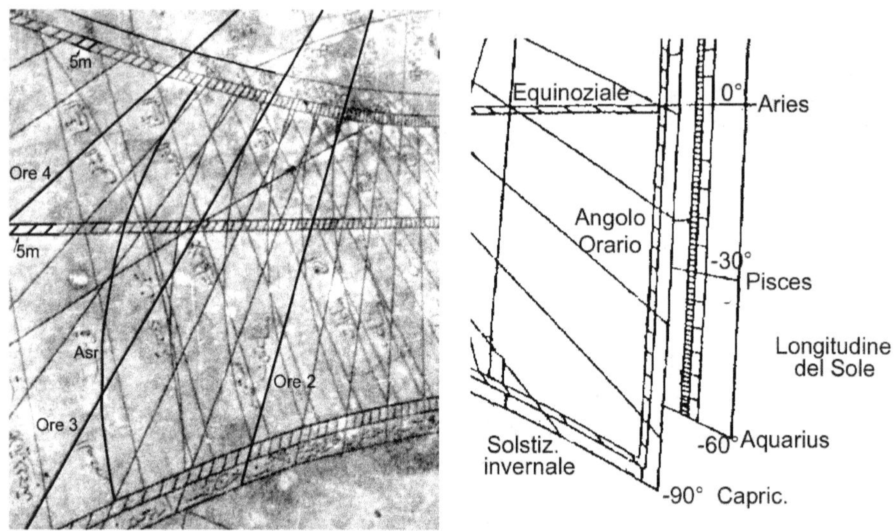

Fig. 25.13   I gradi di angolo orario   Fig. 25.14   La scala delle longitudini

25.2 La meridiana della moschea di Ibn Tulun al Cairo

Durante la campagna napoleonica in Egitto del 1798, uno degli studiosi associati al corpo di spedizione, J. J. Marcel direttore della stamperia reale e grande specialista di lingue orientali, trovò ai piedi del minareto della moschea di Ahmed Ibn Tulun[8] alcuni frammenti di una pietra recante incise numerose linee curve e iscrizioni, che egli interpretò subito come un orologio solare (Fig. 25.15).

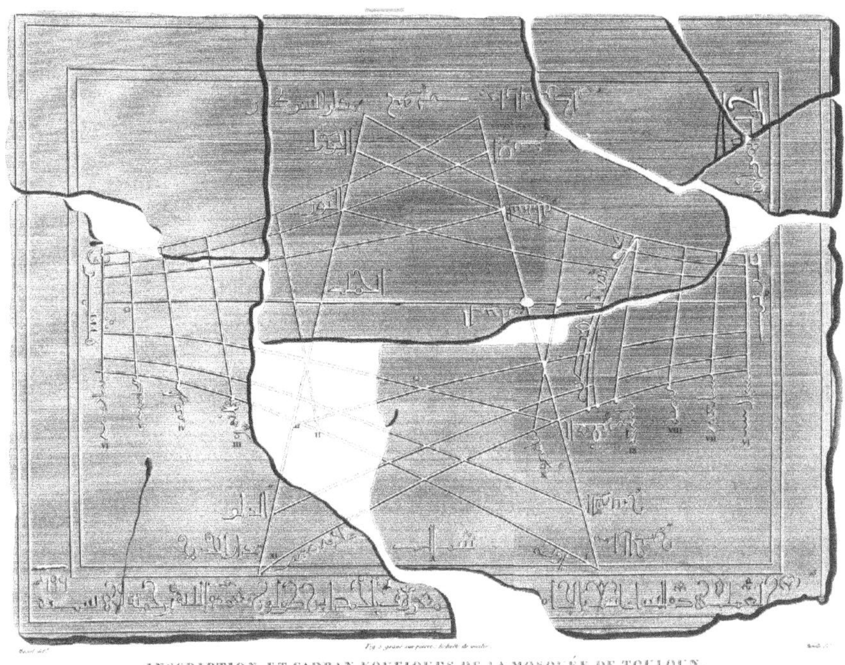

Fig. 25.15   La meridiana della Moschea di Ibn Tulun al Cairo
da la *"Description de l'Egypte"*

Egli fece subito un disegno, molto preciso e dettagliato, delle linee incise sulla pietra e decise di ripassare il giorno dopo a riprendere i frammenti. Al suo ritorno però le pietre erano scomparse, quasi certamente asportate da qualcuno che pensava di poterle poi vendere ai francesi, dato l'interesse che esse avevano suscitato: di esse non si è più saputo nulla.

---

[8] La moschea di Ibn Tulun (Fig. 25.16) fu edificata nell'879 da Ahmad ibn Tulun, governatore dell'Egitto dal 868 al 884 e fondatore della dinastia Tulunide. È la terza grande moschea costruita al Cairo, la più antica moschea in Egitto rimasta quasi nella sua forma originale e la terza al mondo per dimensione. Fu edificata su una piccola collina chiamata Gebel Yashkur o *"Collina del Ringraziamento"*: una leggenda afferma che in questo luogo, e non sul monte Ararat, giunse l'arca di Noè dopo il diluvio.

Il disegno di Marcel fu pubblicato nella grande opera *"Description de l'Egypte"*[9] e la dettagliata
incisione pubblicata allora è l'unico disegno che possediamo.[10]
La lastra di marmo su cui era inciso l'orologio aveva le dimensioni di 690x530 mm e su di
essa erano riportati i quattro punti cardinali disposti come nell'orologio orizzontale chiamato
"basītah" da Abū Hasan ʿAlī al-Marrākushī.

Fig. 25.16   Il minareto della moschea di Ibn Tulun al Cairo
da "La description de l'Egypte"   Oggi

La latitudine per la quale fu costruito l'orologio solare è quella del Cairo, cioè circa 30 gradi;
la costruzione, come si legge nella iscrizione riportata nel bordo inferiore, risale all'anno
696H, cioè al 1296-97 della nostra era, cosa che lo rende il più antico dei quadranti solari
musulmani del Cairo.
Si notano principalmente due fasci di linee ben distinti che s'incrociano, formati ciascuno da
sei curve a forma di metà iperbole, con al centro una linea diritta che attraversa l'intera lastra
e che rappresenta la linea equinoziale.

---

[9] Al ritorno di Napoleone dall'Egitto fu nominata una commissione di otto membri per riunire e pubblicare tutto il materiale scientifico risultante dal lavoro dei 160 scienziati e studiosi che avevano accompagnato Napoleone nella sua spedizione dal 1798 al 1801, che fu poi raccolto nella *Description de
l'Égypte*. L'opera, che fu diretta dal barone Vivant Denon e a cui lavorarono 80 artisti e 400 inci-
sori, consiste in venti volumi, pubblicati dal 1809 al 1826. Vi sono dieci volumi con 974 incisioni (la
più grande delle quali misura 1x0.81 m), di cui 74 a colori, dieci volumi di testo e un atlante. Il suo
titolo completo è *"Description de l'Égypte, ou Recueil des observations et des recherches qui ont été faites en Égypte
pendant l'expédition de l'armée française"*.
[10] Il disegno ha le le dimensioni di 71x53.5 cm, fu fatto fa Conté e inciso da Berthault.

Le iperboli sono contrassegnate dai nomi dei segni zodiacali e rappresentano le classiche linee stagionali. Ciascun fascio è tagliato trasversalmente dalle linee orarie delle ore temporarie del mattino, fascio a sinistra in Fig. 25.17, e del pomeriggio.
In corrispondenza di queste linee, in prossimità della iperbole del solstizio invernale (in basso nelle figure), sono riportati i numeri delle ore dalla VI alla XI per il fascio occidentale e dalla I alla VI per quello orientale.[11]

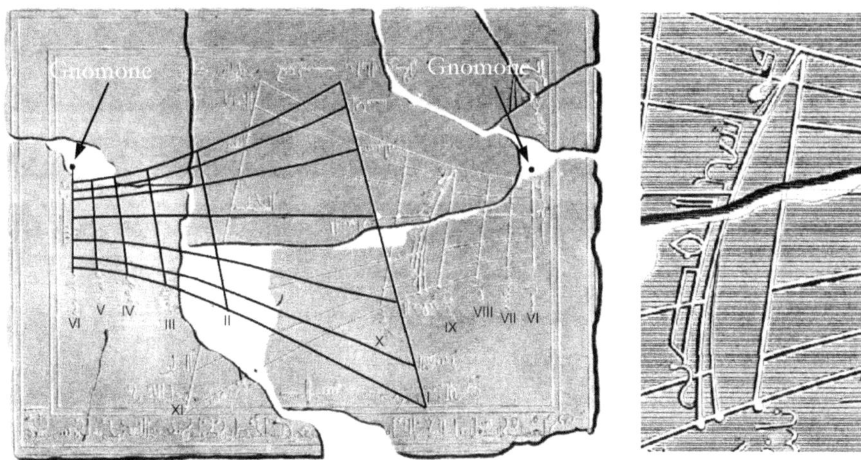

Fig. 25.17   Le linee delle ore del mattino
Sud in alto
Scritte e numeri aggiunti dall'autore

Fig. 25.18   La linea dell'Asr

La curva della preghiera Asr, che si trova tra quelle delle ore IX e X, dai calcoli fatti, non risulta corretta: l'errore fu certamente rilevato anche ai tempi della incisione della lastra in quanto essa è quasi sdoppiata nella parte inferiore (Fig. 25.18), probabilmente in un tentativo di correzione non andato a buon fine.[12] Da notare come in prossimità della curva della preghiera le linee diurne sono state interrotte, certamente per agevolare il fedele nella lettura dell'ombra in prossimità di questo importante istante della giornata.

L'orologio solare era certamente dotato di due gnomoni verticali e uguali, uno per il mattino e l'altro per il pomeriggio, posti leggermente al di sopra delle linee dell'ora VI, ai due lati del disegno, in corrispondenza delle due rotture della lastra che si vedono nella incisione di Marcel (Fig. 25.17).
Dopo aver indicato la fine della prima ora del giorno, l'ombra dello gnomone orientale raccorciandosi man mano che l' altezza del Sole sull'orizzonte aumentava, andava ad indicare il

---

[11] Tutte le numerose scritte sulla lastra sono incise in stile *kufico*.

[12] L'autore ha ricalcolato tutti i punti di questa meridiana e di quelle descritte in seguito, sia per control-larne la correttezza, sia per trovare il significato di alcune linee non del tutto chiare. I risultati ottenuti sono stati sempre coerenti con quelli riportati dagli autori precedenti (King, Janin, ecc.)

resto delle ore fino al mezzodì, cioè sino all'ora VI. In questo istante il compito di segnare le ore del pomeriggio veniva passato allo gnomone occidentale.

La lunghezza di questi gnomoni, che non è riportata, come di solito negli orologi solari islamici, dai calcoli fatti è risultata di circa 42-43 mm: ed è disegnata in modo schematico in Fig. 25.19.

I due gnomoni erano posti a circa 5 mm dalla linea del Solstizio estivo.

Per evidenziare il disegno completo del quadrante le due metà sono state traslate sino quasi a sovrapporre le due linee del mezzogiorno, originariamente alle estremità, e a far quasi coincidere i due gnomoni.

Nel disegno risultante di Fig. 25.19 sono riportati i numeri delle ore, le posizioni degli gnomoni e la loro lunghezza, i nomi dei segni zodiacali corrispondenti alle linee diurne e i punti cardinali.

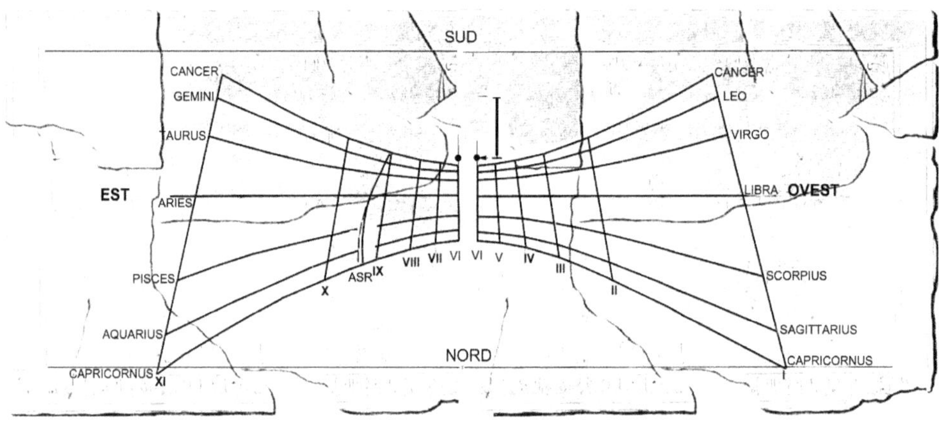

Fig. 25.19 La meridiana con le due metà separate – Ricostruzione dell'autore

Lo scopo della disposizione "incrociata" che si trova in questo orologio (e in molti altri) non è noto, ma si può supporre che esso risponda sia all'esigenza tecnica di avere un quadrante di dimensioni più limitate e di forma quasi quadrata, sia, probabilmente, per risparmiare sul costo della lastra di marmo.

Nella fascia inferiore della lastra è incisa la scritta " *per leggere le ore nella moschea di Ahamed Ibn Tulun, che Dio lo protegga... ... nell'anno 696* "

La moschea di Ibn Tulun al Cairo
da la *"Description de l'Egypte"*

<u>Una curiosità.</u>

Una attenta ricerca sulle più di 3000 incisioni riportate ne la *"Description de l'Egypte"*, recentemente pubblicato in Germania in dimensione ridotta, non ha rivelato nessuna altra riproduzione di quadrante solare islamico oltre a quello sopra descritto.

Si è trovato invece, in una incisione che rappresenta una veduta del Cairo del 1799, il disegno, molto piccolo, di un tipico quadrante solare in stile francese, con asta polare, con riportata la scritta *"L'AN VII R.F. "* (anno VII della Repubblica Francese) (Fig. 25.20). Certamente questo orologio fu costruito degli studiosi francesi per la lettura delle ore a cui erano abituati tutti i componenti la spedizione.

Fig. 25.20   Meridiana "moderna"
Dintorni del Cairo - 1799
da la *"Description de l'Egypte"*

La moschea di Ibn Tulun al Cairo
da la *"Description de l'Egypte"*

25.3 La meridiana della moschea Sidi Okba a Qayrawān

Fig. 25.21   La moschea Sidi Okba a Kairouan e il pulpito della meridiana

Qayrawān (القيروان ; alla francese, Kairouan), città di 72000 abitanti, è la capitale spirituale della Tunisia ed è considerata la quarta città santa del mondo musulmano dopo La Mecca, Medina e Gerusalemme.[13]
Si trova all'interno della Tunisia (Lat.= 35° 38'), a circa 50 km dal mare, ed è la più antica città musulmana dell'Africa del Nord essendo stata fondata nel 670 dal capo dei conquistatori arabi Sidi Oqba ibn Nafii, come base per la conquista musulmana del Maghreb.
La sua Grande Moschea è il più antico e il più grande edificio religioso dell'Occidente musulmano e uno dei più antichi del mondo: è compresa fra i monumenti dichiarati dall'UNESCO "Patrimonio dell'Umanità".

Costruita a partire dal 688 è circondata da mura enormi e rinforzate e, con le sue porte massicce e il suo alto minareto quadrato a tre piani alto 35m, dà l'impressione più di una fortezza che di un luogo di preghiera. Ha le dimensioni di circa 75x125m e contiene al suo interno una corte pavimentata in marmo che può contenere sino a 20.000 persone, una sala di preghiera di 37x70m orientate verso La Mecca, divisa in 17 navate da 365 colonne di marmo e di porfido, tutte diverse fra loro.
Quasi al centro della corte interna si trova un piccolo pulpito raggiungibile con alcuni gradini sul quale si trova una piccola meridiana orizzontale con 4 gnomoni.
Quasi certamente la moschea di Qayrawān, data la sua importanza, fu dotata sin dai suoi primi anni di uno o più orologi solari che andarono distrutti e furono ripetutamente ricostruiti: quello presente attualmente fu costruito da Ahmed Essoussi soltanto circa 170 anni fa, nell'anno 1258H/1842, e fu calcolato e tracciato seguendo l'antica tradizione, con le caratteristiche delle prime meridiane Ottomane e prendendo parzialmente a modello la meridiana della moschea Omayyade di Damasco, del 1372.

---

[13] Secondo una antica tradizione, sette viaggi a Qayrawān equivalgono al pellegrinaggio alla Mecca (*al Hajj*) da compiere almeno una volta nella vita.

L'orologio solare è inciso su una lastra di marmo bianco delle dimensioni di 80x56cm circa sulla quale sono fissati 4 gnomoni verticali. La lastra riporta all'esterno due fasce sulle quali è incisa una divisione in gradi, con i valori scritti in notazione *abjad* (Fig. 25.22, 25.26, 25.28).

Poiché ogni gnomone con la sua ombra serve per indicare particolari istanti, essi potrebbero essere disposti sulla lastra in modo qualunque: la disposizione esistente (Fig. 25.23) è stata certamente scelta per avere una certa simmetria delle linee e una divisione ideale in parti regolari della zona interna contenente le linee orarie.

Fig. 25.22   La lastra e i 4 gnomoni

Gli gnomoni

I 4 gnomoni sono disposti a 2 a 2 nelle direzioni Nord-Sud e Est-Ovest : li indicherò con le lettere N, S, E, W. (Fig. 25.24 e 25.25).

I due gnomoni più corti, E e W, sono posti a una distanza di 22 cm, uguale a circa 1/3 della larghezza della zona interna della lastra; quelli più alti, N e S, sono posti alla distanza di 16 cm. In questo modo i lati del rombo avente come vertici i piedi degli gnomoni formano con la direzione Est-Ovest un angolo di 36° [14], uguale alla latitudine approssimata di Qayrawān: si può ipotizzare che questa disposizione sia stata adottata per "registrare" sulla lastra anche il valore della latitudine del luogo.

---

[14] arctan(16/22)=36.03°

Le altezze degli gnomoni sono indicate da due segmenti orizzontali, incisi sotto gli gnomoni E e W (Fig. 25.26 e 25.27), e dovevano essere originariamente di 4.5 e di 9.0 cm. [15] [16]

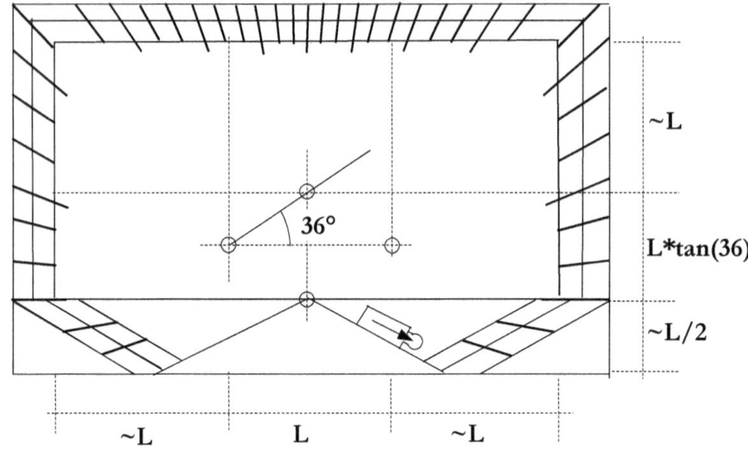

Fig. 25.23   La disposizione degli gnomoni

Secondo l'ipotesi di alcuni studiosi l'estremità dello gnomone Nord era usata anche per indicare l'angolo orario del Sole (o le ore di tempo vero), formando con il piede dello gnomone Sud uno "stilo polare virtuale", uscente dal centro della meridiana che si trova al piede dello gnomone Sud stesso (Fig. 25.25).

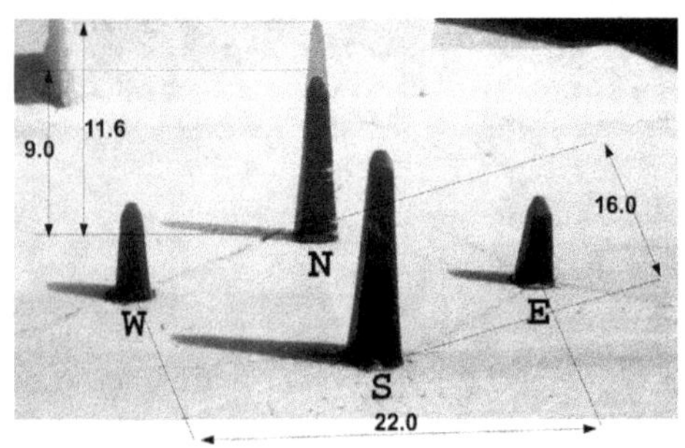

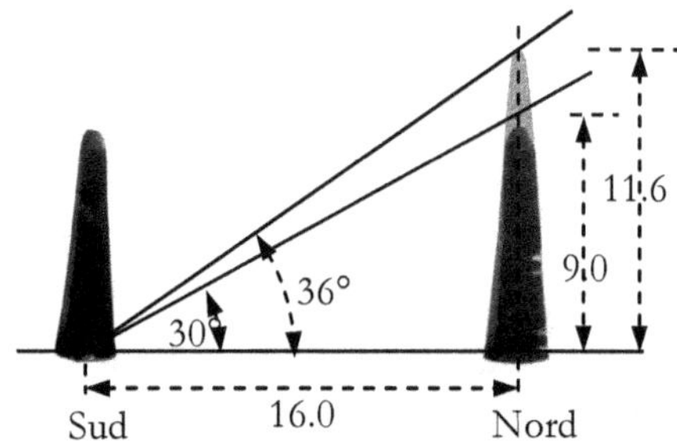

Fig. 25.24   I 4 gnomoni   Fig. 25.25   Lo gnomone Nord

---

[15] A causa dell'usura le altezze attuali degli gnomoni sono 3.7 e 8.5 cm. L'uso di mettere in orologi solari complessi, due gnomoni con lunghezze nel rapporto 1:2 si ritrova in molti orologi solari ottomani.

[16] Anche nella meridiana che stiamo studiando si possono vedere sulla lastra rotture e crepe che si intersecano al di sotto degli gnomoni, segno quasi certamente o di tentativi di furto o di atti vandalici, più probabili ai nostri giorni. In alcune delle figure queste crepe sono state "cancellate" per rendere più chiare le immagini.

Questo a mio parere non è corretto per due diverse ragioni: se l'ipotesi fosse vera l'altezza dello gnomone N dovrebbe essere uguale a $16 \cdot \tan(36°) = 11.6$cm e non a 9 cm, ed inoltre le linee di tempo vero dovrebbero intersecare quelle delle ore italiche e babiloniche (che utilizzano lo stesso gnomone N) lungo la linea equinoziale, cosa che non avviene (Fig. 25.27).[17]

Risulta quindi che i due orologi, quello a ore moderne di tempo vero e quello ad ore italiche e babiloniche, sono fra loro "indipendenti".

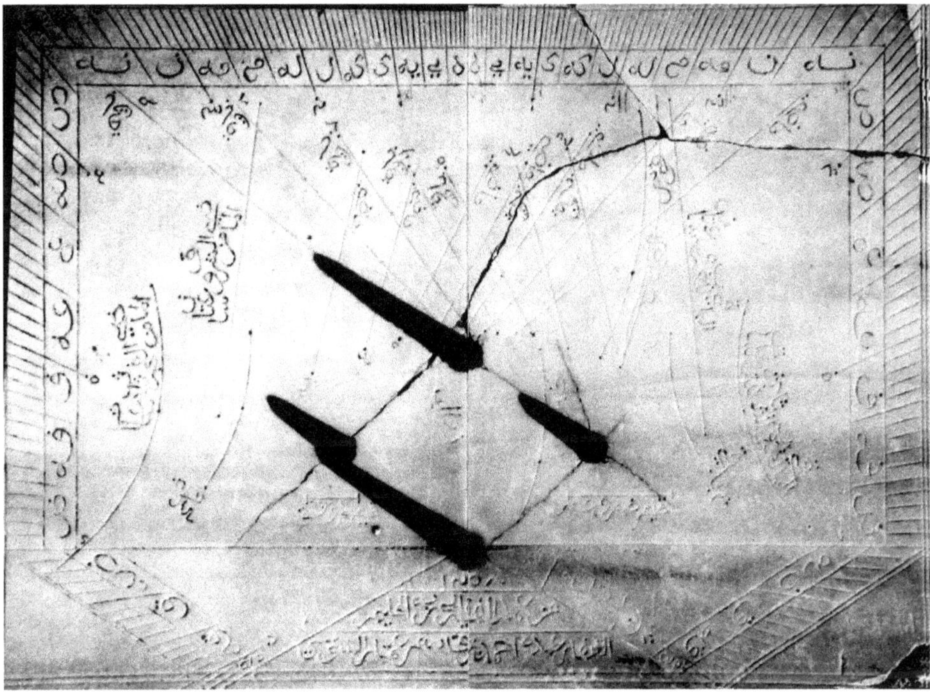

Fig. 25.26   La lastra vista dall'alto

Poiché non si conosce il motivo di questa peculiarità, è possibile soltanto fare l'ipotesi che vi sia stato un errore iniziale nel calcolo della lunghezza dello gnomone N: o è stata usata la latitudine del Cairo (30°) al posto di quella di Qayrawān, oppure vi è stata una errata lettura di una tabella delle tangenti, leggendo 30 (ل) al posto di 36 (لو) [infatti $16 \cdot \tan(30°) = 9.2$ cm, uguale alla altezza dello gnomone S] (Fig. 25.25).

---

[17] Ricordo che se tre linee dei sistemi italico, babilonico e di tempo vero si incontrano in un punto, fra i valori delle ore vale la relazione $2 \cdot H_{Tv} = H_{It} + H_{Bab}$ ed inoltre per tale punto passa la linea diurna relativa ad un giorno avente lunghezza data da $24 - (H_{It} - H_{Bab})$. Sulla Equinoziale si incontrano in uno stesso punto le linee con i valori che soddisfano la relazione $(H_{It} - H_{Tv}) = (H_{Tv} - H_{Bab}) = 6$ Ad es. T_V=15, It=21 e Bab=9.

Questo valore della lunghezza dello gnomone, probabilmente errato, è stato utilizzato dal progettista per il calcolo dei punti di tutte le curve e linee orarie, "correggendo" soltanto la graduazione esterna che indica le ore del tempo solare locale.

Quasi certamente, come ipotizzato da René Rohr, per la lettura del tempo vero era presente, con la funzione di stilo polare, un filo di ferro teso fra il piede dello gnomone S e il piccolo muretto verso Nord che si vede nelle fotografie. Non vi è però alcun segno del punto di attacco di questo ipotetico filo né sul muretto, né al piede dello gnomone S.[18]

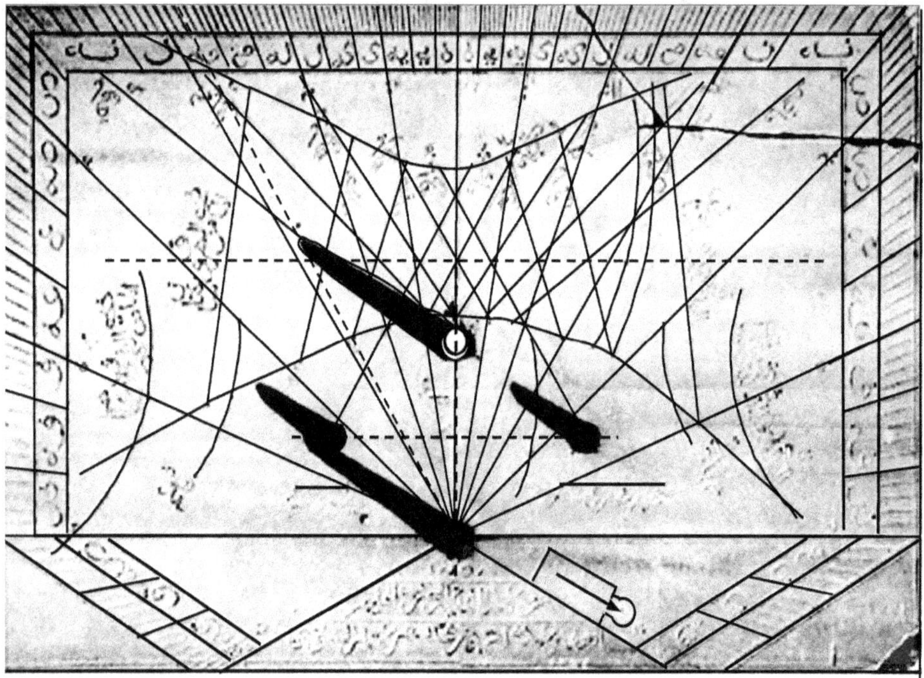

Fig. 25.27   Le linee orarie

Le linee principali

Sulla lastra si trovano incise:

- sulla cornice esterna, le graduazioni dell'angolo orario del Sole e delle ore a tempo vero, a partire dal mezzogiorno;
- le linee delle ore dal sorgere del Sole (le moderne ore babiloniche);
- le linee delle ore che mancano al tramonto del Sole (ore italiche);
- la linea della preghiera del mezzogiorno, Zuhr, e quella del pomeriggio, Asr ;

---

[18] Poiché Rohr afferma che i 4 gnomoni sono disposti ai vertici di un quadrato, non sembra che abbia avuto una conoscenza diretta della meridiana, ma che abbia potuto vederla soltanto attraverso fotografie non frontali.

- le linee che indicano da quante ore è iniziato il crepuscolo mattutino (linee per la preghiera Fajr) e quelle che danno il numero di ore che mancano al termine del crepuscolo serale (linee per la preghiera Isha);
- la direzione della Mecca (qibla).

Tutte le linee terminano con due punti che rappresentano i giorni dei Solstizi, chiaramente visibili sulla lastra, collegando i quali si possono facilmente tracciare le iperboli solstiziali che non sono incise sul marmo e che ho segnato in Fig. 25.27. Le linee delle preghiere riportano anche un punto intermedio che corrisponde, secondo i calcoli fatti dall'autore, ai giorni degli Equinozi.

Le ore di tempo vero

L'orologio non riporta le linee delle ore di tempo vero ma soltanto le graduazioni per ogni grado, ogni 5° e ogni 15° di angolo orario (quindi le divisioni ogni 4, 20, 60 minuti di tempo); i valori numerici degli angoli sono riportati nella cornice interna (Fig. 25.28).

Le linee corrispondenti alle ore sono in parte prolungate all'interno delle cornici e vicino a questi prolungamenti si può leggere il valore del'ora a partire dal mezzogiorno, in notazione decimale con numeri arabi moderni.

Partendo dalle misure fatte su una fotografia della lastra si sono calcolati gli angoli orari corrispondenti alle diverse ore e si è trovato un errore medio di soli 0.45° rispetto ai valori teorici.

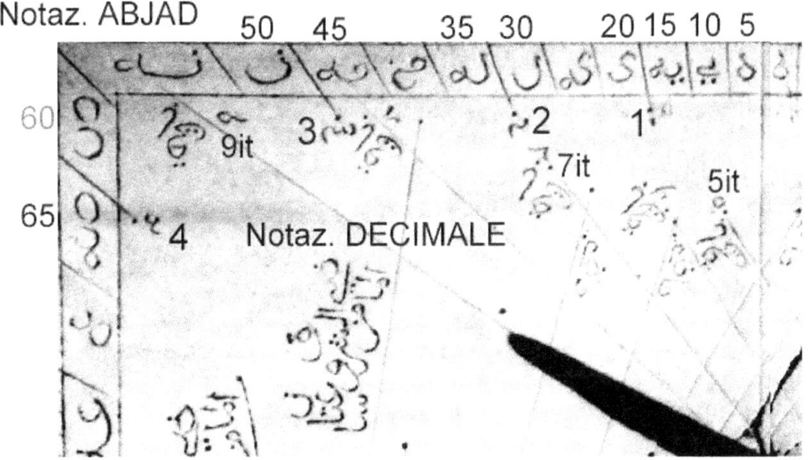

Fig. 25.28 Le graduazioni del tempo vero

Le linee a ore italiche e babiloniche

L'estremità dell'ombra dello gnomone N è utilizzata anche per leggere le ore che sono trascorse dall'alba o che mancano al tramonto (Fig. 25.29). Sulla lastra si possono vedere le linee dalle ore italiche dalle 15 alle 22 (notazione moderna) e quelle babiloniche dalle 2 alle 9: in prossimità di esse sono scritti, per entrambi i sistemi orari, i numeri da 2 a 9.

Dalle misure delle posizioni dei punti terminali delle linee orarie nel solstizio invernale si sono calcolati sia il valore della declinazione del Sole, sia i valori delle ore ad essi corrispondenti. I valori di declinazione del Sole ottenuti sono compresi fra -24.3 e -25.3° con un valor medio di -24.7°±0.4° ; analoghi valori sono stati trovati studiando i punti delle linee delle preghiere. Questi risultati portano a supporre che, come massimo della declinazione solare sia stato usato un valore di circa 25°.

Per le ore invece si è trovato un errore medio di soli 7±5 min.

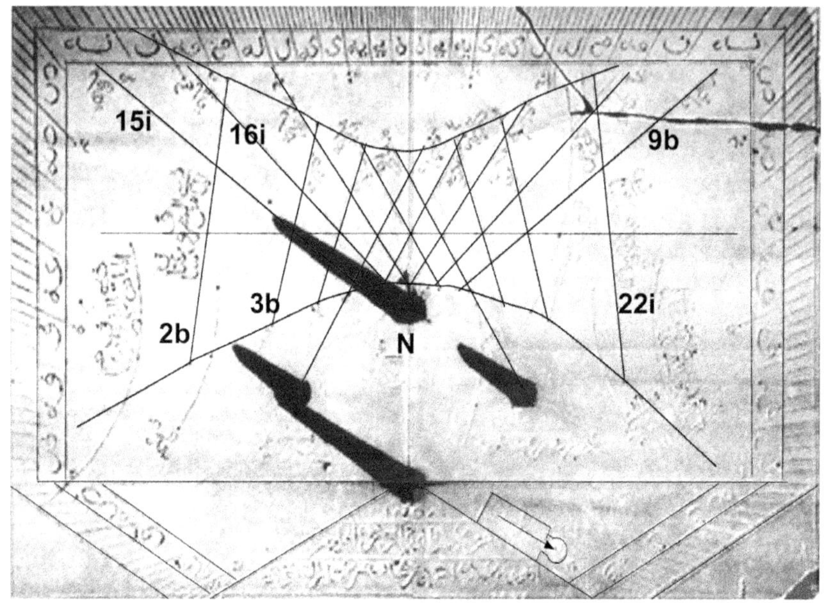

Fig. 25.29   Le linee delle ore italiche e babiloniche

Le linee delle preghiere

Sulla meridiana sono riportate 7 linee che erano usate per la determinazione, diretta o indiretta, degli istanti di inizio delle preghiere. Per la lettura degli istanti erano usati i 4 gnomoni come indicato in Fig. 25.30. Le linee sono :

- due linee relative alla preghiera del pomeriggio Asr - Gnomone N
- una linea della preghiera del mezzogiorno Zuhr - Gnomone S
- due linee per la preghiera dell'alba Fajr - Gnomone W
- due linee per la preghiera della notte Isha - Gnomone E

Asr

Delle due linee relative a questa preghiera, quella più vicina al centro della lastra indica l'ora del giorno in cui l'ombra dello gnomone è uguale a quella al mezzogiorno più la sua altezza: è questa la "classica" curva dell'Asr, presente in quasi tutte le meridiane islamiche.

La linea più a Est indica invece l'ora in cui l'ombra dello gnomone si è allungata rispetto al mezzogiorno di circa 1.25 volte la sua altezza. Non sono a conoscenza di altri esempi in cui sia utilizzato questo valore (1.25 = 1+1/4). Poiché la curva del "secondo" Asr era calcolata con un "allungamento" dell'ombra pari a due volte l'altezza dello gnomone, non si comprende il significato di questa seconda curva.

Zuhr

L'inizio di Zuhr è normalmente definito, nei paesi del Nord-Africa, nell'istante in cui l'ombra dello gnomone (S) si è allungata di ¼ della sua altezza rispetto all'ombra al mezzogiorno.

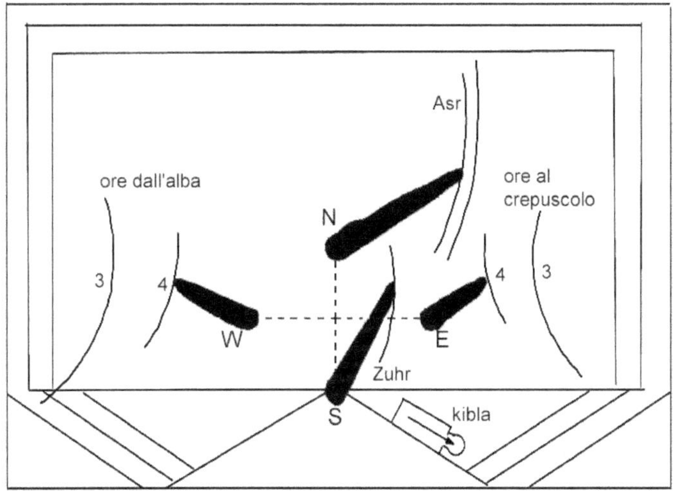

Fig. 25.30   Gli gnomoni, le linee delle preghiere e la qibla

Dalle misure si è trovato un "allungamento" medio di circa 0.28 [19].
La declinazione del Sole, calcolata nei punti del solstizio invernale delle tre curve appena discusse, è risultata di -25° (valor medio).

Maghrib

Non esiste una curva specifica che indichi gli istanti relativi a questa preghiera in quanto, dovendo essa essere recitata al tramonto, tale funzione era compiuta dalle linee delle ore "italiche" o, più correttamente, dal loro "complemento a 24". Sulla lastra in prossimità della linea delle ore 2 al tramonto (ore 22 italiche) vi è la scritta indicata in Fig. 25.31 con la sigla SC6, che dice *"rimangono al tramonto 2 ore"*.

Fajr

Le due curve a sinistra indicano quante ore sono trascorse dall'inizio del crepuscolo mattutino, cioè dall'istante in cui "si spezza" la notte: la curva a sinistra è relativa a 3 ore, quella più verso il centro a 4 ore dopo il crepuscolo. In prossimità delle due curve si leggono le scritte *"sono passate dall'alba 3 ore"* (SC1) e *"passate 4 "* (SC2). La scritta SC3, vicino alla linea della seconda ora babilonica, dice *"sono passate dall'alba 2 ore"*.
Per questo motivo l'istante in cui l'ombra dello gnomone W cade su una di queste curve non da' immediatamente l'istante della preghiera, ma dice soltanto che essa dovrà essere recitata all'alba del giorno dopo, fra 21 o 20 ore.

---

[19] Ricordo che lo studioso francese L.Janin ha sostenuto che nelle meridiane tunisine si usava un allungamento pari a $1/3 = 0.33$.

Dalla verifica si è trovato il valore della altezza del Sole all'inizio del crepuscolo mattutino è stata presa uguale a -17°.

Isha

Le due curve a destra indicano infine gli istanti in cui mancano rispettivamente 60° e 45° di angolo orario (cioè 4 e 3 ore) alla fine del crepuscolo serale. Per leggere gli istanti deve essere utilizzata l'ombra dello gnomone E . Le scritte SC4 e SC5, simmetriche a quelle sul lato sinistro della lastra, recitano *"quello che rimane alla fine del crepuscolo, 3 ore"* e *"rimangono 4"*.
Dai punti delle due curve si è trovato che esse si basano sugli istanti in cui il Sole, già tramontato, è ad una altezza di −18.0°.

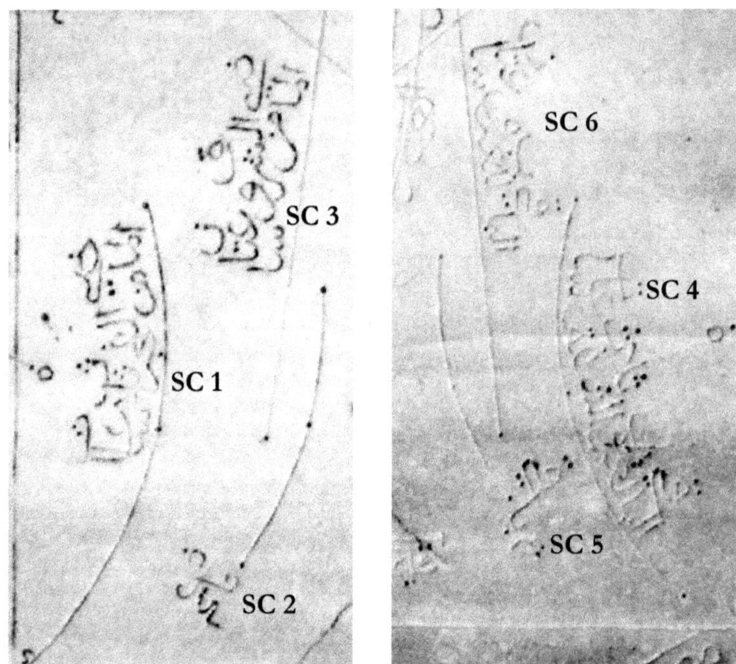

Fig. 25.31   Le linee delle preghiere e le scritte

Questi diversi valori della altezza del Sole utilizzati per il calcolo delle curve delle preghiere Fajr e Isha sono la causa della asimmetria delle ultime 4 curve, chiaramente visibile nelle figure, ma negata in alcuni studi.

La qibla

Sulla meridiana la direzione della Mecca è indicata schematicamente da un punto, centrato nel piccolo rettangolo, terminante con una parte di cerchio, che si può vedere sulla diagonale a destra in basso della lastra. Questa piccola struttura rettangolare rappresenta l'edificio di culto e il semicerchio rappresenta il Mirhab, cioè la nicchia presente in tutte le moschee, verso la quale i fedeli devono rivolgersi nella preghiera. La direzione della Mecca si ottiene quindi tracciando una retta dal piede dello gnomone S a questo punto.

L'angolo misurato sulla lastra è di circa 69° in perfetto accordo con il valore calcolato oggi per la città di Qayrawān, che vale 69.34°.

Ringraziamenti

Ringrazio in particolare il Prof. Dr. Dierck E. Liebscher, Astrophysikalisches Institut Potsdam, per avermi gentilmente concesso l'utilizzo di una sua fotografia della meridiana vista frontalmente, il dott. Ali Guerbabi, Conservatore dei monumenti archeologici della Wilaya (Distretto amministrativo) di Batna (Algeria) per le traduzioni delle scritte presenti sulla lastra e lo gnomonista Marco Discacciati che mi ha inviato un filmato e molte immagini da lui scattate durante un suo viaggio in Tunisia.

Bibliografia

- André E. Bouchard - Un cadran horizontal musulman de Tunisie – articolo pubblicato sulla rivista canadese LE GNOMONISTE, n.4, Dicembre 2001
- Charles-Henri Eyraud -I.U.F.M. Lione – Cadrans de Turquie et de Tunisie
- René Rohr - "Meridiane"– Ulisse Edizioni, 1988 . Titolo originale "Die Sonnenhur"- Verlag, 1982

Abd Al-Rahman Al Sufi – X sec.

25.4 La meridiana nel palazzo Topkapi a Istanbul

Nel terzo cortile del Palazzo Topkapi[20] a Istanbul si trova una meridiana orizzontale incisa su una lastra di marmo e posta su un piccolo piedistallo, costruita originariamente sotto il Sultano Mehemet II e restaurata (o meglio rifatta) nel 1794 da Silah-dar Seyyid Abdullah, regnante il Sultano Selim III. L'orologio solare è oggi coperto da una teca per proteggerlo dalle intemperie e dai vandalismi da parte dei turisti.

Fig. 25.32   La meridiana di Topkapi
prima di una recente ripulitura

Fig. 25.33 Il piedistallo

La parte interna dell'orologio è delimitata dalla linea dell'ora I babilonica a Ovest (a destra in Fig. 25.34), da quella dell'ora XI ezanica (XXIII Italica) a Est (a sinistra nella figura) e dalle due iperbole solstiziali. Nello spazio racchiuso sono disegnate sovrapposte le altre linee orarie ezaniche e babiloniche (vedi Nota n. 22).

Il quadrante è circondato da una tripla cornice a forma di U che contiene le graduazioni delle ore uguali di tempo vero locale.

Nello strumento erano presenti uno gnomone verticale conico, la cui forma e dimensione è disegnata a sud del quadrante (G in Fig. 25.34)[21] e uno stilo polare, formato attualmente da

---

[20] Il Palazzo del Sultano (Sarāyı o Serraglio) che si trova a Istanbul è uno dei più grandi e antichi palazzi esistenti. La sua costruzione iniziò nel 1453 subito dopo la conquista di Costantinopoli da parte del Sultano Mehmet II (1451-1481). È un complesso che occupa una vastissima area (circa 700.000 mq), si trova nel punto estremo di una piccola penisola che domina il Bosforo e il Mar di Marmara ed è circondato da un alto muro di cinta in cui si aprono sei porte. Il nome di una di queste, la "Porta del Cannone", Topkapı in lingua turca, ha dal XVIII secolo dato il nome all'intero complesso. Dal 1924 il palazzo è sede di un museo che contiene bellissimi oggetti e preziosi raccolti dai Sultani.

[21] Misurando le coordinate (riferite al punto O) di circa 20 punti delle diverse linee e di tre punti della curva dell'Asr ho trovato che l'altezza dello gnomone è esattamente uguale alla lunghezza del disegno schematico riportato sulla lastra.

un approssimativo filo metallico, uscente dal punto C e terminante su una staffa verticale con la base sul lato Nord della lastra (visibile in parte in Fig. 25.35 e Fig. 25.36).

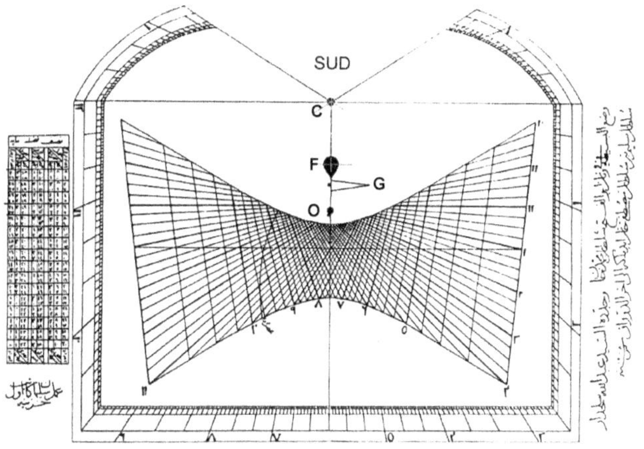

Fig. 25.34   Il disegno

Lo gnomone verticale era posizionato nel punto O, mentre in F si trova un foro per lo scolo della acqua piovana.

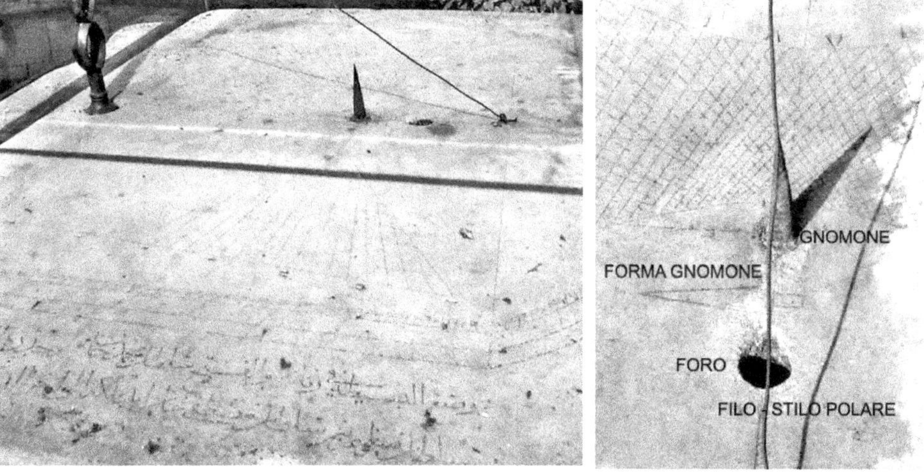

Fig. 25.35   La meridiana di Topkapi   Fig. 25.36   Particolari

Contrariamente a quasi tutti gli altri orologi solari contenenti due elementi ombreggianti, in questo caso lo stilo polare non "si appoggia" allo gnomone verticale. Poiché il centro C è più lontano del dovuto lo stilo polare passa al di sopra allo gnomone in O. Come conseguenza si ha che le linee delle ore di tempo vero uscenti da C e quelle delle ore dall'alba o dal tramonto non si incontrano sulle linee diurne nei punti richiesti dalla teoria (vedi Nota 17 di questo Capitolo).

Per la latitudine di Istanbul (41°) si trova che le durate del giorno ai solstizi sono quasi esattamente 15 e 9 ore (precisamente 14h 58m e 9h 2m) e quindi sulle due iperboli solstiziali si incontrano le linee per cui $(H_{It} - H_{Bab}) = 9$ (iperbole estiva) e $(H_{It} - H_{Bab}) = 15$ (iperbole invernale).

La numerazione delle ore.

I numeri delle ore di tempo vero locale sono scritti sulla cornice attorno al quadrante: da 0 a 5 per le ore del mattino, 6 per il mezzogiorno, da 7 a 12 per le ore del pomeriggio (Fig. 25.37).

Le linee delle ore contate dal tramonto riportano una numerazione che differisce da quella usata nello stesso periodo in occidente per le ore italiche per il fatto che il ciclo diurno di 24 ore viene diviso in due cicli di 12+12 ore ciascuno.

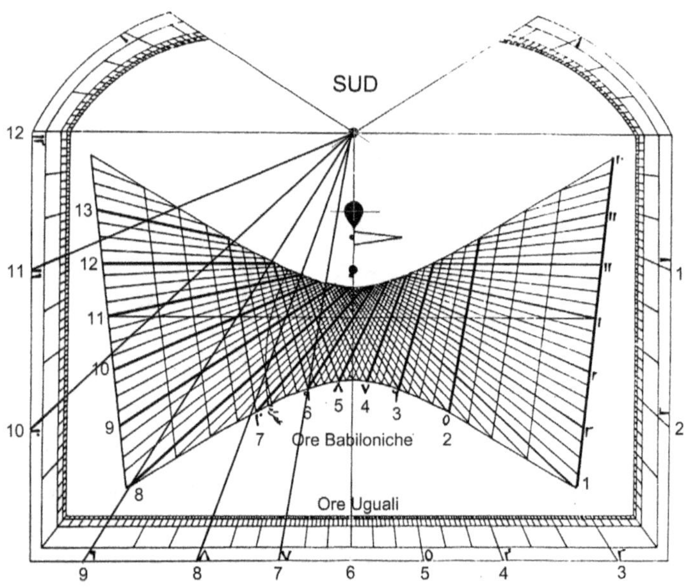

Fig. 25.37 Ore uguali e ore babiloniche

Questo tipo di ore era chiamato delle *"ore ezaniche"*.[22]
Le ore ezaniche prima del tramonto hanno quindi il valore dato da (Ora Italica -12)[23].
Sulle iperbole solstiziali si incontrano quindi le linee delle ore ezaniche e quelle babiloniche per le quali $(H_{Bab} - H_{Ez}) = 3$ (iperbole estiva) e $(H_{Ez} - H_{Bab}) = 3$ (iperbole invernale).

---

[22] Il nome delle ore *"ezaniche"* deriva dalla parola turca *ezan* o *azan* che significa "chiamata alla preghiera" (*adhan* in arabo), dall'aggettivo *"ezanî"* (che riguarda la preghiera) e dalla frase *"ezani saat"* che indica le ore contate dal tramonto. La "chiamata" si riferisce alla preghiera del tramonto o *"Salat al Maghrib"*.

[23] Le ore *ezaniche* sono date da $H_{Ez} = H_{It} - 12$ per Hit >12, da $H_{Ez} = H_{It}$ per Hit <12

L'unica linea relativa agli istanti delle preghiere presente sul quadrante è quella dell'Asr.

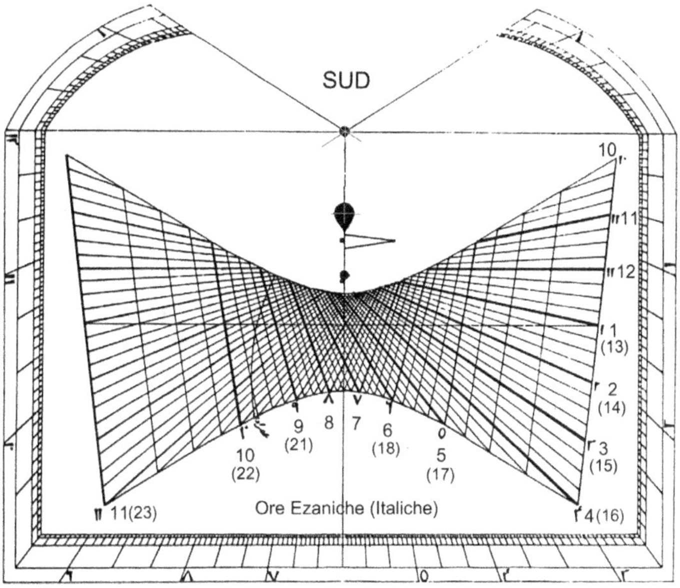

Fig. 25.38   Ore ezaniche

Una tabella insolita

A fianco della meridiana orizzontale si trova incisa una tabella ove si possono leggere dei valori numerici scritti in cifre arabe moderne (Fig. 25.32, 25.39).

Le due colonne a destra e a sinistra[24] riportano i numeri crescenti da 0 a 30, andando verso il basso (a destra) e andando verso l'alto (a sinistra), che corrispondono al valore della longitudine celeste del Sole in ciascun giorno dell'anno espressa non in gradi ma con il nome del segno zodiacale in cui esso si trova e con il numero di gradi trascorsi dal suo ingresso in tale segno.

La parte interna della tabella è invece costituita da 3 coppie di semi-colonne: i numeri contenuti nelle semi-colonne più a sinistra assumono soltanto i valori da 0 a 3 mentre i valori della grandezza scritti nelle semi-colonne di destra partono dal valore zero (riga in alto della semi colonna più a destra), crescono scendendo sino alla base, continuano a crescere ripartendo dall'alto nella semi-colonna centrale, e così via, per terminare con il valore 22 nella casella più a sinistra della riga in basso.

Questi valori indicano la differenza fra l'angolo orario del Sole al tramonto nei diversi giorni dell'anno e quello nei giorni degli Equinozi (90°): per questa ragione chiamerò la grandezza tabulata "*Correzione dell'Angolo al Tramonto*" e la indicherò per brevità con CaT.

---

[24] Vedi anche la tabella in notazione moderna riportata in seguito.

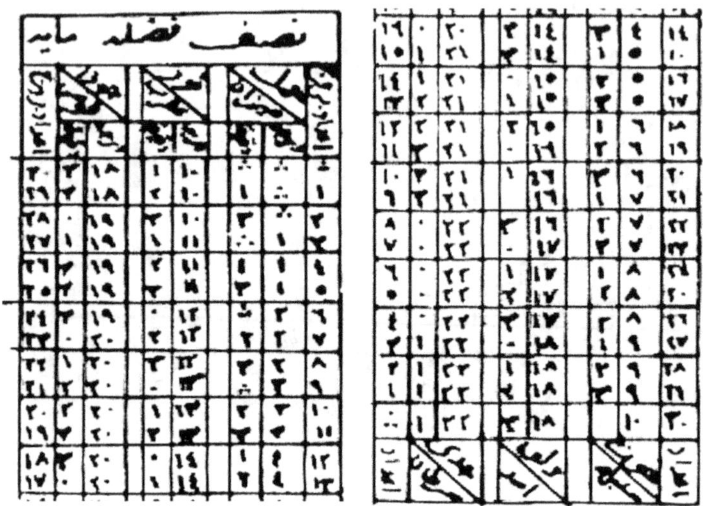

Fig. 25.39   La tabella di Topkapi divisa in due parti

Come si legge la tabella

Facendo riferimento alla tabella riscritta con notazione moderna riportata di seguito, si possono vedere:

- nella colonna di sinistra i numeri da 0 (in fondo) a 30 che crescono dal basso verso l'alto e che rappresentano i valori dei gradi dei Segni i cui nomi sono riportati nella riga inferiore (come esempio si è evidenziato in grassetto il giorno Cancer 7°o anche Capricornus 7°).

- Nella colonna di destra gli stessi numeri dallo 0 al 30 che aumentano dall'alto verso il basso e che rappresentano i valori dei gradi dei Segni che sono scritti nella riga superiore (in grassetto 23° del segno dell'Ariete o anche Libra 23°).

- Nelle tre doppie semi-colonne centrali i valori della *Correzione dell'Angolo al Tramonto*, CaT, espressi in gradi (semi-colonna di destra) e quarti di grado (corrispondenti a minuti di tempo).

I giorni degli Equinozi corrispondono alla prima riga in alto della doppia simi-colonna a destra mentre i giorni dei Solstizi corrispondono all'ultima riga in basso della doppia semi-colonna di sinistra.

Partendo dall'Equinozio di primavera (Aries 0°) e scendendo lungo la colonna dei giorni a destra, si arriva al giorno Aries 30° da cui si prosegue con Taurus 0° che si trova in alto nella doppia semi-colonna centrale, e cosi via.

In Fig. 25.40 è rappresentato lo schema di lettura per i segni fra i due Equinozi, da 0° Aries a 0° Libra: Aries, Taurus, Gemini, Cancer, Leo, Virgo, Libra, ecc.

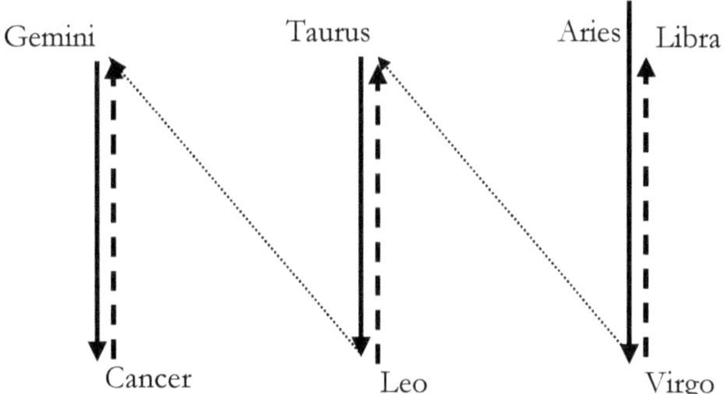

Fig. 25.40   Schema per la lettura della tabella

Per i segni autunnali e invernali lo schema di lettura è lo stesso: in questo caso i valori della correzione CaT letti devono essere presi con il segno negativo.

Gradi	Gemini Sagittarius		Taurus Scorpio		Aries Libra		
	Minuti	Gradi	Minuti	Gradi	Minuti	Gradi	
30	2/3	18	1	10	0	0	0
29	2/3	18	2	10	1	0	1
28	0	19	3	10	2/3	0	2
27	1	19	1	11	0	1	3
26	2	19	2	11	1	1	4
25	2/3	19	3	11	2/3	1	5
...							...
...							...
7	0	22	0	17	3	7	23
6	0	22	1	17	1	8	24
5	0	22	2	17	2	8	25
4	0	22	3	17	3	8	26
3	1	22	0	18	1	9	27
2	1	22	1	18	2	9	28
1	1	22	2	18	3	9	29
0	1	22	3	18	0	10	30
	Capricornus Cancer		Aquarius Leo		Pisces Virgo		

Il significato e l'uso dei valori tabulati e il loro calcolo

Di seguito indicherò con sigla CaT° i valori tabulati (Correzione Angolo al Tramonto in gradi) ; con CaT_h il valore CaT°/15, cioè la differenza di tempo fra l'istante del tramonto e le ore 18h di Tempo Vero Locale; con i pedici IT, BAB, TV, TRAM l'ora italica, l'ora Babilonica, l'ora di Tempo Vero e l'ora del tramonto.

Si possono scrivere le relazioni seguenti:

$$h_{IT} - h_{TV} = 24 - h_{TRAM\_TV}$$

$$h_{ALBA\_TV} = 24 - h_{TRAM\_TV}$$

dalle quali essendo

$$CaT° = Ang\_orario_{TRAM} - 90° \qquad (1)$$

si ricavano le diverse espressioni:

$$CaT_h = h_{TR\_TV} - 18 \qquad (2)$$

$$CaT_h = 6 - h_{ALBA\_TV} \qquad (3)$$

$$CaT_h = 18 - h_{IT\_12} = h_{BAB\_12} - 6 \qquad (4)$$

$$CaT_h = 6 + h_{TV} - h_{IT} \qquad (5)$$

$$CaT_h = 6 + h_{BAB} - h_{TV} \qquad (6)$$

Dalle espressioni (4) si possono ricavare anche due diverse possibili definizioni della correzione CaT: *valore da aggiungere alle ore 18 per ottenere l'ora italica al mezzogiorno o valore che aggiunto alle ore 6 dà l'ora babilonica a mezzogiorno.*

Quindi se si conosce il valore di CaT in un dato giorno, si possono ricavare:
- con la (1) l'angolo orario del tramonto;
- con la (2) l'ora di Tempo Vero del tramonto;
- con la (3) l'ora di Tempo Vero dell'alba;
- con la (4) l'ora italica che si ha al mezzogiorno;
- con la (4) l'ora babilonica che si ha al mezzogiorno;
- con la (5) il valore dell'ora di Tempo Vero nota l'ora Italica;
- con la (5) il valore dell'ora Italica nota l'ora di Tempo Vero.

Indicando poi con:
- φ la latitudine del luogo
- δ la declinazione del Sole
- ω l'angolo orario del Sole
- λ la longitudine celeste (eclitticale) del Sole
- ε l'inclinazione dell'eclittica (23° 27')   si hanno le relazioni:

$$\cos(\omega_{TRAM}) = -\tan(\delta) \cdot \tan(\varphi) \qquad \text{da cui}$$

$$\cos(CaT + 90°) = -\sin(CaT) = -\tan(\delta) \cdot \tan(\varphi) \qquad \text{e quindi}$$

$$\sin(CaT) = \tan(\delta) \cdot \tan(\varphi) \qquad (7)$$

e ricordando che

$$\sin(\delta) = \sin(\varepsilon) \cdot \sin(\lambda) \qquad \text{si ha infine}$$

$$\sin(CaT) = \frac{\sin(\varepsilon) \cdot \sin(\lambda)}{\sqrt{1 - [\sin(\varepsilon) \cdot \sin(\lambda)]^2}} \cdot \tan(\varphi) \qquad (8)$$

Le due espressioni (7) e (8) permettono di calcolare il valore dell'angolo CaT o conoscendo la declinazione del Sole o la sua Longitudine celeste.

Esempio.
Quando il Sole si trova in Leo 7° (circa 7 giorni dopo il 22 Luglio e quindi il 29 Luglio) la sua longitudine vale 127°.
Nella tabella questa data si trova nella colonna di sinistra, 8' riga dal basso. In corrispondenza nelle due semi-colonne centrali si trova il valore della correzione = 17° + 0/4°.
Poiché ogni grado corrisponde a 4 minuti la CaT_h = 17x4 + 0 = 68minuti = 1h 8m

In questo giorno allora :
−   l'angolo orario del Sole al tramonto = 90° + 17.0° = 107.0°.
−   L' ora del tramonto = 18 + CaT = 19h 8m di Tempo Vero
−   L' ora dell'alba = 6 − CaT = 4h 52m di Tempo Vero
−   L'ora italica a mezzogiorno = 18 − CaT = 16h 52m
−   L'ora babilonica a mezzogiorno = 6 + CaT = 7h 08m
−   Alle ore 19h Italiche l'ora di Tempo Vero vale = CaT− 6 + 19 = 14h 8m
−   Alle 17h di TV si hanno l'ora italica = 6 − CaT +17 = 21h 52m e l'ora babilonica 12h 08m.
Con la formula (8) prendendo ε = 23° 27' e φ = 41° (Istanbul) si ricava per la correzione CaT il valore 16.94° coincidente con il valore scritto in tabella e usato nell'esempio.

Un diverso modo per rappresentare i valori tabulati potrebbe assumere l'aspetto grafico seguente in cui i valori si riferiscono a una località con Latitudine di 45°.

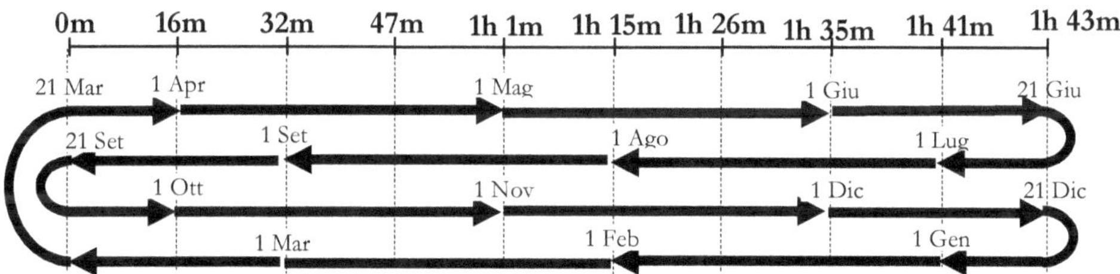

Fig. 25.41   La CaT = Ora del Tramonto − 18h

Capitolo 26
ALTRI OROLOGI

26.1 La meridiana orizzontale di al-Marrākushī

Nella traduzione del *"Trattato degli strumenti astronomici degli Arabi"* di al-Marrākushī, fatta da J.-J. Sedillot e pubblicata a Parigi nel 1839, la meridiana è descritta nel Libro III, Capitolo III, nelle pagine da 481 a 491. Sedillot ricostruisce il disegno dell'orologio e lo riporta nella PL. XVI-fig. 86 (Fig. 26.1).

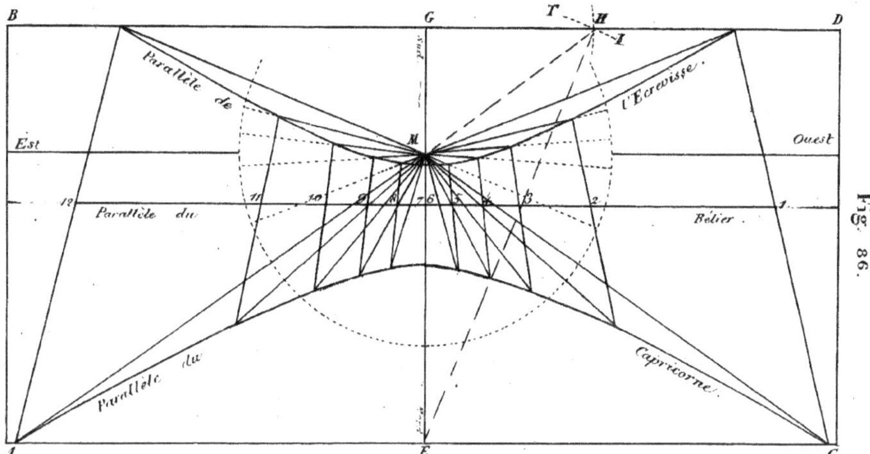

Fig. 26.1   La meridiana orizzontale di al-Marrākushī - Disegno da J.J.Sedillot

Per descrivere il metodo di al Marrakushi riporto qui succintamente la traduzione del testo di Sedillot relativo alla costruzione delle meridiane orizzontali.

"Sia la latitudine di 30° Nord. Per tracciare le [linee delle] *ore temporarie per questa latitudine sul piano dell'orizzonte, trovate esattamente* [i valori del] *le ombre orizzontali e i loro azimut per la fine* [gli istanti di fine] *delle ore nei giorni di inizio del Capricorno e del Cancro, o per la fine delle ore nei giorni di inizio di tutti i segni, se volete una maggiore precisione. Ordinate tutto* [tutti i valori] *in una tabella e prendete una lastra rettangolare... dividete la lunghezza in due parti uguali e tracciate una linea che l'attraversi"*

Nello scritto per *"ombre orizzontali"* si intendono le lunghezze delle ombre sul piano nei diversi istanti considerati, calcolate con uno gnomone alto 12 dita, mentre la *"linea di mezzeria"* coincide con la linea meridiana.

Alla descrizione precedente segue una lunga spiegazione di come trovare le dimensioni della lastra utilizzando e i valori delle ombre e degli azimut dei punti estremi della linea della prima ora.

Il testo fa poi riferimento a una meridiana decritta precedentemente:

"Costruite sul piano un cerchio; dividetelo in quattro parti e ciascuna dividetela in 90 parti. Poi prendete dalla tabella annessa l'azimut dell'ombra alla fine della prima ora del giorno di inizio del Cancro, che vale 19° 28', e tracciate una linea occulta [cioè una linea ausiliaria che dovrà alla fine essere cancellata] *dal centro nel quadrante meridionale, perché l'azimut è meridionale.*

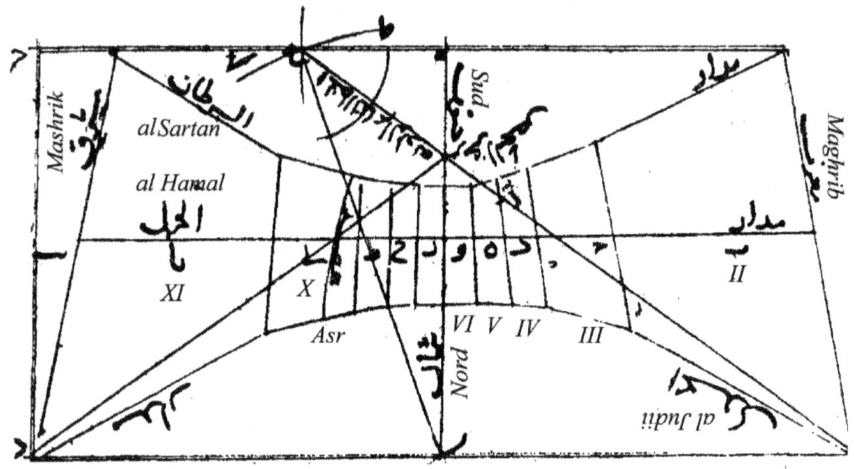

Fig. 26.2   La meridiana orizzontale di al-Marrākushī – Dal manoscritto
Numeri e scritte aggiunti dall'autore

Poi prendete dalla tavola [il valore del] *l'ombra alla fine della prima ora, uguale a 48 dita e 40 minuti e riportatelo con il compasso. Così avete ottenuto il punto della prima ora nel primo giorno del Cancro. Prendete ora dalla tabella l'azimut e l'ombra della fine della prima ora nell'inizio del Capricorno e trovate un nuovo punto. Unite i due punti e avrete la linea della prima ora. Ripetete..."*

Fig. 26.3 Tabella delle ombre e degli Azimut – Dal manoscritto

Quindi il metodo riportato da al-Marrākushī consiste nel trovare i punti estremi delle linee orarie utilizzando quelle che, modernamente, chiamiamo "coordinate polari".
I valori degli azimut dell'ombra sono dati in una tabella in gradi e minuti e sono misurati da Ovest (Fig. 26.3); per ogni valore è riportata anche una lettera che indica se l'azimut è meri-

dionale, cioè se l'angolo è da Ovest verso Sud, o settentrionale, cioè da Ovest verso Nord (nella tabella tradotta ho usato come Sedillot le lettere A e B).
In Fig. 26.4 la traduzione della prima parte della tabella.

Inizio del Cancro Assartan				
Zona	Azimut ombra		Ombra		Ora
	min	gr	min	dita	
A	28	19	40	48	I
A	19	12	15	22	II
A	13	5	45	12	III
B	16	3	24	7	IV
B	12	18	38	3	V
B	0	90	21	1	VI
B	51	5	21	13	Asr

Fig. 26.4 Lunghezze delle ombre e degli azimut
all'inizio del Cancro
Nel manoscritto   Con numeri moderni

I numeri nella tabella sono scritti in notazione *abjad* e vanno letti da destra a sinistra. La lunghezza dell'ombra, relativa a uno gnomone lungo 12 dita, è data in notazione sessagesimale.
Ad esempio per l'ora III all'inizio del Cancro si ha un Azimut settentrionale (da Ovest verso Nord – lettera A in tabella) di 5°13' e una lunghezza di 12;45 , pari a 12.75 dita.
Per la stessa ora al solstizio invernale (Capricorno) la tabella riporta un Azimut di 51°40' e una lunghezza di 25;21 dita, pari a 25.35.
I valori calcolati con metodi moderni, con Lat.=30°e ε=23.45°, sono:
azimut da Sud verso Est −95° 01', lunghezza ombra 12.75 ;
azimut da Sud verso Est 38° 27', lunghezza ombra 25.25.
La tabella riporta anche le coordinate dei punti estremi dell'Asr: ovviamente per disegnare correttamente questa curva occorrerebbero altri punti intermedi.
Infine per tracciale la linea equinoziale al-Marrākushī consiglia di trovare il punto in cui essa interseca la linea meridiana sapendo che l'altezza del Sole è uguale al complemento della latitudine e , nel caso in oggetto, uguale a 6;55 dita (= 6.92).

اصابيع

Dita

26.2 Orologio solare orizzontale di Najm al-Dīn al-Misrī

Nel manoscritto di Najm al-Dīn al-Misrī, tradotto e commentato da Francois Charette, è descritto molto sinteticamente un orologio solare orizzontale che, per la sua complessità, mette in evidenza l'altissimo livello raggiunto dagli astronomi arabi nel calcolo e nella progettazione degli orologi solari.

Il breve paragrafo del manoscritto che Najm al-Dīn dedica a questo strumento è intitolato *"Sulla costruzione di una meridiana orizzontale con la quale possono essere risolti 41 problemi"*: in esso non sono indicati né il tipo di linee contenute nello strumento, né i metodi per disegnarle e sono soltanto elencati tutti i *"problemi"* che possono essere risolti.

Fortunatamente il testo è accompagnato da un disegno abbastanza chiaro, anche se non completo, che permette di renderci conto di come lo strumento doveva essere (Fig. 26.5).

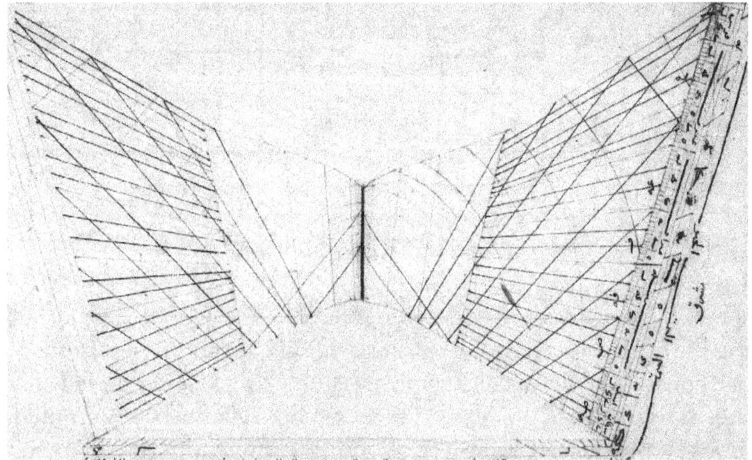

Fig. 26.5 Meridiana orizzontale di Najm al-Din-al-Misri
Tavola dal manoscritto modificata

È chiaro che l'orologio, a causa dell'intreccio quasi incomprensibile delle linee, non era stato ideato per servire ai profani per leggere l'ora, ma doveva essere usato soltanto da "professionisti" allo scopo di facilitare la ricerca di grandezze legate alla posizione del Sole in cielo.

La complessità dello strumento e la sovrapposizione su un unico quadrante di numerose famiglie di curve richiamano immediatamente alla memoria la famosissima meridiana di Ibn al-Shāṭir nella Moschea Omayyade di Damasco, costruita nel 1371, circa 40 anni dopo il trattato di Najm al-Dīn.

Questo particolare tipo di orologio solare complesso, nato e descritto sin dal XIV secolo, fu ripreso circa duecento anni dopo dagli astronomi Turchi Ottomani che ne hanno lasciato numerosi e splendidi esemplari, come ad esempio la meridiana orizzontale nel giardino di Topkapi a Istanbul e i complessi gnomonici verticali presenti sia a Istanbul, sia in alcune moschee e musei del Cairo.

Per la descrizione dei diversi elementi presenti nell'orologio mi riferirò alla ricostruzione in Fig. 26.6 in cui sono stati aggiunti alcuni valori numerici.

<u>La posizione dello gnomone.</u>
Questo punto, indicato con G1 in figura[25], non è chiaramente visibile nel disegno originale.

<u>La lunghezza dello gnomone</u>. Non è presente nella figura originale.

<u>Le linee orarie delle ore temporarie dalla I alla XI</u> .
Nella ricostruzione ho numerato soltanto quelle estreme.

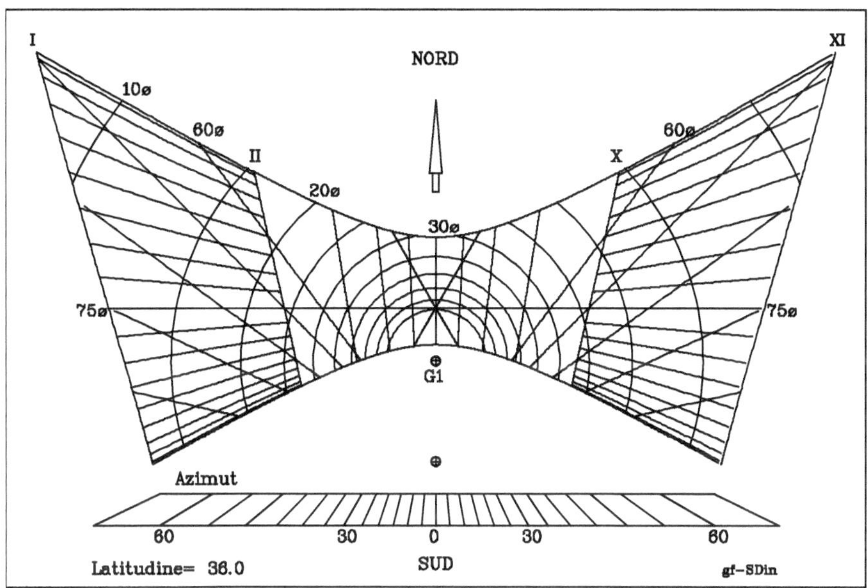

Fig. 26.6   Ricostruzione dell'orologio fatta dall'autore

<u>Le linee orarie degli angoli orari o delle ore uguali.</u>
Nella ricostruzione sono indicate con i gradi di angolo orario contato da mezzogiorno, da 80° a 60°(cioè dalle 6h 40m alle 8h) e corrispondenti nelle ore serali; sono intervallate di 5° (20min).
Anche nella figura originale queste linee non sono disegnate nella zona centrale, quasi certamente per motivi di chiarezza. Nell'originale non è determinabile con certezza l'intervallo fra una linea e l'altra (forse 3°) e non è neppure visibile il centro dell'orologio da cui escono le linee orarie ad ore uguali.

<u>Le linee solstiziali ed equinoziale.</u>
Le iperboli descritte dall'ombra dell'estremo dello gnomone nei giorni dei solstizi sono dise-

---

gnate con molta approssimazione, in particolare quella del solstizio invernale. La linea equinoziale non è chiaramente discernibile.

<u>Le linee diurne.</u>
Nella tavola originale si riescono a contare 28 linee diurne che dividono la zona fra le due curve solstiziali con intervalli non uguali. I 27 intervalli risultanti dividerebbero quindi l'arco di longitudine solare fra i due solstizi, in parti di 180/27 =6.66° , cioè con 3 intervalli ogni 20°. Questo valore inusuale e l'imprecisione del disegno portano all'ipotesi che queste linee siano state disegnate più come esempi per mostrare l'aspetto finale del quadrante che rispettando valori esatti di longitudine solare.
In genere le linee diurne disegnate erano 19, ogni 10° di longitudine del Sole.
Le linee, sempre per lasciare libera la zona centrale più stretta sono disegnate soltanto all'interno delle fasce delimitate dalle linee delle due prime ore temporarie.

<u>Linee delle ore dall'alba e al tramonto.</u>
Nella zona centrale del quadro si vedono due coppie di linee che formano due triangoli. Probabilmente la coppia inferiore è formata dalla linea (incompleta) che indica che sono trascorse 6h dall'alba (ora babilonica 6) e dalla linea (pure essa incompleta) che indica che mancano 6h al tramonto (ora italica 18).
La coppia superiore, da misure fatte sul disegno, sembra essere formata dalle linee che indicano che sono trascorse 5h dall'alba e mancano 5 ore a tramonto.
Probabilmente anche queste linee sono lasciate incomplete per non creare troppa confusione sullo schizzo generale.

<u>Le linee di altezza.</u>
Sul quadro si vede una serie di archi di cerchio, centrati sullo gnomone, che costituiscono linee che indicano l'altezza del Sole. Nella ricostruzione sono disegnati gli archi di cerchio che indicano l'altezza da 10° a 55° intervallati di 5°. Nel disegno originale probabilmente l'intervallo era di 6°.

<u>La scala degli Azimut</u>
Nella parte inferiore del disegno originale si intravede, a destra e a sinistra, una stretta striscia graduata sulla quale era possibile leggere l'azimut del punto-ombra. Era necessario a questo scopo l'uso di un righello passante per lo gnomone G1 o, meglio, di una alidada imperniata in G1. La graduazione in azimut proseguiva anche in una delle scale riportate sulla destra dello strumento.
Nella ricostruzione si sono riportati gli azimut da -65 a +65° rispetto a Sud.

<u>Le scale sulla destra</u>
Sulla destra del quadro, appoggiate alla linea della XI ora temporaria vi sono due diverse scale graduate. La più interna è una scala delle longitudini, con divisioni ogni 10° (tre intervalli ogni segno zodiacale), la seconda, come si è già detto, prosegue la scala degli azimut.

Le curve delle preghiere

Sul disegno non sono tracciate le curve delle preghiere Asr, secondo Asr e Zuhr ma, dall'elenco fatto da Najm al-Dīn delle operazioni possibili, esse erano previste e certamente dovevano essere disegnate.

La direzione della qibla

Sempre dalle parole di Najm al-Din si capisce che era certamente prevista anche una retta indicante la direzione della Mecca ed avente come azimut il valore della qibla.

Le operazioni possibili.

Elenco soltanto alcune delle operazioni che, secondo l'astronomo arabo, sono possibili con lo strumento gnomonico descritto.

Indico per semplicità con P il punto-ombra dell'estremo dello gnomone in un certo giorno e in una certa ora.

Noto P si può trovare:

- la longitudine del Sole osservando la linea diurna su cui cade P;
- la declinazione del Sole su una scala opportuna posta a fianco di quella delle longitudini;
- l'altezza meridiana del Sole, osservando il punto in cui la linea diurna trovata interseca la linea Nord-Sud e leggendo il valore sugli archi di altezza;
- l'angolo orario del Sole;
- l'altezza del Sole;
- l'ora del giorno in ore temporarie o uguali;
- il numero di ore uguali del giorno;
- quante ore uguali sono trascorse dall'alba (e quindi quante ne mancano alla prossima alba: preghiera Fajr);
- quante ore mancano al tramonto (preghiera Maghrib);
- l'istante delle preghiere Zuhr, Asr e secondo Asr: è sufficiente trovare i punti dove le linee delle preghiere sono intersecate dalla linea diurna;
- l'intervallo di tempo fra Zuhr e Asr;
- l'intervallo di tempo fra Asr e secondo Asr;
- l'intervallo di tempo fra secondo Asr e tramonto;
- l'altezza del Sole e l'ora quando il Sole è nella direzione della qibla;

Oltre alle operazioni relative ad un certo giorno ed ora, con lo strumento si possono ricavare valori utilizzabili per altri calcoli o per disegnare altri orologi solari. Ad esempio si possono trovare:

- l'azimut e l'altezza del Sole all'inizio delle diverse ore temporarie o uguali negli equinozi e nei solstizi (per il tracciamento di linee orarie in un altro orologio solare);
- l'azimut e l'altezza del Sole dei punti delle curve delle preghiere nei giorni di ingresso del Sole nei segni zodiacali (tracciamento delle curve delle preghiere);
- l'azimut e l'altezza del Sole dei punti delle curve solstiziali;

- l'altezza del Sole quando è a est o a ovest;
- le durate dei giorno in ore uguali;
- le durate delle ore stagionali nei diversi giorni dell'anno;
- l'azimut corrispondente a una certa altezza del Sole e viceversa.

Occorre notare infine che in nessuna parte del trattato di Najm al-Din, e quindi anche nello orologio ora descritto, è menzionata o prevista la presenza di uno stilo diretto verso il Polo Nord celeste per indicare, con l'intera ombra, le ore di tempo solare.

26.3 Una meridiana riportata su un manoscritto di Khalil Ibn Ramtash

In un manoscritto custodito presso il "Victoria and Albert Museum" di Londra si trova l'immagine di un orologio solare disegnato al Cairo da Khalil ibn Ramtash nel 1325 (726H)[26] e quindi soltanto pochi anni dopo quello di Ibn Tulun.

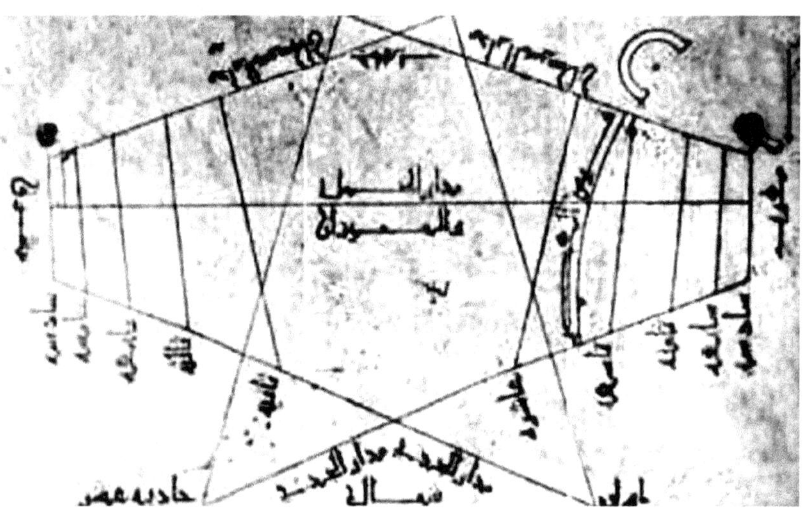

Fig. 26.7   La meridiana di Khalil ibn Ramtash

Anche questa è una meridiana orizzontale intrecciata.

Si può immediatamente notare (Fig. 26.7) come le semi-iperboli solstiziali sono state approssimate con segmenti che vanno dalla linea dell'ora VI a quelle della I o della XI ora temporaria.

Sulla curva della preghiera compare la parola araba عصر (Asr) stilizzata, come si troverà molto spesso nelle meridiane Ottomane dei secoli successivi; si nota anche il mihrab, schematizzato con una nicchia a forma di doppio semicerchio, e la direzione della qibla indicata

---

[26] KING (2006), p. 88

dall'ideale segmento che collega lo gnomone di destra con il centro di questi semicerchi (qibla di circa 45°, verso Sud-Est).
In Fig. 26.8 lo schema delle diverse linee con riportati i valori delle diverse ore.

Poiché Abū 'Alī al-Marrākushī lavorò proprio al Cairo e scrisse il suo trattato verso il 1280, è quasi certo che anche le meridiane di Ibn Tulun e ibn Ramtash furono progettate sotto l'influenza della sua opera utilizzando il metodo da lui descritto e, con molta probabilità, le tavole da lui riportate.
Questa ipotesi è convalidata anche dalle somiglianze e dalle numerose caratteristiche comuni di questi strumenti.

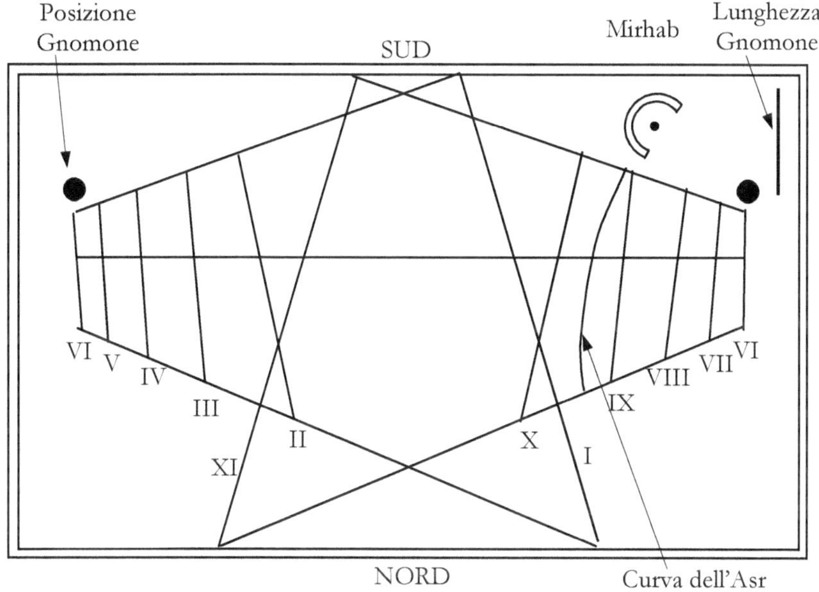

Fig. 26.8   La meridiana di Khalil ibn Ramtash
Ricostruzione dell'autore

26.4 La meridiana di Ibn al-Muhallabi

Il quadrante che presento ora è giunto sino a noi attraverso la descrizione del metodo per calcolarlo, le tavole relative al suo tracciamento e un disegno che si trovano in un trattato di gnomonica compilato dal *muwaqqit* Ibn al-Muhallabi (Fig. 26.9).
Il manoscritto, ora conservato presso una biblioteca di Dublino, è una copia, fatta nel 1455, dell'opera originale scritta verso il 1300 al Cairo.

Il quadrante consiste, come quello della moschea di Ibn Tulun al Cairo, nelle due metà di una meridiana orizzontale traslate tra loro sino a portare le due linee meridiane agli estremi Est e Ovest del complesso. Su tali linee erano disposti, nei punti che si possono vedere anche in figura, due gnomoni verticali aventi la forma conica riprodotta alla base del disegno (lato Sud).

Per comprendere il significato delle diverse curve che compaiono sul disegno e la loro correttezza si sono calcolati i punti in cui esse incontrano le linee solstiziali ed equinoziale utilizzando la latitudine di 30° (usata anticamente per il Cairo) e ε = 23° 27'.

Per evidenziare il significato delle diverse linee si è poi provveduto a elaborare il disegno eliminando le macchie dovute al tempo e le scritte in lingua araba, associando ai numeri, scritti nell'originale in notazione "*abjad*", i valori corrispondenti in notazione moderna (Fig. 26.10).

Sul quadrante sono disegnati tre distinti sistemi di curve orarie.

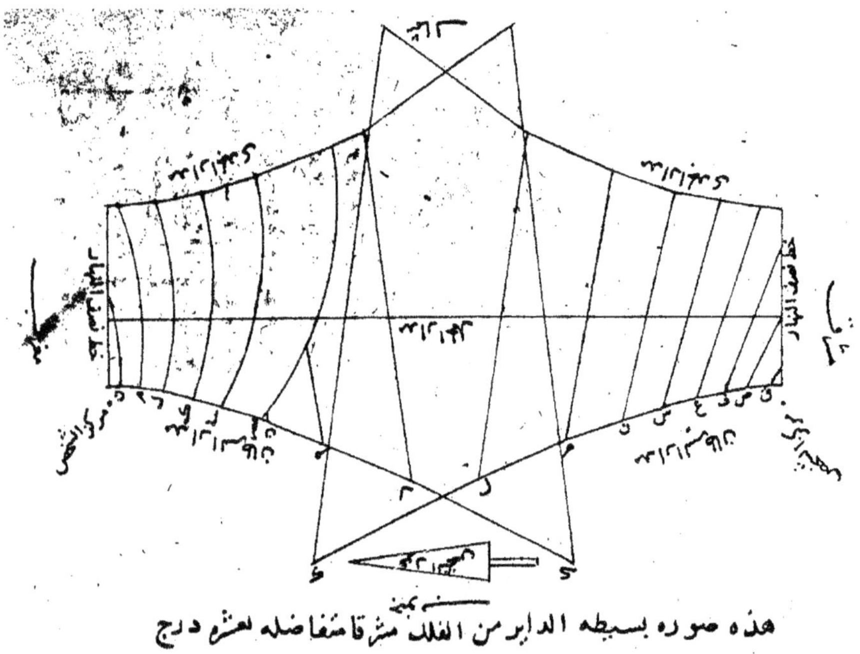

Fig. 26.9   Disegno del quadrante di Ibn al-Muhallabi

Nella metà di destra (Est), relativa alle ore del mattino, vi sono 9 tratti rettilinei, indicati con i numeri da 20 a 100, che rappresentano le curve dove cade l'ombra dello gnomone negli istanti in cui sono trascorsi un numero uguale di gradi di angolo orario dal momento della nascita del Sole. In altre parole sono le linee delle ore babiloniche, dalle ore da 1h 20m (20° o 80m) alle 6h 40m (100° o 400 m), con intervalli di 40 minuti (10°).

Si può osservare come la curva relativa a 90° (ora babilonica 6) incontri correttamente la linea meridiana sulla equinoziale.

Nell'altra metà del quadrante (Ovest), relativa alle ore del pomeriggio, partendo da sinistra si incontrano prima 6 linee concave, indicate con i numeri dal 50 allo 0.

Quella più vicina al centro è la classica curva dell'Asr; le altre sono le curve dove cade l'ombra dello gnomone negli istanti in cui mancano al momento della preghiera Asr un numero di gradi di angolo orario uguale ai valori riportati. Queste curve quindi danno le indicazioni di quando alla preghiera mancano ancora 3h 20m (50°), 2h 40m (40°), 2h (30°) e così via, con intervalli di 40 minuti fra una linea e la seguente.

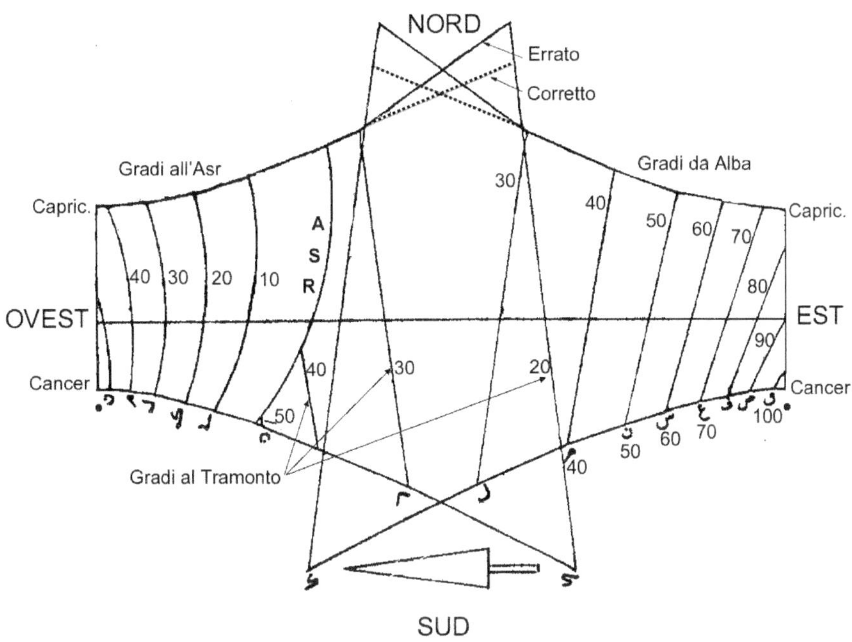

Fig. 26.10   Disegno rielaborato del quadrante di Ibn al-Muhallabi

Proseguendo verso destra dopo la curva dell'Asr si trovano altri 4 segmenti rettilinei inclinati che iniziano sulla solstiziale estiva, marcati con i numeri che vanno da 50 a 20. Il segmento con il numero 50 è praticamente inesistente in quanto si riduce a un tratto molto corto; quello indicato con 20 delimita la metà sinistra del quadrante.

Queste linee sono simmetriche a quelle riportate nella metà di destra della meridiana ed indicano quanti gradi di angolo orario mancano al tramonto, cioè indicano il complemento delle ore italiche.

Dai calcoli fatti si è potuto ricavare che tutti i punti del quadrante sono molto precisi con la sola eccezione dei due punti terminali della curva del Capricorno che sono eccessivamente spostati a Nord, come si è cercato di evidenziare in Fig. 26.10.

26.5 Una meridiana tunisina del XIV secolo

L'orologio solare orizzontale (*basītah*) brevemente descritto qui è inciso su una lastra quadrata di appena 24 cm di lato che si trova nel Museo Nazionale di Cartagine; fu scoperto verso il 1920 ed é stato descritto in dettaglio da D.A. King in "*Islamic Astronomical Instruments*"[27].

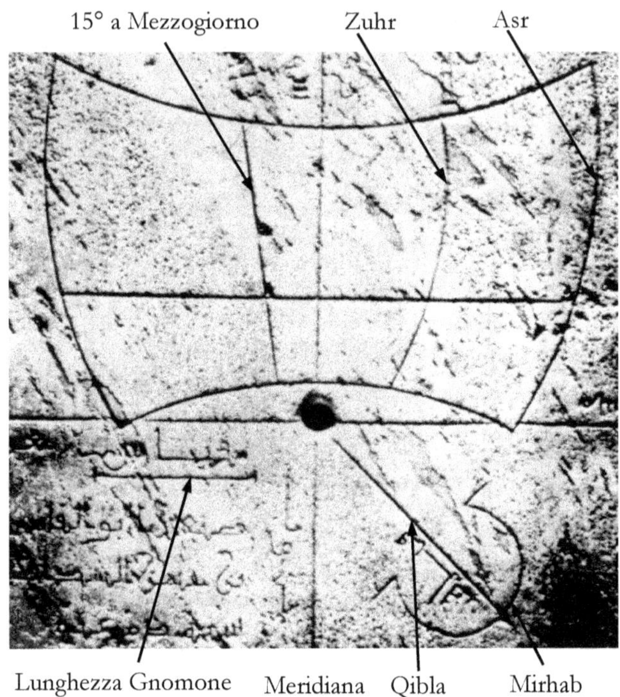

Fig. 26.11   La meridiana di Hasan al-Shaddad a Tunisi

Il quadrante fu costruito da Abu l-Qasim ibn Hasan al-Shaddad a Tunisi nell'anno 1345 (746 H) come attesta l'iscrizione riportata sulla lastra (Fig. 26.11).

Lo strumento non era utilizzato per indicare il tempo, in quanto su di esso non sono riportate linee orarie di alcun tipo (con l'eccezione ovvia della linea meridiana), ma soltanto 4 linee che si riferiscono agli orari di alcune preghiere.

Partendo da destra si incontrano:
- la linea della preghiera Asr;
- la linea della preghiera Zuhr, calcolata nell'istante in cui l'ombra dello stilo diventa uguale a quella a mezzogiorno più ¼ della sua altezza, all'uso tunisino e nord africano;

---

[27] Anche per questo quadrante ho svolto e rifatto i calcoli di tutti i punti partendo da misure fatte sulla fotografia riprodotta sopra. Solo in un secondo tempo ho potuto leggere l'opera di King in cui si trovano ripetuti questi calcoli arricchiti da molti altri dati e particolari che derivano dalla grande professionalità e specializzazione di questo studioso. I risultati da me ottenuti coincidono in tutto con quelli del dott. King

- la linea del mezzogiorno (linea meridiana);
- una linea che indica quando mancano 15 gradi di angolo orario, cioè 1 ora equinoziale, al mezzogiorno;
- infine una linea simmetrica a quella dell'Asr rispetto al mezzogiorno, il cui uso non risulta chiaro.

La meridiana è stata tracciata con qualche approssimazione come si vede dal fatto che tutte le linee curve, comprese le solstiziali, sono approssimate con archi di cerchio.

Quasi certamente per ogni curva sono stati trovate correttamente (partendo da tabelle) le posizioni dei punti nei giorni dei solstizi e dell'equinozio e in seguito tali punti si sono raccordati con un arco di cerchio.

L'altezza dello gnomone, calcolata in circa 5.2-5.3 cm è indicata con un tratto orizzontale inciso sotto il quadrante.

Il valore della la latitudine trovato dallo studio dell'orologio è risultato di circa 36-36.5°, praticamente coincidente con quella di Tunisi (36° 50').

Da notare la rappresentazione della nicchia del mihrab incisa sulla lastra, con una specie di freccia indicante la direzione della qibla.

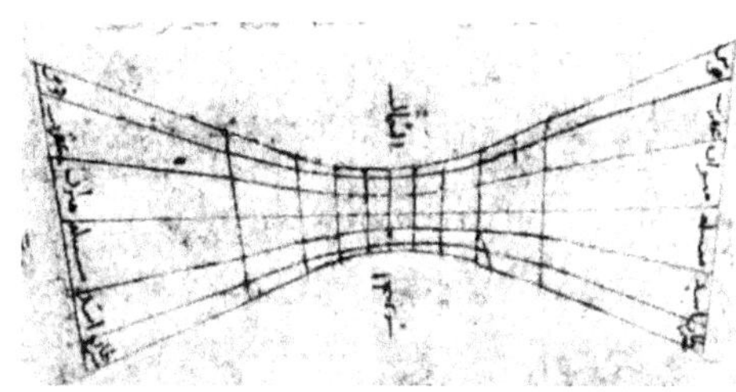

Capitolo 27
GLI OROLOGI SOLARI NELL'ANDALUS

Prima di parlare degli orologi solari che sono stati trovati in Andalusia, ritengo necessario dare alcune notizie della conquista e della dominazione araba in Spagna. Questo perché, pur non avendone accennato in precedenza, il fiorire e il diffondersi della civiltà e della lingua araba nella penisola iberica fu tale da influenzare grandemente la cultura della vicina Europa.

A partire dal secolo XI si ebbero scambi di studiosi, nozioni e tecniche, mentre nel secolo successivo, attraverso le traduzioni sistematica delle opere arabe in latino, iniziò il passaggio verso l'Occidente della conoscenza delle scienza e della filosofia greca e di tutte le scoperte fatte dagli studiosi di lingua araba nei quattro secoli precedenti.

Quest'opera di traduzione, iniziata da Adelardo di Bath verso il 1140, si espanse in particolare a Toledo con la formazione di veri e propri centri di studiosi, continuando sino al XV secolo.[28]

27.1 Al Andalus لأندلس

Con il termine geografico di al-Andalus ci si riferisce, nel Medio Evo come oggi, a tutta quella parte della penisola Iberica che fu governata dai musulmani durante la loro occupazione dal 711 al 1492.

Per questo, non riflettendo una realtà né storica, né geografica, i territori di al-Andalus cambiarono nel tempo, diminuendo rapidamente dopo l'XI secolo sino a ridursi, nel XV, alla sola città e ai territori di Granada. [29]

L'origine del termine al-Andalus, che si trova per la prima volta in un manoscritto dell'anno 98/716, non è chiara. Sembra che esso derivi dall'espressione in lingua gota *"Landahlauts"* (lotti terrieri) con cui i Visigoti indicavano i loro feudi. Gli Arabi aggiunsero soltanto l'articolo "*al*" dando luogo a "*al-Landahlautsiyya*" che, nel tempo, si semplificò in "*al-Anda-lus*".[30]

Prima dell'arrivo dei Musulmani la Spagna era governata dai Visigoti che controllavano la regione con durezza e con l'aiuto della gerarchia della chiesa. Nel 711 armate arabe e berbere, sotto il comando di Tāriq ibn Ziyād, conosciuto nella storia e nella leggenda spagnola come *Taric el Tuerto* (Tāriq il guercio), sconfissero i Visigoti e in soli due anni conquistarono quasi l'intera penisola iberica.

---

[28] La più eminente figura di traduttore dall'arabo è stato certamente Gerardo da Cremona (1114-1187) che tradusse almeno 74 opere, fra cui quelle di al-Farghani (Alfragani), di al-Hazen, di al-Khwarizmi, ecc.

[29] E' quindi un errore confondere al-Andalus con la moderna regione spagnola dell'Andalusia.

[30] Per alcuni studiosi il termine al-Andalus significa "terra dei Vandali".

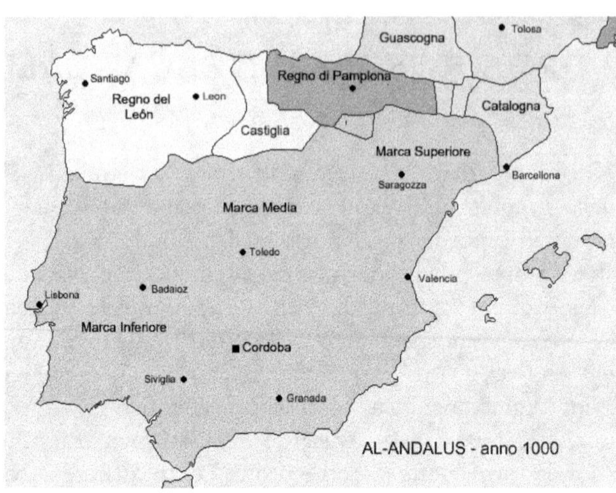

Fig. 27.1   Al-Andalus nell'anno 1000

Nel 753, fuggendo dalla Siria, arrivò in Andalus Abd al Rahman ibn Mu'awiya, unico
sopravvissuto al massacro della famiglia degli Umayyadi da parte degli Abbasidi, che nel 756
conquistò Cordova e divenne il primo emiro Umayyade dell'Andalusia.
All'inizio del X secolo i suoi discendenti, e in particolare Abd al-Rahman II e III, cercarono
di portare in Occidente i costumi, la cultura, la liberalità e il modo di vita della nuova capitale
d'Oriente, Baghdad, da poco fondata dagli Abassidi in Persia, e da tutto il mondo arabo
furono chiamati studiosi, poeti, filosofi, storici, astronomi e medici che stabilirono le basi
della tradizione intellettuale e del sistema educativo che fece primeggiare la Spagna nei
successivi 400 anni.
La capitale del califfato, Cordova, raggiunse il massimo splendore diventando, con il suo più
di mezzo milione di abitanti, la più grande città d'Europa. A Cordova, vi erano più di 70 biblioteche con milioni di volumi [31]; un ospedale pubblico, al servizio della università; fognatu-
re; acqua distribuita nelle case; più di 300 bagni pubblici e 700 moschee.
Furono costruite opere monumentali e sontuose che meravigliano ancora oggi, come la grande moschea di Cordova, la residenza reale *Madinat al-Zhara*, il castello di Aljaferia a Saragoz-
za e il minareto monumentale di Siviglia, detto la Giralda.

Il dominio unitario su buona parte della Spagna durò sino al secolo XI-XII, frammentandosi
poi in una serie di staterelli che non riuscirono più ad opporsi ai regni cristiani del nord.
Nonostante il fatto che nel XIII secolo al-Andalus fosse in pratica formato soltanto dalla
città di Granada e dai sui dintorni, fu costruito in questa città il palazzo reale dell'Alhambra,
una delle meraviglie di tutta la civiltà araba.

---

[31] Nel IX secolo la biblioteca del monastero di San Gallo, la più grande d'Europa, possedeva 36 volumi, mentre quella pubblica di Cordova ne conteneva 500.000. Occorre osservare che la carta fu
introdotta dalla Cina nei paese arabi nel 751.

Nel periodo d'oro di al-Andalus, la scienza conobbe in Spagna una fioritura senza precedenti. Basta ricordare ad esempio, cosa poco nota, che Abbas ibn Firnas († 888), studioso di musica e di matematica, si interessò al meccanismo del volo e costruì, e provò, un paio di ali fatte di penne inserite in un telaio di legno, 600 anni prima di Leonardo.

Al-Zarqali rese perfetto l'astrolabio; Al-Idrisi, nato a Ceuta nel 1099, disegnò mappe geografiche per re Ruggiero II di Sicilia usando metodi di proiezione simili a quelli usati da Mercatore quattro secoli dopo; i medici arabi posero le basi della medicina scientifica eliminando la superstizione e le pratiche popolari: l'opera del medico di corte del califfo al-Hakam II fu tradotta in Latino da Gerardo da Cremona e divenne il testo di medicina in tutte le Università europee per molti secoli. [32]

Infine molte innovazioni tecnologiche furono trasmesse dalla Spagna araba al mondo europeo, come la carta, i mulini a vento, nuove tecniche metallurgiche (le famose "spade di Toledo"), tessili, agrarie, ceramiche, ecc.

Fig. 27.2   Palazzo Madinat al-Zahra
Decorazione nel salone del Trono
di Abd Al-Rahman III

I più antichi orologi solari islamici di cui rimangono alcune parti (otto in totale) sono quelli trovati in Spagna, nell'Andalus, e nel Nord Africa.

---

[32] I simboli usati per rappresentare i numeri e la forma che noi usiamo in Europa derivano da quelli sviluppati e usati in al-Andalus.

27.2 L'orologio al Museo Archeologico di Cordova

Il frammento dell'orologio solare orizzontale di Fig. 27.3 fu ritrovato durante uno scavo nel 1956 in una strada della vecchia Cordova (il *Camino Viejo de Almodovar*) e attualmente si trova al Museo Archeologico di questa città (n. 12.700 nell'inventario), che ne conserva altri tre.
L'orologio era inciso su una lastra di marmo bianco dello spessore di 4.5 cm e la parte rimanente, poco più della metà del quadrante originale, misura 24x34.5 cm.
Poiché una scritta che compare nella parte superiore della lastra dice *"Opera di Ahmed ibn al-Saffār"*, l'orologio è stato attribuito a questo astronomo vissuto a Cordoba e morto a Denia (Spagna) nel 1035 e l'anno della sua costruzione fissato attorno all'anno 1000. [33]
A causa della scarsa precisione dello strumento e della presenza di errori nelle linee orarie, alcuni mettono però in dubbio questa attribuzione partendo dal presupposto che un attento studioso e conoscitore di precisi strumenti astronomici come al-Saffār non avrebbe potuto commettere queste imprecisioni: si suppone pertanto che la scritta incisa sulla lastra significhi soltanto *"costruito secondo il modo di Ahmed ibn al Saffār"*.
In ogni caso questo orologio solare è il più antico fra tutti gli orologi islamici che ci sono pervenuti di cui si conosce l'autore.

Sull'orologio si possono osservare (Fig. 27.3):
- le linee delle ore temporarie dalla I alla VII e parte di quella dell'ora VIII. Si nota immediatamente come quelle della III, IV e V ora non siano rettilinee ma formate da due segmenti non perfettamente allineati;
- la linea meridiana, prolungamento della linea dell'ora VI, che si prolunga verso Sud attraversando il foro per lo gnomone;
- la linea Est-Ovest, di cui nel frammento rimane soltanto la parte ad Ovest, che passa per il piede dello gnomone, non perfettamente parallela alla linea equinoziale;
- le iperboli dei solstizi invernale ed estiva, terminanti con piccoli fori, senza alcuna scritta;
- la linea equinoziale, non perfettamente rettilinea;
- la linea della preghiera del mezzogiorno Zuhr vicina alla linea dell'ora VIII; [34]

---

[33] Abu al-Qasim Ahmad ibn al Saffār al-Andalusī (letteralmente Ahamd, figlio del calderaio della Andalusia) fu un importante astronomo della scuola di Cordova: insegnò aritmetica, geometria e astronomia. Alcune sue opere furono tradotte in latino da Abelardo di Bath e dall'ebreo spagnolo Petrus Alfonsi agli inizi del XII secolo, ma la sua opera più popolare fu un trattato sull'uso dell'astrolabio che, tradotto in latino verso il 1140, fu usato in Europa sino al 1500 circa. Suo fratello Muhammad fu un famoso costruttore di strumenti astronomici: un suo astrolabio datato 1027 è conservato al Royal Scottish Museum di Edimburgo, un secondo del 1029 si trova presso la West-deutsch Bibliothek di Marburgo (Germania) e un terzo al Museo Nazionale di Palermo.

[34] Ricordo che ne al-Andalus e in alcune delle regioni africane che si affacciano al Mediterraneo, l'ora della preghiera Zhur era definita come l'istante in cui l'ombra di un elemento verticale supera quella al mezzogiorno di una quantità uguale a ¼ l'altezza dell'elemento. Utilizzando i punti della curva presente sull'orologio si è trovato per questo incremento dell'ombra un valore più vicino a 0.3 che a 0.25

- il foro per inserirvi lo gnomone verticale, non esattamente centrato sulla linea meridiana;
- un cerchio il cui raggio indica la lunghezza dello gnomone stesso;
- numerose scritte nell'elegante stile kufico fiorito. Il nome dell'autore compare nello angolo sud-occidentale.

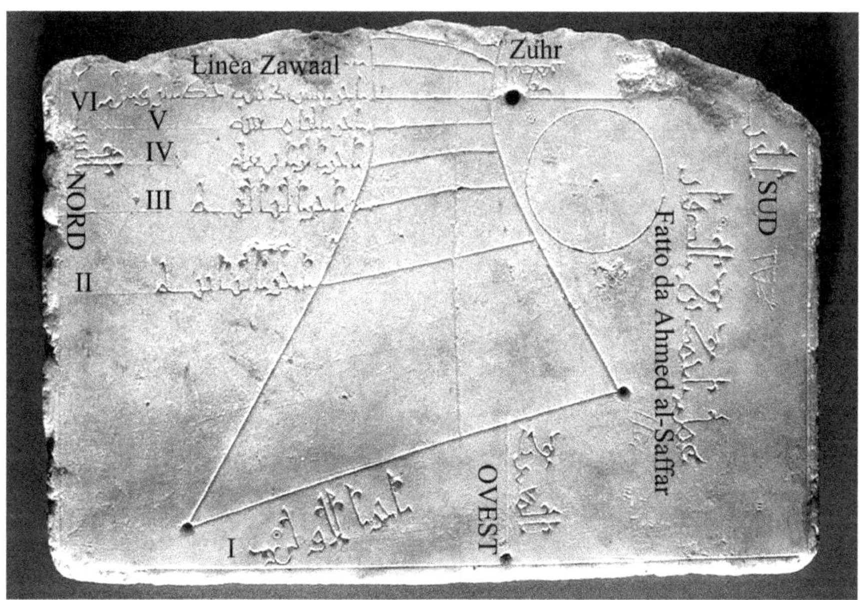

Fig. 27.3   L'orologio al Museo Archeologico di Cordova
Numeri e scritte aggiunti dall'autore

Le scritte relative alle linee orarie sono tracciate su segmenti di riferimento incisi sulla lastra e non riportano numeri ma frasi del tipo *"fine della prima"* ora (*âjir al-ûla*), o fine della seconda (*âjir al-tâniya)*, ecc.

David A. King[35] fa l'ipotesi che il quadrante possa essere stato tracciato utilizzando le tavole numeriche calcolate da al-Khwarizmi nei primi anni del IX secolo a Baghdad, le uniche conosciute prima dell'anno 1000. In queste tavole sono date le coordinate polari (azimut da Est e distanza dal piede dello gnomone) dei punti dove le ore temporarie intersecano le iperboli solstiziali per diverse località.

King non è però del tutto certo di questa ipotesi poiché le linee spezzate delle ore III e IV fanno pensare anche all'utilizzo, nel tracciamento, dei punti equinoziali.

Da misure fatte sulla fotografia della lastra ho cercato di ricavare il valore della latitudine per cui l'orologio fu calcolato.

Utilizzando gli 8 punti estremi delle linee orarie ore I, II, III e VI si è ottenuto il valore più probabile uguale a circa 38°21'; prendendo invece in esame soltanto i punti sulla linea meri-

---

[35] KING (1987), pp. 362-363

diana il valore trovato è stato di 39°48'; infine il valore trovato King è risultato pari a 39°30'. Il valore moderno della latitudine di Cordova è di 37°53', mentre quello usato dagli studiosi islamici era di 38°30'.

27.3   Due orologi a Madīnat al-Zahrā a Cordova

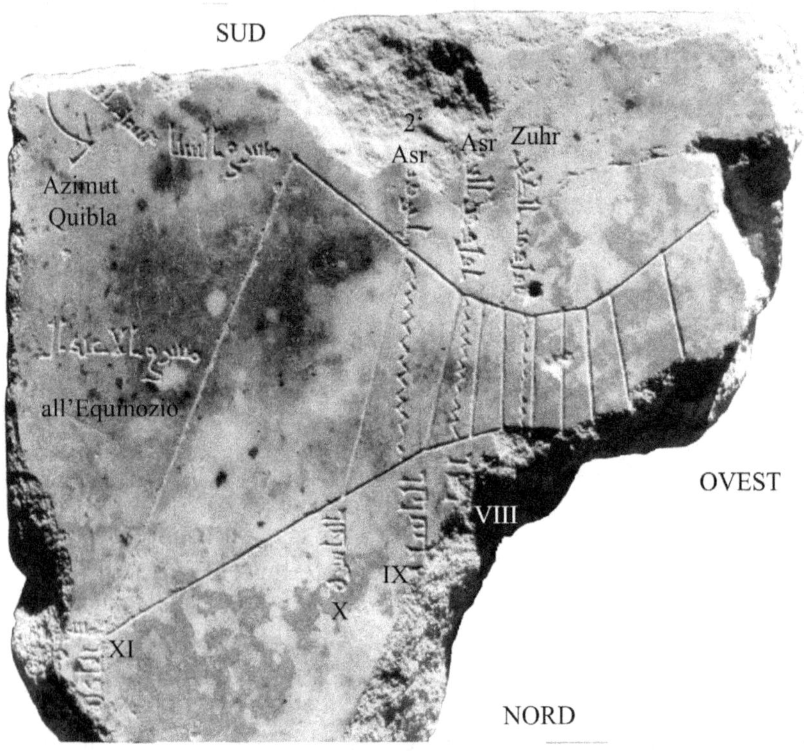

Fig. 27.4   Il primo orologio orizzontale di Madīnat Al-Zahrā
Museo Archeologico di Cordova - Numeri e scritte aggiunti dall'autore

Negli scavi effettuati nel complesso dei palazzi di Madīnat al-Zahrā[36], residenza dei califfi Omayyadi di Cordova, sono stati rinvenuti i frammenti di 3 orologi solari orizzontali, attualmente al Museo Archeologico di Cordova, molto simili, sia nell'aspetto che nella fattura abbastanza grossolana, a quello ritrovato nel *"Camino Viejo de Almodovar"*, sempre a Cordova. A causa di questi ritrovamenti la zona viene ora chiamata *"Patio de los relojes"*.

---

[36] Medina Azahara o Madīnat al-Zahrā *"città dei fiori"* o Madinat az-Zahra *"città di Zahrā"*, dal nome della concubina preferita del califfo Abd al-Rahmān III, è una piccola città-castello che fu residenza dei califfi Omayyadi tra il X e l'XI secolo. E' situata ai piedi della Sierra Morena a circa 5 km da Cordova.

Presenterò qui soltanto i due orologi che ci sono giunti nello stato di conservazione migliore. (Fig. 27.4, 27.5)
Poiché la costruzione dei palazzi di Madīnat al-Zahrā iniziò nell'anno 936 e terminò verso il 976, e già nel 1010 iniziò la loro distruzione quando la città fu incendiata, si può ipotizzare che le due meridiane furono costruite all'interno di questo intervallo di tempo. Probabilmente esse furono fatte verso il 940, data di costruzione della moschea del palazzo, al servizio della quale certamente furono installate.
Per questo motivo questi due orologi si contendono con quello di Cordova precedentemente descritto, il primato del più antico orologio solare islamico giunto sino a noi.

Per le loro caratteristiche molto simili è logico supporre che i due orologi siano stati disegnati da uno stesso autore, per altro sconosciuto.
In entrambi, come nell'orologio di Cordova, le scritte sono in stile Kufico e le linee orarie sono indicate con scritte del tipo *"prima ora"* (o seconda, o terza, ecc.).
Le curve delle preghiere sono molto approssimate e tracciate con linee a zig-zag e la linea equinoziale è assente, anche se sul lato orientale del tracciato si legge la scritta *"all'Equinozio"*.

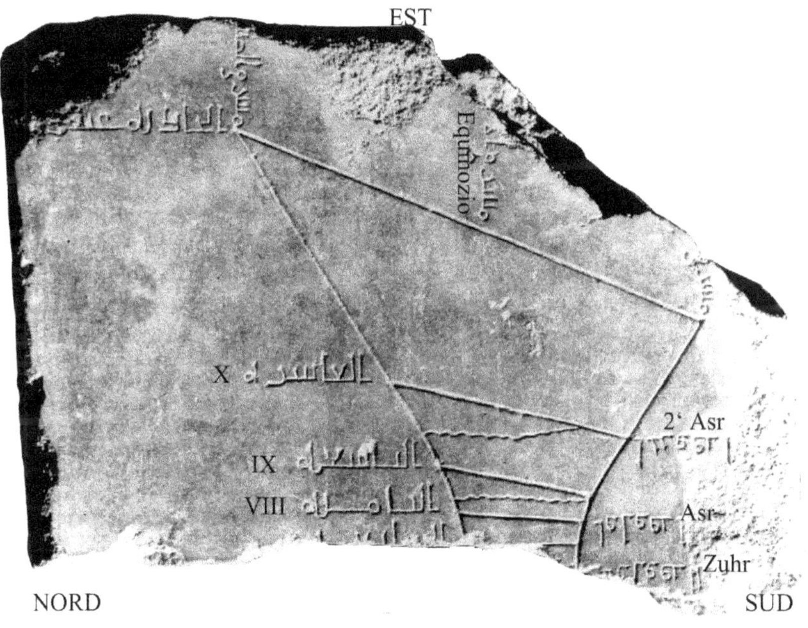

Fig. 27.5 Il secondo orologio orizzontale di Madīnat Al-Zahrā
Museo Archeologico di Cordova - Numeri e scritte aggiunti dall'autore

Le scritte che si trovano nei punti estremi delle curve solstiziali dicono *"in Inverno"* e *"in Estate"* e sono invertite come posizione.
Non è presente alcuna indicazione sulla lunghezza dello gnomone.

Il primo orologio (n. 30.135 nell'inventario del Museo) (Fig. 27.4) è inciso su una lastra di marmo che doveva avere le dimensioni di 40x32x5 cm: il frammento rimasto è di circa 31x30cm e contiene tutte le linee del lato orientale (ore del pomeriggio) e solo alcune del lato occidentale.

L'imprecisione del disegno è visibile nelle linee delle ore V e VII che sono praticamente parallele alla linea meridiana (ora VI), dalle iperboli solstiziali formate da segmenti rettilinei e dalle "curve" delle preghiere che sono molto approssimate.

Nell'angolo superiore sinistro è visibile la parte di un arco (a forma di Ω) che rappresenta il Mirhab, all'interno del quale vi è la scritta *"Azimut della qibla"*.

Il frammento rimasto del secondo orologio (n. 30.136 nell'inventario del Museo) (Fig. 27.5), ha le dimensioni di circa 32x23x5.5cm ed anch'esso riguarda all'incirca la metà orientale del tracciato delle linee.

Le iperboli solstiziali sono qui meglio disegnate e raccordate; non è visibile la nicchia del Mirhab, forse presente nella parte mancante

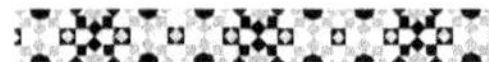

27.4 L'orologio di Almeria

Nel Museo Archeologico Provinciale di Almeria sono conservati due frammenti di un esemplare di orologio solare orizzontale (n. 28.809 nell'inventario del Museo) (Fig. 27.6) ritrovati durante uno scavo fatto nel 1956 presso le mura Nord del castello fortezza chiamato Alcazaba. Lo strumento è inciso su una lastra di marmo bianco delle dimensioni di 30x45cm, le scritte sono in stile kufico.

L'intero quadrante presenta numerose imprecisioni ed errori nel tracciato che lo avvicinano agli altri orologi rinvenuti ne l'Andalus e giunti sino a noi: la data di costruzione è ignota ma si può ipotizzare all'interno dell'XI secolo.

Sono visibili le linee orarie delle ore temporarie dalla III alla XI, abbastanza imprecise nel loro andamento e su di esse sono incisi i numeri delle ore nella antica notazione *abjad*, caratteristica questa che differenzia questo orologio da quelli ritrovati a Cordova.

La linea dell'ora XI non è rettilinea ma formata da due segmenti non ben allineati; la linea del solstizio invernale è approssimata e ondeggiante; l'equinoziale non è presente mentre esiste una linea nella direzione Est-Ovest passante per il piede dello gnomone, ora scomparso.

Sono presenti le curve dell'Asr e dello Zuhr, molto approssimate e disegnate come archi di cerchio. Ai lati delle iperboli dei solstizi sono scritti i nomi dei segni zodiacali Cancro e Capricorno e ai lati della lastra quelli dei punti cardinali. Non sono presenti né la direzione della qibla, né la lunghezza dello gnomone.

Fig. 27.6   Orologio solare di Almeria

27.5   L'orologio nel palazzo della Alhambra a Granada

Anche questo quadrante orizzontale, esposto nel Museo di Arte Ispano-Musulmana nel Palazzo della Alhambra a Granada (n. di inventario 3059) (Fig. 27.7), è molto semplice e poco preciso come tracciato e conferma il grande contrasto che si riscontra tra i costruttori di orologi solari Andalusi e i contemporanei abilissimi e precisissimi costruttori di astrolabi, quasi che lo strumento inciso sulla pietra fosse indegno dello studio e dell'esattezza di quello inciso sull'ottone o sul rame.

Forse più che affermare che gli astronomi andalusi erano incompetenti e ignoravano i metodi per la costruzione di orologi solari corretti, occorre pensare che forse gli unici frammenti giunti a noi siano parte di esemplari scadenti, certamente diffusi a quel tempo, come anche oggi.

L'orologio è inciso su una lastra di marmo bianco di forma trapzoidale, spezzata in due parti, e con i bordi tagliati grossolanamente. Le misure sono 14 e 22 cm le due basi, 17 cm l'altezza e circa 3.5 cm lo spessore.

La costruzione risale probabilmente alla fine del X secolo, inizio dell'XI, mentre il luogo di costruzione è probabilmente la città di Cordova.

Fig. 27.7   L'orologio al Museo Archeologico de l'Alhambra
Numeri e scritte aggiunti dall'autore

Sull'orologio si possono osservare:
- le linee delle ore temporarie dalla I alla XI, disegnate tutte quasi parallele alla direzione della linea meridiana e quasi uniformemente spaziate. Il procedimento più comunemente usato dagli gnomonisti islamici per disegnare le linee orarie era quello di trovarne i punti estremi nei giorni dei solstizi e poi collegare tali punti con segmenti. In questo orologio è immediato vedere che non è stato seguito questo procedimento sia perché le linee solstiziali sono del tutto errate, sia perché le linee orarie vanno dal solstizio invernale ad una linea con direzione Est-Ovest arbitraria, passante al di sopra del foro dello gnomone;
- la linea meridiana, che attraversa l'intero quadrante;
- la linea equinoziale Est-Ovest;
- le curve dei solstizi invernale ed estiva, approssimate grossolanamente con archi di cerchio;
- la linea della preghiera Zuhr vicina alla linea dell'ora VII e quella dell'Asr vicino alla linea dell'ora IX. Anche queste due linee sono approssimate con archi di cerchio che uniscono gli estremi delle linee orarie suddette.
- Il foro per inserirvi lo gnomone verticale, del quale non è indicata la lunghezza;
- la bizzarra struttura nell'angolo in alto a sinistra che rappresenta il Mirhab e che indica la direzione della Mecca, approssimata a circa 45° da Sud verso Est. È stata fatta l'ipotesi che lo strano disegno rappresenti un compasso chiuso;

- numerose scritte in stile kufico, male incise e difficilmente interpretabili, indicano in basso
"la fine dell'ora I" (o II, III, ecc.) e sul lato sinistro i nomi dei segni zodiacali Pesci, Ariete,
Toro, Gemelli, Cancro, Leone e Sagittario, anche se le corrispondenti curve non sono
riportate.

27.6   Il reloj de la piedra de la sombra
dai "Libros del Saber" di Alfonso X di Aragona

L'orologio che conclude questa breve rassegna delle meridiane de l'Andalusn non è come gli
altri un oggetto giunto sino a noi, non è neppure, strettamente parlando, una meridiana
islamica ed infine è conosciuto soltanto attraverso una descrizione e un disegno in un manoscritto cristiano del XIII secolo.
Ciononostante lo strumento ha tutte le caratteristiche che si ritrovano nei pochi orologi solari
rinvenuti in Andalusia ed inoltre è disegnato secondo le "regole" e i metodi utilizzati dagli
astronomi andalusi dei due secoli precedenti.
Si può per questo considerare come un trait d'union e quasi un simbolo del passaggio fra la
cultura gnomonica islamica e quella europea, che da essa prese i suoi inizi attraverso le
traduzioni dei testi arabi fatte a partire dal XII e XIII secolo.

Il trattato di cui si tratta è uno dei dieci *"Libros del Saber de Astronomia"*[37] che Alfonso X di
Aragona, detto *"el Sabio"*, ordinò di scrivere al gruppo di studiosi che aveva raccolto a
Toledo dopo il 1252 con il preciso compito di riunire tutte le conoscenze disponibili di
astronomia e astrologia, dato che in tutto il suo regno non era possibile trovare nessun libro
che trattasse queste materie.[38]

Il decimo *"Libro del Saber"* è dedicato agli orologi ed è diviso in 5 parti, ciascuna dedicata ad
un particolare tipo di strumento per la misura del tempo: il *"Reloi de la piedra de la sombra"*, che
descrive un quadrante solare orizzontale; il " *Reloi del Palacio de las Horas"*; il *"Reloi de Agua"*,
cioè la clessidra; il *"Reloi de la Candela"* e il *"Reloi de Mercurio"*.

---

[37] L'opera fu terminata nell'anno 1276. Il manoscritto è conservato nella Biblioteca dell'Università
Complutense di Madrid. I "*Libros del saber*" contengono: 1- Quattro libri sulle stelle fisse con nozioni
tratte da opere di al Sufi, Menelao e Tolomeo; 2- Un libro tradotto da Judah ben Mosés nel 1259; 3-
Due libri sulla sfera armillare di Arzachel; 4- Due libri sull'astrolabio; 5- Un libro sullo strumento
chiamato *atazir* ; 6- Due libri sulla "lamina universale" ; 7- Un libro di Arzachel; 8- Due libri sui
pianeti; 9- Un libro sui quadranti; 10- Il libro degli orologi.

[38] Alfonso X nacque il 23 novembre 1224. Era figlio di Ferdinando il Santo a cui successe al trono nel
1252. Studioso della lingua latina, di poesia, musica e scienze, ebbe diversi insegnanti fra cui alcuni
studiosi arabi ed ebrei che lo avvicinarono alla astronomia e alla astrologia. Diede impulso agli studi
di storia e di diritto e riunì a Toledo un collegio di studiosi con i quali spesso discuteva e ai cui lavori
partecipava attivamente. Ordinò la traduzione di antiche opere in lingua greca ed araba e la compilazione dei 10 manuali che presero il nome di "Libri del Sapere" (*"Libros del Saber de Astronomia"*).

La prima parte è in pratica un rapido riassunto di quello che era ancora ricordato della antica scienza gnomonica dell'Andalusia e contiene soltanto una succinta descrizione di come costruire una meridiana orizzontale ad ore temporarie, di cui riporta due disegni, e alcune tavole della declinazione solare e delle funzioni seno e cotangente. Non contiene però né tavole per il tracciamento dell'orologio, né procedimenti grafici per disegnarlo.

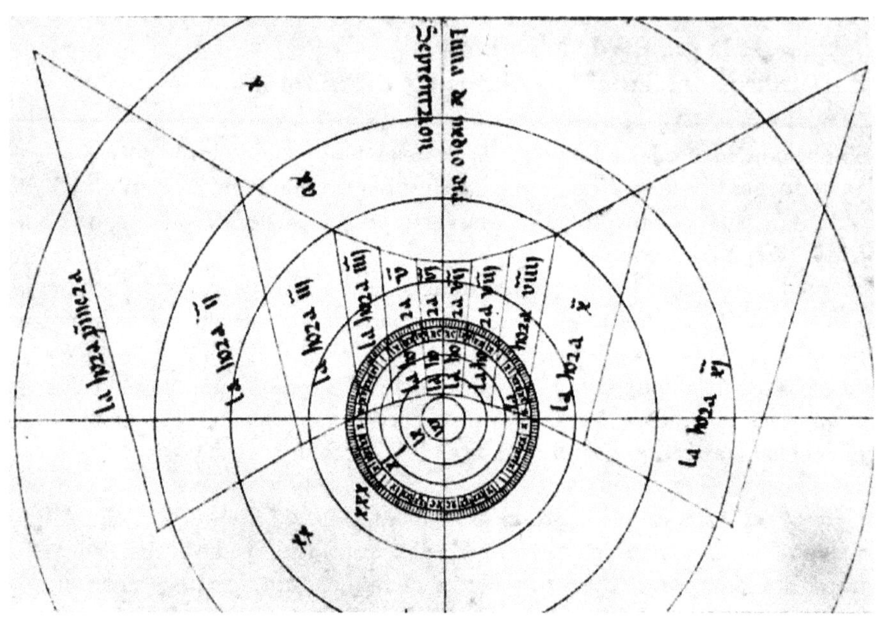

Fig. 27.8   Il *"Reloi de la piedra de la sombra"*
dal X *"Libro del Saber de Astronomia"* di Alfonso X

Il quadrante (Fig. 27.8) viene chiamato *"Reloi de la piedra de la sombra"* e questa denominazione, che fa coincidere l'elemento costruttivo, la "pietra su cui cade l'ombra", con lo strumento che misura il tempo, ricorda alcuni nomi usati dagli studiosi arabi per indicare le meridiane orizzontali: *"rukhāma"*, che significa "marmo" o "lastra di marmo", *"basītat "* cioè "piano" o infine, con al-Battani, *"al-rukhāma al-basītat "*.

La traduzione della descrizione del quadrante è così riassumibile:
"Prendi una pietra rettangolare con un altezza uguale a 2/3 della larghezza; su di essa disegna due linee perpendicolari, una passante per la metà dei lati maggiori e l'altra per il punto sulla linea precedente a 1/3 della sua lunghezza. Queste linee indicano i punti cardinali.
Con centro l'incontro di queste due linee traccia un cerchio e dividi ogni quadrante in 90 parti.
Segna poi sulla pietra le ombre che si hanno all'inizio del Capricorno e all'inizio del Cancro ("cabeza de Capricornio e de Cáncer") in ogni ora del giorno. Così si ottengono le altezze massima e minima del Sole ai solstizi. Unisci poi tutti i punti ottenendo in tal modo quelle che si chiamano ore temporarie.

Per segnare i cerchi delle altezze occorre una tavola della declinazione del Sole e l'altezza della "cabeza de Aries" nella località in ci si trova [cioè il valore del complemento della Latitudine] *e poi disegna le circonferenze che corrispondono ai gradi 10, 15, 20, 30, ecc.*
In questo modo la "piedra" è costruita.
Basta collocare lo gnomone , un perno conico che termina a punta, nel centro dei cerchi."

Come si è già scritto nel trattato non sono riportate né le tabelle dei valori numerici per disegnare l'orologio, né altri dati.

Dall'esame dei disegni, misurando le coordinate di punti di alcune delle linee orarie si è trovato che l'orologio disegnato è stato calcolato con un valore della latitudine quasi esattamente uguale a 40° , abbastanza prossima alla latitudine della città di Toledo (41° 40').

Nel disegno dell'orologio si trovano tutti gli elementi presenti nei tracciati delle meridiane andaluse già descritte e cioè: le linee delle ore temporarie dalla I alla XI; le linee solstiziali; la linea che indica la direzione Est-Ovest passante per il piede dello gnomone; scritte sulle linee orarie del tipo *"la hora primera"*, *"la hora II"*, ecc.; scritte che indicano i punti cardinali (*oriente, meridion, ocydente, septentrion*).

Come negli altri orologi andalusi manca la linea equinoziale, mentre non è indicata la lunghezza dello gnomone e, ovviamente, non sono nominate o disegnate le linee delle preghiere e la direzione della qibla.

A differenza degli orologi islamici sono invece presenti una serie di cerchi di almucantarat che danno gli istanti in cui l'altezza del Sole assume determinati valori, riportati in numeri romani.

Infine al centro si trova un cerchio graduato da 0 a 360° a partire da Est, che dà il valore dell'azimut dell'ombra, molto probabilmente utilizzato durante la costruzione dello strumento.

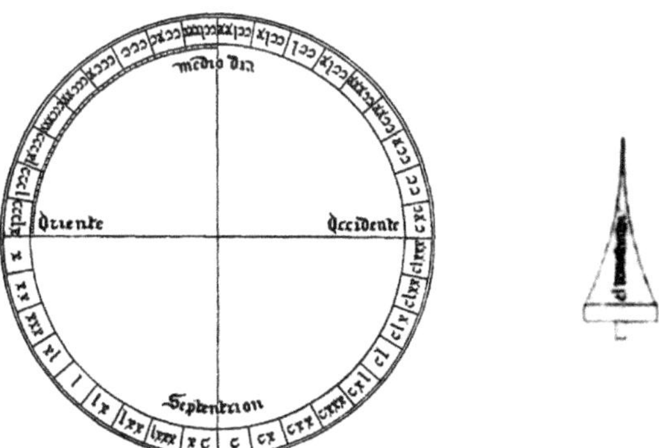

Fig. 27.9   Lo *Reloi de la piedra de la sombra*
Il cerchio degli Azimut   Lo Gnomone

Parte XI

LE MERIDIANE OTTOMANE

Capitolo 28
LE MERIDIANE OTTOMANE IN TURCHIA

28.1 Le meridiane Ottomane [1]

Caratteristiche

Si è già detto nei capitoli precedenti che degli orologi solari costruiti nel mondo islamico nei primi 6 secoli dall'avvento della nuova religione rimangono pochissime testimonianze.
Inoltre tutti quelli che si conoscono, o disegnati su manoscritti, o incisi su frammenti, o visibili ancora oggi sulle pareti di moschee o in musei, non soltanto sono provenienti dalle regioni settentrionali dell'Africa (Tunisia, Algeria, Egitto) o dai paesi dell'Asia Minore (Siria, Turchia), ma sono posteriori al 1300 circa e quindi furono tutti progettati e costruiti durante gli anni dell'Impero Ottomano.[2]
Nella stessa epoca furono anche scritti i più importanti testi riguardanti gli strumenti astronomici, fra cui le meridiane, che sono la principale fonte delle nostre conoscenze.[3]

Si può allora concludere che, dopo il 1300 circa, nei paesi facenti parte dell'impero Ottomano si sviluppò fortemente la costruzione di orologi solari, quasi esclusivamente al servizio delle necessità religiose anche se spesso corredati da linee orarie e quindi utilizzati per la lettura dell'ora del giorno. Essi erano posti in genere ai piedi dei minareti o su appositi piedistalli nelle corti delle grandi moschee o sulle pareti di palazzi o delle moschee stesse.

Alcuni di questi orologi sono già stati descritti nei capitoli precedenti e saranno qui soltanto richiamati.

L'evoluzione

Con il trascorrere dei secoli gli orologi solari islamici del periodo Ottomano subirono una lenta evoluzione e trasformazione.
Ad un primo periodo possiamo assegnare sia la meridiana della moschea di Ahmed Ibn Tulun al Cairo(1296), sia l'orologio riportato nel trattato di Najm al-Din al-Misri (1330) e quello famosissimo di Ibn al-Shatir a Damasco (1371): tutti strumenti molto complessi, certa-

---

[1] Il termine Ottomano deriva dal nome del primo Sultano Osman I (1258-1326), Othman secondo la trascrizione turca.

[2] La dinastia Abbaside rimase al potere dal 750 al 1258 quando i Mongoli conquistarono Baghdad. Il dominio dei mongoli durò soltanto poche decine di anni e nel 1300 circa iniziò il dominio turco che portò in breve all'Impero Ottomano, che cadde soltanto nel 1923.
Occorre ricordare che in Egitto dal 1250 furono al potere i Mamelucchi che fondarono un Sultanato che durò quasi tre secoli.

[3] Ricordo soltanto quelli di Ibn al Shatir (1306-1375), Ibn al-Sarraj (1325),   al Marrakushi (1280), Najm al-Din al-Misri (1330 circa).

mente non costruiti per essere letti dalla gente comune, ma solo per essere usati dai *muwaqqit* addetti alle moschee. Questi orologi furono nei secoli successivi riprodotti in copie più o meno semplificate, come ad esempio quelli si trovano a Topkapi a Istanbul, a Kairouan in Tunisia e al Museo della città di Konya in Turchia.

Con la diffusione degli orologi da torre anche nei paesi musulmani, dopo il 1400 circa, il sistema delle ore temporarie venne soppiantato anche in Oriente da quello delle ore uguali e in seguito anche l'uso degli orologi solari per la lettura dell'ora andò pian piano perdendo di importanza.

Poiché le ore delle preghiere non potevano essere segnate dagli orologi meccanici[4], le meridiane subirono i cambiamenti necessari per fornire questo "servizio" e, per poter essere viste dalla gente comune, furono costruite in luoghi aperti al pubblico, generalmente sulle pareti verticali delle moschee.

Gli orologi solari che furono costruiti dal 1500 al 1900 sono quasi tutte meridiane verticali che o indicano soltanto le ore delle preghiere principali o riportano anche le linee delle ore dal tramonto – le nostre "italiche" [5] - e quello delle ore dall'alba e, talvolta, anche le divisioni delle ore uguali, spesso ristrette all'interno di una cornice a forma di U che circonda il quadrante o a una stretta fascia superiore.

Poiché nei paesi ottomani e nel Nord Africa la preghiera Zuhr era recitata qualche istante dopo il mezzogiorno, quando il Sole ha attraversato il meridiano ed entra in una fase detta di "*Zawaal*", la linea meridiana è indicata con questo nome e le linee delle ore uguali sono numerate a partire dal mezzogiorno per indicare quante ore mancano o sono trascorse dall'istante di questa preghiera.

Orologi a forma di triangolo

Poiché le moschee erano costruite in modo tale da far sì che il fedele entrando fosse rivolto verso la Mecca (e quindi per paesi come la Siria e la Turchia in direzione da nord-ovest verso sud-est [6]) (Fig. 28.1), gli orologi solari verticali sono quasi tutti o sulle pareti laterali dei templi e non sulla facciate, o su mensole sporgenti dalle pareti posteriori (Fig. 28.26), declinanti all'incirca di una trentina di gradi verso Ovest.

Per questo gli orologi vengono ad assumere una particolare forma a "triangolo", tipica di molti orologi verticali ottomani (Fig. 28.2) e in particolare di quelli ancora presenti numerosi

---

[4] Soltanto da pochi anni sono disponibili orologi elettronici e altri ausili che danno queste informazioni.

[5] Come ho già scritto in una precedente nota, in Turchia e nei paesi a dominazione ottomana le ore che iniziano al tramonto sono dette "*ezaniché*", termine che deriva dalla parola turca *ezan* o *azan* che significa "chiamata alla preghiera" (*adhan* in arabo), dall'aggettivo "*ezani*" (che riguarda la preghiera) e dalla frase "*ezani saat*" che indica le ore contate dal tramonto (*saat* =ora, tempo del giorno, orologio; *güneş saati* =orologio solare). La "chiamata" si riferisce alla preghiera del tramonto o Salat al Maghrib.

Le ore "*ezaniché*" differiscono da quelle che chiamiamo italiche per il fatto che il giorno è diviso in due cicli di 12+12 ore e non in uno solo di 24. Per questo motivo al tramonto termina l'ora 12ez ed inizia l'ora 0ez e la stessa cosa si ha all'alba nei giorni degli equinozi. In questi giorni quindi il mezzodì cade alle ore 6ez (18it).

[6] La qibla di Istanbul è 28.3°, quella del Cairo di circa 43.7°, da Sud verso Est

ad Istanbul. [7]

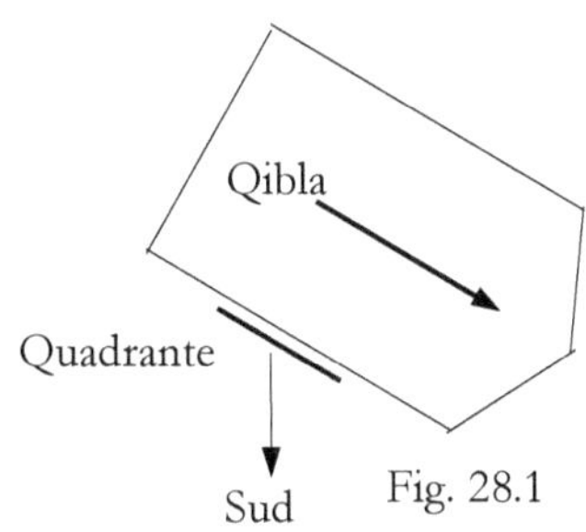

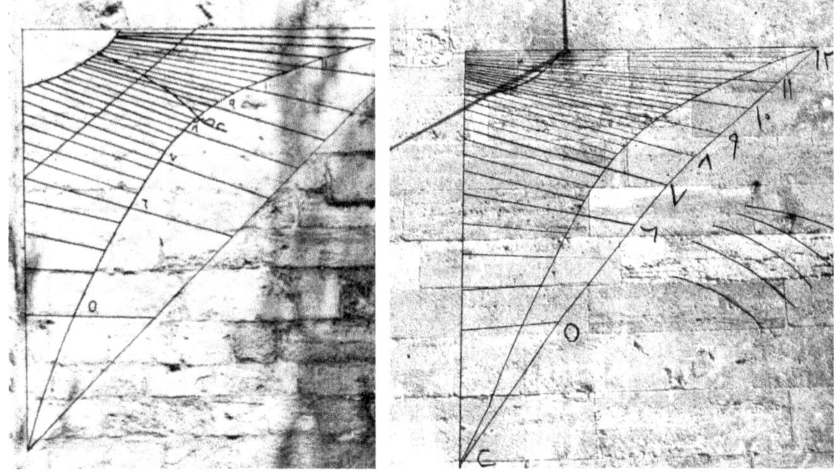

Fig. 28.2   Istanbul - Orologi "triangolari"

Moschea Beylerbeyi   Moschea Beyazit

In alcuni strumenti troviamo riportate le linee relative a una o più preghiere (ad es. Asr e Maghrib), mentre in altri più complessi e di difficile interpretazione, sono contenuti nello stesso spazio le linee, in parte sovrapposte, di due, tre o più orologi, ciascuno con il proprio gnomone.

Il numero esatto di meridiane ottomane presenti ancora oggi è di circa 94, comprese quelle conservate nei musei: 25 sono orizzontali, 1 è cilindrica, 68 sono verticali.

La maggioranza, 51, sono a Istanbul, 27 in altre in città turche, 6 al Cairo, 5 ad Aleppo (Siria), 1 a Damasco, 1 a Filibe (Plavdov) in Bulgaria, 1 a Gerusalemme, 1 a Kairouan.

Quelle a Istanbul, Damasco e al Cairo sono più elaborate di quelle nelle altre in città di provincia. Certamente altre città importanti come Belgrado, Beirut, Salonicco, Baghdad, Gallipoli, Trebisonda, Nicea, Smirne, ecc. dovevano possedere simili orologi solari.

---

[7] Questi dati e alcune immagini sono stati tratti dai volumi *"Osmanlı güneş saatleri"* , scritto dal prof. Nusret ÇAM, Ankara 1990, e *"Istanbul'daki güneş saatleri"* di Wolfgang Mayer, Istanbul, 1985.

28.2 L'orologio solare della moschea di S. Sofia a Istanbul

Nella moschea di S. Sofia (Ayasofya) ad Istanbul[8] si trovano tuttora due orologi solari: uno, orizzontale e molto deteriorato si trova nel giardino attiguo alla casa del matematico astronomo della moschea, l'altro abbastanza ben conservato, è verticale e inciso su una sottile lastra di pietra di colore grigio, delle dimensioni di 78x47 cm, fessurata nel mezzo e incastrata in un muro (Fig. 28.3).
E' questo un esempio tipico di uno dei tanti orologi solari molto particolari, non facilmente leggibili da uno studioso moderno, che riportano soltanto le linee legate agli orari delle preghiere.

Fig. 28.3   La meridiana verticale della
Moschea di Santa Sofia a Istanbul

Questo orologio comprende soltanto la linea oraria del mezzogiorno e 13 linee che indicano tempi legati all'istante della preghiera del pomeriggio Asr.

---

[8] La primitiva chiesa bizantina costruita nel 537 fu trasformata in moschea nel 1453.

Sull'orologio si possono notare (Fig. 28.4):
- in alto, lo stilo originariamente ortogonale alla parete ed oggi deformato e piegato;
- la linea del mezzogiorno vero locale che attraversa l'intero pannello a sinistra dello stilo La scritta in caratteri molto grandi alla sinistra di essa recita *"al-baki al zawaal"*, cioè "istante dello zawaal". Ricordo che l'istante dello zawaal segue immediatamente il mezzogiorno;
- nella parte in basso, in centro, si legge la frase *"al mazi minez zawaal"* che significa "che segue l'ora del mezzogiorno";
- 13 linee delle ore delle preghiere fra loro quasi parallele;
- l'iperbole del solstizio invernale (in alto) e quella del solstizio estivo (in basso), al di sotto della quale vi è la scritta *"al baki al Asr"*, cioè "tempo che rimane all'Asr";
- la linea equinoziale sulla quale, a sinistra, sono scritte le parole "Ariete" e "Bilancia";
- in alto nell'angolo sinistro una scritte quasi illeggibile.

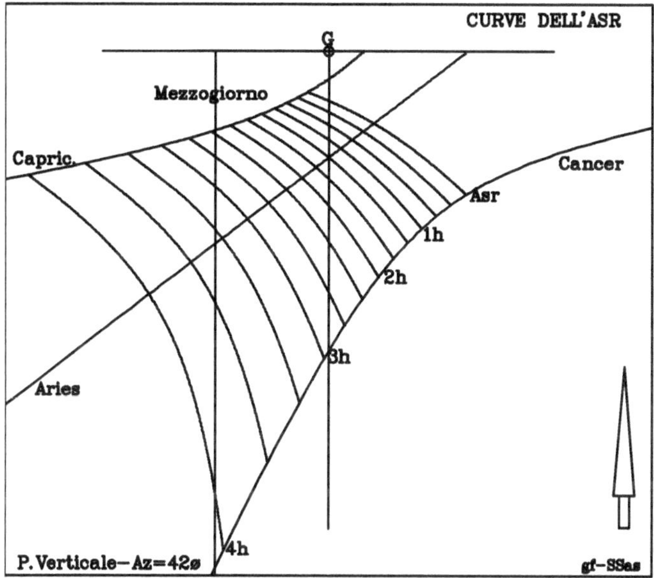

Fig. 28.4   L'orologio di Santa Sofia
Ricostruzione dell'autore

La linea curva più in alto è la linea che indica l'istante della preghiera Asr (la parola Asr, molto allungata, è scritta sopra di essa), mentre le altre 12 linee indicano gli istanti in cui mancano ancora 5°, 10°, 15°,..., 60° di angolo orario (cioè 20, 40, 60,..., 240 minuti) prima della recita della preghiera. A fianco delle linee si leggono ancora alcuni valori in notazione *abjad*.

Dall'orologio è quindi possibile ottenere il tempo che ancora manca prima della preghiera del pomeriggio: da 20 minuti a 4 ore.

La lettura di questo intervallo di tempo era quasi certamente utilizzata insieme a quella dell'ora del giorno su un comune orologio meccanico da campanile o portatile.

Sulla destra del quadro, a circa metà altezza, si può notare la presenza di un perno metallico deformato che si trova esattamente sulla linea sustilare passante per il piede dello gnomone (punto G in Fig. 28.4).

Questo particolare, assieme ad alcuni segni che si possono ancora vedere nella cornice esterna, ci dicono che anche in questo strumento era previsto originariamente un orologio a tempo vero locale con centro in un punto posto superiormente al quadro. Lo stilo polare probabilmente era "appoggiato" allo gnomone in G e al perno ora ridotto a un moncherino.

Lo studio dell'orologio ha presentato qualche difficoltà poiché dalla inclinazione della linea equinoziale si può ricavare un valore della declinazione del piano del quadro di circa 27-30°, valore che non si accorda né con la distanza della linea verticale del mezzogiorno dal piede dello stilo, né con gli andamenti delle linee delle preghiere.

Il valore che si è trovato, e che è stato utilizzato nella ricostruzione del disegno dello orologio, è di 42° circa.[9]

W. Meyer[10] suppone che l'orologio sia stato costruito nel X secolo dell'Egira, cioè nel XVI secolo e sistemato al tempo del sultano Abdülmecid I (1823-1861).

Fig. 28.5   La Moschea di Santa Sofia
alla fine del XIX sec.

---

[9] Il prof. Nusret ÇAM dà un valore di 41°.
[10] W. Meyer - *"Istanbuldaki Güneş Saatleri"*, Istanbul 1985

28.3 L'orologio della moschea Ferruh Kethüda a Istanbul

Sul muro posteriore della moschea Ferruh Kethüda[11] a Istanbul si trova una meridiana molto semplice che indicava soltanto il tempo vero locale.
Presento qui questo strumento per evidenziare la particolarità, che si ritrova in molti orologi solari ottomani, di avere lo stilo polare che si appoggia ad un ortostilo, la cui estremità era usata come "nodo" per individuare giorni o istanti particolari.

Fig. 28.6 Orologio solare della moschea Ferruh Kethüda

Sull'orologio sono presenti soltanto le linee delle ore di tempo vero locale da 4 ore prima a 6 ore dopo il mezzogiorno, cioè, modernamente, dalle 8 alle 18.
Le divisioni sono indicate, come in molti altri orologi solari ottomani, all'interno di una cornice a forma di U che circonda il quadro.
Al di fuori della cornice graduata si possono leggere:

- a cavallo della linea del mezzogiorno la scritta جظ ذفال, *katt zawaal* o riga del mezzogiorno;
- in prossimità delle linee delle ore il loro valore in lingua turca, scritto in alfabeto arabo:
بر, *bir*, uno; كي , *iki*, due; و ج , *üç*, tre; درت , *dört*, quattro; بش, *beş*, cinque; الت, *alti*, sei.

L'unico scopo dell'ortostilo orizzontale a forma conica era quello di indicare l'ora della preghiera Asr la cui linea, nascosta in parte dall'ombra in Fig. 28.6, è indicata dal semicerchio che si trova nel suo punto più basso, quasi all'estremità dell'ombra (Fig.28.7).

Il semicerchio simboleggia la prima lettera ع (*ayn*) della parola 'Asr غصر.

---

[11] La moschea di Ferruh Kethüda è una delle più antiche del Balat , il quartiere ebraico di Istanbul che si trova nella parte europea della città, a sud del Corno d'Oro. Fu costruita nel 1562 dal famoso architetto Mimar Sinan su incarico di Gran Visir Semiz Ali Pacha.

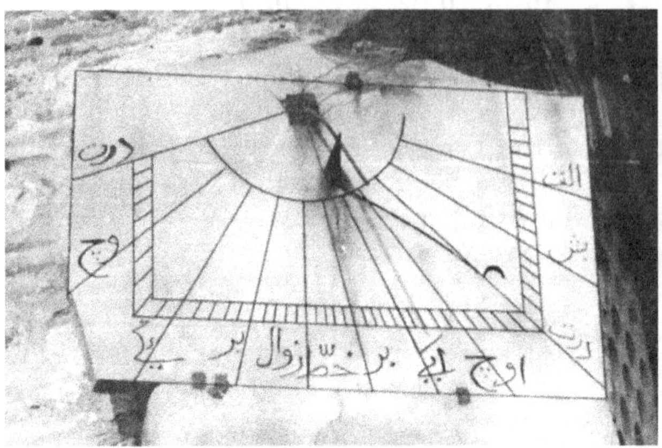

Fig. 28.7   L'orologio con le linee ritoccate
nella metà del XX sec. (da Mayer)

Fig. 28.8   Il minareto della
moschea Ferruh Kethüda

L'iperbole del solstizio invernale è rappresentata con un semplice arco di cerchio con il centro nel centro dell'orologio solare.

Anche in questo strumento la linea del mezzogiorno è comune sia all'orologio a tempo vero con stilo polare e all'orologio con gnomone conico.

Il valore della declinazione del quadrante è risultato circa 21° ovest. Non si conosce l'anno di costruzione.

28.4 L'orologio della moschea di Solimano a Istanbul

Fig. 28.9   La moschea di Solimano a Istanbul

La moschea di Solimano il Magnifico a Istanbul, edificata dal 1550 al 1557, fu progettata dal grande architetto ottomano Sinan nello stile delle antiche basiliche bizantine, in particolare di quella di Santa Sofia, per creare un legame ideale con il passato. Fu quasi distrutta da un incendio nel 1660 e, in seguito, da un terremoto nel 1766 dopo il quale fu restaurata sotto la guida degli architetti svizzeri-italiani Gaspare e Giuseppe Fossati che però introdussero elementi barocchi snaturando gravemente l'aspetto originale.

Sul lato esterno del muro sud-ovest che circonda la grande corte vi è un complesso orologio solare che aveva, originariamente, tre distinti gnomoni a "servizio" di tre distinti orologi solari e che fu costruito, come dice la scritta del cartiglio a sinistra, dal *muwaqqit* Hafiz Abdurrahman nel 1186H (1773) (Fig. 28.10).

Il primo è un orologio a tempo vero locale le cui linee orarie sono limitate alla stretta fascia orizzontale che chiude in alto il complesso e che termina sulla sinistra con un ricciolo. Lo stilo polare necessario usciva dalla parete in un punto quasi non più visibile (indicato con G0 nella ricostruzione di Fig. 28.11) e passava, come al solito nelle meridiane ottomane, sulla estremità dell'ortostilo orizzontale ancora presente, anche se molto piegato (punto G1 nella ricostruzione).

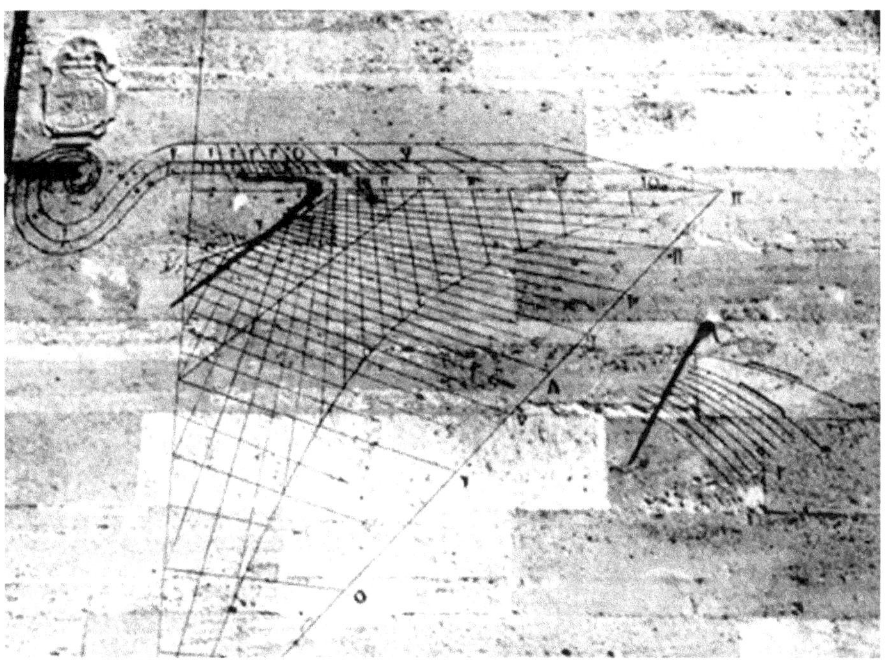

Fig. 28.10 La meridiana sulla moschea di Solimano a Istanbul

Sono indicate le ore di tempo solare da un'ora prima del mezzogiorno sino a 7h 40m dopo: sulla stretta fascia superiore sono scritti i numeri in cifre arabe. Le graduazioni sono ogni 20 minuti sino alle 5 del pomeriggio e diventano ogni 15 minuti per le ore successive.
La linea meridiana verticale è in comune con il secondo orologio (gnomone G1) e quindi la linea G0-G1 coincide con la linea sustilare di quest'ultimo.

Il secondo orologio contiene le linee delle ore italiche turche o ezaniche, numerate dalle ore 4 alle ore 12 (al tramonto), con suddivisioni di 15 minuti (30 min nella ricostruzione), e le linee delle ore dall'alba (babiloniche), dalle 5 alle 15.
Le linee delle ore ezaniche sono prolungate sino alla diagonale che chiude la figura in basso mentre quelle delle mezze ore terminano con un segno a forma di tridente Ψ.

All'esterno di questa diagonale si possono leggere i numeri delle ore mentre quelli delle ore babiloniche si trovano nella sottile fascia subito sopra allo gnomone.

Il terzo orologio
Alla destra del secondo orologio, nel punto indicato con G2 nella ricostruzione, si trova un terzo gnomone, anch'esso piegato, che in origine era ortogonale alla parete e della stessa lunghezza di quello in G1, e che serviva per indicare gli istanti relativi alla preghiera Asr.
Sotto di esso sono presenti 10 curve. Le due più in alto indicano gli istanti del primo e del secondo Asr: il lungo rettangolo che si appoggia ad esse rappresenta la lettera "sad" (ـصـ) schematizzata, che è al centro della parola Asr in arabo عصر.
Le altre 8 curve si riferiscono agli istanti in cui alla recita della preghiera mancano ancora intervalli di tempo che vanno da 15 minuti a 2 ore, con intervalli di 15 minuti.

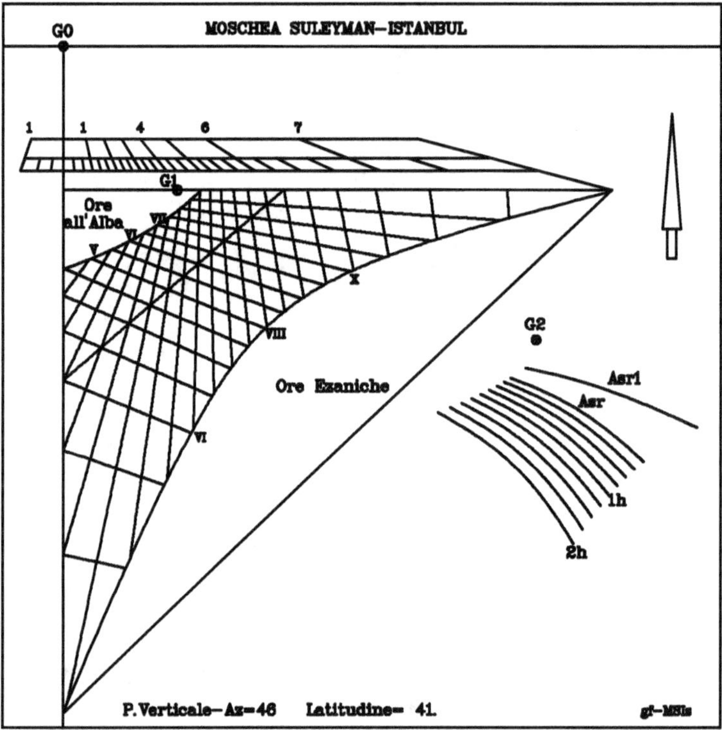

Fig. 28.11 L'orologio nella ricostruzione dell'autore

28.5 Tre orologi solari nella Moschea Nuova a Istanbul

La Moschea Nuova, chiamata anche in lingua turca *Yeni Cami* o *Yeni Valide Camii* [12], è una moschea imperiale ottomana che si trova a Istanbul nel distretto Eminönü, nel Corno d'Oro. La sua costruzione fu voluta dalla moglie del sultano Murad III ed iniziò nel 1597.[13]
L'edificio della moschea, con le sue 66 cupole o semicupole disposte a piramide, era affiancato, come era tradizione, da altre costruzioni al servizio della comunità, come un ospedale, una scuola, bagni pubblici, una biblioteca, due fontane pubbliche, un mercato (che ancora oggi sopravvive come "mercato delle spezie") e un mausoleo in cui sono le tombe di alcuni sultani dei secoli successivi.

Fig. 28.12   La Moschea Nuova o Yeni Cami a Istanbul

Sulla facciata esterna del muro che circonda il grande cortile, nel lato sud-ovest, si trovano ancora oggi 3 orologi solari verticali di tipo diverso: uno molto semplice, inciso direttamente sulle pietre del muro, con le sole linee della preghiera Asr; un secondo con gnomone polare, tracciato su una lastra di marmo quadrata incastrata nella parete; il terzo, notevolmente complesso, con le linee delle ore di tempo vero e italiche.
Tutti hanno la declinazione del muro pari a circa 46° verso sud-ovest.

28.5.1 Il primo orologio
Il primo orologio fu costruito, forse, nel 1699 e contiene soltanto linee legate alla preghiera del pomeriggio. Alla curva più in alto, quella dell'Asr, seguono 9 curve che indicano i periodi di tempo che mancano alla recita della preghiera stessa, intervallati di 5° di angolo orario o 20 minuti di ore equinoziali.

---

[12] *Valide Sultan* (letteralmente genitore del Sultano) era il titolo che veniva dato nell'impero ottomano alla madre del Sultano regnante, analogamente alla Regina Madre inglese. Nella gerarchia la sua posizione seguiva immediatamente quella del Sultano stesso ed ebbe sempre grande influenza negli affari di stato, in particolare nel XVII secolo.

[13] La moglie del Sultano Murad III, chiamata *Safiye Sultan*, era nata nel 1550 con il nome di Sofia Baffo ed era figlia del Governatore veneziano di Corfù. Fu la madre del Sultano Mehmed III . Morì tra il 1605 e il 1619.

Fig. 28.13   Il primo orologio della Moschea Nuova

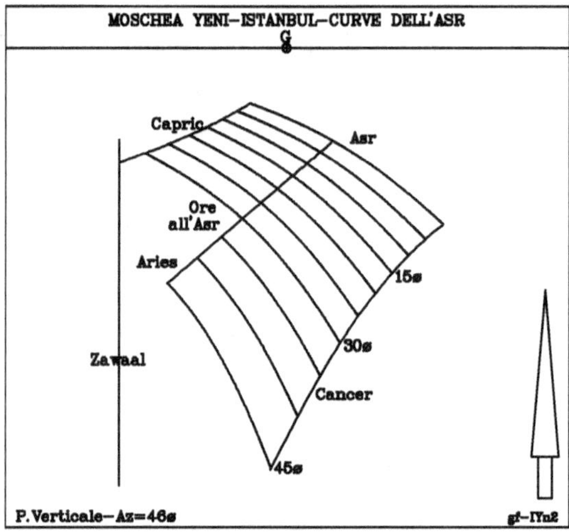

Fig. 28.14   Il primo orologio - Ricostruzione dell'autore

Le 3 curve inferiori, che indicano tempi fra 2 e 3 ore, sono tracciate soltanto fra la linea equinoziale e la solstiziale estiva, cioè è possibile leggerle soltanto nei mesi fra Marzo e Settembre. E' presente sulla sinistra, molto debole in Fig. 28.13, anche la linea del mezzogiorno vero, legata alla recita della preghiera Zuhr.

28.5.2 Il secondo orologio

Il secondo orologio che si trova sulla parete esterna del cortile della moschea Nuova è inciso su una lastra di marmo di 70x70 cm incastrata nel muro, sulla quale sono tuttora presenti un'asta lunga circa 40cm, un tempo in direzione polare, e un ortostilo orizzontale di forma conica.

Sulle pietre del muro attorno alla lastra sono state incise, quasi certamente in epoca posteriore, linee e scritte diverse e una cornice comprendente tutto l'insieme, sormontata da una cupola stilizzata.

Il complesso è formato dalla sovrapposizione di due diversi orologi: il primo a tempo vero locale che utilizza l'ombra dello stilo polare e il secondo con lo gnomone orizzontale conico con soltanto la linea della preghiera Asr.

Questa curva coincide in pratica con la linea di collegamento delle tre lettere della parola Asr, عصر.

Le graduazioni delle ore dell'orologio a tempo solare si trovano sulle due fasce inferiori e sulla destra. Sono presenti le linee dalle 10 alle 18 ore moderne, che attraversano l'intera cornice e si prolungano anche sulle pietre che circondano la lastra, e graduazioni ogni 20 minuti o 5° di angolo orario.

Fig. 28.15   Il secondo orologio della Moschea Nuova

All'interno del quadro, nella cornice intermedia libera da divisioni, si leggono i nomi delle ore scritti in lingua turca con alfabeto arabo. Da sinistra in senso antiorario troviamo le parole *iki, bir, bir, iki, üç, dört, beş, alti, yedi,* cioè due, uno, uno, due, tre, quattro, cinque, sei, sette.

Sulla fascia esterna si leggono invece, rozzamente incisi, i numeri dei gradi di angolo orario scritti con la notazione *abjad*: 15, 30, 45, 60, 75, 90, 105.

Sulla banda in alto sopra la linea meridiana si trova la scritta *"Hat al Zawal"* cioè "Linea dello Zawaal" o del mezzogiorno.

Questa linea è la linea meridiana di entrambi gli orologi, per cui anche l'ombra dell'estremità dello stilo conico cade su di essa al mezzogiorno locale. Questo vuol dire che lo stilo polare uscente da G0 (Fig. 28.16) si appoggiava allo stilo conico posto in G1 e che la linea ideale G0-G1 è la linea sottostilare dell'orologio.

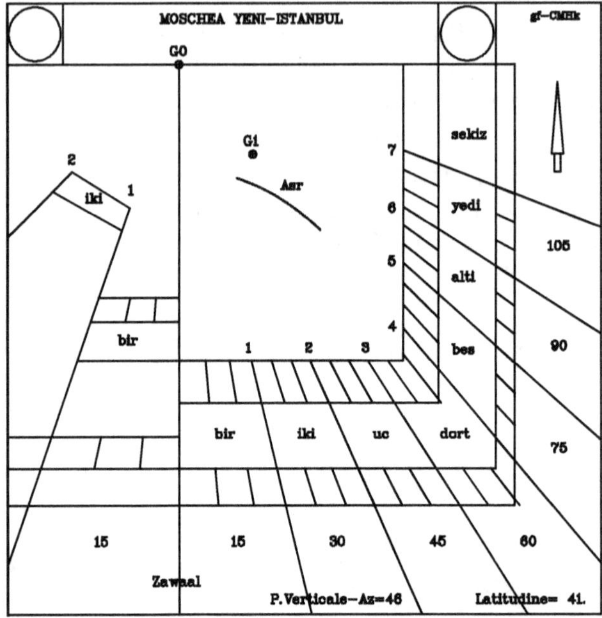

Fig. 28.16   Il secondo orologio - Ricostruzione dell'autore

Come riporta la scritta superiore l'orologio fu costruito nel 1074H, cioè nell'anno 1669 per opera di un "maestro" chiamato Ridvan.

28.5.3 Il terzo orologio

Il terzo orologio presente sulla parete sud-ovest della Moschea Nuova, tipico e bell'esempio di "orologio a forma triangolare", è inciso direttamente sulle pietre che formano il muro e misura circa 280 x 320 cm (Fig. 28.17).
È il più complesso dei tre e possiede ancora oggi un robusto gnomone lungo circa 40cm: certamente doveva possedere anche uno stilo polare inserito nella parete in un punto sul prolungamento della linea meridiana.
In esso sono presenti:
-   le linee delle ore di tempo vero ogni 20 minuti;
-   le linee delle ore che mancano al tramonto (ore ezaniche), anch'esse ogni 20 minuti;
-   la linea meridiana;
-   le linee diurne dell'inizio dei segni zodiacali individuate, in alto da "fumetti" riportanti in origine i nomi o i simboli sei segni zodiacali stessi;
-   le linee del primo e del secondo Asr;
-   una linea che indica gli istanti in cui mancano 60°, cioè 4 ore, all'istante della preghiera del crepuscolo serale Isha;

- una linea che indica gli istanti in cui mancano 210°, cioè 14 ore, all'istante della preghiera del'alba Fajr.

Nella fotografia[14] le linee di tempo vero sono state allungate sino al centro G0 dell'orologio. I numeri originali indicanti le ore, incisi sulla lastra in notazione *abjad*, sono appena leggibili.

Le linee delle ore che mancano al tramonto (ore ezaniche) sono numerate in notazione araba moderna con i numeri racchiusi in piccoli cerchi (numeri 1, 2, 3, ecc. in colore nero in Fig. 28.17).

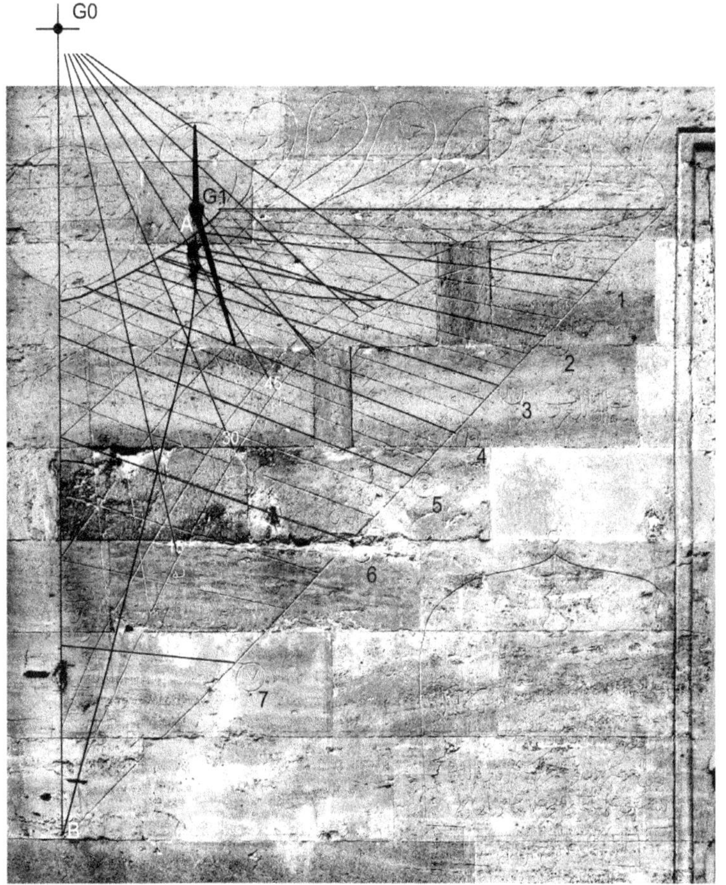

Fig. 28.17   Il terzo orologio della Moschea Nuova
Numeri e linee evidenziate aggiunti dall'autore

[14] Ringrazio gli gnomonisti Roger Bailey e Massimo Forni per avermi inviato delle eccellenti e dettagliatissime fotografie delle meridiane di Istanbul.

Le linee delle preghiere, Asr, Isha, Fajr sono abbastanza confuse, anche a causa dell'incisione non molto profonda: possono essere meglio individuate in Fig. 28.18 che riporta la ricostruzione dell'orologio.

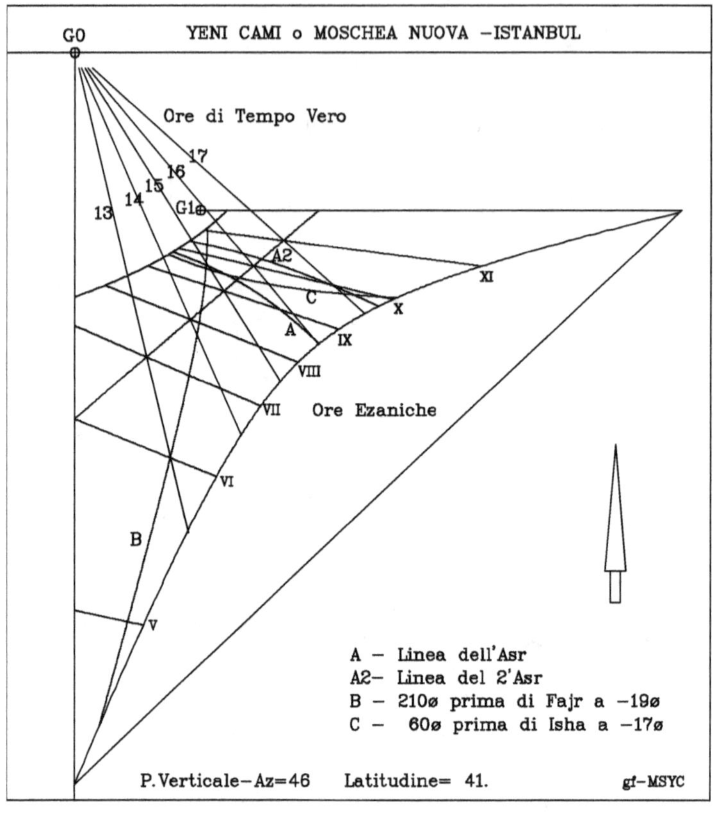

Fig. 28.18   Il terzo orologio della Moschea Nuova
Ricostruzione dell'autore

Poiché le linee delle ore ezaniche indicano le ore che mancano alla preghiera del tramonto Maghrib e la linea meridiana indica l'istante della preghiera Zuhr, questo orologio solare contiene linee relative a tutte le preghiere islamiche.

Anche in questo orologio il centro G0 dell'orologio a tempo vero è posizionato in modo tale da permettere allo stilo polare di "appoggiarsi" alla sommità dello gnomone posto in G1.

28.6 Due orologi nella moschea del Sultanahmet a Istanbul

Sul lato settentrionale del portico che circonda il cortile interno della moschea Sultanahmet a Istanbul, costruita dal sultano Ahmet I fra il 1609 e il 1616, si possono ancora vedere, anche se con qualche difficoltà, tre orologi solari: uno di questi, a forma semicircolare, sarà descritto in seguito, mentre gli altri sono fra i più semplici e di fattura approssimata fra i tanti presenti nella città (Fig. 28.19).

Fig. 28.19 Istanbul Moschea Sultanahmet
Il cortile interno

Il primo orologio (Fig. 28.20) è inciso direttamente sul marmo del portico ed ha una declinazione di circa 35° ovest. Contiene la linea meridiana, tre linee relative alla preghiera Asr, le due solstiziali e l'equinoziale.

Fig. 28.20   Istanbul Moschea Sultanahmet – Cortile interno
Il primo orologio

Il secondo orologio è inciso molto rozzamente direttamente sulle pietre di un muro e contiene gli stessi elementi del precedente (Fig. 28.21). Su di esso si leggono ancora la parola Asr e, sulle linee delle preghiere, i numeri dall'1 al 4.

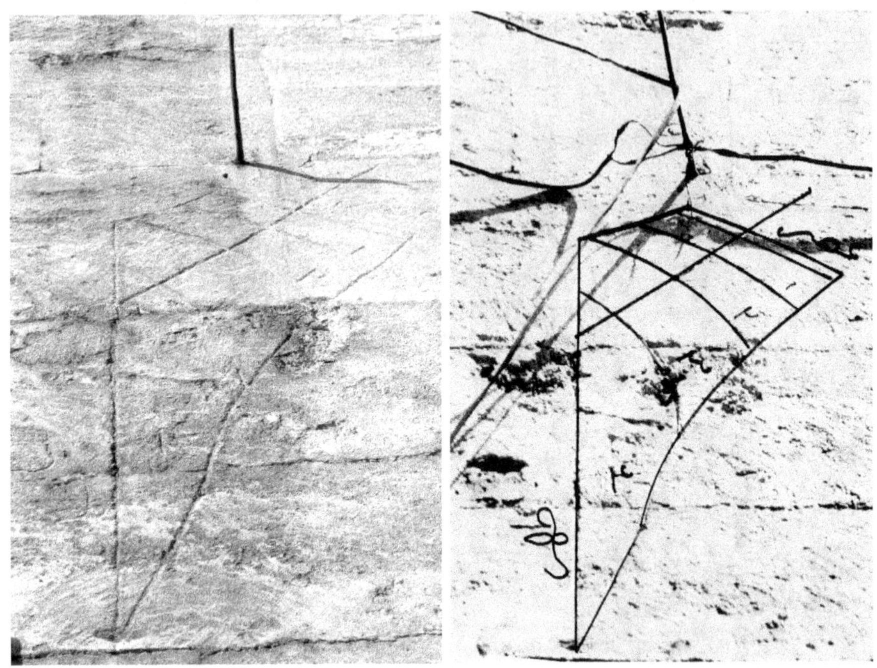

Fig. 28.21   Istanbul Moschea Sultanahmet – Cortile interno
Il secondo orologio - A destra ritocchi di W. Meyer

Fig. 28.22

La piccola moschea dell'isola Paşalimanı

28.7 Altre meridiane simili a Istanbul.

In altre moschee turche si trovano orologi solari molto simili a quello della moschea di Solimano. Senza descriverli in dettaglio ne ricordo solo alcuni attraverso le loro immagini.

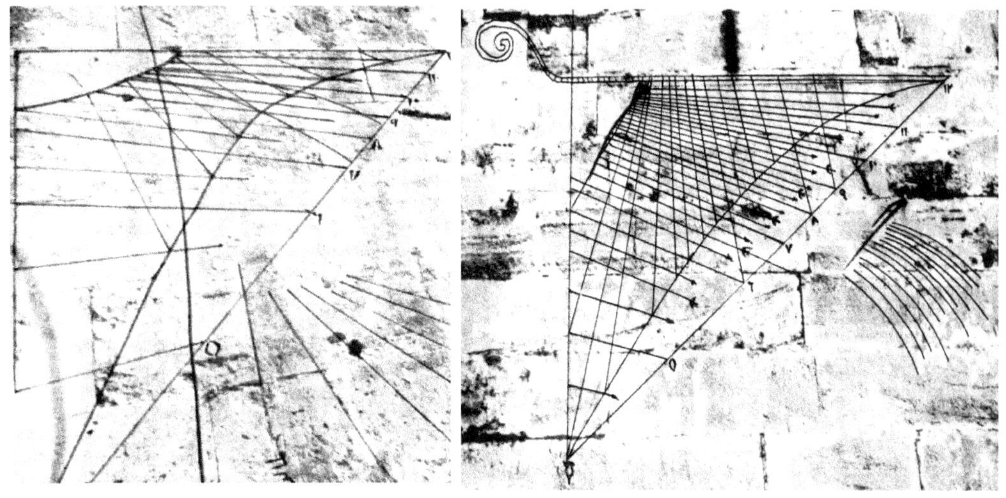

Moschea Murat Paşa   *Laleli camii* o "Moschea dei Tulipani"

Fig. 28.23

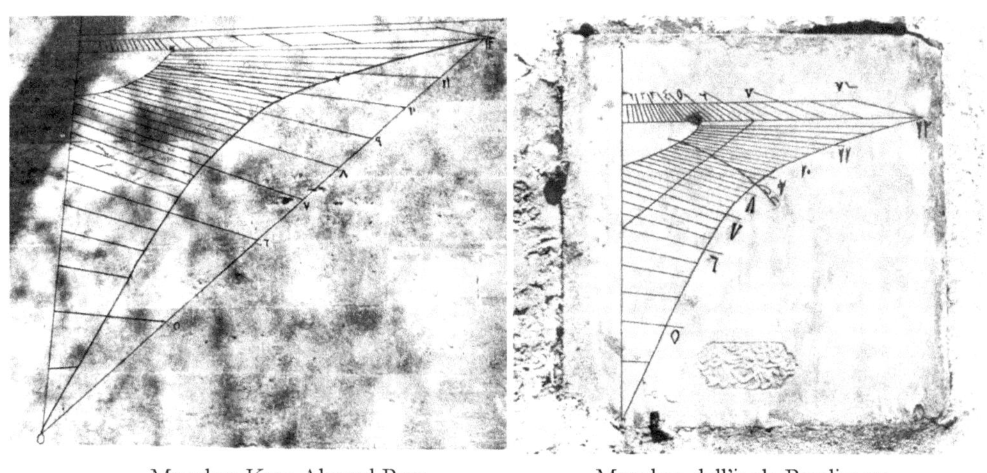

Moschea Kara Ahmed Pasa   Moschea dell'isola Paşalimanı

Fig. 28.24

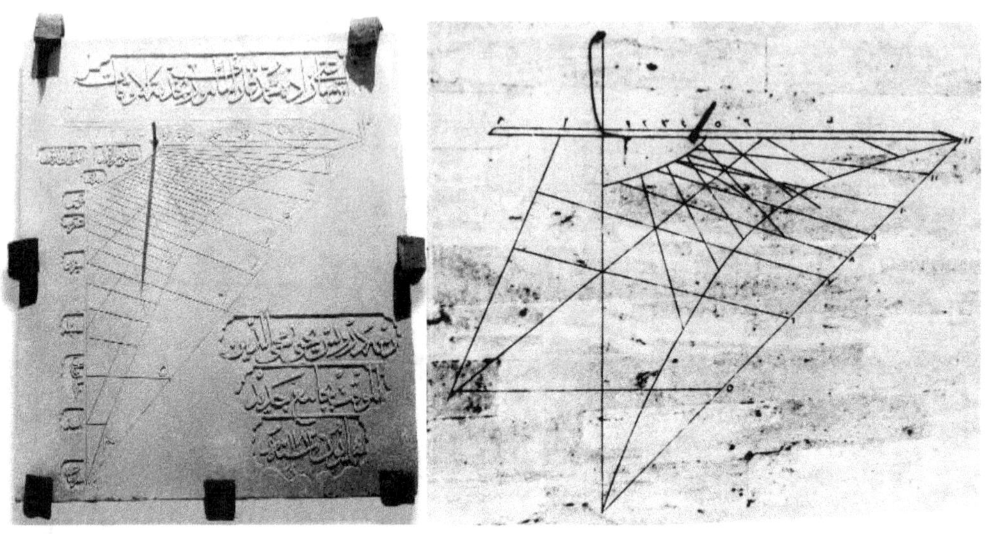

Moschea Mihrimah o Üsküdar   Moschea del sultano Selim

Fig. 28.25

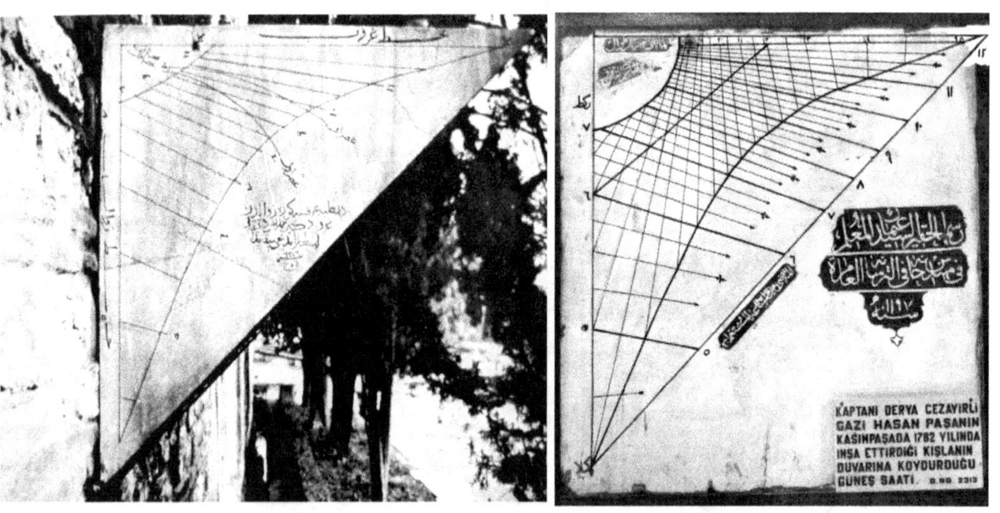

Topkapi Serraglio   Deniz Müzesi - Museo Deniz

Fig. 28.26

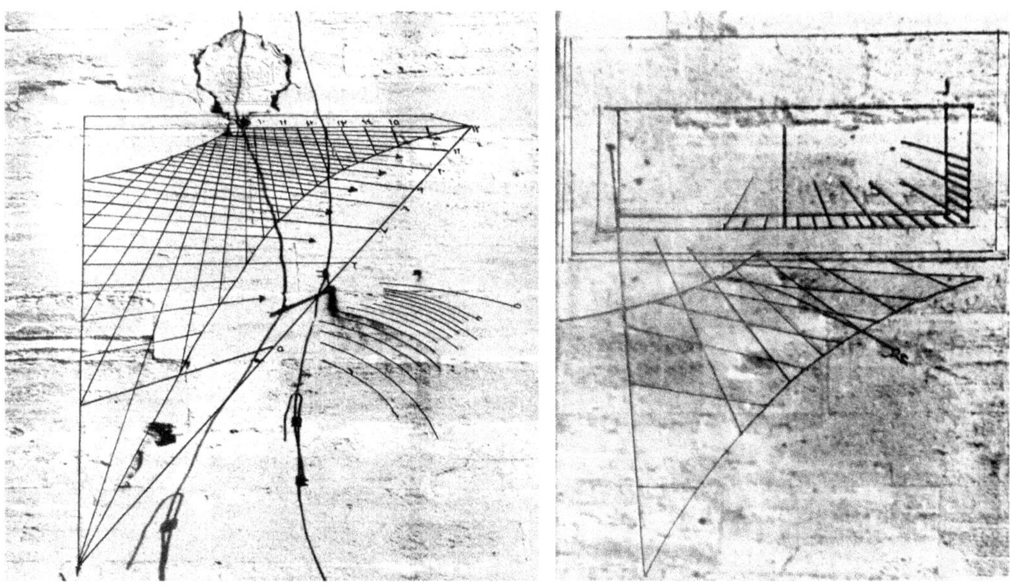

Moschea Hekimoğlu Ali Paşa   Moschea Mihrimah Sultan o Edirnekapı

Fig. 28.27

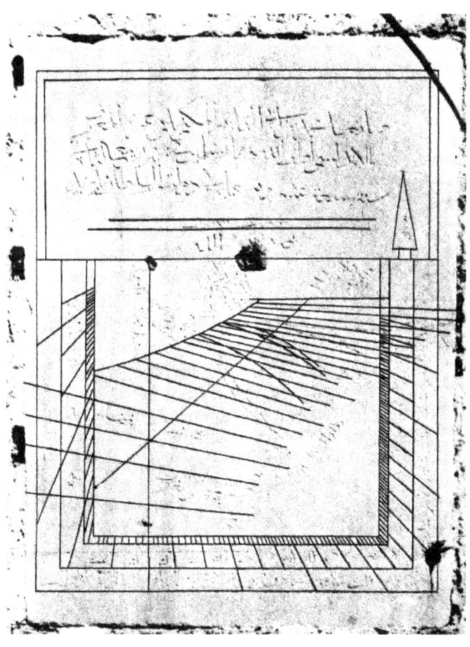

Fig. 28.28 La meridiana della moschea Kürkçübaşı a Istanbul

28.8 Un orologio solare nel museo della città di Konya

Nel Museo della città di Konya [15] si trova un orologio solare orizzontale notevolmente complesso, tipico dell'epoca Ottomana, inciso su una lastra di marmo nel 1769 (1211H) (Fig.
28.29).
Anche in questo strumento troviamo sovrapposti due orologi con diverse funzioni.
Quello più esterno è un orologio a tempo vero locale con centro nel punto indicato con G0
nella ricostruzione (Fig. 28.31), da cui doveva uscire uno stilo polare.

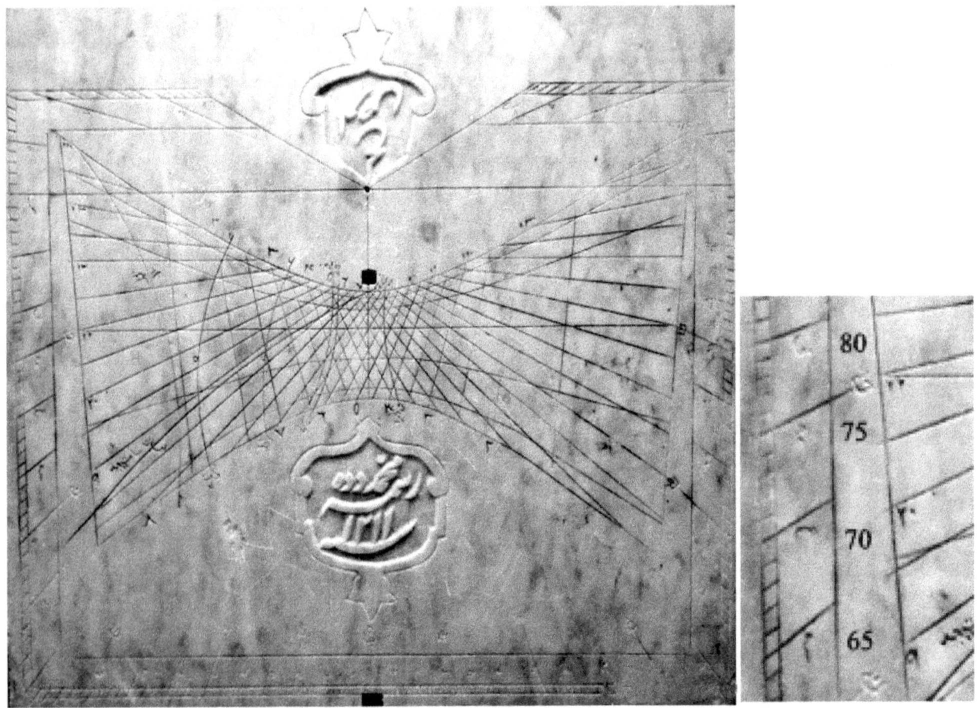

Fig. 28.29   L'orologio nel museo della città di Konya   Fig. 28.30   Particolare

Per lasciare libero lo spazio centrale le linee orarie sono riportate all'interno della cornice che
circonda il quadrante che presenta una tripla graduazione: quella maggiore più interna indica
il numero delle ore prima e dopo il mezzogiorno; quella intermedia riporta le divisioni ogni

---

[15] Konya (Ikónion o Iconio) è una città della Turchia, situata sull'altopiano centrale dell'Anatolia ad
una altezza di 1016m; ha una popolazione di oltre 700000 abitanti ed è la capitale della omonima
provincia. Importante città romana e bizantina, situata sulla strada carovaniera che collegava
Costantinopoli ad Antiochia, fu conquistata dai Turchi Selgiuchidi e rimase la capitale del Sultanato
dal 1097 al 1243, divenendo uno dei più importanti centri culturali della Turchia. In questo periodo
il poeta mistico Mevlana Celaleddin Rumi (1207-1273) fondò a Konya l'Ordine Sufico, noto in
Occidente con il nome di ordine dei "Dervisci Danzanti". Nel 1243 la città fu conquistata dai
Mongoli e in seguito divenne sede di un emirato indipendente. Nel 1420 fu occupata dall'Impero
Ottomano. Accanto al mausoleo di Mevlana Rumi, che è la costruzione più famosa di Konya, si
trova l'antico seminario dei dervisci, ora trasformato in museo.

5° di angolo orario (20m) e quella più esterna divisioni ogni grado (4m). Le divisioni delle ore sono indicate con frecce stilizzate, quelle ogni 5° sono individuate dal numero dei gradi di angolo orario a patire dal mezzogiorno, con i numeri scritti in notazione *abjad*.

L'orologio che occupa la parte centrale è un classico orologio solare orizzontale con la forma a farfalla: su di esso sono riportate le 7 linee diurne dei giorni di ingresso del Sole nei segni zodiacali e le linee orarie italiche e babiloniche.
Subito all'esterno della linea del solstizio estivo, in alto, sono scritti, con cifre arabe moderne, i numeri delle ore che mancano al tramonto (italiche), cioè ore che mancano alla recita della preghiera Maghrib. All'esterno della linea del solstizio invernale, in basso, sono invece riportati i numeri delle ore trascorse dall'alba (babiloniche).

Sovrapposte alle linee orarie si trovano ben 7 linee la cui funzione era legata alla recita delle preghiere.
Dallo studio di verifica dell'orologio si sono potuti determinare, con qualche difficoltà, le funzioni e i parametri soltanto delle 4 curve che, nella ricostruzione di Fig. 28.31, ho indicato con le parole "Asr", "Asr2" e con le lettere "B"e "C".
Le curve "Asr"e "Asr2" indicano al solito gli istanti dell'inizio e di fine del periodo in cui deve essere recitata la preghiera.

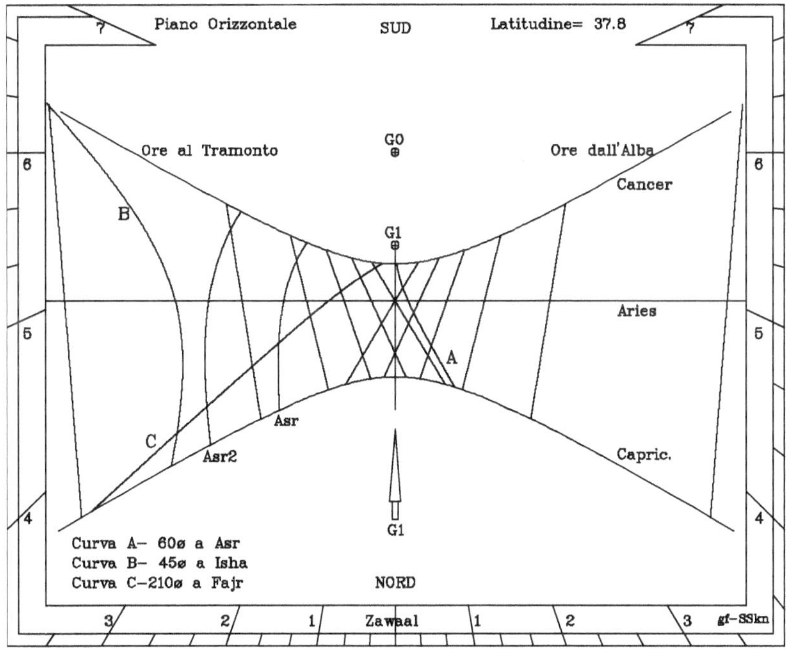

Fig. 28.31   L'orologio di Konya - Ricostruzione dell'autore

La curva indicata con la lettera "B" è la curva in cui mancano 45° di angolo orario (3 ore) al termine del crepuscolo serale, cioè al momento della preghiera Isha.

La curva indicata con la lettera "C" indica invece i momenti in cui mancano 210° di angolo orario (14 ore) all'inizio del crepuscolo del mattino successivo, cioè al momento della preghiera Fajr.

Nella ricostruzione si è poi indicata con "A" la curva in cui mancano 60° di angolo orario (4 ore) all'Asr. Come è immediato vedere questa curva calcolata è abbastanza diversa dalla corrispondente presente sullo strumento: in nessun modo, nonostante le numerose prove, si è potuto trovare una curva con la concavità rivolta ad Ovest con lo stesso andamento di quella reale.

Le stesse considerazioni si possono fare per le due curve parallele con la concavità verso Est che si possono vedere nella parte sinistra dell'orologio.

La distanza fra lo gnomone verticale e il centro della meridiana è tale per cui lo stilo polare uscente da G0 passa esattamente per la sommità dell'ortostilo in G1.

28.9 L'orologio solare della madrasa Ashrafiyya a Gerusalemme

La grande Spianata del Tempio a Gerusalemme è universalmente conosciuta perché, oltre a essere un luogo sacro per la religione ebraica, in essa si trovano sia due fra le tre moschee più importanti del mondo islamico, la Moschea della Roccia e quella di Al Aqsa, sia numerosi edifici che sono fra i più begli esempi dell'architettura araba [16].

Fra questi uno dei più belli è la Madrasa[17] detta Ashrafiyya, che è considerato il terzo gioiello architettonico dell'area, che fu fondata nel 1482 dal sultano mamelucco al-Ashraf Qaytbay[18], e che si trova sul lato occidentale della spianata, a nord del vicino minareto detto Bab al-Silsila.

Inciso direttamente su alcuna delle pietre che formano il muro dell'edificio rivolto verso ovest e che guarda il cortile interno, ad una altezza di circa 4.6 m dal pavimento di questo

---

[16] La Spianata del Tempio (in arabo *al-haram al-qudsī ash-sharīf* o Nobile Santuario) si trova sul Monte Moriah nella città vecchia di Gerusalemme ed è il sito religioso più sacro per gli Ebrei, poiché, secondo una tradizione, fu qui che Dio raccolse dal suolo la polvere con cui creò Adamo. Qui furono eretti prima il Tempio di Salomone e in seguito, nel 515 a.C., il Secondo Tempio distrutto nel 70 d.C. dall'imperatore Tito e del quale rimane oggi soltanto il Muro del Pianto. Su una roccia, oggi protetta dalla Moschea della Roccia, Abramo offrì il figlio Isacco in sacrificio a Javhé e così strinse l'Alleanza del popolo ebraico con Dio. L'area è anche uno dei luoghi più sacri dell'Islam poiché è tradizione che da qui Maometto sia salito al Cielo. Per questa ragione, dall'anno della conquista di Gerusalemme da parte degli arabi nel 665, nella Spianata furono edificate grandi e piccole costruzioni fra cui cupole, scuole coraniche, fontane e giardini.

[17] Il termine *madrasa* (مدرسة) nella lingua araba significa "scuola" e viene usato per indicare una generica istituzione che si dedica alla istruzione, religiosa o laica. La Madrasa Ashrafiyya fu una scuola coranica.

[18] Al-Ashraf Sayf al-Din Qaytbay (1416-1496) fu uno degli ultimi Sultani Mamelucchi d'Egitto, dal 1468 al 1496. Contribuì a sviluppare l'economia dello stato e a consolidarne i confini settentrionali con l'impero Ottomano; diede impulso alle arti e alla architettura finanziando edifici pubblici sia al Cairo, sua capitale, sia nelle città sacre dell'Islam come La Mecca, Medina e Gerusalemme, allora compresa nel dominio dei Mamelucchi, ove costruì Scuole coraniche (*madrasa*) e fontane.

cortile, si trova un orologio solare verticale declinante (*munharifat*) [19] che fu censito nel 1974 durante un rilievo archeologico delle antiche costruzioni di Gerusalemme eseguito della British School of Archeology.

Fig. 28.32   La Spianata del Tempio a
Gerusalemme
a – La Cupola della Roccia
b – La Madrasa Ashrafiyya e
il minareto Bab al-Silsila

Fig. 28.33 La Madrasa Ashrafiyya e il minareto
Bab al-Silsila
Nel cerchio la posizione dell'orologio solare

La data di costruzione non è del tutto sicura in quanto la *madrasa*, costruita nel 1480, fu parzialmente distrutta da due terremoti nel 1497 e nel 1545 e dopo tale data, a causa dei danni subiti dall'edificio, molto evidenti anche sull'orologio, la struttura non fu più usata. Per questo motivo il dott. King ipotizza che l'orologio sia stato inciso pochi anni dopo la costruzione dell'edificio, cioè tra il 1480 e il 1482.

L'orologio è posto in una posizione tale da non poter essere direttamente osservato dal minareto quadrato Bab al-Silsila (Fig. 28.33) che, con i suoi 39m di altezza, era utilizzato dai muezzin per il richiamo alle preghiere anche per le vicine moschee della Roccia e di Al-Aqsa che non possiedono una struttura idonea. L'ora della preghiera era quindi certamente osservata e attesa da un addetto che, al momento opportuno, faceva le necessarie segnalazioni al muezzin.

Per determinare il valore dell'azimut della parete si è utilizzata in un primo momento una mappa satellitare della Spianata delle Moschee dalla quale l'angolo che il muro della recinzione occidentale della Spianata forma con il meridiano è risultato di 80.1°. In un secondo momento usando come latitudine di Gerusalemme il valore 32°, si sono disegnate

---

[19] Tutti i dati che riguardano, la posizione, le dimensioni, la data di costruzione e la scoperta di questo orologio solare sono stati pubblicati in uno studio del dott. David. A King compreso nel volume *"Islamic Astronomical Instruments"*, Variorum 1987, XVII, pag. 15-21. In questo studio il dott. King scrive fra l'altro che *"a full mathematical investigation of the sundial has not been attempted"*. Lo scrivente ha cercato di completare questo "studio matematico" partendo dalla immagine riportata in Fig. 28.34, in verità molto poco dettagliata, pubblicata a corredo dell'articolo.

tutte le curve presenti nell'orologio per valori dell'azimut del piano uguali a 78, 79, 80, 81, 82°, cercando poi di sovrapporre i grafici ottenuti con l'immagine reale dell'orologio.

<table>
<tr><td>

Fig. 28.34
L'orologio della Madrasa Ashrafiyya
Fotografia da D.A.King modificata

</td><td>

Fig. 28.35
L'orologio della Madrasa Ashrafiyya
con sovrapposte le linee calcolate
Declinazione 79° Ovest – Latitudine 32°

</td></tr>
</table>

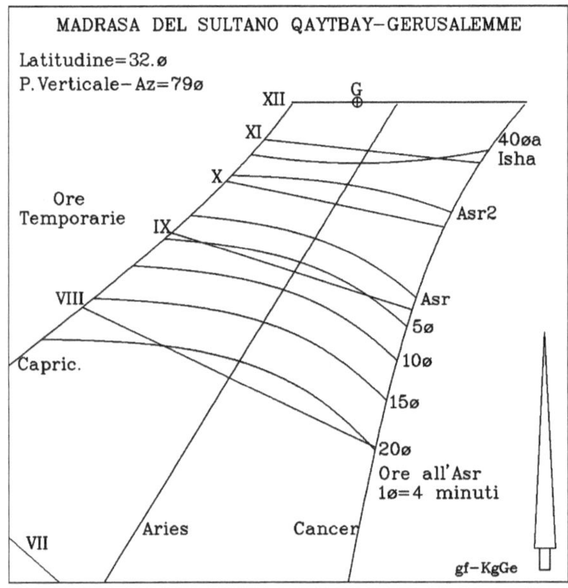

Fig. 28.36   L'orologio della Madrasa Ashrafiyya
Ricostruzione dell'autore

Con il valore di declinazione del piano di 79° si è giunti infine al risultato visibile in Fig. 28.35 ove le diverse curve coincidono praticamente tutte con quelle dell'originale (Fig. 28.34) [20]. In Fig. 28.36 il grafico ricostruito dello strumento.

Le linee incise sull'orologio sono:
- la linea solstiziale estiva;
- parte della linea equinoziale;
- parte della linea dell'Asr;
- 4 linee che indicano gli istanti in cui mancano, come riportano i numeri incisi in notazione *abjad*, 20, 15, 10, 5° all'istante dell'Asr, corrispondenti a 80, 60, 40, 20 minuti equinoziali;
- in alto è presente la curva che dà gli istanti in cui mancano 40° (160 minuti) all'istante della preghiere Isha, coincidente con la fine del crepuscolo serale con il centro del Sole a 18° al di sotto dell'orizzonte.

Tutte le linee che si trovavano nelle due pietre a sinistra, cioè l'intera linea solstiziale invernale e parte delle altre, non sono presenti. Il fatto che l'interruzione delle linee esistenti sia nettissima in corrispondenza della separazione fra una pietra e l'altra fa pensare che le due pietre siano state sostituite in un restauro avvenuto dopo il primo terremoto nel 1497.
Lo gnomone, che il dott. King afferma avere una lunghezza di 30 cm, uguale al raggio di un arco debolmente inciso nella parte superiore dell'orologio non visibile nella fotografia, era inserito nel punto indicato con G in Fig. 28.36 .
Nella ricostruzione sono state aggiunte, per completezza, anche le linee delle ore temporarie e quella del secondo Asr, non presenti nell'orologio originale.

Fig. 28.37 Gerusalemme - La cupola della Roccia
e il minareto Bab al-Silsila

---

[20] Il dott. King prende la declinazione uguale a 73°.

28.10 Un semplice orologio solare all'ingresso della Spianata del Tempio a Gerusalemme

Riporto qui l'immagine di questo orologio (Fig. 28.38) in quanto, a causa della sua collocazione fra due arcate che appartengono alla cinta che circonda la Spianata del Tempio a Gerusalemme, non solo è uno fra i più fotografati e più conosciuti dai turisti, ma anche uno dei pochi immediatamente comprensibili e "leggibili" fra i molti prima descritti.

Si tratta di un moderno orologio solare verticale rivolto a sud che doveva indicare le ore del tempo vero locale (tempo solare): ora lo stilo polare non è più diretto verso il polo nord celeste ma è quasi orizzontale. Le ore, indicate con numeri moderni, vanno dalle 5 del mattino alle 7 del pomeriggio, con divisioni ogni 5 minuti.

Quasi certamente fu costruita nella prima metà del XX secolo.

Fig. 28.38   Gerusalemme - Orologio all'ingresso della spianata del Tempio

L'orologio non si può considerare un orologio "Ottomano" ma soltanto una imitazione tardiva.

28.11 La parola Asr sulle meridiane turche.

Abbiamo già visto che in molte meridiane turche del XVII-XIX secolo sono disegnate la curva della preghiera Asr e alcune curve che indicano gli istanti quando manca ancora un certo numero di minuti a questa preghiera.

Spesso su questi orologi la linea in questione è indicata con la parola araba غصر (Asr), scritta in modo stilizzato: la lettera centrale (sad ص) viene molto "stirata" sino a quasi assomigliare ad un lungo rettangolo (Fig. 28.39).

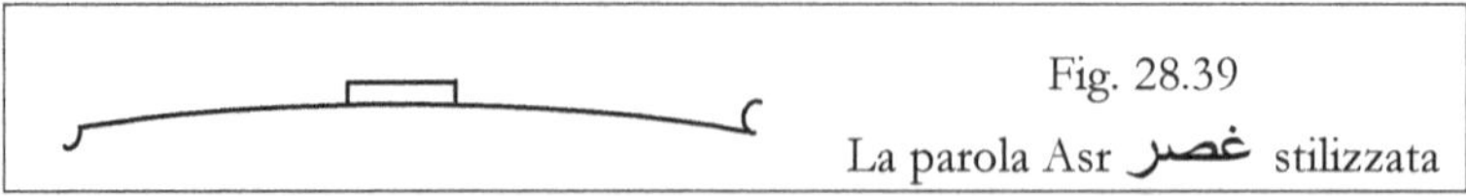

Fig. 28.39

La parola Asr غصر stilizzata

Da qui l'uso sovente di un semplice rettangolo allungato segnato sulla linea della preghiera in sostituzione dell'intera parola. (Vedi Cap. 5)

Capitolo 29
LE MERIDIANE OTTOMANE AL CAIRO
E NELL'AFRICA DEL NORD

29.1 Un complesso di 5 orologi solari al Cairo

In una lastra verticale che si trova nella cittadella del Cairo sono incisi 5 orologi solari fra loro separati, ciascuno con una particolare funzione e con gli gnomoni tutti ortogonali (Fig. 29.1).

Fig. 29.1 La lastra con cinque orologi solari presente nella cittadella del Cairo
La numerazione è stata aggiunta dall'autore

Nella fascia superiore una scritta recita "*munharifa 46 daraja wa 43 daqiqa inhiraf janubi sharqi li 'ardh thalathin daraja wa daqiqatayn shamal* " che significa "inclinata di 46 gradi e 43 minuti a sud ovest per la latitudine di 30 gradi e 2 minuti".[21]

---

[21] Ringrazio per la traduzione il prof. Ali Guerbabi , conservatore del patrimonio archeologico della
   Provincia di Batna in Algeria, archeologo.

Il valore molto preciso della latitudine del Cairo, l'uso di numeri arabi moderni e la presenza sull'orologio più a sinistra della curva oraria del mezzogiorno medio (lemniscata del tempo medio) fanno ritenere che il gruppo di quadranti sia abbastanza recente e risalga all'incirca alla metà del XIX secolo. [22]

Nonostante le non troppo buone condizioni della lastra è stato possibile studiare in dettaglio gli strumenti e ricavare alcuni elementi mancanti e il significato delle numerose linee.

29.1.1 La declinazione della parete

Poiché con il valore della declinazione della parete riportato nella scritta di cui sopra si sono ottenuti andamenti delle linee orarie e diurne non del tutto congrui con quelli presenti sulla lastra fotografata, ho pensato di ricavare di nuovo il valore di questa grandezza utilizzando sia l'inclinazione della linee equinoziali presenti negli orologi n. 1 e 2, sia le quelle delle linee sustilari leggibili in 1, 2, 3, 4, sia le posizioni di numerosi punti delle meridiane n. 1 e 2 .

Prendendo uguale a 30° 2' la latitudine del Cairo, la media dei valori di declinazione ottenuti utilizzando le inclinazioni delle sustilari e delle equinoziali è risultata di 45.05°.

Fig. 29.2 La lastra con i cinque orologi

Utilizzando invece 18 punti appartenenti a diverse linee orarie della meridiana n. 2, si è ottenuto il valore 43.98°, mentre infine prendendo in esame 2 punti della meridiana n. 1, il calcolo ha dato il valore 44.1°. Fra questi diversi risultati ho preso come più attendibile il valore di 44° che è stato pertanto utilizzato in tutti i calcoli successivi.

---

[22] Il prof. Nusret Cam nel suo volume scrive che essa fu costruita per il Pascia Felekî Muhamad nel 1835.

La differenza fra questo valore e quello riportato sulla lastra, 46.72°, non è spiegabile se non con un errore nel posizionamento e nell'inserimento della lastra nel muro che la sostiene [23].

Nota la latitudine del luogo e la declinazione del piano risulta che il quadro è illuminato dalle ore 11h 31m alle 18h 58m nel solstizio estivo e dalle 8h 50m alle 17h 02m nel solstizio invernale e che l'ora sustilare (quando il piano orario del Sole è ortogonale al piano del quadrante) è uguale a 16h 10m.[24]

29.1.2 L'orologio solare n. 1 (Fig. 29.3)

Sull'orologio possiamo notare due tipi di linee molto diverse fra loro: linee diurne e lemniscata della equazione del tempo.

Come in alcune meridiane dell'antico Islam sono tracciate le linee diurne relative ai giorni in cui il Sole assume una data longitudine celeste: una iperbole per ogni valore multiplo di 10° da -90° (solstizio invernale) a + 90°(solstizio estivo); le linee in altre parole corrispondono ai gradi 0, 10, 20 di ogni segno zodiacale.

In prossimità del solstizio invernale a causa dell'eccessivo affollamento sono riportate soltanto le linee ogni 30° di longitudine.

Sovrapposta a questo fitto gruppo di linee si trova la linea verticale del mezzogiorno vero e attorno ad essa la linea ad otto della equazione del tempo.

 Si può vedere che questa linea, sia nella parte alta che in quella mediana, sembra tracciata in un secondo tempo previa cancellazione parziale di alcune delle sottostanti linee diurne. Inoltre, nella parte superiore, la linea è incerta e incompleta. Essa fu certamente tracciata per "aggiornare" l'orologio dopo l'avvento del tempo medio, per permettere di indicare proprio il mezzogiorno civile segnato dai comuni orologi.

La presenza della linea sustilare ha permesso di determinare la lunghezza dello stilo e con tale valore di verificare la correttezza delle diverse linee.

In varie parti si trovano le scritte *Sartan* (سرطان), cioè Cancro e *Adjudy* (الجدي), cioè Capricorno. Sulla linea del mezzogiorno *zawaal* (ذوال), cioè Mezzogiorno.

29.1.3 L'orologio solare n. 2 (Fig. 29.4)

E' l'orologio più completo. In esso troviamo:
-   Le linee diurne dei solstizi e dell'equinozio, in prossimità delle quali sono leggibili i nomi Cancro e Ariete" (*al-Hamal* o الحمل);
-    le linee delle ore ezaniche, numerate con il doppio ciclo da 0 a 12, tracciate ogni mezza ora. La linea orizzontale superiore che indica il tramonto è quindi indicata con il numero arabo 12. Le linee visibili sono quelle dalle ore 5ez (17 italica) alle ore 12ez (24 italica);

---

[23] L'autore ritiene che, per fugare ogni dubbio, occorrerebbe una misura esatta della declinazione, fatta in loco.

[24] Gli istanti si intendono sempre in tempo vero locale o tempo solare.

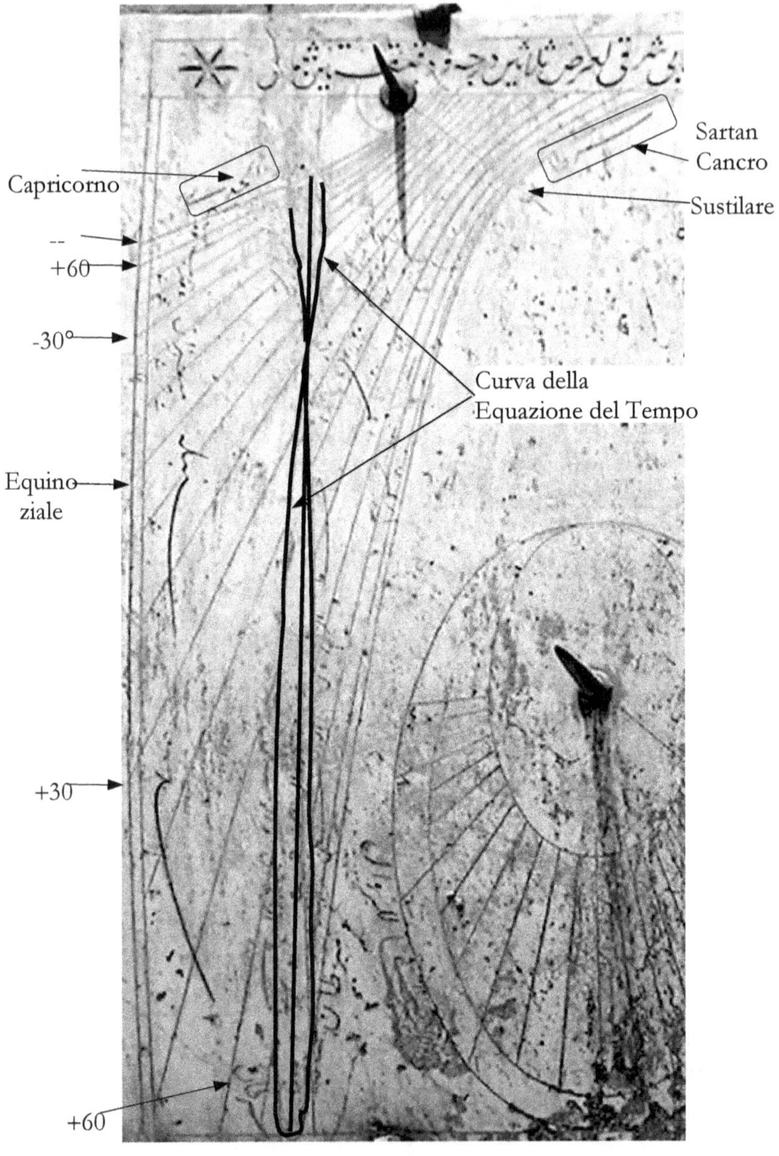

Fig. 29.3   L'orologio n. 1

- la numerazione di tutte le linee orarie in prossimità delle iperboli del solstizio estivo e di
quello invernale: in Fig. 29.4 vicino ai numeri "arabi" originali   sono stati aggiunti i
numeri moderni;
- la linea meridiana, verticale a sinistra dello gnomone. Occorre osservare che questa linea
è tracciata in una posizione leggermente sbagliata in quanto non attraversa la linea
equinoziale nel punto di attraversamento della linea delle ore 6ez (18 italica). Su di essa
la scritta *"albaq alzawwal"*, cioè mezzogiorno;

- la linea sustilare.
In complesso l'orologio è preciso e ben disegnato.

Fig. 29.4   L'orologio n. 2

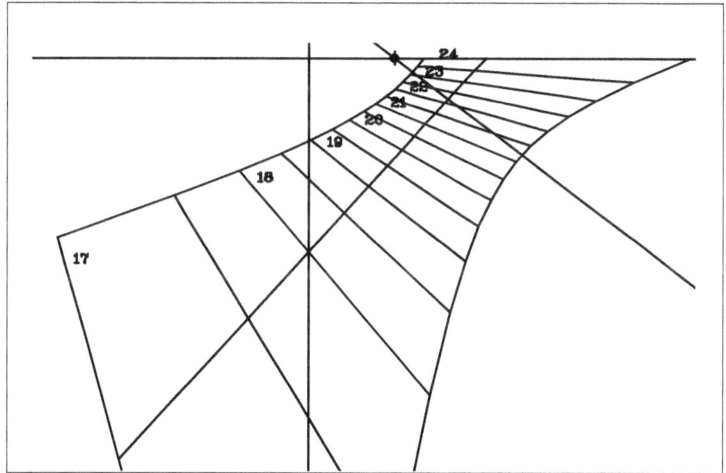

Fig. 29.5   L'orologio n. 2 - Ricostruzione dell'autore

29.1.4 L'orologio solare n. 3 (Fig. 29.6)

Nonostante la presenza di uno gnomone ortogonale al piano e le inusuali cornici ellittiche che delimitano le linee orarie, l'orologio è una meridiana verticale a tempo vero locale con linee orarie rettilinee ogni 20 minuti. Sulla sinistra dell'ellisse più esterna si può leggere "*albaq al zawaal*" , che indica che le ore sono contate dal mezzogiorno.

Fig. 29.6   L'orologio n. 3
Numerazione dell'autore

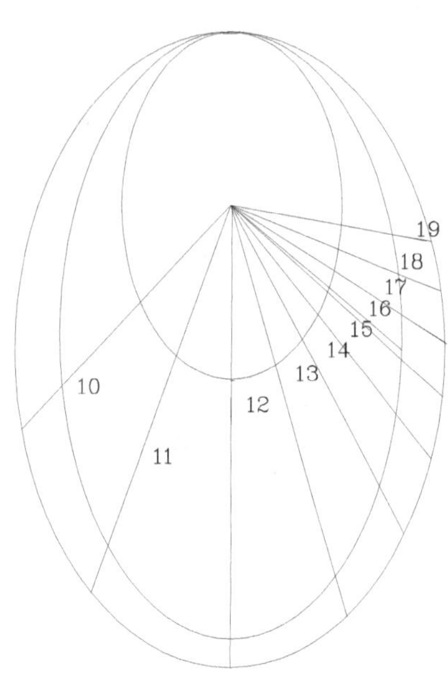

Fig. 29.7   L'orologio n. 3 – Ricostruzione

Le ore di tempo vero sono numerate a partire dal mezzogiorno sia per il pomeriggio che per il mattino.

Confrontando i valori misurati degli angoli che le linee delle ore intere formano con la linea meridiana verticale (11 linee) con i valori di tali angoli calcolati con latitudine di 30° e declinazione-parete di 44°W, si è trovato un errore medio di soli 0.78°.

Questo risultato non solo conferma il fatto che si tratta di un orologio a tempo vero locale, ma anche che esso fu calcolato e tracciato con ottima precisione.

Per il suo funzionamento corretto lo gnomone doveva essere uno stilo polare con la proiezione sulla linea sustilare, presente nel tracciato.

29.1.5 L'orologio solare n. 4 (Fig. 29.8)

L'orologio contiene soltanto la linea sustilare e linee legate alla preghiera Asr.

Precisamente con riferimento alle lettere riportate in Fig. 29.8, si hanno le linee :

a. linea della preghiera Asr o 1' Asr , quando l'ombra orizzontale di uno stilo verticale è uguale alla lunghezza dell'ombra meridiana più la lunghezza dello stilo;

b. linea del 2' Asr, quando l'ombra orizzontale di uno stilo verticale è uguale alla lunghezza dell'ombra meridiana più due volte la lunghezza dello stilo;

c. linea su cui cade l'ombra dell'estremo dello stilo quando mancano 20 minuti all'Asr;

d. come sopra quando mancano 40 minuti all'Asr;

e.   come sopra quando mancano 60 minuti all'Asr;

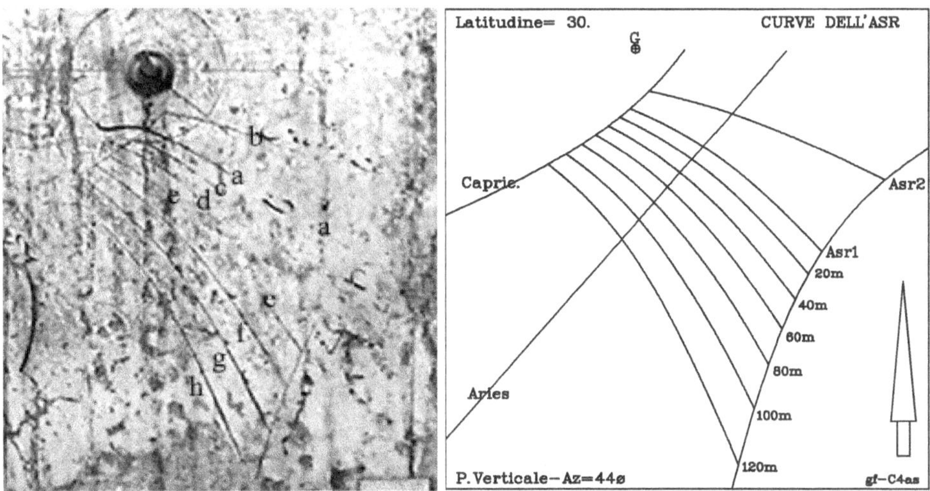

Fig. 29.8   L'orologio n. 4
Le linee della preghiera Asr

Fig. 29.9   L'orologio n. 4
Ricostruzione

f.   come sopra quando mancano 80 minuti all'Asr;
g.   come sopra quando mancano 100 minuti all'Asr;
h.   come sopra quando mancano 120 minuti all'Asr.

Dai punti della sustilare si è potuto risalire alla lunghezza dello stilo e quindi determinare il tipo e la natura delle linee che, anche ora, sono risultate molto precise.

29.1.6 L'orologio solare n. 5
Questo orologio non presenta più nessuna linea visibile.

29.2 Orologio solare della moschea di Suleiman Pasha

La grande moschea di Suleiman Pascià che si trova all'interno della Cittadella del Cairo fu la prima moschea costruita nella città egiziana da un governatore Ottomano nel 1528. É anche la prima moschea di questo tipo coperta da una cupola e forse l'esempio più bello dello stile e della architettura ottomana.

Fig. 29.10   Moschea di Suleiman Pasha al Cairo

La moschea   Le linee delle preghiere   Le 2 meridiane

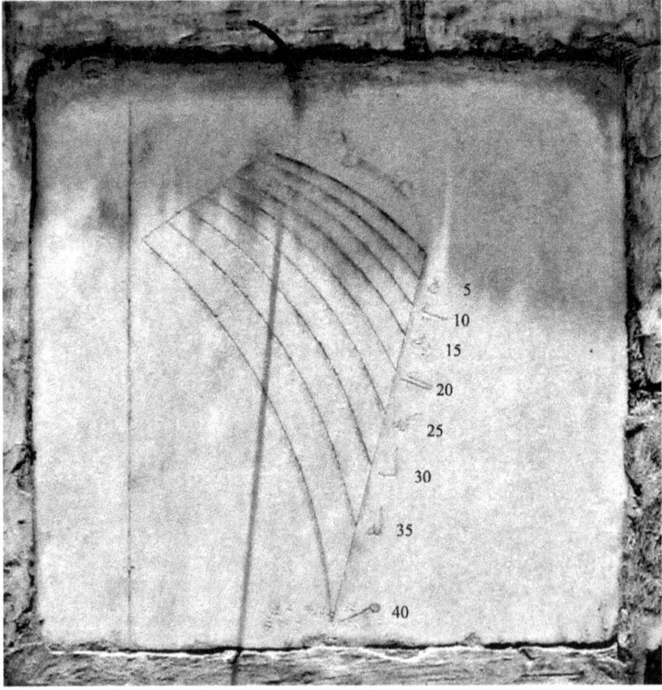

Fig. 29.11   L'orologio nella Moschea di Suleiman Pasha

All'interno della moschea, sulla parete di un cortile circondato da portici, si trovano 2 orologi solari, uno dei quali, all'apparenza molto semplice, riporta soltanto la linea della preghiera Asr e quelle che indicano gli istanti nei quali alla recita di questa preghiera mancano ancora 5, 10, 15, ..., 40 gradi di angolo orario e cioè intervalli di tempo di 20, 40, 60, ..., 160 minuti.

La presenza di intervalli di tempo misurati in gradi di angolo orario invece che in ore e minuti e il valore inusuale dell'intervallo massimo (2 ore e 40 minuti) fanno supporre che l'orologio non fosse utilizzato dai fedeli che frequentavano la moschea ma soltanto dagli addetti alla determinazione degli orari delle preghiere, che certamente conoscevano l'uso di strumenti complessi.

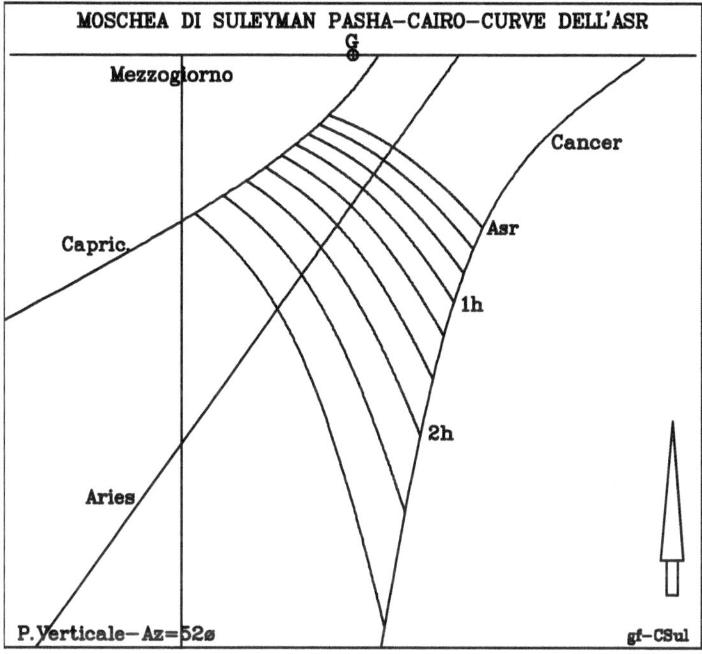

Fig. 29.12   L'orologio - Ricostruzione dell'autore

La declinazione (azimut) della parete sulla quale è fissata la lastra di marmo è stata calcolata partendo dalla Latitudine del Cairo e dalle coordinate di oltre 15 punti presi sulle diverse linee: il valore medio risultante è stato di 51.8° .

Non si conosce la data di costruzione dello strumento.

29.3 Un complesso orologio solare al Museo Islamico del Cairo

Nel Museo Islamico del Cairo si trova un orologio solare notevolmente complesso, inciso su una pietra color marrone e datato 1188 H (cioè 1774 d.C.), consistente in quattro quadranti, ciascuno con il proprio gnomone, sovrapposti e incisi su una lastra delle dimensioni di 70x137 cm. Su di essa si legge la scritta *"Costruito da Mahmoud ibn Hassan el Noushouf"*.

Fig. 29.13   L'orologio al Museo Islamico del Cairo

Non si hanno molte informazioni su dove si trovasse originariamente questo strumento anche se è facile ipotizzare, per le sue caratteristiche, che esso fosse posizionato in qualche grande moschea al Cairo e fosse usato da personale con conoscenze astronomiche, addetto alla misura del tempo.

Le numerose linee che si trovano nei diversi strumenti permettono infatti di determinare, con opportuni calcoli e con l'ausilio di misuratori di tempo (anche orologi, considerando l'epoca di costruzione), gli istanti di tutte le 5 preghiere giornaliere.

Poiché la preghiera della sera (Maghrib) deve essere recitata dopo l'istante del tramonto, nello strumento sono riportate alcune linee che indicano quanto tempo manca al tramonto del Sole.

Poiché il periodo in cui deve essere recitata la preghiera della notte (Isha) ha inizio al termine del crepuscolo serale, una particolare linea fornisce il momento in cui mancano ancora 2h 40m a tale istante.

Per poter calcolare l'stante della preghiera dell'alba (Fajr), il cui periodo ha inizio al crepuscolo del mattino, un linea particolare fornisce l'stante in cui mancano ancora 13h 20m a questo istante.

Il momento della preghiera del mezzogiorno (Zuhr) si ricava dell'orologio a tempo vero che si trova nella parte inferiore della lastra e infine per la preghiera più importante, quella del pomeriggio (Asr), sono fornite ben 9 linee che, ogni 20 minuti, danno gli intervalli di tempo che occorre attendere prima dell'inizio della preghiera. Una apposita linea indica anche l'istante del 2' Asr, quando termina il periodo in cui l'Asr deve essere recitata.

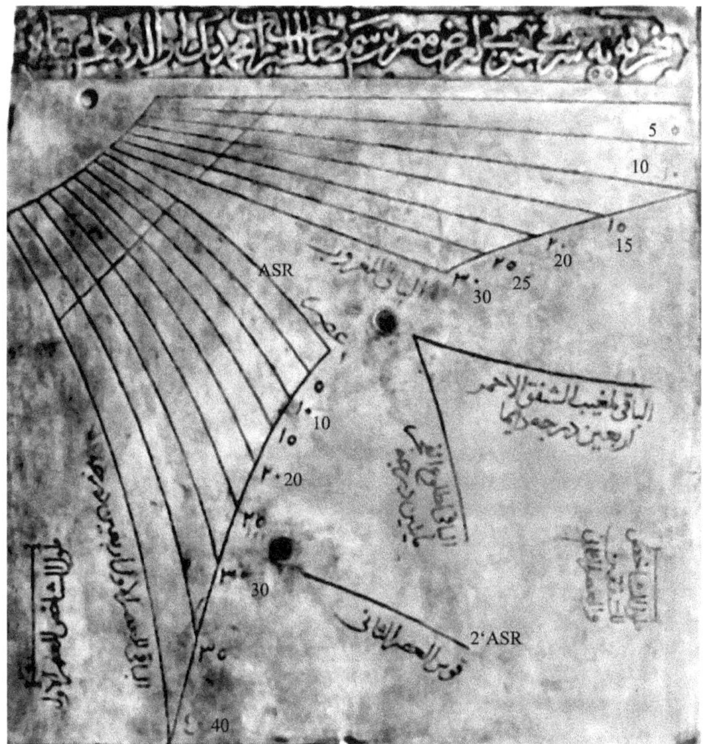

Fig. 29.14   La parte superiore dello strumento – Numeri aggiunti dall'autore

Il complesso gnomonico, anche se costruito soltanto due secoli fa quando erano già noti e applicati anche in Oriente i moderni metodi di calcolo analitici, è un classico esempio di orologio solare Ottomano in quanto contiene gli elementi fondamentali che contraddistinguono questi orologi e cioè la precisione nel calcolo, l'accuratezza nella esecuzione e le linee per determinare i tempi delle preghiere dell'Islam.

Tutti i quattro diversi strumenti che lo costituiscono possiedono alcune caratteristiche comuni che indicano chiaramente come esso sia stato progettato e costruito per essere utilizzato soltanto da studiosi esperti abituati ad un certo tipo di calcoli.

Fra queste:
- l'uso dei gradi di angolo orario per indicare intervalli di tempo;
- l'uso di valori massimi di questi intervalli uguali a 30°, 40°, 200° , corrispondenti a tempi con valori poco ortodossi e inusuali (corrispondenti a 2h, 2h 20, 13h 40m);
- la presenza di linee particolari, come ad esempio quelle che danno informazioni sui crepuscoli mattutino e serale, insolite e di difficile comprensione ed uso per i normali frequentatori delle moschee.

La declinazione della parete per la quale il complesso era stato progettato, è risultata dai calcoli esattamente uguale a 35° Ovest.

Parte superiore della lastra. Orologio a sinistra in alto

L'orologio che occupa la zona triangolare a sinistra in alto aveva lo gnomone posizionato nel foro ben visibile sotto la scritta superiore (punto G1 in Fig. 29.15). La lunghezza dello stilo è riportata con un tratto inciso che si trova vicino all'angolo inferiore (Fig. 29.14).

Nella parte a sinistra si trovano 9 linee curve tra loro quasi parallele.

La curva più in alto è la curva dell'Asr, le altre indicano che all'istante di questa preghiera manca il numero di gradi di angolo orario il cui valore è riportato alla destra delle stesse curve, in prossimità della solstiziale estiva. Per ottenere gli intervalli in minuti equinoziali è sufficiente moltiplicare i valori per 4.

Sulla curva dell'Asr è ben leggibile il nome della preghiera in arabo عصر .

A sinistra della curva inferiore la scritta recita *"attesa di 40 gradi all'Asr"* .

Nella parte superiore destra sono disegnate 6 linee che indicano le ore al tramonto, da 2h (30° di angolo orario) a 20m (5°), con intervallo di 20m.

La linea orizzontale che delimita superiormente il quadro rappresenta ovviamente l'istante del tramonto.

La lettura dei valori su queste linee si ha osservando l'ombra dell'estremità dello gnomone già ricordato.

Parte superiore della lastra. Secondo orologio.

Questo strumento riporta soltanto due linee ed è servito dallo gnomone che si trova al centro del quadrante (indicato con G2   nella ricostruzione di Fig. 29.15). La lunghezza di questo gnomone, riportata nell'angolo a destra in basso del quadro, dai calcoli di verifica è risultata esattamente uguale alla metà di quella dello gnomone in G1.

La curva superiore, quasi orizzontale, riporta la scritta *"mancano 40 gradi a quando il rosso (della sera) scompare alla vista"*. Si è verificato che l'ombra dell'estremità dello gnomone cade su questa linea quando l'angolo orario del Sole ha un valore 40° inferiore al suo valore nell'istante della fine del crepuscolo astronomico, cioè dell'istante in cui il Sole si trova ad una altezza di 18° al di sotto dell'orizzonte. In altre parole l'ombra dell'estremità dello stilo colpisce la linea considerata 160 minuti (equinoziali) prima della fine del crepuscolo, cioè prima dell'istante della preghiera Isha'.

La curva più in basso, quasi verticale indica invece che mancano ancora 200° di angolo orario (cioè 13h 20m) al crepuscolo astronomico del mattino, cioè all'istante della preghiera Fajr.

Dai calcoli di verifica si è trovato che anche in questo caso per l'altezza del Sole è stato usato il valore moderno di -18°. Si è anche trovato che la curva è leggermente più lunga del dovuto, come se, per la declinazione del Sole al solstizio estivo, si fosse usato il valore 24.5°.

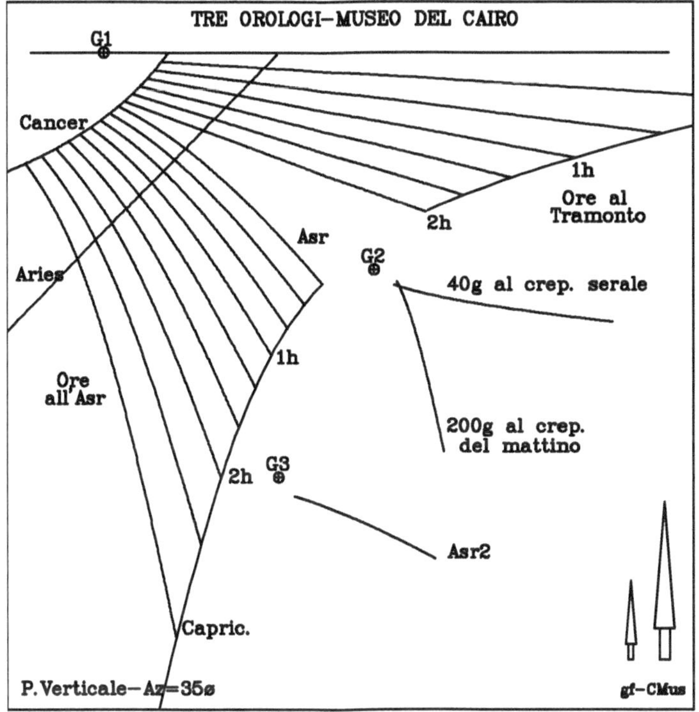

Fig. 29.15   Gli orologi - Ricostruzione dell'autore

Parte superiore della lastra. Terzo orologio.

Questo strumento riporta soltanto una linea; lo gnomone nella parte bassa del quadrante (indicato con G3 nella ricostruzione) ha una lunghezza che, dai calcoli di verifica, è risultata esattamente uguale a quello in G2, cioè uguale alla metà dello gnomone in G1.

La linea riportata è quella del 2' Asr, quando l'ombra orizzontale di una stilo verticale diventa uguale alla lunghezza meridiana dell'ombra, aumentata di due volte la lunghezza dello stilo.

Parte inferiore della lastra. Quarto orologio.   (Fig. 29.16)

L'orologio è una normale meridiana a tempo vero locale. Le linee orarie, individuate dal valore dell'angolo orario in gradi prima e dopo il mezzogiorno, vanno dalle ore 4 (60°) prima del mezzogiorno, alle ore 7 (105°) del pomeriggio. La scritta nell'angolo in basso a destra ci dice che i tempi sono misurati dall'istante dello Zawaal, cioè dal mezzogiorno.

Anche in questo orologio le divisioni delle ore sono ogni 5° (20m), e ogni 1° (4m) attorno al mezzogiorno.

Dalle verifiche fatte si è trovato che anche questo quadrante è calcolato con ottima precisione.

Il cerchietto che si trova nella parte in alto a destra (con centro nel punto S di figura) è posizionato esattamente lungo la linea sustilare: quasi certamente indica la posizione di un eventuale asta ausiliaria normale alla supeficie, la cui estremità, unita al centro dell'orologio (punto O), dava luogo allo stilo polare necessario per leggere le ore. Poiché l'elevazione dello stilo polare risulta uguale a 45.15° la lunghezza di questa asta ausiliaria è praticamente uguale alla distanza OS di figura.

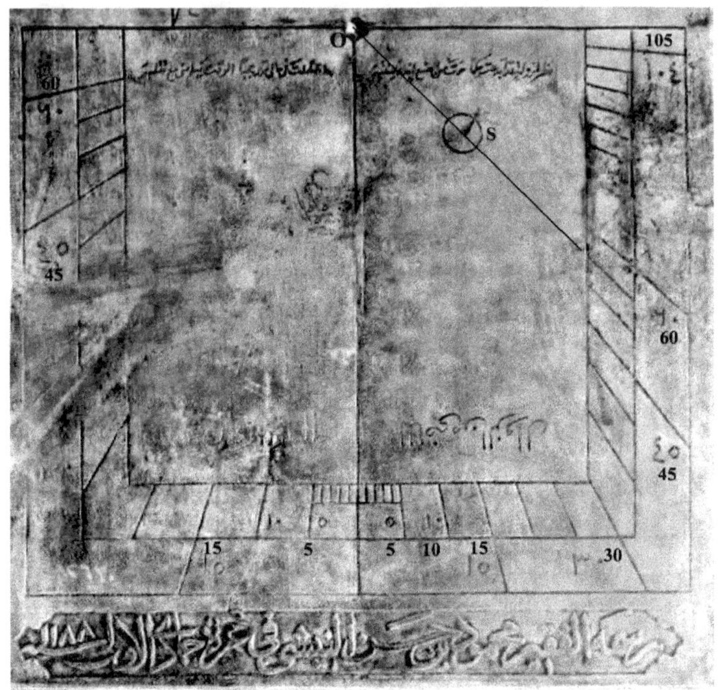

Fig. 29.16   La parte inferiore dello strumento – Numeri aggiunti dall'autore

29.4 Un orologio solare al Museo Anderson del Cairo (Fig. 29.17)

Sulla parete esterna del museo Anderson del Cairo[25] si trova un orologio solare notevolmente complesso che fu realizzato nel 1856/7 (1273H) su un piastra quadrata di maiolica, per indicare le ore delle preghiere.

Questo complesso gnomonico è praticamente uguale a quello che si trova al museo Islamico, sempre al Cairo, e ad altri che troviamo ad Istanbul.

Lo strumento si trova in una condizione molto degradata, mancante degli gnomoni e quasi completamente illeggibile. Comprende:

- un orologio a tempo vero locale con centro nel punto indicato con G1 nella figure 29.17 e 29.18. In tale punto doveva essere presente o uno stilo polare rigidamente fissato alla

---

[25] Il Museo Gayer-Anderson si trova vicino alla famosa moschea di Ahmad ibn Tulun. Esso prende il nome dal governatore Gayer-Anderson Pasha che dal 1935 al 1942 ebbe la sua residenza nel palazzo del XVII secolo che oggi ospita il museo, e lasciò una grande collezione di mobili, tappeti, vasi e altri oggetti.

piastra o, molto più probabilmente, un filo metallico opportunamente sostenuto. Le linee orarie sono riportate soltanto all'interno della cornice a forma di U che circonda il quadrante. Il numero delle ore prima e dopo il mezzogiorno sono scritti in cifre arabe moderne all'interno di forme a losanga; ogni ora è divisa in 3 parti indicate ciascuna da una losanga più piccola contenente un cerchietto, segno della cifra 5.

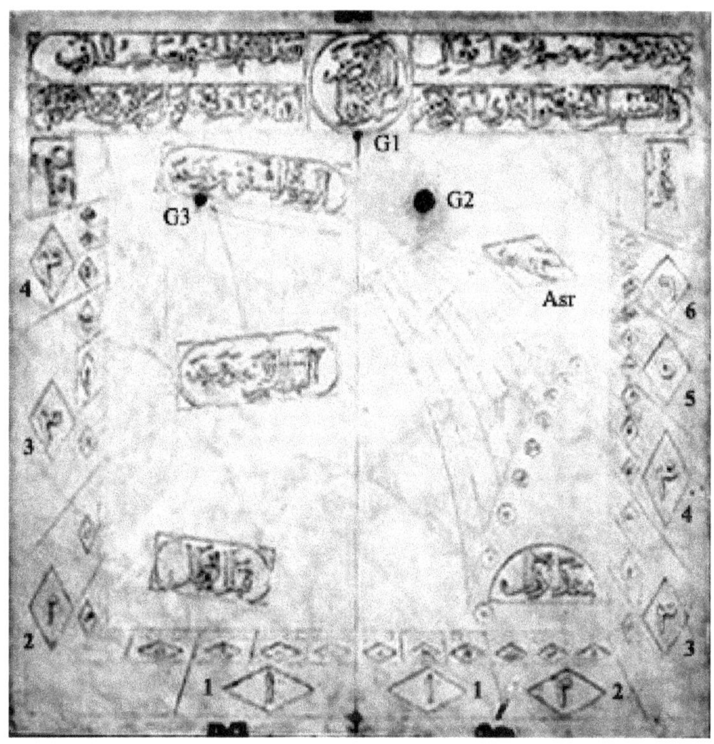

Fig. 29.17 L'orologio al Museo Anderson del Cairo - Scritte aggiunte dall'autore

- Un secondo orologio occupa la metà destra del quadrante. Esso contiene 9 curve fra loro quasi parallele che servono a trovare l'istante dell'inizio della recita della preghiera Asr (curva più in alto) e quelli in cui a questo particolare momento mancano intervalli di tempo che vanno da 40° (2h 40m) a 5° (20 m), con intervalli di 5°. Anche qui il valore di ogni intervallo è indicato con un cerchietto. Per l'uso dell'orologio era previsto un ortostilo posto nel punto G2.
- Infine nella metà sinistra del quadro troviamo il punto G3 in cui era presente un secondo gnomone normale alla parete la cui ombra era utilizzata soltanto quando cadeva sulle due curve che formano una specie di V rovesciata. Tali curve servono a determinare sia l'istante in cui mancano 40° di angolo orario (2h 40m) al termine del crepuscolo serale[26], quando deve iniziare la preghiera Isha, sia l'istante in cui mancano 200° di angolo orario

---

[26] Il crepuscolo è quello astronomico. Si è verificato che nel calcolo dello strumento per l'altezza del Sole si è utilizzato il valore di 18° al di sotto dell'orizzonte.

(13h 20m) all'inizio del crepuscolo del mattino corrispondente alla preghiera Fajr. Da notare come queste due curve siano perfettamente identiche a quelle presenti nell'orologio del museo Islamico del Cairo di quasi un secolo più vecchio. Anche qui la loro lunghezza è risultata maggiore del valore teorico calcolato, come se il calcolo fosse stato esteso sino alla declinazione di 25°.

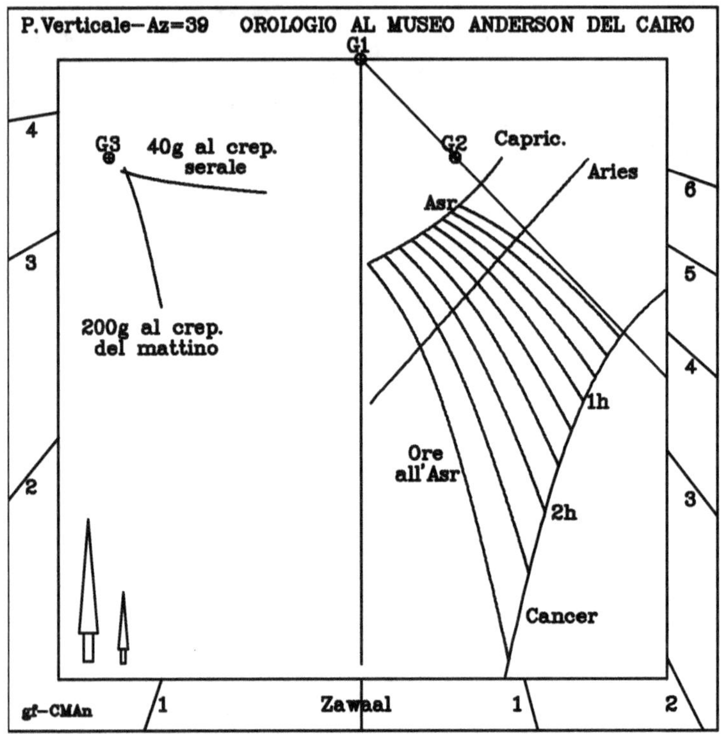

Fig. 29.18   L'orologio - Ricostruzione dell'autore

Gli gnomoni.

Contrariamente a quello che si trova spesso, la lunghezza degli gnomoni non è riportata sul quadro. Dal calcolo di verifica si è trovato che la lunghezza dello gnomone in G3 era esattamente la metà di quello in G2 (come nell'orologio del museo Islamico del Cairo).

L'ortostilo in G2 si trova esattamente sulla linea sustilare dell'orologio a tempo vero locale ed inoltre la sua distanza dal centro G1 di questo e la sua altezza sono tali da far sì che lo stilo polare uscente da G1 passi esattamente per il suo punto terminale.

Da qui l'ipotesi, molto probabile, che lo stilo polare fosse realizzato con un filo metallico "sostenuto" dallo gnomone G2, come avviene ad esempio in altre meridiane.

La posizione e l'altezza dello gnomone G2 sono inoltre tali che la linea meridiana dell'orologio a tempo vero e quella dell'orologio a destra siano coincidenti.

Da notare infine che i due gnomoni in G2 e G3 sono sulla stessa linea orizzontale.

La declinazione del quadro.

Per ricavare la declinazione del quadro si sono utilizzati sia gli angoli che le linee orarie a tempo vero formano con la verticale-meridiana, sia gli angoli formati dalle linee equinoziale e sustilare dell'orologio a destra, sia infine la posizione dei punti estremi delle 9 curve dell'Asr. Utilizzando la latitudine del Cairo (30° 05' N) si è ottenuto un valore medio di 38.5° Ovest.

29.5   La meridiana della Moschea al Hakim conservata nel Museo Islamico.

Fig. 29.19   La meridiana della Moschea Al Hakim

Nel museo Islamico del Cairo è conserva una tavola in pietra sulla quale sono incisi, oggi difficilmente e in parte a malapena visibili, tre distinti orologi solari in stile "ottomano" (Fig. 29.19). Il complesso, molto simile a quello presente sempre al Museo Islamico e a quello al Museo Anderson, fu costruito da Al Hakir Muhammed nell'anno 1040H (1630-31).

La lastra, scolpita si trovava originariamente su una parete della Moschea Al Hakim del Cairo[27], declinante di circa 38° verso Ovest.

---

[27] La moschea Al Hakim fu iniziata verso il 990 dal Califfo Al Aziz Billah e terminata verso il 1013 da Al-Hakim bi-Amr Allah (*"governatore per volere di Dio"*) e dai successori.

A causa della difficoltà di lettura dello strumento farò riferimento alla ricostruzione visibile in Fig. 29.20.

A servizio dei tre orologi erano originariamente presenti tre diversi elementi ombreggianti e precisamente uno stilo polare uscente da un punto centrale del quadro, indicato con G0, un ortostilo posizionato nell'angolo superiore sinistro (punto G1) e un secondo ortostilo, della stessa lunghezza del primo, posto nel punto G2 nel quadrante inferiore destro della lastra.

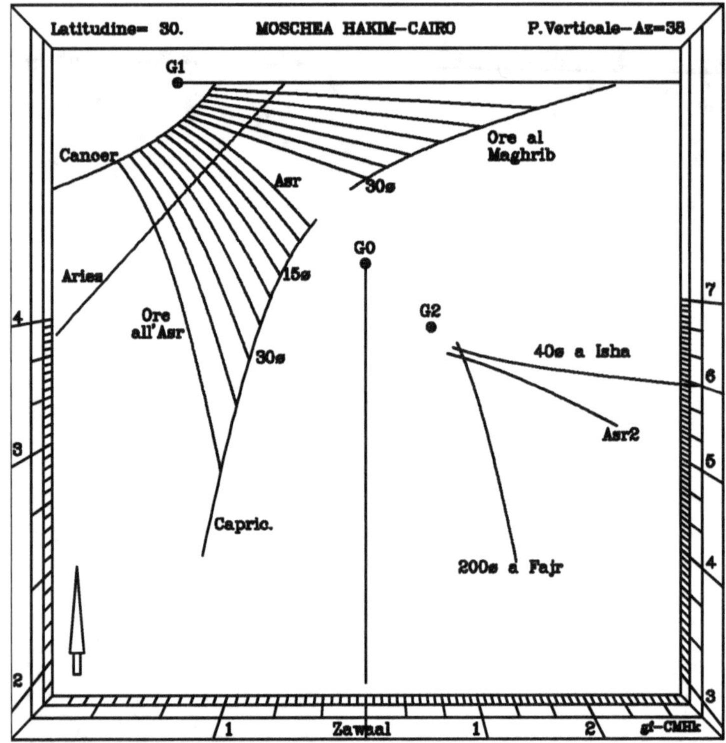

Fig. 29.20   L'orologio - Ricostruzione dell'autore

Il primo orologio G0

Il primo orologio indicava il tempo vero locale. Le graduazioni ogni 15, 5 e 1 grado di angolo orario (corrispondenti a 1 ora, 20 e 4 minuti) sono indicate sulla cornice a forma di U che circonda gli strumenti. A causa della declinazione del piano (circa 38° Ovest) le ore indicate vanno da 4 ore prima del mezzogiorno (le moderne 8 del mattino) a 7 ore dopo: i numeri delle ore sono scritti in cifre arabe sulla cornice più esterna.

Per dimensioni è la seconda moschea dell'epoca Fatimide del Cairo e il suo minareto è uno dei più antichi. La dinastia Fatimide, di origine araba, regnò tra il IX e il XII secolo dapprima in Africa settentrionale e poi in Egitto e nel medio Oriente.

La linea del mezzogiorno, con la scritta "*Zawaal*", coincide anche con la linea meridiana dell'orologio con stilo in G2 per cui la linea G0-G2 coincide con la linea sustilare che passa anche per il terzo stilo in G1.

Il secondo orologio G1
L'ombra dell'estremità dello stilo in G1 aveva una duplice funzione: serviva ad indicare i tempi mancanti alla preghiera Asr, e l'istante di essa, e i tempi mancanti al tramonto, cioè alla preghiera Maghrib.

Oltre alla curva dell'Asr, sulla quale si può leggere il nome عصر, vi sono 8 altre curve quasi parallele che individuano periodi mancanti alla preghiera da 5 a 40° di angolo orario (da 20m a 2h 40m), intervallati di 5°. Al di sotto delle curve si leggono ancora i valori di questi intervalli scritti in cifre arabe.

Sulla parte a destra dello gnomone G1 si intravedono a malapena le linee delle ore che mancano al tramonto (linee delle ore ezaniche) intervallate anch'esse di 5° (20m) a partire da 30° (2 ore prima del tramonto). In vicinanza delle linee vi è una scritta che dice "*Tempo rimanente al vero tramonto*"

Il terzo orologio G2
Nel terzo orologio sono presenti soltanto tre curve:
- la curva del secondo Asr;
- la curva che indica che mancano 40° (cioè 2h e 40m) alla fine del crepuscolo serale (preghiera Isha); vicino si trova la scritta "*40 rimangono al safak*", ove con *safak* si intende il crepuscolo;
- la curva che indica che mancano 200° (cioè 800m o 13h e 20m) prima dell'inizio del crepuscolo del mattino (preghiera Fajr). Vicino alla curva si legge "*200 gradi rimangono al fecr*", ove con la parola *fecr* si intende "il rosso dell'alba".

29.6 Un orologio nella cittadella del Cairo.

Sulla parete di una moschea nella cittadella del Cairo si può ancora osservare, probabilmente ancora per pochi anni, l'orologio solare raffigurato in Fig. 29.21.
Come si può vedere si tratta di un complesso gnomonico molto simile a quelli precedentemente descritti, in particolare a quello conservato al Museo Islamico del Cairo (Fig. 29.13).
Sull'intonaco scrostato si possono ancora intravedere in parte le stesse linee presenti negli orologi analoghi e precisamente:
- due gnomoni, indicati con le lettere G2 e G3. Un terzo gnomone, il principale (G1), non è più presente: probabilmente era posizionato all'interno della zona ove l'intonaco è mancante;
- la linea della preghiera Asr e altre 8 linee che indicano i tempi mancanti alla preghiera: da 40° di angolo orario (2h 40m) a 5° (20 minuti), intervallate di 5°;
- le linee delle ore ezaniche ogni 5° di angolo orario, da 2 ore prima del tramonto;
- la linea meridiana relativa allo gnomone principale e quella relativa allo gnomone G2;

- la linea che indica che mancano 200° di angolo orario alla preghiera dell'alba Fajr;
- le linee equinoziale e solstiziali.

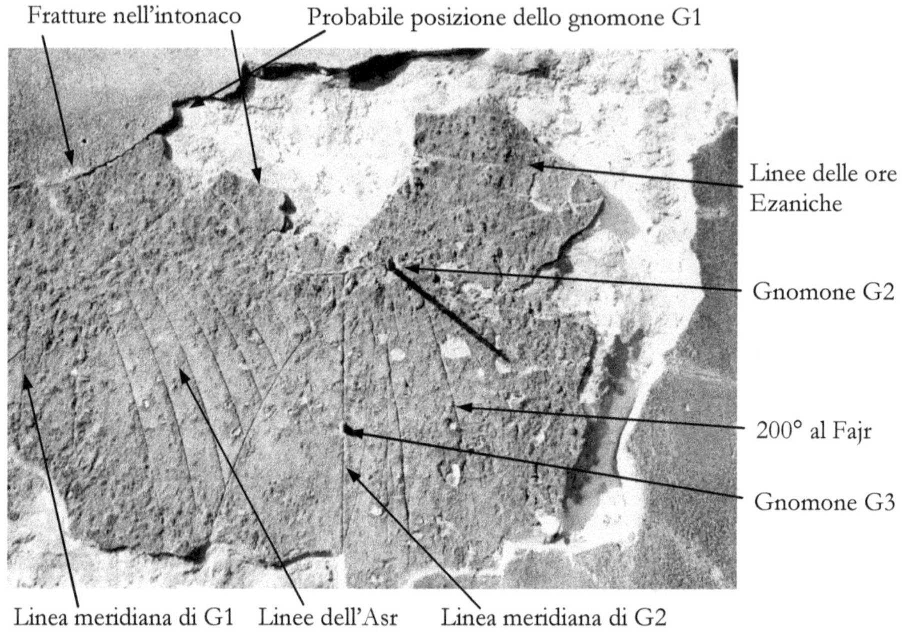

Fig. 29.21   Cairo – Orologio solare nella cittadella
Sono indicati gli elementi ancora presenti

Le diverse linee, incise sull'intonaco, hanno provocato con il tempo la sua rottura in alcuni punti. In particolare si vede come la linea solstiziale invernale coincide con una frattura e anche come la linea ezanica 2h al tramonto coincida esattamente con la zona ove l'intonaco si interrompe.

Poiché non è nota la declinazione della parete sono stati fatti alcuni tentativi per determinarla e per calcolare di nuovo le linee presenti. Dai diversi tentativi fatti, resi anche difficoltosi a causa della deformazione prospettica dell'immagine non esattamente frontale, si è trovato un valore dell'azimut del piano di circa 32-33°ovest.

Con tale valore sono state calcolate le linee che si possono vedere in Fig. 29.22 e che coincidono con buona approssimazione con quelle presenti sull'originale.

Come anche negli altri orologi simili lo gnomone principale G1 doveva avere lunghezza doppia di quello indicato con G2.

Non si è trovata alcuna spiegazione sia della linea, certamente servita dallo gnomone G2, tra la curva 200°al Fajr e la linea meridiana centrale, sia dello gnomone G3 presente su quest'ultima.

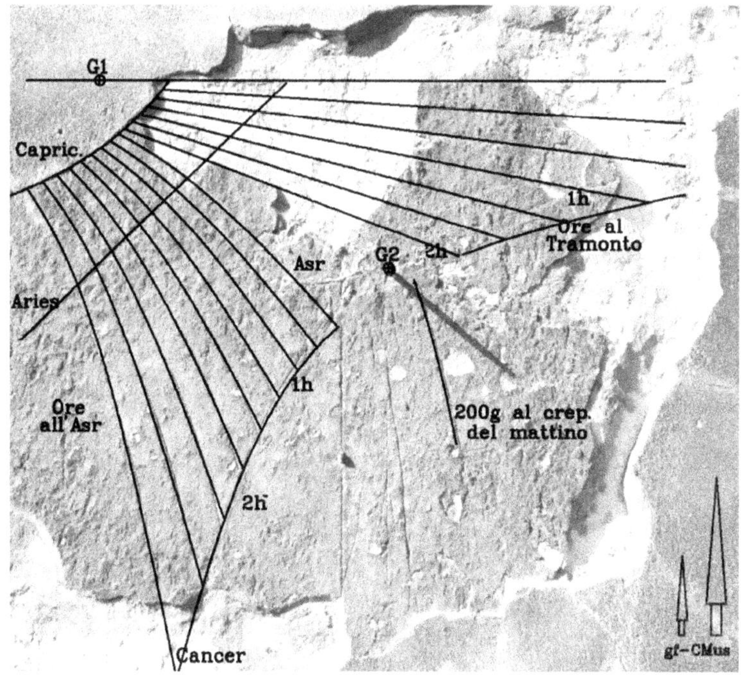

Fig. 29.21 Cairo - Meridiana nella città vecchia
Sovrapposte le linee calcolate con una declinazione di 33° W

29.7 Un semplice orologio nella Moschea al Azhar

Nella corte principale della moschea Al Azhar[28] al Cairo si trova un orologio solare costituito da una lastra circondata da una semplicissima cornice in legno e fissato al di sopra di una delle colonne romane utilizzate nella costruzione.

La meridiana [29] presenta una declinazione di circa 48° verso Sud-Est e contiene soltanto tratti delle linee orarie di tempo vero locale all'interno della cornice che circonda le scritte racchiuse nel rettangolo centrale (Fig. 29.24).

---

[28] La Moschea Al Azhar fu eretta nell'anno 361H (972), pochi anni dopo la fondazione della città del Cairo, nell'area che contiene i più bei monumenti costruiti nella città dal X secolo. Già nel 975 divenne sede di studi e luogo di riunioni di studenti e sapienti ed è per questo considerata la più antica Università al mondo; oggi è la più importante Università del Cairo. Fu chiamata "Al Azhar" (la splendente) da uno degli appellativi dati a Fatima al-Zahraa, figlia del Profeta Maometto e della moglie Khadija. Ricordo che Fatima (605-632) sposò Ali ibn Abi Talib cugino del Profeta, dal quale ebbe 4 figli. Ali divenne, dopo aspre lotte, il quarto e ultimo Califfo e fu ucciso nel 661. I suoi seguaci e i discendenti di Fatima si ribellarono per questioni dinastiche e diedero origine agli Sciiti, divisione della religione islamica che rimane ancora oggi.

[29] In Egiziano la meridiana è chiamata *"al mizwala"* المزولة . Questo nome, che ha la stessa radice di *"zawaal"*, si riferisce propriamente a uno strumento per indicare il mezzogiorno.

Le ore sono indicate con gli angoli orari dal mezzogiorno da 105 (١٠٥) gradi prima del mezzogiorno (a sinistra), a 30 (٣٠) gradi dopo, cioè dalle 7 del mattino alle 14.

Fig. 29.23   La corte interna della moschea Al Hazar al Cairo e la meridiana

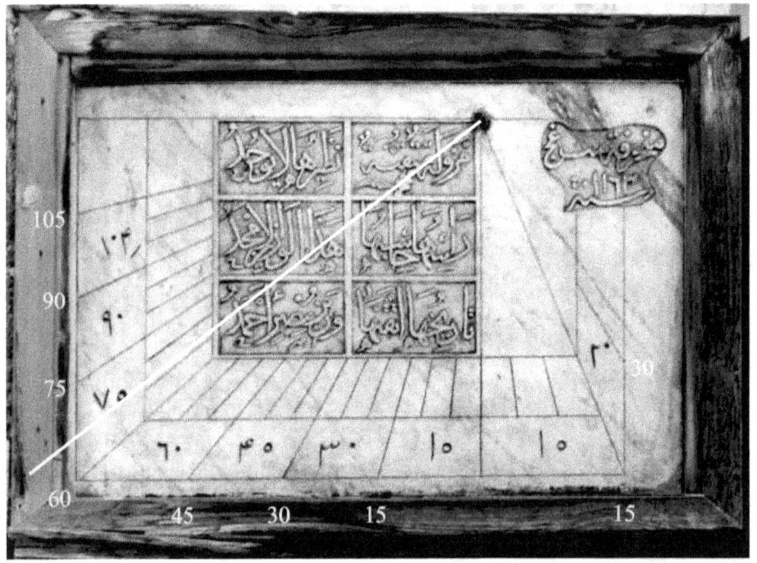

Fig. 29.24   La meridiana della moschea Al Hazar al Cairo
Numeri e sustilare aggiunti dall'autore

Lo stilo polare usciva dal centro, posto nell'angolo superiore destro del rettangolo conte-

nente le scritte, e doveva essere inclinato sul piano di un angolo di 35.4°.[30]
Poiché l'ora sustilare risulta uguale a 4h 22m la linea incontra la cornice esterna un poco più in alto dell'angolo inferiore sinistro. Da notare che la linea oraria delle ore 8 del mattino (4 ore prima del mezzogiorno) passa esattamente per quest'angolo.
L'orologio fu costruito nell'anno 1163H (1750), come scritto nel fumetto in alto a destra.

29.8 L'orologio solare della Moschea di Abu Abbas al-Mursi ad Alessandria

La moschea Abu al-Abbas al-Mursi è la più bella delle moschee di Alessandria d'Egitto. Costruita nel 1775 sulla tomba dello studioso del sufismo, mistico e santo di origine spagnola Abu El Abbas El Mursi (1219-86), domina il porto orientale e fu per molti anni meta di pellegrinaggio per i musulmani dell'Africa del Nord che si recavano alla Mecca.
La moschea, compresi la cupola e il minareto, fu completamente rifatta nel periodo dal 1930 al 1945 in stile mamelucco-ottomano, su progetto dell'arch. italiano Mario Rossi[31].

Fig. 29.25   La moschea Abu al-Abbas al-Mursi
ad Alessandria

Fig. 29.26   L'arch. Mario Rossi

Sulla parete occidentale della moschea si trova, quasi incastrata in una nicchia, una lastra di marmo sulla quale è inciso un complesso gnomonico comprendente tre orologi solari.[32]

---

[30] L'altezza dello stilo e l'ora sustilare si possono calcolare immediatamente essendo noti i valori della latitudine (per il Cairo = 30° 5') e della declinazione del quadrante (48° SE).

[31] L'arch. Mario Rossi (1897-1961) giunto in Egitto nel 1921, diventò nel 1926 Architetto Capo del Ministero Egiziano per il quale progettò numerose moschee ed edifici pubblici. Nel 1926 iniziò la progettazione della grandiosa moschea di Abu el-Abbas el-Mursi. Lo stile di questa moschea, a pianta ottagonale, ha avuto una grande influenza sulla architettura islamica moderna.

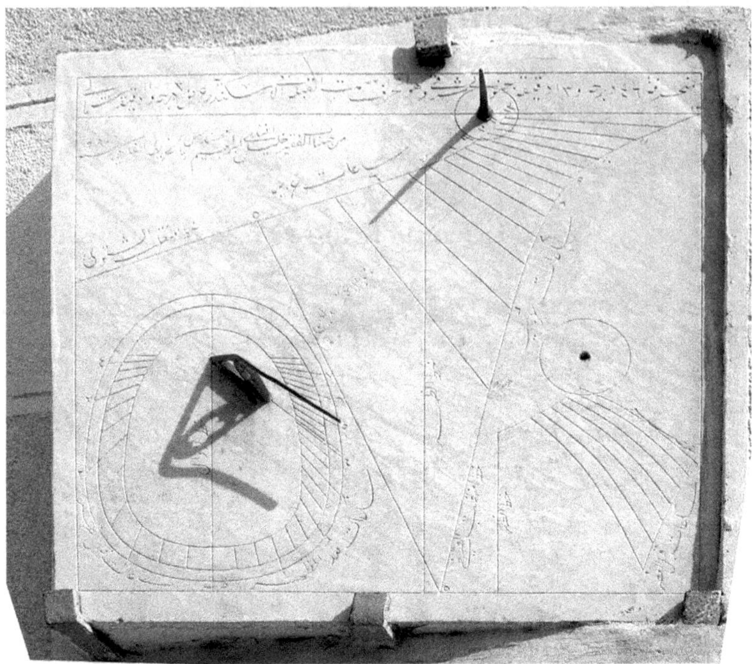

Fig. 29.27   La meridiana della moschea Abu al-Abbas al-Mursi

Il complesso è molto somigliante, sia per il tipo di orologi, sia per la loro forma e anche per il sistema di fissaggio della lastra alla parete, al complesso presente nella cittadella del Cairo, descritto nel paragrafo iniziale di questo capitolo.

Un primo orologio, a tempo vero locale, è circondato da una serie di cornici ovali contenenti le graduazioni ogni ora e ogni 20 minuti, da 4 ore prima del mezzogiorno a 7h 40m nel pomeriggio. L'orologio non è più funzionate poiché lo stilo polare è, al solito, piegato.

In alto un secondo orologio ad ore ezaniche, con le linee orarie indicate con i valori da 5 a 12, ogni mezz'ora. Riporta le linee solstiziali ma non l'equinoziale. È presente la linea meridiana.

Da notare il cerchio centrato sullo gnomone, il cui diametro indica la lunghezza del'ortostilo stesso.

Lo stesso accorgimento è presente anche nel terzo strumento, in basso a destra, che riporta la linea dell'Asr e altre 6 linee con indicati i tempi prima della preghiera, una ogni 20 minuti.

Come nelle classiche meridiane ottomane sulla linea dell'Asr troviamo la parola عصر stilizzata.

---

[32] Ringrazio l'amico Angelo Brazzi, recentemente scomparso, per la segnalazione di questo orologio e per le numerose fotografie di orologi solari islamici che mi ha inviato nel corso di alcuni anni, segno della sua grande gentilezza e cortesia.

29.9 Alcuni orologi solari nel Nord Africa

Nelle diverse nazioni dell'Africa del nord, posizionati nei cortili interni di alcune moschee, si trovano, ancora oggi, alcuni orologi solari quasi sempre molto mal ridotti.
Ne presento qui soltanto alcuni attraverso le loro immagini e senza alcun commento.

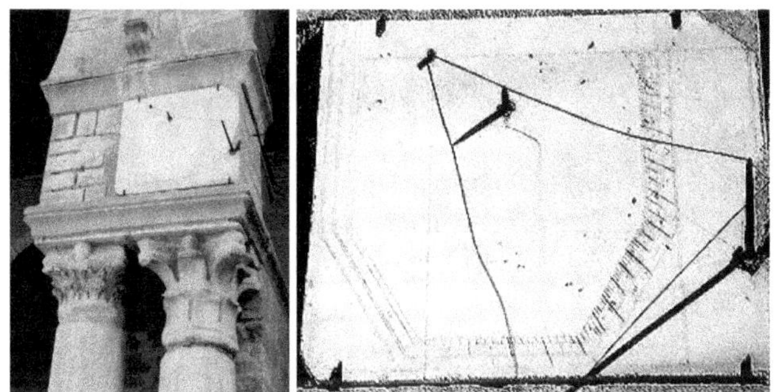

Fig. 29.28   Orologio solare nella moschea Sidi Oqba a Kairouan

Fig. 29.29   Orologio solare nella moschea Sidi Oqba a Kairouan

Fig. 29.30   Moschea Al-Zaytuna a Tunisi

Fig. 29.31   Djerba Tunisia - Moschea_El Bassi (1784)

Fig. 29.32   Djerba Tunisia - Moschea Sidi Ibrahim El Jemni)

Fig. 29.33   Moschea di Testour - Tunisia

Capitolo 30
OROLOGI SU COLONNE E DI FORMA SEMICIRCOLARE

Orologi solari su colonne

30.1 Orologio a Tlemcen in Algeria

Il primo orologio solare cilindrico, inciso su una colonna della Grande Moschea di Tlemcen[33], mi è stato segnalato dal Prof. Ali Guerbabi, conservatore del patrimonio archeologico della Provincia di Batna in Algeria, che ringrazio per le notizie e le immagini.

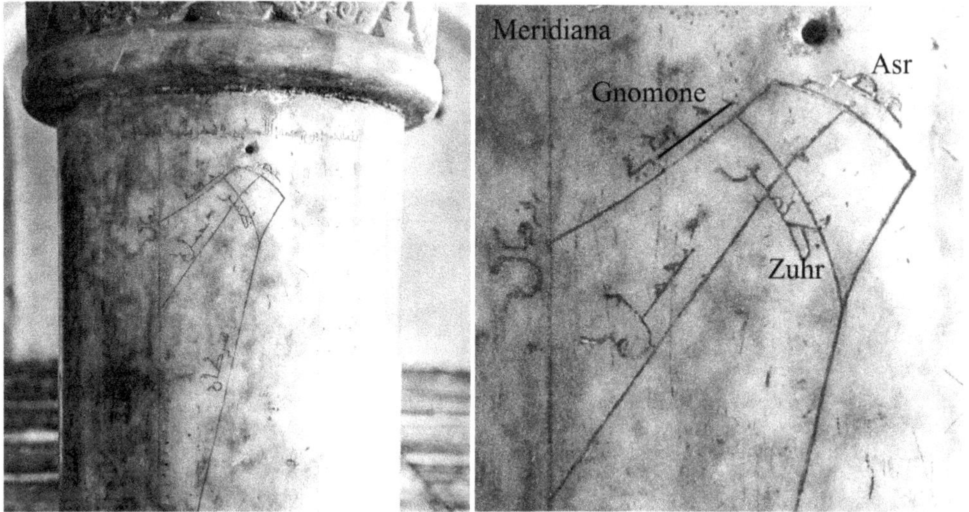

Fig. 30.1 La meridiana su colonna nella Moschea di Tlemcen in Algeria
Scritte aggiunte dall'autore

L'orologio è uno dei più antichi giunti sino a noi: la scritta che si trova al di sopra di esso dice *"Ahmed figlio di Mohammed Al Lamti fece questo* [orologio] *nel mese 11 dell'anno 747"*, e quindi nel mese Dhu l-qà'da del 747H (Febbraio/Marzo 1347).

Si possono vedere: il foro ove era inserito lo gnomone; la linea meridiana, verticale, sulla sinistra; le curve della preghiere Asr e Zhur, calcolata secondo il costume del Nord Africa; le curve solstiziali ed equinoziale tracciate sino alla curva dell'Asr.

Si può anche notare, appena sopra la linea solstiziale invernale, un segmento che indica la lunghezza dello gnomone. I numeri sono scritti in notazione *abjad*.

---

[33] La città di Tlemcen (34°52' N, 1°15' W), capitale del Maghreb, fu fondata nel 1082 dal condottiero arabo Yucuf Ibn Tashfine, che aveva conquistato l'Algeria pochi anni prima. La costruzione della nuova città iniziò con quella della Grande Moschea che fu completata verso il 1136.

30.2 Orologio nella moschea di An-Nasir Mohammed al Cairo

Un secondo orologio dello stesso tipo mi è invece stato segnalato dal collega gnomonista Marco Discacciati, che qui ringrazio per il materiale che ha avuto la gentilezza di inviarmi.

L'orologio, poco visibile e abbastanza degradato, è inciso su una delle colonne del porticato che circonda la corte della moschea An-Nasir Mohammed al Cairo [34].

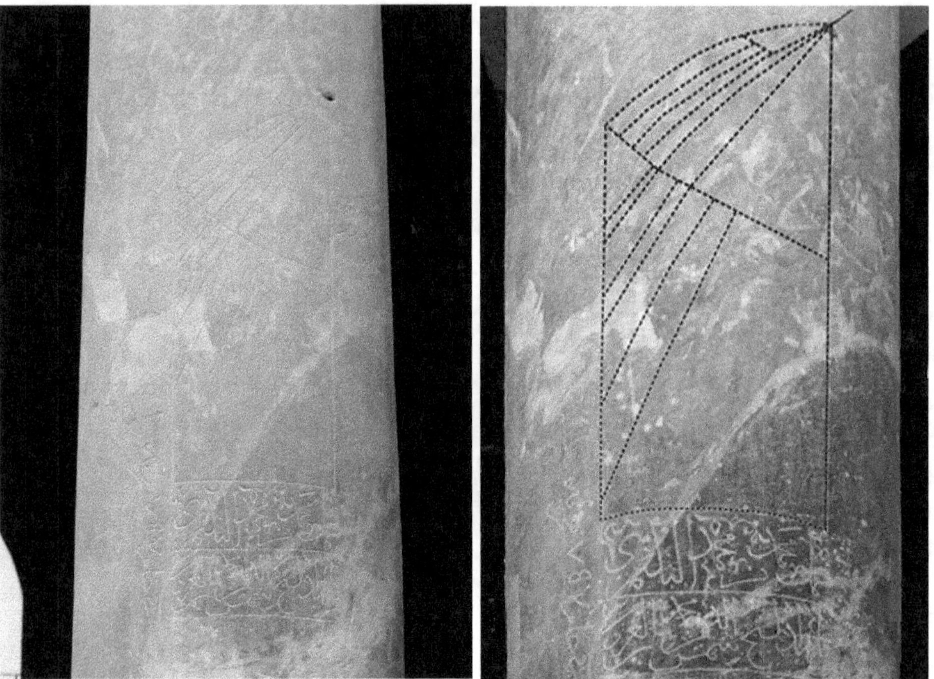

Fig. 30.2   La meridiana della moschea di An-Nasir Mohammed al Cairo

L'unica linea riconoscibile è la linea meridiana sulla sinistra; le altre sono tutte di difficile interpretazione.
Tutte le linee sono poco visibili, tracciate con scarsa precisione e probabilmente con errori di progettazione.

30.3 Orologio su una colonna della Cupola del Tesoro a Damasco

Nel grande cortile della Moschea Umayyade di Damasco vi è un piccolo edificio ottagonale ricoperto di fregi e scritte in mosaico verde e oro. Sormontato da una cupola ed appoggiato

---

[34] La moschea di An-Nasir Mohammed è una delle più belle moschee che si trovano nella città del Cairo e uno dei capolavori meglio conservati dell'architettura del periodo dei Mamelucchi. Fu costruita tra il 1318 e il 1335.

su otto colonne con ricchi capitelli corinzi fu costruito nell'VIII secolo per conservare e proteggere il tesoro pubblico dai ladri e dagli incendi. Per questo viene chiamato *Qubbat al Khaznah* o Cupola del Tesoro.

Fig. 30.3   Il cortile della Moschea Umayyade   Fig. 30.4 La Cupola del Tesoro

Le colonne e i capitelli provengono da antichi edifici romani che in Siria e in Giordania furono sempre usati come materiale di recupero per la costruzione delle grandi opere pubbliche islamiche.

Fig. 30.5 L'orologio solare   Fig. 30.6   Le linee orarie
                                      Numeri aggiunti dall'autore

Su una di queste colonne si trova un orologio solare costruito nell'anno 1455, poco noto e, a mia conoscenza, non ancora descritto.

L'orologio è a ore temporarie, con uno stilo orizzontale ancora presente disposto in direzione Sud-Est, con un azimut di circa 50-55° Est.

Sulla superficie della colonna sono incise la linea dell'orizzonte e le linee delle ore temporarie dalla I alla VI, comprese fra le curve equinoziale e la solstiziale estiva.

Una scritta incisa al di sopra della linea dell'orizzonte, a sinistra dello stilo, riporta il nome Ahmad al-Halabi.

Orologi solari di forma semi circolare

Un particolare tipo di orologi solari che si trovano in alcune località dell'Impero Ottomano è quello degli orologi semicircolari.

Sono orologi che ricordano molto le meridiane ad ore canoniche che si diffusero in Europa nel Medioevo ma che, anche se probabilmente derivano da esse, ne differiscono sia per il fatto che talvolta contengono indicazioni agli istanti delle preghiere, sia perché avevano lo scopo di segnare le ore di tempo vero locale, sia infine perché furono costruiti nei secoli dal XVI al XVIII, quando anche nei paesi ottomani erano ben noti i metodi matematici per un calcolo preciso.

Queste meridiane hanno in genere una forma semicircolare con un diametro di circa 35-50 cm, sono incise su lastre di pietra fissate verticalmente su pareti di moschee o di minareti rivolte a Sud e hanno le linee orarie radiali che escono dal centro del semicerchio e sono ugualmente intervallate.

Lo gnomone è uno stilo orizzontale uscente anch'esso dal centro dell'orologio.

Ovviamente questi strumenti non possono dare indicazioni corrette dell'ora salvo per il mezzogiorno.

Sulla circonferenza esterna che racchiude il quadrante si trovano in alcuni casi i numeri delle ore con la linea del mezzogiorno (verticale) indicata o con il numero 6 (numerazione da 1 a 12) o con il numero 12 (numerazione da 6 a 12 e da 12 a 6).

30.4 Orologio sulla moschea Haci Hasan a Konya

Sulla parete sud della piccola e antica moschea dedicata al Venerabile (*Haci*) Hasan nella città di Konya nell'Anatolia centrale, si trova una lastra di marmo di circa 75 cm di lunghezza che riporta un semplice orologio di forma semicircolare.

L'orologio ha le linee orarie coincidenti con i raggi del cerchio che dividono lo spazio in settori di 15° ciascuno; dal centro usciva uno gnomone orizzontale.

Sul bordo esterno sono riportati, in caratteri kufici e in notazione *abjad*, i numeri delle ore da 1 a 12, in modo molto simile a quello che si aveva nelle meridiane ad ore canoniche.

Fig. 30.7 Moschea Haci Hasan a Konya

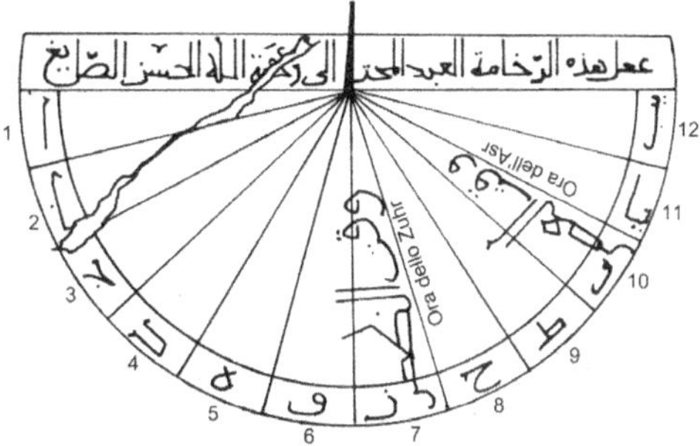

Fig. 30.8   Il disegno
Scritte aggiunte dall'autore

Questi numeri sono scritti al centro dei settori, con l'ora 1 che inizia all'alba, l'ora 6 che termina a mezzogiorno e il termine dell'ora 12 al tramonto (i riferimenti sono ovviamente relativi ai giorni degli equinozi) (Fig. 30.8)

Fig. 30.9 La moschea Haci Hasan a Konya

Nel settore dell'ora 7, prima ora del pomeriggio, si legge la scritta "وقت ال ظحر" cioè "ora dello Zuhr" mentre nel settore dell'ora 10, quarta del pomeriggio, si legge "ال عصر وقت" o "ora dell'Asr".

Sotto l'orologio vi è un'altra scritta che recita "Tempo delle preghiere".

L'orologio fu disegnato poco dopo la costruzione della moschea nel 1408.

30.5 Orologio nella Moschea Sultanahmet a Istanbul

Come si è già scritto nel Cap. 28, sul lato settentrionale del portico che circonda il cortile interno della moschea Sultanahmet a Istanbul, costruita dal sultano Ahmet I fra il 1609 e il 1616, si possono ancora vedere, anche se con qualche difficoltà, tre orologi solari (Fig. 28.19). Uno di questi orologi ha forma semicircolare (Fig. 30.10)

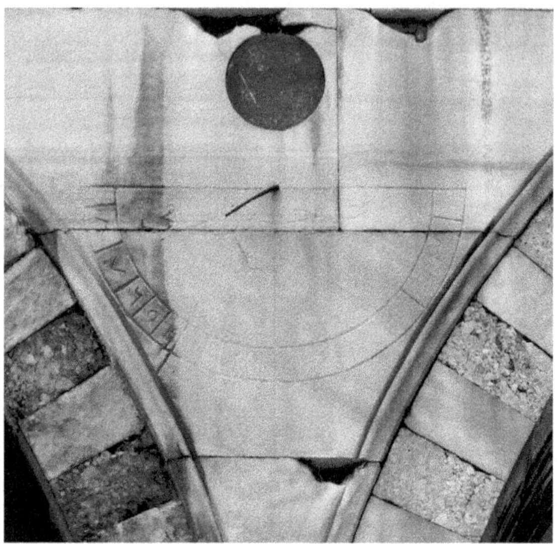

Fig. 30.10 Moschea Sultanahmet a Istanbul

L'orologio, scarsamente visibile, è manifestamente errato e riporta divisioni orarie dalle ore 7 prima del mezzogiorno alle 3 del pomeriggio. Lo stilo era probabilmente ortogonale alla parete.

30.6 Orologio nella grande moschea di Damasco

Fig. 30.11   Orologio semicircolare a
Damasco

Fig. 30.12   Disegno delle linee
Numeri aggiunti dall'autore

Su una parete della Grande Mosche di Damasco si trova l'orologio raffigurato in Fig. 30.11.
Il quadrante è diviso dalle linee radiali in settori di 15°, ciascuno poi suddiviso in angoli di 5°.
Sulla fascia esterna sono riportati, in notazione *abjad*, i numeri corrispondenti ai gradi di angolo orario dell'istante terminale di ogni ora.
L'anno di costruzione, riportato in basso a sinistra, è il 1204H corrispondente al 1789. Fu realizzato da Al-Sayyid Muhammad Sirr.

30.7 Orologio su una moschea ad Erzurum

Fig. 30.13 La moschea di Erzurum

Fig. 30.14 L'orologio

In una piccola moschea della città di Erzurum[35] in Turchia, in un punto dove il minareto si innesta alla costruzione (Fig. 30.13), vicino alla porta di ingresso, si trova una lastra di pietra rossa, rivolta verso sud, sulla quale è inciso un particolare orologio solare.

La lastra ha le dimensioni di 85 x 70 cm circa e riporta come data di costruzione dell'orologio l'anno 1185H (1771).

L'elemento ombreggiante è molto particolare essendo formato da un'asta verticale, parallela al quadrante e distante da questo circa 40cm, sostenuta da due supporti verticali.

Non è chiaro né il perché di tale forma, né quale sia l'elemento ombreggiante da usare per leggere l'ora, né infine come il sistema possa funzionare.

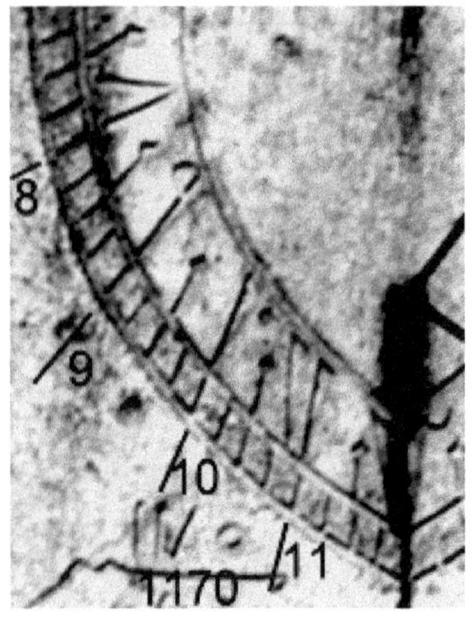

Fig. 30.15   Le scale graduate
Numeri aggiunti dall'autore

Probabilmente l'asta parallela alla parete era usata soltanto per indicare l'ora del mezzogiorno, quando la sua ombra passava per la mezzeria, mentre il supporto orizzontale superiore fungeva da ortostilo per leggere le altre ore.

Ovviamente, come si è già detto anche per gli altri orologi semicircolari, l'indicazione dell'ora non può essere che molto approssimata.

Sul quadrante le linee orarie sono riportate soltanto all'interno della fascia che forma la figura: sono radiali e convergono nel punto in cui il supporto superiore è inserito nella lastra. (Fig. 30.15)

La graduazione riporta divisioni principali ogni ora (15°) e sottodivisioni ogni 15 minuti; i numeri riportati vanno dalle 6 del mattino sino alle 12 e proseguono dall'1 alle 6 del pomeriggio.

Da notare come ad Erzurum nel solstizio invernale il Sole sorge 4h 35m prima del mezzogiorno e tramonta alle 4h 35m del pomeriggio, mentre nel solstizio estivo sorge e tramonta a distanza di 7h 25m dal mezzogiorno, ma rimane davanti al quadrante soltanto per poco meno di 8 ore.

Come attesta la scritta sulla lastra l'orologio fu costruito nel 1185H (1771) da Ibrahim Hakki di Erzurum, figlio di Fehim.[36]

---

[35] Erzurum, insediamento molto antico al confine con l'Armenia, è la città la più grande della regione dell'Anatolia Orientale (Lat. 39° 44' - Long. 40° 55' E). Posta ad una altezza di 1760m e circondata da montagne alte sino a 3000m, è diventata negli ultimi anni un importante centro turistico per gli sport invernali. E' sede anche di una grande base NATO.

[36] İbrahim Hakkı (1703-1780) fu un grande studioso del Sufismo e un enciclopedista. Nel 1756 pubblicò l'opera *"Marifetname"* o "Libro della Conoscenza" che è una compilazione e un commentario di astronomia, matematica, anatomia, psicologia, filosofia e misticismo islamico. Il testo è famoso perché contiene la prima trattazione dell'astronomia dopo Copernico fatta da un filosofo di religione islamica.

30.8 Orologio sul minareto di una moschea a Kosluk

Nella località chiamata Kosluk, nella provincia turca Siirt [37], si trova un antico e alto minareto cilindrico in prossimità della cui base è inciso un semplicissimo orologio solare (Fig. 30.17).
L'orologio si trova sul lato rivolto a sud, al di sopra di una cintura ornamentale con palme stilizzate che circonda il cilindro.
Ha un diametro di circa 45 cm, linee orarie formate da raggi separati da angoli di 15° che terminano con piccoli cerchi contenenti il numero delle ore.
Confrontando il quadrante con altri dello stesso tipo si può ipotizzare che sia stato costruito nei primi anni del XVIII secolo.

Fig. 30.16 Kusluk - Il minareto   Fig. 30.17 L'orologio di Kusluk

---

[37] Siirt è una piccola provincia montana dell'Anatolia Sud Orientale, attraversata dal fiume Tigri e dai suoi affluenti. Fu occupata dai Persiani, dai Romani e dai Bizantini e nel 1514 fu annessa all'Impero Ottomano.

30.9 Orologio sulla Yeni Camii (Nuova Moschea) di Adana

Fig. 30.18   La Yeni Camii di Adana

Fig. 30.19   L'orologio solare

Sul lato orientale della piccola Nuova Moschea (Yeni Camii) di Adana[38] in Turchia, a lato dell'ingresso, a circa 3m da terra, si trova un orologio solare realizzato con una lastra di pietra di 5cm di spessore tagliata in forma quasi semicircolare.

La figura ha un diametro di circa 40 cm ed suddivisa in settori di 15°, che vanno dalle ore 5 alle ore 19. Da notare il fatto che il quadrante continua anche al di sopra del centro, in una zona in cui non potrà mai cadere l'ombra dell'ortostilo uscente dal centro stesso.
Sulla lastra non sono riportate scritte e per questo motivo non si conoscono né il costruttore, né l'anno di costruzione.
Poiché il muro ove è inserita la lastra non appare in alcun modo manomesso, è stato ipotizzato che l'orologio sia stato posizionato durante la costruzione della moschea, avvenuta nell'anno 1724.

---

[38] Adana (antica Antiochia di Cilicia) è la quinta città della Turchia, capoluogo della Provincia omonima si trova nel sud della penisola anatolica, poco distante dall'angolo nord-orientale del Mar di Levante. Fondata dagli Ittiti, citata da Omero nell'Iliade, ha una lunghissima storia. Fu occupata dai Romani nell'anno 63 e conquistata dai Califfi Abassidi verso la metà del VII secolo; entrò a far parte dell'Impero Ottomano nel 1517.

Capitolo 31
OROLOGI OTTOMANI MODERNI

Negli ultimi anni, dopo il 2005, in seguito al diffondersi fra gli appassionati della conoscenza degli orologi solari islamici dovuta sia alla pubblicazione di articoli su riviste specializzate, sia anche alla possibilità di reperire molto facilmente immagini in Internet, sono stati realizzati alcuni "nuovi" orologi solari secondo lo stile islamico-ottomano.

In particolare sino ad oggi ne sono stati realizzati quattro in Italia, ad Aiello del Friuli (UD) e a Reggio Emilia, e uno a Brema in Germania.

Tutti sono tipici orologi solari verticali "Ottomani" in quanto il loro disegno si ispira ad alcune meridiane dei secoli XVII-XVIII presenti al Cairo o a Istanbul, con alcune modifiche e gli ovvi adattamenti alle località e alle declinazioni delle pareti sulle quali sono stati dipinti.

Per quanto a mia conoscenza questi sono i primi orologi solari verticali di tipo Ottomano, con le sole linee delle preghiere islamiche, costruiti in Europa da molti secoli e anche nel mondo negli ultimi 100-150 anni.

Un altro orologio, questo orizzontale, è stato costruito negli Stati Uniti.

31.1 Un orologio solare Ottomano negli USA

Fig. 30.1 L'orologio nel Missouri Botanical Garden a St Louis, Missouri,

L'opera è stata progettata dallo gnomonista canadese Roger Bailey, appassionatosi alle meridiane Ottomane dopo un suo viaggio a Istanbul nel 2006.

L'orologio è la copia di quello presente nel terzo giardino del Palazzo di Topkapi a Istanbul (vedi Cap. 25.4), adattato alla nuova latitudine e semplificato nel numero di linee e nelle scritte. Nel 2008 è stato posto nel Missouri Botanical Garden a St Louis, Missouri, USA (Fig. 30.1).
La latitudine di 38.6° è poco diversa di quella di Istanbul (41°).
Le linee orarie sono ogni mezz'ora e le divisioni del tempo ogni 5 minuti invece che ogni 4 (1° di angolo orario) come nell'originale.

Nel 2010 lo stesso Roger Bailey ha progettato un secondo orologio solare orizzontale da sistemare nel Parco dell'Osservatorio della Società Analemma nella Contea di Fairfax in Virginia (USA). Questa nuova meridiana (Fig.30.2), non ancora realizzata, è la copia del famoso orologio di Ibn al-Shatir di Damasco (vedi Cap. 25.1), anch'essa semplificata e adattata alla latitudine del luogo.

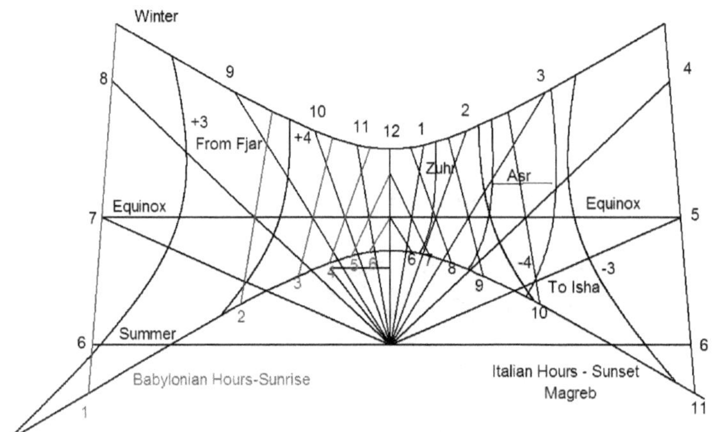

Fig. 30.2 Schema dell'orologio di Ibn al-Shatir – Progetto Roger Bailey

31.2   Tre orologi solari ad Aiello del Friuli (Udine – Italia)

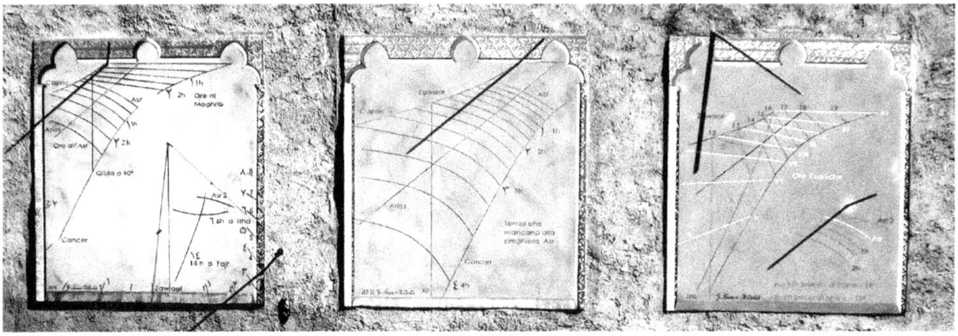

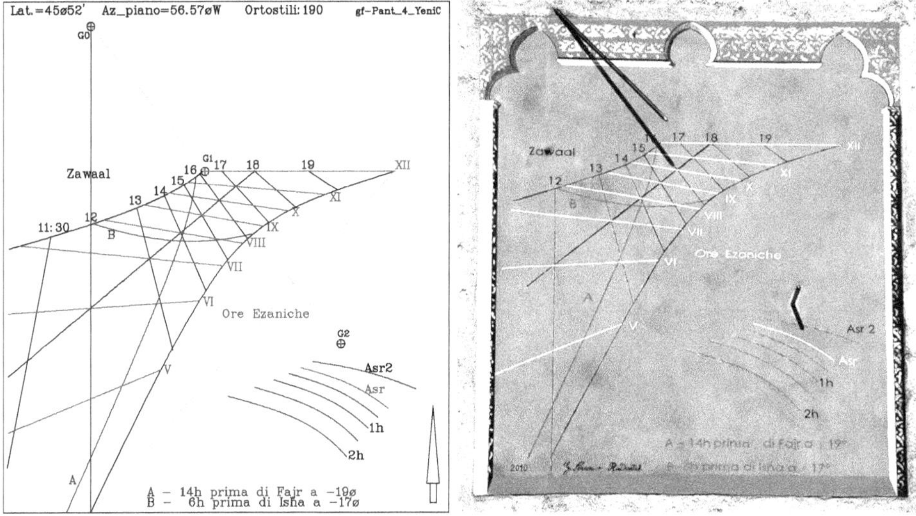

Fig. 30.3 Gli orologi ad Aiello

Gli orologi sono stati progettati dallo scrivente e disegnati dal prof. Renato Devetak. Sono stati tutti calcolati per la Latitudine di 45° 52', per un piano verticale con una declinazione di 56° 33.6' Ovest e sono contenuti in rettangoli delle dimensioni di 1250 x 1120 mm.

Orologio solare a destra

L'orologio ricostruito è simile a quello presente sulla parete sud-ovest della Moschea Nuova (Yeni Cami) a Istanbul. Si rimanda al Cap. 28, paragrafo 28.5.3, per la sua descrizione completa.

Fig. 30.4 La ricostruzione moderna dell'orologio
della Moschea Nuova ad Istanbul

Nella ricostruzione (Fig. 30.4) si è posto uno stilo polare uscente dal punto G0, la cui ombra si sovrappone alle linee di tempo vero. La sua estremità sostituisce quella dell'ortostilo originale posto in G1 ed è utilizzata sia per indicare sia le ore ezaniche, sia per le linee A e B relative alle preghiere Fajr e Isha.

Il centro G0 è posizionato in modo tale da permettere allo stilo polare di "appoggiarsi" alla sommità dello gnomone ideale posto in G1 per cui G0, G1 e G2 sono allineati sulla sustilare.

Per rendere le linee orarie più visibili gli intervalli fra esse si sono portati a 1 ora e non sono state tracciate le linee diurne di inizio dei segni zodiacali. Le linee delle ore ezaniche invece sono state limitate alla zona fra i solstizi mentre quelle dell'Asr sono state riportate all'esterno con un secondo gnomone in G2.

Orologio solare al centro

L'orologio è simile a quello presente su un muro della Moschea di S. Sofia a Istanbul. Si rimanda al Cap. 28, paragrafo 28.2, per la sua descrizione completa.

Esso comprende soltanto la linea oraria del mezzogiorno e 13 linee che indicano tempi legati all'istante della preghiera del pomeriggio Asr.

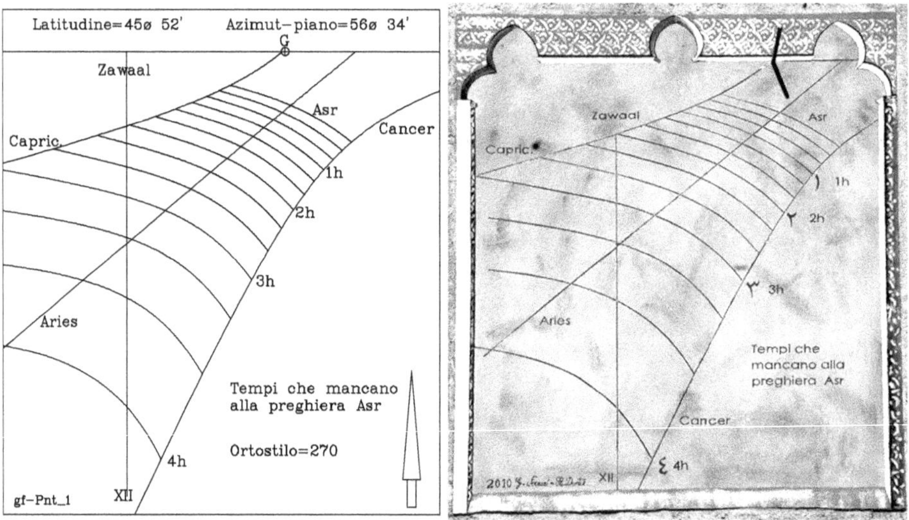

Fig. 30.5 La ricostruzione moderna dell'orologio
della Moschea di S. Sofia a Istanbul

Sull'orologio si possono notare (Fig. 30.5):
- in alto, lo stilo ortogonale alla parete posto nel punto indicato con G;
- a sinistra dello stilo la linea verticale del mezzogiorno vero locale (*Zawaal*);
- 13 linee delle ore delle preghiere fra loro quasi parallele: quella più in alto indica l'inizio del periodo in cui deve essere recitata la preghiera Asr mentre le altre indicano quanto tempo deve ancora passare per arrivare a questo istante. Nel disegno sono riportate le linee ogni 20 minuti.
- Le iperboli dei solstizi e la linea equinoziale.

L'orologio originale si pensa sia stato costruito nel 10° secolo dall'Egira, cioè nel XVI secolo, e risistemato al tempo del sultano Abdülmecid I (1823-1861).

Orologio solare a sinistra

Il terzo orologio è la ricostruzione di uno complesso gnomonico inciso su una lastra di pietra che si trovava originariamente su una parete rivolta ad Ovest della Moschea Al Hakim del Cairo e che ora è conservato al Museo Islamico del Cairo. Si rimanda al Cap. 29, paragrafo 29.5, per la sua descrizione completa.

Il complesso è formato da tre distinti orologi solari al cui "servizio" vi sono tre diversi elementi ombreggianti. Precisamente: uno stilo polare uscente da un punto centrale del quadro, indicato con G0 in Fig. 30.6, un ortostilo posizionato in alto a sinistra (punto G1) e un secondo ortostilo, della stessa lunghezza del primo, posto nel punto G2 nel quadrante inferiore destro della lastra.

Il primo orologio G0

Il primo orologio indica il tempo vero locale. Lo stilo polare, in origine quasi certamente un filo metallico, usciva dal punto G0 sul quadro e si "appoggiava" all'ortostilo con piede in G2. Nella ricostruzione si è preferito sostituire l'estremità di questo stilo con una sferetta che ne occupa l'ideale estremità. I punti G1, G0 e G2 sono allineati sulla sustilare.

Lo stilo polare è un filo metallico mantenuto teso da un peso appoggiato a una staffa posta sul lato destro del quadro.

Le graduazioni del tempo vero, ogni 60 e 20 minuti, sono indicate sulla cornice a forma di U che circonda gli strumenti ove sono riportati i numeri delle ore dal mezzogiorno.

Nella ricostruzione a causa della declinazione del piano, le ore indicate vanno da 2 ore prima del mezzogiorno (le moderne 10 del mattino) a 8 ore dopo.

La linea del mezzogiorno, sulla quale si legge la scritta "*Zawaal*", coincide anche con la linea meridiana dell'orologio con stilo (ideale) in G2.

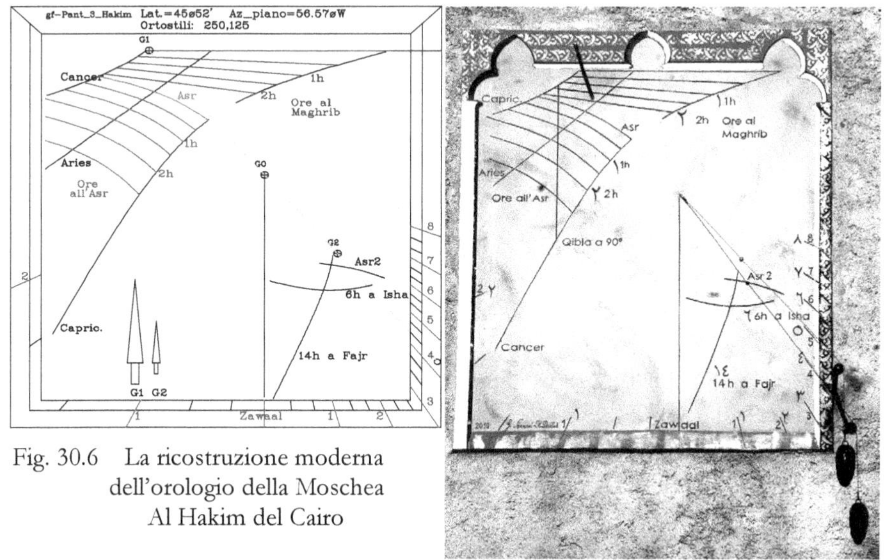

Fig. 30.6 La ricostruzione moderna dell'orologio della Moschea Al Hakim del Cairo

Il secondo orologio G1

L'ombra dell'estremità dello stilo in G1 aveva una duplice funzione: serviva ad indicare i tempi mancanti alla preghiera Asr, e l'istante di essa, e i tempi mancanti al tramonto, cioè alla preghiera Maghrib.

Oltre alla curva dell'Asr vi sono altre 5 curve (8 nell'originale) quasi parallele che individuano periodi mancanti alla preghiera, da 1h a 2h 30m, intervallate di 30m.

Sulla parte a destra dello gnomone G1 nell'originale si intravedono a malapena le linee delle ore che mancano al tramonto, intervallate anch'esse 30m (20m nell'originale) a partire da 2 ore prima del tramonto.

Il terzo orologio G2

Nel terzo orologio sono presenti soltanto tre curve:

- la curva del secondo Asr;
- la curva che indica che mancano 6h prima della fine del crepuscolo serale, cioè alla preghiera Isha. Nell'originale vicino a questa linea vi era la scritta *"60 rimangono al safak"*, cioè 4 ore al crepuscolo. A causa della diversa declinazione del piano, nella ricostruzione non si è potuto conservare l'intervallo di 4 ore;
- la curva che indica che mancano 14h prima dell'inizio del crepuscolo del mattino, cioè alla preghiera Fajr.

31.3   Un orologio solare islamico a Reggio Emilia (Italia)

Il grande orologio solare, raffigurato in Fig. 30.7, è stato ideato e realizzato nel 2010 da Renzo Righi sulla facciata dell'edificio del Centro Islamico di Reggio Emilia, chiamato *Masjid An-Nur* o Moschea La Luce.

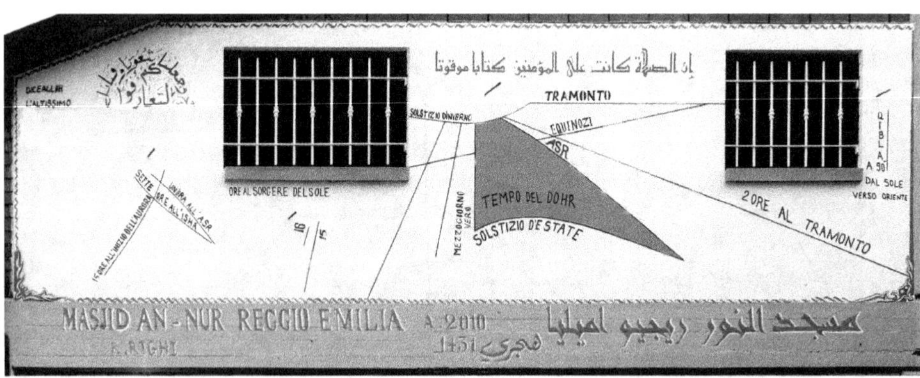

Fig. 30.7   Il complesso gnomonico del Centro Islamico di Reggio Emilia

Il complesso, delle dimensioni di 630x215 cm, si ispira, per il tipo di linee presenti, agli orologi solari dei musei Islamico e Anderson al Cairo: si rimanda al Cap. 29 per la loro descrizione.

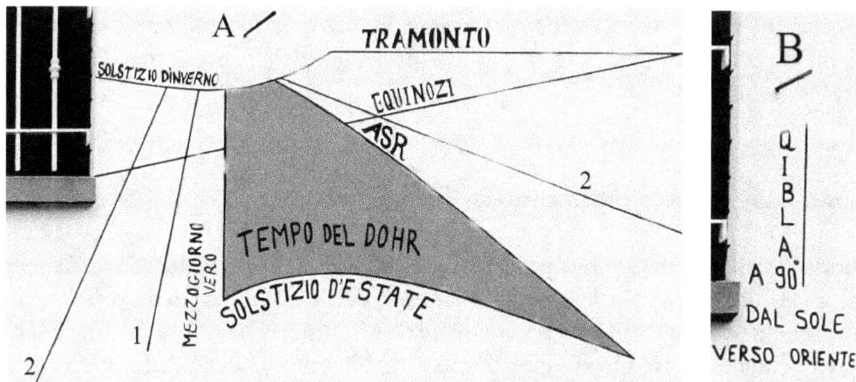

Fig. 30.8   L'orologio centrale e la linea della Qibla

A differenza di questi però il progettista, avendo a disposizione una superficie molto allungata, ha preferito, per una più facile lettura, mantenere separate le diverse famiglie di linee che negli orologi ottomani sono spesso intrecciate.

Si possono distinguere 4 diversi elementi ombreggianti indicati nelle Fig. 30.8 e 30.9 con le lettere A, B, C, D.

Al centro troviamo l'ortostilo A che serve ad indicare: il tempo (1h e 2h) che manca al mezzogiorno vero; l'ora del mezzogiorno, quando l'ombra cade sulla linea meridiana; l'istante della preghiera Asr; le ore che mancano al tramonto cioè alla preghiera Maghrib. La zona centrale evidenziata, compresa fra la linea meridiana e la linea della preghiera Asr e le solstiziali, indica il periodo in cui deve essere recitata la preghiera Zuhr (o Dohr).

Sulla destra si trova l'ortostilo posto in B che serve ad indicare la direzione della Mecca: quando l'ombra del suo estremo colpisce la linea verticale, la qibla si trova a 90° dal Sole, verso oriente.

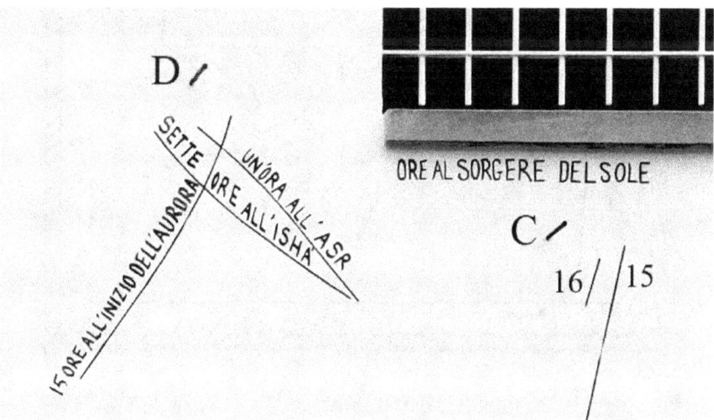

Fig. 30.9   La parte sinistra del complesso gnomonico

Sulla sinistra (Fig. 30.9) si vede l'ortostilo in C, che serve ad indicare le ore (15 e 16) che mancano alla preghiera dell'alba Fajr, e infine lo stilo in D utilizzato per indicare che mancano un'ora alla preghiera Asr, 7 ore alla preghiera della notte Isha e 15 ore all'inizio dell'aurora.

31.4   Un orologi solare Ottomano in Germania

Nella primavera del 2010 lo gnomonista tedesco Reinhold Kriegler ha realizzato su un grande pannello un orologio solare analogo ai precedenti e che contiene tutte le caratteristiche degli antichi orologi solari Ottomani presenti a Istanbul e al Cairo e che, quasi certamente, è l'unico strumento di questo tipo costruito al di là delle Alpi, in una località con una latitudine abbastanza elevata (53.1146°N).

Il pannello, delle dimensioni di 1250 x 1120 mm, è stato sistemato sulla facciata della casa di Kriegler in via Kopernikusstraße 125, a Brema in Germania, su un piano avente declinazione di 26.47° ovest.

Lo strumento disegnato contiene 3 distinti orologi solari sovrapposti, ognuno servito da un diverso elemento ombreggiante.

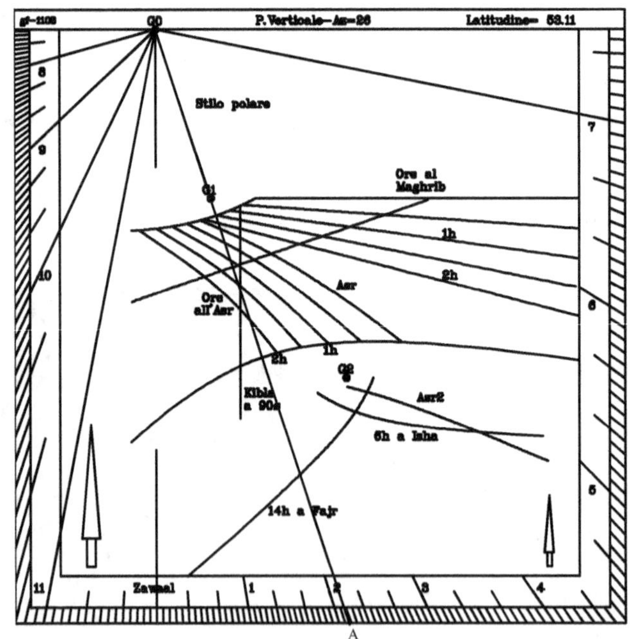

Fig. 30.10   Lo schema dell'orologio solare ottomano di Brema

Il primo orologio

E' un orologio a tempo vero e possiede come gnomone uno stilo polare che esce dal quadro nel punto G0 (Fig. 30.10), passa per il punto G1 sino al punto A dove è sostenuto da una staffa orizzontale: la linea G1-A è quindi la linea sustilare di questo orologio. Poiché lo stilo si "appoggia" all'ortostilo utilizzato dal secondo orologio, uscente dal punto G1, i due orologi hanno in comune la linea meridiana.

Sul quadro sono disegnate la linea del mezzogiorno e le linee corrispondenti soltanto ad alcune ore di tempo vero: la linea meridiana è spezzata e il numero di linee orarie ridotto per non avere un eccessivo affollamento nella parte centrale del quadro.

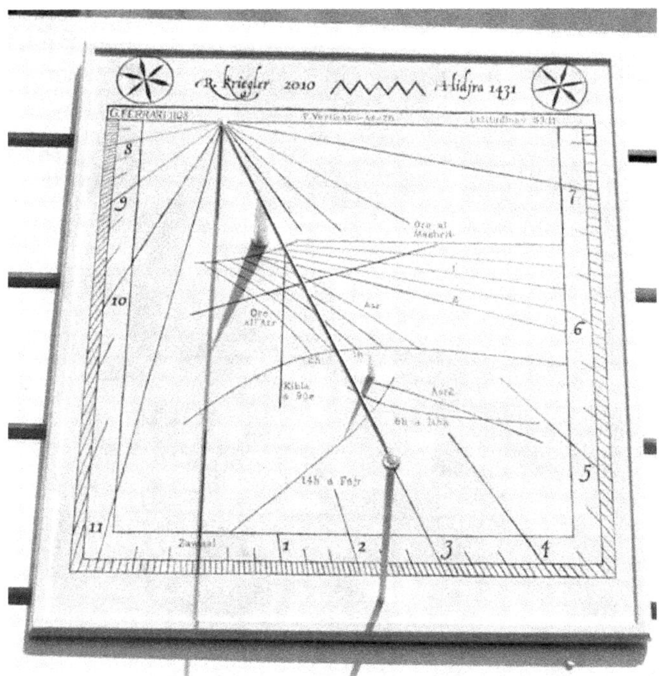

Fig. 30.11   L'orologio solare ottomano di Brema

Il secondo orologio

Il secondo orologio ha come elemento ombreggiante lo stilo ortogonale uscente dal punto G1, fissato quasi al centro del quadro e lungo 138 mm: la sua forma conica ricorda quella degli gnomoni disegnati negli antichi manoscritti arabi.

L'orologio contiene :

- a sinistra: 4 linee che indicano il tempo mancante all'inizio della preghiera Asr, intervallate di 30 minuti, e la linea della preghiera stessa;
- a destra: 5 linee che danno i tempi che mancano al tramonto, cioè alla preghiera Maghrib, anch'esse con intervalli di 30 minuti;
- al centro: un segmento verticale usato per ricercare la direzione della Mecca. Se il fedele guarda verso il Sole nell'istante in cui l'ombra dell'estremo dello gnomone cade su questa linea, allora la Mecca si trova esattamente alla sua sinistra (la qibla di Brema è di 49° da Sud verso Est).

Il terzo orologio

Il terzo orologio ha come elemento ombreggiante lo stilo ortogonale uscente dal punto G2, posto nella parte bassa del quadro e avente una lunghezza uguale alla metà di quella dello gnomone maggiore.

Contiene soltanto la linea del secondo Asr; una linea che indica che mancano 6 ore alla preghiera Isha e una linea che indica che mancano 14 ore alla preghiera Fajr (crepuscoli calcolati con il Sole 18°al di sotto dell'orizzonte).

Le due ultime linee sono incomplete in quanto, a causa dell'alta latitudine del luogo, nel periodo estivo il Sole può arrivare soltanto a 13.4° al di sotto dell'orizzonte.

Parte XII

APPENDICI

ALCUNI ELEMENTI DI GNOMONICA

A.1 Coordinate equatoriali e azimutali del Sole

La posizione del Sole nel cielo in una data località e in un dato istante é individuata quando si conoscono due sue coordinate sferiche nel sistema di riferimento prescelto.

I due principali sistemi di coordinate che si utilizzano sono:

- le coordinate equatoriali ω e δ (angolo orario e declinazione del Sole)
- le coordinate altazimutali **Az** e **h**   (azimut e altezza del Sole)

Coordinate equatoriali o orarie ω e δ.

Il sistema di riferimento è costituito dal piano dell'Equatore celeste e dall'asse polare ad esso normale.

Ogni piano passante per l'asse polare prende il nome di piano meridiano e interseca la sfera celeste in un cerchio massimo detto meridiano celeste.

Il piano perpendicolare all'asse polare è il piano dell'Equatore che interseca la sfera celeste nel cerchio massimo che prende il nome di Equatore celeste.

I piani paralleli al piano dell'Equatore intersecano la sfera celeste in cerchi, che si riducono andando verso i poli, detti paralleli (celesti).

Il piano meridiano passante per la direzione Nord-Sud della località considerata prende il nome di piano meridiano principale locale o semplicemente "meridiano locale".

Ogni altro piano passante per l'asse polare forma con il meridiano locale un angolo diedro chiamato angolo orario ω: il piano stesso viene chiamato piano orario.

L'**angolo orario** del Sole, in un certo istante, è l'angolo diedro compreso fra il meridiano locale e il piano passante, in quell'istante, per il Sole e per l'asse polare: è quindi l'angolo fra il meridiano (locale) e il piano orario contenente il Sole. Nella moderna gnomonica viene misurato dal Sud in seno orario ed è positivo quando il Sole si trova a Ovest ·

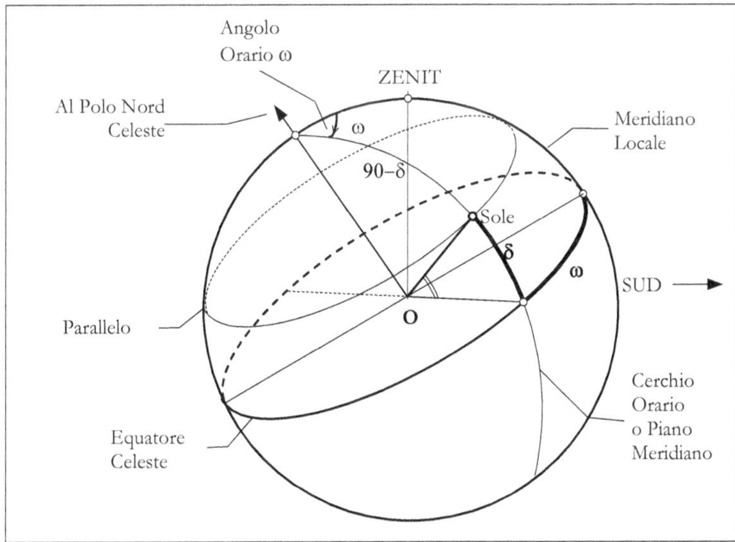

Fig. A.1 Le coordinate equatoriali

Il valore dell'angolo orario ω del Sole in un certo istante è legato al tempo trascorso dal momento del passaggio del Sole al meridiano o che manca a tale fenomeno.

La **Declinazione** δ del Sole è l'angolo al centro, appartenente al meridiano celeste passante per il Sole e compreso fra la direzione del Sole e il piano dell'Equatore celeste.

È quindi misurato dall'arco di meridiano compreso fra il parallelo passante per il Sole e l'Equatore celeste.

Coordinate Altazimutali o Orizzontali Az e h

Il sistema di riferimento è costituito dal piano orizzontale del luogo (piano tangente alla superficie terrestre) e dalla semiretta verticale, cioè avente la direzione del filo a piombo, che unisce il centro della Terra allo Zenit. Ogni piano passante per la direzione verticale si chiama piano verticale.

I piani paralleli al piano orizzontale intersecano la sfera celeste in cerchi, che si riducono andando verso lo zenit, detti Almucantarat.

Il piano verticale passante per la direzione Nord-Sud della località considerata prende il nome di piano verticale meridiano e coincide con il meridiano locale.

Il piano verticale passante per la direzione Est-Ovest si chiama Primo Verticale.

Ogni altro piano passante per la verticale forma con il piano meridiano locale un angolo diedro chiamato Azimut **Az.**

L'**Azimut** del Sole, in un certo istante, è l'angolo diedro compreso fra il meridiano locale e il piano verticale passante, in quell'istante, per il Sole.

Viene misurato dal Sud (cioè dal meridiano) ed è positivo quando il Sole si trova a Ovest [1].

Se il Sole si trova sul meridiano locale (a Sud) il suo Azimut è nullo.

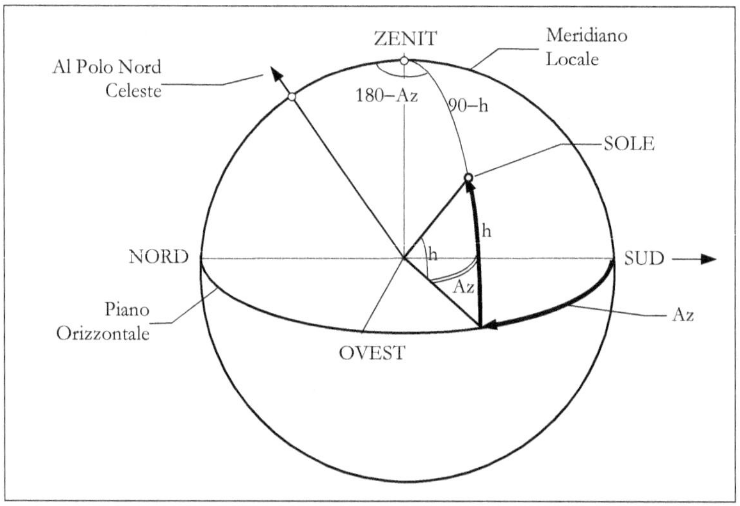

Fig. A.2 Le coordinate altazimutali

La **altezza h** del Sole è l'angolo, misurato sul piano verticale passante per il Sole, compreso fra l'orizzonte e il Sole cioè fra l'almucantarat passante per il Sole e il piano dell'orizzonte.

---

[1] Presso gli astronomi arabo-islamici l'Azimut era misurato o da Nord o da Est. In astronomia e in navigazione è misurato da Nord.

A.2 Relazioni fondamentali fra le coordinate Az, h e ω, δ

Dal triangolo sferico avente vertici nel Sole, nello Zenit e nel Polo Nord celeste si possono ricavare le seguenti relazioni che permettono di ricavare **Az** e **h** quando sono noti ω e δ, nelle quali si è indicato con φ il valore della Latitudine del luogo

$$\sin(h) = +\sin(\delta)\cdot\sin(\varphi) + \cos(\delta)\cdot\cos(\varphi)\cdot\cos(\omega)$$

$$\cos(h)\cdot\cos(Az) = -\sin(\delta)\cdot\cos(\varphi) + \cos(\delta)\cdot\sin(\varphi)\cdot\cos(\omega)$$

$$\cos(h)\cdot\sin(Az) = +\cos(\delta)\cdot\sin(\omega)$$

$$\cos(\omega) = \frac{\sin(h)}{\cos(\varphi)\cdot\cos(\delta)} - \tan(\varphi)\cdot\tan(\delta)$$

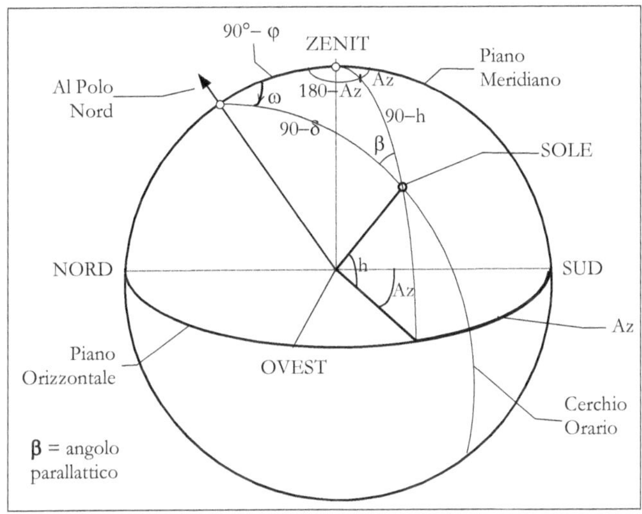

Fig. A.3

Le relazioni duali che permettono di ricavare ω e δ quando sono noti **Az** e **h** sono:

$$\sin(\delta) = +\sin(h)\cdot\sin(\varphi) - \cos(h)\cdot\cos(\varphi)\cdot\cos(Az)$$

$$\cos(\delta)\cdot\cos(\omega) = +\sin(h)\cdot\cos(\varphi) + \cos(h)\cdot\sin(\varphi)\cdot\cos(Az)$$

$$\cos(\delta)\cdot\sin(\omega) = +\cos(h)\cdot\sin(Az)$$

Le formule che precedono sono **le formule fondamentali** che legano i 5 parametri φ, ω, δ, **Az, h.**

Al Tramonto si hanno le relazioni :

$$\cos(\omega) = -\tan(\delta)\cdot\tan(\varphi) \qquad \sin(Az) = \cos(\delta)\cdot\sin(\omega)$$

$$\cos(Az) = -\sin(\delta)/\cos(\varphi) \qquad \tan(Az) = \sin(\varphi)\cdot\tan(\omega)$$

A.3 L'equazione del tempo

Sino all'invenzione degli orologio atomici le misura del tempo si è basata sull'astronomia di posizione e precisamente sulla misura della durata della rotazione della Terra attorno al proprio asse: questa durata, che chiamiamo giorno, è stata divisa già da molti secoli in 24 parti uguali dette ore.

Se, per misurare la durata del giorno, si utilizza il periodo di tempo compreso fra due successivi transiti del Sole al meridiano, si ottiene la lunghezza di un "giorno solare vero": a causa del moto irregolare del Sole in cielo, la durata del giorno così definita non ha un valore cos-tante durante l'anno ma può variare sino a ± 28 secondi rispetto al suo valore medio.

Sino a poco più di un secolo fa la vita era regolata con un ritmo molto più lento di quello attuale e quasi esclusivamente dal moto del Sole in cielo. La differenza fra le durate dei giorni nelle diverse stagioni non aveva alcuna importanza pratica e il tempo indicato dagli orologi solari a "tempo vero" era quello che veniva normalmente usato nella vita pratica e serviva anche per la regolazione degli orologi meccanici "pubblici" installati sui campanili o nei municipi.

Con la diffusione di questi ultimi, con il miglioramento della loro precisione e con l'avvento del telegrafo e delle ferrovie, si fece sempre più sentire la differenza fra il tempo "medio" indicato dagli orologi e quello "vero" indicato dalle meridiane.

Poiché che un orologio meccanico indicante il "tempo vero" sarebbe un meccanismo a movimento non costante, molto complesso da costruire, furono pian piano abbandonati gli orologi solari, e con essi, l'uso del "tempo vero", e si diffuse universalmente l'uso del cosiddetto tempo "medio" o tempo civile, indicato dai comuni orologi..

Un giorno "medio" ha la durata della media dei giorni dell'anno e questa durata è divisa in 24 ore "medie": si chiama "Sole medio" un Sole immaginario che compie la sua rotazione attorno alla Terra esattamente in 24 ore medie.

La differenza fra il Tempo Solare Vero, o Tempo Locale Apparente (TLA), e il Tempo Locale Medio (TML), o Tempo Civile, viene definita come **Equazione del Tempo (EqT)** [2]

$$\textbf{EqT}_{\text{ESATTA}} = \textbf{TLA} - \textbf{TML} \qquad = \textbf{Tempo Solare Vero} \qquad - \textbf{Tempo Solare Medio}$$
$$= \text{Tempo Locale Apparente} - \text{“tempo medio” Locale}$$

Anche se il valore della EqT cambia in ogni istante esso si considera generalmente costante nell'intera giornata ed uguale al valore assunto nel mezzogiorno vero cioè quando il Sole si trova esattamente al meridiano Sud[3].

In molti testi, e in particolare fra i cultori di orologi solari, viene preso come valore della Equazione del tempo quello sopra definito **cambiato di segno**. Quindi:

$$\textbf{EqT} = \textbf{Tempo Solare Medio} - \textbf{Tempo Solare Vero} \qquad \text{da cui}$$
$$\textbf{Tempo Solare Medio} = \textbf{Tempo Solare Vero} + \textbf{EqT}$$

Possiamo allora dire che l'Equazione del Tempo è la correzione che occorre "aggiungere" al "tempo vero" per ottenere il "tempo medio" e quindi **è la correzione che occorre aggiungere al Tempo indicato da una meridiana per ottenere quello indicato dagli orologi meccanici.**

Con parole diverse si può dire che nell'istante in cui il Sole Vero passa al meridiano il Sole Medio è già passato EqT minuti fa.

---

[2] Nei paesi anglosassoni: LAT = Local Apparent Time, LMT = Local Mean Time, EqT = Equation of Time.

[3] La definizione della Eqt data sopra è quella   ufficiale della IAU (International Astronomical Union) come riportata nel "Explanatory Supplement to the Astronomical Almanac - 1992"

A.4 I diversi tipi di tempo - Tempo vero   locale e del fuso
Tempo medio locale e del fuso

In un orologio solare ad ore moderne si possono usare i seguenti sistemi.

Tempo vero locale

É il tempo "del luogo" di osservazione in quanto l'istante di inizio del giorno è preso esattamente 12 ore dopo l'istante del passaggio del Sole Vero al meridiano del luogo.

Il "tempo vero" non è corretto né per la Equazione del tempo, né per il fatto che il luogo non si trova sul meridiano centrale del Fuso Orario (correzione in Longitudine): é il tempo "classico" indicato dagli orologi solari.

Negli orologi solari a "tempo vero" locale la linea oraria del mezzogiorno coincide con la linea meridiana ; le linee orarie sono semirette uscenti da un punto detto centro dell'orologio.

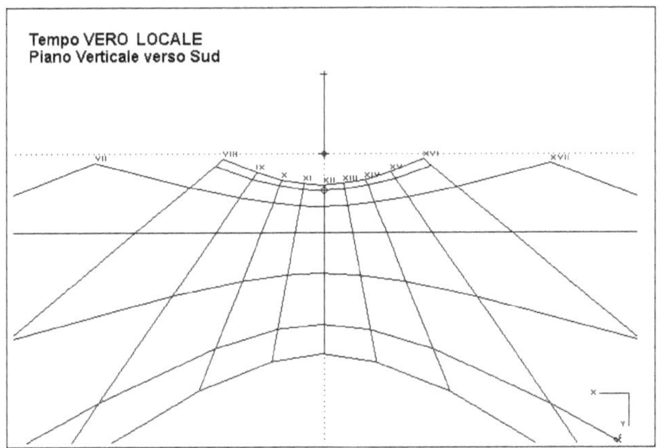

Fig. A.4 Meridiana a tempo vero locale

Tempo vero del Fuso

È il "tempo locale" corretto per la Longitudine e quindi è il "tempo vero" locale delle località che si trovano sul meridiano centrale del fuso orario ove si trova il luogo.

Negli orologi solari la linea oraria del mezzogiorno **NON** coincide con la linea meridiana; le linee orarie sono semirette uscenti dal centro C dell'orologio.

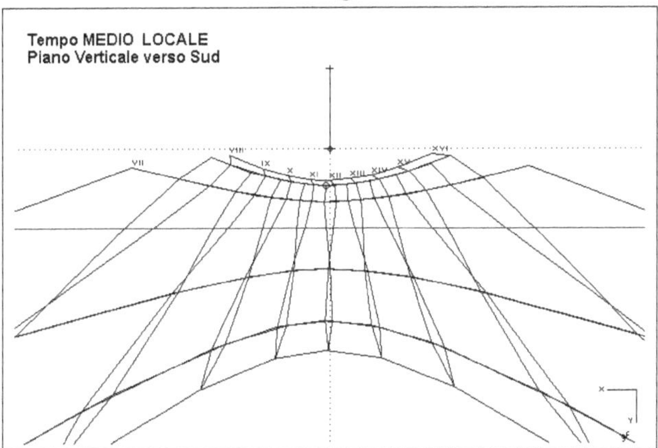

Fig. A.5 Meridiana a tempo medio locale

Tempo medio Locale
É il "tempo vero" Locale corretto per l'effetto della Equazione del Tempo e quindi delle irregolarità dovute al moto Sole. Negli orologi solari le linee orarie sono a forma di 8 (lemniscate) .
La linea oraria del mezzogiorno si sovrappone alla linea meridiana (in lingua inglese é chiamata erroneamente "Analemma")

Tempo medio del Fuso
É il **Tempo Civile** segnato dagli orologi meccanici o elettronici.
Si ottiene dal "tempo vero" locale sommando il valore della Equazione del Tempo e la correzione in Longitudine. Negli orologi solari le linee orarie sono a forma di 8 (lemniscate).
La linea oraria del mezzogiorno **NON** si sovrappone alla linea meridiana.

A.5 Le relazioni fra i diversi tipi di tempo

Il legame fra i diversi tipi di tempo è dato dalle relazioni che seguono in cui si è indicato con :
- **Long°**   il valore della Longitudine **Est** del luogo rispetto al meridiano di Greenwich.
- **TZ**   il numero **intero** che indica il fuso orario o Time Zone (positivo se a Est di Greenwich).
  Per l'Italia il TZ=+1 . Quando è in vigore l'Ora Legale Estiva il TZ deve essere aumentato di 1 (per l'Italia quindi TZ=+2).
- **EqT$_M$**   il valore della Equazione del Tempo espressa in minuti
- **EqT$_H$**   il valore della Equazione del Tempo espressa in ore = EqT$_M$ / 60

La grandezza **(TZ*15–Long°)** viene chiamata **costante di correzione in Longitudine** in gradi.
Se una località è a Ovest del meridiano centrale del fuso la costante di Longitudine è positiva.
Viene spesso espressa in minuti moltiplicando per 4 il valore in gradi.

$$
\begin{aligned}
T_{MEDIO\_LOCALE} &= T_{VERO\ LOCALE} &&+ \ EqT_H \\
T_{VERO\ DEL\ FUSO} &= T_{VERO\ LOCALE} &&+ \ (TZ*15–Long°)/15 \\
T_{MEDIO\_DEL\ FUSO} &= T_{VERO\ DEL\ FUSO} &&+ \ EqT_H \quad\quad = \\
&\quad\ \ T_{VERO\ LOCALE} &&+ \ (TZ*15–Long°)/15 \ + \ EqT_H \\
T_{VERO\ LOCALE} &= T_{MEDIO\ LOCALE} &&- \ EqT_H \\
T_{VERO\ LOCALE} &= T_{VERO\ DEL\ FUSO} &&- \ (TZ*15–Long°)/15 \\
T_{VERO\ LOCALE} &= T_{MEDIO\ DEL\ FUSO} &&- \ (TZ*15–Long°)/15 \ - \ EqT_H
\end{aligned}
$$

Nelle espressioni **tutti i valori sono espressi in ORE**.

A.6 Angolo orario del Sole in ° (ore moderne)

In un qualsiasi istante l'angolo orario ω del Sole, espresso in gradi, misurato dal Sud e positivo verso Ovest, si può ricavare con le seguenti relazioni.

$$\omega° = 15°*(T_{VERO\ LOCALE} –12)$$
$$\omega° = 15°*(T_{MEDIO\ LOCALE} –12) – 15°*EqT_H = 15°*(T_{MEDIO\ LOCALE}–12) – EqT_M/4$$
$$\omega° = 15°*(T_{VERO\ DEL\ FUSO} –12) – (TZ*15°–Long°)$$
$$\omega° = 15°*(T_{MEDIO\ DEL\ FUSO} – 12) – (TZ*15°–Long°) – EqT_M /4$$

Dato che l'angolo orario ω varia di 15° ogni ora, occorrono 4 minuti per avere una variazione di 1°.

A.7 Sistemi orari antichi - Ore italiche, babiloniche, temporarie

Ore Italiche

Nel sistema orario detto "Italico" l'inizio del giorno (ora 0) é fissato nell'istante del tramonto del Sole.
Il giorno, diviso in 24 ore di lunghezza uguale, termina quindi alle ore 24, alla fine dell'arco diurno del Sole. Nei giorni degli Equinozi l'alba è alle ore 12, il Mezzodí alle ore 18, il tramonto alle ore 24.
Questo sistema ebbe grande diffusione in Italia ad iniziare circa dal XIV secolo e rimase in uso sino a circa la meta del XIX secolo.
Nei paesi di lingua araba, e in particolare in Turchia, nei secoli dal XVI al XIX, fu molto diffuso il sistema detto delle ore **ezaniche**. Anche in questo sistema il giorno iniziava al tramonto ed era diviso in due cicli di 12 ore ciascuno. Fu molto usato negli orologi solari per indicare le ore mancanti al tramonto, cioè alla preghiera Maghrib.
Con le ore ezaniche nei giorni degli Equinozi l'alba è alle ore 0ez, il Mezzodí alle ore 6ez, il tramonto alle ore 0 o 12 ez.

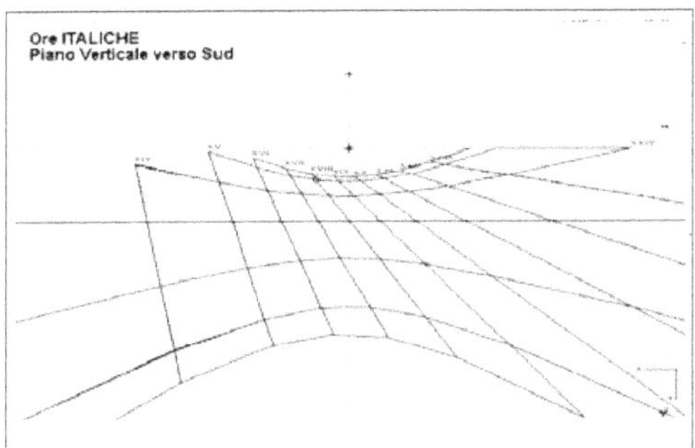

Fig. A.6   Meridiana a ore Italiche   Fig. A.7   Meridiana a ore Babiloniche

Ore Babiloniche o Babilonesi

Nel sistema orario detto "Babilonico" l'inizio e la fine del giorno sono fissati all'istante del sorgere del Sole. Anche in questo sistema il giorno é suddiviso in 24 ore uguali.
Nei giorni degli Equinozi l'alba è alle ore 0, il mezzodí alle ore 6, il tramonto alle ore 12.

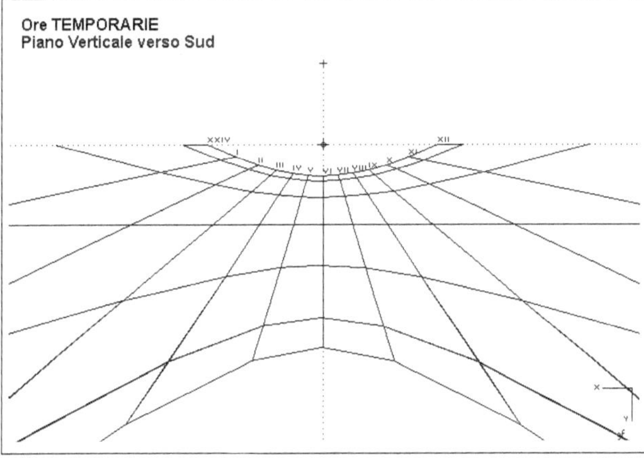

Fig. A.8 Meridiana a ore temporarie

Ore Temporarie o Stagionali o Disuguali

Nel sistema "Temporario" in ogni giorno dell'anno il periodo di luce (giorno-chiaro) è diviso in 12 parti uguali (ore-diurne) e il periodo di buio (notte) anch'esso in 12 parti (ore notturne): le ore diurne sono quindi di lunghezza diversa da quelle notturne, salvo che nei giorni degli Equinozi.

L'inizio dell'ora I é fissato all'alba; il termine dell'ora VI cade a metà giornata (attuale mezzogiorno) e il termine dell'ora XII è al tramonto.

Questo sistema orario fu probabilmente introdotto dai Caldei e fu utilizzato in tutto il mondo antico (Babilonesi, Egiziani, Greci, Ebrei, Romani, Arabi, ecc.). Rimase in uso in Europa sino a circa il XIV-XVI secolo quando alle ore "disuguali" furono sostituite le ore di lunghezza costante.

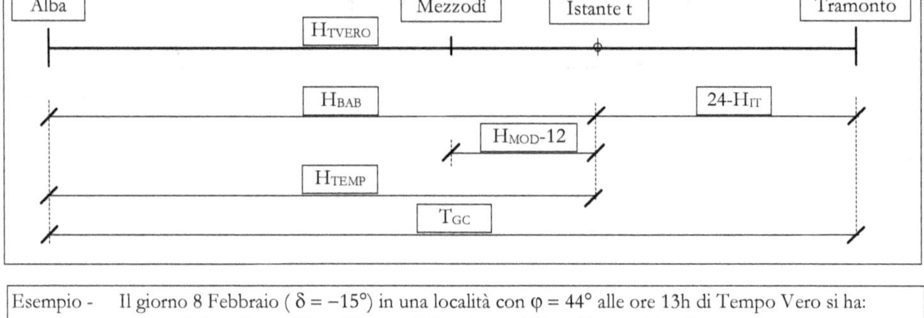

Fig. A.9   I diversi sistemi di ore

I crepuscoli

Crepuscolo Civile: termina quando il centro del disco del Sole si trova ad una altezza di $-6°$, cioè $6°$ sotto l'orizzonte. Al termine del crepuscolo Civile le attività all'aperto necessitano di illuminazione artificiale; in mare sono visibili sia l'orizzonte che le stelle più brillanti.

Un orologio solare ad ore di luce basato sul crepuscolo Civile indica quindi quante ore di luce rimangono per fare una qualsiasi attività all'aperto.

Crepuscolo Nautico: termina quando il centro del disco del Sole si trova ad una altezza di $-12°$ (cioè $12°$ al di sotto dell'orizzonte). Al termine del crepuscolo Nautico non è più distinguibile, in mare, la linea di separazione fra il cielo e il mare (orizzonte).

Crepuscolo Astronomico: termina quando il centro del disco del Sole si trova ad una altezza di $-18°$. Al termine del crepuscolo Astronomico l'illuminazione indiretta su una superficie orizzontale é inferiore al contributo di illuminazione dovuto alle stelle: si é in piena notte e possono iniziare le osservazioni astronomiche. Gli istanti in cui inizia il crepuscolo astronomico del mattino e in cui termina quello della sera coincidono con due delle preghiere dell'Islam (Fajr e Isha) e per questo negli orologi solari si trovano tracciate particolari linee che indicano quante ore mancano a questi istanti.

Il calcolo non e' possibile per Latitudini superiori a 48.5 poiché il Sole non arriva, in certe stagioni dell'anno, a $18°$ sotto l'orizzonte.

A.8 Percorso del Sole sulla sfera celeste. Durate del giorno e dei crepuscoli

Durante un giorno il Sole percorre in cielo una linea che, se supponiamo costante il valore della sua declinazione δ, è una circonferenza parallela all'Equatore celeste. Quindi soltanto quando la declinazione è nulla il Sole percorre un cerchio massimo della sfera celeste e precisamente l'Equatore celeste.

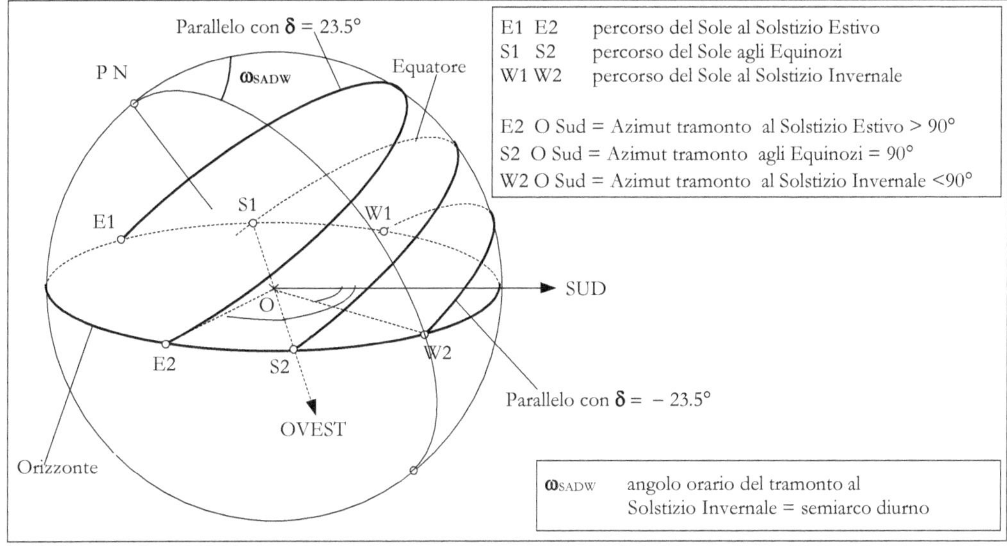

Fig. A.10   Percorso del Sole sulla sfera celeste

Siano:

- ω_{SAD} il **Semi-Arco Diurno** (SAD) del Sole, cioè l'angolo orario del Sole al tramonto (quando l'altezza del Sole vale $h_S = 0°$).

- T_{GC} la durata del **Giorno-Chiaro**, cioè del periodo di luce in una giornata, in ore uguali $= 2\,\omega_{SAD}\,/\,15°$; la durata dell'ora temporaria vale $T_{GC}\,/\,12$.

- $\Delta\omega$ l'angolo orario corrispondente ad 1 ora temporaria $= \omega_{SAD}\,/\,6$.

- H l'ora corrispondente all'istante considerato in uno dei vari sistemi orari.

- δ la declinazione del Sole nel giorno in esame.

- ω_H l'angolo orario del Sole, in gradi, nell'ora H.

- ω_{CREP} l'angolo orario del Sole al termine del crepuscolo serale.

- h_{CREP} l'altezza del Sole al termine del crepuscolo.

- ρ lunghezza dello gnomone (ortostilo)

- L_{OMB} lunghezza dell'ombra orizzontale

h_{CREP} vale $-6°, -12°$ e $-18°$ per . crepuscoli Civile, Nautico e Astronomico.

Si hanno le relazioni:

$$\cos(\omega_{SAD}) = -\tan(\delta)\cdot\tan(\varphi) \qquad\qquad \text{da cui } \omega_{SAD}$$

$$\cos(\omega_{CREP}) = \frac{\sin(h_{CREP}) - \sin(\varphi)\cdot\sin(\delta)}{\cos(\varphi)\cdot\cos(\delta)} \qquad\qquad \text{da cui } \omega_{CREP}\ .\ \text{Quindi:}$$

$$\text{Durata del giorno-chiaro} \quad = T_{GC} = 2\cdot\frac{\omega_{SAD}}{15°} \qquad\qquad \text{ore uguali}$$

$$\text{Durata della notte} \quad = 24 - T_{GC} = 24 - 2\cdot\frac{\omega_{SAD}}{15°} \qquad\qquad \text{ore uguali}$$

$$\text{Durata del Crepuscolo} \quad = \frac{\left| \omega_{CREP} - \omega_{SAD} \right|}{15°} \qquad \text{ore uguali}$$

Valore dell'angolo orario del Sole ω all'ora H

- Con Ore Moderne (a "tempo vero") $\omega_H = (H_{MOD} - 12) \cdot 15°$

- con Ore Italiche $\omega_H = \omega_{SAD} - (24 - H_{IT}) \cdot 15°$

$$= (H_{IT} + T_{GC}/2 - 24) \cdot 15°$$

- con Ore che mancano al Tramonto $\omega_H = \omega_{SAD} - H_{TRAM} \cdot 15° = (T_{GC}/2 - H_{TRAM}) \cdot 15°$

- con Ore Babiloniche $\omega_H = H_{BAB} \cdot 15° - \omega_{SAD} = (H_{BAB} - T_{GC}/2) \cdot 15°$

- con Ore che mancano all'Alba $\omega_H = (24 - H_{ALBA}) \cdot 15° - \omega_{SAD}$

$$= (24 - H_{ALBA} - T_{GC}/2) \cdot 15°$$

- con Ore Temporarie $\omega_H = \omega_{SAD} \cdot \dfrac{(H_{TEM} - 6)}{6} = \dfrac{T_{GC}}{12} \cdot (H_{TEM} - 6) \cdot 15°$

- con Ore di Luce $\omega_H = \omega_{CREP} - H_{LUCE} \cdot 15°$

Altezza e Azimut del Sole – Lunghezza dell'ombra orizzontale

Se si conoscono la Latitudine del luogo φ , la declinazione δ e l'angolo orario ω_H del Sole in un certo istante H si possono ricavare l'Azimut Az_H e l'Altezza h_H del Sole sull'orizzonte con le formule seguenti :

$$\text{sen}(h_H) = \text{sen}(\varphi) \cdot \text{sen}(\delta) + \cos(\varphi) \cdot \cos(\delta) \cdot \cos(\omega_H)$$

$$\text{sen}(Az_H) = \cos(\delta) \cdot \frac{\text{sen}(\omega_H)}{\cos(h_H)}$$

$$L_{OMB} = \frac{\rho}{\tan(h_H)} \quad ; \quad L_{OMB\_MIN} = \rho \cdot \tan(\varphi - \delta)$$

La formula che si trova nei manoscritti Arabi del medioevo è invece la seguente :

$$\text{sen}(h_H) = \text{sen}(h_{12}) \cdot (1 - \frac{\text{vers}(\omega_H)}{\text{vers}(\omega_A)}) \quad \text{ove} \quad h_{12}= 90° - \varphi - \delta \quad \text{e} \quad \text{vers}(\alpha) = 1 - \cos(\alpha)$$

Per i giorni degli Equinozi $(\delta = 0)$ e per ore temporarie, le formule si riducono alle:

$$\omega_H = 15° \cdot (H_{TEM} - 6) \;\; ; \;\; \text{sen}(h_H) = \cos(\varphi) \cdot \cos(\omega_H) \;\; ; \;\; \text{sen}(Az_H) = \frac{\text{sen}(\omega_H)}{\cos(h_H)}$$

Altezza del Sole nell'istante della preghiera Asr

$$\tan(h_{ASR}) = \frac{1}{\tan(\varphi - \delta) + 1} \;\; ; \;\; \tan(h_{ASR\_2}) = \frac{1}{\tan(\varphi - \delta) + 2}$$

A.9 Elementi principali di un orologio solare su piano - Definizioni

Riassumo in breve le definizioni degli elementi principali presenti in un orologio solare piano.

Elementi principali

- **Piano del Quadrante**   piano inclinato e declinante sul quale si vuole realizzare un orologio solare. Ad esso appartengono le linee Meridiana, Sustilare ed Equinoziale

- **Piano Meridiano**   piano verticale parallelo alla direzione Nord-Sud e quindi passante per il Polo Nord Celeste e per l'asse di rotazione della Terra. É il piano orario fondamentale da cui si misurano gli angoli orari. Contiene l'asta polare.

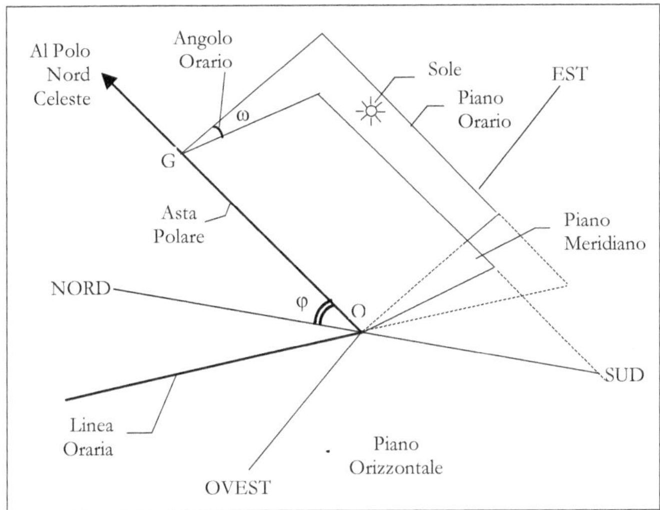

Fig. A.11 Angolo orario , piano orario e linea oraria

- **Piano dell'Orizzonte**   piano orizzontale passante per l'estremo dello stilo-gnomone (punto G). La sua intersezione col piano dell'orologio è la linea orizzontale su cui cade l'ombra dell'estremo dello gnomone quando il Sole si trova sullo orizzonte (alba, tramonto) (linea dell'Orizzonte).

- **Piano Orario (polare)**   piano passante per l'asse terrestre, e quindi per lo stilo polare, e formante con il piano meridiano un dato angolo orario ω.

- **Piano Sustilare**   piano orario perpendicolare al piano del quadrante. Contiene l'asta polare, l'ortostilo, il triangolo gnomonico. Forma con il piano meridiano l'angolo orario ω_S (angolo Sustilare).

- **Stilo o Asta Polare o Gnomone**   segmento parallelo all'asse di rotazione della Terra la cui ombra indica l'ora negli orologi a "tempo vero" e a ore moderne. Giace sulla retta diretta verso il Polo Nord Celeste. Lo stilo polare appartiene al piano meridiano e forma con il piano Orizzontale un angolo uguale alla Latitudine φ del luogo. Il suo estremo **G** è il punto gnomonico la cui ombra indica l'ora nei quadranti a "tempo medio" o a ore non moderne. Il punto in cui lo stilo polare "entra" nel piano della meridiana si chiama "Centro dell'orologio" o della meridiana. L'angolo appartenente al piano Sustilare compreso fra lo stilo e il piano prende il nome di altezza dello stilo o angolo sotto-stilare.

- Ortostilo	Segmento perpendicolare al piano del quadrante passante per l'estremo G dello stilo. **La sua lunghezza ρ è la lunghezza fondamentale dell'orologio.** Il piede dell'Ortostilo O è, in genere, l'origine del sistema di coordinate cartesiane sul piano utilizzate per la determinazione dei vari punti di esso. L'Ortostilo appartiene al piano Sustilare ed è perpendicolare alla linea Sustilare
- Sottostilo	Segmento appartenete alla linea Sustilare compreso fra il centro dell'orologio e il piede O dell'Ortostilo. E' la proiezione dello Stilo sul piano del quadrante.
- Linea Meridiana	intersezione fra il piano dell'orologio e il piano meridiano. L'ombra del punto G cade sulla linea meridiana al mezzogiorno locale. Guardando il quadro la linea meridiana é sempre compresa fra la linea Sustilare e quella di massima pendenza.
– Linea Sustilare	intersezione del piano dell'orologio con il piano Sustilare, cioè con il piano orario perpendicolare al piano stesso. È perpendicolare alla linea Equinoziale. L'ombra del punto G cade sulla Sustilare quando il Sole ha un angolo orario ω_s che prende il nome di ora sustilare. Guardando il quadro la Sustilare si trova a destra della linea di massima pendenza se il piano è rivolto verso Ovest
– Linea Oraria	Semiretta, uscente dal centro C della meridiana, su cui cade l'ombra della asta polare ad una data ora o, più esattamente, quando l'angolo orario del Sole vale ω. Le linee orarie sono le intersezioni dei piani orari (passanti per l'asse polare) con il piano del quadrante. Servono ad indicare le ore.
- Linea Equinoziale	Intersezione del piano del quadrante con il piano parallelo all'Equatore terrestre passante per l'estremo **G** dell'asta polare. E' la linea percorsa dall'ombra del punto G nei giorni degli Equinozi.. E' perpendicolare alla linea Sustilare. Guardando il quadrante si può notare che la Equinoziale "sale" andando verso destra se il piano è rivolto a Ovest, "sale" andando verso sinistra se il piano è rivolto a Est. È orizzontale se il piano è rivolto a Sud
- Linea dell'Orizzonte	intersezione del piano orizzontale passante per l'estremo G dello Stilo e il piano del quadrante. Quando il Sole si trova all'Orizzonte, cioè quando sorge o tramonta, l'ombra di G cade su tale linea. Se il quadrante è orizzontale è una linea all'infinito.

Angoli principali

- φ	Latitudine del luogo
- α	Declinazione o Azimut del Piano del quadrante. Angolo, appartenente al piano orizzontale, compreso fra le intersezioni, con il piano orizzontale stesso, del piano meridiano (linea Nord-Sud) e del piano verticale contenente l'Ortostilo. E' anche dato dall'angolo fra l'intersezione del piano del quadrante con il piano orizzontale e la direzione Est-Ovest. Si considera positivo se l'Ortostilo (più correttamente la sua proiezione orizzontale) è rivolto verso Sud-Ovest. É= 0° se il piano é rivolto a Sud; =+90° se é rivolto a Ovest.
– i	inclinazione del piano del quadrante rispetto al piano verticale. In alcuni testi viene chiamata inclinazione l'angolo 90° - i

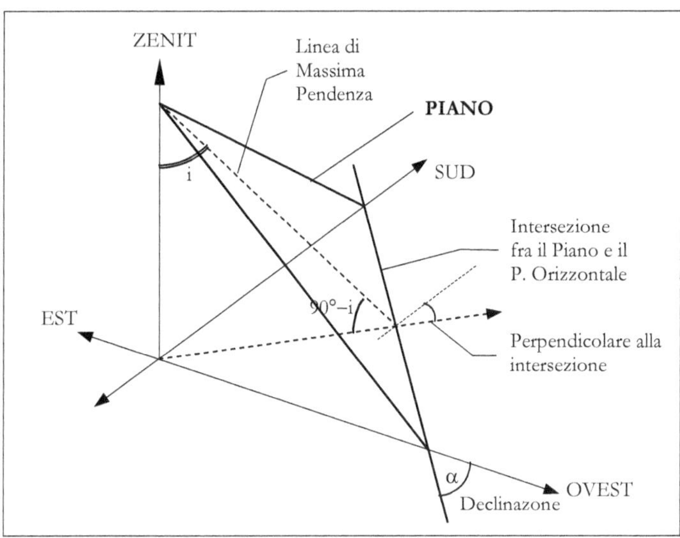

Fig. A.12 Gli angoli che individuano il piano della meridiana

— ω angolo orario del Sole in un dato istante. E' l'angolo diedro compreso fra il piano meridiano e piano orario, passante per il Sole e per l'asse polare. Viene misurato dal Sud ed è positivo quando il Sole si trova a Ovest del meridiano locale. Il suo valore è legato al tempo trascorso dal passaggio del Sole al meridiano.

— ω_S angolo orario della linea Sustilare. Angolo orario del Sole quando il piano orario è perpendicolare al quadro e quindi lo interseca nella linea Sustilare

— δ declinazione del Sole. E' = 0 ° nei giorni degli Equinozi ; = $-\varepsilon$ nel giorno del Solstizio Invernale e = $+\varepsilon$ nel giorno del Solstizio Estivo

— ε inclinazione fra il piano dell'orbita della Terra attorno al Sole e il piano dell'equatore terrestre. E' uguale alla massima variazione della declinazione δ del Sole (23° 27')

— **Az** Azimut del Sole in un dato istante. E' l'angolo compreso fra il piano meridiano e il piano verticale passante per il Sole. Viene misurato dal Sud ed è positivo quando il Sole si trova a Ovest del meridiano locale.

— **h** altezza del Sole sull'orizzonte in un dato istante. E' = 0° quando il Sole si trova sull'orizzonte. L'altezza h è massima quando il Sole si trova sul meridiano locale $h_{MAX} = 90° - \varphi + \delta$

B1 – L'alfabeto arabo

La lingua araba possiede un alfabeto costituito soltanto da 28 consonanti e si scrive da destra a sinistra. In essa non esiste differenza tra maiuscole e minuscole, né tra stampatello e corsivo, mentre cambia la forma di ciascuna lettera a seconda della posizione che essa occupa all'interno della parola.

Si hanno così 4 forme diverse per ogni lettera a seconda che questa sia isolata, iniziale, mediana o finale della parola.

Come nella nostra scrittura corsiva, ogni lettera dell'alfabeto arabo è legata a quella che la precede e   a quella che la segue: fanno eccezione le lettere ا د ذ ر ز و che hanno solo le forme iniziale e finale e quindi interrompono la continuità grafica della parola.

In arabo vi sono soltanto tre suoni vocalici, a , u , i, che possono essere lunghi e brevi. I suoni brevi sono impliciti, e per la loro lettura ci si affida soltanto alla conoscenza della lingua da parte del lettore, mentre quelli lunghi, anch'essi impliciti, sono seguiti da una consonante di prolungamento ا و ي .

Nella tabella seguente, da destra a sinistra il nome, le forme isolata, iniziale, mediana e finale della lettera e il suo suono.

suono	forme (isolata, iniziale, mediana, finale)	nome		suono	forme (isolata, iniziale, mediana, finale)	nome
a	ا ا ا ا	'Alif		T	ط ط ط ط	Tâ'
b	ب ب ب ب	Bâ'		Dh	ظ ظ ظ ظ	Zâ'
t	ت ت ت ت	Tâ'		'	ع ع ع ع	'Ayn
th	ث ث ث ث	Thâ'		rh	غ غ غ غ	Ghayn
j	ج ج ج ج	ǧîm		f	ف ف ف ف	fâ'
h'	ح ح ح ح	hâ		q	ق ق ق ق	qâf
kh	خ خ خ خ	khâ'		k	ك ك ك ك	kâf
d	د د د د	dâl		l	ل ل ل ل	lâm
dh	ذ ذ ذ ذ	dhâl		m	م م م م	mîm
r	ر ر ر ر	râ'		n	ن ن ن ن	Nûn'
z	ز ز ز ز	zây		h	ه ه ه ه	hâ'
s	س س س س	Sîn		w	و و و و	wâw
sh	ش ش ش ش	Shîn		y	ي ي ي ي	Yâ'
S	ص ص ص ص	Sâd		la	لا لا	Lam-alif
D	ض ض ض ض	Dâd		ta	ة ة	ta-marbuta

ء ك لأ ئ أ ؤ   Hamza   ى   Alif Maksura

B2 - Alcuni vocaboli in Arabo

GLI ELEMENTI ASTRONOMICI

Italiano	Arabo	Traslitterazione
nord	ثمالي	shimāliī o shimāl
oriente – est	مشرق	mashrik
sud	جنوب	janūb
occidente – ovest	مغرب	maghrib
meridiano	ظهري	zuhri
orizzonte	أفق	ufk
latitudine	غرض	'ard
longitudine	طول	tūl
azimut	السمت	assumut
	السمة	assamt
altezza, altitudo	ارتفاع	irtifāh
zenit	سمت	samt
nadir	نظير	nazīr
	انظير	annali
equinozio	اعتدال	ittidal
eq. di primavera	الاعتدالالربيعي	al-ittidal arrabī'ī
eq. d'autunno	عتدالالخريفي	al-ittidal al-kharīfī
solstizio	راس	rās
solstizio d'estate	راس السرطان	rās assartān
solstizio d'inverno	راس الجدي	rās al-jadi
Sole	شَمْس	shams
Luna	قمر	qamar
Luna nuova	هلال	hilal
Luna Piena	بدر	badr

I SEGNI ZODIACALI

Italiano	Arabo	Traslitterazione
l'Ariete	الحمل	al-hamal
il Toro	الثور	assawr
i Gemelli	الجوزاء	ajjawnzā
il Cancro o Granchio	السرطان	assartan
il Leone	الاسد	al-asad
la Vergine	السنبله	assumbulat
la Libra	الميزان	al-mizan
lo Scorpione	العقرب	al -'akrab
il Sagittario o l'arco	القوس	al-kaws
il Capricorno	الجدي	ajjidi
l'Aquario	الدلو	addalu
i Pesci	الحوت	al hut
segno, costellazione	برج	burj

LE PREGHIERE

Italiano		Arabo
Maghrib	sera	مغرب
Isha'a	notte	العِشَاءِ
Fajr	alba	الفَجْر
Zuhr	mezzogiorno	الظهر ظهر
Asr	pomeriggio	العصر عصر

IL TEMPO

Italiano	Arabo	Traslitterazione
tempo, durata	زمان	zaman
tempo, momento	وقت	wakt
minuto di t.	لمحة	lamhat
	لحظة	lahzhat
ora	ساعة	sa'at
ore equinoziali o uguali	ساعات معتدلة	
ore stagionali	ساعات زماية	
giorno	يوم	yawm
giorno (alba - tram.)	نهَار	nahar
crepuscolo-	شفق,	shafak,
-del mattino	فجر	fajir
alba-	طلوعالشمس	
-nascita del sole		taluh' ash-shams
mattino	صبح	subh
mezzogiorno	ظهر	zuhr
mezzogiorno vero	الزوال زاول	zawal
pomeriggio	الاصيل	al-asid
crepuscolo-	شفق الغروب	
-alla sera		shafak al guru
"rottura del giorno"	صبح	subh
tramonto	غروب غروبالشمس	
		gurūb o gurūb ash-shams
notte	ليل	layl
mezzanotte	نصفالايل	nasf al-layl
anno	سنة	sanah
arco diurno	قوس النهار	qus al-nahār

arco notturno   قوس الايل   qus al-layl

OROLOGI SOLARI
orologio solare,
meridiana   مزولة   mizwalat
o.s., meridiana   ساعه الشمسيه   sa'at al-shamsiya
o.s., meridiana   شمسية مزولة   shamsiya mizwala
o.s. orizzontale   رخامت   Ibn Qurra: rukhāmat
   lastra di marmo
o.s. orizzontale generico
   بسيطة   basithat o basita
o.s. piano orizz.   al Battani: "al- rukahama al-basita"
o.s. piano orizz.   بلاطه   Maimonide: balātah
   lastra da pavimento
o.s. piano verticale   منحرفه   munharifat "voltato"
   declinante
o.s. piano verticale   قامة   qa'imat
   che sta appeso
o.s. orizzontale   حافر   hhafir "zoccolo"
   di altezza
o.s. orizzontale   ساق الجادة   shaq al-jeradah
   "zampa di cavaletta"
o.s. di altezza   ال حازون   hālazun al-hālazun
   ozzontale (a spirale)
o.s. doppio su p.   مجنحة   mujennahhah mujenhat
   verticale
o.s. doppio su p.   متقافية   mutékafiah
   vert. "la Sufficiente"
o.s. doppio   مكنسة   maknasa
   "a casetta"
o.s. su tronco   مخروط   mukhula makrut
   di cono

quadrante   ربع   rub'
astrolabio   اسطرلاب   asturlab
strumento   آلات الساعات
   che indica le ore   alat al-sah'at

gnomone   شخس   shaks , shakhis
gnomone   مقياس   miqyas

gnomone o bastone   عود   'aūd
dito (in gnomone)   إصبع   asbah'
ombra   ظل   zill
ombra   ظهر   zhar
   dello gnomone
dito (in gnomone)   إصبع   asbah'
linea-   سطر ,   satr ,
   -su un quadrante   خط   khatt
linee delle ore   خطوط الساعات
linea meridiana   خط نصف   khatt nasf
   خط نصف النهار
   khatt nasf annahār
livello piano   بسيت   basit
declinazione o   انحراف   inhiraf
   deviazione
inclinazione   ميل   mayl

VARIE
arco   قوس   qus
gradi   درجة ,   darajat
   دقيقة   dakikat
secondi   تاني , ثاني   sānī , tāni
terzi   ثالثة   sālisah
dito   صبع   asba'
corda   وتر   watar
seno   جيب   jib
   metà della corda
coseno   جيب تمام   jib tamām
   eccedente del seno
diametro   قطر   katr
raggio   نصف الاقر   nasf al-katr
   mezzo diametro
tavola astronomica   زيج   ziji

Moschea   مساجد   masjid
qibla – kibla   القبلة قبلة   qibla
Mihrab   محراب   mihrab

Tolomeo   بطلميوس
L'almagesto   المجسطي

B3 - Nomi propri in arabo

In arabo il nome è formato da diverse parti.

La_**kunya** (كنية), cioè il sopranome derivato dal nome di un figlio, in genere il primogenito: precede il nome proprio di persona. Per un uomo si usa il prefisso *Abū* (padre di) davanti al nome del figlio e per una donna il termine *Umm* (madre di).

L'*ism* (إسم), cioè il nome proprio della persona (Muhammad, ʿAlī, Thābit, Najm al-Dīn, ecc.)

Si usa solo l' *ism* per rivolgersi a una persona solo se si ha familiarità; in caso contrario l'uso indica disprezzo o superiorità verso la persona.

Il **nasab** (نسب) o *patronimico* che segue l'**ism**. Si usa il termine *ibn* (abbreviato in "b.") (figlio di) o *bint* (abbreviato in "bt.") (figlia di) e si può risalire elencando più generazioni: padre, nonno, bisnonno, trisavolo ecc.

La **nisba** (نسبة) è un aggettivo terminante in *i* che indica il luogo di appartenenza o di provenienza geografica, vera o presunta, recente o antica (*al-Misrī*, "l'egiziano", *al-Isfahani* "proveniente da Isfahan"). In genere la *nisba* si trova alla fine del nome.

Il **laqab** (لقب) è il titolo onorifico o il soprannome, che serve per indicare particolarità fisiche o morali, mestieri o professioni (*al-Jazzar* "il macellaio" , *al-Haddād* "il fabbro").

Si possono trovare diversi *nisba* e *laqab* , utili a tracciare gli spostamenti di una persona nel corso della vita e i suoi cambi d'attività o d'interessi.

Esempi
Abu al-Hasan ʿAli ibn ʿAbdallah ibn ʿUmar al-Isfahani conosciuto come *Ibn al-Jazzar*
Abu al-Hasan : *kunya* , "padre di Hasan" ; ʿAli : *ism*, nome ; ʿAbdallah: *nasab* , "figlio di Abdallah" ; ʿUmar : "nipote di Umar" ; al-Isfahani : *nisba*, la famiglia viene da Isfahan ; Ibn al-Jazzar : *laqab*, soprannome ; il padre o un suo avo era un macellaio (jazzar)

Abū al Hasan Thābit ibn Qurra' ibn Marwān al-Sābi al-Harrānī'
Abu al-Hasan : *ism*,   "padre di Hasan" ; Thābit : *nome proprio* ; Qurra : *nasab* ; suo padre ; Marwān : suo nonno ; al-Sābi' al-Harrānī : *nisba*; di famiglia di religione Sabea, proveniente da Harran (attuale Turchia)

Abū al Hasan ʿAli al-Marrakushi
Abu al-Hasan = "padre di Hasan" ; Ali = nome proprio ; al-Marrakushi = proveniente da Marrakech (Marocco)

Esempio
Najm al-Dīn Abū ʿAbd Allāh Muhammad ibn Muhammad ibn Ibrāhīm al-Misri
Najm al-Dīn = nome proprio ; Abd Allāh Muhammad = suo figlio ; Muhammad = suo padre ; Ibrāhīm = suo nonno ; al-Misri = detto "l'egiziano", *nisba*, indica la città o la regione di provenienza della famiglia

C.1 Le tavole astronomiche e quelle per costruire le meridiane - Gli Ziji

Il termine *Ziji* (زيج) è il nome generico che, nello studio scienza islamica, viene applicato agli antichi manuali astronomici, cioè ai testi a carattere astronomico contenenti sia nozioni teoriche che tavole numeriche di dati.
La parola deriva probabilmente dal persiano Zik, il cui significato era "filo" e, per estensione filo dell'ordito di un tessuto. C. Nallino per primo ha fatto l'ipotesi che l'estensione del termine alle tavole astronomiche sia derivata dalla analogia fra i fili della trama dei tessuti e le linee orizzontali e verticali che separano le righe e le colonne in una tavola numerica.
Un tipico Ziji poteva contenere centinaia o anche migliaia di pagine di testo e tavole numeriche.
Di questi testi se ne conoscono più di 200 compilati nell'arco di quasi mille anni, dal 750 circa al 1700.[4]

Le tavole contenute negli Ziji che si conoscono riguardano tutti i diversi problemi astronomici teorici e pratici che si potevano presentare all'epoca.
Si hanno pertanto tavole:
– con i valori della declinazione e della longitudine del Sole nei diversi giorni dell'anno;
– con i valori dell'Azimut e dell'altezza del Sole per una data località nelle diverse stagioni dell'anno e nelle diverse ore del giorno;
– con i valori degli istanti dell'alba e del tramonto nei diversi giorni dell'anno e in diverse località;
– con i valori delle coordinate della Luna in vari giorni e anni;
– con i valori delle coordinate dei pianeti;
– con i valori dell'altezza del Sole a mezzogiorno;
– con le durate dei crepuscoli;
– con le ore delle preghiere;
– con dati per l'osservazione della luna crescente;
– con le durate del giorno alle diverse latitudini in funzione della stagione;
– che danno la direzione della Mecca in luoghi di data latitudine e longitudine;
– contenenti cataloghi di stelle;
– contenenti formule e metodi di trigonometria sferica e tavole di funzioni astronomiche complesse;
– per il calcolo delle ore delle preghiere nei diversi giorni dell'anno;
– per il calcolo dell'orientamento dei ventilatori; [5]
– per il calcolo delle ore che mancano al tramonto o trascorse dall'alba e quando il Sole si trova ad una certa altezza sotto l'orizzonte;

---

[4] La tradizione Islamica di compilare manuali è continuata sino all'inizio del secolo scorso. I manuali europei di Cassini e di Lalande, contenenti tavole moderne astronomiche europee, tradotti nel '700 in lingua turca non riuscirono a sostituire le tavole compilate verso il 1300-1400 da Ibn al Shatir e da Ulugh Beg .

[5] Già durante il medioevo molte case in Persia, Egitto e altri paesi arabi, avevano grandi torri "acchiappa vento" il cui scopo era quello di convogliare all'interno della casa l'aria e quindi di rinfrescare i locali adibiti ad abitazione. Al Cairo, come è testimoniato anche in un manoscritto del 1200, invece delle torri "acchiappa vento" vennero create sul tetto delle particolari strutture, spesso a forma di alti camini, con una apertura rivolta esattamente verso il Nord o verso la direzione del vento dominante, dette "ventilatori" o *Malqaf,* strutture che ancora oggi sono realizzate nelle moderne abitazioni.
L'orientamento delle aperture richiede la determinazione di un ben determinato azimut (quello del vento fresco dominante) e quindi nel medioevo necessitava, in mancanza di bussole, la conoscenza dell'angolo fra questo valore di azimut e l'azimut del Sole nelle diverse ore del giorno e nei diversi periodi dell'anno.

– per la determinazione della direzione della Mecca in un dato luogo, data l'altezza del Sole sullo orizzonte;
– per il calcolo e il tracciamento di astrolabi di vari tipi e di quadranti astronomici;
– per la determinazione della posizione delle case lunari;
– per il calcolo degli ascendenti per la formazione di oroscopi;
– per il calcolo di orologi solari, usate per facilitare anche il non specialista nella loro costruzione.

La maggior parte delle tavole per la costruzione di quadranti solari si riferiscono a meridiane orizzontali. Solo alcune trattano di meridiane verticali declinanti.[6]

In queste tavole sono riportate, per una data località, alcuni delle seguenti grandezze:
– le coordinate cartesiane o polari (come modernamente le chiamiamo) dei punti necessari per tracciare le linee percorse dall'ombra dell'estremo dello gnomone, nei giorni dei solstizi e degli equinozi;
– i valori dell'azimut e l'altezza del Sole in ogni ora nei diversi giorni dell'anno;
– le lunghezze delle ombre orizzontali di uno gnomone "standard" di 12 dita;
– i valori delle coordinate dei punti necessari per tracciare le linee orarie (quasi solo per ore temporarie);
– i punti della linea della preghiera dell'Asr e, talvolta, quelli delle linee del 2'Asr e della preghiera Zuhr.

Quasi tutte le tavole sono calcolate per una data latitudine, cioè per una data località ma ne esistono anche alcune che riportano i valori per diverse latitudini.

Fig. C.1 Tavola di Ibn al-Shatir con dati sul pianeta Marte

---

[6] Il primo trattato, giunto sino a noi, sulle meridiane e sulla loro costruzione, è attribuito ad al Khwaraizmi (IX secolo) . Esso contiene le tavole per costruire meridiane orizzontali per 12 latitudini diverse che danno l'altezza del Sole, il suo azimut e la lunghezza dell'ombra di uno gnomone standard di 12 dita per le diverse ore, nei giorni dei Solstizi e degli Equinozi. Altri trattati, sempre dei primi anni in cui iniziò a fiorire l'astronomia nell'Islam, sono quelli di Ibn Al-Adani e di Thabit Ibn Qurra.

Bibliografia
Libri e articoli letti e consultati

Maometto, *Il Corano*, Edizione integrale a cura Hamza Roberto Piccardo, revisione e controllo dottrinale U.C.O.I.I., Roma (1997), Newton & Compton

Maometto, *Il Corano*, Milano (1994), Rizzoli

al-Bīrūnī, Abu al-Rayhān Muhammad b. Ahmad (X sec.), *The Exhaustive Treatise on Shadows*, Traduzione e commento di E.S. Kennedy (1976), Institute for the History of Arabic Science, University of Aleppo, Aleppo (Syria)

Alighieri Dante, *La Divina Commedia*

Alighieri Dante, *Convivio*

Alfonso X el Sabio (1277), *Libros del Saber de Astronomia*

Arago, Francois (1857), *Astronomie Populaire*, Paris

Arnaldi, Mario (1996), *Orologi solari a Taggia*, ed. Comune di Taggia, Taggia (IM)

Arnaldi, Mario (1999), *Le frazioni dell'ora temporaria; dall'antichità al medioevo*, in "Gnomonica", suppl. al n. 5/1999 di "Astronomia", settembre 1999, pp. 27-29

Arnaldi, Mario (2003), *Orologi solari medievali a tutto tondo*, in "Gnomonica Italiana", n.5, Giugno 2003, pp. 41-46

Arnaldi, Mario (2005), *Le ore benedettine e l'orologio solare medievale dell'abbazia dell'Acquafredda*, in "Gnomonica Italiana", n.8, Giugno 2005, pp. 28-35

Arnaldi, Mario (2011), *Tempus ed regula - Orologi Solari Medievali Italiani*, Ravenna, pubblicato in proprio

Ashbrook, Joseph e Leif, J. Robinson, (1984), *The astronomical scrapbook*, Cambridge University Press

Aveni, Antony (1989), *Gli imperi del tempo. Calendari, orologi e culture*, Bari, Dedalo

Bailly, Jean Sylvain (1775), *Histoire de l'astronomie ancienne*, Traduzione in italiano di Francesco Milizia – Bassano 1791

Bailly, Jean Sylvain (1787), *Traité de l'Astronomie indienne et orientale*, Paris, Debure

Benedetto, San B. da Norcia (530), *La santa regola*

Berggren, J. Len (2001), *Sundials in Medieval Islamic Science & Civilization, The Compendium*, North Atlantic Sundial Society, Vol. 8 n. 2, June 2001

Burnaby, Beaumont (1901), *Elements of the Jewish and Muhammadan Calendars*, London, G.Bell&Sons

Calvo, Emilia (2004), *Two tratises on Miqat from the Maghrib (14th an 15th Centuries)*, in Suhayl, Journal for the History of the Exact Sciences in Islamic civilisation, Vol. 4, p. 48

Çam, Nusret (1990), *Osmanli Güneş Saatleri*, Ankara, Kültür Bakanliği

Cappelli, Adriano (1929), *Cronologia, cronografia e calendario perpetuo*, Milano, Hoepli

Cartafago, Joseph (1858), *English and Arabic Dictionary*, London, B. Quaritch

Casanova, Paul (1923), *La montre du Sultan Nour ad Dīn*, in Syria, n.4, fasc. 4, pp.282-299

Cattabiani, Alfredo (1994), *Calendario*, Milano, Rusconi

Charette, François e Schmidl, Petra G. (2001), *A universal plate for timekeeping by the stars by Habash al- Hasib*, in Suhayl, Journal for the history of the Exact Sciences in Islamic civilisation, Vol. 2

Charette, François (2003), *Mathematical Instrumentation in Fourteenth-Century Egypt and Syria, The Illustrated Treatise of Najm al-Dīn al-Mīsrī*, London, Brill

Delambre, Jean Baptiste (1817), *Histoire de l'Astronomie Ancienne*, Rist. Editions Gabay 2006, Paris

Delambre, Jean Baptiste (1819), *Histoire de l'Astronomie du Moyen Age*, Rist. Editions Gabay 2006, Paris

Djebbar, Ahmed (2002), *Storia della Scienza Araba*, Milano, Raffaello Cortina Editore

Dohrn-van Rossum, Gerhard (1996), *History of the hour*, Chicago-London, The University Chicago Press

Dreyer, John Louis Emil (1977), *Storia dell'Astronomia da Talete a Keplero*, Milano, Feltrinelli

Dutarte, Philippe (2006), *Les Instruments de l'Astronomie Ancienne*, Paris, ed. Vuibert

Ferrari, Gianni (1997A), *Relazioni e formule per il calcolo di meridiane piane*, Modena, stampato in proprio (fotocopie)

Ferrari, Gianni (1997B), *Gli orologi solari dell'antico Islam*, Atti dell'VIII Seminario Nazionale di Gnomonica, Porto San Giorgio (AP)

Ferrari, Gianni e Severino, Nicola (1997), *Appunti per uno studio delle meridiane islamiche*, Modena, stampato in proprio (fotocopie)

Ferrari, Gianni e Comi, Antonio (1999), *Un antico orologio solare a forma di astrolabio a Parma*, Atti del IX Seminario Nazionale di Gnomonica, San Felice del Benaco (BS)

Ferrari, Gianni (2004), *La meridiana della moschea Sidi Okba a Kairouan*, in Gnomonica Italiana, n. 7, Novembre 2004, pp. 15-21

Ferrari, Gianni (2006A), *Le prime meridiane a camera oscura*, in Gnomonica Italiana, n. 11, Luglio 2006, p. 56

Ferrari, Gianni (2006B), *Uno strumento gnomonico quasi sconosciuto: il cerchio dell'Asr*, Atti del XIV Seminario Nazionale di Gnomonica, Chianciano (SI)

Ferrari, Gianni (2007), *Una tabella insolita nella meridiana a Topkapi*, in Gnomonica Italiana, n. 12, Maggio 2007, p. 24

Ferrari, Gianni (2008), *Uno studio sull'orologio romano conosciuto come 'Prosciutto di Portici'*, in Gnomonica Italiana, n. 15, Febbraio 2008, p. 2

Ferrari, Gianni (2009A), *Un'antica formula approssimata usata per più di mille anni (prima parte)*, in Gnomonica Italiana, n. 17, Marzo 2009, pp. 58-64

Ferrari, Gianni (2009B), *Un'antica formula approssimata usata per più di mille anni (seconda parte)*, in Gnomonica Italiana, n. 18, Luglio 2009, pp. 31-35

Ferrari, Gianni (2009C), *Meridiane ottomane*, in Gnomonica Italiana, n. 18, Luglio 2009, p. 4

Ferrari, Gianni (2010), *Un orologio solare Ottomano a Brema*, Gnomonica Italiana, n. 22, Novembre 2010, p. 8

Ferrari, Gianni (2011), *Nuovi orologi solari islamici*, Atti del XVII Seminario Nazionale di Gnomonica, Pescia (PT)

Flora, Francesco (1979), *Astronomia Nautica*, Milano, Hoepli

Forcada, M. (2000), *Astrology and Folk Astronomy: the 'Mukhtasar min al-Anwa' of Ahmad ben*

Fāris, in Suhayl, Journal for the history of the Exact Sciences in Islamic civilisation, Vol. I, pp. 107-206

Francipane, Michele (1999), *L'avventura del calendario*, Milano, Sonzogno

Francescato, Francesco (1998), *Le scoperte dell'Astronomia*, Padova, Franco Muzzio Editore

Gibbs, Sharon L. (1976), *Greek and roman sundials*, London, Yale University Press

Hamid-Reza Giahi Yazdi (2002), *Nasir al-Din al-Tusi on Lunar crescent visibility and analysis with modern criteria*, in Suhayl, Journal for the History of the Exact Sciences in Islamic civilisation, Vol. 3, pp. 231-244

Heath, Sir Thomas L. (1932), *Greek Astronomy*, - Ristampa (1991), New York, Dover

Higton, Hester (2001), *Sundials an illustrated History of Portable Dials*, London, P. Wilson Publishers

Ilyas, Mohammad (1999), *Astronomy of Islamic Times for the Twenty-first Century*, Kuala Lumpur, A.S Nordeen

Janin, L. (1977), *Quelques aspects récents de la gnomonique tunisienne*, in Revue de l'Occident musulman et de la Méditerranée, n. 24, pp. 207-221

Kennedy, Edwards S. (1983), *Studies in the Islamic Exact Sciences*, Beirut

King, David A. (1984), *Architecture and astronomy: the ventilators of medieval Cairo and their secrets*, in Journal of the American Oriental Society, 1984, American Oriental Society, pp. 97-134

King, David A. (1987), *Islamic Astronomical Instruments*, London, Variorum

King, David A. (1993A), *Astronomy in the Service of Islam*, London, Variorum

King, David A. (1993B), *Islamic Mathematical Astronomy*, London, Variorum

King, David A. (1995), *The orientation of medieval Islamic religious architecture and cities*, JHA 26, pp 253-274

King, David A. (2002), *A Vetustissimus Arabic Treatise on the Quadrans Vetus*, Journal for the History of Astronomy, vol. 33, pp. 237-255.

King, David A. (2004), *In Synchrony with the Heavens. Studies in Astronomical Timekeeping and Instrumentation in Medieval Islamic Civilization, SATMI, Volume One–The Call of the Muezzin (Studies I-IX)*, Leiden/Boston, Brill

King, David A. (2006), *In Synchrony with the Heavens. Studies in Astronomical Timekeeping and Instrumentation in Medieval Islamic Civilization*, SATMI, *Volume Two–Instruments of Mass Calculation*, Leiden/Boston, Brill

Kren, Claudia (1977), *The Traveler's Dial in the Late Middle Ages: The Chilinder*, Technology and Culture, Vol. 18, No. 3 (Jul., 1977), pp. 419-435

Landes David S. (1984), *Storia del tempo*, Milano, Mondadori

Landes David S. (2009), *L'orologio nella storia*, Milano, Mondadori

Le Goff, Jacques (1977), *Tempo della Chiesa e tempo del mercante*, Ristampa 2000, Torino, Einaudi

Leichter, Joseph (1992), *The Zij as-Sanjari of Gregory Chioniades, Text, Tanslation and greek to arabic glossary*, Tesi di dottorato M-A. University of Illinois 1992,   complessive pp. 578

Livingstone, John (1972), *The Mukhula, an Islamic conical sundial* in Centaurus, Vol. 16, n.4, pp. 299-308, Dec. 1972

Mc Cluskey, Stephen C. (1998), *Astronomies and Cultures in Early Medieval Europe*, Cambridge University Press

Meeus, Jean (1991), *Astronomical Algorithms*, Richmond(Virginia), Willmann-Bell Inc.

Meyer, Wolfgang (1985), *Istanbul'daki, Güneş Saatleri*, Istanbul

Neugebauer, Otto (1975), *History of ancient mathematical astronomy*, Berlin, Springler-Verlag

Neugebauer, Otto (1974), *Le scienze esatte nell'antichità*, Milano, Feltrinelli

Pichot, André (1993), *La nascita della scienza*, Bari, Ed. Dedalo

Rampoldi, Gio. R. (1823), *Annali musulmani- volume sesto*, Milano, Tipografia di Felice Rusconi

Rohr, René R.J. (1988), *Meridiane*, Ulisse Edizioni

Roshdi, Rashed e Régis, Morelon (1997), *Histoire des Sciences Arabes, vol. I: Astronomie*, Paris, Edition du Seuil

Roshdi, Rashed e Régis, Morelon (1997), *Histoire des Sciences Arabes, vol. II: Mathématiques et physique*, Paris, Edition du Seuil

Rossi, Paolo (1997), *La nascita della scienza moderna in Europa*, Roma, Editori Laterza

Saliba, Geoge (2007), *Islamic Science and the making of European Renaissance*, Cambridge (Mass.)-London, The MIT Press

Samsó, Julio (1994), *Islamic Astronomy And Medieval Spain*, London, Variorum

Samsó, Julio (2007), *Astronomy and Astrology in al-Andalus and the Maghrib*, Variorum Collected Studies Series CS887, Aldershot, Variorum

Samsó, Julio (2008), *Lunar mansions and Timekeeping in Western Islam*, in Suhayl, Journal for the history of the Exact Sciences in Islamic civilisation, Vol. 8, pp. 121-163

Sédillot, Jean-Jacques (1834), *Traité des Instruments Astronomiques des Arabes composé au treizieme siècle, par Aboul Hhassan Ali, de Maroc,Vol. I et II*, Imprimerie Royal, Paris – Ristampa (1985), Frankfurt am Main, Institut für Geschichte der Arabish Islamischen Wissenschaften IGAIW

Sédillot, Louis-Amélie (1844), *Mémoire sur les instruments astronomiques des Arabes*, Memoires de l'Académie Royale des Inscriptions et Belles-lettres de l'Institut de France pp. 1-229, Paris – Ristampa (1989), Frankfurt am Main, Institut für Geschichte der Arabish_Islamischen Wissenschaften IGAIW

Sédillot, Louis-Amélie (1849), *Matériaux pour servir al'histoire comparée des sciences mathématiques chez le grecs et les orientaux*, Paris, Librairie Firmin Didot

Sédillot, Louis-Amélie (1854), *Histoire des Arabes*, Paris, Hachette

Severino, Nicola (1990), *Storia della Gnomonica*, Roccasecca, stampato in proprio (fotocopie)

Singh, Zaki Kirmani (2005), *Encyclopaedia of Islamic science and scientists*, New Delhi, Global Vision Publishing House

Szabó, Árpád e Maula, Erkka (1986), *Les Débuts de l'Astronomie de la Géographie et de la Trigonométrie chez le grecs*, Paris, Vrin

Thabit Ibn Qurra (1987), *Oeuvres d'astronomie*, Paris, Les Belles Lettres

Toomer, G. J. (1998), *Ptolemy's Almagest*, Princeton, Princeton University Press

Turner, Howard R. (1995), *Science in Medieval Islam*, Austin, University of Texas press

Van Brummelen, Glen (2009), *The mathematics of the Heavens and the Earth*, Princeton, Princeton University Press

Viladrich, L. (2000), *Medieval Islamic Horary Quadrants for specific latitudes*, in Suhayl, Journal for the History of the Exact Sciences in Islamic civilisation, Vol. I, p. 83

Vitruvius, *The ten books on Architecture,* translated by M.H. Morgan (1914), Ristampa (1960), New York, Dover

Weher, Hans (1951), *A dictionary of modern written Arabic,* Ristampa 1976, New York, Milton Cowan ed.

Whitrow, G.J. (1987), *Time in History,* Oxford University Press

Zagar, Francesco (1984), *Astronomia sferica e teorica,* Bologna, Zanichelli

Autori Vari (1809), *Description de l'Egypte,* Paris, L'Imprimerie Imperiale - Ristampa (1994), Koln, Taschen Verlag GmbH

Autori Vari (1960), *EI - The Encyclopaedia of Islam,* 13 vol., Leiden, E.J. Brill

Autori Vari (1991), *Atti del Simposio Internazionale sulla Civiltà Islamica e le Scienze,* Firenze

Autori Vari (2004), *Encyclpedia of Islam and Muslim World,* ed. R.C. Martin, New York, Macmillan

A

D

E

F

N

O

obliquità dell'Eclittica, 20, 202

omayyade, o umayyade, moschea di Damasco, 23, 41, 45, 119, 120, 130, 372, 373, 374, 386, 408, 420, 490, 491

Omayyadi o Umayyadi, dinastia, califfato, 14, 35, 70, 420, 424

ombra verticale, lunghezza dell', 197, 265, 286, 343, 345

ombra verticale o umbra versa , 36, 181, 196, 269

ore

ornamenti pseudocufici, 31

orologio solare

Sultanahmet, moschea, 451, 452, 494

T

al-Tantawi, astronomo, 120, 374, 378

tavoletta quadrante, 239, 250

tavoletta rettangolare orizzontale, 285, 286, 287

tavoletta universale, 252, 253, 254, 267, 361, 362

tavoletta universale per l'asr, 361, 362

temporarie o temporali, ore, 21, 35, 36, 40, 47,48, 53, 59, 60, 61, 62, 63, 64, 86, 88, 89, 104, 105, 107, 108, 109, 110, 111, 113, 114, 115, 165, 173, 174, 185, 186, 187, 188, 203, 207, 214, 219, 223, 242, 243, 273, 276, 312, 313, 315, 336, 337, 349, 350, 351, 354, 364, 375, 377, 383, 405, 409, 410, 411, 422, 423, 426, 428, 430, 431, 436, 461, 492, 530

Tlemcen, orologio su colonna a, 342, 357, 358, 489

Tolomeo, 3, 6, 7, 15, 18, 20, 29, 36, 51, 113, 132, 140, 159, 166, 167, 170, 171, 176, 177, 178, 182, 201, 202, 265, 306, 429, 527

Topkapi, orologio a , 396, 397, 400, 408, 436, 454, 500

trigonometria, 27, 130, 176, 177, 178, 306

al-Tusi, Nasir al-Din, 17, 19, 25, 52, 91, 133, 177, 201, 306

U

uguali, ore, 48, 49, 62, 89, 103, 105, 107, 109, 110, 111, 112, 113, 114, 115, 117, 118, 119, 121, 133, 224, 241, 243, 275, 283, 315, 349, 350, 371, 375, 376, 379, 396, 398, 409, 411, 412, 436

ultramontane, ore, 115

umayyade, vedi omayyade

Umayyadi, vedi Omayyadi

umbra recta, 181

umbra versa, 36, 181

universali, quadranti, 207, 214

universali, orologi solari, 239, 261, 266, 286, 289, 294, 297

V

ventilatori, 38, 529

visibilità della Luna (hilal), 140, 141, 143

Pag:Pagina – Rg:riga – a/b: dall'alto/dal basso – nXX : Nota n.XX   –   fXX:Figura xx
ERRATO: parola, frase, formula errata   –   CORRETTO parola, frase , formula da sostituire

Pag	Rg	a/b	ERRATO	CORRETTO
xvi	14	b	orologi	orologio
29	12	b	Gerado	Gerardo
35	11	a	zhur	zuhr
41	8	b	hadit	hadith
44	6	b	Abassidi	Abbasidi
60	18	n2	Neugenbauer	Neugebauer
71	5	b	Abassidi	Abbasidi
73	5	a	Bagdad	Baghdad
79		n36	Iliyas	Ilyas
84	**4**	**b**	**rottura del giorno**	**rottura della notte**
85	9	b	mussulmani	musulmani
122	8	a	Weißenfals	Weißenfels
177	7	b	Gherardo	Gerardo
205	9	a	Abassidi	Abbasidi
239	8	b	Hhafir	Hhāfir
239	6	b	Hhalazune	Hhalazūn
242	f8		Istambul	Istanbul
243	f9		Istambul	Istanbul
271	1	a	mante-	mantenuto
273	f 1		Hafir	Hāfir
374	**12**	**a**	**rottura del giorno**	**rottura della notte**
420	6	a	Abassidi	Abbasidi
422	4	b	Zhur	Zuhr
425	1	a	trovato King	trovato da King
429	6	a	Andalusn	Andalus
447	2	b	Zawal	Zawaal
467	2	a	*alzawwal*	*alzawaal*
489	7	b	Zhur	Zuhr
506	5	a	Un orologi solare	Un orologio solare
526	2'col		fajir	fajr
526	2'col		zawal	zawaal
526	**2'col**		**rottura del giorno**	**rottura della notte**
527	1'col		cavaletta	cavalletta